Internationale Rechnungslegung

Die wesentlichen Vorschriften nach IFRS und HGB – mit Aufgaben und Lösungen

Von
Prof. Dr. Rainer Buchholz
Steuerberater
Hochschule für angewandte Wissenschaften,
Würzburg-Schweinfurt

11., neu bearbeitete Auflage

ERICH SCHMIDT VERLAG

Bibliografische Information der Deutschen Nationalbibliothek
Die Deutsche Nationalbibliothek verzeichnet diese Publikation in der Deutschen Nationalbibliografie; detaillierte bibliografische Daten sind im Internet über http://dnb.d-nb.de abrufbar.

Weitere Informationen zu diesem Titel finden Sie im Internet unter
ESV.info/978 3 503 15647 4

Leserservice
Leser dieses Buches können vergrößerte Vorlagen der weit über 200 Abbildungen über das Internet beziehen. Dozenten können die Vorlagen in Lehrveranstaltungen einsetzen. Studierenden dienen die Abbildungen zur schnellen Wiederholung des Stoffes im Rahmen der Prüfungsvorbereitung.

Die Abbildungen können Sie unter
http://InternationaleRechnungslegung.ESV.info mit Hilfe des
Ticketcodes **76n4s5-uiithu-zmgycu-8scerj** anfordern.

---

1. Auflage 2001
2. Auflage 2002
3. Auflage 2003
4. Auflage 2004
5. Auflage 2005
6. Auflage 2007
7. Auflage 2008
8. Auflage 2009
9. Auflage 2011
10. Auflage 2012
11. Auflage 2014

ISBN 978 3 503 15647 4

Alle Rechte vorbehalten.
Der Autor und Verlag haben das vorliegende Buch mit großer Sorgfalt erstellt. Trotzdem können Fehler nicht ausgeschlossen werden. Der Autor und Verlag haften nicht für direkte oder indirekte Schäden, die aus der Anwendung der Informationen dieses Buches entstehen.

© Erich Schmidt Verlag GmbH & Co. KG, Berlin 2014
www.ESV.info

Druck und Weiterverarbeitung: besscom, Berlin

Vorwort zur 11. Auflage

Nachdem die Vorauflage grundlegend überarbeitet wurde, konnten sich die Änderungen in der vorliegenden Neuauflage auf Aktualisierungen und Verbesserungen des bestehenden Textes beschränken. Im vierten Kapitel wurden die Ausführungen zum revaluation model für Sachanlagen komplett überarbeitet, um das komplexe Lehrgebiet noch anschaulicher darzustellen. Auch das Thema "Langfristfertigung" im vierten Kapitel wurde unter didaktischen Aspekten verbessert. Das neunte Kapitel über die IFRS für "Small and Medium-sized Entities" wurde vollständig überarbeitet und die Übersichten im Anhang des Buches entsprechend erweitert.

Da die Überarbeitung der Leasingvorschriften durch das IASB derzeit noch nicht abgeschlossen ist, wird im dritten Kapitel weiterhin der geltende IAS 17 erläutert. Im Anhang werden die geplanten Änderungen zur Leasingbilanzierung auf Basis des im Mai 2013 erschienenen Re-Exposure Drafts "Leases" zusammengefasst.

Um dem Lehrbuchcharakter des Buches noch stärker zu entsprechen, wurde das Wörterbuch im Anhang völlig neu gestaltet. Es werden nur noch die Posten des Jahresabschlusses übersetzt, wobei die deutschen Begriffe den Ausgangspunkt bilden. Ergänzend werden die Aktiv- und Passivposten der Bilanz in deutsch-englischer Form gegenübergestellt.

Das bewährte Lehrbuchkonzept wird in der Neuauflage fortgeführt. Im Mittelpunkt steht die möglichst einfache Stoffvermittlung, wobei im Zweifelsfall gilt: "Anschaulichkeit rangiert vor Vollständigkeit". Der Lehrstoff wird durch viele Beispiele, Merksätze und Darstellungen vermittelt. Die hohe Zahl der Abbildungen – weit über 200 Stück – verdeutlicht die Intention des Buches: Die teilweise sehr komplexen Inhalte der internationalen Vorschriften sollen so einfach wie möglich umgesetzt werden.

Im Aufgaben- und Lösungsteil mit mehr als 250 Aufgaben kann der Leser sein Wissen überprüfen. Zum schnellen Überblick und zur Stoffwiederholung werden die wichtigsten Vorschriften des HGB und der IFRS am Schluss des Buches tabellarisch gegenübergestellt. Die Übersichten sind optimal zur Klausurvorbereitung geeignet.

Ich danke der Lektorin des Erich Schmidt Verlags, Frau Dr. Teuchert-Pankatz, für die kompetente Zusammenarbeit. Hinweise und Anmerkungen nehme ich auch zukünftig gerne entgegen. Sie erreichen mich unter: rainer.buchholz@fhws.de

Würzburg, im Januar 2014 Rainer Buchholz

Vorwort zur 1. Auflage

Die internationalen Verflechtungen der Wirtschaft führen zu einer immer stärkeren Bedeutung der internationalen Rechnungslegung. Wer im Rechnungswesen erfolgreich bleiben will, muss sich mit den internationalen Vorschriften von IAS und US-GAAP vertraut machen. Daher werden in diesem Buch neben den Grundlagen und Prinzipien internationaler Rechnungslegung die wesentlichen internationalen Vorschriften zur Bilanzierung, zur Gewinn- und Verlustrechnung und zu den übrigen Jahresabschlusskomponenten behandelt. Zum besseren Verständnis erfolgt die Darstellung im Vergleich zum Handelsrecht, das den meisten Lesern bekannt sein dürfte. Ergänzende Informationen können meinen Lehrbüchern (zur Buchhaltung und zum Jahresabschluss nach HGB und IFRS) entnommen werden, die im Buchhandel erhältlich sind.

Das vorliegende Buch wendet sich an Studierende und Praktiker, die sich mit den internationalen Rechnungslegungsvorschriften einfach und schnell vertraut machen wollen. Zu diesem Zweck werden die Lehrinhalte durch zahlreiche Beispiele, Abbildungen und Merksätze didaktisch anschaulich aufbereitet. Ein umfangreicher Aufgaben- und Lösungsteil dient der Selbstkontrolle und Vertiefung des erarbeiteten Wissens. Zwei englischsprachige Klausuren mit Lösungen ermöglichen die Stoffüberprüfung in der international üblichen Sprache. Für den eiligen Leser enthält der Anhang die wesentlichen Vorschriften nach HGB, IAS und US-GAAP im Vergleich.

Mein ganz besonderer Dank gilt Herrn Dipl.-Bw (FH) Martin Beck für sein hervorragendes Engagement bei der technischen Bearbeitung des Buches und für seine zahlreichen konstruktiven Hinweise zur Verbesserung des Manuskripts. Der Lektorin des Erich Schmidt Verlages, Frau Dr. Teuchert-Pankatz, danke ich für die verständnisvolle Zusammenarbeit. Für Verbesserungsvorschläge bin ich sehr zukünftig dankbar. Sie erreichen mich per E-Mail unter: rainer.buchholz@fhws.de

Würzburg, im Oktober 2000   Rainer Buchholz

Inhaltsübersicht

Erstes Kapitel: Grundlagen internationaler Rechnungslegung 1
  1. Gründe für internationale Rechnungslegung 1
  2. International Financial Reporting Standards (IFRS) 4
  3. Rechnungslegungszwecke und -ziele 21
  4. Jahresabschlüsse nach IFRS 26

Zweites Kapitel: Grundsätze internationaler Rechnungslegung 33
  1. Prinzipien im Framework 33
  2. Wichtige Prinzipien in Standards 46
  3. Grundsätze bei Bilanzänderungen 51

Drittes Kapitel: Internationale Bilanzierung 53
  1. Grundlegende Ansatzvorschriften 53
  2. Ansatz von Leasingobjekten 58
  3. Ansatz von Intangible Assets 64
  4. Ansatz von Research and Development Costs 67
  5. Ansatz des Goodwills 71
  6. Ansatz von Deferred Taxes 73
  7. Ansatz von Provisions 82
  8. Ansatz des Equitys 89
  9. Ausweis von Posten 90

Viertes Kapitel: Internationale Bewertung 101
  1. Grundlegende Bewertungsvorschriften 101
  2. Bewertung von Property, Plant and Equipment 109
  3. Bewertung von Intangible Assets 127
  4. Bewertung des Goodwills 133
  5. Bewertung von Financial Instruments 138
  6. Bewertung von Inventories 152
  7. Bewertung von Trade Receivables 160
  8. Bewertung von Liabilities 163
  9. Bewertung des Equitys 171

Fünftes Kapitel: Internationale Gesamtergebnisrechnung 173
  1. Erfolgsermittlung bei Industriebetrieben 173

2. Erfolgsermittlung nach IFRS 180
3. Erfolgsermittlung im HGB 190

Sechstes Kapitel: Internationale Kapitalflussrechnung **191**
1. Inhalt und Abbildung der Finanzlage 191
2. Aufbau der Kapitalflussrechnung 193
3. Kapitalflussrechnung im HGB 202

Siebtes Kapitel: Weitere internationale Rechnungslegungsinstrumente **203**
1. Eigenkapitalveränderungsrechnung 203
2. Anhang 206
3. Segmentberichterstattung 209

Achtes Kapitel: Internationaler Konzernabschluss **217**
1. Inhalt und Bestandteile 217
2. Aufstellungspflicht 220
3. Konsolidierungsarten 222
4. Vollkonsolidierung verbundener Unternehmen 226
5. Behandlung weiter Unternehmensanteile 253

Neuntes Kapitel: Internationale Rechnungslegung bei SMEs **259**
1. Grundlagen des Standards für SMEs 259
2. Aufbau des Standards für SMEs 260
3. Ansatzvorschriften für SMEs 261
4. Bewertungsvorschriften für SMEs 262

Aufgaben **265**
Lösungen **349**

Anhang
A. Übersicht über wichtige Vorschriften 458
B. IFRS-Vorschriften und Internetadressen 480
C. Bewertung von Finanzinstrumenten nach IAS 39 485
D. Bilanzierung von Leasing nach ED/2013/6 "Leases" 487
E. Wörterbuch: Abschlussposten Deutsch-Englisch 490

Inhaltsverzeichnis

Vorwort	V
Inhaltsübersicht	VII
Abkürzungsverzeichnis	XV

Erstes Kapitel: Grundlagen internationaler Rechnungslegung ... 1
  1. Gründe für internationale Rechnungslegung ... 1
  2. International Financial Reporting Standards (IFRS) ... 4
    2.1 Entwicklung der IFRS ... 4
    2.2 Aufbau der IFRS ... 6
    2.3 Nationale Gültigkeit ... 11
      2.3.1 IFRS im Einzel- und Konzernabschluss ... 11
      2.3.2 Umstellung des Jahresabschlusses auf IFRS ... 16
    2.4 Verhältnis von IFRS und US-GAAP ... 19
  3. Rechnungslegungszwecke und -ziele ... 21
    3.1 Theoretische Aspekte ... 21
    3.2 Praktische Aspekte ... 23
  4. Jahresabschlüsse nach IFRS ... 26
    4.1 Bestandteile von Einzel- und Konzernabschlüssen ... 26
    4.2 Ergänzungen des Jahresabschlusses aus deutscher Sicht ... 29

Zweites Kapitel: Grundsätze internationaler Rechnungslegung ... 33
  1. Prinzipien im Framework ... 33
    1.1 Underlying Assumptions ... 33
    1.2 Qualitative Characteristics ... 35
      1.2.1 Fundamentalgrundsätze ... 35
        1.2.1.1 Relevance ... 35
        1.2.1.2 Faithful Representation ... 37
      1.2.2 Erweiterungsgrundsätze ... 38
      1.2.3 Implizite Grundsätze ... 41
        1.2.3.1 Wirtschaftliche Betrachtungsweise ... 41
        1.2.3.2 Bilanzidentität und Stichtagsprinzip ... 42
        1.2.3.3 Einzelbewertungsprinzip ... 43
    1.3 Vergleich mit handelsrechtlichen GoB ... 44
  2. Wichtige Prinzipien in Standards ... 46

2.1 Accrual Basis	46
2.2 Realisation Principle	48
2.3 Vergleich mit handelsrechtlichen GoB	50
3. Grundsätze bei Bilanzänderungen	51

Drittes Kapitel: Internationale Bilanzierung ... **53**

1. Grundlegende Ansatzvorschriften	53
1.1 Definitionen	53
1.2 Ansatzkriterien	54
1.3 Einzelne Ansatzpflichten und Ansatzverbote	56
2. Ansatz von Leasingobjekten	58
2.1 Zuordnung von Mobilien beim Finance Leasing	58
2.2 Bilanzierung bei Operate und Finance Leasing	60
2.3 Mobilienleasing im HGB	63
3. Ansatz von Intangible Assets	64
3.1 Aktivierung nach IFRS	64
3.2 Immaterielle Vermögensgegenstände im HGB	66
4. Ansatz von Research and Development Costs	67
4.1 Aktivierung nach IFRS	67
4.2 Forschungs- und Entwicklungskosten im HGB	71
5. Ansatz des Goodwills	71
5.1 Aktivierung nach IFRS	71
5.2 Firmenwerte im HGB	73
6. Ansatz von Deferred Taxes	73
6.1 Aktivierung und Passivierung nach IFRS	73
6.2 Latente Steuern im HGB	81
7. Ansatz von Provisions	82
7.1 Passivierung nach IFRS	82
7.2 Rückstellungen im HGB	88
8. Ansatz des Equitys	89
9. Ausweis von Posten	90
9.1 Bilanzgliederung nach IFRS	90
9.2 Erläuterung einzelner Bilanzposten	91
9.3 Buchungstechnik nach IFRS	99
9.4 Bilanzgliederung nach HGB	100
9.5 Geplante Bilanzänderungen nach IFRS	100

Viertes Kapitel: Internationale Bewertung ... 101

1. Grundlegende Bewertungsvorschriften ... 101
   1.1 Historical Costs ... 101
   1.2 Fair Value ... 107
2. Bewertung von Property, Plant and Equipment ... 109
   2.1 Ausgangswerte ... 109
   2.2 Abschreibungen im Cost Model ... 110
      2.2.1 Planmäßige Wertminderung ... 110
      2.2.2 Außerplanmäßige Wertminderung ... 112
   2.3 Zuschreibungen im Cost Model ... 116
   2.4 Anwendung des Revaluation Models ... 117
      2.4.1 Neubewertung zum Fair Value ... 117
      2.4.2 Neubewertung mit latenten Steuern ... 122
   2.5 Bewertung von Sachanlagen bei Verkaufsabsicht ... 124
3. Bewertung von Intangible Assets ... 127
   3.1 Ausgangswerte ... 127
   3.2 Abschreibung und Zuschreibung ... 128
4. Bewertung des Goodwills ... 133
   4.1 Ausgangswerte ... 133
   4.2 Abschreibung beim Impairment ... 133
5. Bewertung von Financial Instruments ... 138
   5.1 Unterteilung von Finanzinstrumenten ... 138
   5.2 Kategorie "at Fair Value" ... 140
   5.3 Kategorie "at amortised Cost" ... 144
   5.4 Betrachtung einzelner Investitionsarten ... 147
      5.4.1 Behandlung von Derivaten ... 147
      5.4.2 Behandlung von Beteiligungen ... 149
      5.4.3 Behandlung von Investment Properties ... 150
6. Bewertung von Inventories ... 152
   6.1 Ausgangswerte ... 152
   6.2 Abschreibung und Zuschreibung ... 153
   6.3 Spezialfall: Langfristfertigung ... 155
7. Bewertung von Trade Receivables ... 160
   7.1 Ausgangswerte ... 160
   7.2 Abschreibung und Zahlungseingang ... 161
8. Bewertung von Liabilities ... 163
   8.1 Abgrenzungsbetrag bei Deferred Income ... 163
   8.2 Erfüllungsbetrag bei Provisions ... 164
   8.3 Anschaffungskosten bei Financial Liabilities ... 166

8.4 Spezialfall: Fremdwährungsverbindlichkeiten 169
9. Bewertung des Equitys 171
    9.1 Gezeichnetes Kapital und Rücklagen 171
    9.2 Spezialfall: Eigene Anteile 171

Fünftes Kapitel: Internationale Gesamtergebnisrechnung **173**
1. Erfolgsermittlung bei Industriebetrieben 173
    1.1 Erfolgseinflüsse durch Lagerbestandsänderungen 173
    1.2 Methoden der Erfolgsermittlung 174
        1.2.1 Gesamtkostenverfahren 174
        1.2.2 Umsatzkostenverfahren 177
2. Erfolgsermittlung nach IFRS 180
    2.1 Aufbau der Gesamtergebnisrechnung 180
    2.2 GuV-Rechnung nach Nature of Expense Method 183
        2.2.1 Gliederung und Postenerläuterung 183
        2.2.2 Erfolgsspaltung 187
    2.3 GuV-Rechnung nach Cost of Sales Method 188
3. Erfolgsermittlung im HGB 190

Sechstes Kapitel: Internationale Kapitalflussrechnung **191**
1. Inhalt und Abbildung der Finanzlage 191
2. Aufbau der Kapitalflussrechnung 193
    2.1 Ermittlung des Zahlungsmittelfonds 193
    2.2 Veränderung des Zahlungsmittelfonds 195
    2.3 Ermittlung von Cash flows 197
    2.4 Berücksichtigung von Ertragsteuern 200
    2.5 Formale Gestaltung 201
3. Kapitalflussrechnung im HGB 202

Siebtes Kapitel: Weitere internationale Rechnungslegungsinstrumente **203**
1. Eigenkapitalveränderungsrechnung 203
2. Anhang 206
3. Segmentberichterstattung 209
    3.1 Zielsetzung 209
    3.2 Inhalt 210
        3.2.1 Segmentabgrenzung 210
        3.2.2 Segmentinformationen 213

Achtes Kapitel: Internationaler Konzernabschluss **217**
  1. Inhalt und Bestandteile 217
  2. Aufstellungspflicht 220
  3. Konsolidierungsarten 222
  4. Vollkonsolidierung verbundener Unternehmen.. 226
    4.1 Technik der Abschlusserstellung.. 226
    4.2 Kapitalkonsolidierung 228
      4.2.1 Erstkonsolidierung bei vollständiger Beherrschung................. 228
      4.2.2 Erstkonsolidierung mit latenten Steuern.................................. 231
      4.2.3 Folgekonsolidierung bei vollständiger Beherrschung 233
      4.2.4 Behandlung von Minderheitsgesellschaftern........................... 237
          4.2.4.1 Erstkonsolidierung bei unvollständiger Beherrschung 237
          4.2.4.2 Folgekonsolidierung bei unvollständiger Beherrschung.......... 242
      4.2.5 Spezialfall: Negativer Firmenwert 243
      4.2.6 Konsolidierungsvergleich von IFRS und HGB 245
    4.3 Weitere Konsolidierungen 245
      4.3.1 Schuldenkonsolidierung 245
      4.3.2 Zwischenergebniskonsolidierung 248
      4.3.3 Aufwands- und Ertragskonsolidierung 251
      4.3.4 Konsolidierungsvergleich von IFRS und HGB 252
  5. Behandlung weiter Unternehmensanteile 253
    5.1 Equity-Methode für Gemeinschaftsunternehmen 253
    5.2 Equity-Methode für assoziierte Unternehmen................................... 255

Neuntes Kapitel: Internationale Rechnungslegung bei SMEs **259**
  1. Grundlagen des Standards für SMEs 259
  2. Aufbau des Standards für SMEs 260
  3. Ansatzvorschriften für SMEs.. 261
  4. Bewertungsvorschriften für SMEs.. 262

Aufgaben **265**
Lösungen **349**

Anhang
  A. Übersicht über wichtige Vorschriften 458
    1. Grundlagen 458
    2. Prinzipien 460

3. Ansatz und Ausweis 462
4. Bewertung 464
5. GuV-Rechnung/Gesamtergebnisrechnung 468
6. Kapitalflussrechnung 470
7. Weitere Rechnungslegungsinstrumente 470
8. Konzern 474
9. IFRS für SMEs 478
B. IFRS-Vorschriften und Internetadressen 480
C. Bewertung von Finanzinstrumenten nach IAS 39 485
D. Bilanzierung von Leasing nach ED/2013/6 "Leases" 487
E. Wörterbuch: Abschlussposten Deutsch-Englisch 490

Literaturverzeichnis **495**
Stichwortverzeichnis **503**

Abkürzungsverzeichnis

Abzgl	Abzüglich
AHK	Anschaffungs- oder Herstellungskosten
AK	Anschaffungskosten
ARC	Accounting Regulatory Committee
Art	Artikel
AV	Anlagevermögen
BB	Betriebs-Berater (Zeitschrift)
BC	Basis for Conclusion
BG	Bilanzgewinn
BMF/BMJ	Bundesministerium der Finanzen/der Justiz
BW	Buchwert
CGU	Cash generating unit
DAX	Deutscher Aktienindex
DB	Der Betrieb (Zeitschrift)
DRS	Deutsche Rechnungslegungsstandards
DRSC	Deutsches Rechnungslegungs Standards Committee e.V.
DStR	Deutsches Steuerrecht (Zeitschrift)
ED	Exposure Draft
EFRAG	European Financial Reporting Advisory Group
EK	Eigenkapital
EStG	Einkommensteuergesetz
EStR	Einkommensteuer-Richtlinien
EU	Europäische Union
F	Framework
Fifo	First in – first out
FW	Firmenwert
G	Gewinn
GAAP	Generally Accepted Accounting Principles
Gez. Kap.	Gezeichnetes Kapital
GewStG	Gewerbesteuergesetz
GKV	Gesamtkostenverfahren
GmbHG	GmbH-Gesetz
GMZ	Grundmietzeit
GoB	Grundsätze ordnungsmäßiger Buchführung
GRL	Gewinnrücklagen

GWG	Geringwertige Wirtschaftsgüter
HB/HBG	Handelsbilanz/Handelsbilanzgewinn
HK	Herstellungskosten
Hrsg	Herausgeber
IAS	International Accounting Standard
IASB	International Accounting Standards Board
IASCF	International Accounting Standards Committee Foundation
IFRIC	International Financial Reporting Interpretations Committee
IFRS	International Financial Reporting Standard
IOSCO	International Organization of Securities Commissions
i.S.d.	im Sinne des
i.V.m.	in Verbindung mit
Jg	Jahrgang
JÜ	Jahresüberschuss
KapG	Kapitalgesellschaft
KoR	Kapitalmarktorientierte Rechnungslegung (Zeitschrift)
KStG	Körperschaftsteuergesetz
Lifo	Last in – first out
LG/LN	Leasinggeber/Leasingnehmer
LuL	Lieferungen und Leistungen
ND	Nutzungsdauer
NK	Nebenkosten
OCI	Other comprehensive income
PiR	Praxis internationaler Rechnungslegung (Zeitschrift)
R	Richtlinie
RAP	Rechnungsabgrenzungsposten
RL	Rücklage
Rn	Randnummer
SIC	Standing Interpretations Committee
SMEs	Small and Medium-sized Entities
StB	Steuerbilanz
StuB	Steuern und Bilanzen (Zeitschrift)
StBG	Steuerbilanzgewinn
UKV	Umsatzkostenverfahren
USD	US-Dollar
USt	Umsatzsteuer
WPg	Die Wirtschaftsprüfung (Zeitschrift)
Zzgl	Zuzüglich

Erstes Kapitel: Grundlagen internationaler Rechnungslegung

1. Gründe für internationale Rechnungslegung

Unternehmen benötigen zur Durchführung ihrer wirtschaftlichen Tätigkeiten Kapital. Es kann als Eigenkapital (durch die Eigentümer) oder als Fremdkapital (durch die Gläubiger) bereitgestellt werden. Für Aktiengesellschaften ist die Eigenfinanzierung zweckmäßig, da Aktien als Teilhaberpapiere eine unbefristete Laufzeit und eine kleine Stückelung aufweisen[1]. Außerdem können Aktien an Börsen gehandelt werden, so dass eine breite Streuung möglich ist: Ein großer Kapitalbedarf kann durch viele Anleger aufgebracht werden.

Für die Entscheidung über den Aktienkauf benötigen die Investoren Informationen über den Erfolg der Unternehmen. Wenn die Anleger weltweit investieren wollen und die Gewinne von börsennotierten Unternehmen nach nationalen Vorschriften ermittelt werden, ist kein direkter Vergleich der Unternehmensdaten möglich. Es müssen zeitaufwendige Umrechnungen vorgenommen werden, die Kosten verursachen. Eine **Standardisierung** der Rechnungslegung bei allen Unternehmen führt zu **Zeit- und Kostenersparnissen**.

Daher hat die Europäische Union (EU) durch die Verordnung 1606/2002 vom 19.7.2002 festgelegt, dass im Konzernabschluss von kapitalmarktorientierten Unternehmen die International Financial Reporting Standards (IFRS) ab dem 1.1.2005 anzuwenden sind[2]. Der deutsche Gesetzgeber hat die Regelung in § 315a Abs. 1 HGB übernommen und zusätzlich den nicht-börsennotierten Konzernen ein Wahlrecht zur Anwendung der IFRS eingeräumt (§ 315a Abs. 3 HGB). Im Einzelabschluss müssen Kapitalgesellschaften weiterhin das HGB anwenden. Allerdings kann die Offenlegung nach IFRS erfolgen, so dass zumindest eine Information über das aktuelle Vermögen und den aktuellen Erfolg möglich ist.

Auch an deutschen Börsen wird die Anwendung internationaler Vorschriften verlangt. Die Deutsche Börse AG fordert für Unternehmen der Europäischen Union im Prime Standard die Aufstellung der Finanzberichte nach IFRS. Nicht EU-Unternehmen können auch nach anderen Vorschriften wie z.B. US-GAAP bilanzieren. Die amerikanischen Vorschriften spielen eine große Rolle an der **New York Stock Exchange** (NYSE), der wichtigen New

---

[1] Vgl. Wöhe, G./Bilstein, J./Ernst, D./Häcker, J. (Unternehmensfinanzierung), S. 57.

[2] Vgl. EU-Verordnung (1606/2002), S. 1-4.

Yorker Börse ("Wall-Street"). Für die internationalen Rechnungslegungsvorschriften sprechen aus Anlegersicht die folgenden Gründe:

> Zeit- und Kostenersparnis durch Standardisierung der Rechnungslegung

Die Anwendung einheitlicher Vorschriften ist nicht nur für europäische Unternehmen zweckmäßig, sondern für die Unternehmen **weltweit**. Wenn die Anleger global investieren wollen, können sie die Abschlüsse aller Unternehmen miteinander vergleichen, wenn neben einheitlichen Bilanzierungsvorschriften eine einheitliche Währung verwendet wird.

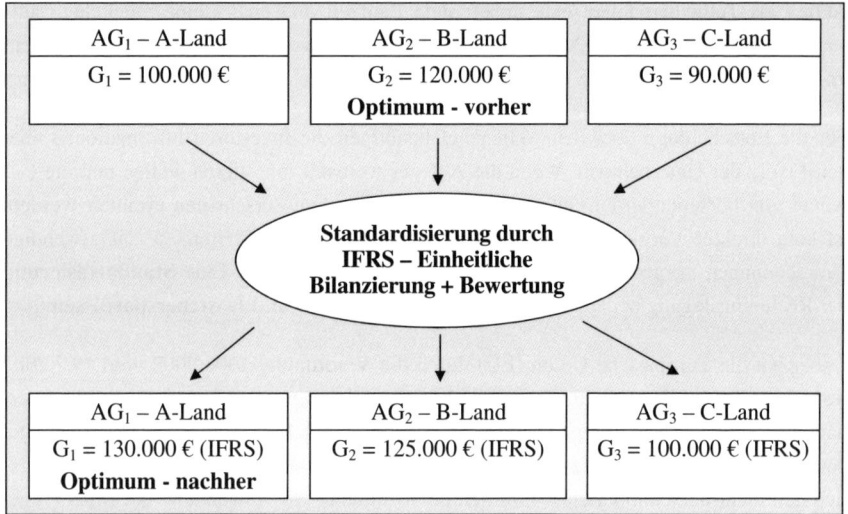

Abb. 1: Standardisierungsfunktion internationaler Rechnungslegung

In der obigen Abbildung ermitteln die internationalen Aktiengesellschaften (AG) ihren Gewinn zunächst nach den jeweiligen Landesvorschriften. Danach ist die AG_2 aus B-Land am besten einzustufen, wenn der Gewinn als Maßstab dient[1]. Nach der Standardisierung der Rechnungslegungsvorschriften (nach Anwendung der IFRS) verschiebt sich die Rangfolge, so dass die AG_1 aus A-Land den höchsten Gewinn erzielt. Wenn diese Gesellschaft ihren Sitz in Deutschland hat, wird ihr nationaler Erfolg durch das **Vorsichtsprinzip** beschränkt. Bei IFRS wird dieser Grundsatz nicht mehr speziell genannt.

---

[1] Voraussetzung für den direkten Unternehmensvergleich ist eine einheitliche Währung (z.B. US-Dollar).

1. Gründe für internationale Rechnungslegung

Eine wesentliche Voraussetzung für die Standardisierungsfunktion ist der **Verzicht auf Bilanzierungs- und Bewertungswahlrechte**. Je mehr Wahlrechte bestehen, die von den Unternehmen unterschiedlich genutzt werden, umso geringer ist die Vergleichbarkeit der Unternehmenserfolge. Der Vorteil internationaler Rechnungslegungsvorschriften nimmt ab. Zwar enthalten die IFRS-Vorschriften nur einige Wahlrechte bei den Bewertungsmethoden, aber wenn sie genutzt werden, müssen wieder Umrechnungen zum Vergleich der Unternehmensdaten erfolgen. Daher sollten die IFRS **keine Wahlrechte** enthalten.

Einheitliche Bilanzierungs- und Bewertungsvorschriften führen zur Vergleichbarkeit der Unternehmenserfolge insgesamt. Neben diesem **materiellen** Aspekt sprechen auch **formelle** Gesichtspunkte für internationale Rechnungslegungsvorschriften. Zu nennen sind die sprachliche Vereinheitlichung (von Postenbezeichnungen), die Verwendung einheitlicher Postenabgrenzungen, Gliederungsschemata und Ausweisvorschriften (z.B. Angabe von Vorjahreswerten oder Saldierungsverbote für gleichartige Aktiv- und Passivposten).

Internationale Jahresabschlüsse werden grundsätzlich in englischer Sprache aufgestellt, wodurch Übersetzungen der Postenbezeichnungen entfallen. Standardisierte Postenabgrenzungen, Gliederungsschemata und Ausweisvorschriften ermöglichen den Vergleich einzelner Posten, z.B. des Betriebs- und Finanzergebnisses. Diese Ergebnisse können unterschiedliche Komponenten aufweisen. Für den internationalen Vergleich sind die gleichen Posten einzubeziehen, damit eine Unternehmensanalyse stattfinden kann. Es gilt:
- Materielle Gründe: Möglichkeit zum **Gesamtvergleich** von Erfolgen.
- Formelle Gründe: Möglichkeit zum **Detailvergleich** einzelner Erfolgskomponenten.

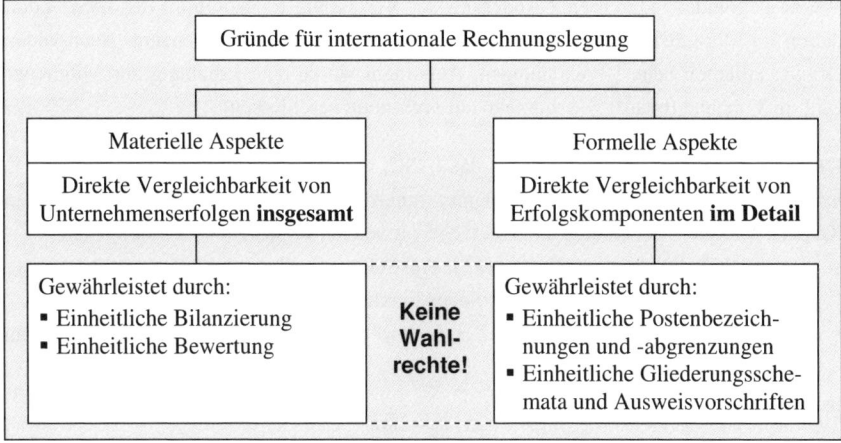

Abb. 2: Gründe für internationale Rechnungslegung

Die Informationsbedürfnisse der Anleger bilden die Ursache für gesetzliche oder börsenrechtliche Rechnungslegungspflichten nach internationalen Normen. Somit gilt:

> Informationsbedürfnisse der Anleger führen zur internationalen Rechnungslegung

Der vorrangige Zweck der internationalen Rechnungslegung besteht im **Anlegerschutz**[1]. Er wird durch die Bereitstellung entscheidungsnützlicher Informationen (decision usefulness) über die wirtschaftliche Lage der Unternehmen gewährleistet. Die Rechnungslegung hat eine **Informationsfunktion**: Die Anleger sollen in der Lage sein, richtige Entscheidungen über den Kauf, den Verkauf oder das Halten von Aktien zu treffen. Da die Aktien an Kapitalmärkten (Börsen) gehandelt werden, bezeichnet man die internationale Rechnungslegung auch als **kapitalmarktorientierte Rechnungslegung**[2].

2. International Financial Reporting Standards (IFRS)

2.1 Entwicklung der IFRS

Die International Financial Reporting Standards wurden zunächst vom IASC entwickelt. Das **IASC** (International Accounting Standards Committee) wurde am 29.6.1973 in der Rechtsform eines privatrechtlichen Vereins gegründet. Am 6.2.2001 wurde die Nachfolgeorganisation **IASCF** (IASC Foundation) als Stiftung privaten Rechts mit Sitz in Delaware (USA) gegründet[3]. Durch eine Änderung der Verfassung (constitution) der IASC Foundation im März 2010 wurde die Stiftung in **IFRS-Foundation** umbenannt. Auch andere Organe erhielten neue Bezeichnungen. Außerdem wurde eine Erhöhung der Mitgliederzahl im Vorstand (board) von vierzehn auf sechzehn beschlossen.

Die erste internationale Organisation, das IASC, wurde von **neun** Ländern gegründet. Es handelte sich um Australien, Deutschland, Frankreich, Großbritannien (mit Irland), Japan, Kanada, Mexiko, Niederlande und USA. Sie verwenden verschiedene Rechtssysteme:
- Angelsächsisches System ("case law"): Australien, Großbritannien (mit Irland), Kanada, Mexiko, Niederlande und USA. Sechs Länder – **Mehrheit**.
- Kontinental-europäisches System ("code law"): Deutschland, Frankreich und Japan. Drei Länder – **Minderheit**.

---
[1] Vgl. hierzu auch die Ausführungen unter Gliederungspunkt 3.1 dieses Kapitels.
[2] Vgl. Gräfer, H./Scheld, G. (Konzernrechnungslegung), S. 20.
[3] Vgl. Pellens, B./Fülbier, R.U./Gassen, J./Sellhorn, T. (Rechnungslegung), S. 90.

Die ursprüngliche Zusammensetzung des IASC war ausschlaggebend für die Struktur der IFRS. Da die angelsächsisch geprägten Länder bereits bei der Gründung des IASC über die Mehrzahl der Stimmen verfügten, folgen die IFRS diesem Rechtssystem und stehen in der Tradition des case law-Systems. Hierbei bilden einzelfallorientierte Regelungen den Mittelpunkt der Vorschriften. Die Details folgen im nächsten Gliederungspunkt.

Die Mitgliederzahl in der IFRS-Foundation ist im Zeitablauf deutlich gestiegen. Es gilt[1]:

Aktueller Mitgliederstand: Über 150 Organisationen aus über 120 Ländern

Das **IASB** (International Accounting Standards Board) mit Sitz in London ist das wichtigste Organ der IFRS-Foundation. Aktuelle Informationen über die Arbeit des IASB sind im Internet verfügbar (www.ifrs.org). Das IASB übernimmt unter anderem die Aufgaben:
- Verabschiedung von Standards und Interpretations.
- Kontaktaufnahmen zu nationalen Rechnungslegungsinstitutionen (Standardsettern). Hierzu gehört aus deutscher Sicht das DRSC, das unten beschrieben wird.

Das IASB hat so eine große Bedeutung bei der Entwicklung der internationalen Vorschriften, dass diese Bezeichnung oft stellvertretend für die Gesamtorganisation verwendet wird. Die Mitgliederzahl im Board wurde in 2012 von **vierzehn auf sechzehn Personen** erhöht. Bei der Verabschiedung von neuen Standards müssen zehn der sechzehn Mitglieder zustimmen[2]:

Annahme von Standards bei zehn von sechzehn Stimmen

Das **Deutsche Rechnungslegungs Standards Committee** (DRSC) wurde im März 1998 in Berlin in der Rechtsform eines eingetragenen Vereins gegründet und ist ähnlich aufgebaut wie das IASB. Im September 1998 wurde der Deutsche Standardisierungsrat vom Bundesministerium der Justiz (BMJ) als privates Rechnungslegungsgremium nach § 342 HGB anerkannt. Seine Aufgaben sind in § 342 Abs. 1 Nr. 1-4 HGB festgelegt:
- Entwicklung von Grundsätzen über die Konzernrechnungslegung.
- Beratung des BMJ bei Gesetzgebungsvorhaben zu Rechnungslegungsvorschriften.
- Vertretung in internationalen Standardisierungsgremien.
- Erarbeitung von Interpretationen für internationale Rechnungslegungsstandards.

---

[1] Vgl. Baetge, J./Kirsch, H.-J./Thiele, S. (Bilanzen), S. 54.
[2] Vgl. Kirsch, H. (Rechnungslegung), S. 6.

Das DRSC ist ein nationaler **Standardsetter**, der durch die Entwicklung von Deutschen Rechnungslegungsstandards (DRS) an der Gestaltung nationaler Rechtsvorschriften mitwirkt[1]. In diesem Buch werden unter anderem die folgenden Standards behandelt:
- DRS 2 (Kapitalflussrechnung): Bekanntmachung 2000.
- DRS 3 (Segmentberichterstattung): Bekanntmachung 2000.
- DRS 7 (Konzerneigenkapital und Konzerngesamtergebnis): Bekanntmachung 2001.
- DRS 15 (Lageberichterstattung): Bekanntmachung 2005.

Das IASB und das DRSC sind **keine Gesetzgebungsorgane**. Es handelt sich um **privatrechtliche** Vereinigungen, deren Vorschriften keine direkte Rechtswirkung in Deutschland entfalten. Die IFRS haben durch die Anerkennung der EU wesentlich an Bedeutung gewonnen. Für die Standards des DRSC besteht eine Richtigkeitsvermutung zur Beachtung der Konzern-GoB, wenn sie vom BMJ bekannt gemacht worden sind[2]. Daher kann z.B. die im HGB verlangte Kapitalflussrechnung nach DRS 2 erstellt werden.

2.2 Aufbau der IFRS

Die IFRS sind anders aufgebaut als die deutschen Rechnungslegungsvorschriften. Letztere werden kurz und allgemeingültig formuliert, so dass sie für eine Vielzahl von Sachverhalten gelten (**Generalregelungen**). Dagegen sind die IFRS ausführlich und speziell formuliert und sollen Einzelfälle regeln (**Spezialregelungen**). Der Unterschied wird am Beispiel der Abschreibungen des Anlagevermögens erläutert.

Beispiel: Nach § 253 Abs. 3 Satz 1 HGB ist das abnutzbare Anlagevermögen planmäßig abzuschreiben. Es werden aber weder die Abschreibungsverfahren noch die Nutzungsdauer definiert. Eine Erläuterung von Abschreibungsverfahren für einzelne Posten (z.B. Maschinen, Gebäude oder Patente) unterbleibt. Auch die außerplanmäßigen Abschreibungen in § 253 Abs. 3 Satz 3 HGB sind unvollständig: Der beizulegende Stichtagswert wird ebenso wenig definiert wie die voraussichtlich dauernde Wertminderung.

Die IFRS sind anders aufgebaut. Das Anlagevermögen wird in drei Hauptgruppen aufgeteilt, die jeweils in einem Standard behandelt werden[3]. Es gilt:
- IAS 16 (Property, Plant and Equipment): Vorschriften für Sachanlagen.
- IAS 38 (Intangible Assets): Vorschriften für immaterielle Vermögenswerte.
- IFRS 9 (Financial Instruments): Vorschriften für Finanzinstrumente.

---

[1] Eine Übersicht über die Standards des DRSC ist im Internet unter www.drsc.de abrufbar.
[2] Vgl. Federmann, R. (Bilanzierung), S. 114.
[3] Für die außerplanmäßige Abschreibung muss noch IAS 36 (Impairment of Assets) beachtet werden.

2. International Financial Reporting Standards (IFRS)

Das deutsche Handelsrecht orientiert sich am kontinental-europäischen **code law**. Hierbei handelt es sich um ein Rechtssystem, dessen Gesetze für eine Vielzahl von Fällen gelten sollen und einen allgemeingültigen Charakter aufweisen. Der Vorteil besteht in der Kürze der Vorschriften, der Nachteil in ihrer Auslegungsbedürftigkeit. Viele handelsrechtliche Kommentare konkretisieren unbestimmte Regelungen. Auch steuerrechtliche Vorschriften und die Regelungen des DRSC tragen zur Interpretation unklarer Normen bei.

Die IFRS orientieren sich am angelsächsischen **case law**. Hierbei handelt es sich um einzelfallbezogene Regelungen, die für spezielle Fälle gelten. Der Vorteil besteht in der genauen Regelung einzelner Sachverhalte (Ausführlichkeit). Nachteilig sind die Wiederholungen, da z.B. die Bestandteile der Anschaffungskosten bei verschiedenen Vermögenswerten definiert werden. Hierdurch steigt der Umfang der Vorschriften. Die folgende Abbildung fasst die jeweiligen Vor- und Nachteile zusammen.

	Code law	Case law
Vorteil	Kurze Formulierungen (Generalregelungen)	Ausführlichkeit (Spezialregelungen)
Nachteil	Auslegungsbedürftigkeit	Umfang (Wiederholungen)

Abb. 3: Vergleich von code law und case law

Die IFRS sind allerdings kein reines case law-System, da den Standards das Framework (Rahmenwerk) vorangestellt wird, das die Grundlagen der Rechnungslegung enthält. Zusammen mit den Interpretations (Interpretationen) ergibt sich das in der Abbildung dargestellte IFRS-System. Die Bezeichnungen für die Standards und Interpretations wurden im Zeitablauf verändert, so dass derzeit verschiedene Versionen gültig sind (siehe Anhang).

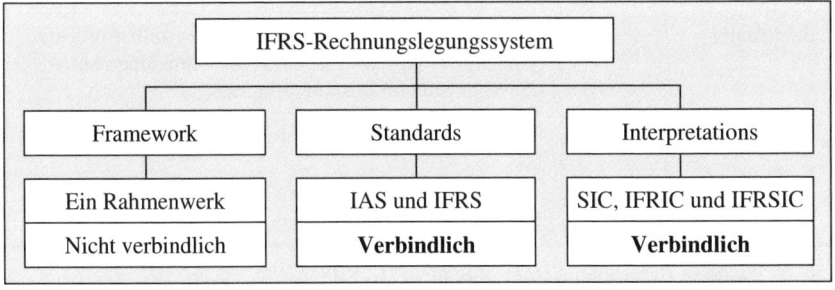

Abb. 4: IFRS-Rechnungslegungssystem

Das **Framework** enthält allgemeine Regelungen, die das theoretische Fundament der Rechnungslegung bilden. Seine Inhalte sind aber nicht verbindlich, sondern werden ergänzend bei Regelungslücken angewendet. Das Rahmenwerk hat die folgenden Bestandteile:

Bestandteile des Frameworks			
Zielsetzung von Jahresabschlüssen	Qualitative Merkmale der Rechnungslegung	Definition, Ansatz und Bewertung der Abschlusselemente	Kapital und Kapitalerhaltungskonzept

Abb. 5: Bestandteile des Frameworks

Die Bestandteile des Frameworks werden in diesem und dem zweiten Kapitel erläutert. Da das Rahmenkonzept schon einige Jahre alt ist und zwischenzeitlich viele neue Standards entwickelt wurden, passen ihre Inhalte oft nicht mehr zusammen. Daher soll das Framework in acht Phasen (A bis H) überarbeitet werden[1]. Die Phase A befasste sich mit der Zielsetzung von Jahresabschlüssen und den qualitativen Merkmalen der Rechnungslegung und wurde im September 2010 abgeschlossen (siehe zweites Kapitel). Die Überarbeitung der anderen Teile wird wohl noch einige Zeit in Anspruch nehmen.

Die **Standards** regeln die Bilanzierung spezieller Sachverhalte. Der Aufbau wird am Beispiel von IAS 38 (Intangible Assets) erläutert. Die grau unterlegten Nummern 3 bis 5 kennzeichnen den Standard im engeren Sinne, dessen Inhalt verbindlich ist.

	Wichtige Bestandteile eines Standards
1. Zielsetzung	Allgemeine Beschreibung der Ziele
2. Anwendungsbereich	Für welche Posten gilt der Standard? Welche anderen Standards sind vorrangig zu beachten?
3. Inhalte	Definitionen, Ansatz und Bewertung einzelner immaterieller Werte und des Firmenwerts. Vornahme von Abschreibungen und Zuschreibungen
4. Angaben	Informationen, die im Anhang zu vermitteln sind
5. In-Kraft-Treten	Zeitpunkt der verbindlichen Anwendung
6. Weitere Teile	Anhang, Anwendungshinweise, Schlussfolgerungen

Abb. 6: Wichtige Bestandteile eines Standards (IAS 38)

---

[1] Vgl. Pelger, C. (Framework), S. 908-909.

Der Anwendungsbereich (scope) des Standards legt fest, für welche assets er gilt. IAS 38 ist bei immateriellen Vermögenswerten im Anlagevermögen anzuwenden. Befinden sich diese Posten im Umlaufvermögen, kommt IAS 2 (Inventories – Vorräte) zum Einsatz. Die **inhaltlichen Vorschriften** enthalten wichtige Definitionen (z.b. immaterieller Vermögenswert, Entwicklungskosten) und die jeweiligen Ansatz- und Bewertungsvorschriften.

Die vorzunehmenden **Angaben** (disclosure) folgen nach den materiellen Vorschriften. Bei immateriellen Vermögenswerten müssen z.B. Angaben über die Nutzungsdauer erfolgen: Handelt es sich um Posten mit unbegrenzter oder begrenzter Nutzungsdauer? Im letzten Fall müssen Angaben über die Länge des Nutzungszeitraums und die Abschreibungsverfahren vermittelt werden (IAS 38.118). Der Zeitpunkt des **In-Kraft-Tretens** (effective date) legt den verbindlichen Anwendungszeitpunkt fest.

Die eigentlichen Vorschriften des Standards werden oft durch andere Teile ergänzt. Das gilt insbesondere bei Standards, die schwierige Bilanzierungsfragen enthalten. Der **Anhang** (appendix) kann z.B. Methoden zur Bestimmung von Werten beinhalten. Im appendix A zu IAS 36 (Impairment of Assets – Wertminderung von Vermögenswerten) werden z.B. Verfahren zur Ermittlung des Nutzungswerts festgelegt, der unter anderem bei der außerplanmäßigen Abschreibung immaterieller Posten relevant ist. Dieser Anhang ist verbindlich, während andere Anhänge einen "begleitenden Charakter" aufweisen.

Einige Standards werden um **implementation guidance** (Anwendungshinweise) erweitert, die die Umsetzung des Standards erleichtern sollen. Die **basis for conclusions** (Grundlagen für Schlussfolgerungen) enthalten Begründungen des IASB zu den vorgenommenen Änderungen eines Standards. Diese beiden Teile sind aber nicht verbindlich, sondern weisen einen begleitenden Charakter auf.

Derzeit existieren nominell 41 IAS, die im Anhang aufgeführt werden. Die Nummerierung folgt keiner inhaltlichen Systematik. Die effektive Anzahl ist niedriger, da einige ältere IAS bereits durch die neueren IFRS (International Financial Reporting Standards) ersetzt wurden. Langfristig werden nur noch die neuen IFRS gültig sein. Da einige ältere IAS noch überarbeitet werden, wird dieser Ablösungsprozess noch viele Jahre dauern. Durch das im Dezember 2003 abgeschlossene **improvement project** wurden dreizehn Standards erneuert[1]. Durch das Projekt sollten Wahlrechte in den Standards vermindert werden.

Die Entwicklung von Standards folgt einem formalisierten Prozess ("due process"), dessen Durchlauf meist zwei bis drei Jahre dauert. Wichtige Zwischenstufen sind[2]:

---

[1] Vgl. Wagenhofer, A. (Rechnungslegungsstandards), S. 97.
[2] Vgl. Kirsch, H. (Rechnungslegung), S. 5-6.

- **Discussion Document**: Erstes Diskussionspapier mit den möglichen Lösungen für ein Problem. Die Öffentlichkeit ist zur Kommentierung aufgerufen (Frist: Meist 90 Tage).
- **Exposure Draft**: Nach Auswertung der Ergebnisse zum Discussion Document folgt ein Entwurf eines Standards mit dem vom IASB bevorzugten Lösungsansatz, der erneut der Öffentlichkeit zur Diskussion gestellt wird (Frist: Meist 90 Tage).
- **International Financial Reporting Standard**: Nach Auswertung der Ergebnisse zum Exposure Draft und eventueller Berücksichtigung der vorgeschlagenen Verbesserungen wird der Standard vom IASB verabschiedet.

Die **Interpretations** sollen unklare oder fehlende Bereiche (Regelungslücken) in den Standards beseitigen. Die Interpretationen wurden zuerst vom Standing Interpretations Committee (SIC), einem früheren Organ des IASB, entwickelt und daher als SIC bezeichnet (z.B. SIC Interpretation 15 Operating Leases – Incentives). Derzeit existieren noch acht SICs, die im Anhang angeführt werden. Ihre Nummerierung ist sehr lückenhaft[1], da die Inhalte zahlreicher Interpretations zwischenzeitlich bei der Überarbeitung der entsprechenden Standards berücksichtigt wurden.

Da das SIC vom International Financial Reporting Interpretations Committee (IFRIC) abgelöst wurde, werden die neueren Interpretationen als IFRICs bezeichnet. In IFRIC Interpretation 1 Changes in Existing Decommissioning, Restoration and Similar Liabilities (Änderungen bestehender Rückstellungen für Entsorgungs-, Wiederherstellungs- und ähnliche Verpflichtungen) werden z.B. Bilanzierungsprobleme von langfristigen Rückstellungen behandelt. Da das IFRIC im März 2010 in IFRS Interpretations Committee umbenannt wurde, werden die neuen Interpretationen zukünftig als IFRSIC bezeichnet.

Durch die Aufnahme von implementation guidance in die Standards wurde die Anzahl der Interpretations vermindert. IAS 8 (Accounting Policies, Changes in Accounting Estimates and Errors – Rechnungslegungsmethoden, Änderungen von rechnungslegungsbezogenen Schätzungen und Fehler) legt die Vorgehensweise bei Regelungslücken fest: Wie ist vorzugehen, wenn ein Problem nicht in den Standards oder Interpretations behandelt wird.

Wenn die implementation guidance und basis for conclusions auf der ersten Stufe keine Lösung beinhalten, sind nach IAS 8.11 vergleichbare Regelungen anderer Standards und Interpretations heranzuziehen. Danach kommen Teile des Frameworks (z.B. Definitionen und Ansatzkriterien) zur Anwendung. Auf der dritten Stufe werden ergänzende Quellen herangezogen. Es kann sich um Verlautbarungen nationaler Standardsetter (z.B. DRSC) oder der Literatur handeln, wenn sie entscheidungsnützliche Informationen enthalten.

---

[1] Die Nummerierung beginnt mit SIC-7 (Introduction of the Euro - Einführung des Euro) und endet mit SIC 32 (Intangible Assets - Web Side Costs/Immaterielle Vermögenswerte - Websitekosten).

Bei Einhaltung der IFRS-Vorschriften wird meist eine **fair presentation** (angemessene Darstellung) der wirtschaftlichen Lage des Unternehmens erzielt. Zur Einhaltung dieser Generalklausel muss in Ausnahmefällen von den Einzelvorschriften abgewichen werden (**overriding principle**). Die fair presentation bildet quasi das Fundament des "House of IFRS"[1], des IFRS-Gebäudes, das in der folgenden Abbildung dargestellt wird.

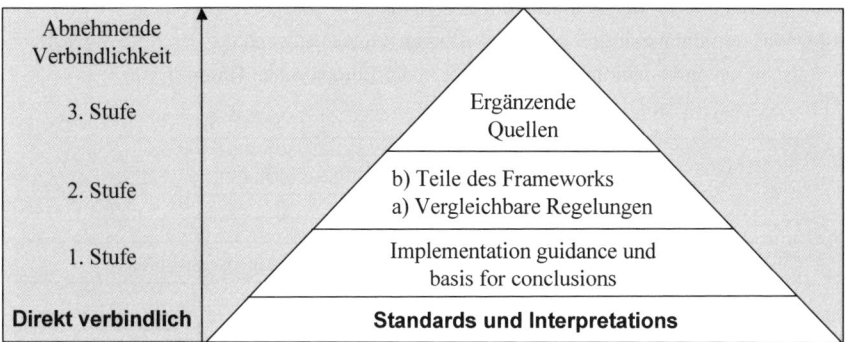

Abb. 7: Verbindlichkeitsgrade der IFRS-Vorschriften

2.3 Nationale Gültigkeit

2.3.1 IFRS im Einzel- und Konzernabschluss

Eine deutsche Kapitalgesellschaft, die mindestens ein Tochterunternehmen besitzt, ist ein Mutterunternehmen, das die folgenden Abschlüsse aufstellen muss:
- **Einzelabschluss**: Für das Mutterunternehmen allein gemäß §§ 242 bis 288 HGB. Die Anteile an der Tochter stellen "Anteile an verbundenen Unternehmen" dar.
- **Konzernabschluss**: Für den Konzern als wirtschaftlichen Verbund rechtlich selbstständiger Unternehmen nach §§ 290 bis 314 HGB. Im Konzernabschluss sind alle Beziehungen zwischen Mutter und Tochter auszugleichen, um die wirtschaftliche Lage wie bei einem einzigen Unternehmen darzustellen. Auf jeden Fall müssen die Anteile verbundener Unternehmen der Mutter mit dem Eigenkapital der Tochter verrechnet werden. Diese Kapitalkonsolidierung wird im achten Kapitel näher erläutert.

Zusätzlich sind auf jeder Ebene **Lageberichte** aufzustellen (§ 289 bzw. § 315 HGB), die nicht zum Jahresabschluss gehören und später erläutert werden. Bei kapitalmarktorien-

---
[1] Vgl. Pellens, B./Fülbier, R.U./Gassen, J./Sellhorn, T. (Rechnungslegung), S. 104.

tierten Aktiengesellschaften ist eine Erklärung gemäß § 289a HGB abzugeben. Außerdem müssen kapitalmarktorientierte Kapitalgesellschaften über das interne Kontroll- und Risikomanagementsystem im Hinblick auf den Rechnungslegungsprozess berichten.

Für den **Jahresabschluss** (insbesondere auf Konzernebene) gelten **seit dem 1.1.2005** neue Rechnungslegungsvorschriften, die durch die EU-Verordnung Nr. 1606/2002 zur Anwendung internationaler Rechnungslegungsstandards vom 19.7.2002 festgelegt werden[1]. Die folgende Abbildung zeigt die Rahmenbedingungen zur Anwendung der IFRS für Kapitalgesellschaften durch nationale Gesetzgeber in der Europäischen Union (EU).

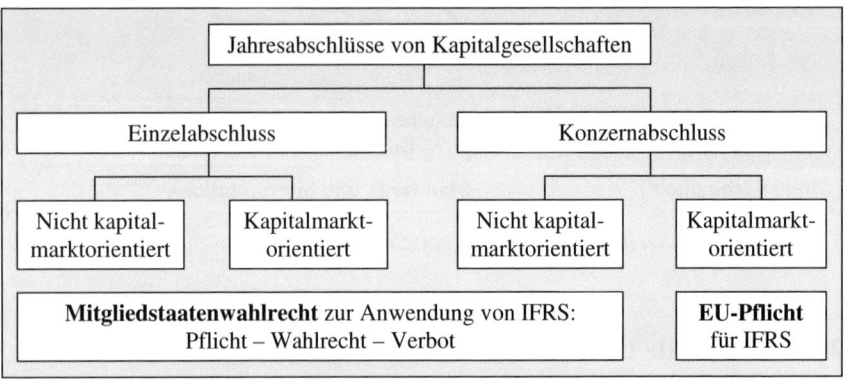

Abb. 8: Rechnungslegung im Rahmen der EU-Vorgaben

Im **Konzernabschluss** müssen kapitalmarktorientierte Mutterunternehmen, die dem Recht eines EU-Mitgliedstaates unterliegen, die IFRS-Vorschriften anwenden. Die Kapitalmarktorientierung ist erfüllt, wenn Wertpapiere auf einem geregelten Markt in einem EU-Mitgliedstaat gehandelt werden. Es ist gleichgültig, ob es sich um Eigenkapitalpapiere (z.B. Aktien) oder Fremdkapitalpapiere (z.B. Schuldverschreibungen) handelt. Nach § 315a Abs. 2 HGB ist ein IFRS-Konzernabschluss schon dann aufzustellen, wenn die Muttergesellschaft bis zum Bilanzstichtag die Teilnahme an einem geregelten Markt beantragt hat.

Beispiel: Die D-AG, die keinen Kapitalmarkt in Anspruch nimmt, hat ihren Sitz in Würzburg. Sie ist zu 100% an der französischen F-AG beteiligt, deren Wertpapiere an der Pariser Börse notiert sind. Die Muttergesellschaft, die D-AG, muss keinen Konzernabschluss nach IFRS aufstellen, da sie nicht kapitalmarktorientiert ist. Anders verhielte es sich, wenn die D-AG vor dem Bilanzstichtag 02 beantragt hat, dass ihre Aktien an der

---

[1] Vgl. EU-Verordnung (1606/2002), S. 1-4.

Frankfurter Börse notiert werden. Dann müsste bereits für den Stichtag 02 der Konzernabschluss nach IFRS erstellt werden.

Da eine EU-Verordnung unmittelbar nationales Recht wird, besteht eine direkte Verpflichtung zur Anwendung der IFRS für deutsche Mutterunternehmen. Für die übrigen Abschlüsse wird den Mitgliedstaaten ein Wahlrecht eingeräumt. Sie können die IFRS-Vorschriften verpflichtend vorschreiben oder wahlweise zulassen[1]. Hierzu müssen entsprechende Gesetze verabschiedet werden.

Der deutsche Gesetzgeber hat die Möglichkeiten zur Nutzung der IFRS maßvoll genutzt. In § 315a Abs. 1 und 2 HGB wird die EU-Verpflichtung konkretisiert. Nach § 315a Abs. 3 HGB gilt für den Konzernabschluss nicht kapitalmarktorientierter Konzernunternehmen ein **Wahlrecht** für die IFRS-Vorschriften. Wird es von den Konzernen ausgeübt, können alle Bilanzadressaten die Konzernergebnisse direkt miteinander vergleichen. Im **Einzelabschluss** bildet das HGB die Basis der nationalen Rechnungslegung. Eine deutsche OHG muss ihren Jahresabschluss verpflichtend nach den §§ 242 bis 263 HGB aufstellen. Nicht speziell geregelte Sachverhalte sind nach den GoB zu bilanzieren (§ 243 Abs. 1 HGB).

Auch von **Kapitalgesellschaften** sind die handelsrechtlichen Vorschriften bei der Aufstellung des Jahresabschlusses zu beachten. Allerdings besteht nach § 325 Abs. 2a HGB ein **Wahlrecht** zur Offenlegung des Einzelabschlusses nach IFRS. Die gültigen internationalen Vorschriften sind anzuwenden und es muss zusätzlich ein Lagebericht erstellt werden. Der nach IFRS veröffentlichte Jahresabschluss ist in deutscher Sprache abzufassen und die Posten sind in Euro zu bewerten. Für den internationalen Unternehmensvergleich wäre eine Offenlegung in Englisch zweckmäßiger gewesen, da diese Sprache weltweit führend ist und einen direkten Vergleich der Jahresabschlüsse aller Unternehmen (ohne Übersetzungen) ermöglicht hätte.

Wird das Wahlrecht zur Offenlegung eines IFRS-Abschlusses von einer Kapitalgesellschaft ausgeübt, sind die folgenden Einzelabschlüsse aufzustellen:

- **HGB-Abschluss**: Er ist zur **Ausschüttungsregelung** (Dividendenbemessung) relevant. Die Aktionäre entscheiden auf der Hauptversammlung über den Bilanzgewinn, der aus dem Jahresüberschuss (bzw. Jahresfehlbetrag) entwickelt wird. Bei der Ermittlung des Bilanzgewinns müssen bzw. können bestimmte Rücklagen dotiert werden[2].
- **IFRS-Abschluss**: Er ist für **Informationszwecke** der Gläubiger und Anteilseigner relevant. Die Offenlegung eines IFRS-Abschlusses soll Informationen über die zeitgemäße Vermögensbewertung und den periodengerechten Erfolgsausweis bereitstellen.

---

[1] Vgl. Wagenhofer, A. (Rechnungslegungsstandards), S. 107.
[2] Vgl. Buchholz, R. (IFRS), S. 126-128.

Damit die IFRS verbindlich werden, muss ihre Anerkennung (**endorsement**) durch die EU erfolgen. Hierzu wird das **Komitologieverfahren** eingesetzt, das seit April 2008 in einer überarbeiteten Form anzuwenden ist. Es handelt sich um ein Regelungsverfahren mit Kontrolle[1]. Im Folgenden wird von einer problemlosen Anerkennung ausgegangen, so dass sich der folgende Ablauf ergibt[2]:

1. Die EFRAG (European Financial Reporting Advisory Group – eine privatrechtliche Gruppe von Rechnungslegern), arbeitet einen Vorschlag für die Übernahme eines Standards aus und legt ihn der EU-Kommission vor. Zeitbedarf: Maximal zwei Monate.
2. Die SARG (Standard Advice Review Group), die Prüfgruppe für Standardübernahmeempfehlungen, überprüft den Vorschlag der EFRAG und gibt ihre Stellungnahme an die EU-Kommission weiter. Zeitbedarf: Maximal drei Wochen (bei Verlängerung: vier Wochen).
3. Die EU-Kommission legt dem ARC (Accounting Regulatory Committee), dem Regelungsausschuss für Rechnungslegung, den Übernahmeentwurf zur Stellungnahme vor. Der ARC stimmt dem Entwurf zu. Zeitbedarf: Maximal zwei Monate.
4. Der Rat und das EU-Parlament überprüfen den Übernahmeentwurf und sprechen sich nicht dagegen aus. Dann ist der neue Standard akzeptiert und wird im Amtsblatt der EU veröffentlicht, das im Internet einzusehen ist. Ab diesem Zeitpunkt ist der Standard **verbindlich** und muss von den betreffenden Unternehmen beachtet werden. Zeitbedarf: Maximal drei Monate. Diese Frist beginnt aber erst, wenn der Standard in alle zweiundzwanzig Amtssprachen übersetzt wurde. Der Anerkennungsprozess wird daher zukünftig mindestens acht Monate betragen[3].

Durch die Mitwirkung des EU-Parlaments verzögert sich die Umsetzung der IFRS in europäisches Recht. Außerdem kann der Fall eintreten, dass nur Teile eines Standards akzeptiert werden. Es besteht die Gefahr, dass neben den IFRS des IASB eine spezielle Art "EU-IFRS" entwickelt wird[4]. Dadurch kann die Anwendung der IFRS in der Praxis erschwert werden. Andererseits gelingt eine staatliche Kontrolle von Vorschriften, die von privaten Organisationen entwickelt wurden.

Wichtig ist, dass nur die **verbindlichen Teile** der IFRS-Vorschriften geltendes Gemeinschaftsrecht werden. Es handelt sich insbesondere um die Inhalte der Standards und um die Interpretations. Die unverbindlichen Teile der Standards wie z.B. die implementation guidance und basis for conclusions sollen aber ergänzend zur Anwendung gelangen. Die folgende Abbildung zeigt die Jahresabschlüsse deutscher Kapitalgesellschaften:

---

[1] Vgl. Oversberg, T. (Endorsement-Prozess), S. 1599.
[2] Vgl. Lanfermann, G./Röhricht, V. (Auswirkungen), S. 828.
[3] Vgl. Lanfermann, G./Röhricht, V. (Auswirkungen), S. 828.
[4] Vgl. Oversberg, T. (Endorsement-Prozess), S. 1601.

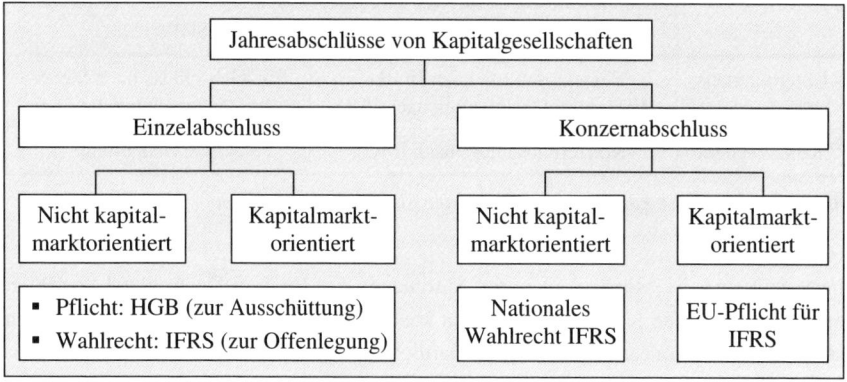

Abb. 9: Rechnungslegung in Deutschland

Im **Konzernabschluss** können nicht kapitalmarktorientierte Konzernunternehmen zwischen der Aufstellung nach dem HGB oder nach IFRS wählen. Für kapitalmarktorientierte Konzerne sind die folgenden Abschlüsse relevant:

1. Einzelabschluss nach dem HGB. Er dient der Ermittlung der Ausschüttung an die Gesellschafter. Der Einzelabschluss kann auch nach den IFRS offengelegt werden.
2. Konzernabschluss nach IFRS, wenn das Mutterunternehmen über mehr als die Hälfte der Stimmrechte an einem Tochterunternehmen verfügt. Allerdings kann nach § 290 Abs. 2 HGB auch in anderen Fällen ein Konzernabschluss notwendig werden[1].

Zusätzlich zur handelsrechtlichen Gewinnermittlung ist die steuerliche Gewinnermittlung zu beachten. Die Handelsbilanz bestimmt durch das **Maßgeblichkeitsprinzip** die Bilanzierung und Bewertung in der Steuerbilanz (auf der Unternehmensebene, d.h. im Einzelabschluss). Allerdings wurde § 5 Abs. 1 Satz 1 EStG durch das BilMoG neu gefasst, so dass steuerliche Wahlrechte vom Maßgeblichkeitsprinzip ausgenommen sind. Hierdurch wird die Verbindung von Handels- und Steuerbilanz gelockert.

Als steuerliche Wahlrechte kommen z.B. Abschreibungs- oder Verbrauchsfolgeverfahren in Betracht. Nach dem BMF-Schreiben zum Maßgeblichkeitsprinzip vom 12.3.2010 kann auch das Wahlrecht zur Teilwertabschreibung (bei voraussichtlich dauernder Wertminderung) unabhängig vom Handelsrecht ausgeübt werden[2]. Hierdurch werden auch die latenten Steuern im IFRS-Abschluss beeinflusst, die später erläutert werden. Zusammengefasst gilt für die Abschlüsse kapitalmarktorientierter Konzernunternehmen:

---

[1] Vgl. Buchholz, R. (IFRS), S. 174-175.
[2] Vgl. BMF (Maßgeblichkeit), Rn. 15.

	Handelsrecht	Steuerrecht
Unternehmensebene	Einzelabschluss nach HGB – Wahlrecht: Offenlegung nach IFRS	Einzelabschluss nach Steuerrecht (Maßgeblichkeitsprinzip)
Konzernebene	Konzernabschluss nach IFRS	Ohne Bedeutung

Abb. 10: Abschlüsse kapitalmarktorientierter Konzernunternehmen

Insgesamt sind die Möglichkeiten zur Anwendung der IFRS in Deutschland **positiv** zu beurteilen. Deutsche Kapitalgesellschaften können die IFRS-Vorschriften anwenden, um aktuelle Informationen über ihre wirtschaftliche Lage offenzulegen. Auf der Konzernebene wird eine Vergleichbarkeit aller Konzernabschlüsse sichergestellt, wenn das Wahlrecht zur IFRS-Anwendung genutzt wird. Die Wahlrechtsausübung ist insbesondere bei einer **internationalen** Ausrichtung der betreffenden Unternehmen zweckmäßig.

Mittelständische Unternehmen (z.B. die OHG) sind meist nur im nationalen Bereich tätig, so dass ein Jahresabschluss nach dem HGB ausreicht. Der Gesetzgeber will, dass dieses Rechnungslegungssystem insbesondere von kleinen und mittelgroßen Unternehmen in den nächsten Jahren angewendet wird[1]. Die Nutzung des HGB dürfte kostengünstiger sein als die Verwendung der IFRS, die auch komplexe Regelungen enthalten. Der neue Standard für small and medium-sized entities (siehe neuntes Kapitel) enthält aber einige Erleichterungen.

2.3.2 Umstellung des Jahresabschlusses auf IFRS

Bei der Umstellung des Jahresabschlusses von HGB auf IFRS müssen der Einzel- und der Konzernabschluss unterschieden werden. Im **Einzelabschluss** erfolgt kein endgültiger Übergang auf die IFRS-Vorschriften, da das HGB zukünftig erhalten bleibt. In vielen Fällen wird der internationale Jahresabschluss zusätzlich zu den handelsrechtlichen Rechnungslegungsinstrumenten erstellt. Dann sind beide Systeme unabhängig voneinander. Diese Form der Abschlusserstellung ist arbeits- und kostenintensiv, da zwei Abschlüsse erstellt werden müssen und viele Arbeiten doppelt anfallen.

Wenn nur wenige Abweichungen zwischen HGB und IFRS bestehen, kann der handelsrechtliche Jahresabschluss als Basis angesehen werden, der um die IFRS-Änderungen ergänzt wird. Diese Abschlusserstellungstechnik wird im Folgenden erläutert.

---

[1] Vgl. BMJ (BilMoG), S. 34.

2. International Financial Reporting Standards (IFRS)

Für die **Umstellung** von HGB auf IFRS gilt unter zeitlichen Aspekten: Wenn eine Kapitalgesellschaft erstmals Ende 15 einen gültigen IFRS-Abschluss aufstellen will, muss die Umstellung bereits zum **1.1.14** erfolgen[1]. Zu diesem Zeitpunkt wird erstmals eine IFRS-Eröffnungsbilanz aufgestellt. Durch diese frühe Umstellung können die **Vorjahreswerte** für die Bilanz und GuV-Rechnung bestimmt werden, die im Jahresabschluss zum 31.12.15 anzugeben sind. Somit sind die folgenden Zeitpunkte bzw. Zeiträume auseinanderzuhalten[2].

- Umstellungszeitpunkt 1.1.14: Eröffnungsbilanz nach IFRS.
- Umstellungsjahr 14: Ermittlung der Jahresabschlussdaten nach IFRS, damit im ersten gültigen Jahresabschluss Ende 15 die Vorjahresangaben erscheinen können. In 14 ist noch der HGB-Abschluss verbindlich. Die IFRS-Daten werden parallel ermittelt.
- Berichtsjahr 15: Ermittlung der Jahresabschlussdaten nach IFRS. Zusammen mit den Vorjahresangaben kann Ende 15 der erste gültige IFRS-Abschluss publiziert werden.

Durch die Verpflichtung zur Angabe von Vorjahreswerten gilt allgemein für die Umstellung des Jahresabschlusses einer Kapitalgesellschaft:

> Umstellung zum Beginn des Vorjahres, das vor dem ersten IFRS-Abschluss liegt

Die Einzelheiten der Umstellung werden in IFRS 1 (First-time Adoption of International Financial Reporting Standards – Erstmalige Anwendung der International Financial Reporting Standards) geregelt. Der Standard geht von der **retrospektiven** Anwendung der IFRS aus. Die Umstellung hat so zu erfolgen, als wäre schon immer nach IFRS bilanziert worden[3]. Die möglichen Unterschiedsbeträge gegenüber dem HGB werden erfolgsneutral mit den Gewinnrücklagen verrechnet.

Im Folgenden wird von der X-AG ausgegangen, die zum 31.12.13 einen handelsrechtlichen Bilanzgewinn (BG) von 150.000 € ausweist. Vom Jahresüberschuss (300.000 €) wurde vorab die Hälfte in die Gewinnrücklagen eingestellt (GRL 150.000 €). Das Grundkapital, das als gezeichnetes Kapital (Gez. Kap.) ausgewiesen wird, beträgt 500.000 €. Aktiviert werden die Posten A_1 bis A_3. Vorjahresangaben, spezielle Gewinnrücklagen und latente Steuern werden vernachlässigt[4]. Die IFRS-Eröffnungsbilanz zum 1.1.14 besteht aus der HGB-Bilanz und der IFRS-Ergänzungsbilanz (Angaben in Tausend Euro):

---

[1] Vgl. Lüdenbach, N./Hoffmann, W.-D. (Übergang), S. 1499.
[2] Vgl. Hayn, S./Waldersee, G.G. (IFRS), S. 22.
[3] Vgl. zu notwendigen und möglichen Ausnahmen Hayn, S./Waldersee, G.G. (IFRS), S. 23-28.
[4] Vgl. hierzu Lüdenbach, N./Hoffmann, W.-D. (Übergang), S. 1500.

Einzelabschluss - Basis: HGB				Zusätzlich: IFRS-Änderungen			
A	HGB-Bilanz 1.1.14		P	A	IFRS-Ergänzungsbilanz		P
A_1	500	Gez. Kap.	500	Mehr A_2	160	Mehr GRL	160
A_2	200	GRL	150				
A_3	100	BG	150				
	800		800		160		160

Abb. 11: Umstellung auf IFRS im Einzelabschluss

Die Handelsbilanz bildet die Basis der IFRS-Bilanz, da eine deutsche Kapitalgesellschaft zunächst einen handelsrechtlichen Jahresabschluss vorlegen muss. In der IFRS-Ergänzungsbilanz werden alle vom Handelsrecht abweichenden Ansatz- und Bewertungsunterschiede erfasst. Damit die Darstellung nicht unübersichtlich wird, sollten nicht zu große Differenzen zwischen HGB und IFRS bestehen.

Bei der **Erstbewertung** ist der Aktivposten A_2 nach IFRS mit 360.000 € zu erfassen. Somit ist in der Ergänzungsbilanz der Mehrbetrag von 160.000 € auszuweisen. Die Höherbewertung von A_2 kann z.b. durch eine fair value-Bewertung von Aktien nach IFRS 9 zustande kommen, die über den Anschaffungskosten liegt und im HGB unzulässig ist (siehe viertes Kapitel). Der Mehrbetrag von 160.000 € wird erfolgsneutral in eine spezielle Gewinnrücklage eingestellt.

Bei der **Folgebewertung** in 14 müssen zunächst die in der Ergänzungsbilanz erfassten Differenzen fortgeführt werden. Beim abnutzbaren Anlagevermögen müssen z.b. Abschreibungen erfolgen. Bei den Aktien ist zu prüfen, wie sich der fair value entwickelt hat. Außerdem können in 14 neue Differenzen zwischen Handelsbilanz und IFRS-Bilanz zustande kommen. Zum 31.12.14 werden in der IFRS-Ergänzungsbilanz die Wertunterschiede nach HGB und IFRS erfasst. In einer ergänzenden GuV-Rechnung werden die zusätzlichen Aufwendungen ausgewiesen. Die Summe aus handelsrechtlicher Basisrechnung und Ergänzungsrechnung führt zum internationalen Abschluss im Umstellungsjahr.

Wenn die X-AG Muttergesellschaft eines Konzerns ist, muss sie auch einen **Konzernabschluss** aufstellen. Er besteht aus der Summe der Einzelabschlüsse der Konzernmutter und ihrer Tochtergesellschaften, wobei zumindest eine Kapitalkonsolidierung erfolgen muss: Die Anteile der Mutter werden mit dem Eigenkapital der Tochter verrechnet (Einzelheiten werden im achten Kapitel behandelt). Wenn die X-AG für ihre Anteile an der Tochter (Posten A_1) 500.000 € bezahlt und Aktiva (Posten A_4) im Wert von 350.000 € erhält, verbleibt eine Differenz von 150.000 €, die den Firmenwert (FW) darstellt.

Der handelsrechtliche Konzernabschluss muss ebenfalls auf IFRS umgestellt werden, wobei unter zeitlichen Aspekten wie im Einzelabschluss vorzugehen ist[1]. Die folgende Abbildung zeigt die Konzernbilanzen nach HGB und IFRS für die X-AG im Umstellungszeitpunkt. Der handelsrechtliche Firmenwert von 150.000 € kann nach IFRS 1 grundsätzlich in die IFRS-Bilanz übernommen werden[2]. Die Gewinnrücklagen nach IFRS enthalten den Bilanzgewinn, die Gewinnrücklagen und den Höherbewertungsbetrag von A_2. Da im Konzernabschluss eine endgültige Umstellung auf IFRS erfolgt, wird er aus den IFRS-Einzelabschlüssen entwickelt.

		Umstellung im Konzernabschluss					
A	HGB-Bilanz 31.12.13		P	A	IFRS-Eröffnungsbilanz 1.1.14		P
FW	150	Gez. Kap.	500	FW	150	Gez. Kap.	500
A_2	200	GRL	150	A_2	360	GRL	460
A_3	100	BG	150	A_3	100		
A_4	350			A_4	350		
	800		800		960		960

Abb. 12: Umstellung auf IFRS im Konzernabschluss

2.4 Verhältnis von IFRS und US-GAAP

Die Aktien großer deutscher Konzernunternehmen (z.B. Daimler AG, Siemens AG) werden oft an der New Yorker Börse notiert. Die amerikanische Börsenaufsichtsbehörde SEC (**Securities and Exchange Commission**) forderte bisher von diesen Aktiengesellschaften die Aufstellung von Jahresabschlüssen nach den amerikanischen Rechnungslegungsvorschriften US-GAAP (US-Generally Accepted Accounting Principles). Diese Vorschriften wurden nicht mit der Absicht entwickelt, einen internationalen Rechnungslegungsstandard für alle Länder der Welt zu schaffen. Die Regelungen sollen vielmehr die Investoren mit entscheidungsrelevanten Informationen versorgen, die Aktien von Unternehmen kaufen wollen, die an amerikanischen Börsen notiert sind. Die große Bedeutung der New Yorker Börse hat dazu geführt, dass die US-GAAP eine **faktische Weltgeltung** aufweisen.

---

[1] Der Konzernabschluss kapitalmarktorientierter Mutterunternehmen musste durch die EU-Verordnung schon zum 1.1.2004 auf IFRS umgestellt werden, um Ende 2005 den ersten gültigen IFRS-Konzernabschluss aufzustellen. In 2004 wurden die Vorjahreswerte für den Abschluss 2005 ermittelt.

[2] Vgl. Pellens, B./Fülbier, R.U./Gassen, J./Sellhorn, T. (Rechnungslegung), S. 849.

Anders verhält es sich mit den IFRS. Das Ziel des IASB ist die Schaffung eines einheitlichen Weltstandards der Rechnungslegung für alle Unternehmen. Bereits im Vorwort (Preface) zu den IFRS weist das IASB auf die weltweite Entwicklung und Anerkennung ihrer Vorschriften hin. Die folgende Abbildung zeigt die unterschiedlichen Ansprüche.

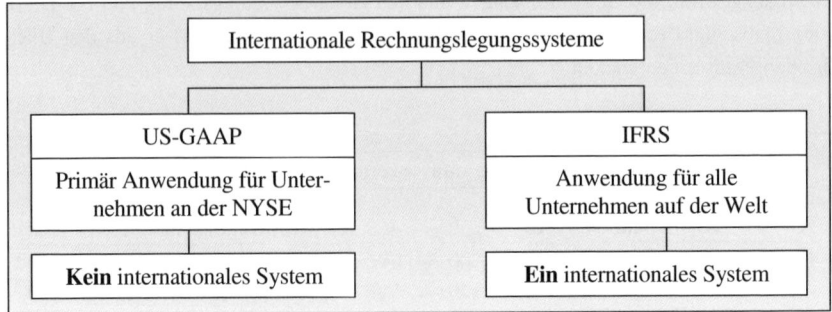

Abb. 13: Geltungsansprüche internationaler Rechnungslegungssysteme

In der Zukunft wird die Bedeutung der US-GAAP für börsennotierte deutsche Konzernunternehmen sinken. Die SEC hat im Dezember 2007 die IFRS als Rechnungslegungsstandard für Emittenten mit Sitz außerhalb der USA zugelassen[1]. Damit müssen deutsche Konzerne keinen zusätzlichen Abschluss mehr nach den amerikanischen Vorschriften erstellen. Allerdings müssen die IFRS in der **Originalversion** eingehalten werden, also in der vom IASB veröffentlichten Form.

Hierbei können sich Probleme ergeben, wenn die Originalversionen der Standards von denen abweichen, die von der EU im Rahmen des Komitologieverfahrens anerkannt werden. Eine deutsche Muttergesellschaft muss im Konzernabschluss die von der EU akzeptierten IFRS anwenden ("endorsed IFRS"). Wenn die Europäische Union einzelne Vorschriften des IASB nicht oder nicht vollständig übernimmt, muss das betreffende Mutterunternehmen für die amerikanische Börsenaufsichtsbehörde SEC den jeweiligen Originalstandard verwenden. Der nach den "europäischen IFRS" erstellte Jahresabschluss muss durch eine **Überleitungsrechnung** an die "Original-IFRS" angepasst werden. Dadurch entstehen zusätzliche Kosten für die betreffenden Unternehmen.

Um diese Kosten zu vermeiden, werden derzeit gemeinsame amerikanische und IFRS-Standards entwickelt (z.B. für Finanzinstrumente). Damit entfallen Unterschiede zwischen

---

[1] Vgl. Grünberger, D. (IFRS), S. 26.

US-GAAP und IFRS. Eine verpflichtende Anerkennung der IFRS durch die SEC ist für den Zeitraum zwischen 2014 bis 2016 geplant[1].

Die grundsätzliche Anerkennung der IFRS als Rechnungslegungsstandard für börsennotierte Unternehmen fand im Mai 2000 statt. Die internationale Wertpapieraufsichtsbehörde **IOSCO** (International Organization of Securities Commissions) empfahl ihren Mitgliedern, die IAS als zulässige Rechnungslegungsstandards für die Börsennotierung ausländischer Emittenten an nationalen Börsen anzuerkennen[2].

3. Rechnungslegungszwecke und -ziele

3.1 Theoretische Aspekte

Die Zielsetzung der Finanzberichterstattung nach IFRS besteht in der Vermittlung von entscheidungsnützlichen Informationen für die wichtigsten Bilanzadressaten: Die Anleger und Gläubiger eines Unternehmens (F.OB2)[3]. Anleger benötigen Informationen für den Kauf, den Verkauf oder das Halten von Unternehmensanteilen, insbesondere von Aktien. Gläubiger benötigen Informationen für die Vergabe, Rückzahlung oder Verlängerung von Krediten oder für den Kauf von Unternehmensanleihen.

Gewinnmaximierende Investoren kaufen Aktien, wenn ihre Verzinsung über denen alternativer Anlageformen liegt. Der Kapitalwert der Aktieninvestition muss größer sein als null. Bei der Berechnung sind die zukünftigen Dividenden, die auf die Aktie entfallen und der spätere Verkaufserlös, mit einem Kalkulationszinsfuß zu diskontieren. Wenn der Kapitalwert der Investition größer ist als null, ist die Investition vorteilhaft[4].

Beispiel: Investor Reich verfügt Anfang 01 über 50.000 €, die er zum Kauf von Aktien der A-AG verwenden will. Bei einem Kurs von 40 € je A-Aktie erhält er 1.250 Stück (Nennwert 25 € je Aktie, Grundkapital 4.000.000 €). Sein Aktienanteil beträgt 0,78125% (1.250 Stück/160.000 Stück). Wenn der Bilanzgewinn in 01 und in den folgenden vier Jahren 400.000 € beträgt, entfällt auf Reich eine jährliche Dividende von 3.125 € (0,0078125 x 400.000 €). Bei jährlich nachschüssiger Dividendenzahlung ergibt sich bei einem Kalkulationszinsfuß von 5% ein Kapitalwert von 2.705 €, wenn die Aktien wieder für 50.000 €

---

[1] Vgl. Hayn, S./Waldersee, G.G. (IFRS), S. 5.
[2] Vgl. Achleitner, A.-K./Behr, G./Schäfer, D. (Rechnungslegung), S. 41.
[3] F steht für Framework, OB für Objective (Zielsetzung).
[4] Vgl. Perridon, L./Steiner, M./Rathgeber, A. (Finanzwirtschaft), S. 53.

veräußert werden können (-50.000 + 3.125/1,05 + ... + 3.125/1,05^5 + 50.000/1,05^5). Da der Kapitalwert größer ist als null, ist die Anlage vorteilhaft. Ihre Verzinsung liegt über dem Kalkulationszinsfuß von 5%. Der genaue Wert ergibt sich als interner Zinssatz der Zahlungen und beträgt rund 6,25%.

Die Rendite der Aktie hängt von den jährlichen Dividenden der A-AG und der Kursentwicklung ihrer Aktien ab. Je höher die Dividenden sind, umso höher ist die Verzinsung des Kapitals. Die Dividenden steigen bei konstanter Ausschüttungsquote in Abhängigkeit von den zukünftigen Gewinnen. Auch der Verkaufswert der Aktien beeinflusst die Rendite: Wenn die Aktien nach fünf Jahren zum Anschaffungskurs von 40 € je Aktie veräußert werden, liegt nur eine Art Kapitalrückzahlung vor: Das eingesetzte Kapital wird zurückgezahlt. Liegt der Verkaufskurs über (unter) 40 € je Aktie, steigt (fällt) die Rendite.

Das Beispiel verdeutlicht, dass für die Anleger die **zukünftigen Gewinne** von Bedeutung sind[1]. Auch Gläubiger interessieren sich für diese Erfolgsgröße: Wenn ein Kredit gewährt wird, will der Kreditgeber wissen, ob die Zinsen und Tilgungen gezahlt werden. Je höher die zukünftigen Gewinne sind, umso sicherer sind die Kreditzahlungen. Die Rendite des Kredits ergibt sich im Regelfall direkt aus dem Kreditvertrag. Wird allerdings ein Disagio einbehalten, müssen auch Kreditgeber einen Effektivzins berechnen. Insgesamt gilt:

Anleger und Gläubiger benötigen Zukunftsinformationen für ihre Entscheidungen

---

Allerdings sind die zukünftigen Erfolge unsicher und müssen geplant werden. Hierbei sind **subjektive** Einflüsse unvermeidbar. Ein optimistischer Vorstand wird bei gleichen Daten höhere Erfolge ermitteln als eine pessimistische Unternehmensleitung. Daher können die zukünftigen Gewinne nur mehrwertig, d.h. in Form einer Bandbreite angegeben werden. Die Anlageentscheidung erfolgt unter Unsicherheit[2].

Auch die **Vermögenslage** eines Unternehmens wird von den zukünftigen Gewinnen bestimmt. Wird das Vermögen mit der **Ertragswertmethode** ermittelt, werden die zukünftigen Gewinne des Unternehmens auf den heutigen Zeitpunkt abgezinst[3]. Die Methode ist investitionsorientiert und bildet den Marktwert des Eigenkapitals ab. Hierbei findet eine **Gesamtbewertung** des Vermögens statt, da nicht die einzelnen Posten bewertet werden, sondern das von ihnen erwirtschaftete Ergebnis. Die zukünftigen Gewinne entstehen durch

---

[1] Vgl. Streim, H./Esser, M. (Informationsvermittlung), S. 836.
[2] Vgl. hierzu die Ausführungen im vierten Kapitel (Gliederungspunkt 2.2.2).
[3] Vgl. Ballwieser, W. (Ertragswert), S. 238, Ballwieser, W./Coenenberg, A.G./Schultze, W. (Unternehmensbewertung), Sp. 2417.

das Zusammenwirken aller Produktionsfaktoren eines Unternehmens. Zusammenfassend gilt für die Vermögens- und Ertragslage:

Ideale Informationen für Anleger	
Ertragslage	Vermögenslage
Zukünftige, geplante Einzahlungsüberschüsse	Unternehmenswert als Ertragswert (Barwert zukünftiger Gewinne)

Abb. 14: Ideale Informationen für Anleger

3.2 Praktische Aspekte

Rechnungslegung muss nach möglichst **objektiven** Regeln vorgenommen werden, die von allen Unternehmen in der gleichen Weise angewendet werden können und zu nachvollziehbaren Ergebnissen führen. Subjektive Einflüsse sollten ausgeschlossen werden, damit die Informationen vertrauenswürdig sind. Daher können grundsätzlich nur vergangene bzw. stichtagsbezogene Daten abgebildet werden, die sich eindeutig ermitteln lassen:

Reale Informationen sind vergangenheitsorientiert

Die Vorschriften des HGB sind relativ stark objektiviert und betonen das Vorsichtsprinzip. Das handelsrechtliche **Rechnungslegungsziel** ist die Ermittlung des ausschüttungsfähigen Gewinns für die Aktionäre. Durch das Vorsichtsprinzip wird der Gewinn eher niedrig und spät ausgewiesen. Da Kapitalgesellschaften nur mit ihrem Gesellschaftsvermögen haften, ist die Haftungsmasse für Gläubiger im Insolvenzfall umso geringer, je mehr Dividenden gezahlt werden. Der Gläubigerschutz erfordert eine Ausschüttungsbegrenzung[1], damit im Insolvenzfall viel Kapital vorhanden ist und eine Kreditrückzahlung zumindest teilweise möglich wird. Die Ausschüttungsbegrenzung stellt somit auf den Notfall ab.

Im HGB gilt: Vergangenheitsorientierter und eher niedriger Erfolgsausweis

Auch bei **IFRS** werden die Erfolge und das Vermögen nach festgelegten Regeln ermittelt. Das internationale Rechnungslegungsziel, die Vermittlung entscheidungsnützlicher Infor-

---

[1] Vgl. Bieg, H./Kußmaul, H. (Rechnungswesen), S. 21.

mationen für Anleger und Gläubiger, ist bei realen Daten nur schwer umzusetzen. Wenn die Gläubiger niedrige Gewinne wünschen, damit finanzielle Mittel für die Kreditrückzahlung im Unternehmen bleiben, erhalten die Anleger verzerrte Informationen, da sie realistische Gewinne für die Anlageentscheidung benötigen. Da das Framework das Vorsichtsprinzip nicht mehr erwähnt, stehen bei IFRS letztlich die Interessen der Anleger im Vordergrund. Die Erfolge sind periodengemäß und in angemessener Höhe auszuweisen.

> Nach IFRS gilt: Vergangenheitsorientierter und angemessener Erfolgsausweis

In der Bilanz wird ein Unternehmenswert in Form des **Substanzwerts** ausgewiesen. Er umfasst die einzelnen materiellen und immateriellen Vermögenswerte des Unternehmens, von denen die Schulden abgezogen werden. Es findet eine **Einzelbewertung** statt. Die Substanz kann in unterschiedlicher Weise erfasst werden:

- **Vollständiger Substanzwert**: Alle einzeln fassbaren Posten werden angesetzt und zeitnah bewertet. Im Idealfall ist für jeden Posten ein Marktwert vorhanden. Sie werden verwendet, auch wenn sie über den bilanzierten Buchwerten liegen.
- **Unvollständiger Substanzwert**: Es wird nur ein Teil der vorhandenen Posten angesetzt. Außerdem ist die Bewertung nicht immer zeitgemäß: Marktwerte kommen grundsätzlich nur zur Anwendung, wenn sie unter den bilanzierten Buchwerten liegen.

Die internationalen Vorschriften wollen einen möglichst vollständigen Substanzwert in der Bilanz abbilden. Bei der Bewertung werden oft Zeitwerte verwendet (z.B. bei Sachanlagen oder Finanzinstrumenten). Allerdings ist diese Bewertung nicht für alle Posten vorgesehen, so dass nur ein tendenziell vollständiger Substanzwert abgebildet wird. Das HGB vermittelt nur einen unvollständigen Substanzwert, da sich die Bewertung an den Anschaffungs- oder Herstellungskosten orientiert[1]. Marktwerte werden nur zur Abwertung verwendet – nur bei einer Abwertung wird ein zeitgemäßes Eigenkapital dargestellt.

Reale Informationen für Anleger	
Ertragslage	Vermögenslage
Vollständige und angemessene Vergangenheitserfolge	Unternehmenswert als vollständiger, zeitnaher Substanzwert

Abb. 15: Reale Informationen für Anleger

---

[1] Nur bestimmte Posten sind zeitnah zum beizulegenden Zeitwert zu bewerten (z.B. bestimmte Vermögensgegenstände im Rahmen der Altersversorgung nach § 253 Abs. 1 Satz 4 HGB i.V.m. § 246 Abs. 2 Satz 2 HGB).

Beispiel: Das Anlagevermögen der X-GmbH weist am 31.12.01 einen Buchwert von 620.000 € auf. Die Zeitwerte betragen: a) 300.000 € - b) 720.000 €. Wenn bei IFRS die Zeitwerte zur Anwendung gelangen, wird das Anlagevermögen in beiden Fällen richtig bewertet. Im HGB ist die Bewertung mit 720.000 € unzulässig. Nur der gesunkene Wert von 300.000 € wird verwendet, wenn es sich um eine voraussichtlich dauernde Wertminderung handelt. Im Fall einer voraussichtlich nicht dauernden Wertminderung bestände bei Sachanlagen und immateriellen Vermögensgegenständen ein Abschreibungsverbot.

Auch wenn ein vollständiger Substanzwert in der Bilanz abgebildet werden kann, ist ein wichtiger Posten nicht im Wege der Einzelbewertung zu erfassen: Der **Firmenwert**. Er umfasst eine Vielzahl von immateriellen Größen, die sich nicht einzeln bestimmen und bewerten lassen: Kundenbeziehungen, Image der Geschäftsleitung, Know-how. Der selbst erstellte (originäre) Firmenwert kann nur indirekt ermittelt werden[1]:

(Originärer) Firmenwert = Ertragswert - vollständiger Substanzwert
---

Beispiel: Der Zeitwert des Anlagevermögens der X-GmbH beträgt Ende 01: 720.000 €. Wenn das Umlaufvermögen 280.000 € beträgt, ergibt sich ein Eigenkapital in Höhe von 1.000.000 €. Bei einem berechneten Ertragswert von 1.600.000 € ergibt sich ein Firmenwert von 600.000 €. Dieser Wert kann aber nicht direkt ermittelt werden.

Die folgende Abbildung fasst die obigen Ausführungen zusammen. Das marktmäßige Eigenkapital ist der Ertragswert, der durch eine Gesamtbewertung zu ermitteln ist und rechtlich nicht angewendet wird. Die IFRS führen tendenziell zu einem **zeitgemäßen Eigenkapital** am Bilanzstichtag, wobei Wertänderungen **nach oben und unten** berücksichtigt werden. Der vollständige Substanzwert unterscheidet sich vom marktmäßigen Eigenkapital durch den fehlenden Firmenwert. Das HGB weist tendenziell das niedrigste Eigenkapital auf, da seine Bewertung durch das Vorsichtsprinzip eher niedrig ausfällt.

Bei der Bewertung des Vermögens bestehen die folgenden wesentlichen Unterschiede zwischen IFRS und dem HGB. Die Einzelheiten werden im vierten Kapitel behandelt:
- Sachanlagen und immaterielle Vermögenswerte: Im HGB ist keine marktgemäße Bewertung möglich. Bei IFRS kann eine zeitgemäße Bewertung durch die Anwendung des Neubewertungsmodells stattfinden.
- Finanzanlagen: Im HGB ist keine marktgemäße Bewertung durchführbar. Bei IFRS sind bestimmte Wertpapiere mit dem Marktwert zu bewerten.

---

[1] Vgl. Ballwieser, W. (Geschäftswert), S. 283. Der entgeltlich erworbene Firmenwert (derivativer Firmenwert) wird im dritten Gliederungspunkt erläutert.

	Firmenwert	
	Zeitgemäßes Eigenkapital (Bewertung nach oben und unten)	Marktmäßiges Eigenkapital (Ertragswert)
Zeitgemäßes Eigenkapital (Bewertung grds. nur nach unten) **HGB-Vorschriften**	**IFRS-Vorschriften**	**Rechtlich nicht angewendet**
Stichtagsbezug; Einzelbewertung	Stichtagsbezug; Einzelbewertung	Zukunftsbezug; Gesamtbewertung

Abb. 16: Unterschiedliche Eigenkapitalbewertungen

Die folgende Abbildung stellt die Rechnungslegungszwecke und -ziele von HGB und IFRS gegenüber. Gleichzeitig wird die Stellung wichtiger Prinzipien verdeutlicht.

	HGB	IFRS
Vorrangiger Rechnungslegungszweck	Gläubigerschutz	Anlegerschutz
Vorrangiges Rechnungslegungsziel	Gewinnermittlung zur Ausschüttung (Erhaltung von Haftungssubstanz)	Informationsvermittlung für Investitionen
Vorsichtsprinzip	Vorrangig	Nicht genannt
Periodenabgrenzung	Nachrangig	Vorrangig

Abb. 17: Konzeptionelle Unterschiede von HGB und IFRS

4. Jahresabschlüsse nach IFRS

4.1 Bestandteile von Einzel- und Konzernabschlüssen

Die Bestandteile des Jahresabschlusses (financial statement) werden in IAS 1 (Presentation of Financial Statements – Darstellung des Abschlusses) festgelegt. Der internationale Jahresabschluss umfasst die folgenden Bestandteile (auf die Zusätze "for the period" bei den Nummern drei bis fünf wird aus Platzgründen verzichtet):

4. Jahresabschlüsse nach IFRS

Bestandteile des Jahresabschluss nach IFRS	
1. Statement of financial position as at the end of the period	Bilanz zum Abschlussstichtag
2. Statement of financial position as at the beginning of the period	Bilanz zum Beginn der frühesten Vergleichsperiode (in drei Fällen)
3. Statement of profit or loss and other comprehensive income	GuV-Rechnung und sonstiges Ergebnis (Gesamtergebnisrechnung)
4. Statement of changes in equity	Eigenkapitalveränderungsrechnung
5. Statement of cash flows	Kapitalflussrechnung
6. Notes, comprising a summary of significant accounting policies and other explanatory information	Anhang, der eine zusammenfassende Darstellung der wesentlichen Rechnungslegungsmethoden und sonstige Erläuterungen enthält

Abb. 18: Bestandteile des Jahresabschlusses nach IFRS

Beim **statement of financial position** handelt es sich um die Bilanz eines Unternehmens, die auch als **balance sheet** bezeichnet wird. Sie bildet das Reinvermögen zu einem bestimmten Zeitpunkt ab. Auf der Aktivseite werden die Vermögenswerte und auf der Passivseite die Schulden und das Eigenkapital ausgewiesen. Das Reinvermögen ist zum Ende des Geschäftsjahres zu ermitteln, wobei aus Vergleichsgründen die Vorjahresbeträge anzugeben sind. Die Aufstellung einer Bilanz zum Periodenbeginn wird in **drei Fällen** notwendig, die in der Praxis bei vielen Unternehmen vorliegen[1]:

- Bei einer rückwirkenden Anwendung einer Bilanzierungsmethode,
- bei einer rückwirkenden Bilanzkorrektur oder
- bei einer Umgliederung von Abschlussposten.

Beispiel: Die Bilanz zum 31.12.03 enthält Daten zum Ende 03 und Vergleichszahlen zum Ende 02. Sollte in 03 der Wechsel einer Bilanzierungsmethode notwendig sein, der auch die Werte des Jahres 02 ändert, muss auch die Eröffnungsbilanz zum 1.1.02 angegeben werden. Dann enthält der Jahresabschluss 03 die Vermögensangaben zu **drei** Zeitpunkten.

Das **statement of profit or loss and other comprehensive income** stellt die Gesamtergebnisrechnung dar. Die frühere Bezeichnung "statement of comprehensive income" wurde bei der Überarbeitung von IAS 1 im Juni 2011 geändert[2]. Das Gesamtergebnis umfasst das Periodenergebnis (profit or loss) und das sonstige Ergebnis (other comprehensive income – OCI). Das Periodenergebnis ergibt sich als Saldo erwirtschafteter Erträge und Aufwendungen der GuV-Rechnung. Das sonstige Ergebnis erhält man, indem die erfolgs-

---
[1] Vgl. Zülch, H./Fischer, D. (Financial Statement), S. 1767.
[2] Vgl. Zülch, H./Salewski, M. (Presentation), S. 2674.

neutralen Erträge und Aufwendungen miteinander verrechnet werden. Derartige Erträge ergeben sich z.B. aus der erstmaligen Neubewertung von Sachanlagen zum fair value, die nur in der Bilanz erfasst werden. Die Einzelheiten werden im vierten Kapitel behandelt.

Das **statement of changes in equity**, die Eigenkapitalveränderungsrechnung, zeigt die Reinvermögensentwicklung vom Beginn bis zum Ende des Geschäftsjahres. Das **statement of cash flows** ist die Kapitalflussrechnung, die über die Finanzlage eines Unternehmens berichtet. Hierbei stehen der Bestand und die Entwicklung liquider Mittel im Mittelpunkt. Die obigen drei Rechenwerke sind zeitraumbezogen, so dass bei IFRS der Zusatz "for the period" angefügt wird. Neben Zahlenangaben müssen Erläuterungen erfolgen: Der **Anhang** fasst die wesentlichen Bilanzierungs- und Bewertungsmethoden zusammen und enthält sonstige Erläuterungen (siehe siebtes Kapitel).

Kapitalmarktorientierte Unternehmen, deren Eigenkapital- oder Schuldinstrumente (Aktien oder Schuldverschreibungen) öffentlich gehandelt werden, müssen zusätzlich eine **Segmentberichterstattung** vornehmen und das **Ergebnis je Aktie** ermitteln. Zu beachten sind IFRS 8 (Operating Segments) und IAS 33 (Earnings per Share). Die Aufstellung eines Lageberichts deutscher Prägung wird bei IFRS nicht verlangt.

Im **management commentary** kann über die Wirtschaftslage eines Unternehmens informiert werden. Im Dezember 2010 wurde ein unverbindlicher "IFRS Practice Statement" veröffentlicht. Die Inhalte des Managementberichts betreffen die folgenden Bereiche[1]:
a) Geschäft und Rahmenbedingungen,
b) Ziele und Strategien,
c) Ressourcen, Risiken und Beziehungen,
d) Geschäftsergebnis und Geschäftsaussichten,
e) Leistungsmaßstäbe und Leistungsindikatoren.

Im Managementbericht soll zunächst über das Geschäft und dessen Umfeld berichtet werden. Außerdem sollen die Unternehmensziele und die zur Umsetzung relevanten Strategien erläutert werden. Die bei der Verwirklichung der Unternehmensziele auftretenden Risiken sind ebenso zu beschreiben wie die benötigten finanziellen und nicht-finanziellen Ressourcen (z.B. Kapitalbedarf bei Erweiterungsinvestitionen und Qualität des benötigten Personals). Das erzielte Geschäftsergebnis und dessen zukünftige Entwicklung sind im Managementbericht zu beschreiben. Die relevanten finanziellen und nicht-finanziellen Leistungsindikatoren sind zu erläutern. Da die Anleger durch den Managementbericht wichtige Informationen für ihre Anlageentscheidung erhalten, ist seine Aufstellung zweckmäßig. Eine Pflicht für den Managementbericht wäre sinnvoll.

---

[1] Vgl. Kajüter, P./Guttmeier, M. (Management), S. 2335.

4.2 Ergänzungen des Jahresabschlusses aus deutscher Sicht

Im HGB besteht der Einzelabschluss einer Kapitalgesellschaft aus der Bilanz, der GuV-Rechnung und dem Anhang. Wenn es sich um eine kapitalmarktorientierte Kapitalgesellschaft i.S.d. § 264d HGB handelt, die **keinen Konzernabschluss** aufstellt, müssen zusätzlich eine Kapitalflussrechnung und ein Eigenkapitalspiegel erstellt werden (§ 264 Abs. 1 Satz 2 HGB). Wird **wahlweise** ein IFRS-Einzelabschluss offengelegt, muss er die internationalen Bestandteile enthalten. Allerdings muss dieser Abschluss in deutscher Sprache aufgestellt werden. Zusätzlich ist ein Lagebericht zu erstellen, der den Einzelabschluss ergänzt. Auf der Konzernebene ist ein Konzernlagebericht zu erstellen.

Auf jeder Berichtsebene **müssen** ein Wirtschaftsbericht und ein Chancen- und Risikobericht erstellt werden. Zusätzlich **sollen** ein Nachtragsbericht, Finanzrisikobericht, Forschungs- und Entwicklungsbericht, Zweigniederlassungsbericht (nur auf Unternehmensebene) und Vergütungsbericht erstellt werden. Der Begriff "sollen" beinhaltet ebenfalls eine Verpflichtung, soweit die Angaben für die Darstellung der Unternehmens- bzw. Konzernlage nicht bedeutungslos sind oder im Unternehmen keine Rolle spielen (z.B. Forschungsbericht im Handel)[1].

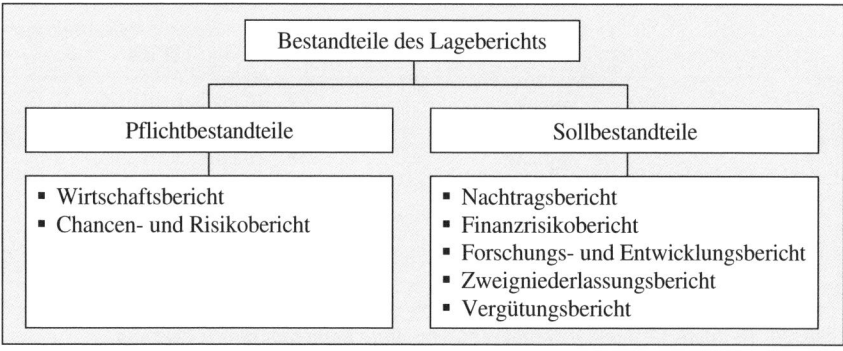

Abb. 19: Bestandteile des Lageberichts

Im **Wirtschaftsbericht** wird die Lage der Kapitalgesellschaft durch Angaben über die Vermögens-, Finanz- und Ertragslage des Unternehmens präzisiert. Neben der Darstellung muss eine vergangenheitsorientierte Analyse dieser Komponenten und des Geschäftsverlaufs erfolgen (z.B. Angabe von Ursachen für die Umsatz- und Gewinnentwicklung). Hierbei sind nicht nur finanzielle, sondern auch nicht finanzielle Leistungsindikatoren

---
[1] Vgl. Baetge, J./Kirsch, H.-J./Thiele, S. (Bilanzen), S. 733.

(z.B. Umweltschutzmaßnahmen) einzubeziehen. Der **Chancen- und Risikobericht** soll die (positiven und negativen) Entwicklungsmöglichkeiten der wirtschaftlichen Lage aufzeigen.

Für die Sollbestandteile des Lageberichts gilt kurzgefasst[1]:
- Der **Nachtragsbericht** informiert über besondere Vorgänge nach dem Bilanzstichtag, die bis zur Aufstellung des Lageberichts eingetreten sind.
- Der **Finanzrisikobericht** stellt die speziellen Risiken von Finanzinstrumenten dar. Auch die Ziele und Methoden des Risikomanagementsystems sind zu beschreiben.
- Der **Forschungs- und Entwicklungsbericht** stellt die Aktivitäten eines Unternehmens in den Bereichen Grundlagenforschung und Produktentwicklung dar.
- Der **Zweigniederlassungsbericht** informiert über die Betriebsstätten des Unternehmens.
- Im **Vergütungsbericht** werden Angaben über das Vergütungssystem der Gesellschaft (z.B. Gesamtbezüge des Vorstands) gemacht.

Die Elemente des Konzernabschlusses nach HGB und IFRS zeigt die folgende Abbildung. Ohne Kapitalmarktorientierung hat die Muttergesellschaft, die den Konzernabschluss aufstellen muss, ein **Wahlrecht** zwischen HGB und IFRS.

	HGB	IFRS
Bestandteile des Konzernabschlusses (Ohne Kapitalmarktorientierung)	• Bilanz • GuV-Rechnung • Anhang • Kapitalflussrechnung • Eigenkapitalveränderungsrechnung	• Bilanz bzw. Bilanzen • Gesamtergebnisrechnung • Anhang • Kapitalflussrechnung • Eigenkapitalveränderungsrechnung
	Wahlrecht zwischen HGB und IFRS	

Abb. 20: Bestandteile des Konzernabschlusses ohne Kapitalmarktorientierung

Die einzelnen Abschlusselemente sind nach HGB und IFRS formal vergleichbar. Allerdings kann bei IFRS die Notwendigkeit für eine zusätzliche Bilanz bestehen. Außerdem ist die Gesamtergebnisrechnung bei IFRS weiter gefasst als die GuV-Rechnung im Handelsrecht, da sie auch bilanziell bedeutsame Eigenkapitaländerungen erfasst. Für die Bestandteile des Konzernabschlusses bei Kapitalmarktorientierung gelten die folgenden Inhalte:

---

[1] Das DRSC konkretisiert die Inhalte des Lageberichts in DRS 15 (Lageberichterstattung). Vgl. hierzu im Einzelnen Buchheim, R./Knorr, L. (Lagebericht), S. 416-422.

	IFRS
Bestandteile des Konzernabschlusses (mit Kapitalmarktorientierung)	▪ Bilanz bzw. Bilanzen ▪ Gesamtergebnisrechnung ▪ Anhang ▪ Kapitalflussrechnung ▪ Eigenkapitalveränderungsrechnung ▪ Segmentberichterstattung ▪ Ergebnis je Aktie
	Pflicht für IFRS

Abb. 21: Bestandteile des Konzernabschlusses mit Kapitalmarktorientierung

Der Jahresabschluss soll die wirtschaftliche Lage eines Unternehmens abbilden, die aus der Vermögens-, Finanz- und Ertragslage besteht. Die Vermögenslage wird durch die Bilanz, die Finanzlage durch die Kapitalflussrechnung und die Ertragslage (im Handelsrecht) durch die GuV-Rechnung abgebildet. Bei IFRS wird die Ertragslage in der Gesamtergebnisrechnung dargestellt. Da zur **Vermögenslage** nicht nur das Vermögen, sondern auch die Schulden gehören, ist die Bezeichnung Reinvermögenslage zutreffender[1].

In vergleichbarer Weise ist die **Ertragslage** besser als Erfolgslage zu bezeichnen, da sie den Saldo aus Erträgen und Aufwendungen ermittelt[2]. Bei IFRS wird in der Gesamtergebnisrechnung neben dem Periodenergebnis auch das sonstige Ergebnis dargestellt. Die **Finanzlage** beinhaltet Aussagen über die finanziellen Mittel eines Unternehmens, deren Bestand bzw. Veränderung (Zeitpunkt- bzw. Zeitraumbetrachtung) erfasst werden kann. Die Einzelheiten werden im sechsten Kapitel zur Kapitalflussrechnung erläutert.

Wirtschaftliche Lage		
Vermögenslage Reinvermögen in einem Zeitpunkt	**Finanzlage** Finanzielle Mittel in einem Zeitpunkt oder Zeitraum	**Ertragslage** Gesamtergebnis in einem Zeitraum
Abbildungsinstrument: Bilanz	Abbildungsinstrument: Kapitalflussrechnung	Abbildungsinstrument: Gesamtergebnisrechnung
Bei Einhaltung der IFRS-Vorschriften: Fair presentation (true and fair view)		

Abb. 22: Abbildung der wirtschaftlichen Lage

---

[1] Vgl. Buchholz, R. (IFRS), S. 115.
[2] Vgl. Baetge, J./Kirsch, H.-J./Thiele, S. (Bilanzen), S. 95.

Werden die Ansatz- und Bewertungsvorschriften nach IFRS eingehalten, gelingt eine angemessene Darstellung (**fair presentation**) der wirtschaftlichen Lage bzw. ein wahrer und angemessener Einblick (true and fair view). "Angemessenheit" stellt eine Einschränkung dar: Es wird nicht die tatsächliche Vermögenslage eines Unternehmens im Sinne des Unternehmenswerts nach der Ertragswertmethode dargestellt, sondern nur ein stichtagsbezogener Substanzwert nach IFRS.

Der Grundsatz der fair presentation stellt eine **Generalklausel der Rechnungslegung** dar, die automatisch erfüllt wird, wenn die verbindlichen IFRS-Vorschriften eingehalten werden. Nur in seltenen Ausnahmefällen ist ein Abweichen von einzelnen Vorschriften erlaubt, um die wirtschaftliche Lage eines Unternehmens zutreffender darzustellen[1]. In diesen Fällen müssen umfangreiche Angabepflichten erfüllt werden.

Die handelsrechtlichen Vorschriften fordern in § 264 Abs. 2 Satz 1 HGB, dass der Jahresabschluss einer Kapitalgesellschaft ein den tatsächlichen Verhältnissen entsprechendes Bild der Vermögens-, Finanz- und Ertragslage vermitteln soll. Die Vertreter bestimmter kapitalmarktorientierter Kapitalgesellschaften müssen diese Einhaltung schriftlich bestätigen (Bilanzeid nach § 264 Abs. 2 Satz 3 HGB). Für den Konzernabschluss ist § 297 Abs. 2 Satz 2 HGB zu beachten. Im Handelsrecht wird die wirtschaftliche Lage richtig abgebildet, wenn die Einzelvorschriften beachtet werden.

Financial statements sind nicht nur nach Ablauf eines Geschäftsjahres zu erstellen. Die unterjährige Berichterstattung wird in IAS 34 (Interim Financial Reporting – Zwischenberichterstattung) geregelt. Dieser Standard verweist auf die nationalen Börsenpflichten. Für kapitalmarktorientierte Unternehmen gilt nach § 37w WpHG die gesetzliche Pflicht zur Halbjahresfinanzberichterstattung. Zu Einzelheiten wird auf die Literatur verwiesen[2]. Für Unternehmen im **Prime Standard** der Deutschen Börse AG besteht sogar eine Pflicht zur **Quartalsberichterstattung**. Die folgende Abbildung zeigt wichtige Informationen:

Quartalsabschlüsse im Prime Standard	
1. Quartal: 1.1. bis 31.3. des Jahres	3. Quartal: 1.1. bis 30.9. des Jahres
2. Quartal: 1.1. bis 30.6. des Jahres	4. Quartal: 1.1. bis 31.12. des Jahres
Veröffentlichung der Quartalsabschlüsse: Spätestens nach **zwei Monaten** Veröffentlichung des Konzernabschlusses: Spätestens nach **vier Monaten**	

Abb. 23: Abschlüsse im Prime Standard

---

[1] Vgl. Wagenhofer, A. (Rechnungslegungsstandards), S. 143.
[2] Vgl. Philipps, H. (Halbjahresfinanzberichterstattung), S. 2327-2328.

Zweites Kapitel: Grundsätze internationaler Rechnungslegung

1. Prinzipien im Framework

1.1 Underlying Assumptions

Das Framework wird in acht Phasen (A bis H) überarbeitet[1]. Die Phase A des Projekts beinhaltete die Reform der Rechnungslegungsziele (objectives) und der qualitativen Anforderungen an den Jahresabschluss (qualitative characteristics). Hierbei wurden auch die **underlying assumptions** der Rechnungslegung erneuert. Vor der Überarbeitung gehörten das going concern principle (Unternehmensfortführungsprinzip) und die accrual basis (Periodenabgrenzung) zu den grundlegenden Annahmen. Seit September 2010 gilt:

> Going concern principle bildet die Grundlage der IFRS-Rechnungslegung

Allerdings wird die Periodenabgrenzung im Framework bei den Rechnungslegungszielen (objectives of financial reporting) erwähnt. In F.OB17 wird darauf hingewiesen, dass die Erfolgskomponenten unabhängig von den Zahlungen anfallen. Auch in IAS 1.27 wird der Grundsatz festgelegt.

Nach dem **going concern principle** hat die Bilanzierung und Bewertung unter der Annahme der Unternehmensfortführung zu erfolgen. Das Prinzip ist nur aufzugeben, wenn es rechtliche oder tatsächliche Gründe erforderlich machen. Im Fall der **Insolvenz** liegt ein rechtlicher Grund vor. Bei Zahlungsunfähigkeit eines Unternehmens wird das Insolvenzverfahren eröffnet, bei Kapitalgesellschaften reicht schon die Überschuldung aus[2]. Die Leitung des Unternehmens geht auf den Insolvenzverwalter über, der einen Insolvenzplan zur Fortführung erstellt[3]. Ist der Unternehmenserhalt nicht möglich, findet eine Liquidation statt.

Bei den tatsächlichen Gründen steht die freie Entscheidung der Unternehmensführung im Vordergrund. Der Vorstand einer Aktiengesellschaft beschließt, die Unternehmenstätigkeit

---

[1] Vgl. Pelger, C. (Framework), S. 908-909.
[2] Vgl. Wöhe, G./Bilstein, J./Ernst, D./Häcker, J. (Unternehmensfinanzierung), S. 44.
[3] Vgl. Perridon, L./Steiner, M./Rathgeber, A. (Finanzwirtschaft), S. 386.

auf Grund wirtschaftlicher Beurteilungen einzustellen. Wenn die Aktionäre und Banken wegen fehlender Zukunftsperspektiven nicht mehr bereit sind, dem Unternehmen zusätzliches Kapital für Investitionen zur Verfügung zu stellen und ein Unternehmensverkauf nicht möglich ist, kann in Einzelfällen nur die Unternehmenseinstellung infrage kommen.

Der **Fortführungszeitraum** muss zumindest das nächste Geschäftsjahr umfassen, nach dessen Ende der nächste Abschluss zu erstellen ist. Auch in IAS 1.26 wird ein Zeitraum von **mindestens zwölf** Monaten nach dem Abschlussstichtag genannt. In der folgenden Abbildung muss das Unternehmen noch mindestens bis zum 31.12.02 fortbestehen.

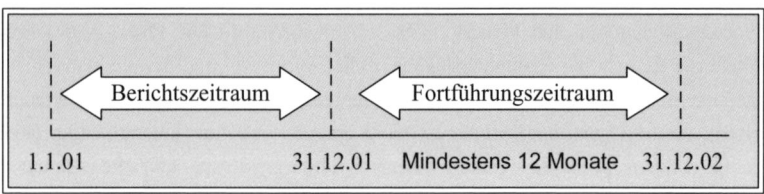

Abb. 24: Berichts- und Fortführungszeitraum

Kann die Fortführungsprognose nicht aufrechterhalten werden, sind nicht mehr die Vorschriften der Standards maßgeblich. Dann muss z.B. die Bewertung mit **Einzelveräußerungspreisen** erfolgen, wobei die Zerschlagungsintensität und Zerschlagungsgeschwindigkeit zu beachten sind[1]. Je schneller das Vermögen veräußert werden muss, umso niedriger ist meist der erzielbare Preis, da die Käufer die Notsituation ausnutzen.

	Going concern principle
Inhalt	Bilanzierung unter Annahme der Unternehmensfortführung
Ausnahmen	Rechtliche Gründe (z.B. Insolvenz mit Liquidation) Tatsächliche Gründe (z.B. Freiwillige Unternehmenseinstellung)
Zeitraum	Fortführungszeitraum muss mindestens zwölf Monate betragen

Abb. 25: Going concern principle

Im **Handelsrecht** ist die Annahme der Unternehmensfortführung in § 252 Abs. 1 Nr. 2 HGB festgelegt, deren Bedeutung weitgehend gleich ist wie bei IFRS[2]. Als Mindestzeitraum für den Unternehmensbestand sind zwölf Monate relevant.

---

[1] Vgl. Kirsch, H. (Rechnungslegung), S. 21.
[2] Vgl. Ruhnke, K./Simons, D. (Rechnungslegung), S. 242.

1.2 Qualitative Characteristics

1.2.1 Fundamentalgrundsätze

1.2.1.1 Relevance

Die qualitativen Anforderungen an die Finanzberichterstattung (financial reporting) werden zunächst in der folgenden Abbildung dargestellt. Informationen über die wirtschaftliche Lage werden insbesondere in der Bilanz und GuV-Rechnung (bzw. Gesamtergebnisrechnung) bereitgestellt, für die Bilanzierungs- und Bewertungsgrundsätze festlegt werden müssen.

	Qualitative characteristics	
Fundamentalgrundsätze	Relevance	Faithful representation
	Predictive value, confirmatory value and materiality	Neutrality, free from errors and completeness
Erweiterungsgrundsätze	Comparability, verifiability, timeliness, understandability	

Abb. 26: Bestandteile der qualitative characteristics

Informationen müssen eine Entscheidungsrelevanz aufweisen, d.h. einen Einfluss auf die Anlageentscheidung der Investoren haben. Im Idealfall weisen die Informationen einen Vorhersagewert (**predictive value**) auf, indem sie zukünftige Entwicklungen des Unternehmens und die damit verbundenen Erfolgsgrößen (z.B. Umsatzerlöse und Aufwendungen) aufzeigen. Allerdings können die Bilanz und GuV-Rechnung nur in sehr eingeschränktem Maße zukünftige Entwicklungen abbilden. In der vergangenheitsorientierten GuV-Rechnung steht das Betriebsergebnis für nachhaltige Erzielbarkeit. Allerdings ist eine einfache Fortschreibung vergangener Gewinne kaum sinnvoll – um zukünftige Erfolge zu bestimmen, müssen weitere Informationen (z.B. zukünftige Absatzmöglichkeiten) ermittelt werden.

Auch der Bestätigungswert (**confirmatory value**) von Informationen kann im Jahresabschluss nur eingeschränkt vermittelt werden. Um zu prüfen, ob eine bestimmte Entwicklung eingetreten ist, z.B. ein bestimmter Gewinn vom Unternehmen erzielt wurde, müssen eine Soll- und eine Istgröße gegenübergestellt werden. Während die Istgröße (der tatsächliche Gewinn) in der GuV-Rechnung darstellbar ist, gilt das für die Plangröße nur bedingt.

Nur wesentliche Informationen beeinflussen die Entscheidungen der Investoren. Der Grundsatz der **materiality** ist zu beachten. In der Bilanz betrifft er den Ansatz, den Ausweis und die Bewertung der einzelnen Posten. Da der Ausweis von Posten der Bilanz und GuV-

Rechnung bei den entsprechenden Gliederungen im dritten und fünften Kapitel behandelt wird, stehen im Folgenden die übrigen Bilanzierungsbereiche im Mittelpunkt.

Die IFRS legen keine Grenzwerte für die Wesentlichkeit eines Postens fest[1]. Hierdurch wird eine schematische Anwendung vermieden und es können die unternehmensspezifischen Besonderheiten berücksichtigt werden. Allerdings können sich uneinheitliche Verfahren einstellen, wodurch die Vergleichbarkeit der Jahresabschlüsse gefährdet wird. Dieser Grundsatz spricht für die Festlegung konkreter Grenzwerte.

Grenzwerte können relativ (in Bezug auf eine Summe) oder absolut (in festen Beträgen) definiert werden. Wird die Bilanz betrachtet, wäre eine Bestimmung relativer Grenzwerte in Bezug auf die Bilanzsumme möglich. Bei der Verwendung **absoluter Grenzwerte** könnten die folgenden Obergrenzen eine Orientierung bieten:
- Kleine Kapitalgesellschaften: Sofortabschreibung bis ca. 500 € je asset.
- Andere Kapitalgesellschaften: Sofortabschreibung bis ca. 1.000 € je asset.

Allerdings können auch viele kleine Einzelposten die Entscheidungen der Anleger beeinflussen. Daher könnte noch ergänzend ein **relativer Grenzwert** in Höhe von ca. 0,5% der Bilanzsumme zur Beurteilung der Wesentlichkeit herangezogen werden[2]. Wird der absolute Grenzwert eingehalten, aber der relative Grenzwert überschritten, dürfte keine **Sofortabschreibung** vorgenommen werden. Beide Grenzwerte wären zu beachten.

Beispiel: Die kleine X-AG hat in 01 zwei Computer im Verwaltungsbereich angeschafft, deren Anschaffungskosten jeweils 499 € netto betragen. Die Bilanzsumme beträgt am Ende des Jahres 1.000.000 € (ohne Aktivierung der Geräte). Jeder Computer erfüllt die absolute Grenze von 500 €. Die relative Grenze beträgt 0,0998% (998 €/1.000.000 €) und wird ebenfalls eingehalten. Somit können beide Geräte sofort abgeschrieben werden. In der Literatur wird von einem **Abschreibungswahlrecht** ausgegangen[3].

Nur die Entscheidungsrelevanz von Sachanlagen und immateriellen Vermögenswerten kann unter quantitativen Aspekten beurteilt werden. Andere Posten wie z.B. Finanzinstrumente oder Vorräte sind ihrer Art nach entscheidungsrelevant, da sie einen direkten Ertragsbezug aufweisen. Unter **qualitativen Aspekten** verbietet sich ihre Sofortabschreibung. Werden von einem Handelsbetrieb Waren mit Anschaffungskosten je 50 € beschafft (Verkaufspreis 120 € netto) muss der Bestand immer bilanziert werden, da pro Stück ein Gewinn von 70 € erzielt

---

[1] Vgl. Wagenhofer, A. (Rechnungslegungsstandards), S. 129.
[2] Vgl. Ruhnke, K./Simons, D. (Rechnungslegung), S. 221.
[3] Vgl. Kirsch, H. (Rechnungslegung), S. 26 und Pellens, B./Fülbier, R.U./Gassen, J./Sellhorn, T. (Rechnungslegung), S. 343.

wird. Das Betriebsergebnis eines Handelsbetriebs (der operative Gewinn) hängt im Wesentlichen vom Warenverkauf ab, so dass Informationen aus diesem Bereich nicht vernachlässigt werden können. Verbindlichkeiten und Rückstellungen dürften ebenfalls nach ihrer Art immer entscheidungsrelevant sein. Für aktive Bilanzposten gilt zusammenfassend:

Entscheidungsrelevanz aktiver Bilanzposten	
Qualitative Beurteilung	**Quantitative Beurteilung**
Finanzinstrumente und Umlaufvermögen	Sachanlagen und immaterielle Vermögenswerte
Immer entscheidungsrelevant	Entscheidungsrelevant bei Wesentlichkeit

Abb. 27: Entscheidungsrelevanz aktiver Bilanzposten

1.2.1.2 Faithful Representation

Informationen erfüllen den Grundsatz der **faithful representation** (glaubwürdige Darstellung), wenn sie neutral (unverzerrt), fehlerfrei und vollständig vermittelt werden. Neutrality beinhaltet eine unverzerrte, d.h. willkürfreie Informationsvermittlung. Der Ansatz und die Bewertung des Vermögens müssen nach bestem Wissen und Gewissen des Bilanzierenden erfolgen. Die bewusste Durchführung von Bilanzpolitik, d.h. die bewusste Beeinflussung des Vermögens durch Bildung **stiller Reserven** soll ausgeschlossen werden[1]. Die Anteilseigner sollen keine manipulierten Informationen erhalten. Es handelt sich um ein subjektives Merkmal des Bilanzierenden, das nur schwer zu überprüfen ist.

Neutrality bedeutet willkürfreie Informationsvermittlung

Jahresabschlussinformation müssen grundsätzlich fehlerfrei (**free from errors**) sein. Dieser Grundsatz wird erfüllt, wenn die IFRS-Vorschriften eingehalten werden. Wird eine Maschine gekauft, erfolgt ihre Bewertung mit den Anschaffungskosten, die sich relativ leicht ermitteln lassen. Schwieriger ist die Bestimmung der Nutzungsdauer zur Berechnung der planmäßigen Abschreibungen, da sie die Zukunft betrifft und nur geschätzt werden kann. Die Information über die Abschreibungen ist als fehlerfrei anzusehen, wenn die zugrunde gelegte Nutzungsdauer sachlich begründbar ist. Das gilt selbst dann, wenn sich später herausstellt, dass die tatsächliche Nutzungsdauer vom geplanten Wert abweicht. Weitere Schätzungen betreffen z.B. die Rückstellungshöhe oder den möglichen Forderungsausfall.

---

[1] Vgl. Achleitner, A.-K./Behr, G./Schäfer, D. (Rechnungslegung), S. 62.

Der Grundsatz der Vollständigkeit (**completeness**) fordert auf bilanzieller Ebene die Berücksichtigung sämtlicher assets und liabilities, die die Ansatzvoraussetzungen erfüllen. Wenn Posten nicht entscheidungsrelevant sind und sofort als Aufwand behandelt werden, erfolgt dennoch eine buchhalterische Berücksichtigung. Für die GuV-Rechnung gilt: Sämtliche Erträge (income) und Aufwendungen (expenses), die die entsprechenden Kriterien erfüllen, müssen aufgenommen werden. Die Ansatzvoraussetzungen für Bilanzposten werden im dritten Kapitel, für GuV-Posten im fünften Kapitel behandelt.

1.2.2 Erweiterungsgrundsätze

Die oben erläuterten Fundamentalgrundsätze werden durch vier weitere Grundsätze ergänzt:
1. Comparability (Vergleichbarkeit),
2. Verifiability (Nachprüfbarkeit),
3. Timeliness (Zeitnähe),
4. Understandability (Verständlichkeit).

Die Vergleichbarkeit (**comparability**) kann zwei Ebenen betreffen (F.QC20)[1]:
- Zeitvergleich: Vergleich von Bilanzposten eines Unternehmens zu unterschiedlichen Zeitpunkten oder von Posten der GuV-Rechnung in unterschiedlichen Zeiträumen.
- Betriebsvergleich: Vergleich von Posten der Bilanz oder GuV-Rechnung eines Unternehmens mit denen anderer Unternehmen. Hierbei ist insbesondere der Gewinnvergleich zweckmäßig.

Beispiel: Die X-AG hat in 05 einen Betriebsgewinn von 500.000 € vor Steuern erzielt. In 04 wurde ein Gewinn von 400.000 € erzielt. Damit ist der Gewinn in 05 um 25% gestiegen (0,25 x 400.000 € = 100.000 €). Somit ist die Erfolgsentwicklung positiv zu beurteilen. Allerdings ist auch ein Vergleich mit anderen Unternehmen zweckmäßig – wenn die Y-AG in 05 einen Gewinn von 600.000 € erzielt, ist sie der X-AG insoweit überlegen.

Damit hat der Grundsatz der Vergleichbarkeit eine große Bedeutung für Investoren. Gäbe es bei IFRS keine Bewertungswahlrechte, würde die Vergleichbarkeit automatisch eingehalten. Wenn alle Unternehmen ihre Sachanlagen nur nach einer Methode bewerten könnten, könnten sich insoweit keine Unterschiede ergeben.

Je mehr Wahlrechte existieren, die von den Unternehmen unterschiedlich ausgeübt werden, umso stärker weichen die Vermögens- und Erfolgsausweise voneinander ab. Eine wichtige

---

[1] F steht für Framework, QC für qualitative characteristics.

Beschränkung der Wahlrechtsausübung findet durch das **Stetigkeitsprinzip** (consistency) statt (F.QC22). Wenn Wahlrechte einheitlich auszuüben sind, verringern sich die Möglichkeiten zur Vermögens- und Erfolgsbeeinflussung. Daher ist nach IAS 8.13 das Stetigkeitsprinzip **streng** einzuhalten. Von der gewählten Bewertungsmethode kann nur in bestimmten Ausnahmefällen abgewichen werden, auf die später eingegangen wird.

Unter **formellem Aspekt** fordert das Stetigkeitsprinzip die Beibehaltung der Gliederungsschemata, Postenbezeichnungen und Postenabgrenzungen[1]. Diese Darstellungsstetigkeit wird in IAS 1.45 verbindlich festgelegt und erleichtert den zeitlichen Vergleich der Jahresabschlüsse. Problematisch ist jedoch, dass die IFRS-Vorschriften keine verbindlichen Gliederungsformate für alle Unternehmen vorschreiben[2]. Die Verwendung gleicher Postenbegriffe und Postenabgrenzungen stellt sicher, dass keine unterschiedlichen Daten betrachtet werden. Wenn der Posten "Fuhrpark" Ende 02 mit dem Vorjahreswert verglichen wird, muss er in beiden Jahren sämtliche Fahrzeuge (z.B. Lkws und Pkws) beinhalten. Die Pkws dürfen in 02 nicht umgegliedert werden. Die Angabe von Vorjahreszahlen in der Bilanz und GuV-Rechnung erleichtert einen direkten Vergleich einzelner Posten im Zeitablauf.

Unter **materiellem Aspekt** fordert das Stetigkeitsprinzip die Beibehaltung der Bilanzierungs- und Bewertungsmethoden. Hierzu zählen bei IFRS z.B. das Neubewertungsmodell für Sachanlagen und für immaterielle Vermögenswerte und die Verbrauchsfolgeverfahren bei Vorräten. Die Einzelheiten werden im vierten Kapitel erläutert. Soweit Wahlrechte bestehen, sind sie für art- und funktionsgleiche assets meist einheitlich auszuüben: Nach IAS 16.36 muss die Neubewertung immer auf eine Gruppe von Sachanlagen (z.B. alle Fahrzeuge) angewendet werden. Es liegt eine **horizontale** (sachliche) Stetigkeit vor. Sie ist zusätzlich zur **vertikalen** (zeitlichen) Stetigkeit zu beachten.

	Comparability
Inhalt	Vergleichbarkeit von Abschlüssen verschiedener Perioden und Unternehmen
Notwendigkeit	Stetigkeitsprinzip (consistency - strenge Interpretation)
Formale Stetigkeit	Beibehaltung von Gliederungen, Postenbezeichnungen und Postenabgrenzungen
Materielle Stetigkeit	Beibehaltung von Bilanzierungs- und Bewertungsmethoden

Abb. 28: Comparability (mit consistency)

---

[1] Vgl. Buchholz, R. (IFRS), S. 28-29.

[2] Vgl. Federmann, R. (Bilanzierung), S. 617.

Der zweite Grundsatz, die **verifiability**, betrifft die Nachprüfbarkeit von Informationen. Alle Sachverhalte, die in der Bilanz und GuV-Rechnung dargestellt werden, müssen sich nachweisen lassen. Hierbei kommen externe und interne Belege (Verträge, Rechnungen etc.) zur Anwendung[1]: Wie im Handelsrecht gilt auch bei IFRS: "Keine Buchung ohne Beleg". Bei unsicheren Werten (z.b. Rückstellungen) müssen die Schätzungen nachvollziehbar sein.

Der dritte Grundsatz, **timeliness** (Zeitnähe), beinhaltet die rechtzeitige Informationsbereitstellung für Investoren. Daher sollten Unternehmensdaten möglichst schnell vermittelt werden. Allerdings enthalten die IFRS **keine** konkreten Aufstellungs- und Offenlegungsfristen für den Jahresabschluss. Auch in IAS 1 (Presentation of Financial Statements – Darstellung des Abschlusses), der formale Anforderungen an Jahresabschlüsse beinhaltet, werden keine Fristen genannt. Deutsche Kapitalgesellschaften, die einen IFRS-Abschluss nach § 325 Abs. 2a HGB offenlegen, müssen die handelsrechtlichen Fristen beachten, die in der folgenden Abbildung dargestellt werden (KapG = Kapitalgesellschaft)[2]. Die Größenklassen der Gesellschaften richten sich nach den Kriterien in § 267 HGB.

Für kleine Kapitalgesellschaften gelten Erleichterungen bei der Aufstellungsfrist. Der Zeitraum wird von drei auf sechs Monate verlängert, wenn es einem ordnungsmäßigen Geschäftsgang entspricht. Das Unternehmen muss sich in wirtschaftlich geordneten Verhältnissen befinden, so dass kein Bedarf an schnelleren Informationen besteht. Die Offenlegungsfristen kapitalmarktorientierter Gesellschaften verkürzen sich auf vier Monate. Für diese Unternehmen gelten weitere Pflichten, die später dargestellt wurden.

	Große und mittelgroße KapG	Kleine KapG
Aufstellungsfrist	Maximal drei Monate	Nach ordnungsmäßigem Geschäftsgang, maximal sechs Monate
Offenlegungsfrist	Unverzüglich nach Vorlage an Gesellschafter, maximal zwölf Monate (bei Kapitalmarktorientierung vier Monate)	

Abb. 29: Aufstellungs- und Offenlegungsfristen

Der vierte Grundsatz, die **understandability**, beinhaltet die Verständlichkeit des Jahresabschlusses. Ein sachverständiger Bilanzleser muss ihm die notwendigen Informationen entnehmen können, um z.b. seine Anlageentscheidungen treffen zu können. Die Verständlichkeit wird regelmäßig erfüllt sein, wenn die formellen Vorschriften für die Aufstellung der Jahresabschlüsse eingehalten werden. Hierzu zählen die Verwendung der Gliederungs-

---

[1] Vgl. Döring, U./Buchholz, R. (Jahresabschluss), S. 192.
[2] Vgl. Federmann, R. (Bilanzierung), S. 103-104.

schemata für Bilanz und GuV-Rechnung, die Wahl der richtigen Postenbezeichnungen und die Postenabgrenzungen. Ergänzende Informationen über das Zustandekommen der einzelnen Werte vermittelt der Anhang, der im siebten Kapitel behandelt wird.

1.2.3 Implizite Grundsätze

1.2.3.1 Wirtschaftliche Betrachtungsweise

Der Grundsatz "substance over form" (wirtschaftliche Betrachtungsweise) gehörte vor der Überarbeitung der qualitative characteristics zum Grundsatz der reliability (Verlässlichkeit)[1]. Obwohl die geänderten qualitativen Anforderungen die wirtschaftliche Betrachtungsweise nicht mehr speziell anführen, gilt dieser Grundsatz implizit[2].

Grundsätzlich ist davon auszugehen, dass der rechtliche Eigentümer eine Sache nutzen wird: Ein Unternehmer erwirbt z.b. einen Pkw, den er an verschiedene Personen vermietet. Wenn die Vermietung des Fahrzeugs aber so ausgestaltet ist, dass ein Mieter es allein nutzt (z.b. beim Finance Leasing), ist er **wirtschaftlicher Eigentümer** und muss das Fahrzeug in seiner Bilanz aktivieren (siehe drittes Kapitel). Die folgende Abbildung zeigt Fälle, in denen wirtschaftliches und rechtliches Eigentum auseinanderfallen.

Vorgang	Parteien	Bilanzierung (Regelfall)
1. Eigentumsvorbehalt	Vorbehaltsverkäufer und Vorbehaltskäufer	Vorbehaltskäufer
2. Sicherungsübereignung	Sicherungsgeber und Sicherungsnehmer	Sicherungsgeber (= Kreditnehmer)
3. Factoring	Forderungsverkäufer und Forderungskäufer	Echtes Factoring: Käufer Unechtes Factoring: Verkäufer
4. Leasing	Leasinggeber und Leasingnehmer	Finance Leasing: Leasingnehmer Operate Leasing: Leasinggeber

Abb. 30: Bilanzierung bei wirtschaftlichem Eigentum

Bei einer Lieferung unter **Eigentumsvorbehalt** bleibt das Eigentum bis zur vollständigen Bezahlung der gelieferten Sache (z.B. Ware) beim Vorbehaltsverkäufer. Die Bilanzierung

---

[1] Vgl. Buchholz, R. (Rechnungslegung), S. 44.
[2] Vgl. Baetge, J./Kirsch, H.-J./Thiele, S. (Bilanzen), S. 146.

erfolgt jedoch beim Käufer, da er über die gelieferten Sachen verfügen kann. Er erwirtschaftet durch den Verkauf der Waren die Mittel, um seine Kaufpreisschuld zu tilgen. Der Vorbehaltsverkäufer gewährt dem Vorbehaltskäufer bis zur Bezahlung einen Kredit.

Bei der **Sicherungsübereignung** überträgt der Sicherungsgeber (Kreditnehmer) das Eigentum am Sicherungsgut (z.b. Maschine) auf den Sicherungsnehmer (Kreditgeber), um einen Kredit abzusichern. Die Verfügungsgewalt über das Sicherungsgut bleibt beim Sicherungsgeber, der regelmäßig alle Nutzungen zieht. Er bilanziert den Gegenstand. Beim **Factoring** erfolgt die Bilanzierung beim Forderungskäufer, wenn dieser das Ausfallrisiko der Forderung trägt (echtes Factoring). Bleibt das Ausfallrisiko dagegen beim Verkäufer, ist er wirtschaftlicher Eigentümer (unechtes Factoring) und bilanziert weiterhin die Forderung. Entscheidend für die Bilanzierung der Forderung ist die vollständige Risikoübertragung. Die Bilanzierung von Leasing wird im dritten Kapitel erläutert.

Die wirtschaftliche Betrachtungsweise gilt auch für den **Bilanzierungszeitpunkt**. Die Bilanzierung erfolgt beim Empfänger, wenn er wirtschaftlich über den Gegenstand verfügen kann. Das ist regelmäßig der Fall, wenn der Eigenbesitz oder der Nutzen und die Lasten auf den Erwerber einer Sache übergehen.

Beispiel: Die A-AG schließt am 1.12.01 einen Kaufvertrag über den Bezug von Waren, die am 15.12.01 unter Eigentumsvorbehalt geliefert werden. Am 15.12.01 muss die A-AG die Ware verbuchen und später bilanzieren, wenn sie noch auf Lager ist. Ab dem 15.12. besitzt die AG die Ware und kann frei darüber verfügen (= **wirtschaftliches Eigentum**).

1.2.3.2 Bilanzidentität und Stichtagsprinzip

Bilanzidentität heißt, dass jeder Posten in der Anfangsbilanz eines Geschäftsjahres mit dem entsprechenden Posten in der Schlussbilanz des Vorjahres übereinstimmt. Der Grundsatz sichert die kontinuierliche Gewinnermittlung. Außerdem gleichen sich bilanzielle Vorteile im Zeitablauf wieder aus (**Zweischneidigkeit der Bilanz**). Der Grundsatz gilt auch bei den IFRS[1]. Allerdings wird das Prinzip an vielen Stellen wieder durchbrochen.

Eine Ursache für die Durchbrechung der Bilanzidentität sind Änderungen der IFRS-Vorschriften[2]. Oft werden neue bzw. überarbeitete Standards veröffentlicht, die in vielen Fällen auch rückwirkend anzuwenden sind. Dann muss eine zusätzliche Bilanz zum Beginn des frühestmöglichen Vergleichszeitraums erstellt werden. Die Einzelheiten folgen später.

---

[1] Vgl. Federmann, R. (Bilanzierung), S. 262.
[2] Vgl. Wagenhofer, A. (Rechnungslegungsstandards), S. 191.

1. Prinzipien im Framework 43

Das **Stichtagsprinzip** besagt, dass für die Bilanzierung und Bewertung die Verhältnisse am Bilanzstichtag entscheidend sind. Wenn Mitte 01 Aktien zum Kurswert von 10.000 € gekauft wurden, muss ihr Kurswert zum 31.12.01 ermittelt werden. Allerdings müssen bei der Bewertung oft auch zukünftige Aspekte berücksichtigt werden, z.b. wenn langfristige Rückstellungen zu ermitteln sind.

Nach dem Bilanzstichtag können Informationen verfügbar werden, die die Verhältnisse zu diesem Zeitpunkt besser beschreiben (**wertaufhellende Informationen**). Ihre Behandlung wird in IAS 10 (Events after the Reporting Period – Ereignisse nach dem Berichtszeitraum) geregelt. Es sind z.b. Informationen über den Wert einer Forderung am Bilanzstichtag zu nutzen, wenn nach diesem Zeitpunkt das Insolvenzverfahren des Schuldners abgeschlossen wurde (IAS 10.9(b)). Für deutsche prüfungspflichtige Unternehmen, die einen IFRS-Abschluss offenlegen, endet der Wertaufhellungszeitraum im Regelfall mit dem Datum des Bestätigungsvermerks über das Ergebnis der Abschlussprüfung[1].

1.2.3.3 Einzelbewertungsprinzip

Das **Einzelbewertungsprinzip** beinhaltet, dass jeder Aktiv- und Passivposten für sich erfasst und bewertet wird. Auch wenn der Grundsatz nicht in den qualitativen Anforderungen genannt wird, ergibt er sich aus dem Framework und aus verschiedenen Standards[2]. Die Abschreibung von Vorräten ist z.b. nach IAS 2.29 für jeden Posten vorzunehmen. Auch die außerplanmäßige Abschreibung von Sachanlagen und immateriellen Vermögenswerten ist nach IAS 36.66 für jeden einzelnen Posten durchzuführen. Nur wenn dies nicht möglich ist, werden zahlungsmittelgenerierende Einheiten gebildet, für die eine Gesamtbewertung vorgenommen wird (siehe viertes Kapitel).

Der Einzelbewertungsgrundsatz ist insbesondere dann von Bedeutung, wenn Wertsteigerungen und Wertminderungen unterschiedlich behandelt werden. In der folgenden Abbildung werden A-Aktien und B-Aktien für je 800 € erworben (AK = Anschaffungskosten). Am Bilanzstichtag steigt der Wert der A-Aktien um 100 €, der der B-Aktien sinkt um 100 €. Werden die Wertsteigerungen gleich behandelt, ergibt sich kein Unterschied zwischen der Einzel- und Gesamtbewertung. In beiden Fällen gelangt man zum Wert von 1.600 €. Bei IFRS werden die Wertänderungen von Finanzinstrumenten der Kategorie "at fair value" gleich behandelt. Somit ist es möglich, die Wertpapiere zusammen zum fair value (FV) zu bewerten (IFRS 9). Anders verhält es sich im HGB: Da Wertsteigerungen über die Anschaf-

---
[1] Vgl. Wawrzinek, W. (Ansatz), S. 52.
[2] Vgl. Küting, K./Eichenlaub, R. (Einzelbewertungsgrundsatz), S. 1197.

fungskosten grundsätzlich verboten sind, werden die Aktien handelsrechtlich am 31.12.01 mit insgesamt 1.500 € bewertet, wenn sie sich im Umlaufvermögen befinden: Die A-Aktien dürfen nicht zugeschrieben werden und die B-Aktien sind abzuschreiben.

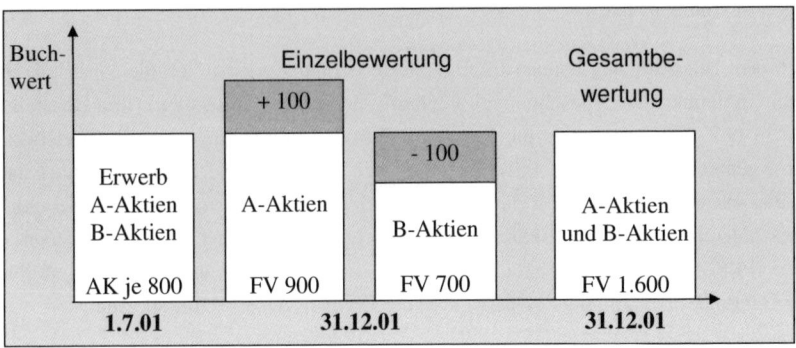

Abb. 31: Einzel- und Gesamtbewertung

Der Einzelbewertungsgrundsatz kann nicht immer eingehalten werden. Wenn sich die Preise für Vorräte ändern, müsste eine genaue Zuordnung der Werte zu den Posten erfolgen, was in vielen Fällen nicht möglich ist: Betriebsstoffe vermischen und Rohstoffe vermengen sich, so dass keine eindeutige Identifizierung mehr möglich ist. Daher können Vorräte bei IFRS nach der Durchschnittsmethode oder der Fifo-Methode bewertet werden.

1.3 Vergleich mit handelsrechtlichen GoB

Im Handelsrecht ist der Jahresabschluss nach den Grundsätzen ordnungsmäßiger Buchführung (GoB) aufzustellen. Sie sind aber nur zum Teil gesetzlich festgelegt. § 252 Abs. 1 HGB enthält Bewertungsgrundsätze, die sich in den folgenden Vorschriften (§§ 253ff. HGB) niederschlagen. Der Grundsatz der **Vorsicht** führt dazu, dass Vermögensgegenstände eher zu niedrig als hoch bewertet werden. Daraus folgt, dass das Anlagevermögen bei voraussichtlich dauernder Wertminderung abzuschreiben ist. Ist die Wertminderung nur vorübergehend, besteht grundsätzlich ein Abschreibungsverbot – bei Finanzanlagen gilt ein Abschreibungswahlrecht. Die Anschaffungskosten dürfen grundsätzlich nicht überschritten werden.

Während im Anlagevermögen das gemilderte Niederstwertprinzip gilt, wird im Umlaufvermögen die strenge Variante eingesetzt: Wenn der Börsen- oder Marktwert niedriger ist als die Anschaffungs- oder Herstellungskosten, muss eine Abschreibung erfolgen. Auch wenn die Prinzipien und Vorschriften nicht vollständig harmonieren, ist die Verbindung zwischen den GoB und den Einzelvorschriften geschlossener als bei den IFRS. Die internationalen Prinzipien sind auch nach der Überarbeitung des Frameworks zu unbestimmt.

Auch im Handelsrecht gilt das Unternehmensfortführungsprinzip, das wie bei IFRS interpretiert wird. Die Grundsätze der Entscheidungsrelevanz und glaubwürdigen Darstellung werden nicht im HGB genannt. Im Handelsrecht ist eine Sofortabschreibung von geringwertigen Vermögensgegenständen möglich, wobei meist die steuerlichen Vorschriften für **geringwertige Wirtschaftsgüter** (§ 6 Abs. 2 EStG) verwendet werden. Dann beschränkt sich die Sofortabschreibung auf selbstständig nutzbare Sachanlagen, deren Anschaffungskosten nicht mehr als 410 € netto betragen. Der Grundsatz der Wesentlichkeit gilt als GoB[1].

Die Grundsätze der Willkürfreiheit, Fehlerfreiheit und Vollständigkeit gelten auch im Handelsrecht. Der Jahresabschluss ist vom Bilanzierenden nach bestem Wissen aufzustellen. Nach § 246 Abs. 1 Satz 1 HGB sind sämtliche Vermögensgegenstände, Schulden, Rechnungsabgrenzungsposten, Aufwendungen und Erträge in den Jahresabschluss aufzunehmen. Werden alle handelsrechtlichen Vorschriften beachtet, ist der Jahresabschluss fehlerfrei. Schätzungen sind auch im Handelsrecht sachgerecht vorzunehmen.

Die Vergleichbarkeit gilt ebenfalls im Handelsrecht[2]. Der Grundsatz der Stetigkeit wird in § 252 Abs. 1 Nr. 6 HGB festgelegt. Die Nachprüfbarkeit bildet die Grundlage der Buchführung, damit sie ihre Dokumentationsfunktion wahrnehmen kann. Die Aufstellungs- und Offenlegungsfristen wurden bereits dargestellt. Die Verständlichkeit wird durch die Beachtung der vorgenommen Gliederungen von Bilanz und GuV-Rechnung erreicht. Allerdings fehlen im Handelsrecht genaue Vorschriften für die Gestaltung der Kapitalflussrechnung.

Die wirtschaftliche Betrachtungsweise wird in § 246 Abs. 1 Satz 2 HGB definiert und entspricht der internationalen Regelung. Die Bilanzidentität wird in § 252 Abs. 1 Nr. 1 HGB festgelegt. Der Aufhellungszeitraum endet mit der Aufstellung des Jahresabschlusses. Der Einzelbewertungsgrundsatz hat im HGB eine besondere Bedeutung, da Wertsteigerungen und Wertminderungen unterschiedlich behandelt werden.

Im Handelsrecht weist das **Vorsichtsprinzip** eine große Bedeutung auf. Bei IFRS wird der Grundsatz nach der Überarbeitung des Frameworks nicht mehr genannt. Bei Sachanlagen kann z.B. eine Bewertung zum fair value (beizulegenden Zeitwert) erfolgen, so dass stille Reserven aufgedeckt werden (siehe viertes Kapitel). Weitere, eher formale Prinzipien, wie z.B. das Saldierungsverbot, werden bei der Bilanzgliederung bzw. GuV-Gliederung erläutert.

---

[1] Vgl. Bieg, H./Kußmaul, H. (Rechnungswesen), S. 198.
[2] Vgl. Bitz, M./Schneeloch, D./Wittstock, W. (Jahresabschuss), S. 135.

2. Wichtige Prinzipien in Standards

2.1 Accrual Basis

Nach IAS 1.27 gilt der Grundsatz der **accrual basis** (Periodenabgrenzung). Danach sind jedem Geschäftsjahr die Erträge (income) und Aufwendungen (expenses) zuzurechnen, die in ihm entstanden sind, d.h. die jeweiligen Ansatzvoraussetzungen erfüllen. Der Erfolg ergibt sich aus der Differenz der Erträge und Aufwendungen. Die Zahlungsvorgänge (Ein- und Auszahlungen) sind für die Gewinnermittlung ohne Bedeutung – sie stehen bei der Kapitalflussrechnung im Mittelpunkt, die im sechsten Kapitel behandelt wird.

Anstelle des im Handelsrecht üblichen Begriffs "**Geschäftsjahr**" verwenden die IFRS die Bezeichnung "Berichtszeitraum" (reporting period)[1]. Sie beträgt grundsätzlich ein Jahr (IAS 1.36), kann aber ausnahmsweise (z.B. bei Geschäftseröffnung) auch kürzer oder sogar länger sein. Wenn die Neu-AG am 1.12.01 ihren Geschäftsbetrieb aufnimmt, kann das erste Geschäftsjahr **dreizehn Monate** umfassen, sodass erst Ende 02 der erste Jahresabschluss erstellt wird. Die Erstellung eines Abschlusses für einen Monat ist unter Informationsaspekten meist ohne Bedeutung und würde daher zu unverhältnismäßigen Kosten führen[2]. Allerdings sollte die Berichtsperiode (das Geschäftsjahr) nicht zu lang sein, weil die Bilanzadressaten sonst zu lange auf notwendige Informationen warten müssten.

Dauer des Geschäftsjahres: Grundsätzlich ein Jahr – ausnahmsweise länger oder kürzer

In der folgenden Abbildung sind in 01 Einzahlungen von 520.000 € und Auszahlungen von 400.000 € entstanden. Die Differenz stellt den **Cash flow** (Zahlungsfluss) dar: Es entsteht ein Einzahlungsüberschuss von 120.000 €. Für die Gewinnermittlung werden die Erträge und Aufwendungen benötigt, die mit den Zahlungen nicht übereinstimmen. Der Gewinn als Differenz der Erträge und Aufwendungen beträgt 180.000 €.

Um die Zahlungen an die Erfolgsgrößen anzupassen, werden bilanztechnisch aktive und passive Rechnungsabgrenzungsposten bzw. sonstige Forderungen und sonstige Verbindlichkeiten verwendet. Wenn in 01 Auszahlungen von 400.000 € erfolgen, wovon 80.000 € auf das Jahr 02 entfallen, wird Ende 01 ein aktiver Rechnungsabgrenzungsposten von 80.000 € gebildet, um den Aufwand von 320.000 € auszuweisen (Buchung in 01: "Diverse Aufwendungen an Bank 400.000", Buchung Ende 01: "Aktiver RAP an Bank 80.000").

---

[1] Vgl. Wagenhofer, A. (Rechnungslegungsstandards), S. 141.
[2] Nach F.QC35 müssen die Kosten und der Nutzen der Abschlusserstellung im Einklang stehen.

2. Wichtige Prinzipien in Standards

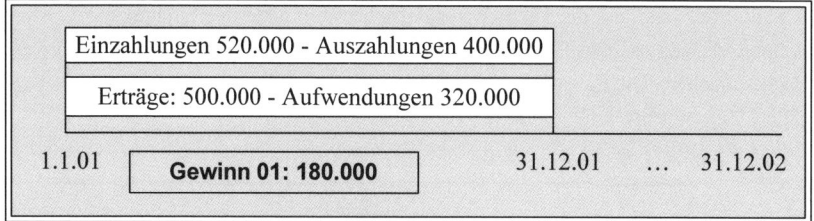

Abb. 32: Erfolgsermittlung nach accrual basis

Erträge sind nach dem Realisationsprinzip zu erfassen, das im nächsten Gliederungspunkt erläutert wird. Die Aufwendungen sind den Erträgen sachlich oder zeitlich zuzurechnen. In IAS 18.19 wird die sachliche Abgrenzung (**matching principle**) festgelegt, wonach Erträge und Aufwendungen aus demselben Geschäftsvorfall zum selben Zeitpunkt erfasst werden. Den Erträgen für die abgesetzte Menge (Umsatzerlöse) sind die Aufwendungen für die veräußerten Produkte (Umsatzaufwand) sachlich zuzurechnen. Der Umsatzaufwand ergibt sich als Produkt aus Menge und Herstellungskosten (Berechnung siehe viertes Kapitel).

Alle übrigen Aufwendungen werden in den Zeitpunkten erfasst, in denen sie entstanden sind. Die zeitliche Abgrenzung wird als **deferral** bezeichnet[1]. Außerplanmäßige Abschreibungen und spätere Zuschreibungen von Sachanlagen weisen keine direkte Verbindung zu den Erträgen auf und werden in dem Zeitpunkt verrechnet, in dem sie entstanden sind.

Beispiel: Die X-AG produziert in 01: 48.000 Stück eines Produkts, von dem 40.000 Stück zu je 20 € netto abgesetzt werden. Die Herstellungskosten pro Stück haben 11 € betragen. Die Verwaltungs- und Vertriebskosten belaufen sich auf 180.000 € bzw. 120.000 €. Die Erfolgsermittlung nach dem Umsatzkostenverfahren wird in der folgenden Abbildung dargestellt (ohne Ertragsteuern, deutsche Postenbezeichnungen):

GuV-Rechnung (Umsatzkostenverfahren)		
1. Umsatzerlöse	800.000 €	
2. Umsatzaufwand	- 440.000 €	Matching principle
= Bruttoergebnis	360.000 €	
3. Vertriebskosten	- 120.000 €	Matching principle
4. Allg. Verwaltungskosten	- 180.000 €	Deferral
= **Gewinn**	**60.000 €**	

Abb. 33: Prinzipien im Umsatzkostenverfahren

---
[1] Vgl. Wagenhofer, A. (Rechnungslegungsstandards), S. 150.

Der Umsatzaufwand und die Vertriebskosten stehen in direkter Verbindung zur Leistungserstellung, so dass das matching principle gilt. Die allgemeinen Verwaltungskosten werden zeitlich verrechnet. Die Einzelheiten zum Umsatzkostenverfahren werden im fünften Kapitel erläutert. Zusammenfassend gilt für das Periodisierungsprinzip:

	Accrual basis
Inhalt	Erfolgsermittlung mit wirtschaftlichen Größen, nicht mit Zahlungen
Erfolg	Erträge - Aufwendungen (income - expenses)
Ertrag	Nach realisation principle (Realisationsprinzip)
Aufwand	Nach matching principle (Prinzip der sachlichen Abgrenzung) oder deferral (zeitraumbezogene Abgrenzung)

Abb. 34: Accrual basis

2.2 Realisation Principle

Erträge sind nach dem **realisation principle** (Realisationsprinzip) auszuweisen. Nach dem Framework ist ein Ertrag entstanden, wenn eine Zunahme des künftigen Nutzens durch eine Zunahme bei einem asset (Vermögenswert) oder durch Abnahme einer liability (Schuld) stattgefunden hat, die verlässlich gemessen werden können (F 4.47). Die IFRS folgen somit grundsätzlich einem bilanzorientierten **asset-liability-approach**[1]. Bei Wertpapieren kann z.B. schon ein Ertrag entstehen, wenn ihr Marktwert (Kurswert) am Bilanzstichtag gestiegen ist. Eine Veräußerung der Wertpapiere ist für den Ertragsausweis nicht notwendig.

Im geltenden IAS 18 (Revenue – Umsatzerlöse) wird die Ertragsentstehung bei verschiedenen Verträgen erläutert. Beim **Kaufvertrag** muss der Verkäufer die wesentlichen Risiken und Chancen auf den Abnehmer übertragen und darf keine Verfügungsgewalt mehr besitzen. Diese Bedingung tritt regelmäßig mit der Übergabe der Sache ein. Zusätzlich wird in IAS 18.14 die Erfüllung der folgenden Kriterien verlangt: Verlässliche Ertragsbestimmung, Wahrscheinlichkeit des Nutzenzuflusses, Schätzung der Übergabekosten der Sache.

Der Ertragsausweis in IAS 18 gilt nicht für alle Verträge. In IAS 11 (Construction Contracts – Fertigungsaufträge) wird für langfristige Werkverträge grundsätzlich ein zeitanteiliger Ertragsausweis nach der percentage-of-completion method vorgeschrieben. **Werkverträge** sind dadurch gekennzeichnet, dass der Besteller ein spezielles Werk (z.B. Kreuzfahrtschiff)

---
[1] Vgl. Herzig, N. (Gewinnermittlung), S. 215.

beim Hersteller in Auftrag gibt. Zivilrechtlich entsteht der Vergütungsanspruch erst mit der Abnahme des fertigen Werks durch den Besteller. Nach IAS 11 werden Erfolge schon vor der Übertragung der wesentlichen Risiken und Chancen auf den Kunden ausgewiesen. Das Realisationsprinzip kommt in einer "milden" Form zur Anwendung. Damit besteht ein Widerspruch zwischen IAS 18 und IAS 11, der in der folgenden Abbildung gezeigt wird.

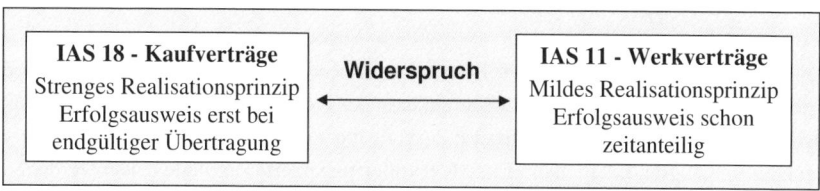

Abb. 35: Verhältnis von IAS 18 und IAS 11

Durch das **Revenue Recognition Project** werden die Grundsätze zur Ertragsrealisation überarbeitet. In 2010 wurde der Exposure Draft ED/2010/6 „Revenue from Contracts with Customers" veröffentlicht. Nach diesem Entwurf ist der Ertragsausweis an das **control-Konzept** geknüpft: Umsatzerlöse sind beim Leistenden ausweisen, wenn die vertraglichen Pflichten erfüllt sind. Das ist der Fall, wenn die Verfügungsgewalt an Waren und Dienstleistungen übertragen wurde[1]. Daraus folgt, dass die bei Werkverträgen meist anzuwendende percentage-of-completion method nicht mehr anwendbar wäre[2]. Diese Methode sieht den Ertragsausweis schon vor der Fertigstellung der Leistung (des Werks) vor.

In 2011 erschien ein überarbeiteter Entwurf (ED/2011/6), der einen Kompromiss enthält. Auch dieser Entwurf folgt dem control-Prinzip, das aber einen nach Leistungsarten differenzierten Kontrollübergang vorsieht. Die Leistungen werden wie folgt unterteilt[3]:

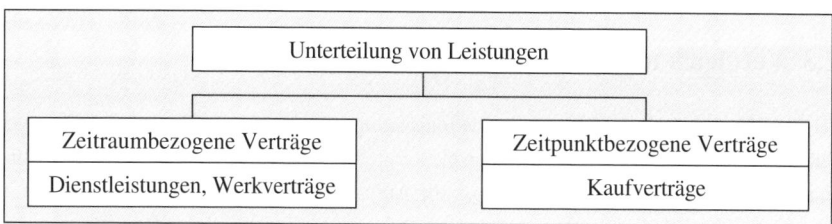

Abb. 36: Unterteilung von Leistungen

---

[1] Vgl. Lühn, M. (Neukonzeption), S. 274.
[2] Vgl. Wüstemann, J./Wüstemann, S. (Neuausrichtung), S. 2039.
[3] Vgl. Wüstemann, J./Wüstemann, S. (Überarbeitung), S. 3118.

Bei zeitraumbezogenen Verträgen soll die Übertragung der Verfügungsgewalt zeitanteilig erfolgen. Nach Argumentation des IASB profitiert der Erwerber bei einer Langfristfertigung von der zunehmenden Fertigstellung des Werks[1]. Allerdings wird zivilrechtlich die Verfügungsgewalt erst mit der Abnahme des Werks übertragen (zeitpunktbezogen). Im work plan vom Dezember 2013 wird für 2014 der endgültige Standard angekündigt.

Das Revenue Recognition Project behandelt auch den Ertragsausweis bei **Mehrkomponentenverträgen**. Hierbei handelt es sich um Verträge, die mehrere unterschiedliche Teilleistungen enthalten, für die im Regelfall ein Gesamtpreis festgesetzt wird. Probleme ergeben sich bei diesen Verträgen dadurch, dass der Preis für das gesamte Leistungspaket meist unter der Summe der Einzelpreise liegt. Es muss eine Aufteilung des Gesamtpreises erfolgen, wobei grundsätzlich die **Einzelveräußerungspreise** zugrunde gelegt werden[2].

Wenn ein EDV-Händler ein Notebook mit externem Bildschirm und Drucker zum Paketpreis von 1.200 € netto anbietet (Einzelveräußerungspreise: Notebook 900 €, Bildschirm 200 € und Farblaserdrucker 400 €), werden die Teilumsätze wie folgt berechnet: Paketpreis/Summe der Einzelpreise aller Leistungen x Teilleistung. Für das Notebook ergibt sich danach ein Wert von 720 € (1.200 €/1.500 € x 900 €).

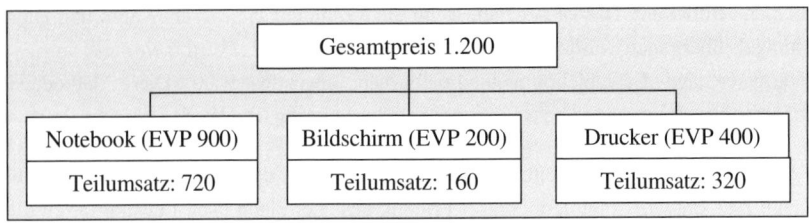

Abb. 37: Aufteilung von Gesamtpreisen auf Teilleistungen

2.3 Vergleich mit handelsrechtlichen GoB

Nach § 252 Abs. 1 Nr. 5 HGB gilt das Periodisierungsprinzip auch im HGB: Der Erfolg wird durch Erträge und Aufwendungen, aber nicht durch die Ein- und Auszahlungen bestimmt. Für Erträge gilt das Realisationsprinzip – die Aufwendungen sind sachlich oder zeitlich zu verrechnen. Das Realisationsprinzip wird streng interpretiert und auf alle Verträge angewendet. Bei Mehrkomponentenverträgen kann wie bei IFRS vorgegangen werden.

---

[1] Vgl. Wüstemann, J./Wüstemann, S. (Überarbeitung), S. 3118.
[2] Vgl. Lühn, M. (Neukonzeption), S. 275. Der überarbeitete Entwurf lässt auch andere Verfahren zu. Vgl. Wüstemann, J./Wüstemann, S. (Überarbeitung), S. 3118-3119.

3. Grundsätze bei Bilanzänderungen

Der Grundsatz der **Bilanzidentität** wird in bestimmten Fällen durchbrochen. Die Einzelheiten werden in IAS 8 (Accounting Policies, Changes in Accounting Estimates and Errors – Rechnungslegungsmethoden, Änderungen von rechnungslegungsbezogenen Schätzungen und Fehler) behandelt. Der Standard behandelt die folgenden Fälle:

Bilanzkorrekturen nach IAS 8		
Schätzungsänderung	**Methodenänderung**	**Wesentliche Fehler**
Prospektiv - erfolgswirksam	Retrospektiv - erfolgsneutral	Retrospektiv - erfolgsneutral
Beibehaltung des Bilanzzusammenhangs	Durchbrechung des Bilanzzusammenhangs	Durchbrechung des Bilanzzusammenhangs

Abb. 38: Bilanzkorrekturen nach IAS 8

Bei vielen Bilanzposten sind Schätzungen notwendig. Beim abnutzbaren Anlagevermögen muss z.b. die Nutzungsdauer ermittelt werden, wobei Fehler auftreten können. Es kann sich nach einigen Jahren herausstellen, dass die Nutzungsdauer einer Maschine zu kurz geschätzt wurde. Es liegt eine **Schätzungsänderung** vor. In diesem Fall wird der Abschreibungsplan zukünftig (prospektiv) angepasst, indem über die längere Nutzungsdauer abgeschrieben wird. Die Änderung ist erfolgswirksam, da sich die Abschreibungsbeträge ändern. Die bisherigen Bilanzen werden nicht geändert (Beibehaltung des Bilanzzusammenhangs).

Bei IFRS sind die Bilanzierungs- und Bewertungsmethoden (accounting policies) grundsätzlich beizubehalten (Beachtung des Stetigkeitsprinzips). **Methodenänderungen** sind nach IAS 8.14 nur möglich, wenn es die IFRS-Vorschriften erfordern oder die Information über die wirtschaftliche Lage verbessert wird. Die Änderungen sind rückwirkend (retrospektiv) vorzunehmen: Alle Vorjahresdaten sind so anzupassen, als wäre die neue Methode schon immer angewendet worden (IAS 8.5). Die Bilanzposten werden erfolgsneutral zum Beginn des Vorjahres geändert, damit die Vorjahreswerte für die Posten der Bilanz und GuV-Rechnung ermittelt werden können[1]. Auch die Änderung bestehender oder die Einführung von neuen Standards wird als Methodenänderung betrachtet.

Wesentliche Fehler können z.B. beim Ansatz, bei der Bewertung und beim Ausweis von Bilanzposten entstehen. Diese Fehler sind rückwirkend (retrospektiv) zu korrigieren (IAS 8.42). Der Jahresabschluss wird mit seinen Vorjahresangaben so dargestellt, als wäre der

---

[1] Vgl. Wagenhofer, A. (Rechnungslegungsstandards), S. 191.

Fehler nie aufgetreten[1]. Daher sind die Werte im aktuellen Abschluss richtig darzustellen und die Vorjahreswerte anzupassen. Wurde der Fehler schon vor Beginn des Vorjahres begangen, werden die Anfangswerte des Vorjahres erfolgsneutral korrigiert (bei zwei Bilanzen)[2].

Beispiel: Anfang 01 wird eine Maschine mit Anschaffungskosten von 200.000 € beschafft. Die Nutzungsdauer beträgt acht Jahre bei linearer Abschreibung. Anfang 04 wird bei der Aufstellung des Jahresabschlusses für 03 festgestellt, dass die Maschine bisher versehentlich nicht abgeschrieben wurde. Sie wird seit Anfang 01 mit 200.000 € bilanziert (ohne latente Steuern). Die folgende Abbildung zeigt die bilanziellen Korrekturmaßnahmen:

	31.12.01	31.12.02	31.12.03
Falsche Werte	200.000 €	200.000 €	200.000 €
Richtige Werte	**175.000 €**	**150.000 €**	**125.000 €**
Korrekturen	▪ Zum 1.1.02: Erfolgsneutrale Korrektur: -25.000 € ▪ Zum 31.12.02: Erfolgswirksame Korrektur: -25.000 € ▪ Zum 31.12.03: Erfolgswirksame Korrektur: -25.000 €		

Abb. 39: Beispiel zur Bilanzkorrektur von Fehlern

Am 31.12.03 muss die Maschine in der Bilanz mit 125.000 € bewertet werden. Für 03 werden die aktuellen Abschreibungen von 25.000 € verbucht, so dass der Aufwand in der GuV-Rechnung 03 stimmt. In der GuV-Rechnung 02 müssen ebenfalls noch Abschreibungen gebucht werden, um den Vorjahreswert im Abschluss für 03 zu erhalten. Da der Fehler schon vor dem Beginn des Vorjahres begangen wurde, muss zusätzlich noch eine erfolgsneutrale Korrektur in der Anfangsbilanz zum 1.1.02 vorgenommen werden, indem die Gewinnrücklagen angepasst werden. Diese Anpassung ist erfolgsneutral und führt zu einer Durchbrechung der Bilanzidentität. Nach der Korrektur wird die Maschine ab 04 so bewertet, als wäre sie schon immer richtig bewertet worden.

Im **HGB** wird nicht geregelt, wie fehlerhafte Abschlüsse zu korrigieren sind. Nach DRS 13 (Grundsatz der Stetigkeit und der Berichtigung von Fehlern) sind Fehler aus Vorperioden im Regelfall in der laufenden Periode zu korrigieren[3]. Die Berichtigung muss erfolgen, wenn ein wesentlicher Fehler die Darstellung der Wirtschaftslage beeinträchtigt.

---

[1] Vgl. Grünberger, D. (IFRS), S. 281.
[2] Vgl. Zülch, H./Willms, J. (Jahresabschlussänderungen), S. 133. Bei drei Bilanzen, die in IAS 1 gefordert werden, muss der Korrekturzeitraum um eine Vorperiode erweitert werden.
[3] Vgl. Hayn, S./Waldersee, G. (IFRS), S. 77.

Drittes Kapitel: Internationale Bilanzierung

1. Grundlegende Ansatzvorschriften

1.1 Definitionen

In der **Bilanz** erscheinen auf der Aktivseite die assets (Vermögenswerte), denen auf der Passivseite die liabilities (Schulden) und – als Saldo – das equity (Eigenkapital) gegenübergestellt werden. Bei der Bilanzierung sind drei Ebenen zu unterscheiden:
- Ansatz: Welche Posten sind in die Bilanz aufzunehmen?
- Ausweis: An welcher Stelle erscheinen die Posten in der Bilanz?
- Bewertung: In welcher Höhe werden die Posten ausgewiesen?

In diesem Kapitel werden der Ansatz und Ausweis wichtiger Bilanzposten behandelt, wobei grundsätzlich von **Kapitalgesellschaften** (Aktiengesellschaft und GmbH) ausgegangen wird. Die Aktivierung von assets (Vermögenswerten) bzw. Passivierung von liabilities (Schulden) erfolgt nach einem zweistufigen Verfahren, wie die folgende Abbildung zeigt:

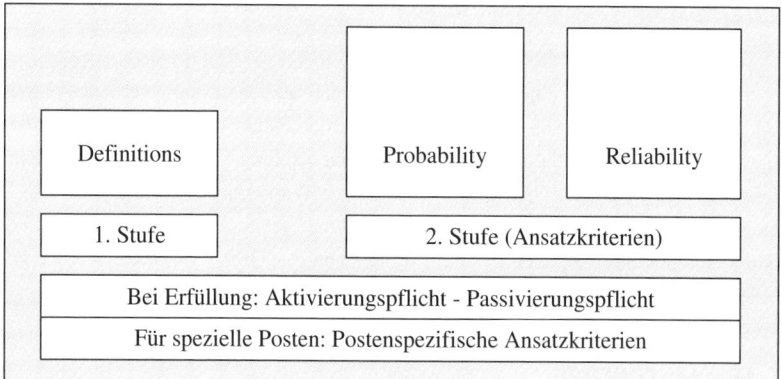

Abb. 40: Aktivierung und Passivierung nach IFRS

Zunächst müssen auf der ersten Stufe die **Definitionen** für ein asset bzw. eine liability erfüllt sein. Diese Definitionen sind im Framework enthalten und relativ weit gefasst. Bildlich gesprochen handelt es sich um eine niedrige Hürde, die ein Posten überwinden muss, um in die Bilanz zu gelangen. Deshalb sind auf der nächsten Stufe zwei weitere, etwas größere Hürden eingefügt worden (**probability** und **reliability** bzw. reliable measurement), die unten erläutert werden. Nur wenn ein Posten alle Voraussetzungen erfüllt, besteht die grundsätzliche Aktivierungs- bzw. Passivierungspflicht.

Die Ansatzpflichten werden für spezielle Posten (z.b. intangible assets im Anlagevermögen) durch weitere Kriterien ergänzt, die in den einzelnen Standards enthalten sind (z.B. IAS 38). Diese Posten müssen auch die Zusatzvoraussetzungen erfüllen, damit eine Bilanzierung erfolgt. Die wichtigsten **postenspezifischen Ansatzvorschriften** werden später erläutert. Die Definitionen für assets und liabilities nach F 4.4(a) und (b) lauten:

Definition asset	Definition liability
Eine Ressource, über die ein Unternehmen auf Grund vergangener Ereignisse verfügt und von der künftig der Zufluss wirtschaftlichen Nutzens erwartet wird	Eine gegenwärtige Verpflichtung aus Ereignissen der Vergangenheit, von deren Erfüllung ein Ressourcenabfluss erwartet wird, der einen wirtschaftlichen Nutzen verkörpert
Wirtschaftlicher Nutzen: Direkter oder indirekter Zufluss von Zahlungsmitteln oder Zahlungsmitteläquivalenten	

Abb. 41: Definitionen von asset und liability

Die Verfügungsmacht über eine Ressource wird grundsätzlich erlangt, wenn das rechtliche Eigentum erworben wird. Das ist bei einem Lkw der Fall, wenn das Fahrzeug geliefert wird. Assets erhöhen und liabilities vermindern die Zahlungsmittel: Ein direkter Zufluss entsteht z.b. beim Lkw durch Einnahmen aus dem Warentransport für Dritte. Ein indirekter Zufluss von Zahlungsmitteln ergibt sich durch verminderte Auszahlungen, wenn durch die Nutzung des eigenen Lkws auf Fremdleistungen Dritter verzichtet werden kann.

1.2 Ansatzkriterien

Da viele Sachverhalte die Definition eines assets erfüllen, müssen aus Gründen der **Objektivierung** (Nachweisbarkeit) weitere Kriterien eingeführt werden. Ansonsten bestände die Gefahr, dass beliebig viele Posten bilanziert würden. Für den Ansatz von Posten müssen die beiden Ansatzkriterien probability (Wahrscheinlichkeit) und reliable measurement (verlässliche Bewertung) erfüllt werden.

1. Grundlegende Ansatzvorschriften

Probability beinhaltet die Forderung nach einer bestimmten Wahrscheinlichkeit für den Zufluss des zukünftigen wirtschaftlichen Nutzens. Die Wahrscheinlichkeit muss **größer als 50%** sein, d.h. es müssen mehr Gründe für als gegen den Zufluss sprechen[1].

Beispiel: Die X-AG erhält am 1.10.01 eine Maschine für 500.000 €. Nach dem Erwerb wird festgestellt, dass zukünftig mit den folgenden Gesamtzahlungen zu rechnen ist:
Fall a) Mit 80% Wahrscheinlichkeit 800.000 €; ansonsten 400.000 € (20%).
Fall b) Mit 80% Wahrscheinlichkeit 400.000 €; ansonsten 200.000 € (20%).
Fall c) Mit 20% Wahrscheinlichkeit 200.000 €; ansonsten - 40.000 € (80%).

Die **Aktivierungspflicht** der Maschine ist in den Fällen a) und b) gegeben, da mit mehr als 50% Wahrscheinlichkeit ein Zahlungsmittelzufluss erfolgt und ein wirtschaftlicher Nutzen vorliegt. Dass die Investition im Fall b) nicht gewinnbringend ist (400.000 € < 500.000 €), spielt für den Ansatz keine Rolle. Allerdings ist die Bewertung zu überprüfen. Im Fall c) besteht ein **Aktivierungsverbot**, da die Wahrscheinlichkeit für den Zufluss mit 20% deutlich niedriger ist als der Mittelabfluss. Es liegt eine Fehlinvestition vor.

> Probability bei assets: Nutzenzufluss mit mehr als 50% Wahrscheinlichkeit

Liabilities sind anzusetzen, wenn die Wahrscheinlichkeit des Nutzenabflusses mehr als 50% beträgt. Dieses Kriterium ist für unsichere Verpflichtungen, insbesondere für den Ansatz von Rückstellungen wichtig. Da die Wahrscheinlichkeit **mehr** als 50% betragen muss, werden nach IFRS weniger Rückstellungen passiviert als im Handelsrecht.

Reliable measurement (verlässliche Bewertung) beinhaltet eine genaue Zuordnung von Werten zu den betreffenden assets bzw. liabilities. Die Aufwendungen, die für ein asset angefallen sind, müssen sich verlässlich bestimmen lassen und direkt zurechenbar sein.

Beispiel: Die Audit-AG schickt einen Wirtschaftsprüfer Anfang 01 zur Weiterbildung zu einem Seminar über neue IFRS-Vorschriften. Die Kursgebühren betragen 10.000 €. Durch die Weiterbildung kann der Mitarbeiter neue Mandanten betreuen, wodurch die AG zukünftige Einzahlungen von 80.000 € mit einer Wahrscheinlichkeit von 80% erzielen wird. Die Aktiengesellschaft will die Aufwendungen in Höhe von 10.000 € aktivieren.

Es liegt ein asset vor, da durch die Ressource "Mitarbeiter Know-how" in der Zukunft ein wirtschaftlicher Nutzen für das Unternehmen mit hoher Wahrscheinlichkeit (probability) entsteht. Eine verlässliche Bewertung des assets ist aber **nicht** möglich. Die reliable

---

[1] Vgl. Coenenberg, A.G./Haller, A./Schultze, W. (Jahresabschluss), S. 85.

measurement ist nicht erfüllt. Bewertbar ist nur der Kurs, an dem der Mitarbeiter teilgenommen hat: Sein Wert beträgt 10.000 €. Der Wert des gewonnenen "Mitarbeiter Knowhows" ist dagegen **nicht objektiv** bestimmbar. Im Extremfall ist der Wert null, weil der Mitarbeiter nichts gelernt hat. Somit besteht ein **Aktivierungsverbot** für diesen Posten. Die verlässliche Bewertung schränkt den Kreis der ansatzpflichtigen Posten weiter ein.

Reliable measurement: Verlässliche Wertbestimmung für assets und liabilities

---

1.3 Einzelne Ansatzpflichten und Ansatzverbote

Erfüllt ein Posten die Definitionen und Ansatzkriterien, ist er grundsätzlich zu bilanzieren (**Ansatzpflicht**). Nach dem Grundsatz der materiality können bestimmte Posten sofort als Aufwand behandelt werden (siehe zweites Kapitel). Sind postenspezifische Kriterien einzuhalten, müssen auch diese für den Ansatz erfüllt sein. Ansonsten besteht ein **Ansatzverbot**. Wahlrechte sind bei IFRS meist nur in Form von Methodenwahlrechten vorgesehen (z.b. Wahl zwischen dem cost model oder revaluation model bei Sachanlagen).

Eine weitere Voraussetzung für die Bilanzierung eines Postens ist seine Zugehörigkeit zum **Betriebsvermögen**. Es sind nur solche Posten zu bilanzieren, die betrieblich genutzt werden. Bei Kapitalgesellschaften ist diese Bedingung grundsätzlich erfüllt, da sie nur eine Betriebssphäre aufweisen. Außerdem muss das Unternehmen **rechtlicher** oder zumindest **wirtschaftlicher Eigentümer** des anzusetzenden Postens sein.

Die **handelsrechtlichen Ansatzvorschriften** weisen im Vergleich zu den IFRS-Regelungen einige Unterschiede auf. Handelsrechtlich sind Vermögensgegenstände, Schulden und Rechnungsabgrenzungsposten anzusetzen. Außerdem sind Sonderposten (z.b. aktive oder passive latente Steuern) aktivierungsfähig oder -pflichtig. Die Begriffe Vermögensgegenstand und Schulden wurden durch die Literatur und Rechtsprechung definiert.

Vermögensgegenstände umfassen Sachen, Rechte und sonstige wirtschaftliche Vorteile. Sie müssen selbstständig bewertbar sein, d.h. die Aufwendungen müssen sich dem Posten direkt zurechnen lassen. Zusätzlich wird gefordert, dass Vermögensgegenstände selbstständig verwertbar sind[1]. Im Extremfall (bei Insolvenz mit drohender Unternehmenszerschlagung) wird die selbstständige Veräußerbarkeit eines Postens gefordert[2]. Ansonsten

---

[1] Vgl. Buchholz, R. (IFRS), S. 36.
[2] Vgl. Federmann, R. (Bilanzierung), S. 279.

1. Grundlegende Ansatzvorschriften

kommen auch andere Formen der Verwertbarkeit (z.b. die Vermietung) in Betracht. Die Beurteilung der Verwertbarkeit bezieht sich auf einen bestimmten Zeitpunkt und es liegt eine **statische** Sichtweise vor. Bei assets steht die Möglichkeit der Erzielung eines zukünftigen Nutzens im Vordergrund, so dass diese Posten allgemeiner interpretiert werden als Vermögensgegenstände[1]. Die Sichtweise ist zeitraumbezogen und daher **dynamisch**[2].

> Vermögensgegenstand: Statische Interpretation – asset: Dynamische Interpretation

Die folgende Abbildung stellt die Kriterien für den Ansatz von assets nach IFRS und Vermögensgegenständen nach HGB gegenüber. Für die Bilanzierung der meisten Posten (z.b. Sachanlagen, Finanzanlagen, Vorräte) ergeben sich keine Unterschiede beim Ansatz.

Vermögenswert (asset)	Vermögensgegenstand
1. Definition: Ressource des Unternehmens auf Grund vergangener Ereignisse mit künftigem Zufluss wirtschaftlichen Nutzens 2. Ansatzkriterien: Reliable measurement und probability	1. Wirtschaftlicher Vorteil: Sachen, Rechte, sonstige wirtschaftliche Vorteile 2. Selbstständige Bewertbarkeit 3. Selbstständige Verwertbarkeit (Veräußerbarkeit)
Dynamische Sichtweise	Statische Sichtweise

Abb. 42: Aktivierungsvergleich IFRS und HGB

Im **HGB** gilt der entgeltlich erworbene Firmenwert als zeitlich begrenzt nutzbarer Vermögensgegenstand (gesetzliche Fiktion nach § 246 Abs. 1 Satz 4 HGB). Daraus ergibt sich eine Ansatzpflicht. Für aktive latente Steuern besteht im HGB für Kapitalgesellschaften ein Ansatzwahlrecht, obwohl sie keine Vermögensgegenstände darstellen. Es handelt sich um einen Sonderposten eigener Art. Diese Interpretation gilt nach der Gesetzesbegründung zum BilMoG auch für passive latente Steuern[3].

Auch die **aktiven transitorischen Rechnungsabgrenzungsposten** sind keine Vermögensgegenstände, da sie nicht selbstständig verwertbar sind. Wird die Januarmiete 02 im Dezember 01 an den Vermieter im Voraus bezahlt, kann der Mietanspruch nicht an Dritte

---

[1] Vgl. Coenenberg, A.G./Haller, A./Schultze, W. (Jahresabschluss), S. 85.
[2] Vgl. Achleitner, A.-K./Behr, G./Schäfer, D. (Rechnungslegung), S. 63-64.
[3] Vgl. BMJ (BilMoG), S. 68.

übertragen werden. Bei einer Überlassung der Räume an Dritte würde ein neuer wirtschaftlicher Vorteil (zwischen Mieter und Dritten) begründet. Da kein Vermögensgegenstand vorliegt, wird für aktive transitorische Rechnungsabgrenzungsposten eine spezielle Ansatzpflicht festgelegt. Entsprechendes gilt für passive Rechnungsabgrenzungsposten.

Bei **IFRS** sind aktive und passive latente Steuern ansatzpflichtig. Aktive latente Steuern entstehen dadurch, dass in der Vergangenheit zu viel Steuern gezahlt wurden. In der Zukunft ergeben sich Minderzahlungen. Damit stellen sie eine Art Forderung gegenüber dem Finanzamt dar. Bei passiven latenten Steuern handelt es sich um eine Art Verbindlichkeit.

Nach IFRS erfüllen aktive und passive Rechnungsabgrenzungsposten die Ansatzvorschriften für assets und liabilities. Im Fall der vorausbezahlten Miete liegt zumindest ein indirekter Zahlungszufluss vor, indem zukünftige Auszahlungen vermieden werden. Die Zahlung im Dezember 01 vermeidet die Mietzahlung im Januar 02. Passive transitorische Rechnungsabgrenzungsposten erfüllen die liability-Definition, da bei fehlender Leistungserbringung die im Voraus erhaltenen Mittel zurückzuerstatten sind. Insoweit findet ein Ressourcenabfluss statt. Zusammenfassend gilt für den Ansatz weiterer Posten:

Ansatz weiterer Posten	IFRS	HGB
1. Aktive latente Steuern	Pflicht	Wahlrecht
2. Passive latente Steuern	Pflicht	Pflicht
3. Transitorische Rechnungsabgrenzungsposten	Pflicht	Pflicht

Abb. 43: Ansatz weiterer Posten nach IFRS und HGB

2. Ansatz von Leasingobjekten

2.1 Zuordnung von Mobilien beim Finance Leasing

Beim Leasing handelt es sich um mietähnliche Vertragsverhältnisse, bei denen der Leasingnehmer ein Leasingobjekt (z.B. eine Maschine) für eine bestimmte Zeit nutzen kann. Nach Ablauf einer meist unkündbaren Grundmietzeit muss der Leasingnehmer die Sache zurückgeben, wenn im Leasingvertrag keine Kauf- oder Mietverlängerungsoptionen vorgesehen sind. **Leasing** wird in IAS 17 (Leases – Leasingverhältnisse) geregelt. Für die Zuordnung des Leasinggegenstands kommt es auf die Vertragsgestaltung an, wobei die folgenden beiden Fälle zu unterscheiden sind (IAS 17.4):

2. Ansatz von Leasingobjekten

- Finance Leasing: Die wesentlichen Risiken und Chancen werden auf den Leasingnehmer übertragen (IAS 17.8). Er hat den Gegenstand zu bilanzieren.
- Operate Leasing: Alle übrigen Leasingvereinbarungen. Die Bilanzierung erfolgt beim Leasinggeber.

In IAS 17.10 werden **fünf Fälle** von Finance Leasing angeführt. Hierbei wird der im zweiten Kapitel erläuterte Grundsatz der wirtschaftlichen Betrachtungsweise (substance over form) umgesetzt. Die Bilanzierung der Mietsache erfolgt beim Leasingnehmer, obwohl der Leasinggeber ihr juristischer Eigentümer ist. Außerdem enthält IAS 17.11 drei weitere Indikatoren, von denen die Mietverlängerungsoption mit in die folgende Abbildung aufgenommen wurde. Im Einzelnen gilt (LN = Leasingnehmer):

Kriterium	Inhalt
1. Eigentumsübertragung	Am Ende der Leasingzeit geht das Eigentum am Leasingobjekt automatisch auf den LN über
2. Kaufoption	Der LN hat eine Kaufoption zu einem Preis, der deutlich unter dem beizulegenden Zeitwert des Objekts liegt
3. Laufzeittest	Die Leasingzeit umfasst den überwiegenden Teil der wirtschaftlichen Nutzungsdauer der Mietsache
4. Barwerttest	Der Barwert der Mindestleasingraten entspricht im Wesentlichen mindestens dem beizulegenden Zeitwert des Leasingobjekts
5. Spezialleasing	Das Leasingobjekt kann nur vom LN genutzt werden
6. Mietverlängerungsoption	Der LN hat eine Mietverlängerungsoption zu einem Preis, der wesentlich niedriger als die marktübliche Miete ist

Abb. 44: Zuordnung des Leasingobjekts zum Leasingnehmer

Bei der Beurteilung von Finance Leasing fallen die zahlreichen unbestimmten Rechtsbegriffe (z.b. deutlich, wesentlich) auf, die einer eindeutigen Zuordnung entgegenstehen. Durch diese unklaren Begriffe wird die Anwendung der IFRS-Vorschriften erschwert. Da sich auch in anderen Standards oft unklare Begriffe finden, werden die IFRS auch als **soft law** bezeichnet. Dieser Begriff kann wie folgt definiert werden[1]:

Allgemein gehaltene Vorschriften mit beschränkter Durchsetzungsfähigkeit

---

[1] Vgl. Federmann, R. (Bilanzierung), S. 110, der noch weitere Merkmale anführt.

Eine **günstige Kaufoption** liegt nach der Literaturmeinung vor, wenn der Optionspreis den beizulegenden Zeitwert um mindestens 20% unterschreitet[1]. Wenn der beizulegende Zeitwert 50.000 € und der Optionspreis 35.000 € betragen, liegt der Optionspreis um 30% unter dem Zeitwert, so dass von einer Ausübung der Option auszugehen ist. Somit trägt der Leasingnehmer die wesentlichen Risiken und Chancen. Ob eine Mietverlängerungsoption günstig ist, wenn die Anschlussmiete mindestens 20% unter der Marktmiete liegt, wird in der Literatur nicht erläutert.

Beim **Laufzeittest** liegt eine überwiegende Nutzung durch den Leasingnehmer vor, wenn die Mietzeit zumindest 75% der wirtschaftlichen Nutzungsdauer des Vermögenswerts umfasst[2]. Bei einer achtjährigen Nutzungsdauer muss die Leasingdauer mindestens sechs Jahre betragen, damit der Leasingnehmer das Objekt bilanzieren muss.

2.2 Bilanzierung bei Operate und Finance Leasing

Sachanlagen erfüllen im Regelfall die Assetdefinition und die Ansatzkriterien, so dass eine Aktivierung erfolgt. Beim **Operate Leasing** ist der Leasinggeber rechtlicher und wirtschaftlicher Eigentümer des Leasingobjekts, so dass er die Sache aktiviert und über die Nutzungsdauer abschreibt. Beim Leasinggeber (Leasingnehmer) stellen die Leasingraten Erträge (Aufwendungen) dar, die in der GuV-Rechnung ausgewiesen werden. Es gilt:

Operate Leasing	
Leasinggeber	Leasingnehmer
Aktivierung des Leasingobjekts und Abschreibung über die Nutzungsdauer	Keine Aktivierung des Objekts
Leasingraten sind Erträge	Leasingraten sind Aufwand

Abb. 45: Behandlung von Operate Leasing

Beim **Finance Leasing** muss der Leasingnehmer das Leasingobjekt aktivieren. Gleichzeitig wird eine Leasingverbindlichkeit passiviert. Die Erläuterung erfolgt am Beispiel des Laufzeittests für handelsübliche Objekte (kein Spezialleasing). Es bestehen keine Optionen, d.h. nach Ablauf der Leasingzeit muss die Sache zurückgegeben werden.

---

[1] Vgl. Kümpel, T./Becker, M. (Zurechnung), S. 1473. Der beizulegende Zeitwert (fair value) wird im vierten Kapitel behandelt. Er kann im Idealfall als Marktwert interpretiert werden.

[2] Vgl. Kirsch, H. (Rechnungslegung), S. 60.

2. Ansatz von Leasingobjekten

Beispiel: Die A-AG least ab 1.1.01 einen Lkw (Nutzungsdauer zehn Jahre, beizulegender Zeitwert 200.000 €) von der Lease-AG. Die feste Mietzeit beträgt acht Jahre. Danach ist das Fahrzeug zurückzugeben. Die jährliche Leasingrate beträgt 30.000 € und ist jeweils am Jahresende zu bezahlen. Nach acht Jahren beträgt der Restwert 32.000 €. Da die Mietzeit 80% der wirtschaftlichen Nutzungsdauer beträgt (Überschreitung der 75%-Grenze), muss der Leasingnehmer die Leasingsache aktivieren.

Für den **Leasingnehmer** gilt: Die **Erstbewertung** erfolgt mit dem Minimum aus beizulegendem Zeitwert und dem Barwert der Mindestleasingraten (IAS 17.20). Die periodischen Leasingraten (jährlich nachschüssig 30.000 €) werden mit dem **internen Zinssatz** diskontiert, den der Leasinggeber dem Geschäft zugrunde legt. Dieser Zinssatz berechnet sich wie folgt: Der beizulegende Zeitwert des Leasingobjekts (Lkw: 200.000 €) muss dem Barwert aus der Summe der Leasingraten (acht abgezinste Zahlungen im Nennwert von je 30.000 €) und dem Barwert des Restwerts bei Rückgabe entsprechen[1]. Es gilt:

$$200.000\ € = 30.000/(1+i) + \ldots 30.000/(1+i)^8 + 32.000/(1+i)^8$$

Durch Nullsetzung und Auflösung der Gleichung nach der Größe i erhält man den internen Zinssatz. Die Lösung ist bei größeren Exponenten nur näherungsweise möglich – sie lässt sich aber mit modernen Kalkulationsprogrammen gut ermitteln. Im Beispiel ergibt sich ein interner Zinssatz von 6,73%. Für den Barwert der Leasingraten des Leasingnehmers ergibt sich ein Wert von 181.028,55 € (ohne Restwert, den er nicht bezahlt). Mit diesem Betrag wird die Maschine aktiviert und eine entsprechende Verbindlichkeit passiviert.

Wenn der Leasingnehmer den internen Zinssatz nicht bestimmen kann, da er nicht über alle relevanten Daten verfügt, erfolgt die Abzinsung mit dem **Grenzfremdkapitalkostensatz**, d.h. dem Zinssatz, der bei einer Fremdfinanzierung des Leasingobjekts zugrunde zu legen wäre. Bei einem Zinssatz von 5% errechnet sich ein Barwert der Mindestleasingraten in Höhe von rund 193.896 € (30.000/1,05 + ... + 30.000/1,05^8). Der Wert liegt unter dem beizulegenden Zeitwert von 200.000 € und wird aktiviert.

In der folgenden Abbildung bilanziert der Leasingnehmer am 1.1.01 zunächst die Maschine ("machinery") mit 181.028,55 €[2], wenn der interne Zins verwendet wird. Dem Aktivposten steht eine gleich hohe Leasingverbindlichkeit ("lease liability") gegenüber. In den Folgejahren wird die Maschine planmäßig abgeschrieben und die Verbindlichkeit getilgt.

---

[1] Vgl. Kirsch, H. (Rechnungslegung), S. 61.

[2] Spezielle Nebenkosten des Leasingnehmers, z.B. Installationskosten der Maschine sind zusätzlich von ihm zu aktivieren und erhöhen die Anschaffungskosten des Leasingobjekts.

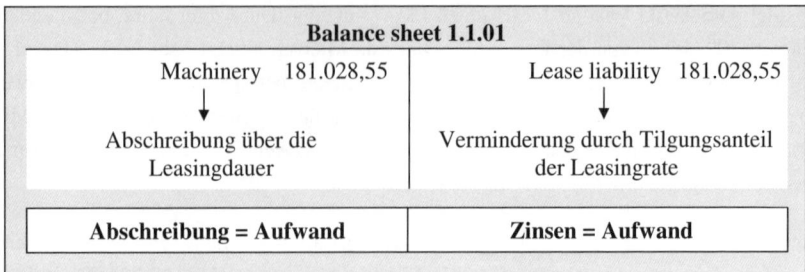

Abb. 46: Bilanzierung des Leasingobjekts beim Leasingnehmer

Für die **Folgebewertung** gilt: Das Fahrzeug wird über die Leasingdauer von acht Jahren abgeschrieben. Die Leasingraten sind in einen erfolgswirksamen Zinsanteil und einen erfolgsneutralen Tilgungsanteil zu zerlegen. Der Zinsaufwand für 01 beträgt 12.183,22 € (6,73% von 181.028,55 €). Der Rest der Leasingrate von 17.816,78 € (30.000 € abzüglich 12.183,22 €) führt zur erfolgsneutralen Tilgung der Verbindlichkeit, die nach acht Jahren auf null gesunken ist. Die Buchung lautet für 01: "Dr Lease expense 12.183,22, Dr Lease liability 17.816,78, Cr Cash 30.000 €" (im Soll: Leasingaufwand, Leasingverbindlichkeit – im Haben: Zahlungsmittel)[1]. Der Leasingaufwand entspricht dem Zinsaufwand des Jahres.

Für den **Leasinggeber** gilt: Er erwirbt zunächst die Maschine, die er anschließend an den Leasingnehmer übergibt. Es findet ein erfolgsneutraler Aktivtausch statt: Anstelle der Maschine wird eine Leasingforderung in Höhe von 200.000 € ausgewiesen. Die Leasingforderung wird über acht Jahre getilgt – es verbleibt ein Restwert von 32.000 €. Der Leasinggeber bucht in 01: "Dr Cash 30.000, Cr Lease revenue 12.183,22, Cr Lease receivable 17.816,78" (im Soll: Zahlungsmittel – im Haben: Leasingerträge, Leasingforderungen).

Nach acht Jahren ist in der Bilanz des Leasinggebers noch ein Restwert von 32.000 € vorhanden. Mit diesem Wert hat er die Maschine in seine Bilanz aufzunehmen, wenn keine Veräußerung an Dritte stattfindet. Würde dem Leasingnehmer im Leasingvertrag eine Kaufoption für 32.000 € eingeräumt, wäre mit einer Ausübung zu rechnen, wenn dieser Wert deutlich unter dem Marktwert liegt. In diesem Fall gilt für die Bilanzierung:
- LG verteilt die Leasingforderung über die gesamte Nutzungsdauer der Maschine.
- LN schreibt die Maschine über die Nutzungsdauer von zehn Jahren ab und verteilt die Leasingverbindlichkeit ebenfalls über diesen Zeitraum.

---

[1] Da die Buchungstechnik nach IFRS erst am Ende dieses Kapitels erläutert wird, werden zunächst die deutschen Übersetzungen mit angegeben. Die Bestandskonten ergeben sich aus der Bilanz, die in Gliederungspunkt 9.1 erläutert wird – die Erfolgskonten werden aus der GuV-Rechnung abgeleitet, die im fünften Kapitel behandelt wird.

2. Ansatz von Leasingobjekten

Die Leasingbilanzierung soll seit mehreren Jahren reformiert werden. Der Hauptkritikpunkt an der aktuellen Regelung ist die Zuordnung des Leasingobjekts: Entweder der Leasinggeber oder Leasingnehmer bilanziert das Objekt. Daher wurde im August 2010 ED/ 2010/9 "Leases" veröffentlicht, der den **right of use-approach** beinhaltet. Danach soll der Leasinggeber grundsätzlich das Leasingobjekt ansetzen und der Leasingnehmer ein **Nutzungsrecht** (right of use) aktivieren. Diesem Recht steht eine gleich hohe Leasingverbindlichkeit gegenüber, sodass es zu einer erfolgsneutralen Bilanzverlängerung kommt.

Beim Leasinggeber wurden zwei verschiedene Bilanzierungsmodelle vorgeschlagen: Der derecognition-approach (Ausbuchungsansatz) und der performance obligation-approach (Ansatz der Erfüllungspflichten)[1]. Die Leasingbilanzierung drohte komplex zu werden, so dass in der Kommentierungsfrist massive Kritik geäußert wurde[2]. Daher veröffentlichte das IASB am 17.5.2013 den Re-Exposure Draft (ED/2013/6), der veränderte Bilanzierungsregeln enthält. Die wesentlichen Inhalte des Entwurfs werden im Anhang dargestellt.

Im work plan des IASB vom Dezember 2013 werden zum Thema Leasingbilanzierung "redeliberations" angekündigt. Ob die erneuten Überlegungen dazu führen, dass die bisherigen Vorschläge nochmals überarbeitet werden, ist derzeit ungewiss.

2.3 Mobilienleasing im HGB

Im **HGB** werden Leasingobjekte meist nach den steuerrechtlichen Regelungen bilanziert, die in verschiedenen BMF-Schreiben enthalten sind[3]. Für Mobilien (kein Spezialleasing) gilt beim Finance Leasing mit fester Grundmietzeit, innerhalb der alle Kosten des Leasinggebers gedeckt werden (Vollamortisationsvertrag): Die Zurechnung erfolgt beim Leasingnehmer, wenn die Grundmietzeit weniger als 40% oder mehr als 90% der Nutzungsdauer (ND) beträgt. Liegt die Grundmietzeit dazwischen (0,4 ND ≤ GMZ ≤ 0,9 ND), bilanziert der Leasinggeber, wenn keine günstigen Kauf- oder Mietoptionen bestehen. Der Leasingnehmer würde solche Optionen nutzen und müsste dann das Objekt bilanzieren.

Wenn die Sache dem Leasingnehmer zuzurechnen ist, werden die Anschaffungskosten des Objekts aktiviert und eine Leasingverbindlichkeit passiviert. Die Leasingraten werden in einen Zins- und Tilgungsanteil aufgespalten, wobei die Leasingverbindlichkeit durch jährliche Tilgungen sinkt[4]. Die Technik ist mit der nach IFRS vergleichbar.

---

[1] Vgl. Fülbier, R.U./Fehr, J. (Leasingbilanzierung), S. 1021.
[2] Vgl. Nemet, M. (Bilanzierung), S. 238.
[3] Vgl. Bitz, M./Schneeloch, D./Wittstock, W. (Jahresabschluss), S. 215-218.
[4] Vgl. Bieg, H./Kußmaul, H. (Rechnungswesen), S. 86-87.

3. Ansatz von Intangible Assets

3.1 Aktivierung nach IFRS

Immaterielle Vermögenswerte werden in IAS 38 (Intangible Assets – Immaterielle Vermögenswerte) behandelt, wenn sie zum **Anlagevermögen** gehören. Ansonsten ist die Bilanzierung nach IAS 2 (Inventories – Vorräte) vorzunehmen, der für immaterielle Posten im Umlaufvermögen nur die Erfüllung der allgemeinen Ansatzvoraussetzungen verlangt. In IAS 38 werden für den Ansatz von intangible assets weitere postenspezifische Vorschriften gefordert, da die **Immaterialität** der Posten ihren Nachweis erschwert. Die Investoren sind vor wertlosen Posten zu schützen, die dauernd im Unternehmen bleiben.

Im Gegensatz zu einer konkret vorhandenen Maschine bestehen intangible assets oft nur auf dem Papier. Das Urheberrecht für ein literarisches Werk wird meist nur durch einen Verlagsvertrag konkretisiert. Der Wert dieses Rechts ist schwer zu ermitteln. Es kann sich hierbei um einen mehrstelligen Millionenbetrag für einen Bestseller oder um einen Wert von wenigen Euros für einen "Ladenhüter" handeln. Anders als eine Maschine verfügen intangible assets über keine Substanz, die einen Materialwert darstellt. Somit gilt:

> Intangible assets stellen "gefährliche" Vermögenswerte dar

Immaterielle Vermögenswerte müssen die allgemeinen Ansatzvorschriften erfüllen, die in IAS 38 wiederholt werden. Zusätzlich müssen postenspezifische Ansatzkriterien erfüllt werden: Identifizierbarkeit, Beherrschung und künftiger wirtschaftlicher Nutzen. Die **Identifizierbarkeit** (identifiability) soll die Existenz des intangible assets sicherstellen. In IAS 38.12 werden zwei Arten des Nachweises unterschieden. Immaterielle Vermögenswerte können auf einer vertraglichen oder rechtlichen Grundlage beruhen oder sie müssen sich zumindest von anderen Posten trennen lassen (Separierbarkeit). Patenturkunden oder Verträge weisen die rechtliche Existenz nach. Ansonsten ist zu prüfen, ob der wirtschaftliche Nutzen des assets für sich verkauft, vermietet oder auf sonstige Weise genutzt werden kann[1]. Wird kein Kriterium erfüllt, gehört der Posten zum originären Firmenwert.

Die **Beherrschung** (control) des intangible assets ist gegeben, wenn ein Unternehmen die rechtliche Verfügungsmacht über ein asset hat und alle Rechte ausüben kann, um den Nutzen zu realisieren. Bei rechtlich nicht gesicherten assets wird eine faktische Verfügungsmacht durch die Geheimhaltungspflicht von Mitarbeitern über Forschungsergebnisse

---
[1] Vgl. Schmidbauer, R. (Vermögenswerte), S. 1443.

3. Ansatz von Intangible Assets

erzielt[1]. Der **künftige wirtschaftliche Nutzen** (future economic benefit) beinhaltet, dass z.b. Erlössteigerungen durch den immateriellen Vermögenswert erzielt werden.

Beispiel: Die Software-AG erstellt Handbücher für Computerprogramme. Es wird ein Verlagsvertrag abgeschlossen, um das Buch "Programmierung mit X-Software" anzubieten. Die Kosten des Vertragsabschlusses werden auf insgesamt 5.000 € geschätzt. Das Unternehmen erhält die branchenübliche Umsatzbeteiligung und einen Vorschuss von 3.000 €, da die Absatzmöglichkeiten vom Verlag sehr hoch eingeschätzt werden. Die Prüfung der postenspezifischen Kriterien ergibt:
- **Identifizierbarkeit**: Das Urheberrecht für das Buch lässt sich von anderen Rechten der Software-AG eindeutig abgrenzen. Es besteht ein Vertrag als Grundlage.
- **Beherrschung**: Das Urheberrecht ist ein absolutes Recht, das gegenüber jedermann gilt und gerichtlich durchgesetzt werden kann (rechtliche Verfügungsmacht).
- **Künftiger wirtschaftlicher Nutzen**: Da die Absatzprognosen sehr gut beurteilt werden und bereits ein Vorschuss gezahlt wurde, ist auch dieses Kriterium erfüllt.

Auch die allgemeinen Ansatzvorschriften sind im Beispiel erfüllt. Da die Absatzmöglichkeiten des assets sehr hoch sind, liegt die Wahrscheinlichkeit des künftigen Nutzenzuflusses über 50%. Die Aufwendungen für das asset lassen sich ebenfalls bestimmen. Sie belaufen sich auf 5.000 €. Somit besteht eine **Ansatzpflicht** für das Recht.

Für einige immaterielle Posten werden im Standard ausdrückliche **Ansatzverbote** festgelegt (IAS 38.63 und 38.69). Es handelt sich um die Ausgaben für:
- Selbst geschaffene Markennamen, Drucktitel, Verlagsrechte, Kundenlisten und ähnliche Sachverhalte. Es handelt sich um Aufwendungen, bei denen der Nutzenzufluss nur schwer feststellbar ist. Wenn sich eigene Arbeitnehmer den Namen für ein neues Fahrzeug ausdenken (z.b. "Sunair" für einen ökologischen Pkw) sind die auf die Marke entfallenden zukünftigen Einzahlungen kaum zu bestimmen. Nur selten wird durch einen prägnanten Markennamen eine direkte Umsatzsteigerung zu erzielen sein. Die Assetdefinition und das Ansatzkriterium "probability" sind nicht erfüllt.
- Aus- und Weiterbildungsaktivitäten, Werbekampagnen, Verkaufsförderung. Auch die Anlaufkosten des Geschäftsbetriebs (pre-operating costs) sind nach IAS 38.69(a) sofort als Aufwand zu verrechnen (Ansatzverbot). Das gilt auch für den **Gründungsaufwand**, der mit der Unternehmensentstehung verbunden ist (z.b. Kosten der Beurkundung der Satzung einer AG, Kosten der Handelsregistereintragung).

Zusammengefasst gilt für den Ansatz von immateriellen Vermögenswerten im Anlagevermögen die folgende Systematik:

---

[1] Vgl. Esser, M./Hackenberger, J. (Immaterielle), S. 709.

Intangible assets nach IAS 38	
Allgemeine Ansatzvorschriften:	1. Erfüllung der Assetdefinition 2. Erfüllung der Ansatzkriterien
Postenspezifische Vorschriften:	1. Identifizierbarkeit 2. Beherrschung 3. Künftiger wirtschaftlicher Nutzen
Bei Erfüllung: Ansatzpflicht – Ansonsten: Verbot	
Ansatzverbote: Selbst geschaffene Markennamen, Drucktitel, Verlagsrechte und vergleichbare Posten. Ansatzverbot für Gründungsaufwand	

Abb. 47: Ansatz von intangible assets nach IAS 38

3.2 Immaterielle Vermögensgegenstände im HGB

Im **HGB** gilt ein **Ansatzwahlrecht** für selbst geschaffene immaterielle Vermögensgegenstände des Anlagevermögens[1]. Die selbst geschaffenen Posten müssen die Merkmale eines Vermögensgegenstands erfüllen, wobei die selbstständige Verwertbarkeit im Mittelpunkt steht[2]. Für selbst erstellte Marken, Drucktitel, Verlagsrechte, Kundenlisten oder vergleichbare immaterielle Vermögensgegenstände des Anlagevermögens besteht ein Ansatzverbot (§ 248 Abs. 2 Satz 2 HGB). Das Verbot entspricht der IFRS-Regelung.

Werden selbst geschaffene immaterielle Vermögensgegenstände aktiviert, besteht für Kapitalgesellschaften eine **Ausschüttungssperre** (§ 268 Abs. 8 Satz 1 HGB): Nach der Ausschüttung muss der aktivierte Betrag (nach Abzug passiver latenter Steuern) durch frei verfügbare Rücklagen abgesichert sein (Gewinn- und Verlustvorträge sind zu berücksichtigen). Werden Ende 01 selbst erstellte immaterielle Posten in Höhe von 200.000 € aktiviert, entstehen bei einem Steuersatz von 30% passive latente Steuern von 60.000 €. Nach Ausschüttungen müssen z.B. andere Gewinnrücklagen in Höhe von mindestens 140.000 € vorhanden sein, um den aktivierten Nettobetrag in gleicher Höhe abzusichern.

Auch im HGB dürfen Kosten für Aus- und Weiterbildung und Werbekampagnen nicht angesetzt werden, da die Vorteile nicht selbstständig verwertbar sind und somit keine Vermögensgegenstände vorliegen. Das gilt auch für den Gründungsaufwand eines Unternehmens. Für Letzteren gilt ein spezielles Ansatzverbot in § 248 Abs. 1 Nr. 1 HGB.

---

[1] Für entgeltlich erworbene immaterielle Vermögensgegenstände besteht eine Ansatzpflicht. Entsprechendes gilt für immaterielle Posten im Umlaufvermögen. Vgl. Buchholz, R. (IFRS), S. 48.
[2] Vgl. Küting, K./Pfirmann, A./Ellmann, D. (Bilanzierung), S. 690.

4. Ansatz von Research and Development Costs

4.1 Aktivierung nach IFRS

Die Forschungs- und Entwicklungsaufwendungen sind immaterielle Vermögenswerte und werden ebenfalls in IAS 38 geregelt. Durch die Höhe dieser Aufwendungen ist die Aktivierung von besonderer Bedeutung für innovative Unternehmen. Die Vorgänge lassen sich wie folgt gegeneinander abgrenzen:
- Forschung: Gewinnung neuen Wissens, welches noch keinen konkreten Produktbezug aufweist.
- Entwicklung: Die Anwendung von Wissen für die Produktion von neuen oder wesentlich verbesserten Produkten. Die Entwicklung schließt oft mit einer Patenterteilung ab.

Für Forschungskosten besteht auf Grund ihrer Produktferne ein **Ansatzverbot** nach IFRS. In der Forschungsphase kann noch nicht festgestellt werden, inwieweit ein zukünftiger wirtschaftlicher Nutzen entsteht. Entwicklungskosten sind bei Vorliegen weiterer Voraussetzungen (Kriterien) als selbstständiger Posten zu aktivieren (**Ansatzpflicht**). Sie werden anschließend erläutert.

Der zeitliche Ablauf von Forschung, Entwicklung und Rechtsentstehung lässt sich der folgenden Abbildung entnehmen. Sie spiegelt auch die Höhe der Aufwendungen und ihre bilanzielle Behandlung wieder.

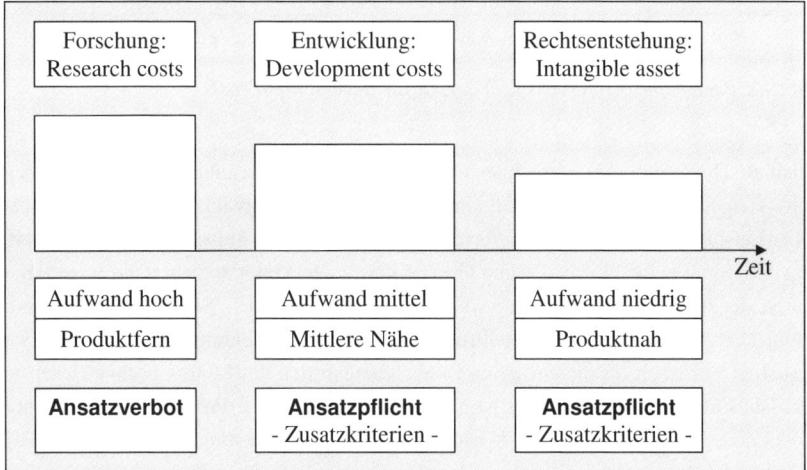

Abb. 48: Stufen der Rechtsentstehung und Ansatzvorschriften

Für die Aktivierung von Entwicklungskosten müssen neben den allgemeinen Ansatzvorschriften und den speziellen Merkmalen von intangible assets weitere sechs Kriterien erfüllt werden. Bei Erfüllung aller Kriterien besteht eine Ansatzpflicht, ansonsten ein Ansatzverbot. An die Aktivierung von eigenen Entwicklungskosten werden in IAS 38.57 hohe Anforderungen gestellt, um einen **Anlegerschutz zu gewährleisten**. Ansonsten bestände die Gefahr, dass die Unternehmen beliebige Aufwendungen als Entwicklungskosten aktivieren, um den Vermögensausweis zu verbessern. Wenn sich die Entwicklung nicht eindeutig von der Forschung abgrenzen lässt, ist im Zweifel kein Ansatz zulässig (IAS 38.53). Auch diese Regelung dient dem Anlegerschutz.

Development costs	
Kriterium	Inhalt
1. Technische Realisierbarkeit:	Die Entwicklung verstößt nicht gegen Naturgesetze und lässt sich technisch verwirklichen
2. Absicht der Fertigstellung:	Das Unternehmen will die Entwicklung fertigstellen, um sie (produktiv) zu nutzen oder zu veräußern
3. Fähigkeit zur Nutzung:	Das Unternehmen ist in der Lage, die Entwicklung zu nutzen. Sie passt in das Produktionsprogramm
4. Künftiger wirtschaftlicher Nutzen:	Ein Markt liegt vor (für Produkte oder Entwicklung als solches) – bei interner Nutzung treten Ersparnisse ein
5. Verfügbarkeit von Mitteln:	Das Unternehmen verfügt über technische, finanzielle und sonstige Mittel, um die Entwicklung abzuschließen
6. Bewertbarkeit:	Die Kosten der Entwicklung sind verlässlich bestimmbar
Bei Erfüllung: Ansatzpflicht – Ansonsten: Verbot	

Abb. 49: Postenspezifische Ansatzkriterien für development costs

Beispiel: Die Motor-AG stellt bisher konventionelle Verbrennungsmotoren her. Angesichts steigender Energiekosten soll ein neuer Motorentyp entwickelt werden, der bei sehr hoher Leistung nur sehr wenig Treibstoff verbraucht. Die **technische Realisierbarkeit** ist gegeben, wenn keine physikalischen Gründe gegen den Motor sprechen. So wäre z.B. ein Motor, der überhaupt keine Energie verbraucht, nicht mit den Naturgesetzen zu vereinbaren. Die **Absicht der Fertigstellung** kann durch Entscheidungen des Vorstands mit zeitlichen Vorgaben für die einzelnen Entwicklungsstufen des Motors nachgewiesen werden. Die **Fähigkeit zur Nutzung** ist gegeben, wenn das neue Produkt in das bestehende Produktionsprogramm passt. Zur Fertigung des Motors können die vorhandenen Anlagen und Organisationsformen genutzt werden. Der Absatz kann über die bisherigen Vertriebswege erfolgen.

4. Ansatz von Research and Development Costs

Der **zukünftige wirtschaftliche Nutzen** wird bei geplanter Eigennutzung durch den Barwert des erzielbaren Cash flows während der gesamten Lebensdauer des immateriellen Vermögenswertes ermittelt. Hierbei stellt die Discounted Cash flow-Methode die einzige IFRS-konforme Bewertungsmethode dar[1]. Im Beispiel ist der Barwert der Einzahlungsüberschüsse zu ermitteln, die durch den zukünftigen Absatz der Motoren erzielt werden[2]. Außerdem muss sich die Entwicklung bewerten lassen (**Bewertbarkeit**), indem ihr Aufwendungen zugerechnet werden (z.b. Personalkosten für das Entwicklungsteam).

Durch die **Verfügbarkeit von Mitteln** soll sichergestellt werden, dass die Entwicklung vollendet und anschließend genutzt werden kann. Zum Nachweis der finanziellen Mittel ist ein Finanzplan geeignet. Er stellt die benötigten und verfügbaren Mittel in den einzelnen Entwicklungsphasen gegenüber. Bei Fehlbeträgen sind die Deckungsmöglichkeiten (z.b. Kreditbeschaffungsmöglichkeiten) anzugeben.

Wenn bei der Entwicklung des Motors neben allen anderen Voraussetzungen die sechs Zusatzkriterien erfüllt sind, besteht eine **Ansatzpflicht**. Ist ein Merkmal nicht erfüllt, darf keine Aktivierung erfolgen (Ansatzverbot). In die Entwicklungskosten sind die Einzelkosten und produktionsbedingten Gemeinkosten einzubeziehen, so dass die Bewertung mit **produktionsbedingten Vollkosten** erfolgt. Eine Aktivierung allgemeiner Verwaltungskosten ist dagegen unzulässig[3]. Geht die Entwicklung über den Bilanzstichtag hinaus, werden zunächst die Aufwendungen bis zum Ende des Geschäftsjahres erfasst.

<u>Beispiel</u>: Die Health Care AG beginnt am 1.8.03 mit der Entwicklung eines neuen Medikaments. Am 1.7.04 endet die Entwicklung durch Abschluss eines Klinikversuchs (Aufwendungen 03 bzw. 04: 600.000 € bzw. 750.000 €). Die klinische Studie ist erfolgreich und das Medikament wird zum Verkauf zugelassen. Die Erteilung des Patents erfolgt am 1.8.04 (Aufwand: 30.000 €). Es ist mit einer großen Nachfrage und hohen Umsätzen zu rechnen. Alle Ansatzvoraussetzungen sind bereits am 1.8.03 erfüllt.

Zum 31.12.03 werden zunächst 600.000 € als Entwicklungskosten (development costs) aktiviert. Weitere 750.000 € bzw. 30.000 € werden am 1.7.04 bzw. am 1.8.04 aktiviert. Die Herstellungskosten des intangible assets (Patent) betragen insgesamt 1.380.000 €, die über die Nutzungsdauer abzuschreiben sind (in 04 mit 5/12 des Jahresbetrags). Die Aktivierungen führen in 03 und 04 zu höheren Vermögens- und Erfolgsausweisen. Die Abschreibungen kompensieren den Erfolgseffekt in 04 teilweise, und ab 05 in voller Höhe.

---

[1] Vgl. von Eitzen, B. (Entwicklungskosten), S. 359.
[2] Bei der Berechnung ist auch die Unsicherheit zu berücksichtigen. Auf Einzelheiten wird im vierten Kapitel (Gliederungspunkt 2.2.2) eingegangen.
[3] Vgl. Baetge, J./Kirsch, H.-J./Thiele, S. (Bilanzen), S. 288.

Wenn der Abschluss der Entwicklung und die Patenterteilung deutlich auseinanderfallen, werden zunächst die Entwicklungskosten aktiviert und abgeschrieben. Wird das Patent im Beispiel erst Mitte 05 erteilt, werden die Entwicklungskosten Mitte Juli 04 angesetzt (Posten "development costs") und ab diesem Zeitpunkt planmäßig abgeschrieben (6/12 des Jahresbetrags). Diese Informationen sind für die Aktionäre eines Unternehmens entscheidungsrelevant. Die Patentkosten Mitte 05 sind als nachträgliche Herstellungskosen zu aktivieren. Unter Wesentlichkeitsaspekten kann der Ansatz – wie im HGB – vereinfachend zum Jahresbeginn erfolgen. Außerdem erfolgt die Umbuchung auf den Posten "patents".

Entwicklungskosten sind erst ab dem Zeitpunkt anzusetzen, in dem alle Voraussetzungen erfüllt sind. Eine "Nachaktivierung" von früher angefallenen Aufwendungen ist nicht möglich. Wären im obigen Beispiel die Ansatzvoraussetzungen erst Anfang 04 gegeben, müssten 600.000 € aus 03 endgültig als Aufwand behandelt werden. Der Betrag darf später nicht mehr aktiviert werden (IAS 38.71). Es gilt:

Aufwendungen vergangener Geschäftsjahre dürfen später nicht mehr aktiviert werden

Es müssen viele Nachweise erbracht werden, um die Zusatzkriterien zu erfüllen. Hierfür ist das jeweilige Unternehmen zuständig, so dass ein **faktisches Bilanzierungswahlrecht** (verdecktes Bilanzierungswahlrecht) vorliegt[1]. Das Wahlrecht kann bilanzpolitisch genutzt werden, um den Vermögens- und Erfolgsausweis zu beeinflussen[2]. Auch der Grundsatz der verifiability (Nachprüfbarkeit) kann diese Manipulationen kaum verhindern, da die zusätzlichen Ansatzkriterien oft Einschätzungen erfordern, die nur schwer zu überprüfen sind. Zusammengefasst gilt für den Ansatz von Forschungs- und Entwicklungskosten:

Research and development costs	
Research costs	**Development costs**
Aufwendungen zur Gewinnung neuen Wissens	Aufwendungen zur Anwendung von Wissen in der Produktion
Produktferne Aufwendungen	Produktnähere Aufwendungen
Aktivierungsverbot	Aktivierungspflicht (Nur bei Erfüllung von Zusatzkriterien)

Abb. 50: Research and development costs

---

[1] Vgl. Kirsch, H. (Rechnungslegung), S. 32.
[2] Vgl. Federmann, R. (Bilanzierung), S. 342.

4.2 Forschungs- und Entwicklungskosten im HGB

Im **HGB** können Entwicklungskosten für selbst geschaffene immaterielle Vermögensgegenstände des Anlagevermögens aktiviert werden (§ 248 Abs. 2 Satz 1 i.V.m. § 255 Abs. 2a Satz 1 HGB). Entwicklung ist die Anwendung von Wissen für die Neu- oder Weiterentwicklung von Gütern und Verfahren. Für die Aktivierung kommt es insbesondere darauf an, ob der immaterielle Posten selbstständig verwertbar ist[1]. Problematisch ist der Ansatz mehrjähriger Entwicklungskosten, da an jedem Abschlussstichtag sichergestellt sein muss, dass der spätere immaterielle Posten selbstständig verwertbar sein wird. Nur wenn hierfür eine hohe Wahrscheinlichkeit besteht, ist eine Aktivierung vorzunehmen[2].

Ein weiteres Problem ist die Abgrenzung von Forschungs- und Entwicklungsphasen. Die Aufwendungen für die Forschung dürfen nach § 255 Abs. 2 Satz 4 HGB nicht aktiviert werden. Wenn sich die Forschungs- und Entwicklungsphasen nicht eindeutig abgrenzen lassen, besteht ein **Ansatzverbot** für die gesamten Aufwendungen, um Gläubiger vor möglicherweise wertlosen Posten zu schützen. Diesem Ziel dient auch die Ausschüttungssperre bei Kapitalgesellschaften, die bereits erläutert wurde.

5. Ansatz des Goodwills

5.1 Aktivierung nach IFRS

Ein Firmenwert (Goodwill) kann selbst erstellt oder zusammen mit einem Unternehmen erworben werden. Selbst erstellt heißt, dass er im Laufe der Zeit durch eigene Geschäftstätigkeiten aufgebaut wird. In einer Steuerberatungs-AG ergibt sich ein Firmenwert z.B. durch den Mandantenstamm, das Know-how der Mitarbeiter und das Ansehen des Vorstands. Alle Komponenten bilden zusammen den Firmenwert. Der **originäre** Firmenwert entspricht zwar der Assetdefinition nach IFRS, da meist ein Zufluss von wirtschaftlichem Nutzen vorliegt. Allerdings ist keine verlässliche Bewertung möglich, so dass die **reliable measurement** nicht erfüllt ist. Der Firmenwert besteht aus vielen einzelnen Komponenten, die sich nicht objektiv bewerten lassen. Daher wird in IAS 38.48 ein klarstellendes **Ansatzverbot** festgelegt.

Wird ein Unternehmen erworben, wird der Firmenwert durch den Kauf eines Unternehmens objektiviert. Der Firmenwert ergibt sich beim Käufer als Differenz aus Unterneh-

---

[1] Vgl. Küting, K./Pfirmann, A./Ellmann, D. (Bilanzierung), S. 690.

[2] Vgl. BMJ (BilMoG), S. 60 und das Beispiel bei Buchholz, R. (IFRS), S. 47.

menswert und Zeitwert des Eigenkapitals. Es liegt ein **derivativer** Firmenwert vor, der alle Ansatzvoraussetzungen erfüllt, so dass eine **Ansatzpflicht** besteht. Je nachdem, wie der Unternehmenserwerb durchgeführt wird, entsteht der Firmenwert im Einzelabschluss oder im Konzernabschluss.

Es wird wie folgt unterschieden[1]:
- **Asset deal**: Das erwerbende Unternehmen kauft alle einzelnen Vermögenswerte und übernimmt alle Schulden eines anderen Unternehmens. Wird mehr als der Zeitwert des Eigenkapitals vergütet, entsteht ein derivativer Firmenwert im Einzelabschluss. Das erworbene Unternehmen geht unter (Nicht-Kapitalgesellschaft) oder wird formal aufgelöst (Kapitalgesellschaft). In diesem Fall entsteht kein Konzern.
- **Share deal**: Das erwerbende Unternehmen kauft alle Anteile an einem Unternehmen (Kapitalgesellschaft). Im Einzelabschluss entsteht kein Firmenwert, da ein Aktivtausch vorliegt. Das erworbene Unternehmen bleibt erhalten und es entsteht ein Konzern. Ein Firmenwert wird im Konzernabschluss bei der Vornahme der Kapitalkonsolidierung aufgedeckt (siehe achtes Kapitel).

Beispiel: Die X-AG weist in der Bilanz assets (5.000.000 €) und liabilities (2.000.000 €) aus. Der Zeitwert der assets ist um 20% höher als ihr Buchwert. Der Zeitwert des equitys beläuft sich auf 4.000.000 € (6.000.000 € - 2.000.000 €). Die Erwerb-AG zahlt einen Preis von 4.500.000 € für die X-AG, so dass ein positiver Firmenwert von 500.000 € entsteht.

Nachdem der Kaufpreis für die einzelnen assets (abzüglich der liabilities) gezahlt wurde (asset deal), bilanziert die Erwerb-AG die einzelnen Posten der X-AG in ihrem Einzelabschluss. Zusätzlich wird der Firmenwert aktiviert. Ein Konzernabschluss ist nicht zu erstellen. Beim share deal aktiviert die Erwerb-AG im Einzelabschluss nur die Anteile. Die Buchung lautet: "Dr Investments in subsidiaries 4.500.000, Cr Cash 4.500.000" (im Soll: Anteile verbundener Unternehmen, im Haben: Zahlungsmittel). Der Firmenwert entsteht erst im Konzernabschluss, der im achten Kapitel behandelt wird.

	Goodwill nach IFRS	
	Originär	Derivativ
Merkmal	Selbst erstellt (subjektiver Charakter)	Entgeltlich erworben (objektiver Charakter)
Bilanzierung	Ansatzverbot	Ansatzpflicht

Abb. 51: Originärer und derivativer Firmenwert

---

[1] Vgl. Coenenberg, A.G./Haller, A./Schultze, W. (Jahresabschluss), S. 668.

5.2 Firmenwerte im HGB

Handelsrechtlich ist der derivative Firmenwert **kein** Vermögensgegenstand, da er nicht selbstständig verwertbar ist. Eine Übertragung ist nur durch den Verkauf des gesamten Unternehmens möglich. Nach § 246 Abs. 1 Satz 4 HGB gilt der derivative Firmenwert als zeitlich begrenzt nutzbarer Vermögensgegenstand. Somit besteht eine Ansatzpflicht. Auch der originäre Firmenwert ist kein Vermögensgegenstand, so dass er nicht aktiviert werden darf. Der handelsrechtliche Ansatz entspricht somit der internationalen Regelung.

6. Ansatz von Deferred Taxes

6.1 Aktivierung und Passivierung nach IFRS

Die Gewinne deutscher Kapitalgesellschaften unterliegen der Körperschaftsteuer, an die der Solidaritätszuschlag anknüpft, und der Gewerbesteuer. Diese Ertragsteuern führen in der GuV-Rechnung zu einem Ertragsteueraufwand und in der Bilanz zu einer Steuerrückstellung. Zusätzlich sind latente Steuern zu berücksichtigen, wenn Differenzen zwischen den handels- und steuerrechtlichen Werten auftreten. Wird ein Jahresabschluss nach IFRS offengelegt, müssen die latenten Steuern in der IFRS-Bilanz und Gesamtergebnisrechnung angepasst werden, wenn zusätzliche Unterschiede zwischen IFRS und HGB auftreten.

Zur Berechnung der Ertragsteuern wird von der Handelsbilanz ausgegangen, die durch das **Maßgeblichkeitsprinzip** grundsätzlich die Bilanzierung und Bewertung in der Steuerbilanz bestimmt. Allerdings sind steuerrechtliche Wahlrechte nach der Reform des HGB unabhängig von der Handelsbilanz auszuüben[1]. Damit findet eine weitgehende Entkopplung von Handels- und Steuerbilanz statt.

Um die Körperschaft- und Gewerbesteuer ermitteln zu können, muss der Steuerbilanzgewinn durch die Vorschriften des Körperschaftsteuer- und Gewerbesteuergesetzes verändert werden[2]. Anschließend werden die Bemessungsgrundlagen mit den jeweiligen Steuersätzen multipliziert, um die Steuerbeträge zu ermitteln. Zur **Vereinfachung** werden im Folgenden zwei wichtige Annahmen getroffen:

- Bemessungsgrundlage: Es wird von einer einheitlichen Bemessungsgrundlage "Steuerbilanzgewinn" ausgegangen, die grundsätzlich dem IFRS-Gewinn entspricht. Nur die Erfolgswirkungen, die in diesem Lehrbuch angesprochen werden (z.B. unterschiedliche

---

[1] Vgl. Herzig, N./Briesemeister, S. (Konsequenzen), S. 976.
[2] Vgl. hierzu Grefe, C. (Unternehmenssteuern), S. 305-326 und S. 345-358.

planmäßige Abschreibungsverfahren nach IFRS und EStG führen zu Gewinnunterschieden, an die latente Steuern anknüpfen.

- Steuersatz: Es wird ein einheitlicher Ertragsteuersatz von 30% bei Kapitalgesellschaften unterstellt, der auf den Steuerbilanzgewinn anzuwenden ist.

Der Steuersatz von 30% lässt sich wie folgt begründen. Bei der Körperschaftsteuer gilt ein Steuersatz von 15%. Durch den Solidaritätszuschlag in Höhe von 5,5% auf die Körperschaftsteuer ergibt sich ein kombinierter Steuersatz von 15,825% (1,055 x 0,15). Der Steuersatz der Gewerbesteuer berechnet sich als Produkt aus gesetzlicher Steuermesszahl (3,5%) und Hebesatz der jeweiligen Gemeinde. Bei einem Hebesatz in Höhe von 400% ergibt sich ein Gewerbesteuersatz von 14% (4 x 3,5%). Der gesamte Ertragsteuersatz, der auf die einheitliche Bemessungsgrundlage "Steuerbilanzgewinn" anzuwenden ist, beläuft sich somit auf rund 30% (15,825% + 14% = 29,825%)[1].

Weichen der IFRS-Gewinn und der Steuerbilanzgewinn voneinander ab, weil z.b. eine Maschine nach IFRS geometrisch-degressiv und im Steuerrecht linear abgeschrieben wird, liegt der internationale Gewinn (durch einen höheren Aufwand) zunächst unter dem steuerrechtlichen Gewinn. Damit ist die (theoretische) Steuer auf den IFRS-Gewinn niedriger als die tatsächliche (effektive) Steuer auf den Steuerbilanzgewinn. Eine Korrektur erfolgt durch **latente Steuern**, so dass eine richtige **Steuerabgrenzung** erfolgt. Im IFRS-Abschluss sind die Ertragsteuern auszuweisen, die auf den IFRS-Gewinn entfallen. Es gilt:

Gewinndifferenzen zwischen IFRS-Bilanz und Steuerbilanz führen zu latenten Steuern

---

Latente Steuern werden in IAS 12 (Income Taxes – Ertragsteuern) geregelt, dessen Inhalte erläutert werden. Der Ende März 2009 vom IASB veröffentlichte Exposure Draft ED/2009/2 "Income Tax" sollte die Bilanzierung der Ertragsteuern neu regeln. Derzeit steht das Projekt aber nicht auf dem Arbeitsplan des IASB[2].

Im Folgenden werden der IFRS-Gewinn und der steuerrechtliche Gewinn und die damit verbundenen latenten Steuern betrachtet. Die Rückstellung für die tatsächliche (effektive) Ertragsteuer wird im nächsten Gliederungspunkt behandelt. Für latente Steuern wird in IAS 12 das **Temporary-Konzept** verwendet, nach dem zeitliche und quasi-permanente Erfolgsdifferenzen zu latenten Steuern führen. Die Gewinndifferenzen zwischen IFRS und dem Steuerrecht lassen sich wie folgt systematisieren.

---

[1] Vgl. Buchholz, R. (IFRS), S. 131-132.
[2] Vgl. Pellens, B./Fülbier, R.U./Gassen, J./Sellhorn, T. (Rechnungslegung), S. 221.

6. Ansatz von Deferred Taxes

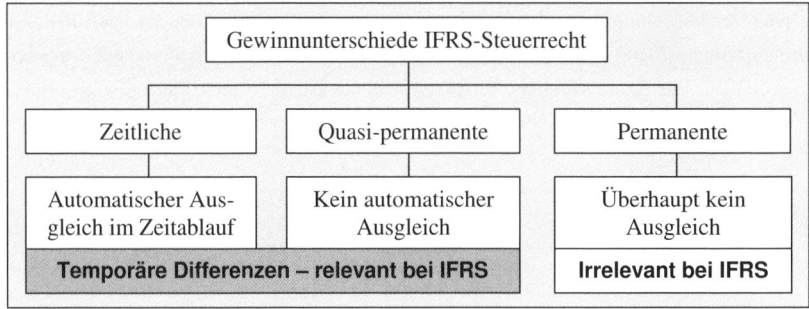

Abb. 52: Systematisierung von Gewinnunterschieden

Zeitliche Differenzen (timing differences) zwischen IFRS-Gewinn und Steuerbilanzgewinn gleichen sich im Zeitablauf automatisch wieder aus. Sie entstehen z.b. durch unterschiedliche Bewertungen, die bei ihrer Entstehung und Umkehrung erfolgswirksam sind[1]. Wird nach den internationalen Vorschriften zunächst mehr Aufwand verrechnet, ist der internationale Gewinn zunächst niedriger als der steuerrechtliche Gewinn. Der tatsächliche Steueraufwand in der IFRS-Bilanz ist zunächst zu hoch und wird durch **aktive latente Steuern** korrigiert. Die Steuermehrbelastung führt zukünftig zu einer steuerrechtlichen Entlastung der IFRS-Gewinne[2].

Aktive latente Steuern entstehen beispielsweise, wenn Sachanlagen nach IFRS zunächst höher abgeschrieben werden. Im deutschen Steuerrecht ist die geometrisch-degressive Abschreibungsmethode nicht mehr anwendbar. Wird z.b. bei IFRS geometrisch-degressiv mit 30% abgeschrieben, ist der internationale Aufwand zunächst höher als im Steuerrecht, wo linear abzuschreiben ist. Der IFRS-Gewinn ist niedriger und es entstehen aktive latente Steuern. Derselbe Effekt ergibt sich, wenn bei IFRS eine kürzere Nutzungsdauer zugrunde gelegt wird als im Steuerrecht, wie das folgende Beispiel zeigt.

Beispiel: Die Erfolge einer AG betragen in der IFRS-Bilanz und in der Steuerbilanz in den Jahren 01 bis 06 jeweils 200.000 € (vor Abschreibungen). Anfang 01 wird eine Maschine im Wert von 120.000 € beschafft, die international über vier Jahre und in der Steuerbilanz über sechs Jahre linear abgeschrieben wird. Die steuerrechtliche Nutzungsdauer ergibt sich aus der AfA-Tabelle (AfA = Absetzung für Abnutzung), deren Werte von der Finanzverwaltung verwendet werden. Die jährlichen Abschreibungsbeträge lauten:
- Nach IFRS: Jahr 01 bis 04 jeweils 30.000 € – 05 und 06: Null.
- Nach Steuerrecht: Jahr 01 bis 06 jeweils 20.000 €.

---

[1] Vgl. Küting, K./Gattung, A. (Abgrenzung), S. 242.
[2] Vgl. Grünberger, D. (IFRS), S. 233.

Die nächste Abbildung zeigt die Gewinne (G) und zugehörigen Steuern nach IFRS und dem Steuerrecht (StBG = Steuerbilanzgewinn, StB = Steuerbilanz) bei einem Ertragsteuersatz von 30%. Für die tatsächliche (effektive) Steuer ist der Steuerbilanzgewinn relevant. Die letzte Spalte gibt die jährliche Veränderung der latenten Steuern an.

Periode	G (IFRS)	Steuer (IFRS)	StBG	Steuer (StB)	Veränderung lat. Steuern
01	170.000	51.000	180.000	54.000	Aktiv: + 3.000
02	170.000	51.000	180.000	54.000	Aktiv: + 3.000
03	170.000	51.000	180.000	54.000	Aktiv: + 3.000
04	170.000	51.000	180.000	54.000	Aktiv: + 3.000
05	200.000	60.000	180.000	54.000	Aktiv: - 6.000
06	200.000	60.000	180.000	54.000	Aktiv: - 6.000
Summe	1.080.000	324.000	1.080.000	324.000	Ausgleich

Abb. 53: Beispiel zu latenten Steuern

In den ersten vier Jahren liegt der IFRS-Gewinn unter dem Steuerbilanzgewinn. In den letzten beiden Jahren kehrt sich der Effekt um, wobei die Entstehung und Umkehrung erfolgswirksam sind: Mehr Abschreibungen in 01-04, weniger Abschreibungen in 05-06. In den ersten vier Jahren sind die (effektiven) Steuern zu hoch und in den folgenden beiden Jahren zu niedrig. Ende 04 besteht ein fiktiver **Steuerentlastungsanspruch** in Höhe von 12.000 €. In den ersten vier Jahren wird jeweils gebucht: Im Soll: aktive latente Steuern – im Haben: latenter Steuerertrag. In den Jahren fünf und sechs lautet die Buchung jeweils: Im Soll: latenter Steueraufwand – im Haben: aktive latente Steuern.

	Bestand	Verbuchung latenter Steuern
31.12.01	3.000 €	Dr Deferred tax assets 3.000, Cr Deferred tax revenue 3.000
31.12.02	6.000 €	
31.12.03	9.000 €	
31.12.04	12.000 €	
31.12.05	6.000 €	Dr Deferred tax expense 6.000, Cr Deferred tax assets 6.000
31.12.06	6.000 €	

Abb. 54: Bestand latenter Steuern und ihre Verbuchung

6. Ansatz von Deferred Taxes

Aktive latente Steuern stellen assets dar (Posten "deferred tax assets"). Die Definition ist erfüllt, da in der Vergangenheit zu viel Steuern gezahlt werden, die zukünftig zu verminderten Steuerzahlungen (oder zu Erstattungen) führen. Dadurch wird ein künftiger wirtschaftlicher Nutzen erzielt. Das Ansatzkriterium probability ist erfüllt, wenn die Entlastungswahrscheinlichkeit mehr als 50% beträgt. Die reliable measurement liegt vor, da eine Berechnung der latenten Steuern möglich ist. Daher besteht eine **Ansatzpflicht** für aktive latente Steuern. Sie haben einen Forderungscharakter gegenüber dem Finanzamt.

Passive latente Steuern entstehen beispielsweise, wenn der IFRS-Gewinn zunächst höher ist als der Steuerbilanzgewinn. Wenn nach IFRS Erträge früher entstehen als in der Steuerbilanz, ist auch die IFRS-Steuer höher als die tatsächliche Steuer. Es entsteht ein zusätzlicher Steueraufwand, der durch die passive latente Steuer (deferred tax liability) berücksichtigt wird. Es handelt sich um eine Schuld gegenüber dem Finanzamt, die zu einer Verminderung des wirtschaftlichen Nutzens führen wird. Da auch die Ansatzkriterien erfüllt sind, besteht eine **Passivierungspflicht**. Die grundsätzliche IFRS-Buchung lautet: "Dr Deferred tax expense, Cr Deferred tax liabilities" (im Soll: latenter Steueraufwand – im Haben: passive latente Steuern). Bei Auflösung: "Dr Deferred tax liabilities, Cr Deferred tax revenue" (Im Soll: passive latente Steuern – im Haben: latenter Steuerertrag).

Die folgende Abbildung enthält einige Beispiele **zeitlich bedingter** latenter Steuern. Aktive latente Steuern entstehen z.B. bei Anwendung degressiver Abschreibungsmethoden, die im Steuerrecht unzulässig sind[1]. Bei außerplanmäßigen Abschreibungen im Fall einer nicht dauernden Wertminderung besteht im Steuerrecht ein Abschreibungsverbot. Da nach den IFRS abzuwerten ist, liegt der IFRS-Gewinn unter dem Steuergewinn. Das gilt auch bei einer dauernden Wertminderung, wenn das steuerrechtliche Wahlrecht zur Teilwertabschreibung im Anlagevermögen und Umlaufvermögen (§ 6 Abs. 1 Nr. 1 Satz 2 und Nr. 2 Satz 2 EStG) **nicht** genutzt wird.

Passive latente Steuern entstehen beim Ansatz von eigenen Entwicklungskosten im Anlagevermögen, die in der Steuerbilanz nicht aktiviert werden dürfen (§ 5 Abs. 2 EStG). Die Neubewertung von Sachanlagen zum fair value führt zu passiven latenten Steuern, wenn die Anschaffungskosten (= Obergrenze im Steuerrecht) überschritten werden[2]. Der derivative Firmenwert darf nach IFRS nicht planmäßig abgeschrieben werden – im Steuerrecht ist eine lineare Abschreibung über fünfzehn Jahre vorgeschrieben (§ 7 Abs. 1 Satz 3 EStG). In diesen Fällen liegt der IFRS-Gewinn über dem Steuergewinn.

---

[1] Vgl. Buchholz, R. (IFRS), S. 100.
[2] Diese passiven latenten Steuern sind zunächst erfolgsneutral zu bilden und anschließend erfolgswirksam aufzulösen. Die Einzelheiten werden im vierten Kapitel bei der Behandlung des revaluation models von Sachanlagen erläutert.

Zeitlich bedingte latente Steuern	
IFRS-Gewinn < StBG Aktive latente Steuer	**IFRS-Gewinn > StBG** Passive latente Steuer
• Degressive planmäßige Abschreibung • Außerplanmäßige Abschreibung bei nicht dauernder Wertminderung • Außerplanmäßige Abschreibung bei dauernder Wertminderung ohne Wahlrechtsausübung	• Ansatz von Entwicklungskosten • Neubewertung von Sachanlagen (über die Anschaffungskosten hinaus) • Abschreibung des derivativen Firmenwerts

Abb. 55: Fälle zeitlich bedingter latenter Steuern

Quasi-permanente Differenzen sind Gewinndifferenzen, die sich nicht automatisch ausgleichen. Im Gegensatz zu zeitlichen Gewinnunterschieden müssen neue Entscheidungen getroffen werden oder neue Ereignisse eintreten[1]. Wenn nach IFRS eine außerplanmäßige Abschreibung für ein unbebautes Grundstück vorzunehmen ist, die im Steuerrecht unzulässig ist, liegt der IFRS-Gewinn unter dem Steuerbilanzgewinn. Der Erfolgsunterschied bleibt bis zur Wertaufholung oder bis zum Grundstücksverkauf erhalten. Nach IFRS sind auch in diesem Fall latente Steuern zu bilden.

Beispiel: Die X-AG ist Eigentümer eines unbebauten Grundstücks. Es wurde in 01 für 100.000 € erworben. Am 31.12.05 ist nach IFRS eine Abwertung auf 80.000 € vorzunehmen. Steuerrechtlich darf keine Abschreibung erfolgen, da die Wertminderung nicht dauerhaft ist. Am 31.12.06 wird das Grundstück für 120.000 € veräußert, nachdem der Grund für die Abschreibung entfallen ist. Der Steuersatz beträgt 30%.

In 05 liegt der internationale Aufwand mit 20.000 € über dem steuerrechtlichen. Da der IFRS-Gewinn niedriger ist als der steuerrechtliche, fällt die effektive Steuer zu hoch aus. Es wird eine aktive latente Steuer von 6.000 € gebildet. Sie wird Ende 06 aufgelöst, da der IFRS-Gewinn höher als der steuerrechtliche Gewinn ist. Nach IFRS sind zu diesem Zeitpunkt mehr Steuern zu verrechnen:
- IFRS-Gewinn 06:   40.000 € (120.000 € - 80.000 €). Steuer: 12.000 €.
- Steuerbilanzgewinn 06:   20.000 € (120.000 € - 100.000 €). Steuer: 6.000 €.

Um den **Bestand** der latenten Steuern in der IFRS-Bilanz zu ermitteln, wird die Differenz zwischen den einzelnen Posten in der IFRS-Bilanz und Steuerbilanz gebildet und mit dem Steuersatz multipliziert. Im ersten Beispiel betrugen die Anschaffungskosten der Maschine

---
[1] Vgl. Pellens, B./Fülbier, R.U./Gassen, J./Sellhorn, T. (Rechnungslegung), S. 226.

6. Ansatz von Deferred Taxes

120.000 €. Nach vier Jahren war sie in der IFRS-Bilanz vollständig abgeschrieben, während in der Steuerbilanz noch 40.000 € vorhanden waren. Der IFRS-Bilanzwert ist am 31.12.04 um 40.000 € kleiner als der Steuerbilanzwert, so dass zu diesem Zeitpunkt latente Steuern in Höhe von 12.000 € aktiviert werden (0,3 x 40.000 €).

Die Bildung latenter Steuern erfolgt bei IFRS **bilanzorientiert**, da auf diese Weise sowohl die zeitlichen als auch die quasi-permanenten Differenzen erfasst werden. Es sind alle ansatz- und bewertungsbedingten Unterschiede zwischen IFRS-Bilanz und Steuerbilanz zu berücksichtigen, sofern sie später zu einer Steuerbelastung oder Steuererstattung führen[1].
Bei einem **Aktivposten** treten die folgenden aktiven bzw. passiven latenten Steuern auf:

	Latente Steuern bei **Aktivposten**
Aktive latente Steuer	IFRS-Bilanzwert < Steuerbilanzwert
Passive latente Steuer	IFRS-Bilanzwert > Steuerbilanzwert

Abb. 56: Latente Steuern bei Aktivposten

Für Passivposten sind die Relationen umzukehren. Eine aktive latente Steuer entsteht, wenn ein Passivposten bei IFRS größer ist als im Steuerrecht – eine passive latente Steuer entsteht, wenn der IFRS-Bilanzwert kleiner ist als im Steuerrecht. Wenn bei IFRS eine Rückstellung nicht gebildet werden darf, die im Steuerrecht zu bilden ist, liegt der IFRS-Gewinn insoweit über dem Steuerbilanzgewinn und eine passive latente Steuer entsteht.

	Latente Steuern bei **Passivposten**
Aktive latente Steuer	IFRS-Bilanzwert > Steuerbilanzwert
Passive latente Steuer	IFRS-Bilanzwert < Steuerbilanzwert

Abb. 57: Latente Steuern bei Passivposten

Bei **permanenten Differenzen** findet kein Ausgleich zwischen IFRS-Gewinn und Steuerbilanzgewinn statt. Daher sind keine latenten Steuern zu berücksichtigen. Wenn im Steuerrecht nicht-abzugsfähige Betriebsausgaben vorliegen, wird der Steuerbilanzgewinn um diesen Betrag erhöht, wodurch die Ertragsteuern zunehmen. Wenn die X-AG in 01 bei der Ermittlung ihres IFRS-Gewinns nicht-abzugsfähige Bewirtungsaufwendungen in Höhe von 20.000 € berücksichtigt hat, liegt der steuerliche Gewinn um 20.000 € über dem IFRS-

---
[1] Vgl. Küting, K./Gattung, A. (Abgrenzung), S. 243.

Gewinn. Hierauf fallen beim Steuersatz von 30% zusätzliche 6.000 € Steuern an, die in der Zukunft nicht ausgeglichen werden. Somit gilt:

Permanente Differenzen führen nicht zu latenten Steuern

Entsprechendes gilt bei **steuerfreien Erträgen**. Wenn Gewinne bei IFRS erfasst werden, die im Steuerrecht steuerfrei sind, kommt es ebenfalls nicht zu einem steuerrechtlichen Ausgleich. Nach § 8b KStG bleiben Erträge aus Anteilen an Kapitalgesellschaften grundsätzlich körperschaftsteuerfrei[1]. Insoweit entstehen keine latenten Steuern.

Der **Ausweis** latenter Steuern erfolgt meist im Anlagevermögen, da der Ausgleich der Erfolgsdifferenzen mehrere Jahre in Anspruch nimmt. Wenn am Bilanzstichtag gleichzeitig aktive und passive latente Steuern auftreten, werden beide Größen getrennt ausgewiesen. Nach IAS 12.74 gilt grundsätzlich ein **Saldierungsverbot** von aktiven und passiven latenten Steuern[2]. Wenn bei Posten A_1 eine aktive latente Steuer von 15.000 € und bei Posten A_2 eine passive latente Steuer von 6.000 € entstehen, ergibt sich der Ausweis: Aktivseite: Deferred tax assets 15.000 – Passivseite: Deferred tax liabilities 6.000.

Die **Bewertung** latenter Steuern erfolgt grundsätzlich mit den zukünftigen Steuersätzen (IAS 12.47). Die aktiven latenten Steuern stellen eine Art Forderung gegenüber dem Finanzamt dar, die in der Zukunft eingelöst wird. Umgekehrt handelt es sich bei passiven latenten Steuern um eine Art Verbindlichkeit gegenüber dem Finanzamt. Da die zukünftigen Steuersätze meist unbekannt sind, werden die am Bilanzstichtag geltenden Steuersätze verwendet. Findet ein Steuersatzwechsel statt, muss der Bestand der vorhandenen latenten Steuern angepasst werden.

Beispiel: Der Bestand aktiver latenter Steuern beträgt am 31.12.02 zunächst 60.000 € (30% auf den Bewertungsunterschied zwischen IFRS-Wert und Steuerwert in Höhe von 200.000 €). Wenn sich ab 1.1.03 der Steuersatz auf 25% vermindert, muss der Bestand auf 50.000 € reduziert werden, da sich die zukünftige Steuerentlastung vermindert.

Latente Steuern haben oft einen langfristigen Charakter. Bei unterschiedlichen Abschreibungsverfahren für abnutzbare Sachanlagen in Handels- und Steuerbilanz findet erst am Ende der Nutzungsdauer ein Erfolgsausgleich statt. Erst zu diesem Zeitpunkt werden die

---

[1] Da 5% der Erträge als nicht-abzugsfähige Betriebsausgaben behandelt werden, besteht im Ergebnis nur eine Steuerfreiheit von 95%. Vgl. Grefe, C. (Unternehmenssteuern), S. 315-316. Bei der Gewerbesteuer gilt diese Befreiung nur, wenn der Anteil mindestens 15% beträgt (§ 9 Nr. 2a GewStG).

[2] Eine Saldierung ist nur vorzunehmen, wenn unter anderem ein einklagbares Recht zur Aufrechnung tatsächlicher Steueransprüche und Steuerschulden besteht.

latenten Steuern endgültig aufgelöst. Trotz der Langfristigkeit gilt nach IAS 12.53 ein Abzinsungsverbot für latente Steuern.

Im **Konzernabschluss** sind latente Steuern zu berücksichtigen, wenn sich durch die Konsolidierungsmaßnahmen Differenzen zwischen IFRS-Wert und Steuerwert ergeben. Die im Einzelabschluss der Mutter- und Tochtergesellschaft vorhandenen Differenzen werden in den Konzernabschluss übernommen.

Beispiel: Die M-AG erwirbt Ende 01: 100% der Anteile an der T-AG. Die M-AG weist passive latente Steuern in Höhe von 50.000 € aus, die T-AG aktiviert 10.000 € aktive latente Steuern. Diese Steuern werden unverändert in die erste Konzernbilanz übernommen. Bei der Erstkonsolidierung ist das Vermögen der T-AG neu zu bewerten. Die hierbei auftretenden latenten Steuern sind zusätzlich zu berücksichtigen (siehe achtes Kapitel).

6.2 Latente Steuern im HGB

Auch im HGB gilt das **Temporary-Konzept** bei der Bilanzierung latenter Steuern (§ 274 HGB). Latente Steuern werden angesetzt, wenn die Handels- und Steuerbilanzwerte voneinander abweichen und sich zukünftig ein Ausgleich ergibt. Für passive latente Steuern besteht eine Ansatzpflicht und für aktive latente Steuern ein Ansatzwahlrecht. In beiden Fällen handelt es sich um einen **Sonderposten eigener Art**[1]: Bei einer aktiven latenten Steuer handelt es sich nicht um einen Vermögensgegenstand, da keine selbstständige Verwertbarkeit des Vorteils vorliegt. Werden aktive latente Steuern aktiviert, ist die Ausschüttungssperre in § 268 Abs. 8 HGB zu beachten[2].

Aktive und passive latente Steuern sind in der Bilanz unter den Rechnungsabgrenzungsposten auf der Aktiv- bzw. Passivseite auszuweisen. Treten gleichzeitig aktive und passive latente Steuern auf, **kann** eine Saldierung erfolgen (§ 274 Abs. 1 Satz 3 HGB). Wenn Ende 01 eine aktive latente Steuer von 8.000 € und eine passive latente Steuer von 6.000 € entstehen, können die Beträge unsaldiert oder saldiert ausgewiesen werden. Im letzten Fall erscheint eine aktive latente Steuer von 2.000 € in der Bilanz.

Bei der **Bewertung** latenter Steuern muss grundsätzlich der zukünftige Steuersatz verwendet werden. Wenn dieser unbekannt ist, wird der geltende Steuersatz zugrunde gelegt[3]. Auch im Handelsrecht dürfen latente Steuern nicht abgezinst werden.

---

[1] Vgl. BMJ (BilMoG), S. 67-68.
[2] Vgl. Buchholz, R. (IFRS), S. 138-139.
[3] Vgl. Coenenberg, A.G./Haller, A./Schultze, W. (Jahresabschluss), S. 492.

7. Ansatz von Provisions

7.1 Passivierung nach IFRS

Die Behandlung von Rückstellungen wird in IAS 37 (Provisions, contingent Liabilities and contingent Assets – Rückstellungen, Eventualverbindlichkeiten und Eventualforderungen) geregelt. In IAS 19 (Employee Benefits – Leistungen an Arbeitnehmer) werden Pensionsrückstellungen behandelt[1], deren grundsätzliche Bewertung im vierten Kapitel dargestellt wird. Nach IAS 37 sind Rückstellungen wie folgt anzusetzen[2]:

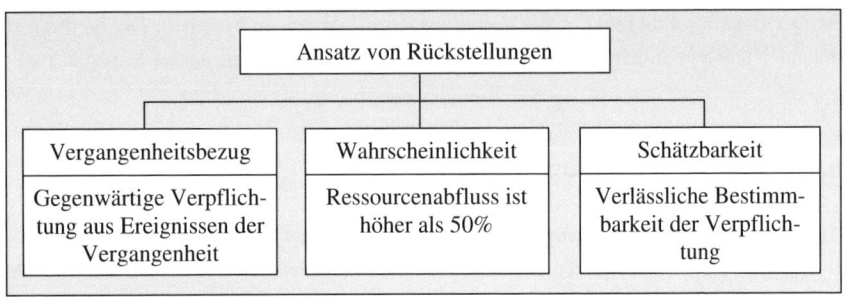

Abb. 58: Ansatz von Rückstellungen

Die Verpflichtung muss durch vergangene Ereignisse verursacht worden sein und das Unternehmen kann sich ihr aus rechtlichen Gründen (z.b. Schadensersatz wegen Nichterfüllung einer vertraglich vereinbarten Leistung) nicht entziehen. Es liegen Verpflichtungen gegenüber Dritten vor (**Außenverpflichtungen**). Auch faktische Verpflichtungen zwingen zur Rückstellungsbildung, wenn ein Unternehmen durch sein bisheriges Verhalten die Übernahme von Verpflichtungen angedeutet hat und Dritte auf die Fortführung dieses Verhaltens vertrauen können (z.b. eine in der Werbung publizierte großzügige Handhabung von Garantiefällen). Für das allgemeine Unternehmerrisiko, dass die betriebliche Tätigkeit zu Verlusten führen kann, darf keine Rückstellung gebildet werden.

Die Verpflichtung muss eine Wahrscheinlichkeit von **mehr als 50%** aufweisen[3], damit ein Ansatz erfolgt. Außerdem muss ihr Betrag verlässlich geschätzt werden können. Eine Steuerrückstellung (für Ertragsteuern der Kapitalgesellschaft) kann z.B. auf Basis der

---

[1] Vgl. im Einzelnen Kirsch, H. (Rechnungslegung), S. 139-151. Zur Überarbeitung von IAS 19 vgl. Oldewurtel, C./Kümpel, K./Wolz, M. (Pensionsverpflichtungen), S. 454-457.
[2] Vgl. Buchholz, R. (IFRS), S. 249.
[3] Vgl. Pellens, B./Fülbier, R.U./Gassen, J./Sellhorn/T. (Rechnungslegung), S. 429.

Steuergesetze berechnet werden. Wenn die Wahrscheinlichkeit eines möglichen Ressourcenabflusses unter 50% beträgt, liegt eine **Eventualschuld** (contingent liability) vor, die nicht in der Bilanz ausgewiesen, sondern im Anhang erläutert wird[1].

Wird ein Ressourcenabfluss als unwahrscheinlich eingestuft, findet der betreffende Vorgang überhaupt keine Berücksichtigung im Jahresabschluss. Eine Konkretisierung der Unwahrscheinlichkeit findet nicht statt. In der Literatur wird z.b. ein Wert von weniger als 10% für eine unwahrscheinliche Belastung angegeben[2]. Somit lassen sich Verpflichtungen wie folgt abstufen:

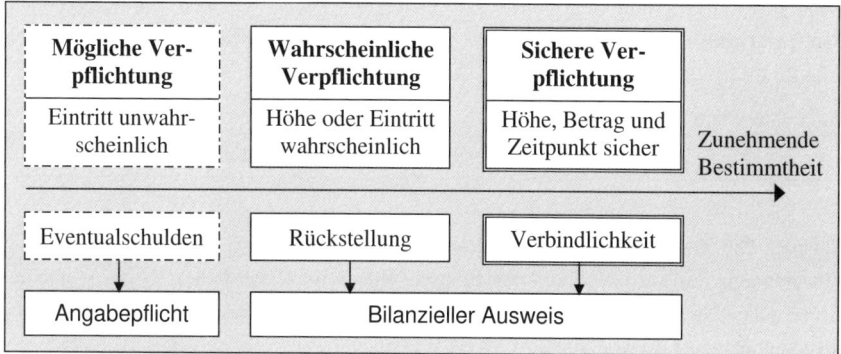

Abb. 59: Verpflichtungsarten und ihre Bilanzierung

Einen Sonderfall stellen **accruals** (abgegrenzte Schulden) dar. Hierbei handelt es sich um Verpflichtungen, die nur noch einen relativ niedrigen Unsicherheitsgrad aufweisen. In IAS 37.11(b) werden z.B. Verpflichtungen für gelieferte Waren angeführt, deren endgültiger Preis noch unklar ist und die der Lieferant noch nicht in Rechnung gestellt hat. Die Verpflichtung ist dem Grunde nach sicher, aber der Rechnungsbetrag ist noch nicht bekannt. Allerdings kann er auf Grund der bisherigen Lieferungen relativ genau bestimmt werden. Weitere Beispiele für accruals sind Beiträge zur Berufsgenossenschaft, sonstige Mitgliedsbeiträge und Kosten der gesetzlichen Jahresabschlussprüfung[3].

Da accruals relativ sicher sind, werden sie in der Bilanz unter dem Posten "other payables" (sonstige Verbindlichkeiten) ausgewiesen. Wenn die Kosten der Jahresabschlussprüfung 01 auf 10.000 € zzgl. 19% USt festgesetzt werden, lautet der Buchungssatz für die Rück-

---

[1] Vgl. Kirsch, H. (Rechnungslegung), S. 154.
[2] Vgl. Grünberger, D. (IFRS), S. 168.
[3] Vgl. Förschle, G./Kroner, M./Heddäus, B. (Verpflichtungen), S. 44.

stellung: "Dr Other expenses 10.000, Cr Other payables 10.000" (Im Soll: sonstige Aufwendungen – im Haben: sonstige Verbindlichkeiten). Die Umsatzsteuer stellt keinen Aufwand dar, wenn sie als Vorsteuer abgezogen werden kann. Wenn die Abschlussprüfung in 02 ausgeführt wird und der Rechnungsbetrag wie geplant entsteht, wird die Rückstellung wieder aufgelöst: "Dr Other payables 10.000, Dr Other receivables 1.900, Cr Cash 11.900" (im Soll: sonstige Verbindlichkeiten, sonstige Forderungen, im Haben: Zahlungsmittel. Die Forderung beinhaltet den Vorsteueranspruch gegenüber dem Finanzamt).

Werden Beschaffungs- oder Absatzverträge abgeschlossen, liegen bis zur Leistungserbringung **schwebende Geschäfte** vor[1]. Sie sind am Bilanzstichtag nicht zu bilanzieren, wenn sich Leistung und Gegenleistung ausgleichen. Anders verhält es sich bei **belastenden Verträgen** (onerous contracts): Für den Verpflichtungsüberschuss ist eine Rückstellung für drohende Verluste anzusetzen. Die Belastung ergibt sich wie folgt (IAS 37.68):

Wirtschaftlicher Nutzen < Unvermeidbare Kosten der Vertragserfüllung

Beispiel: Die X-AG bestellt am 1.12.01 Waren für 100.000 € zzgl. 19% USt, die nach drei Monaten geliefert werden sollen. Am Bilanzstichtag wird festgestellt, dass die Waren auf Grund eines Nachfragerückgangs nur noch für 80.000 € zu veräußern sind. Es ist eine Rückstellung in Höhe von 20.000 € zu bilden (Buchung im Soll: sonstiger Aufwand – im Haben: kurzfristige Rückstellung). Sie wird bei Lieferung der Waren wieder aufgelöst

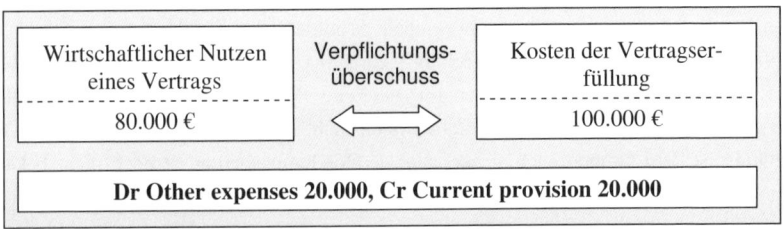

Abb. 60: Belastende Verträge

Die **Bewertung** von Rückstellungen erfolgt nach IAS 37.36 mit der bestmöglichen Schätzung der Ausgabe, die zur Erfüllung der gegenwärtigen Verpflichtung am Bilanzstichtag notwendig ist. Es handelt sich um den Betrag, den das Unternehmen bezahlen müsste, um sich von der Verpflichtung zu befreien. Bei Betrachtung **einzelner** Verpflichtungen ist der

---

[1] Vgl. Baetge, J./Kirsch, H.-J./Thiele, S. (Bilanzen), S. 438.

7. Ansatz von Provisions

wahrscheinlichste Betrag grundsätzlich die bestmögliche Schätzung. Wenn sich für eine Belastung eine hohe Wahrscheinlichkeit (z.b. von 80%) angeben lässt, ist diese Vorgehensweise sinnvoll. Wenn sich die höchste Wahrscheinlichkeit aber nicht so deutlich angeben lässt, sollten auch noch andere Werte berücksichtigt werden[1].

Beispiel: Die X-GmbH ermittelt für 01 einen steuerrechtlichen Gewinn von 100.000 €. Bei einem Ertragsteuersatz von 30% ergibt sich eine Steuerrückstellung von 30.000 €. Der Geschäftsführer der GmbH geht davon aus, dass die Steuerberechnung einwandfrei ist und das Finanzamt der Berechnung folgen wird. Die Buchung lautet: "Dr Income tax expense 30.000, Cr Current tax provision 30.000" (im Soll: Ertragsteueraufwand – im Haben: kurzfristige Steuerrückstellung).

Wenn im Steuerbescheid in 02 der berechnete Steuerbetrag festgesetzt wird, ist die Rückstellung im Folgejahr aufzulösen: "Dr Current tax provision 30.000, Cr Cash 30.000" (im Soll: kurzfristige Steuerrückstellung – im Haben: Zahlungsmittel). Wenn das Finanzamt einen abweichenden Gewinn von 110.000 € ermittelt, ergibt sich eine höhere Steuerbelastung mit dem Betrag von 33.000 €. Die entsprechende Buchung lautet: "Dr Current tax provision 30.000, Dr Income tax expense 3.000, Cr Cash 33.000" (im Soll: kurzfristige Steuerrückstellung, Ertragsteueraufwand – im Haben: Zahlungsmittel).

Besteht eine **Vielzahl** von Verpflichtungen (z.b. Reparaturkosten für fehlerhafte Produkte in der Garantiezeit), lassen sich meist statistische Wahrscheinlichkeiten für den Eintritt der Schadensfälle angeben. Für diese Risikokollektive ist der **Erwartungswert** als Maßstab für die Höhe der Rückstellung zu verwenden.

Beispiel: Die Trade-AG verfügt über die folgenden Informationen bezüglich der Kosten, die zur Reparatur von Schäden an den Produkten in der Garantiezeit anfallen. Aus der Multiplikation der Belastung mit der jeweiligen Wahrscheinlichkeit und anschließender Addition ergibt sich ein Erwartungswert von 392.500 €. Dieser Betrag ist in der Bilanz als Rückstellung zu passivieren.

Bewertung von Risikokollektiven		
$p_1 = 0,15$	$p_2 = 0,7$	$p_3 = 0,15$
Belastung: 250.000 €	Belastung: 400.000 €	Belastung: 500.000 €
Erwartungswert: 392.500 €		

Abb. 61: Bewertung von Risikokollektiven

---

[1] Vgl. Kirsch, H. (Rechnungslegung), S. 157-158.

Bei kurzfristigen Rückstellungen mit einer **Laufzeit unter einem Jahr** kann nach dem Grundsatz der materiality auf eine **Abzinsung** verzichtet werden. Bei langfristigen Verpflichtungen muss dagegen der Barwert der erwarteten Belastung berechnet werden. Außerdem sind Kostenänderungen zu berücksichtigen. Im Regelfall liegen Kostensteigerungen vor, wenn durch die Inflation der Preis für eine Fremdleistung steigt. Typische Beispiele für langfristige Rückstellungen sind Abriss- oder Rekultivierungsverpflichtungen. Letztere beinhalten die Pflicht, nach Ausbeutung eines Bodenschatzes, den Grund und Boden wieder aufzufüllen und zu bepflanzen. Nach IAS 16.16(c) ergibt sich die folgende Besonderheit:

Rekultivierung- und Abrisskosten gehören zu den Anschaffungskosten des assets

---

Beispiel: Die A-AG mietet ab dem 1.1.01 ein unbebautes Grundstück für eine Dauer von 30 Jahren. Sie errichtet eine Lagerhalle auf dem Grundstück, deren Anschaffungskosten 360.000 € betragen. Nach Ablauf der Mietzeit muss die Halle abgerissen werden. Die Abrisskosten werden auf 30.000 € geschätzt. Bei einem Zinssatz von 5% ergibt sich ein Barwert von rund 6.941 € (30.000 €/$1,05^{30}$). Es wird der Barwert des gesamten Betrags zurückgestellt. Eine Ansammlung (ratierliche Zuführung) der Rückstellungsbeträge über die Nutzungszeit ist unzulässig[1].

Wenn das Gebäude bar bezahlt wird, lautet die Buchung bei Bankzahlung: "Dr Buildings 366.941, Cr Cash 360.000, Cr Non current provisions 6.941" (Im Soll: Gebäude – im Haben: Zahlungsmittel, langfristige Rückstellungen). Die Bildung der Rückstellung ist zunächst erfolgsneutral – Erfolgseffekte treten erst in den Folgejahren auf, wenn das Gebäude abgeschrieben und die Rückstellung durch die Zinsen zugeschrieben wird.

Die nächste Abbildung zeigt die Folgebewertung. Das Gebäude wird planmäßig über die Nutzungsdauer abgeschrieben. Die Bewertung richtet sich nach IAS 16 (Property, Plant and Equipment – Sachanlagen), der im vierten Kapitel behandelt wird. In 01 entsteht bei gleichmäßiger Entwertung ein Abschreibungsaufwand von rund 12.231 € (366.941 €/30 Jahre). Die Buchung lautet: "Dr Depreciation expense 12.231, Cr Buildings 12.231" (Im Soll: Abschreibungsaufwand – im Haben: Gebäude). Die Rückstellung wird um die jährlichen Zinsen erhöht, so dass in 01 ein Finanzaufwand von rund 347 € (6.941 € x 0,05) entsteht. Gebucht wird: "Dr Finance expense 347, Cr Non current provisions 347" (Im Soll: Finanzaufwendungen – im Haben: langfristige Rückstellungen).

---

[1] Vgl. Wagenhofer, A. (Rechnungslegungsstandards), S. 277.

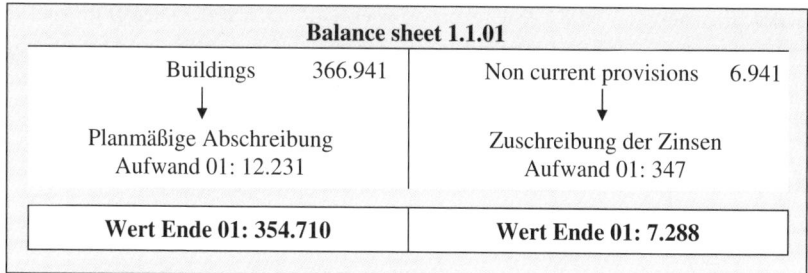

Abb. 62: Bilanzierung langfristiger Rückstellungen

Die Behandlung von Kostenänderungen wird in IFRIC Interpretation 1 (Changes in Existing Decommissioning, Restoration and Similar Liabilities - Änderungen bestehender Entsorgungs-, Wiederherstellungs- und ähnlicher Schulden) behandelt. Bei **Kostensenkungen** wird die Rückstellung um den Barwert der zukünftig anfallenden Kosten gekürzt, wenn das Anschaffungskostenmodell verwendet wird[1]. Die Kürzung wird erfolgsneutral mit dem Buchwert der Sachanlage verrechnet.

Beispiel: Ende 02 wird das Gebäude mit 342.479 € (354.710 € - 12.231 €) bewertet. Die Rückstellung beträgt rund 7.652 € (7.288 € x 1,05). Zu diesem Zeitpunkt ist davon auszugehen, dass die späteren Abrisskosten nur noch 25.000 € betragen werden. Die Belastung sinkt um nominell 5.000 €, der Barwert um rund 1.276 € (5.000 €/$1,05^{28}$). Somit vermindert sich die Rückstellung Ende 02 auf 6.376 € (7.652 € - 1.276 €). Die anteilige Auflösung der Rückstellung wird erfolgsneutral über den Aktivposten verbucht: "Dr Non current provisions 1.276, Cr Buildings 1.276" (im Soll: langfristige Rückstellungen – im Haben: Gebäude). Der Gebäudewert sinkt auf 341.203 € (342.479 € - 1.276 €). Dieser Betrag wird über die verbleibende Restnutzungsdauer abgeschrieben.

Bei **Kostensteigerungen** ist entsprechend vorzugehen. Da der vorläufige Buchwert überschritten wird, muss in diesen Fällen geprüft werden, ob der gestiegene Wert auch marktgerecht ist. Würde sich der Rückstellungsbetrag Ende 02 im obigen Beispiel um 5.000 € nominell erhöhen, wäre der Barwert von 1.276 € dem Gebäude zuzurechnen. Je höher der Zurechnungsbetrag ist, umso eher besteht die Gefahr einer Überbewertung. Dann wäre eine außerplanmäßige Abschreibung zu verrechnen, die sich nach IAS 36 (Impairment of Assets – Wertminderung von Vermögenswerten) richtet.

---

[1] Vgl. zur alternativ anwendbaren Neubewertungsmethode das Beispiel bei Pellens, B./Fülbier, R.U./Gassen, J./Sellhorn/T. (Rechnungslegung), S. 442-443.

Bei der Bilanzierung von Rückstellungen können Differenzen zwischen IFRS und dem Steuerrecht auftreten, die zu **latenten Steuern** führen. Im Steuerrecht sind Rückstellungen für Instandhaltungen anzusetzen, die im abgelaufenen Geschäftsjahr unterlassen wurden und im Folgejahr binnen dreier Monate nachgeholt werden. Diese Verpflichtung ist im Handelsrecht verankert und gilt über das Maßgeblichkeitsprinzip auch im Steuerrecht. Bei IFRS ist der Ansatz von Aufwandsrückstellungen grundsätzlich verboten.

Weitere Differenzen ergeben sich bei der Bewertung langfristiger Rückstellungen. Im Steuerrecht sind sie ratierlich anzusammeln und mit einem gesetzlich festgelegten Zinssatz von 5,5% zu diskontieren (§ 6 Abs. 1 Nr. 3a Buchst. e) EStG). Die Rückstellung gehört nicht zu den Anschaffungskosten des betreffenden Wirtschaftsguts. Außerdem dürfen bei der Rückstellungsbewertung keine zukünftigen Kosten berücksichtigt werden und eine ratierliche Zuführung der Rückstellungsbeträge ist vorgeschrieben.

Die Rückstellungsbilanzierung nach IAS 37 wird kritisiert, weil Verpflichtungen nur angesetzt werden, wenn ihre Wahrscheinlichkeit über 50% liegt. Damit werden viele mögliche Belastungen nicht bilanziert. Um dieses Problem zu lösen, wurde im Juni 2005 ein Exposure Draft zur Überarbeitung von IAS 37 vorgelegt, der aber wegen massiver Kritik[1] nicht als Standard verabschiedet wurde. Im Februar 2010 erschien noch ein Working Draft "Liabilities". Im work plan vom November 2013 werden Rückstellungen nicht angeführt.

7.2 Rückstellungen im HGB

Im Handelsrecht sind Rückstellungen für ungewisse Verbindlichkeiten und für drohende Verluste aus schwebenden Geschäften und für Gewährleistungen ohne rechtliche Verpflichtungen (Kulanzen) anzusetzen. **Verbindlichkeitsrückstellungen** sind im HGB zu passivieren, wenn Verpflichtungen gegenüber Dritten in der Vergangenheit rechtlich oder faktisch entstanden sind und ihre Höhe ungewiss ist. Die Verpflichtung muss hinreichend konkretisiert sein, d.h. es müssen stichhaltige Gründe für ihre Entstehung nachgewiesen werden. Wenn die Voraussetzungen erfüllt sind, besteht eine Rückstellungspflicht. Diese Regelungen dürften mit den IFRS weitgehend übereinstimmen.

Unterschiede bestehen bei **Aufwandsrückstellungen**: Im HGB sind auch Rückstellungen für im Geschäftsjahr unterlassene Aufwendungen für Instandhaltung bzw. Abraumbeseitigung zu bilden, die im Folgejahr innerhalb von drei bzw. zwölf Monaten nachgeholt werden. Bei IFRS dürfen diese Rückstellungen nicht gebildet werden (**Ansatzverbot**).

---

[1] Vgl. Hommel, M./Wich, S. (Rückstellungsbilanzierung), S. 509.

Die **Bewertung** von Rückstellungen erfolgt handelsrechtlich zum Erfüllungsbetrag gemäß vernünftiger kaufmännischer Beurteilung. Hierbei ist ein Erwartungswert aus Vorsichtsgründen regelmäßig um einen Zuschlag zu erhöhen, dessen Wert im Gesetz nicht festgelegt wird. Rückstellungen mit einer Restlaufzeit von mehr als einem Jahr sind abzuzinsen (§ 253 Abs. 2 Satz 1 HGB). Hierbei ist grundsätzlich der durchschnittliche Marktzinssatz der letzten sieben Geschäftsjahre zu verwenden, der von der Bundesbank ermittelt und bekannt gegeben wird. Künftige Preis- und Kostensteigerungen sind zu beachten. Eine Aktivierung von Abbruchverpflichtungen für Vermögensgegenstände ist unzulässig.

8. Ansatz des Equitys

Das **Eigenkapital** wird in IAS 32 (Financial Instruments: Disclosure and Presentation – Finanzinstrumente: Angaben und Darstellung) definiert. Ein Eigenkapitalinstrument ist ein Vertrag, der einen Residualanspruch an den Vermögenswerten eines Unternehmens nach Abzug aller dazugehörenden Schulden begründet. In IAS 32 werden spezielle Kriterien für das Eigenkapital festgelegt, wobei insbesondere keine vertragliche Verpflichtung bestehen darf, flüssige Mittel oder finanzielle Vermögenswerte zu übertragen. Bei einer AG erfüllt das Grundkapital diese Bedingung: Wenn ein Aktionär seine Mitgliedschaft beenden will, kann er seine Aktie verkaufen, ohne dass Verpflichtungen für die AG entstehen.

Bei Personengesellschaften wie z.B. der OHG verhält es sich anders. Scheidet ein Gesellschafter aus einer OHG aus, wird die Gesellschaft von den übrigen Gesellschaftern weitergeführt. Der Ausscheidende erhält einen **Abfindungsanspruch**, dessen Höhe vom Unternehmenswert abhängig ist. Wenn an der XYZ-OHG die Gesellschafter X, Y und Z zu je 1/3 beteiligt sind und Z ausscheidet, führen X und Y die Gesellschaft weiter. Z erhält einen Anspruch in Höhe von 1/3 des Unternehmenswerts im Ausscheidungszeitpunkt.

Dieser Anspruch beinhaltet eine Verpflichtung des Unternehmens, so dass die obige Bedingung nicht erfüllt ist. Daher musste das **handelsrechtliche Eigenkapital** der OHG als Fremdkapital ausgewiesen werden. Durch die Veröffentlichung des überarbeiteten IAS 32 im Februar 2008 wurden zwei Sonderregelungen eingeführt, wobei die "puttable instruments" (kündbaren Instrumente) die größere Bedeutung aufweisen. Wenn bestimmte Bedingungen erfüllt sind[1], ergibt sich auch für die OHG eine Art "gewillkürtes Eigenkapital"[2]. Durch die Ausnahmeregelungen wird die Eigenkapitalabgrenzung unsystematisch. IAS 32 ist nicht prinzipienorientiert, sondern am Ergebnis ausgerichtet.

---

[1] Vgl. Schmidt, M. (IAS 32), S. 435-436.
[2] Vgl. Schmidt, M. (Eigenkapital), S. 1565.

9. Ausweis von Posten

9.1 Bilanzgliederung nach IFRS

Formelle Vorschriften zu den Jahresabschlüssen sind in IAS 1 (Presentation of Financial Statements – Darstellung des Abschlusses) enthalten. Der Standard enthält aber nur Mindestvorschriften für die Bilanzgliederung. Ein umfassendes Schema für den Postenausweis wird nicht festgelegt. Auch die Formate für die Bilanzgliederung sind nicht vorgeschrieben. Die Bilanzposten können horizontal oder vertikal angeordnet werden, also gilt:

> Postenausweis in Kontoform (account form) oder Staffelform (report form)

In der folgenden Abbildung wird eine Grundgliederung der Bilanz dargestellt[1], wobei die Bezeichnung "statement of financial position" aus IAS 1 verwendet wird. Der Ausweis der Posten hat nach der **Fristigkeit** zu erfolgen. Vermögenswerte werden als kurzfristig eingestuft, wenn ein Umsatz innerhalb von zwölf Monaten erwartet wird. Auch zu Handelszwecken bestimmte Vermögenswerte (z.B. Rohstoffe, Waren) stellen kurzfristige Posten dar. Alle anderen Aktivposten, die diese Merkmale nicht erfüllen, gelten als langfristig. Für Passivposten gilt Entsprechendes. Verbindlichkeiten mit einer Laufzeit bis zu zwölf Monaten (z.B. Lieferantenverbindlichkeit) haben kurzfristigen Charakter.

Bilanzielle Informationen müssen so vermittelt werden, dass eine **fair presentation** (angemessene Darstellung) der Vermögenslage erfolgt. Der gesonderte Postenausweis oder eine Postenuntergliederung sind notwendig, wenn sich die assets nach Größe, Art oder Funktion so stark unterscheiden, dass sie für die Entscheidungen der Anleger relevant sind (Beachtung der materiality). Konkrete Grenzwerte, bei denen eine Postenuntergliederung zu erfolgen hat, fehlen bei IFRS. In der Literatur wird vorgeschlagen, die Wesentlichkeitsgrenze bilanziell auf **0,5% der Bilanzsumme** festzulegen[2]. Dieser Wert muss aber in Einzelfällen durch qualitative Merkmale ergänzt werden.

In der Grundgliederung sind die Bilanzseiten wie folgt aufgebaut:
- Aktivseite: Das langfristige Anlagevermögen wird über dem kurzfristigen Umlaufvermögen ausgewiesen. Die Fristigkeit sinkt von oben nach unten. Auch eine umgekehrte Postenanordnung dürfte zulässig sein, wenn die Passivseite entsprechend aufgebaut

---

[1] Vgl. Lüdenbach, N./Hoffmann, W.-D. (IFRS-Bilanz), S. 93 mit geringen Änderungen.
[2] Vgl. Ruhnke, K./Simons, D. (Rechnungslegung), S. 221. Für die GuV-Rechnung wird vorgeschlagen, dass 5% des Jahresergebnisses die Wesentlichkeitsgrenze darstellt.

wird. Innerhalb der einzelnen Vermögensarten erfolgt der Ausweis in Anlehnung an die handelsrechtliche Gliederung, die um die IFRS-Besonderheiten ergänzt wird. Die aktiven Rechnungsabgrenzungsposten (prepaid expenses) stellen assets dar und werden im Umlaufvermögen bilanziert, wenn der Aufwand in den nächsten zwölf Monaten anfällt.

- Passivseite: Das Eigenkapital steht dem Unternehmen am längsten zur Verfügung und erscheint an oberster Stelle. Anschließend werden die langfristigen und kurzfristigen Schulden dargestellt. Die Fristigkeit sinkt von oben nach unten. Die passiven Rechnungsabgrenzungsposten gehören zu den Schulden und werden der kurzfristigen Kategorie zugeordnet, wenn der Ertrag in den nächsten zwölf Monaten realisiert wird.

Assets	Statement of financial position	Liabilities and equity
A. Non current assets		**A. Capital and reserves**
I. Intangible assets		I. Issued capital
II. Property, plant and equipment		II. Reserves
III. Investment properties		**B. Non current liabilities**
IV. Non current financial assets		I. Non current financial liabilities
V. Deferred tax assets		II. Deferred tax liabilities
B. Current assets		III. Non current provisions
I. Inventories		**C. Current liabilities**
II. Trade and other receivables		I. Trade and other payables
III. Current financial assets		II. Current financial liabilities
IV. Prepaid expenses		III. Current provisions
V. Cash and cash equivalents		IV. Deferred income

Abb. 63: Grundgliederung der Bilanz (statement of financial position)

9.2 Erläuterung einzelner Bilanzposten

Die Aktivseite der Bilanz wird nach abnehmender Fristigkeit gegliedert: Unter den **non current assets** (Anlagevermögen) werden alle Posten (items) ausgewiesen, die längerfristig im Unternehmen eingesetzt werden sollen. Zu den **current assets** (Umlaufvermögen) gehören die kurzfristigen Posten. Die Passivseite wird entsprechend unterteilt: Die langfristigen Schulden erscheinen über den kurzfristigen Schulden. Das Eigenkapital setzt sich bei Kapitalgesellschaften aus festen und variablen Bestandteilen zusammen und bringt die Bilanzseiten formal zum Ausgleich. Das Eigenkapital ist das Reinvermögen des

Unternehmens und steht am längsten zur Verfügung. Es wird erst bei der Auflösung des Unternehmens (Liquidation) an die Gesellschafter zurückgezahlt.

Die Aktivposten umfassen im Einzelnen:

1. **Intangible assets (immaterielle Vermögenswerte).** Soweit vorhanden, werden die folgenden Posten regelmäßig gesondert ausgewiesen:
   - Firmenwert (goodwill).
   - Entwicklungskosten (development costs).
   - Spezielle immaterielle Vermögenswerte wie z.b. Rechte (copyrights), Markennamen (brands), Patente (patents) und Lizenzen (licenses), die im Unternehmen verwendet werden. Auch Software (computer software) gehört hierzu.

   Die Posten zeichnen sich durch unterschiedliche Eigenschaften aus und fallen betragsmäßig ins Gewicht. Daher sind sie aus Sicht der Anteilseigner entscheidungsrelevant. Wenn die Entwicklungskosten zu einem Patent führen, werden sie in diesen Posten umgebucht, da sich ihr rechtlicher Charakter verändert.

2. **Property, plant and equipment (Sachanlagen).** Soweit vorhanden, werden die folgenden Posten regelmäßig gesondert ausgewiesen:
   - Grundstücke und Gebäude (land and buildings).
   - Technische Anlagen und Maschinen (machinery).
   - Betriebsausstattung (furniture and fixtures).
   - Büroausstattung (office equipment).

   Die Abgrenzung der einzelnen Posten erfolgt wie im Handelsrecht. Gebäude sind Bauwerke, die z.b. der Produktion oder Verwaltung dienen. Die eigentliche Fertigung wird mit technischen Anlagen und Maschinen durchgeführt. Die Betriebs- und Büroausstattung umfasst Produktionsfaktoren, die nicht direkt im Produktionsprozess eingesetzt werden (z.B. Schreibtische, Computer). Auch Kraftfahrzeuge (motor vehicles) gehören zu den Sachanlagen. Es handelt sich um den Fuhrpark des Unternehmens.

3. **Investment properties (als Finanzinvestition gehaltene Immobilien).** Diese Immobilien (Grundstücke und Gebäude) werden nicht produktiv im Unternehmen genutzt. Sie dienen der Kapitalanlage (z.B. Mietwohngebäude) und haben Investitionscharakter. Daher stehen sie den Finanzanlagen näher als den Sachanlagen.

4. **Non current financial assets (Finanzanlagen).** Nach der Anteilsquote lassen sich die langfristigen Teilhaberpapiere (Eigenkapitalpapiere) im Einzelabschluss wie folgt abstufen. Ausgehend von den Tochterunternehmen nimmt der Einfluss auf das Beteiligungsunternehmen ab und ist bei den sonstigen Wertpapieren am niedrigsten:

9. Ausweis von Posten

- Anteile an Tochterunternehmen: Anteilsquote > 50%.
- Anteile an Gemeinschaftsunternehmen: Anteilsquote bis maximal 50%.
- Anteile an assoziierten Unternehmen: Anteilsquote ≥ 20% (bis maximal 50%).
- Sonstige Wertpapiere: Anteilsquote < 20%.

Tochterunternehmen (subsidiaries) werden vom Mutterunternehmen beherrscht. Die Mutter verfügt im Regelfall über die (direkte oder indirekte) Stimmenmehrheit bei der Tochtergesellschaft. Bei einer Anteilsquote von über 50% ist diese Bedingung grundsätzlich erfüllt. Es entsteht ein **Konzern**, der eine Verbindung von rechtlich selbstständigen Unternehmen darstellt, die wirtschaftlich miteinander verbunden sind. Im Einzelabschluss der Muttergesellschaft werden die Anteile am Tochterunternehmen als investments in subsidiaries ausgewiesen. Im Konzernabschluss werden diese Anteile mit dem Eigenkapital der Tochter im Rahmen der Kapitalkonsolidierung verrechnet.

Gemeinschaftsunternehmen (joint ventures) werden von zwei oder mehr Partnerunternehmen gemeinsam geführt, von denen keins die alleinige Beherrschung innehat. Daher reicht die Anteilsquote nur bis maximal 50%, da bei einer höheren Beteiligung meist eine Beherrschung eintritt. Die Bilanzierung von Gemeinschaftsunternehmen wird in IFRS 11 (Joint Arrangements – gemeinschaftliche Vereinbarungen) geregelt. Im Einzelabschluss werden Anteile an Gemeinschaftsunternehmen als interests in joint ventures ausgewiesen. Die Behandlung im Konzernabschluss folgt im achten Kapitel.

Assoziierte Unternehmen (associates) werden von einem anderen Unternehmen maßgeblich beeinflusst. Es liegt aber weder ein Tochterunternehmen noch ein Gemeinschaftsunternehmen vor. Ein maßgeblicher Einfluss wird bei einer Beteiligung von mindestens 20% aller Anteile vermutet (Obergrenze: 50%). Der bilanzielle Ausweis erfolgt als investments in associates. Die Behandlung dieser Anteile wird in IAS 28 (Investments in Associates – Anteile an assoziierten Unternehmen) geregelt.

Sonstige Wertpapiere (other investments) umfassen Eigenkapitalinstrumente, die die obigen Voraussetzungen nicht erfüllen. Auch allgemeine Fremdkapitalinstrumente, die keine Verbindung zu den obigen Unternehmen aufweisen, gehören in diese Gruppe. Nach IFRS 9 (Financial Instruments – Finanzinstrumente) sind zu unterscheiden:
- Finanzinstrumente zum beizulegenden Zeitwert (financial instruments at fair value).
- Finanzinstrumente zu fortgeführten Anschaffungskosten (financial instruments at amortised cost).

Zur ersten Kategorie gehören alle Eigenkapital- und Schuldinstrumente, die zum beizulegenden Zeitwert bewertet werden. Die fair value-Bewertung kann bei Eigenkapitalinstrumenten erfolgsneutral oder erfolgswirksam durchgeführt werden (siehe viertes

Kapitel). Zur Kategorie "at amortised cost" gehören alle Finanzinstrumente, die maximal mit den Anschaffungskosten bewertet werden. Eine "Fortführung" dieser Kosten ist notwendig, wenn beim Erwerb Zinsdifferenzen bestehen (siehe viertes Kapitel). Für jede Bewertungsgruppe ist nach IFRS 7 (Financial Instruments: Disclosures – Finanzinstrumente: Angaben) ein gesonderter Ausweis vorzunehmen.

Langfristig gewährte Kredite (loans) gehören ebenfalls zu den Finanzanlagen. Werden sie z.B. einer Tochtergesellschaft gewährt, ist ein spezieller Ausweis zweckmäßig (z.B. loans to subsidiaries). Auch Leasingforderungen (lease receivables) sind gesondert auszuweisen – sie gehören regelmäßig zur Kategore "at amortised cost".

5. **Deferred tax assets (aktive latente Steuern).** Aktive latente Steuern entstehen, wenn der IFRS-Bilanzwert kleiner ist als der Steuerbilanzwert (bei einem Aktivposten) und es sich um zeitliche oder quasi-permanente Differenzen handelt. Da sich die Unterschiedsbeträge oft erst nach mehreren Jahren ausgleichen, haben sie einen langfristigen Charakter und die aktiven latenten Steuern erscheinen im Anlagevermögen.

6. **Inventories (Vorräte).** Soweit vorhanden, werden die folgenden Posten regelmäßig gesondert ausgewiesen:
   - Waren (merchandises).
   - Roh-, Hilfs- und Betriebsstoffe (raw materials or supplies).
   - Fertigerzeugnisse (finished goods).
   - Unfertige Erzeugnisse (work in progress).

   Warenbestände sind in Handelsbetrieben von Bedeutung. Waren werden unverändert weiterveräußert. Im Gegensatz dazu werden im Industriebetrieb aus Roh- und Hilfsstoffen neue Produkte gefertigt, wobei Betriebsstoffe beim Betrieb der Maschinen und technischen Anlagen verbraucht werden. Es entstehen Fertigerzeugnisse und – soweit der Produktionsprozess noch nicht abgeschlossen ist – unfertige Erzeugnisse.

7. **Trade and other receivables (Forderungen aus Lieferungen und Leistungen und sonstige Forderungen).** Soweit vorhanden, werden die folgenden Posten regelmäßig gesondert ausgewiesen:
   - Forderungen aus Lieferungen und Leistungen (trade receivables).
   - Sonstige Forderungen (other receivables).

   Forderungen aus Lieferungen und Leistungen entstehen durch den Zielverkauf der typischen Produkte eines Unternehmens. Die sonstigen Forderungen stellen einen Sammelposten verschiedener Ansprüche dar. Hierzu gehören z.B. Steuerforderungen (Vorsteuerbeträge), Versicherungsansprüche, Vorschüsse, Anzahlungen. Zu den sonstigen Forderungen gehören auch die antizipativen aktiven Rechnungsabgrenzungsposten (Merkmal: "Ertrag vor Einnahme"). Wenn z.b. in 01 Mieträume bereitgestellt werden, entsteht in 01 ein Mietanspruch (Ertrag). Wird die Zahlung erst in 02 geleistet (Einnahme), ist in 01 eine Forderung anzusetzen. Die Zahlung wird vorweggenommen.

Zweifelhafte Forderungen, bei denen der volle Zahlungseingang unsicher ist, müssen gesondert ausgewiesen werden. Diese Informationen sind für Investoren regelmäßig entscheidungsrelevant. Der Ausweis erfolgt unter dem Posten "doubtful account" (zweifelhafte Forderungen). Einzelheiten hierzu werden im vierten Kapitel behandelt.

Ein gesonderter Forderungsausweis erfolgt im Rahmen der **Langfristfertigung**. Nach IFRS ist regelmäßig die percentage-of-completion method anzuwenden, die zu einem zeitanteiligen Forderungs- und Gewinnausweis führt. Es wird eine spezielle Forderung unter der Bezeichnung "gross amount due from customers for contract work" (künftige Forderungen aus Fertigungsaufträgen) ausgewiesen (siehe viertes Kapitel).

8. **Current financial assets (kurzfristige finanzielle Vermögenswerte).** Dieser Posten entspricht den handelsrechtlichen Wertpapieren des Umlaufvermögens. Insbesondere financial assets held for trading (finanzielle Vermögenswerte, die zum Handel bestimmt sind) weisen einen kurzfristigen Charakter auf. Sie gehören zur Gruppe der erfolgswirksam zum fair value bewerteten Finanzinstrumente.

9. **Prepaid expenses (aktive Rechnungsabgrenzungsposten).** Unter diesem Posten sind die transitorischen aktiven Rechnungsabgrenzungsposten auszuweisen (Merkmal: "Ausgabe vor Aufwand"). Da sie zu den assets gehören, erscheinen sie im Umlaufvermögen. Anders als im HGB muss keine spezielle Kategorie eingerichtet werden.

10. **Cash and cash equivalents (Zahlungsmittel und Zahlungsmitteläquivalente).** Zahlungsmittel sind Bargeld und Bankguthaben (Konto "bank"). Zahlungsmitteläquivalente sind z.B. Geldmarktpapiere mit einer Restlaufzeit unter drei Monaten.

Die Passivposten umfassen im Einzelnen:
1. **Non current liabilities (langfristige Schulden).** Soweit vorhanden, werden die folgenden Posten regelmäßig gesondert ausgewiesen:
   - Langfristige finanzielle Verbindlichkeiten (non current financial liabilities).
   - Passive latente Steuern (deferred tax liabilities).
   - Langfristige Rückstellungen (non current provisions).

Langfristige finanzielle Verbindlichkeiten umfassen z.b. mehrjährige Kredite und Darlehen sowie ausgegebene Obligationen (Schuldverschreibungen). Auch Leasingverbindlichkeiten (lease liabilities) gehören zu diesem Posten. Passive latente Steuern entstehen z.b., wenn bei einem Aktivposten der IFRS-Bilanzwert höher ist als der Steuerbilanzwert und ein späterer Ausgleich stattfindet.

Zu den langfristigen Rückstellungen gehören neben den bereits erläuterten Abriss- und Rekultivierungsverpflichtungen auch **Pensionsrückstellungen**. Das Unternehmen verpflichtet sich z.B., seinen Arbeitnehmern ab einem bestimmten Lebensjahr eine jährliche Rente zu zahlen. Wenn das Unternehmen selbst die Pflicht zur späteren Rentenzahlung übernimmt (leistungsorientierte Pläne – defined benefit plans), wird eine Pensionsrückstellung passiviert, die unter dem Posten "defined benefit liability" (Schuld aus einem leistungsorientierten Plan) ausgewiesen wird. Bei ihrer Berechnung sind versicherungsmathematische und zeitliche Aspekte zu berücksichtigen. Im vierten Kapitel werden die Grundzüge der Pensionsrückstellung erläutert[1]. Übernimmt eine externe Versicherung die Zahlungspflicht, muss das Unternehmen nur die entsprechenden Beiträge bezahlen (defined contribution plans – beitragsorientierte Pläne). In diesem Fall ist keine Pensionsrückstellung zu passivieren.

2. **Current liabilities (kurzfristige Schulden).** Soweit vorhanden, werden die folgenden Posten regelmäßig gesondert ausgewiesen:
- Verbindlichkeiten aus Lieferungen und Leistungen und sonstige Verbindlichkeiten (trade and other payables).
- Kurzfristige finanzielle Verbindlichkeiten (current financial liabilities).
- Kurzfristige Rückstellungen (current provisions).
- Passive Rechnungsabgrenzungsposten (deferred income).

Verbindlichkeiten aus Lieferungen und Leistungen (trade payables) entstehen im Verkehr mit den Lieferanten eines Unternehmens. Erst nach der Lieferung erfolgt die Zahlung, so dass zunächst eine Verbindlichkeit entsteht. Other payables umfassen als Sammelposten alle übrigen Verbindlichkeiten des Unternehmens (z.B. Umsatzsteuer, Löhne und Gehälter). Hierzu gehören auch die antizipativen Rechnungsabgrenzungsposten, die durch das Merkmal "Aufwand vor Ausgabe" gekennzeichnet sind.

Kurzfristige finanzielle Verbindlichkeiten umfassen z.B. Kontokorrentkredite oder erhaltene Anzahlungen. Zu den kurzfristigen Rückstellungen gehören z.B. unsichere Steuerverpflichtungen für Ertragsteuern, Verpflichtungen für die Durchführung der gesetzlichen Abschlussprüfung für das abgelaufene Geschäftsjahr oder zur Buchung von Geschäftsvorfällen des alten Jahres. Mit der Belastung muss innerhalb der nächsten zwölf Monate zu rechnen sein.

---

[1] Vgl. zu weiterführenden Berechnungen Kirsch, H. (Rechnungslegung), S. 140-151.

Als deferred income werden die transitorischen passiven Rechnungsabgrenzungsposten ausgewiesen (Merkmal "Einnahme vor Ertrag"). Sie gehören zu den Schulden, da noch eine Verpflichtung für das Unternehmen besteht. Erhält eine GmbH im Dezember 01 die Miete für Januar 02 im Voraus, wird am Jahresende die Überlassung des Mietraums geschuldet. Würde die Leistung nicht ausgeführt, müsste der erhaltene Betrag zurückerstattet werden.

3. **Equity (Eigenkapital).** Das Eigenkapital von Kapitalgesellschaften erfüllt die Definition in IAS 32, da die Aktionäre eine Aktiengesellschaft ohne finanzielle Verpflichtungen verlassen können. Die folgenden Kapitalkonten sind zu unterscheiden:
- Gezeichnetes Kapital (issued capital/share capital) – langfristig festes Kapital.
- Rücklagen (reserves) – kurzfristig variables Kapital.

Das gezeichnete Kapital wird langfristig in konstanter Höhe ausgewiesen. Bei der Aktiengesellschaft wird das **Grundkapital** bilanziert, das nach dem AktG mindestens 50.000 € betragen muss. Es wird auch als **share capital** bezeichnet. Nach IAS 1 müssen spezielle Angaben über die ausgegebenen Aktien erfolgen, wie z.b. Anzahl der Anteile, Nennwert, Rechte. Stammaktien beinhalten gleiche Stimmrechte und gleiche Gewinnansprüche, Vorzugsaktien weisen Sonderrechte auf (z.b. prioritätische Dividendenansprüche). Diese Aktien werden zuerst bei Ausschüttungen berücksichtigt.

Bei der GmbH ist das **Stammkapital** als issued capital auszuweisen, dessen Mindestwert 25.000 € beträgt[1]. Neben festen Eigenkapitalkonten werden bei Kapitalgesellschaften auch variable Konten benötigt, die den Erfolg des Geschäftsjahres aufnehmen. Die folgende Abbildung zeigt wichtige Rücklagen (reserves) nach IFRS:

Rücklagen nach IFRS		
Kapitalrücklagen (share premium)	Gewinnrücklagen (revenue reserves)	Sonstige Rücklagen (other reserves)
Agiobeträge bei Aktien	• Einbehaltene Ergebnisse (retained earnings) • Satzungsmäßige Rücklagen (statutory reserves) • Gesetzliche Rücklagen (legal reserves)	z.B. Neubewertungsrücklage, fair value-Rücklage

Abb. 64: Wichtige Rücklagen der Aktiengesellschaft nach IFRS

---

[1] Die haftungsbeschränkte Unternehmergesellschaft (§ 5a GmbHG) kann auch mit weniger Stammkapital gegründet werden. Vgl. im Einzelnen Weber, J.-A. (Unternehmergesellschaft), S. 844-845.

Kapitalrücklagen werden nicht vom Unternehmen erwirtschaftet, sondern von den Aktionären bereitgestellt. Wenn bei einer Aktienemission für eine Aktie zum Nennwert von 5 € ein Betrag von 6,5 € erzielt wird, muss das **Agio** (premium) von 1,5 € der Kapitalrücklage zugeführt werden. Die Auflösung der Rücklage wird im siebten Kapitel erläutert.

Nach § 150 AktG müssen Aktiengesellschaften eine **gesetzliche Rücklage** bilden. Ihr muss grundsätzlich pro Jahr 1/20 (5%) des Jahresüberschusses zugeführt werden, bis sie 1/10 des Grundkapitals erreicht hat. Satzungsmäßige Rücklagen können in der Satzung einer AG festgeschrieben werden. Die einbehaltenen Ergebnisse umfassen alle übrigen, frei verfügbaren Gewinnrücklagen. Hierzu gehört insbesondere der Gewinn des laufenden Geschäftsjahres nach Steuern, der aus der GuV-Rechnung übernommen wird. Der Gewinn wird nicht speziell in der IFRS-Bilanz ausgewiesen.

Die **Gewinnrücklagen** stellen erwirtschaftetes Eigenkapital dar. Sie unterscheiden sich bezüglich ihrer Verfügbarkeit: Nur die retained earnings sind jederzeit auflösbar. Die **sonstigen Rücklagen** – insbesondere die Neubewertungsrücklage von Sachanlagen und die fair value-Rücklage bestimmter Wertpapiere – entstehen durch eine Marktbewertung, wenn der fair value höher ist als der Buchwert. Diese Rücklagen sind nicht erwirtschaftet.

Für die Bilanz gelten nach IFRS die **Ausweisprinzipien** der folgenden Abbildung[1]. Die Bilanzgliederung ist stetig beizubehalten (formelle Stetigkeit). Eine Änderung ist nur in Ausnahmefällen möglich, z.B. wenn eine wesentliche Änderung des Tätigkeitsfeldes oder eine angemessenere Darstellung der wirtschaftlichen Lage erfolgt. Weitere wichtige Prinzipien sind: Die Angabe von Vorjahreswerten (Vergleichsinformationen), das Bruttoprinzip (Saldierungsverbot), die Postenergänzung und Postenumbenennung.

Wichtige Ausweisprinzipien nach IFRS	
1. Stetigkeitsprinzip (formell):	Beibehaltung der Bilanzgliederung, Postenbezeichnungen und Postenabgrenzungen
2. Vorjahresangaben:	Angabe der Vorjahreswerte für jeden Aktiv- und Passivposten (Vergleichsinformationen)
3. Bruttoprinzip:	Aktiv- und Passivposten dürfen grundsätzlich nicht verrechnet werden (Saldierungsverbot)
4. Postenergänzung bzw. Postenumbenennung:	Posten sind zusätzlich auszuweisen bzw. umzubenennen, um eine fair presentation zu erreichen

Abb. 65: Wichtige Ausweisprinzipien nach IFRS

---

[1] Vgl. Wagenhofer, A. (Rechnungslegungsstandards), S. 449-450.

9.3 Buchungstechnik nach IFRS

Die Buchungstechnik nach IFRS entspricht dem handelsrechtlichen System. Die Anfangsbilanz eines Jahres wird in einzelne Konten (accounts) aufgelöst, wobei aktive und passive Bestandskonten unterschieden werden. Wie in der handelsrechtlichen Buchführung werden bei Verwendung von "T-Konten" die Anfangsbestände der Aktivkonten auf der Sollseite (debit side), die der Passivkonten auf der Habenseite (credit side) eingetragen.

Die Bestände der aktiven und passiven Bestandskonten werden im Geschäftsjahr durch die Geschäftsvorfälle (transactions) verändert: Zugänge erhöhen, Abgänge vermindern den Anfangsbestand. Am Jahresende erscheinen die Endbestände in der Schlussbilanz. Zur Verbuchung erfolgswirksamer Geschäftsvorfälle werden Aufwands- und Ertragskonten als Unterkonten des Eigenkapitalkontos eingerichtet. Die Erfolgskonten lassen sich der Gliederung einer GuV-Rechnung entnehmen, die im fünften Kapitel behandelt wird. Am Jahresende werden die Erfolgskonten über das GuV-Konto abgeschlossen. Ein Gewinn erscheint als Saldo auf dessen Sollseite und wird dann in die retained earnings gebucht.

Bei IFRS sind auch einige erfolgsneutrale Wertänderungen zu erfassen, wie z.b. die Neubewertung von Sachanlagen im revaluation model. Diese Vorgänge werden nur in der Bilanz verbucht und in der Gesamtergebnisrechnung ergänzend aufgenommen (als Teil des sonstigen Ergebnisses). Die Einzelheiten folgen im vierten und fünften Kapitel.

Die Buchungen werden auch bei IFRS nach dem bekannten Schema "Soll an Haben" ausgeführt. Die Buchung auf der Sollseite wird **debtor** (kurz: Dr) genannt: Es handelt sich um unseren Schuldner, der zahlen **soll**, so dass die Sollseite des Kontos angesprochen wird. Entsprechend wird die Habenseite **creditor** (kurz: Cr) genannt: Es handelt sich um den Gläubiger, der bei uns einen Betrag gut **hat**. Somit ist die Habenseite des Kontos angesprochen[1]. Die folgende Abbildung zeigt die Verbuchung zweier Geschäftsvorfälle.

Buchung 1: Einkauf einer Maschine auf Ziel:				
Dr Machinery	100.000	Cr Trade payables		119.000
Dr Other receivables	19.000			
Buchung 2: Verkauf von Fertigerzeugnissen auf Ziel:				
Dr Trade receivables	59.500	Cr Revenue		50.000
		Cr Other payables		9.500

Abb. 66: Buchungen nach IFRS

---
[1] Vgl. Döring, U./Buchholz, R. (Jahresabschluss), S. 185.

Beim erfolgsneutralen Kauf der Maschine (Buchung 1) wird die Vorsteuer als sonstige Forderung (gegenüber dem Finanzamt) gebucht. Beim erfolgswirksamen Verkauf der Erzeugnisse (Buchung 2) wird die Umsatzsteuer als sonstige Verbindlichkeit gebucht. Es wären auch spezielle Kontenbezeichnungen möglich (z.b. tax receivables für Vorsteuer).

9.4 Bilanzgliederung nach HGB

Das Handelsrecht schreibt im Gegensatz zu den IFRS-Vorschriften eine verbindliche Bilanzgliederung für Kapitalgesellschaften vor (§ 266 Abs. 2 und 3 HGB). Für kleine Gesellschaften bestehen Aufstellungserleichterungen. Allgemeine Grundsätze für die Bilanzgliederung (z.b. Darstellungsstetigkeit, Angabe von Vorjahresbeträgen) werden in § 265 HGB geregelt. Nach dieser Vorschrift kann das gesetzliche Bilanzschema erweitert werden, um bessere Informationen zu vermitteln. Auch zutreffendere Postenbezeichnungen sind möglich. Das Saldierungsverbot wird in § 246 Abs. 2 Satz 1 HGB festgelegt.

9.5 Geplante Bilanzänderungen nach IFRS

Im Oktober 2008 hat das IASB das Discussion Paper "Preliminary Views on Financial Statement Presentation" veröffentlicht. Dieses Diskussionspapier ist das vorläufige Ergebnis der Phase B des Financial Statement Projects. Die vorangegangene Phase A führte zur Änderung der Jahresabschlusselemente, die im ersten Kapitel erläutert wurden.

In Phase B sollen die Formate für die Abschlusselemente geändert werden. Alle Bestandteile sollen konsistent und einheitlich gegliedert werden. Für die Bilanz gilt der Aufbau[1]:
- Business: Operating assets und liabilities sowie investing assets und liabilities,
- Financing: Financing assets und financing liabilities,
- Income taxes (Ertragsteuern),
- Equity (Eigenkapital).

Zum business gehören alle Vermögenswerte und Schulden der laufenden Geschäftstätigkeit. Operating assets gehören zum Kerngeschäft (z.B. Maschinen und Rohstoffe), investing assets dienen z.B. der Erzielung von Zinsen und Dividenden. Beim financing werden alle aktiven und passiven Finanzinstrumente ausgewiesen. Die Zuordnung der Posten kann in vielen Fällen problematisch werden. Kritisch zu beurteilen ist die ungewohnte Form der Bilanz, die von der bisher üblichen Darstellung deutlich abweicht.

---

[1] Vgl. Fülbier, R.U./Maier, F./Sellhorn, T. (Abschlüsse), S. 407.

Viertes Kapitel: Internationale Bewertung

1. Grundlegende Bewertungsvorschriften

1.1 Historical Costs

Nach dem Ansatz und dem Ausweis der Posten ist ihre Bewertung zu klären. Im Framework (F 4.55) werden die folgenden Werte für Aktiv- und Passivposten angeführt, deren inhaltliche Bestimmung meist in den einzelnen Standards erfolgt. Die Anschaffungskosten für Sachanlagen werden z.b. in IAS 16 (Property, Plant and Equipment – Sachanlagen) definiert. Die alternativen Werte werden im Laufe dieses Kapitels in Verbindung mit den entsprechenden Werten der Standards erläutert.

	Werte des Frameworks	
Basiswerte	**Historical costs**	**Anschaffungs- oder Herstellungskosten**
Alternative Werte	Current costs	Tageswert
	Realisable/settlement value	Veräußerungswert/Erfüllungsbetrag
	Present value	Barwert

Abb. 67: Werte für assets im Framework

Die **historical costs** (historische Anschaffungs- oder Herstellungskosten) sind die Basisgrößen für die Bewertung von assets. Sie lassen sich wie folgt unterteilen:

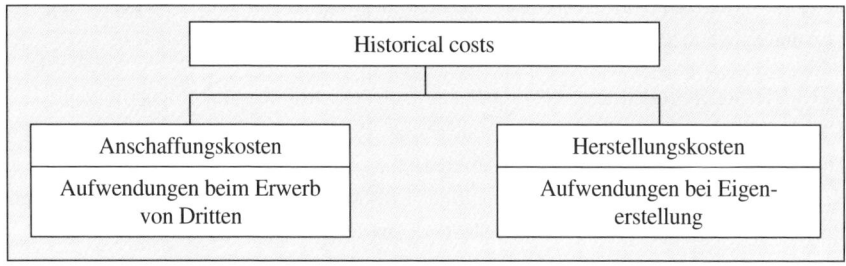

Abb. 68: Komponenten der historical costs

Die **Anschaffungskosten** umfassen alle direkten Aufwendungen zum Erwerb und zur Inbetriebnahme eines assets. Der Anschaffungspreis wird durch **direkt** zurechenbare Nebenkosten des Erwerbs erhöht und durch Preisminderungen reduziert. Bei Sachanlagen gehören die am Ende der Nutzungsdauer anfallenden Abbruch- und Aufräumkosten zu den Anschaffungskosten (IAS 16.16(c)) – siehe drittes Kapitel (Ansatz von Rückstellungen).

Anschaffungskosten	
Anschaffungspreis + Nebenkosten (direkt zurechenbar) - Minderungen	Purchase price + Incidental charges (directly attributable) - Reductions

Abb. 69: Anschaffungskosten nach IFRS

Der Anschaffungsvorgang endet, wenn der erworbene Vermögenswert betriebsbereit ist, so dass auch einzeln zurechenbare Installations- und Montagekosten zu den Anschaffungskosten zählen. Beispiele für weitere, meist direkt zurechenbare Nebenkosten sind Transportkosten, Zölle, Versicherungskosten.

Die Preisminderungen umfassen z.b. Rabatte (rebates) und Skonti (discounts). Rabatte mindern die Anschaffungskosten sofort. Ein Skontoabzug ist erst zu berücksichtigen, wenn eine fristgemäße Zahlung erfolgt. Ein Vermögenswert müsste bei Lieferung zunächst mit dem vollen Preis bewertet werden. Erst bei Zahlung würde eine **nachträgliche Anschaffungspreisminderung** erfolgen[1]. Innerhalb des Geschäftsjahres wird meist sofort der Nettobetrag gebucht. Nur wenn Lieferungs- und Zahlungsvorgang vor bzw. nach dem Bilanzstichtag erfolgen, muss die Aktivierung zunächst mit dem vollen Betrag erfolgen.

Die **Vorsteuer** wird den Unternehmen im Regelfall vom Finanzamt erstattet. Dann stellt sie keinen Aufwand dar und gehört nicht zu den Anschaffungskosten. Anders ist es mit der Umsatzsteuer, die nicht als Vorsteuer abzugsfähig ist. Werden z.b. steuerfreie Umsätze ausgeführt, darf im deutschen Umsatzsteuerrecht grundsätzlich kein Vorsteuerabzug vorgenommen werden. Diese Umsatzsteuer gehört zu den Anschaffungskosten.

Beispiel: Die X-AG erwirbt am 1.7.01 eine Anlage zum Preis von 150.000 € zzgl. 19% USt. Die Transportkosten betragen 10.000 € zzgl. 19% USt. Ein Vorsteuerabzug besteht in Höhe von 50%. Somit betragen die Anschaffungskosten 175.200 €. Sie ergeben sich aus dem Nettopreis von 150.000 € zzgl. hälftiger Umsatzsteuer von 14.250 € und den Nebenkosten von insgesamt 10.000 € zzgl. hälftiger Umsatzsteuer von 950 €.

---

[1] Vgl. Döring, U./Buchholz, R. (Jahresabschluss), S. 66-68.

1. Grundlegende Bewertungsvorschriften

Eine Besonderheit besteht für **Finanzierungskosten**, die in IAS 23 (Borrowing Costs – Fremdkapitalkosten) behandelt werden. Danach sind Finanzierungskosten, die sich direkt einem qualifying asset zuordnen lassen, aktivierungspflichtig. Die Fremdkapitalkosten müssen einen künftigen wirtschaftlichen Nutzen beinhalten und verlässlich bewertbar sein. Ein **qualifying asset** (qualifizierter Vermögenswert) wird in IAS 23.5 wie folgt definiert:

> Vermögenswert, der nach einer beträchtlichen Zeit gebrauchs- oder verkaufsbereit ist

Das asset muss noch für eine längere Zeit bearbeitet oder im Unternehmen komplett hergestellt werden. Die Aktivierung beginnt, wenn Ausgaben für das asset bzw. das Fremdkapital anfallen und mit der Fertigstellung begonnen wurde. Nach Abschluss der Arbeiten dürfen keine Zinsen mehr verrechnet werden: Sie stellen Finanzierungsaufwand dar. Müssen zur Finanzierung mehrere Kredite zu unterschiedlichen Zinssätzen aufgenommen werden, ist ein gewogener durchschnittlicher Finanzierungskostensatz zu berechnen.

Beispiel: Die High-Tec AG erwirbt von einem Lieferanten eine Fertigungsanlage in Einzelteilen für 500.000 €. Die Anlage muss im Unternehmen zusammengebaut werden, so dass ein qualifying asset vorliegt. Die Lieferung erfolgt am 1.10.01, die endgültige Einsatzbereitschaft wird am 31.3.02 hergestellt. In 01 und 02 fallen direkte Installationskosten von 20.000 € an. Zur Finanzierung wird am 1.10.01 ein Darlehen zum Zinssatz von 12% aufgenommen. Die Jahreszinsen betragen 60.000 € (12% von 500.000 €).

In 01 und 02 werden jeweils Nebenkosten in Höhe von 20.000 € aktiviert. Außerdem fallen in 01 und 02 jeweils Finanzierungskosten von 15.000 € an (3/12 von 60.000 €). Am 31.3.02 ist das asset fertig gestellt und die Herstellungskosten betragen 570.000 €. Ab dem 1.4.02 wird die Anlage planmäßig über ihre Nutzungsdauer abgeschrieben.

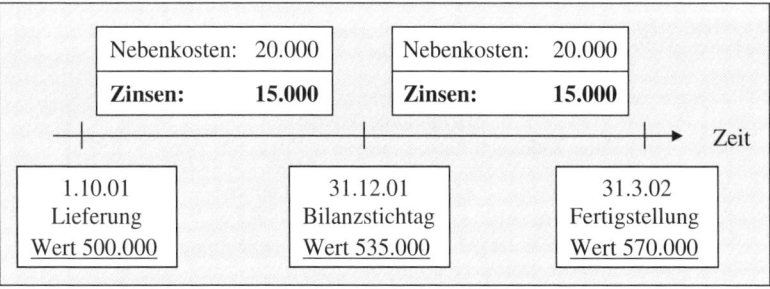

Abb. 70: Aktivierung von Finanzierungskosten (qualifying asset)

Die Aktivierung von Finanzierungskosten beginnt mit der Lieferung des assets und endet mit seiner Fertigstellung. Nach dem 31.3.02 darf keine Aktivierung mehr erfolgen (Aktivierungsverbot). Die danach anfallenden Zinsen sind als Finanzaufwand zu verrechnen (finance expense). Das gilt auch bei längerer Unterbrechung der Fertigstellung.

Variante: Es gelten die Daten des obigen Beispiels mit der folgenden Änderung: Die Finanzierung der 500.000 € erfolgt durch zwei Kredite. Der Kredit A umfasst 300.000 € zu 10% und Kredit B 200.000 € zu 14%. Damit ist ein gewogener durchschnittlicher Zinssatz von 11,6% relevant. Berechnung: (300.000 € x 0,1 + 0,14 x 200.000 €)/500.000 €. In 01 und 02 sind jeweils 14.500 € (3/12 von 58.000 € (0,116 x 500.000 €)) zu aktivieren.

Die Aktivierung von Finanzierungskosten lässt sich mit der folgenden Abbildung zusammenfassen. Nur wenn alle drei Voraussetzungen erfüllt sind, erfolgt die Aktivierung – ansonsten besteht ein Ansatzverbot.

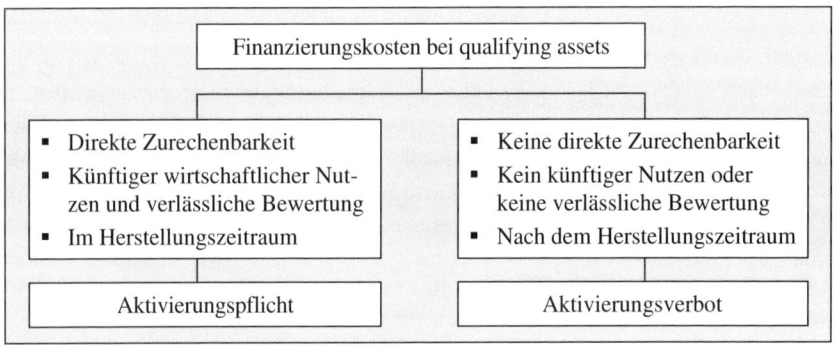

Abb. 71: Behandlung von Finanzierungskosten

Die **Herstellungskosten** sind insbesondere für die Bewertung fertiger und unfertiger Erzeugnisse von Bedeutung. Nach IAS 2 (Inventories – Vorräte) gilt das folgende Schema:

Herstellungskosten – Aufwendungen für die Eigenerstellung von assets -	
Einzelkosten	Direct costs
+ Gemeinkosten (angemessene Beträge)	+ Overhead costs (reasonable amount)
= Herstellungskosten	= Costs of conversion

Abb. 72: Herstellungskosten nach IFRS

Die Gemeinkosten werden meist mit einer Zuschlagskalkulation nach Maßgabe der zugehörigen Einzelkosten verrechnet. Die Zuschlagsbasis für die Materialgemeinkosten sind die Materialeinzelkosten und für die Fertigungsgemeinkosten sind es die Fertigungseinzelkosten. Es wird unterstellt, dass steigende Fertigungseinzelkosten (z.b. Akkordlöhne) zu steigenden Gemeinkosten führen. Die Herstellkosten als Summe der Material- und Fertigungskosten bilden die Bezugsgröße für die Verwaltungsgemeinkosten[1].

Nach IFRS besteht eine Einbeziehungspflicht für die Einzelkosten (Material und Fertigung), Sondereinzelkosten der Fertigung und die Gemeinkosten (Material und Fertigung). Für Verwaltungskosten, die sich auf den Produktionsbereich beziehen, gilt eine Ansatzpflicht. Ein **Ansatzverbot** besteht dagegen für allgemeine Verwaltungskosten, die keinen Bezug zur Produktion aufweisen. Es existiert eine Aktivierungspflicht bzw. ein Aktivierungsverbot für das Gehalt des Abteilungsleiters "Produktion" bzw. "Rechnungswesen".

> Herstellungskosten nach IFRS: Produktionsbedingte Vollkosten

Bei der Verrechnung von Gemeinkosten gilt, dass nur **angemessene Teile** zu kalkulieren sind. Ansonsten besteht die Gefahr einer Überbewertung. Da Gemeinkosten meist Fixkosten darstellen, werden bei sinkender Produktionsmenge immer mehr Kosten pro Stück verrechnet. Da der Wert der Erzeugnisse vom erzielbaren Preis abhängt und nicht von der Höhe der kalkulierten Kosten, ist eine normale Auslastung (Produktionsmenge) relevant.

Beispiel: Normale Ausbringungsmenge (Auslastung): 100.000 Stück pro Jahr. Lagermenge: 10.000 Stück. Die Fixkosten sind konstant und betragen 500.000 € pro Jahr (zugleich Gemeinkosten). In einer wirtschaftlich angespannten Situation sinkt die Ausbringungsmenge auf 40.000 Stück, wobei die Lagermenge weiterhin 10.000 Stück beträgt. Alle Einheiten sind qualitativ vergleichbar – die Gemeinkosten werden durch eine einfache Divisionskalkulation auf die Ausbringungsmenge verrechnet. Somit ergibt sich:

Normalfall:	Gemeinkosten pro Stück:	5 €	– Lagerwert: 50.000 €
Ausnahmefall:	Gemeinkosten pro Stück:	12,5 €	– Lagerwert: 125.000 €

Die sinkende Ausbringungsmenge führt zu einer steigenden Lagerbewertung. Da alle Produkte gleichwertig sind, ist diese Zunahme nicht zu rechtfertigen. Die Anteilseigner würden falsche Informationen über das Vermögen des Unternehmens erhalten, wenn die

---

[1] Vgl. Federmann, R. (Bilanzierung), S. 428.

Bewertung mit 12,5 € statt 5 € pro Stück erfolgt. Die Kosten der Unterbeschäftigung dürfen nicht aktiviert werden. Entsprechendes gilt für die Kosten eines überhöhten Materialverschnitts, der durch betriebliche Fehlplanungen zustande gekommen ist.

	Bestandteile der Herstellungskosten	
	Einzelkosten	Gemeinkosten (angemessene)
Pflicht	• Material • Fertigung • Sonderkosten der Fertigung	• Material • Fertigung • Verwaltung der Produktion
Verbot	• Vertrieb • Kalkulatorische Kosten	• Allgemeine Verwaltungskosten • Kalkulatorische Kosten
Pflicht	Finanzierungskosten bei qualifying assets	

Abb. 73: Bestandteile der Herstellungskosten

Ein **Ansatzverbot** besteht für **Vertriebskosten**. Sie fallen erst beim Absatz und nicht schon bei der Fertigung an. Ein weiteres Aktivierungsverbot betrifft die **kalkulatorischen Kosten** (z.B. kalkulatorische Eigenkapitalzinsen). Sie dürfen nicht berücksichtigt werden, da ihnen keine Zahlungen zugrunde liegen. Insoweit stellen sie keine Belastungen dar. **Finanzierungskosten** sind bei der Herstellung von qualifying assets zu berücksichtigen.

Im **HGB** werden die Anschaffungskosten wie bei IFRS berechnet, allerdings ohne die Einbeziehungsmöglichkeit von Finanzierungskosten[1]. Bei der Ermittlung der Herstellungskosten sind die Material- und Fertigungskosten zu erfassen: Es müssen alle Einzelkosten und angemessene Teile der Gemeinkosten berücksichtigt werden. Die Kosten der Unterbeschäftigung dürfen nicht einbezogen werden[2]. Ein Wahlrecht besteht für den Ansatz angemessener Teile der allgemeinen Verwaltungskosten. Diese Kosten dürfen aber nur insoweit kalkuliert werden, wie sie auf den Herstellungszeitraum entfallen.

Fremdkapitalzinsen dürfen nach § 255 Abs. 3 HGB nur aktiviert werden, soweit sie der Herstellung eines Vermögensgegenstands zuzurechnen sind und auf den Zeitraum der Herstellung entfallen. Für Vertriebskosten besteht in § 255 Abs. 2 Satz 4 HGB ein ausdrückliches Ansatzverbot. Auch kalkulatorische Kosten dürfen nicht aktiviert werden[3].

---

[1] Vgl. Baetge, J./Kirsch, H.-J./Thiele, S. (Bilanzen), S. 195.
[2] Vgl. Federmann, R. (Bilanzierung), S. 430.
[3] Vgl. Bieg, H./Kußmaul, H. (Rechnungswesen), S. 123.

1.2 Fair Value

Neben den Anschaffungs- und Herstellungskosten ist der **fair value** der wichtigste Maßstab bei der IFRS-Bewertung. Im Idealfall ist dieser **beizulegende Zeitwert** ein Preis, der sich auf vollkommenen und vollständigen Güter- und Kapitalmärkten durch Angebot und Nachfrage ergibt[1]. Im Marktgleichgewicht ergibt sich für jedes Gut genau ein Preis, z.b. ein Kurswert von 42,4 € für die X-Aktie am 31.12.01 an der Börse.

Gäbe es für alle assets und liabilities derartige Preise, könnten alle Posten einfach bewertet werden. Im Ergebnis erhielte man den Zeitwert des Eigenkapitals. In der Realität ist die Bewertung viel schwerer, weil die Märkte unvollkommen sind: Die Nachfrager haben z.b. persönliche Präferenzen, so dass verschiedene Güter (z.b. Pkws unterschiedlicher Marken und Ausstattungen) angeboten werden und sich für die einzelnen Varianten Preise bilden, die von den theoretischen Werten abweichen. Für einzelne Güter, z.b. das Urheberrecht eines Lehrbuchs, ist ein Marktpreis auf Grund seiner Individualität kaum feststellbar. Damit wird deutlich, dass der fair value auf unterschiedliche Weise zu ermitteln ist.

Die fair value-Bestimmung wird in IFRS 13 (Fair Value – Bewertung zum beizulegenden Zeitwert) geregelt. Der im Mai 2011 veröffentlichte Standard enthält Definitionen für den fair value von assets und liabilities, erläutert die Bewertung einzelner Bilanzposten und legt Bewertungsmethoden fest[2]. Für die Definition von **assets** gilt[3]:

Fair value von assets		
Preis, der beim Verkauf eines Vermögenswerts im Rahmen einer gewöhnlichen Transaktion zwischen Marktteilnehmern am Bewertungstag erzielt würde		
Verkauf: Exit price – Relevanz des Absatzmarkts	Gewöhnlich: Keine besonderen Verkaufsumstände	Würde: Hypothetischer Verkauf des Vermögenswerts

Abb. 74: Merkmale des fair values

Der fair value von assets wird vom Absatzmarkt bestimmt. Es handelt sich um den Preis, der bei einer üblichen Veräußerung zu erzielen wäre: Preisabschläge, die bei Notverkäufen oft akzeptiert werden müssen, sind ohne Bedeutung. Der Preis wird auf dem **Hauptmarkt** ermittelt, der das größte Volumen aufweist, vom Unternehmen gewöhnlich genutzt wird

---

[1] Vgl. Ballwieser, W./Küting, K./Schildbach, T. (Fair Value), S. 530.
[2] Vgl. die Übersicht bei Große, J.-V. (Measurement), S. 287.
[3] Vgl. Hitz, J.-M./Zachow, J. (Vereinheitlichung), S. 966.

und zu dem ein Zugang besteht[1]. **Transaktionskosten** (z.B. Kosten für Internetwerbung) gehören nicht zum fair value. Nur Transportkosten vermindern den fair value.

Für die Ermittlung des fair values wird in IFRS 13 eine **Bewertungshierarchie** festgelegt. Der "beste" fair value ist der Preis eines identischen assets auf einem aktiven Markt (z.B. Kurse von Aktien oder Rohstoffen an einer Börse). Es handelt sich um Level 1-Werte. Im Anhang zu IFRS 13 wird ein **aktiver Markt** durch Transaktionen in ausreichender Häufigkeit und in ausreichendem Volumen gekennzeichnet. Wann diese Bedingungen erfüllt sind, wird aber nicht im Detail erläutert.

Die Werte der nächsten Ebene (Level 2) werden in IFRS 13 noch weiter unterteilt[2]. Die Preise ähnlicher Vermögenswerte auf einem aktiven Markt (Fall a) rangieren über denen auf inaktiven Märkten (Fall b). Wenn sich Preise nicht direkt feststellen lassen, können eventuell die in die Bewertung eingehenden Größen festgestellt werden: Bei der Bewertung von Immobilien kann der Wert z.B. aus den Marktmieten abgeleitet werden (Fall c). Sind diese Daten nicht feststellbar, könnten fiktive Vergleichsmieten zur Preisermittlung der Immobilie verwendet werden (Fall d).

Die Werte des Level 3 umfassen nicht beobachtbare Daten, die z.B. auf Basis interner Berechnungen zustande kommen. Es handelt sich um eine individuelle Bewertung, bei der auf Daten des betreffenden Unternehmens zurückgegriffen wird (z.B. Einzahlungsüberschüsse zur Bewertung einer speziellen Fertigungsanlage im Unternehmen). Da die Objektivität der Werte von oben nach unten abnimmt, sollten möglichst hohe Levels angestrebt werden. Für einzelne Vermögenswerte (z.B. Immobilien oder Finanzinstrumente) enthält IFRS 13 spezielle Regeln zur Wertermittlung[3].

Level 1: Aktuelle Preise identischer assets auf aktiven Märkten

Level 2: a) Preise ähnlicher assets auf aktivem Markt
　　　　　　b) Preise identischer oder ähnlicher assets auf inaktiven Markt
　　　　　　c) Direkt beobachtbare marktbasierte Bewertungsparameter
　　　　　　d) Abgeleitete Preise oder Bewertungsparameter

Level 3: Unternehmensinterne Bewertungsparameter

Abb. 75: Bewertungshierarchie nach IFRS 13

---

[1] Vgl. Große, J.-V. (Measurement), S. 288.
[2] Vgl. Große, J.-V. (Measurement), S. 291, Hitz, J.-M./Zachow, J. (Vereinheitlichung), S. 969.
[3] Vgl. Grünberger, D. (IFRS), S. 246-248.

2. Bewertung von Property, Plant and Equipment

2.1 Ausgangswerte

Die Bewertung von Sachanlagen ist in IAS 16 (Property, Plant and Equipment – Sachanlagen) geregelt. Ergänzend ist IAS 36 (Impairment of Assets – Wertminderung von Vermögenswerten) bei außerplanmäßigen Wertminderungen zu beachten. Zu den Sachanlagen gehören z.b. Grundstücke, Maschinen, technische Anlagen, die zur Erstellung der betrieblichen Leistungen eingesetzt werden. Werden Grundstücke nicht zu Produktionszwecken, sondern als Investitionsobjekte erworben, handelt es sich um investment properties (als Finanzinvestitionen gehaltene Immobilien), die nach IAS 40 zu bewerten sind.

Sachanlagen sind beim Erwerb von Dritten mit den Anschaffungskosten, bei Eigenerstellung mit den Herstellungskosten (ohne allgemeine Verwaltungskosten, IAS 16.19(d)) zu bewerten. Nach IAS 16.43 müssen Teile einer Sachanlage, deren Anschaffungswerte im Verhältnis zum Gesamtwert des assets bedeutsam (signifikant) sind, gesondert abgeschrieben werden. Es findet eine Aufteilung des assets in Komponenten statt, denen anteilige Anschaffungskosten zugeordnet werden (**Komponentenansatz**). Die einzelnen Komponenten werden über ihre jeweilige Nutzungsdauer (ND) abgeschrieben. Hierdurch ist eine genauere Aufwandsverrechnung möglich, wie das folgende Beispiel zeigt. Bei einer Aufteilung des Gebäudes ergibt sich ein jährlicher Aufwand von 12.600 € – bei der Abschreibung des Gebäudes insgesamt 6.000 € (300.000 €/50 Jahre).

Anschaffungskosten Betriebsgebäude 300.000 €		
Mauerwerk 60% - 180.000 € ND 50 Jahre - linear	Dach 20% - 60.000 € ND 20 Jahre - linear	Fenster 20% - 60.000 € ND 10 Jahre - linear
Aufwand 3.600 €	Aufwand 3.000 €	Aufwand 6.000 €
Summe 12.600 € - Restwert 287.400 €		

Abb. 76: Beispiel zum Komponentenansatz

Die "Atomisierung" von Vermögenswerten[1] ist kritisch zu sehen, da jedes asset eine Funktionseinheit darstellt. Ein Gebäude ist nur mit einem Dach und mit Fenstern nutzbar (funktionsfähig). Die Aufteilung der Anschaffungskosten auf einzelne Bestandteile ist objektiv kaum möglich, so dass die verlässliche Bewertung erschwert wird. Im Vergleich zur einheitlichen Gebäudeabschreibung sind nur bei wertmäßig größeren Komponenten

---
[1] Vgl. Lüdenbach, N./Hoffmann, W.-D. (Darstellung), S. 147.

mit deutlich abweichenden Nutzungsdauern bzw. Abschreibungsmethoden wesentliche Unterschiede in den Abschreibungsbeträgen zu erwarten[1]. Der Komponentenansatz sollte aus Gründen der Praktikabilität und Objektivierung nicht weit ausgelegt werden[2].

Der Komponentenansatz wirkt sich auch auf die nachträglichen Anschaffungs- oder Herstellungskosten (subsequent costs) aus. Die laufenden Wartungskosten sind als **Erhaltungsaufwand** nicht zu aktivieren (z.B. Kosten für eine normale Fahrzeuginspektion). Feststehende größere Wartungsarbeiten (Großinspektionen oder Generalüberholungen) sind nach ihrer Durchführung als gesonderte Komponente des betreffenden assets zu aktivieren, wenn die Ansatzvoraussetzungen erfüllt sind.

Wenn ein Spezialflugzeug aus technischen Gründen alle vier Jahre komplett überholt werden muss, sind diese Aufwendungen als spezielle Komponente "Generalüberholung" zu aktivieren, da mit hoher Wahrscheinlichkeit ein zukünftiger wirtschaftlicher Nutzen durch den Einsatz des Flugzeugs entsteht. Eine verlässliche Bewertung ist möglich. Die Abschreibung erfolgt über die Nutzungsdauer von vier Jahren. Hierdurch wird eine periodengemäße Verteilung der Aufwendungen erreicht. Im Folgenden wird der Komponentenansatz aus didaktischen Gründen vernachlässigt.

Im **HGB** stellen die obigen Fälle meist Erhaltungsaufwand dar, der den Erfolg des betreffenden Geschäftsjahres vermindert. Ein aktivierungspflichtiger Herstellungsaufwand liegt bei einer Erweiterung oder wesentlichen Verbesserung des Vermögensgegenstands vor (verglichen mit seinem Ursprungszustand). Nach dem Rechnungslegungshinweis IDW RH HFA 1.016 des Instituts der Wirtschaftsprüfer (IDW) kann der Komponentenansatz in bestimmten Fällen auch handelsrechtlich angewendet werden (Wahlrecht)[3].

2.2 Abschreibungen im Cost Model

2.2.1 Planmäßige Wertminderung

Da die meisten Sachanlagen im Zeitablauf an Wert verlieren (z.B. durch Abnutzung oder Veralterung), müssen sie planmäßig abgeschrieben werden. Die Abschreibung wird im Zugangsjahr ab dem Zeitpunkt der Nutzungsmöglichkeit (Lieferung bzw. Fertigstellung) grundsätzlich **monatsgenau** verrechnet, wobei jeder angefangene Monat zählt. In Einzelfällen sind auch andere Verteilungen mit dem Grundsatz der materiality vereinbar.

---

[1] Vgl. Buchholz, R. (Gebäudebilanzierung), S. 290.
[2] Vgl. Hoffmann, W.-D./Lüdenbach, N. (Abschreibung), S. 377.
[3] Vgl. Hommel, M./Rößler, B. (Komponentenansatz), S. 2528.

2. Bewertung von Property, Plant and Equipment

Die Höhe der jährlichen Abschreibung wird insbesondere vom Ausgangswert, vom Abschreibungsverfahren und von der Nutzungsdauer bestimmt. Das Ziel der Abschreibungsverrechnung besteht in der periodengerechten Aufwandsverteilung. Die folgenden Verfahren werden bei IFRS genannt (IAS 16.62) und wie im Handelsrecht angewendet[1]:

Abschreibungsverfahren nach IFRS		
Straight-line method (lineare Methode)	Diminishing balance method (degressive Methode)	Units of production method (leistungsabhängige Methode)
Gleich bleibende Abschreibungsbeträge	Sinkende Abschreibungsbeträge im Zeitablauf	Variierende Abschreibungsbeträge im Zeitablauf
Ziel: Periodengerechte Aufwandsverteilung		

Abb. 77: Abschreibungsverfahren nach IFRS

Grundsätzlich muss die einmal gewählte Abschreibungsmethode beibehalten werden. Das Stetigkeitsprinzip (consistency) ist zu beachten. Die Abschreibungsmethode ist aber zu wechseln, wenn erhebliche Änderungen im erwarteten Nutzenverlauf stattgefunden haben. In IAS 16.61 wird festgelegt, dass es sich um eine **Schätzungsänderung** handelt, deren Wirkungen nur die Zukunft betreffen. Wird z.B. am Ende eines Jahres festgestellt, dass die bisherige geometrisch-degressive Abschreibungsmethode den Wertverlauf einer Maschine nicht richtig darstellt, wird zukünftig die lineare Methode verwendet.

Die Nutzungsdauer (useful life) eines assets ist willkürfrei festzulegen und richtet sich nach dem Investitionsverhalten des Unternehmens. Stellt sich die ursprüngliche Schätzung als falsch heraus, liegt eine Schätzungsänderung vor. Wird eine neue Anlage zunächst auf zehn Jahre abgeschrieben und stellt sich nach vier Jahren heraus, dass sie fünfzehn Jahre genutzt werden wird, ist ab diesem Zeitpunkt die längere Nutzungsdauer zu verwenden.

Im **HGB** sind abnutzbare Vermögensgegenstände des Anlagevermögens planmäßig über die Nutzungsdauer abzuschreiben (§ 253 Abs. 3 Sätze 1 und 2 HGB). Hierbei werden weder die Nutzungsdauer noch die Abschreibungsverfahren gesetzlich festgelegt, so dass z.B. die lineare oder die geometrisch-degressive Abschreibungsmethode zulässig sind. In der Praxis wird die Nutzungsdauer oft durch die steuerrechtlichen AfA-Tabellen konkretisiert. Im Zugangsjahr wird meist monatsgenau abgeschrieben, da dies im Steuerrecht vorgeschrieben ist. Da die geometrisch-degressive Abschreibung seit 2010 steuerrechtlich unzulässig ist, wird sie auch im Handelsrecht nur noch selten eingesetzt.

---

[1] Vgl. Buchholz, R. (IFRS), S. 86-87.

2.2.2 Außerplanmäßige Wertminderung

Die Prüfung der Notwendigkeit für eine Wertminderung (impairment) wird bei IFRS in einem zweistufigen Verfahren vorgenommen[1]. Im ersten Schritt ist durch einen jährlichen **Niederstwerttest** (impairment test) zu prüfen, ob Anzeichen für eine Wertminderung vorliegen. Wenn dies der Fall ist, muss im zweiten Schritt der erzielbare Betrag ermittelt werden. Für den impairment test werden verschiedene Informationsquellen ausgewertet. Externe Quellen liegen außerhalb des Unternehmens, wie z.b. Angaben über gesunkene Marktwerte einer gebrauchten Maschine. Interne Quellen liegen innerhalb des Unternehmens, wie z.b. Angaben über die Beschädigung einer Maschine. Es gilt:

> Externe Quellen sind marktbedingt – interne Quellen sind unternehmensbedingt

Wenn der **erzielbare Betrag** (recoverable amount) eines assets unter seinem Restbuchwert (carrying amount) gesunken ist, muss unabhängig von der Wertminderungsdauer eine außerplanmäßige Abschreibung erfolgen (IAS 36.59). Der erzielbare Betrag ist das Maximum aus beizulegendem Zeitwert abzüglich der Verkaufskosten (fair value less costs to sell) und Nutzungswert (value in use). Der recoverable amount ist für jedes **einzelne** asset zu ermitteln (IAS 36.66). Der fair value ist der Preis, der bei einem Verkauf erzielt würde. Da die Veräußerungskosten abzuziehen sind, liegt ein Nettoveräußerungspreis vor[2].

Der Nutzungswert (value in use) wird durch die unternehmensinterne Verwendung des assets bestimmt. Die Ermittlung wird in IAS 36.31 bis 36.57 festgelegt. Danach handelt es sich um eine **Barwertberechnung unter Unsicherheit**. Die zukünftigen Cash flows lassen sich infolge der Unsicherheit nur in Form einer Zahlungsbandbreite mit bestimmten Eintrittswahrscheinlichkeiten angeben. Bei der Abzinsung können zwei Verfahren angewendet werden, wenn der Bewerter risikoscheu ist:

- **Risikozuschlagsmethode**: Der Erwartungswert der Zahlungen wird mit einem sicheren Zinssatz diskontiert, der um einen Risikozuschlag erhöht wird.
- **Sicherheitsäquivalentmethode**: Der Erwartungswert der Zahlungen wird um einen Sicherheitsabschlag vermindert und das entstehende Sicherheitsäquivalent mit einem sicheren Zinssatz (z.B. für staatliche Wertpapiere) diskontiert.

Bei der Risikozuschlagsmethode besteht das Problem, einen angemessenen Risikozuschlag auf den sicheren Zinssatz zu bestimmen. Eine Lösung gelingt durch den Rückgriff

---

[1] Vgl. Ruhnke, K./Simons, D. (Rechnungslegung), S. 338-339.
[2] Vgl. Coenenberg, A.G./Haller, A./Schultze, W. (Jahresabschluss), S. 122.

2. Bewertung von Property, Plant and Equipment

auf das **Sicherheitsäquivalent** einer Zahlungsbandbreite. Es handelt sich um den sicheren Betrag, der einer unsicheren Wahrscheinlichkeitsverteilung von Zahlungsgrößen gleich geschätzt wird[1]. Der Erwartungswert wird von risikoscheuen Unternehmern um einen Sicherheitsabschlag vermindert: Ein kleiner sicherer Wert wird einem höheren Erwartungswert vorgezogen. Risikoneutrale Unternehmer verzichten auf einen Sicherheitsabschlag (bzw. Risikozuschlag) und zinsen den Erwartungswert der Einzahlungsüberschüsse ab. Risikozuschlags- und Sicherheitsäquivalentmethode sind gleichwertig und führen zum selben Ergebnis[2]. Nach IAS 36.32 sind beide Verfahren anwendbar.

Beispiel: Mit einer Maschine werden im nächsten Jahr die folgenden Zahlungen erwirtschaftet: 100.000 € (p = 0,2), 200.000 € (p = 0,5) und 300.000 € (p = 0,3). Der sichere Zinssatz beträgt 5%. Die Unternehmensleitung ist risikoscheu und nimmt einen Abschlag von 10% vom Erwartungswert vor, der sich auf 210.000 € beläuft (0,2 x 100.000 € + 0,5 x 200.000 € + 0,3 x 300.000 €). Das Sicherheitsäquivalent beträgt 189.000 €. Die Unternehmensleitung setzt eine sichere Zahlung von 189.000 € einem unsicheren Erwartungswert von 210.000 € gleich. Nach einperiodischer Abzinsung des Sicherheitsäquivalents mit 5% erhält man einen Barwert von 180.000 €. Damit ist der Nutzungswert bestimmt.

Bei der Risikozuschlagsmethode wird der Erwartungswert von 210.000 € abgezinst. Wird ein Risikozuschlag von rund 11,66% verwendet, ergibt sich der gleiche Barwert wie bei der Sicherheitsäquivalentmethode. Es gilt: 210.000/1,1666 = 180.010,29 €. Der einperiodige Abzinsungsfaktor (1 + i + z) enthält neben dem Zinssatz i auch den Risikozuschlag z. Da der Zinssatz 5% beträgt, bleibt für z ein Wert von 11,66%.

Die Restnutzungsdauer von Sachanlagen umfasst regelmäßig mehr als ein Jahr. Dann ist das Sicherheitsäquivalent zunächst für jedes einzelne Jahr zu ermitteln (horizontale Aggregation) und anschließend abzuzinsen (vertikale Aggregation)[3]. Erhält man den sicherheitsäquivalenten Betrag von 189.000 € für zwei Perioden, ergibt sich der folgende Barwert (BW) bei einem sicheren Zins von 5% (SÄ = Sicherheitsäquivalent):

$$BW_{SÄ} = 189.000/1,05 + 189.000/1,05^2 = 351.428$$

Die Risikozuschlagsmethode führt für einen Abzinsungsfaktor von 1,127534 zum selben Ergebnis. Bei einem Zinssatz von 5% beträgt der Risikozuschlag 7,7534% (1,127534 - 1 - 0,05 = 0,077534). Im Vergleich zum einperiodigen Planungszeitraum sinkt der Zuschlag.

---

[1] Vgl. Ballwieser, W. (Ertragswert), S. 239.
[2] Vgl. Kruschwitz, L. (Risikozuschläge), S. 2409.
[3] Vgl. hierzu im Einzelnen Kirsch, H. (Impairment Test), S. 1777.

$$BW_{RZ} = 210.000/1{,}127534 + 210.000/1{,}127534^2 = 351.428$$

Das Sinken des periodisch verrechneten Risikozuschlags ist mathematisch bedingt[1]. Es stellt sich die Frage, warum sich die Risikoeinstellung des Bewerters im Zeitablauf verändern sollte. Bei der Sicherheitsäquivalentmethode tritt dieses Problem nicht auf und es ist eine Überprüfung des Sicherheitsabschlags möglich: Wenn der unterste Wert der Zahlungsbandbreite 100.000 € beträgt und der Erwartungswert 210.000 €, dann ist ein Abschlag von 50% kaum zu rechtfertigen. Denn der sichere Betrag von 105.000 € liegt dann schon fast am unteren Zahlungswert der Bandbreite. In der Praxis werden Risikozuschläge oft unter Verwendung von Kapitalmarktdaten ermittelt[2].

Die Planung der Zahlungsströme sollte nach IAS 36.35 möglichst für **fünf Jahre** genau erfolgen, wobei die bisherigen Umsatz- und Kostenentwicklungen die Basis bilden. Nach dieser Zeit sind meist nur noch pauschale Annahmen über die weitere Entwicklung möglich. Insgesamt ist festzuhalten, dass der Nutzungswert von zahlreichen subjektiven Faktoren bestimmt wird.

Außerplanmäßige Abschreibungen sind vorzunehmen, wenn der recoverable amount gesunken ist. Im obigen Beispiel wurde ein Nutzungswert von 180.000 € berechnet. Wenn bei einer Veräußerung 175.000 € zu erzielen wären, ist der höhere Nutzungswert relevant. Wenn der Buchwert einer Maschine nach planmäßiger Abschreibung von 20.000 € noch 210.000 € beträgt, muss zusätzlich eine außerplanmäßige Abschreibung von 30.000 € verrechnet werden. Planmäßige Abschreibungen von Sachanlagen werden bei IFRS als depreciation expense (Abschreibungsaufwand) verbucht, außerplanmäßige Abschreibungen als impairment loss (Wertminderungsverlust). Die Buchungen lauten:

Buchung planmäßiger Abschreibung:			
Dr Depreciation expense	20.000	Cr Machinery	20.000
Buchung außerplanmäßiger Abschreibung:			
Dr Impairment loss	30.000	Cr Machinery	30.000

Abb. 78: Buchung von Abschreibungen

Da Sachanlagen oft gemeinsam genutzt werden, ist die Bestimmung von Zahlungsströmen meist nicht für einzelne assets möglich. Dann wird der Nutzungswert für eine Gruppe von

---

[1] Vgl. hierzu die Untersuchungen bei Kruschwitz, L. (Risikozuschläge), S. 2412-2413.
[2] Vgl. Perridon, L./Steiner, M./Rathgeber, A. (Finanzwirtschaft), S. 264.

Vermögenswerten bestimmt, die bei IFRS als cash generating unit (CGU) bezeichnet wird. Die Einzelheiten werden bei der Bewertung von intangible assets erläutert. Die folgende Abbildung fasst die außerplanmäßige Abschreibung nach IAS 36 zusammen:

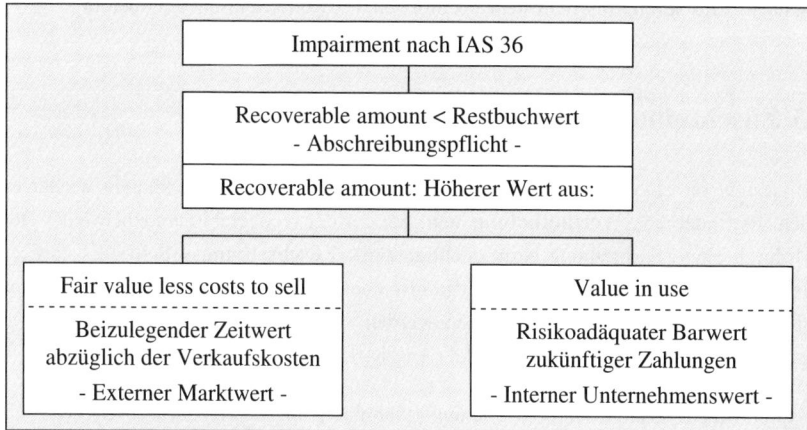

Abb. 79: Impairment von assets

Im **HGB** sind Sachanlagen nur bei einer voraussichtlich dauernden Wertminderung abzuschreiben. Ansonsten besteht ein Abschreibungsverbot. Bei IFRS fehlen Zeitaspekte beim impairment, so dass IFRS und HGB insoweit voneinander abweichen. Der im HGB anzuwendende beizulegende Stichtagswert wird entweder vom Beschaffungsmarkt (betriebsnotwendige Vermögensgegenstände) oder vom Absatzmarkt (nicht betriebsnotwendige Vermögensgegenstände) abgeleitet[1]. Wenn keine Marktpreise zu bestimmen sind, erfolgt in einigen Fällen eine individuelle Bewertung zum Ertragswert[2]. Die Dauerhaftigkeit kann durch Rückgriff auf das Steuerrecht konkretisiert werden: Eine Wertminderung ist als dauernd einzustufen, wenn der beizulegende Stichtagswert für mindestens die Hälfte der Restnutzungsdauer unter dem Wert planmäßiger Abschreibung liegt[3].

Im **Steuerrecht** ist eine Teilwertabschreibung bei einer voraussichtlich nicht dauernden Wertminderung verboten, bei dauernder Wertminderung besteht ein Abschreibungswahlrecht. Dieses Wahlrecht kann unabhängig von der Handelsbilanz ausgeübt werden. Wenn bei nicht dauernder Wertminderung nach IFRS abgeschrieben wird, liegt der IFRS-Wert

---
[1] Vgl. Federmann, R. (Bilanzierung), S. 439-441.
[2] Vgl. Ruhnke, K./Simons, D. (Rechnungslegung), S. 33.
[3] Vgl. im Einzelnen Buchholz, R. (IFRS), S. 92-93.

unter dem Steuerbilanzwert und es entsteht eine **aktive latente Steuer**. Wenn bei dauernder Wertminderung nach IFRS abgeschrieben wird, stimmen der internationale und steuerrechtliche Wert überein, wenn in der Steuerbilanz eine Wertminderung durchgeführt wird. Ansonsten liegt der internationale Wert wieder unter dem Steuerwert. Der erzielbare Betrag nach IFRS stimmt mit dem steuerrechtlichen Teilwert grundsätzlich überein[1].

2.3 Zuschreibungen im Cost Model

Die Gründe für eine außerplanmäßige Abschreibung können im Nachhinein wieder entfallen. Es findet eine **Wertaufholung** statt, bei der der recoverable amount wieder steigt und durch eine Zuschreibung berücksichtigt wird (**Zuschreibungspflicht**). Es darf aber maximal auf die fortgeführten Anschaffungs- oder Herstellungskosten (ohne außerplanmäßige Abschreibungen) zugeschrieben werden (IAS 36.117). Diese Obergrenze verdeutlicht, dass es sich um ein **cost model** (Anschaffungskostenmodell) handelt.

Beispiel: Eine Spezialmaschine wurde außerplanmäßig abgeschrieben, weil Gerüchte über eine Gesundheitsgefährdung der auf ihr gefertigten Produkte auftraten. Später stellt sich heraus, dass die Produkte unbedenklich sind. Die Produktion wird wieder aufgenommen und der Wert der Maschine steigt ebenfalls. Am 31.12.03 beträgt der Buchwert nach der außerplanmäßigen Abschreibung in der Vorperiode 200.000 €. Der recoverable amount ist Ende 03 wieder auf 240.000 € gestiegen. Die fortgeführten Anschaffungskosten betragen 250.000 € (Fall a) und 220.000 € (Fall b). Für die beiden Fälle gilt:

- Fall a): Zuschreibungspflicht auf 240.000 €.
- Fall b): Zuschreibungspflicht auf 220.000 €.

Im Fall a) wird auf den recoverable amount zugeschrieben, so dass ein Ertrag in Höhe von 40.000 € entsteht. Die Buchung lautet: "Dr Machinery 40.000, Cr Reversal of an impairment loss 40.000"[2]. Im Fall b) wird die Zuschreibung durch die fortgeführten Anschaffungskosten begrenzt. Es darf nicht der gesamte Betrag von 240.000 € angesetzt werden, so dass das Vermögen nicht zeitgerecht bewertet wird. Um dieses Ziel zu erreichen, muss auf das revaluation model zurückgegriffen werden, dass anschließend erläutert wird.

Da der recoverable amount der höhere Wert aus fair value less costs to sell und value in use ist, wird bei der Zuschreibung der höhere Wert genommen. Die fortgeführten Anschaffungskosten bilden im Anschaffungskostenmodell aber die Obergrenze. Es gilt:

---

[1] Vgl. Kirsch, H. (IAS 36), S. 648-649.
[2] Der Begriff "reversal of an impairment loss" wird als Wertaufholung übersetzt. Ein spezielles Zuschreibungskonto wird bei IFRS nicht verwendet.

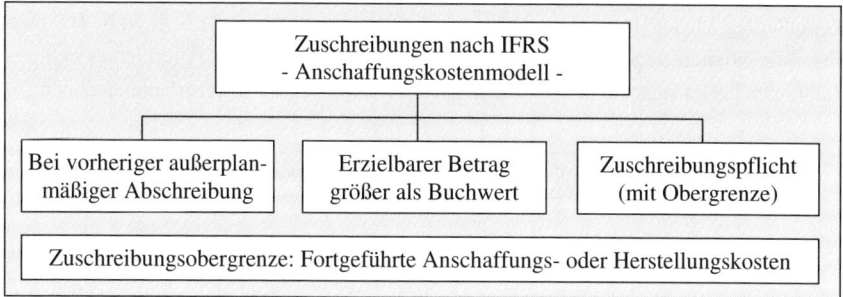

Abb. 80: Zuschreibungen nach IFRS (cost model)

Im **HGB** wird in § 253 Abs. 5 HGB eine Zuschreibungspflicht festgelegt, wenn der Grund für eine außerplanmäßige Abschreibung zu einem späteren Zeitpunkt wieder entfallen ist (Wertaufholungsgebot). Im HGB wird keine explizite Obergrenze für die Zuschreibung festgelegt. Es ist aber davon auszugehen, dass die (fortgeführten) Anschaffungs- oder Herstellungskosten nicht überschritten werden dürfen[1].

Da auch im **Steuerrecht** eine Zuschreibung erfolgen muss, wenn der Teilwert zu einem späteren Zeitpunkt wieder gestiegen ist, besteht insoweit kein Unterschied zwischen IFRS und dem Steuerrecht. Der IFRS-Wert und der Steuerbilanzwert stimmen überein, so dass **keine latenten Steuern** entstehen.

2.4 Anwendung des Revaluation Models

2.4.1 Neubewertung zum Fair Value

Nach IAS 16.29 besteht ein **Wahlrecht** zwischen dem Anschaffungskostenmodell und dem Neubewertungsmodell. Wird eine Neubewertung vorgenommen, muss die Methode auf die gesamte Gruppe von assets angewendet werden (z.B. auf alle Maschinen, alle Fahrzeuge). Die Bewertung der Maschine A nach dem Anschaffungskostenmodell und Maschine B nach dem Neubewertungsmodell ist unzulässig.

Die Neubewertung ist in regelmäßigen Zeitabständen vorzunehmen. Bei geringfügigen Wertschwankungen reicht es aus, wenn der **fair value** alle drei bis fünf Jahre überprüft wird. Der beizulegende Zeitwert von Sachanlagen ist nach IFRS 13.27 der Wert des bestmöglichen Nutzens, den ein beliebiger Marktteilnehmer aus der Verwendung oder

---

[1] Vgl. Federmann, R. (Bilanzierung), S. 504.

Veräußerung ziehen kann. Die Nutzung darf nicht eingeschränkt sein, d.h. sie muss physisch möglich, rechtlich zulässig und finanziell machbar sein[1]. Die hierbei erzielten Zahlungen lassen sich wie beim value in use als Barwert unter Unsicherheit berechnen.

Fair value bei Sachanlagen: Maximum aus interner Nutzung oder Veräußerung

Die **Erstbewertung** von Sachanlagen ist erfolgsneutral vorzunehmen, wenn der fair value über dem Buchwert des Vermögenswerts liegt. Der Zuschreibungsbetrag wird in eine Neubewertungsrücklage (revaluation surplus) eingestellt. Die Werterhöhung wird nicht in der GuV-Rechnung, sondern ergänzend im sonstigen Ergebnis (OCI) ausgewiesen.

Bei der **Folgebewertung** wird der fair value der abnutzbaren Sachanlage planmäßig abgeschrieben[2]. Nach IAS 16.41 kann die Neubewertungsrücklage teilweise umgebucht oder beibehalten werden. Es handelt sich um ein **Wahlrecht**, das die Vergleichbarkeit der Vermögenswerte einschränken kann. Die Umbuchung erfolgt in den Posten "einbehaltene Ergebnisse" (retained earnings). Der Betrag hängt von der Abschreibungsmethode für die zugehörige Sachanlage ab. Die Rücklagenauflösung ist ein erfolgsneutraler Passivtausch.

Neubewertung nach IFRS	
Erstbewertung	Folgebewertung
▪ Bewertung des assets zum fair value ▪ Bildung einer Neubewertungsrücklage (Teil des Eigenkapitals)	▪ Planmäßige Abschreibung des assets ▪ Anteilige Umbuchung oder Beibehaltung der Neubewertungsrücklage (Wahlrecht)

Abb. 81: Neubewertung von Sachanlagen

Beispiel: Der Anschaffungskosten einer Fertigungsanlage betragen am 1.7.01: 600.000 € (lineare Abschreibung über zehn Jahre). Ende 03 ergibt sich ein Buchwert von 450.000 € (600.000 € - 30.000 € - 2 x 60.000 €). Zu diesem Zeitpunkt wird die **erste Neubewertung** durchgeführt, die zu einem fair value von 510.000 € führt. Der Zuschreibungsbetrag von 60.000 € wird erfolgsneutral in die Neubewertungsrücklage (revaluation surplus) eingestellt. Gebucht wird: "Dr Machinery 60.000, Cr Revaluation surplus 60.000". Es liegt eine erfolgsneutrale Bilanzverlängerung vor. In der Gesamtergebnisrechnung werden 60.000 € im sonstigen Ergebnis (OCI) erfasst. Ohne Ertragsteuern ergibt sich die folgende Bilanz:

---

[1] Vgl. Große, J.-V. (Measurement), S. 288.
[2] Vgl. Hoffmann, W.-D./Lüdenbach, N. (Neubewertungskonzeption), S. 567.

2. Bewertung von Property, Plant and Equipment

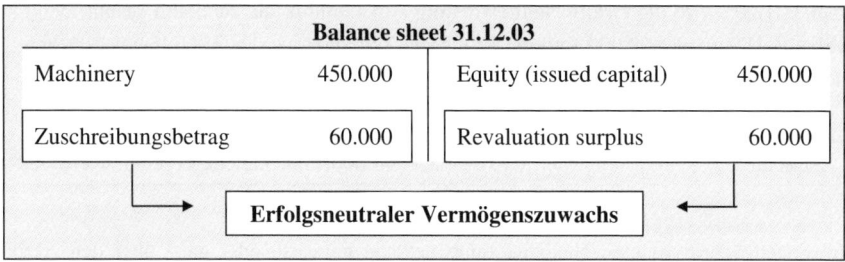

Abb. 82: *Erfolgsneutrale Bildung der revaluation surplus*

Bei der Folgebewertung sind Abschreibungen nach der herrschenden Literaturmeinung vom Neubewertungsbetrag vorzunehmen[1]. Bei der Restnutzungsdauer von 7,5 Jahren ergeben sich jährliche Abschreibungen von 68.000 €. Wird die Neubewertungsrücklage anteilig aufgelöst, werden 8.000 € in die Gewinnrücklagen (Posten: retained earnings) umgebucht (60.000 €/5 Jahre). Diese Vorgehensweise ist zweckmäßig, da die erhöhten Abschreibungen der Anlage in die hergestellten Produkte eingerechnet und bei deren Absatz erwirtschaftet werden. Insoweit wird auch ein Teil der Rücklage realisiert.

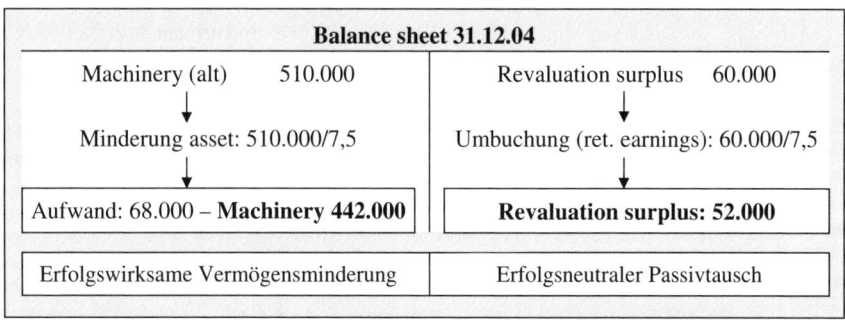

Abb. 83: *Folgebewertung im revaluation model (mit Rücklagenumbuchung)*

Die Buchung für die Rücklagenzuführung lautet: "Dr Revaluation surplus 8.000, Cr Retained earnings 8.000". Am 31.12.04 ergibt sich ein Restwert der Anlage in Höhe von 442.000 € und eine Neubewertungsrücklage von 52.000 € (außerdem: einbehaltene Ergebnisse 8.000 €). Der Saldo aus Maschinenwert (442.000 €) und Neubewertungsrücklage (52.000 €) entspricht den fortgeführten Anschaffungskosten in Höhe von 390.000 € (450.000 € - 60.000 €), die sich bei Anwendung des cost models ergeben würden.

---
[1] Vgl. Kirsch, H. (Rechnungslegung), S. 50.

Am 31.12.05 wird die **zweite Neubewertung** durchgeführt, die zu einem gesunkenen fair value in Höhe von 308.000 € führt. Zu diesem Zeitpunkt werden die folgenden Posten in der Bilanz ausgewiesen:

Maschine: 374.000, Neubewertungsrücklage: 44.000, einbehaltene Ergebnisse: 16.000

Im ersten Schritt ist eine Neubewertungsrücklage teilweise oder ganz über den Aktivposten aufzulösen[1]. Dieser Vorgang ist erfolgsneutral. Der Posten einbehaltene Ergebnisse wird nicht verändert. Ist der fair value noch niedriger als der Buchwert nach Rücklagenauflösung, wird im zweiten Schritt ein Wertminderungsverlust (impairment loss) verrechnet. Eine **negative Rücklage** darf nicht gebildet werden. Es gilt:

Erst Rücklagenauflösung, dann Aufwandsverrechnung

Im Beispiel wird zunächst die Rücklage in voller Höhe über den Aktivposten aufgelöst. Es ergibt sich ein Wert von 330.000 € (374.000 € - 44.000 €), der den fortgeführten Anschaffungskosten entspricht. Da der fair value nur noch 308.000 € beträgt, werden weitere 22.000 € als Aufwand verrechnet. Die Buchung lautet: "Dr Impairment loss 22.000, Cr Machinery 22.000".

Entfallen zu einem späteren Zeitpunkt die Abschreibungsgründe für eine außerplanmäßige Abschreibung, ist der damit verbundene Wertzuwachs bis zur Höhe der (fortgeführten) Anschaffungs- oder Herstellungskosten **erfolgswirksam** vorzunehmen[2]. Ein darüber hinausgehender Betrag wird erfolgsneutral in die Neubewertungsrücklage gebucht.

Beispiel: Nach der außerplanmäßigen Abschreibung Ende 05 beträgt der Wert der Maschine noch 308.000 € bei einer Restnutzungsdauer von 5,5 Jahren. Es werden jährlich Abschreibungen in Höhe von 56.000 € verrechnet (308.000 €/5,5 Jahre). Daraus ergibt sich Ende 07 ein Buchwert von 196.000 € (308.000 € - 2 x 56.000 €). Die fortgeführten Anschaffungskosten sind 210.000 € (600.000 € - 6,5 x 60.000 €). Wenn sich bei der **dritten Neubewertung** ein fair value von 220.000 € ergibt, ist wie folgt vorzugehen:
- Erfolgswirksame Zuschreibung bis zu den fortgeführten Anschaffungskosten. Betrag: 14.000 € (210.000 € - 196.000 €).
- Darüber hinaus: Erfolgsneutrale Zuschreibung von 10.000 € (220.000 € - 210.000 €).

---

[1] Vgl. Müller, S./Reinke, J. (Neubewertungsmethode), S. 17.
[2] Vgl. Ruhnke, K./Simons, D. (Rechnungslegung), S. 357.

2. Bewertung von Property, Plant and Equipment

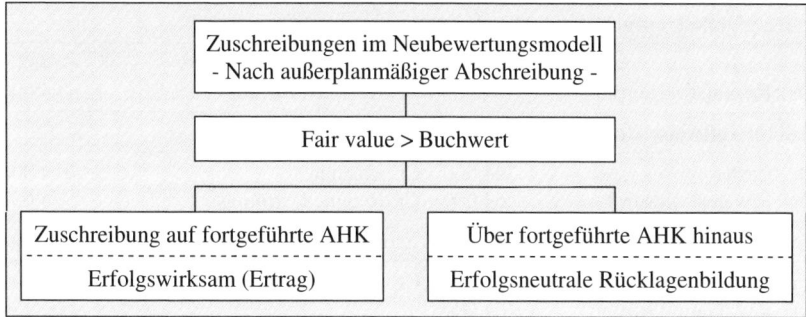

Abb. 84: Zuschreibungen bei wieder gestiegenem fair value

Bei der Wertminderung von neubewerteten Sachanlagen ist neben IAS 16 auch IAS 36 zu beachten. Somit können **außerplanmäßige Wertminderungen** in zwei verschiedenen Fällen zustande kommen[1]:
- Bei der Neubewertung nach IAS 16: Gesunkener fair value.
- Beim Niederstwerttest nach IAS 36: Gesunkener recoverable amount.

Somit sind neben dem fair value aus IAS 16 auch der fair value less costs to sell bzw. der value in use als Bestandteile des erzielbaren Betrags nach IAS 36 relevant. Die verschiedenen Wertmaßstäbe führen zu Überschneidungen. Es kommt zu einer unsystematischen Vermischung zweier Bewertungssysteme (Kosten- und Neubewertungsmodell)[2].

Wird beim **Verkauf** einer Sachanlage der aktivierte fair value erzielt, **muss** eine vollständige Umbuchung der vorhandenen Neubewertungsrücklage in die retained earnings erfolgen[3]. Wird der aktivierte fair value am Markt nicht oder nicht vollständig erzielt, muss die Rücklage zuerst teilweise oder ganz über den zugehörigen Aktivposten aufgelöst werden. Reicht dies nicht aus, entstehen in der GuV-Rechnung other expenses.

Beispiel: Der Restwert beträgt im obigen Beispiel am 31.12.03: 384.000 € (Rücklage: 64.000 €). Wird die Maschine Anfang 04 für a) 384.000 €, b) 364.000 €, c) 310.000 € per Bankzahlung veräußert, werden die Verkäufe wie folgt verbucht (ohne Umsatzsteuer)[4]. Im Fall b) werden nur 44.000 € in die retained earnings übernommen, da 20.000 € für den Wertausgleich der Maschine benötigt werden. Die revaluation surplus wird in dieser Höhe erfolgsneutral über den Aktivposten aufgelöst.

---

[1] Vgl. Müller, S./Reinke, J. (Neubewertungsmethode), S. 16.
[2] Vgl. Buchholz, R. (Gebäudebilanzierung), S. 292.
[3] Vgl. Wagenhofer, A. (Rechnungslegungsstandards), S. 372.
[4] Mit Umsatzsteuer steigt der Bankbetrag um 19% und es entsteht eine entsprechende Verbindlichkeit.

Fall a): **Volle Umbuchung** der Neubewertungsrücklage			
Dr Cash	384.000	Cr Machinery	384.000
Dr Revaluation surplus	64.000	Cr Retained earnings	64.000
Fall b): **Teilweise Umbuchung** der Neubewertungsrücklage			
Dr Cash	364.000	Cr Machinery	384.000
Dr Revaluation surplus	64.000	Cr Retained earnings	44.000
Fall c): **Keine Umbuchung** der Neubewertungsrücklage (Auflösung über Aktivkonto)			
Dr Cash	310.000	Cr Machinery	384.000
Dr Revaluation surplus	64.000		
Dr Other expenses	10.000		

Abb. 85: Buchungssätze beim Verkauf einer neubewerteten Maschine

2.4.2 Neubewertung mit latenten Steuern

Steuerrechtlich ist eine Neubewertung von Sachanlagen unzulässig. Die Anschaffungs- oder Herstellungskosten bilden die Wertobergrenze für Wirtschaftsgüter im Steuerrecht. Nach IFRS sind auch bei der Neubewertung von Sachanlagen **latente Steuern** anzusetzen (IAS 12.18(b), IAS 12.20). Die erfolgsneutrale Zuschreibung führt in der IFRS-Bilanz zu einem höheren Wert als in der Steuerbilanz. Da der Bewertungsunterschied Steuereffekte nach sich zieht, sind latente Steuern zu bilden[1].

Beispiel: Es gelten die Daten des bekannten Beispiels für die Neubewertung einer Fertigungsanlage ohne latente Steuern: Anschaffungskosten der Anlage: 600.000 € am 1.7.01. Ende 03 ergeben sich ein Buchwert von 450.000 € nach IFRS (zugleich Steuerwert) und ein fair value von 510.000 €. Die Restnutzungsdauer beläuft sich auf 7,5 Jahre bei linearer Abschreibung. Zur Berechnung der latenten Steuern wird von einem Ertragsteuersatz in Höhe von 30% ausgegangen. Der Zuschreibungsbetrag der Anlage in Höhe von 60.000 € wird wie folgt aufgeteilt:
- Erfolgsneutrale Bildung einer Neubewertungsrücklage (revaluation surplus): 42.000 €.
- Erfolgsneutrale Bildung passiver latenter Steuern (deferred tax liabilities): 18.000 €.

Die Buchung lautet: "Dr Machinery 60.000, Cr Revaluation surplus 42.000, Cr Deferred tax liabilities 18.000". Da die Zuschreibung erfolgsneutral vorzunehmen ist, müssen auch die latenten Steuern erfolgsneutral gebildet werden[2].

---

[1] Vgl. Küting, K./Gattung, A. (Abgrenzung), S. 243.
[2] Vgl. Wagenhofer, A. (Rechnungslegungsstandards), S. 338.

2. Bewertung von Property, Plant and Equipment

Balance sheet 31.12.03			
Machinery (alt)	450.000	Equity (issued capital)	450.000
Zuschreibungsbetrag	60.000	Revaluation surplus	42.000
		Deferred tax liabilities	18.000

Abb. 86: Erfolgsneutrale Bildung der revaluation surplus mit latenten Steuern

Bei einer Restnutzungsdauer von 7,5 Jahre ergeben sich Ende 04 wieder Abschreibungen von 68.000 € und ein Maschinenwert von 442.000 €. Bei Umbuchung der Neubewertungsrücklage werden 5.600 € in die retained earnings eingestellt. Die passiven latenten Steuern werden in 04 zum Teil **erfolgswirksam aufgelöst**, da die Wertdifferenz von 60.000 € zwischen IFRS-Bilanz und Steuerbilanz in 04 um 8.000 € (60.000 €/7,5 Jahre) erfolgswirksam durch Abschreibungen ausgeglichen wird[1]. Gebucht wird: "Dr Deferred tax liabilities 2.400, Cr Deferred tax revenue 2.400". Darstellung der Bilanz Ende 04:

Balance sheet 31.12.04			
Machinery	442.000	Equity (issued capital)	450.000
	(510.000-68.000)	Revaluation surplus	36.400
(Weitere Aktiva)		Retained earnings	5.600
		Deferred tax liabilities	15.600

Abb. 87: Folgebewertung im revaluation model mit latenten Steuern

Am 31.12.06 wird eine weitere Neubewertung durchgeführt, die zu einem fair value von 308.000 € führt. Zu diesem Zeitpunkt werden die folgenden Posten bilanziert.

Maschine: 374.000, Neubewertungsrücklage: 30.800, passive latente Steuern: 13.200

Im ersten Schritt sind die Neubewertungsrücklage und die zugehörigen passiven latenten Steuern erfolgsneutral über den Aktivposten aufzulösen[2]. Durch die Buchung "Dr Revaluation surplus 30.800, Dr Deferred tax liabilities 13.200, Cr Machinery 44.000" wird die Anlage noch mit 330.000 € bewertet. Es ergibt sich derselbe Wert des Aktivpostens

---

[1] Vgl. Ruhnke, K./Simons, D. (Rechnungslegung), S. 442-443.
[2] Vgl. Ruhnke, K./Simons, D. (Rechnungslegung), S. 443.

wie im Fall ohne latente Steuern. Der folgende Zusammenhang ist für die Bewertung bei **gesunkenen fair values** wichtig, wenn noch eine Neubewertungsrücklage vorhanden ist:

> Aktivposten, Neubewertungsrücklage und passive latente Steuern bilden eine Einheit

Da der fair value mit 308.000 € niedriger ist als der Buchwert (330.000 €), müssen weitere 22.000 € als impairment loss verrechnet werden. Im Steuerrecht erfolgt die Bewertung mit den fortgeführten Anschaffungskosten von 330.000 €. Ist der Teilwert (= fair value) voraussichtlich dauernd gesunken, **kann** eine Abschreibung erfolgen, ansonsten besteht ein **Verbot**. Wird bei voraussichtlich dauernder Wertminderung das Abschreibungswahlrecht genutzt, entsteht keine latente Steuer. Ansonsten ergibt sich eine aktive latente Steuer.

Die obige Wertminderung ist nicht als voraussichtlich **dauernd** anzusehen, da sie nicht so hoch ist, dass der Teilwert für mindestens die Hälfte der Restnutzungsdauer unter dem Wert bei planmäßiger Abschreibung liegt[1]. Daher gelten Ende 06 die folgenden Werte für die Maschine. Bei einem Bewertungsunterschied von 22.000 € für einen Aktivposten ergibt sich eine aktive latente Steuer von 6.600 €, die erfolgswirksam zu bilden ist.

> IFRS-Wert: 308.000 € - Steuerwert 330.000 €. Folge: Aktive latente Steuer: 6.600

2.5 Bewertung von Sachanlagen bei Verkaufsabsicht

Wird eine Sachanlage im Unternehmen genutzt, wird ihre Wertminderung durch planmäßige Abschreibungen erfasst. Soll eine Anlage veräußert werden, wird sie nicht mehr im Produktionsprozess eingesetzt. Buchhalterisch wird sie vom Anlage- ins Umlaufvermögen umgebucht. Bei der Bewertung ist nicht mehr IAS 16 anzuwenden, sondern IFRS 5 (Non-current Assets Held for Sale and Discontinued Operations – Zur Veräußerung gehaltene langfristige Vermögenswerte und aufgegebene Geschäftsbereiche).

Der Standard regelt die Bewertung von langfristigen Vermögenswerten, die zur Veräußerung gehalten werden. Im Folgenden wird von einer Sachanlage (z.B. einer Maschine) ausgegangen, die zunächst betrieblich genutzt wird und nach einer gewissen Zeit veräußert werden soll. Zur Bilanzierung von Vermögensgruppen wird auf die Literatur verwiesen[2].

---

[1] Vereinfachend gilt: Eine Wertminderung ist dauernd, wenn der Teilwert kleiner ist als 0,5 x vorläufiger Buchwert (bei linearer Abschreibung und Restwert von null). Vgl. Buchholz, R. (IFRS), S. 93.
[2] Vgl. Pellens, B./Fülbier, R.U./Gassen, J./Sellhorn, T. (Rechnungslegung), S. 896-900.

2. Bewertung von Property, Plant and Equipment

Wenn die Voraussetzungen aus IFRS 5.7 bis 5.9 erfüllt sind, liegt ein asset held for sale vor. Die Sachanlage muss im gegenwärtigen Zustand unter normalen Umständen verkauft werden können. Es bestehen keine rechtlichen Verfügungsbeschränkungen. Der Verkauf muss mit höchster Wahrscheinlichkeit stattfinden. Das Unternehmen legt einen Verkaufsplan fest, in dem konkrete Maßnahmen zur Suche eines Käufers festgelegt sind. Hierbei muss eine vernünftige Preisfestlegung erfolgen, damit ein Absatz möglich ist. Die Orientierung am fair value stellt eine sinnvolle Preisbasis dar.

Grundsätzlich muss der Verkauf binnen Jahresfrist erfolgen. Eine Verlängerung ist aber ausnahmsweise möglich, wenn das Unternehmen die Gründe nicht zu verteten hat (IFRS 5.9). Beispielsweise kann der potenzielle Käufer nach Abschluss der Vertragsverhandlungen seine Meinung noch ändern und den Kaufvertrag nicht abschließen. Dann muss ein neuer Käufer gefunden werden, wodurch Zeit vergeht. Ein Abweichen vom Verkaufsplan muss unwahrscheinlich sein und der Plan muss durch konkrete Maßnahmen umgesetzt werden. Es gilt:

Assets held for sale	
Verfügbarkeit zum sofortigen Verkauf	Höchste Wahrscheinlichkeit des Verkaufs
Asset muss im gegenwärtigen Zustand verkauft werden können	▪ Beschluss eines Veräußerungsplans ▪ Vernünftige Preisfestlegung (fair value) ▪ Verkaufszeitraum: Jahresfrist ▪ Unwahrscheinlichkeit der Planänderung
Bei Erfüllung: Spezielle Bewertungsregeln nach IFRS 5	

Abb. 88: Voraussetzungen für assets held for sale

Wenn alle Voraussetzungen erfüllt sind, wird die Bewertung des assets held for sale zum **niedrigeren** Wert aus Buchwert bzw. beizulegendem Zeitwert abzüglich Veräußerungskosten vorgenommen (IFRS 5.15). Findet eine Wertminderung statt, wird der Aufwand in der GuV-Rechnung erfasst (Posten "impairment loss").

Bewertung von assets held for sale	
Niedrigerer Wert aus:	
Buchwert (carrying amount)	Beizulegendem Zeitwert abzgl. Veräußerungskosten (fair value less costs to sell)

Abb. 89: Bewertung von assets held for sale

In der folgenden Abbildung wird eine Fertigungsanlage Anfang 01 für 200.000 € beschafft und planmäßig abgeschrieben. Ende 03 ergibt sich ein Buchwert von 125.000 €, der nach IAS 16 ermittelt wird. Anfang 04 beschließt der Vorstand den Verkauf des assets, so dass eine Umstufung zum asset held for sale erfolgt. Der Verkauf ist für 04 geplant und kann durchgeführt werden. Die Anlage wird für 128.000 € zzgl. 19% USt veräußert (Bankzahlung). Die Buchung lautet: "Dr Cash 152.320, Cr Assets held for sale 125.000, Cr Other income 3.000, Cr Other payables 24.320". Es entsteht ein sonstiger Ertrag von 3.000 €.

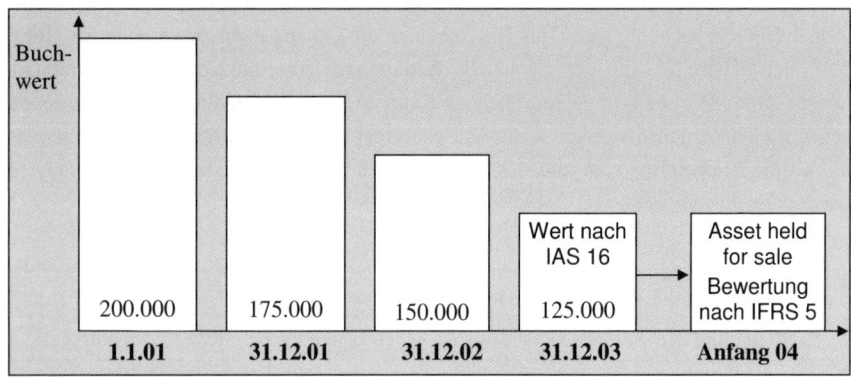

Abb. 90: Beispiel zur Bewertung von assets held for sale

Variante: In 04 kommt es zu Verzögerungen der Verkaufsverhandlungen, so dass der Verkauf erst in 05 durchgeführt werden kann. Ende 04 ist der fair value less costs to sell auf 120.000 € gesunken. In diesem Fall muss eine Abwertung vorgenommen werden. In der GuV-Rechnung entsteht ein Wertminderungsaufwand (impairment loss) von 5.000 €.

Wird eine Sachanlage nach dem Neubewertungsmodell bewertet, muss eine bei der Einstufung als asset held for sale bestehende Neubewertungsrücklage aufgelöst werden, um den Buchwert zu ermitteln (IFRS 5 BC48). Wenn im obigen Beispiel Ende 03 der vorläufige Buchwert 130.000 € beträgt und eine Neubewertungsrücklage in Höhe von 5.000 € besteht, würde die Rücklage über den Aktivposten aufgelöst, um zum endgültigen Buchwert in Höhe von 125.000 € zu gelangen.

Wenn die Sachanlage ausnahmsweise an zwei Stichtagen zu bewerten ist, weil noch kein Verkauf erfolgte, ist die **Folgebewertung** nach dem gleichen Schema vorzunehmen. Planmäßige Abschreibungen sind nicht zu verrechnen. Sollte der fair value abzüglich Veräußerungskosten wieder gestiegen sein, ist in Höhe des Aufwands ein Ertrag zu verrechnen (IFRS 5.21). In der Variante wären maximal 5.000 € als Ertrag auszuweisen.

Im **HGB** werden Sachanlagen, die zum Verkauf bestimmt sind, dem Umlaufvermögen zugeordnet, so dass das strenge Niederstwertprinzip gilt. Wenn der beizulegende Stichtagswert unter den Anschaffungs- oder Herstellungskosten liegt, muss eine Abschreibung erfolgen. Entfällt der Grund für die außerplanmäßige Abschreibung später wieder, muss eine Zuschreibung erfolgen, die den Ausgangswert nicht überschreiten darf.

3. Bewertung von Intangible Assets

3.1 Ausgangswerte

Bei der Bewertung von langfristigen immateriellen Vermögenswerten sind IAS 38 (Intangible Assets) und IAS 36 (Impairment of Assets) zu beachten. Bei kurzfristig gehaltenen Posten im Umlaufvermögen gilt IAS 2. Für die Erstbewertung gilt:

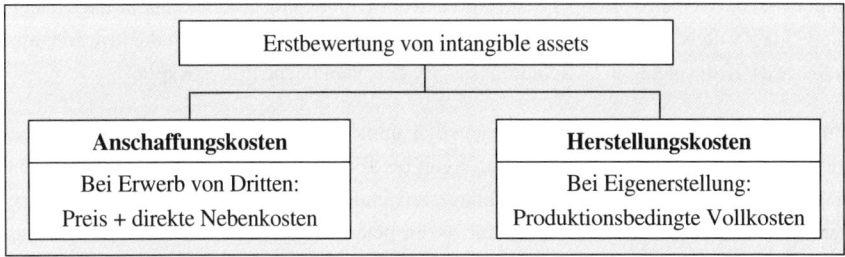

Abb. 91: Erstbewertung von intangible assets

Wird ein Patent von Dritten erworben, ist es mit dem Anschaffungspreis zuzüglich direkter Nebenkosten (z.B. Gebühren) zu bewerten. Bei Eigenerstellung immaterieller Vermögenswerte (insb. bei Entwicklungskosten) sind die Herstellungskosten relevant. Sie umfassen nach IAS 38.66 die direkt zurechenbaren Einzelkosten und die produktionsbedingten Gemeinkosten[1]. Nach IAS 38.67(a) besteht ein Ansatzverbot für nicht direkt zurechenbare Verwaltungs- und Vertriebskosten sowie sonstige Gemeinkosten. Damit sind die Herstellungskosten als **produktionsbedingte Vollkosten** anzusehen.

Beispiel: Am 1.12.01 wird mit der Entwicklung eines Medikaments begonnen, das nach IAS 38 zu aktivieren ist. Ende 01 werden die Herstellungskosten für Dezember (Material- und Fertigungskosten) aktiviert: 50.000 €. In 02 fallen weitere Herstellungskosten von

---

[1] Vgl. im Einzelnen Ruhnke, K./Simons, D. (Rechnungslegung), S. 457 mit Verweis auf S. 322-327.

1.000.000 € an, von denen 40% Verwaltungsgemeinkosten darstellen. Da für diese Kosten nach IAS 38.67(a) ein Ansatzverbot besteht, werden nur 600.000 € aktiviert (Bewertung zum 31.12.02: 650.000 €). In 03 fallen bis zur Fertigstellung Ende September weitere produktionsbedingte Kosten von 400.000 € an. Sie erhöhen die Herstellungskosten, die zum 30.9.03 auf 1.050.000 € steigen. Ab 1.10.03 erfolgt eine Abschreibung der Entwicklungskosten über ihre Nutzungsdauer. Eventuell anfallende Kosten einer Patenterteilung stellen nachträgliche Herstellungskosten dar.

Werden abnutzbare intangible assets im Laufe des Jahres erworben (unterjähriger Erwerb), wird im Zugangsjahr monatsgenau abgeschrieben, wobei jeder angefangene Monat zählt. Als Abschreibungsverfahren wird grundsätzlich die lineare Methode angewendet, sofern kein anderes Verteilungsverfahren zu einer zweckmäßigeren Aufwandsverrechnung führt[1].

Im **HGB** sind entgeltlich erworbene immaterielle Vermögensgegenstände mit ihren Anschaffungskosten zu bewerten. Für aktivierte selbst erstellte Posten sind die Herstellungskosten relevant. Sie umfassen die Material- und Fertigungskosten (Einzelkosten und angemessene Gemeinkosten). Ein Wahlrecht besteht für allgemeine Verwaltungskosten, die bei IFRS nicht aktiviert werden dürfen. Kapitalgesellschaften müssen die in § 268 Abs. 8 Satz 1 HGB festgelegte Ausschüttungssperre beachten (siehe drittes Kapitel).

Im **Steuerrecht** ist der Ansatz selbst erstellter immaterieller Wirtschaftsgüter im Anlagevermögen verboten (§ 5 Abs. 2 EStG). Wenn bei IFRS derartige Posten aktiviert werden, liegt der IFRS-Wert über dem Steuerbilanzwert und es entstehen passive latente Steuern. Sie lösen sich im Zeitablauf wieder auf, wenn planmäßige Abschreibungen auf immaterielle Vermögenswerte mit begrenzter Nutzungsdauer verrechnet werden.

3.2 Abschreibung und Zuschreibung

Die Folgebewertung von intangible assets kann nach IAS 38.72 mit zwei verschiedenen Methoden erfolgen (**Wahlrecht**): Entweder wird das Anschaffungskostenmodell (cost model) oder das Neubewertungsmodell (revaluation model) gewählt. Zunächst wird das üblicherweise angewendete cost model erläutert. Zur Verrechnung von Abschreibungen immaterieller Vermögenswerte müssen die intangible assets nach IAS 38.88 wie folgt unterteilt werden:
- Intangible assets mit begrenzter Nutzungsdauer (finite useful life).
- Intangible assets mit unbegrenzter Nutzungsdauer (indefinite useful life).

---
[1] Vgl. Hayn, S./Waldersee, G.G. (IFRS), S. 123.

3. Bewertung von Intangible Assets

Immaterielle Vermögenswerte mit **begrenzter Nutzungsdauer** (z.B. Rechte) sind planmäßig abzuschreiben. Außerplanmäßige Abschreibungen sind beim Anschaffungskostenmodell vorzunehmen, wenn Anzeichen für eine Wertminderung (impairment) bestehen. Liegt der recoverable amount des assets unter seinem Buchwert (nach planmäßiger Abschreibung), erfolgt eine außerplanmäßige Abschreibung (= Abschreibungspflicht).

Wenn ein Recht auf unbestimmte Zeit einen wirtschaftlichen Nutzen abwirft, weist es eine **unbegrenzte Nutzungsdauer** auf. In IAS 38.91 wird klargestellt, dass unbegrenzt nicht endlos heißt. Wenn ein Unternehmen eine Produktreihe mit eigenem Markennamen erwirbt, ist der Name so lange werthaltig, wie die entsprechenden Produkte erfolgreich sind. Erst beim Absatzrückgang kommt es zur Entwertung des intangible assets.

Bestehen hierfür keine Anzeichen, ist die Nutzungsdauer unbegrenzt und es dürfen keine planmäßigen Abschreibungen verrechnet werden (IAS 38.107). Stattdessen findet ein jährlicher **impairment test** statt, der die Werthaltigkeit des assets überprüfen soll. Eine Abschreibung erfolgt, wenn der recoverable amount niedriger ist als der Buchwert. Spätere Wertaufholungen sind bis zur Obergrenze der historischen Kosten vorzunehmen (cost model). Die Umsetzung dieses Konzepts kann in der Praxis sehr aufwändig werden.

Beispiel: Die X-AG zahlt Anfang 01 für die Marke (brand) "Blue Water" für Strom aus Wasserenergie 6.000.000 € an die Strom-AG. Der Strom kann erfolgreich abgesetzt werden, so dass die Marke eine unbegrenzte Nutzungsdauer aufweist. Allerdings kommt es in 02 zu einem Umsatzeinbruch, da Gerüchte über den Zukauf von Atomstrom aufkommen. Ende 03 haben sich die Gerüchte zerstreut und der Abschreibungsgrund ist wieder entfallen. Es gelten die folgenden recoverable amounts: Ende 01: 6.500.000 €, Ende 02: 5.000.000 € und Ende 03: 6.200.000 €.

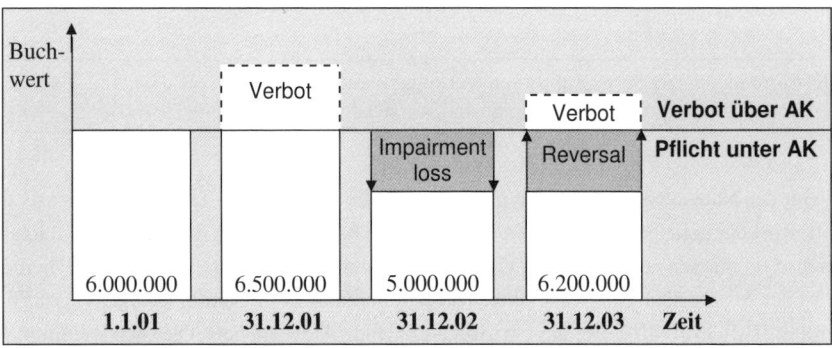

Abb. 92: Beispiel für intangible assets im cost model (indefinite life)

Am 31.12.01 wird der immaterielle Posten mit 6.000.000 € aktiviert, da keine Wertminderung vorliegt. Eine Zuschreibung auf 6.500.000 € ist im Anschaffungskostenmodell unzulässig. Ende 02 muss eine außerplanmäßige Abschreibung von 1.000.000 € erfolgen, da der recoverable amount auf 5.000.000 € gesunken ist. Ende 03 wird eine Zuschreibung in Höhe von 1.000.000 € auf 6.000.000 € vorgenommen. Da im Steuerrecht entgeltlich erworbene immaterielle Werte planmäßig abzuschreiben sind, treten meist latente Steuern auf (z.B. Ende 01: Aktive latente Steuer, da der IFRS-Wert unter dem Steuerwert liegt).

Bei intangible assets mit unbegrenzter Nutzungsdauer muss jährlich geprüft werden, ob die zeitliche Unbestimmtheit noch vorliegt[1]. Wird festgestellt, dass der Vermögenswert nur noch eine gewisse Zeit nutzbar ist, muss ab diesem Zeitpunkt eine planmäßige Abschreibung erfolgen. Zusammengefasst gilt für die Bewertung von intangible assets:

Intangible assets (cost model)	
Mit unbegrenzter Nutzungsdauer	Mit begrenzter Nutzungsdauer
▪ Keine planmäßige Abschreibung ▪ Jährlicher impairment test: Abschreibung, falls recoverable amount < Buchwert ▪ Zuschreibungspflicht (Wertaufholung)	▪ Planmäßige Abschreibung über ND ▪ Außerplanmäßige Abschreibung, falls recoverable amount < Buchwert ▪ Zuschreibungspflicht (Wertaufholung)

Abb. 93: Bewertung von intangible assets (cost model)

Bei der Berechnung des **Nutzungswerts** zur Bestimmung des erzielbaren Betrags tritt oft ein Problem auf: In vielen Fällen kann der value in use nicht für einzelne Vermögenswerte bestimmt werden. Wenn keine Einzelbewertung möglich ist, muss der Nutzungswert für eine **cash generating unit** (CGU) ermittelt werden. Sie wird in IAS 36.6 definiert:

> Kleinste identifizierbare Gruppe von Vermögenswerten, die Mittelzuflüsse erzeugen, die weitestgehend unabhängig sind von denen anderer Vermögenswerte

Wenn der Nutzungswert der CGU größer ist als die Summe ihrer fair value less costs to sell, wird der erzielbare Betrag vom Nutzungswert bestimmt. Liegt dieser unter dem Restbuchwert, müssen die assets der CGU außerplanmäßig abgeschrieben werden. Hierbei wird der Abschreibungsaufwand **buchwertproportional** auf die einzelnen assets der CGU verteilt (IAS 36.104(b)). Der auf ein asset entfallende Aufwand berechnet sich wie folgt:

---

[1] Vgl. Schmidbauer, R. (Vermögenswerte), S. 1444.

3. Bewertung von Intangible Assets

(Buchwert eines assets/Summe der Buchwerte aller assets) x Abschreibungsbetrag

Beispiel: Die Pharma-AG stellt Medikamente her. Ein neu entwickeltes Medikament wird in der Abteilung B produziert. Für die Fertigung werden die Anlagen 1 und 2 eingesetzt. Die Entwicklungskosten bilden mit den Anlagen eine CGU, für die Ende 02 gilt:

	vorl. Buchwerte	Nettoveräußerungspreise	Nutzungswert
Entwicklungskosten	200.000 €	130.000 €	
Anlage 1	100.000 €	70.000 €	420.000 €
Anlage 2	300.000 €	200.000 €	
Summe	600.000 €	400.000 €	420.000 €
Impairment: Recoverable amount (420.000) < Buchwert (600.000)			

Abb. 94: Beispiel zur Berechnung außerplanmäßiger Abschreibung einer CGU

Da der recoverable amount der CGU um 180.000 € unter ihrem Buchwert liegt, muss eine außerplanmäßige Abschreibung erfolgen. Bei einer buchwertproportionalen Verteilung entfallen auf die Entwicklungskosten 2/6 (200.000 €/600.000 €) von 180.000 € und auf die Anlagen 1 (2) 1/6 (3/6) von 180.000 €. Berechnung der Buchwerte der einzelnen assets:

- Entwicklungskosten: 2/6 von 180.000 € = 60.000 €. Endgültiger Buchwert: **140.000 €**
- Anlage 1: 1/6 von 180.000 € = 30.000 €. Endgültiger Buchwert: **70.000 €**
- Anlage 2: 3/6 von 180.000 € = 90.000 €. Endgültiger Buchwert: **210.000 €**

Abb. 95: Beispiel zur Berechnung von Buchwerten einer CGU

Für jeden Posten der CGU ist eine **Bewertungsuntergrenze** einzuhalten (IAS 36.105): Der Wert eines assets darf **nicht niedriger** sein als der **höchste** der folgenden Werte: Beizulegender Zeitwert abzüglich der Verkaufskosten, Nutzungswert (falls bestimmbar) oder null. Im obigen Beispiel sind die endgültigen Buchwerte größer als null und nicht niedriger als die Nettoveräußerungspreise. Bei der Anlage 1 wird die letzte Bedingung genau eingehalten. Wären dem Posten mehr als 30.000 € Aufwand zuzurechnen, müsste der übersteigende Betrag auf die anderen beiden Posten verteilt werden[1]. Entfällt der Grund für eine außerplanmäßige Abschreibung, muss eine Zuschreibung erfolgen.

---

[1] Vgl. Coenenberg, A.G./Haller, A./Schultze, W. (Jahresabschluss), S. 126.

Die **Neubewertung** zum fair value ist auch bei immateriellen Vermögenswerten möglich. Voraussetzung für die Anwendung des Neubewertungsmodells ist die Existenz eines **aktiven Markts**, der im Anhang A zu IFRS 13 für ein **asset** wie folgt definiert wird:

Aktiver Markt	
Markt, in dem Transaktionen über den Vermögenswert mit ausreichender Häufigkeit und ausreichendem Volumen stattfinden, um laufend Preisinformationen bereitzustellen	
Häufigkeit: Betrifft die Anzahl der Übertragungen gleichartiger assets	Volumen: Betrifft den Wert der getauschten assets

Abb. 96: Aktiver Markt nach IFRS

Eine Börse, an der Aktien oder Rohstoffe täglich gehandelt werden, erfüllt regelmäßig die Definition des aktiven Markts. Probleme ergeben sich dagegen bei Patenten, die für eine neue Erfindung gewährt werden, die bisher so nicht vorhanden war. Patente und ähnliche Rechte sind oft einmalig und werden darüber hinaus nur selten gehandelt. Daher existiert meist kein aktiver Markt und die Neubewertungsmethode ist nicht anwendbar[1].

Im **HGB** sind Abschreibungen für immaterielle Vermögensgegenstände des Anlagevermögens so zu verrechnen, dass eine planmäßige Verteilung auf die Nutzungsjahre erfolgt. Das gilt grundsätzlich auch bei unbefristeten Nutzungsrechten[2]. Außerplanmäßige Abschreibungen auf den beizulegenden Stichtagswert müssen bei einer voraussichtlich dauernden Wertminderung vorgenommen werden. Ist die Wertminderung dagegen nicht von Dauer, besteht ein Abschreibungsverbot (§ 253 Abs. 3 Satz 3 HGB).

Latente Steuern entstehen, wenn bei IFRS eine außerplanmäßige Abschreibung erfolgt, die im Steuerrecht nicht durchführbar ist. Bei einer nicht dauernden Wertminderung darf im Steuerrecht keine Teilwertabschreibung erfolgen, so dass der IFRS-Wert unter dem Steuerbilanzwert liegt und eine aktive latente Steuer entsteht. Diese Steuer wird im Zeitablauf wieder aufgelöst, weil planmäßige Abschreibungen verrechnet werden. Wenn es sich um unbegrenzt nutzbare Posten handelt, müssen zu jedem Stichtag der IFRS-Wert und Steuerwert miteinander verglichen werden, um die latenten Steuern zu bestimmen.

---

[1] Nach IAS 38.78 ist ein aktiver Markt z.B. bei frei übertragbaren Taxilizenzen vorhanden. Wenn eine Stadt eine begrenzte Zahl von übertragbaren Taxikonzessionen ausgibt, gibt es für dieses Gut meist Anbieter und Nachfrager: Anbieter wollen ihren Geschäftsumfang vermindern, Nachfrager dagegen ausweiten. Es bilden sich z.b. Tauschbörsen im Internet und damit entsprechende Preise, die allgemein beobachtbar sind. Diese Preise sind bei der Neubewertungsmethode verwendbar.

[2] Vgl. Schmidbauer, R. (Vermögenswerte), S. 1446.

4. Bewertung des Goodwills

4.1 Ausgangswerte

Die Bewertung derivativer Firmenwerte wird in IFRS 3 (Business Combinations - Unternehmenszusammenschlüsse) geregelt. Im Einzelabschluss entsteht der Firmenwert durch einen asset deal, auf der Konzernebene durch einen share deal. Zunächst wird der **asset deal** betrachtet, der durch die Übernahme der einzelnen assets und liabilities eines Unternehmens gekennzeichnet ist[1]. Hierbei ergibt sich ein Firmenwert wie folgt:

Fair value des erworbenen Unternehmens - fair value des Nettovermögens

Der fair value des erworbenen Unternehmens entspricht dem Betrag, den der Erwerber für das gekaufte Unternehmen aufgewendet hat. Beim asset deal handelt es sich um die Summe der Zeitwerte für die einzelnen assets (inklusive des Firmenwerts) und die Summe der übernommenen Schulden. Der fair value des Nettovermögens (Eigenkapitals) ergibt sich als Differenz der einzelnen assets und liabilities, bewertet zum beizulegenden Zeitwert.

4.2 Abschreibung beim Impairment

Nach dem impairment only-approach gilt der Firmenwert als ein immaterieller Vermögenswert mit unbegrenzter Nutzungsdauer. Daher dürfen keine planmäßigen Abschreibungen verrechnet werden. Wird beim jährlich durchzuführenden impairment test festgestellt, dass der Wert des Goodwills gesunken ist, muss eine außerplanmäßige Abschreibung erfolgen. Beim Erwerb eines Unternehmens ist der entgeltliche Firmenwert durch eine Goodwillallokation auf einzelne **cash generating units** (CGU) zu verteilen[2]. Es wird eine niedrige Zurechnungsebene in der internen Managementstruktur angestrebt (IAS 36.80).

Die einzelnen CGU umfassen materielle und immaterielle Vermögenswerte, deren Ansatz nach den Kriterien erfolgt, die im dritten Kapitel erläutert wurden. Die Bewertung der assets und liabilities erfolgt zum fair value[3]. Einer CGU können z.B. Maschinen und Anlagen direkt zugerechnet werden, die für die Herstellung der Produkte genutzt werden. Gemeinschaftlich genutzte Vermögenswerte (**corporate assets**) wie z.B. Lagerhallen oder

---
[1] Vgl. Coenenberg, A.G./Haller, A./Schultze, W. (Jahresabschluss), S. 668.
[2] Vgl. Küting, K./Weber, C.-P./Wirth, J. (Goodwillbilanzierung), S. 144-145.
[3] Vgl. Fink, C. (Bilanzierung), S. 115.

Verwaltungsgebäude sind nur indirekt zurechenbar. Sie müssen auf einer vernünftigen und verlässlichen Basis verrechnet werden. Die vorgenommene Aufteilung ist im Zeitablauf beizubehalten (Beachtung des Stetigkeitsprinzips).

Beispiel: Die Mobil-AG hat Ende 01 die Zweirad-AG erworben, wobei ein Firmenwert von 800.000 € entstanden ist. Die Zweirad-AG fertigt die Produktgruppen "Fahrräder" und "Motorroller", die zahlungsmittelgenerierende Einheiten darstellen. Der Firmenwert wird im Verhältnis 1:3 verteilt, da der Verkehrswert der Produktgruppe "Motorroller" dreimal so hoch ist wie der Wert der anderen Produktgruppe. Die für die Fertigung relevanten Maschinen sind den CGUs wie folgt zuzuordnen: "Fahrräder" zwei Maschinen, "Motorroller" drei Maschinen zu je 150.000 €. Die Kosten für das Verwaltungsgebäude (600.000 €) fallen für beide CGU in gleicher Weise an und werden daher zur Hälfte verrechnet (300.000 € für jede CGU). Ende 01 ergeben sich die folgenden Werte (Berechnung der Buchwerte für CGU Fahrräder: 2 x 150.000 € + 300.000 € = 600.000 € - für CGU Motorroller 3 x 150.000 € + 300.000 € = 750.000 €):

	CGU Fahrräder	CGU Motorroller
Buchwert assets 31.12.01	600.000 €	750.000 €
Firmenwert der CGU 31.12.01	200.000 €	600.000 €
Gesamtwert der CGU 31.12.01	800.000 €	1.350.000 €

Abb. 97: Beispiel zur Firmenwertabschreibung

Eine außerplanmäßige Abschreibung ist vorzunehmen, wenn die folgende Bedingung für eine cash generating unit erfüllt ist (IAS 36.90):

> Recoverable amount der CGU < Buchwert der CGU (mit Firmenwert)

Der Buchwert der CGU besteht aus den Buchwerten ihrer einzelnen assets. Der recoverable amount ist das Maximum aus fair value less costs to sell und value in use für die CGU. Wenn eine Abschreibung notwendig ist, wird der Aufwand zunächst mit einem derivativen Firmenwert der CGU verrechnet (IAS 36.104). Da dessen Werthaltigkeit nur schwer nachweisbar ist, wird der "gefährlichste" Posten zuerst reduziert. Nach der Abschreibung des Firmenwerts wird eine buchwertproportionale Verminderung der assets der CGU vorgenommen, die bei der Bewertung von intangible assets erläutert wurde.

4. Bewertung des Goodwills

Beispiel: Nach Verrechnung planmäßiger Abschreibungen von 15.000 € je Maschine und 10.000 € je CGU für das Gebäude ergeben sich für die Zweirad-AG am 31.12.02 die folgenden Daten (Berechnung für die CGU Fahrräder: 600.000 € - 2 x 15.000 € - 10.000 = 560.000 €). Die Abbildung enthält auch Angaben über den recoverable amount der CGUs:

	CGU Fahrräder	CGU Motorroller
Buchwert assets 31.12.02	560.000 €	695.000 €
Firmenwerte 31.12.02	200.000 €	600.000 €
Gesamtwerte 31.12.02	760.000 €	1.295.000 €
Recoverable amount	**640.000 €**	**1.350.000 €**

Abb. 98: Durchführung der Firmenwertabschreibung

Bei der CGU "Motorroller" liegt der recoverable amount über ihrem Buchwert, so dass kein impairment vorliegt. Anders verhält es sich bei der CGU Fahrräder. Es besteht eine Pflicht zur außerplanmäßigen Abschreibung, wobei der Abschreibungsbetrag in Höhe von 120.000 € vom Firmenwert der CGU abgezogen wird (Restwert: 80.000 €). Gebucht wird: "Dr Impairment loss 120.000, Cr Goodwill 120.000". Die Buchwerte der übrigen Assets bleiben unverändert. Das entspricht dem Fall a) in der folgenden Abbildung:

Firmenwerte	FW 200.000			
		FW 80.000		
			(FW 0)	
				(FW 0)
Werte der assets der CGU	Buchwert 560.000	Buchwert 560.000	Buchwert 560.000	Recoverable amount 500.000
	31.12.02	Fall a)	Fall b)	Fall c)

Abb. 99: Fälle beim impairment von Firmenwerten

Im Fall b) sinkt der recoverable amount der CGU auf 560.000 €, so dass der Firmenwert vollständig abgeschrieben wird (Wert: null Euro). Die Buchwerte werden aber nicht verändert. Im Fall c) liegt der recoverable amount bei 500.000 €. Der Firmenwert ist wieder null und die restlichen 60.000 € werden buchwertproportional auf die assets der CGU verteilt. Die Einzelheiten wurden bereits erläutert.

Auch bei der Abschreibung von CGUs mit anteiligem derivativem Firmenwert gelten die in IAS 36.105 enthaltenen Wertuntergrenzen. Die folgenden Werte dürfen für die assets einer CGU nicht unterschritten werden, wenn eine buchwertproportionale Abschreibung stattgefunden hat: fair value abzüglich der Verkaufskosten, value in use (falls bestimmbar) oder null. Der **maximale Wert** ist relevant. Die Einzelheiten wurden bei der Abschreibung von intangible assets behandelt.

Impairment des Goodwills (IFRS)	
Recoverable amount < Buchwert der CGU (mit Firmenwert)	
Falls JA: Abschreibungspflicht	**Falls NEIN: Abschreibungsverbot**
1. Abschreibung Firmenwert der CGU 2. (Buchwertproportionale) Abschreibung der assets der CGU - mit Untergrenze	

Abb. 100: Impairment des Goodwills nach IFRS

Ist der Grund für die außerplanmäßige Abschreibung entfallen, ist die Wertaufholung buchwertproportional bei den assets der CGU vorzunehmen (IAS 36.122). Die Obergrenze der Zuschreibung wird von den fortgeführten Anschaffungskosten oder vom recoverable amount gebildet. Der **minimale Wert** ist relevant. Durch diese Regelung soll eine Überbewertung der einzelnen assets vermieden werden. Für den Firmenwert gilt dagegen ein **Zuschreibungsverbot**. Das Verbot ist zweckmäßig, da sonst die Gefahr besteht, dass ein zwischenzeitlich neu entstandener originärer Firmenwert aktiviert wird[1].

Im **HGB** ist der derivative Firmenwert planmäßig abzuschreiben, da er als zeitlich begrenzt nutzbarer Vermögensgegenstand gilt. Hierbei kann die steuerrechtliche Regelung nicht direkt übernommen werden. Grundsätzlich ist im Handelsrecht von einer **fünfjährigen** Nutzungsdauer des Firmenwerts auszugehen[2]. Ein längerer Zeitraum kann in begründeten Fällen gewählt werden und ist dann im Anhang anzugeben (§ 285 Nr. 13 HGB). Außerplanmäßige Abschreibungen sind bei einer voraussichtlich dauernden Wertminderung vorzunehmen, ansonsten besteht ein Abschreibungsverbot. Spätere Zuschreibungen nach Wegfall des Abschreibungsgrundes sind unzulässig (§ 253 Abs. 5 Satz 2 HGB).

---

[1] Vgl. Grünberger, D. (IFRS), S. 75.
[2] Vgl. BMJ (BilMoG), S. 48.

4. Bewertung des Goodwills

Im **Steuerrecht** ist der derivative Firmenwert linear über fünfzehn Jahre abzuschreiben (§ 7 Abs. 1 Satz 3 EStG). Außerplanmäßige Abschreibungen können nur bei dauernder Wertminderung erfolgen. Da die planmäßige Firmenwertabschreibung bei IFRS unzulässig ist, entstehen latente Steuern (IAS 12.21B). Der IFRS-Wert liegt über dem Steuerbilanzwert, so dass sich eine passive latente Steuer ergibt. Sie wird erst wieder aufgelöst, wenn bei IFRS eine außerplanmäßige Abschreibung des Firmenwerts stattfindet.

Beispiel: Am 1.4.01 wird ein Unternehmen erworben, bei dem ein derivativer Firmenwert von 900.000 € entsteht. Wenn er in der Handelsbilanz linear über fünf Jahre abgeschrieben wird, beträgt sein Buchwert am 31.12.01 765.000 € (900.000 € - 9/12 x 180.000 €). Der Wert in der Steuerbilanz beträgt dagegen 855.000 € (900.000 € - 9/12 x 60.000 €). Nach IFRS wird der Firmenwert mit 900.000 € bewertet, wenn kein impairment vorliegt.

Eine deutsche Kapitalgesellschaft weist beim Steuersatz von 30% am 31.12.01 eine aktive latente Steuer von 27.000 € in der Handelsbilanz aus (Handelsbilanzwert < Steuerbilanzwert 90.000 €, multipliziert mit 0,3). Wenn die Kapitalgesellschaft einen IFRS-Abschluss offenlegen will, muss die aktive latente Steuer aus der Handelsbilanz entfernt und stattdessen eine passive latente Steuer in Höhe von 13.500 € (0,3 x 45.000 €) in einer IFRS-Ergänzungsbilanz berücksichtigt werden (IFRS-Wert > Steuerbilanzwert 45.000 €).

Das Verbot der planmäßigen Firmenwertabschreibung nach IFRS kann zum Ansatz eines originären Firmenwerts führen. Wird in 01 ein Unternehmen erworben (Erwerbsjahr), wobei ein Firmenwert von 900.000 € entsteht, wird dieser Betrag für verschiedene Faktoren gezahlt (z.B. Personal, Kundenstamm). Solange keine Wertminderung vorliegt, wird der Firmenwert mit 900.000 € aktiviert. Das gilt auch beim **vollständigen Austausch** aller immateriellen Ertragsdeterminanten, die beim Unternehmenskauf vergütet wurden. Damit wird ein **originärer Firmenwert** bilanziert, dessen Ansatz nach IAS 38.48 verboten ist.

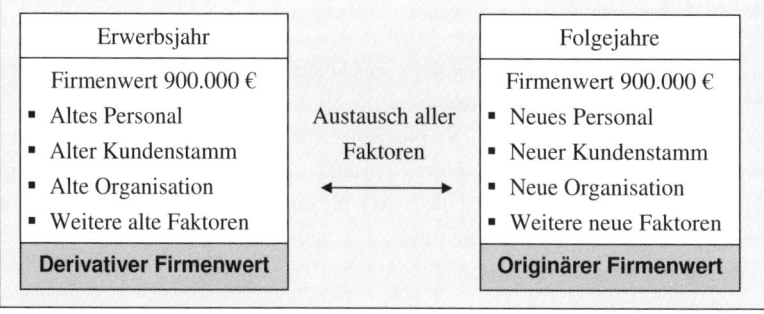

Abb. 101: Ersetzung des derivativen Firmenwerts

5. Bewertung von Financial Instruments

5.1 Unterteilung von Finanzinstrumenten

Die Bewertung von financial instruments wird in IAS 39 (Financial Instruments: Recognition and Measurement – Finanzinstrumente: Ansatz und Bewertung) geregelt. Zukünftig wird IAS 39 durch IFRS 9 (Financial Instruments – Finanzinstrumente) ersetzt werden[1]. Der neue Standard ist aber noch unvollständig, da Vorschriften zum impairment fehlen. Ein entsprechender Standard wird im work plan des IASB vom Dezember 2013 für die erste Hälfte 2014 angekündigt. Bis zu seiner Veröffentlichung gelten insoweit die Vorschriften aus IAS 39. Der neue Standard gilt nicht für Anteile an assoziierten Unternehmen, an Gemeinschaftsunternehmen und an Tochterunternehmen, die später erläutert werden. Im Anhang findet der Leser eine Zusammenfassung der Vorschriften aus IAS 39.

Finanzinstrumente werden in IAS 32 (Financial Instruments: Presentation – Finanzinstrumente: Darstellung) definiert. Danach gilt für ein Finanzinstrument (IAS 32.11):

> Vertrag, der bei einem Unternehmen zum finanziellen Vermögenswert und beim anderen Unternehmen zur finanziellen Verbindlichkeit oder zum Eigenkapitalinstrument führt

In der folgenden Abbildung hält die Y-AG Aktien und Schuldverschreibungen der X-AG im Wert von jeweils 100.000 €. Auf der Aktivseite der Bilanz der Y-AG erscheinen zwei finanzielle Vermögenswerte. Bei der X-AG werden die folgenden Instrumente passiviert: Ein Eigenkapitalinstrument (equity instrument) und eine finanzielle Verbindlichkeit (financial liability). Nach IAS 32.11 gilt: Ein **Eigenkapitalinstrument** ist ein Vertrag, der einen Residualanspruch am Reinvermögen eines Unternehmens (Vermögenswerte abzüglich Schulden) beinhaltet. Das Gegenstück zu Eigenkapitalinstrumenten sind Schuld- oder Fremdkapitalinstrumente (debt instruments), die aber nicht in IAS 32 definiert werden.

Bei der X-AG sind die Aktien ein Teil des gezeichneten Kapitals, das mit dem Nennwert bewertet wird. In der folgenden Abbildung hat die X-AG ein gezeichnetes Kapital in Höhe von 800.000 €. Bei der finanziellen Verbindlichkeit handelt es sich um die Schuldverschreibung, die mit den Anschaffungskosten bewertet wird (Betrag: 500.000 €). Es kommt zu unterschiedlichen Wertansätzen, da die Y-AG, die einen Teil der Aktien bzw. der Obligation erwirbt, den meist höheren fair value zu bezahlen hat. Es gilt (gez. = gezeichnet, Vw = Vermögenswert, EK = Eigenkapital, Beträge in Tausend Euro):

---

[1] Die geplante Anwendungspflicht von IFRS 9 ab dem 1.1.2015 wurde im November 2013 aufgehoben, so dass derzeit ungewiss ist, ab wann der neue Standard gelten wird.

5. Bewertung von Financial Instruments

A	X-AG (Verkäufer)		P	A	Y-AG (Käufer)		P
Diverse	1.300	Gez. Kapital 800 (EK-Instrument)	↔	Finanzieller Vw (Aktien)	100	Eigenkapital	200
Vw		Finanzielle Verbindlichkeit 500	↔	Finanzieller Vw (Obligation)	100		
	1.300		1.300		200		200

Abb. 102: Bilanzielle Darstellung von Finanzinstrumenten

Zu den finanziellen Vermögenswerten gehören nach IAS 32.11 unter anderem flüssige Mittel (z.b. Bankguthaben), Eigenkapitalinstrumente eines anderen Unternehmens oder Schuldinstrumente wie z.b. Obligationen (Schuldverschreibungen). Finanzielle Verbindlichkeiten sind z.b. vertragliche Verpflichtungen zur Lieferung flüssiger Mittel oder anderer finanzieller Vermögenswerte (z.b. Bankkredite).

Finanzinstrumente werden nach IFRS 9 einer von zwei Bewertungskategorien zugeordnet: Die eine Gruppe wird zu fortgeführten Anschaffungskosten (at amortised cost) bewertet und die andere Gruppe zum beizulegenden Zeitwert (at fair value). Die Zuordnung erfolgt beim Erwerb und ist nur in Ausnahmefällen später zu ändern[1]. Auch zukünftig bleibt die fair value-Option erhalten, so dass unter bestimmten Umständen Finanzinstrumente der Kategorie "fortgeführte Anschaffungskosten" zum fair value bewertet werden können[2].

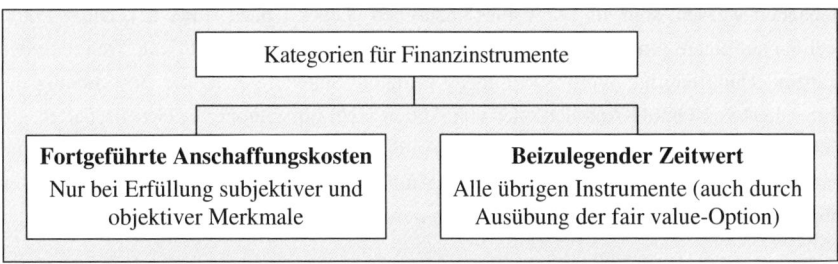

Abb. 103: Bewertungskategorien für Finanzinstrumente nach IFRS 9

Entscheidend für die Zuordnung zur Kategorie "fortgeführte Anschaffungskosten" sind die folgenden beiden Kriterien, die gleichzeitig erfüllt sein müssen[3]:

---

[1] Vgl. Grünberger, D. (IFRS), S. 124.
[2] Vgl. Christian, D. (Finanzinstrumente), S. 365.
[3] Vgl. Christian, D. (Finanzinstrumente), S. 364.

- Das Geschäftsmodell des Unternehmens für die Behandlung der Finanzinstrumente (subjektives Kriterium).
- Die Eigenschaften der vertraglichen Geldflüsse des finanziellen Vermögenswerts (objektives Kriterium).

Die erste Bedingung stellt auf die subjektiven Ziele des Unternehmens ab: Es will die finanziellen Vermögenswerte halten, um Geldzuflüsse insbesondere durch regelmäßige Zinszahlungen zu realisieren. Es wird keine Gewinnerzielung durch Verkäufe angestrebt. Damit müssen die finanziellen Vermögenswerte vertraglich so ausgestaltet sein, dass zu bestimmten Zeitpunkten feste Zins- und Tilgungszahlungen zu leisten sind[1]. Die Bedingung wird von **Fremdkapitalinstrumenten** erfüllt (z.b. Schuldverschreibungen), die jährliche Zinszahlungen gewährleisten und deren Rückzahlung meist am Laufzeitende erfolgt.

Alle übrigen Finanzinstrumente, die die subjektiven und objektiven Bedingungen **nicht** erfüllen, sind zum beizulegenden Zeitwert zu bewerten. Ein typisches Beispiel sind Aktien, die keine festgelegten Zahlungsströme beinhalten, da die Dividenden vom Gewinn bzw. den vorhandenen Rücklagen abhängen und jährlich neu ermittelt werden. Damit sind **Eigenkapitalinstrumente immer** zum fair value zu bewerten.

5.2 Kategorie "at Fair Value"

Die Kurse für Aktien und Schuldverschreibungen, die auf Aktien- oder Rentenmärkten gehandelt werden, sind als fair values anzusehen (Level 1 nach IFRS 13). Diese Preise werden auf einem **aktiven Markt** ermittelt, auf dem eine hohe Anzahl von Transaktionen stattfindet und häufige Wertfeststellungen erfolgen. Schwieriger ist die Bestimmung der fair values von GmbH-Anteilen oder von Aktien nicht börsennotierter Gesellschaften. Ihr fair value kann aus Verkäufen derselben Anteile abgeleitet werden, die in der Vergangenheit stattgefunden haben – sofern es sich um marktähnliche Preise handelt. Ansonsten bliebe die Möglichkeit einer Wertermittlung durch Investitionsrechenverfahren.

Beim Erwerb von **Eigenkapitalinstrumenten** besteht ein **Wahlrecht** zwischen erfolgsneutraler und erfolgswirksamer Bewertung. Erfolgsneutral heißt, dass die Gewinne bzw. Verluste **nicht** in der GuV-Rechnung erscheinen. Das Wahlrecht kann für jedes einzelne Instrument ausgeübt werden. Wenn die Y-AG 40 Aktien der Z-AG erwirbt, können 10 Aktien erfolgsneutral und 30 Aktien erfolgswirksam behandelt werden[2]. Einen Sonderfall bilden Finanzinstrumente, die zu Handelszwecken gehalten werden (**financial assets held**

---

[1] Vgl. Wenk, M.O./Straßer, F. (Bilanzierung), S. 104.
[2] Vgl. Grünberger, D. (IFRS), S. 119.

for trading). Sie werden mit der Absicht des kurzfristigen Weiterverkaufs erworben und müssen immer **erfolgswirksam** bewertet werden. Diese Wertpapiere gehören in die rechte Spalte der folgenden Abbildung und werden im Umlaufvermögen ausgewiesen.

	Wahlrecht für längerfristige EK-Instrumente	
	Erfolgsneutrale Bewertung	Erfolgswirksame Bewertung
Erstbewertung	Fair value mit Nebenkosten	Fair value
Folgebewertung	Positive/negative Rücklage (fair value größer/kleiner als AK)	Ausweis von Erträgen und Aufwendungen in der GuV-Rechnung
Bei Verkauf	Verrechnung der fair value-Rücklage mit den retained earnings	Ausweis von Erträgen und Aufwendungen in der GuV-Rechnung

Abb. 104: Bewertung von längerfristigen Eigenkapitalinstrumenten at fair value

Beispiel: Die X-AG erwirbt am 1.7.01 Aktien der Kategorie "at fair value" zum Kurswert von 9.500 € (Bankgebühren 500 €). Am 31.12.01 ist der fair value auf 12.000 € gestiegen (Fall a) bzw. auf 9.000 € gesunken (Fall b). Bei **erfolgsneutraler Bewertung** werden die Nebenkosten (NK) beim Erwerb aktiviert. Im Folgenden werden latente Steuern vernachlässigt.

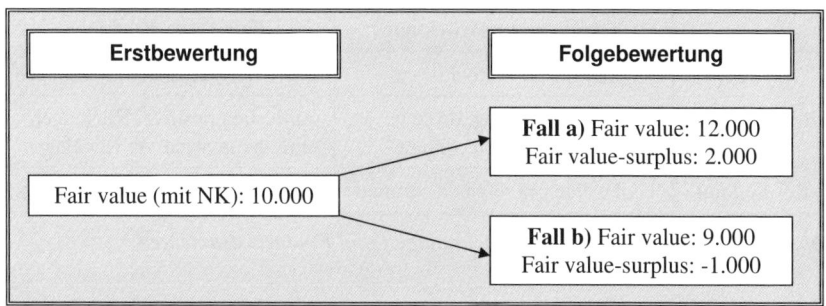

Abb. 105: Erfolgsneutrale Bewertung längerfristiger Eigenkapitalinstrumente

Beim Erwerb werden die Aktien mit 10.000 € bewertet. Im Fall a) entsteht am Jahresende eine fair value-Rücklage in Höhe von 2.000 €. Sie ist in der Gesamtergebnisrechnung im sonstigen Ergebnis (OCI) auszuweisen. Im Fall b) entsteht eine negative Rücklage in Höhe von 1.000 €. Die folgende Abbildung stellt die Buchungen am Jahresende gegenüber. Im Fall b) entsteht im Passivkonto ein Abgang auf der Sollseite, der formal durch einen negativen Endbestand ausgeglichen wird. Zur Verdeutlichung der erfolgsneutralen Bewertung der Finanzinstrumente mit Bildung einer speziellen fair value-Rücklage, wird im Folgenden die Bezeichnung "financial instruments at fair value in OCI" verwendet.

Buchung zum 31.12.01 (Fall a):			
Dr Financial instruments at fair value in OCI	2.000	Cr Fair value-surplus	2.000
Buchung zum 31.12.01 (Fall b):			
Dr Fair value-surplus	1.000	Cr Financial instruments at fair value in OCI	1.000

Abb. 106: Buchungssätze bei erfolgsneutraler Bewertung

Die fair value-Rücklage unterscheidet sich von der Neubewertungsrücklage bei Sachanlagen. Bei Letzteren sind nur positive Eigenkapitalrücklagen möglich, die bei Wertminderungen zuerst aufzulösen sind. Ist die Wertminderung noch höher, entsteht anschließend ein Aufwand (impairment loss). Für erfolgsneutral behandelte Finanzinstrumente werden negative Rücklagen gebildet, die nicht in der GuV-Rechnung erscheinen. Im Verkaufsfall werden die Rücklagen von Sach- und Finanzanlagen in die retained earnings umgebucht. **Wichtig**: Es findet kein Ausweis von Ertrag bzw. Aufwand in der GuV-Rechnung statt!

	Neubewertungsrücklage	Fair value-Rücklage
Wertigkeit	Nur positive Rücklagen	Positive und negative Rücklagen
Bei Wertminderung	Erst Auflösung, danach Aufwandsverrechnung	Auflösung positiver Rücklagen – Erhöhung negativer Rücklagen
Bei Verkauf	Umbuchung in retained earnings	Umbuchung in retained earnings

Abb. 107: Rücklagenvergleich bei Sachanlagen und Finanzinstrumenten

Beispiel: Die obigen Wertpapiere werden Anfang 02 zu den Bilanzwerten Ende 01 veräußert. Damit lauten die Buchungen bei Bankzahlungen im Fall a): "Dr Cash 12.000, Cr Financial instruments at fair value in OCI 12.000" und "Dr Fair value-surplus 2000, Cr Retained earnings 2000". Im Fall b) gilt: "Dr Cash 9.000, Cr Financial instruments at fair value in OCI 9.000" und "Dr Retained earnings 1.000, Cr Fair value-surplus 1.000."

Bei **erfolgswirksamer Behandlung** der obigen Wertpapiere ergibt sich die Bewertung in der Abbildung auf der folgenden Seite. Beim Erwerb erfolgt die Aktivierung ohne Nebenkosten, also mit 9.500 €. Dadurch ergeben sich andere Wertsteigerungen bzw. Wertminderungen am Bilanzstichtag als bei der erfolgsneutralen Behandlung. Im Fall a) werden in der GuV-Rechnung Finanzerträge (finance income) von 2.500 €, im Fall b) Finanzaufwendungen (finance expense) von 500 € ausgewiesen.

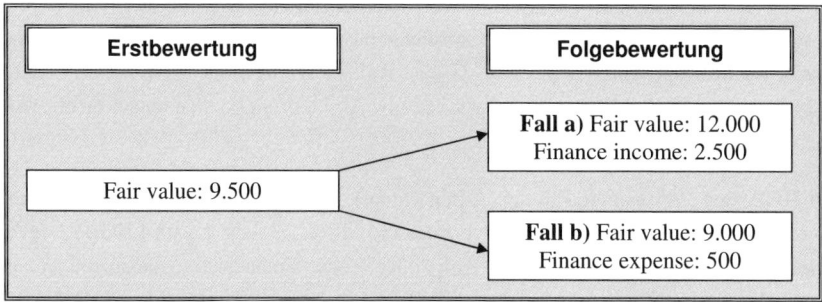

Abb. 108: Erfolgswirksame Bewertung längerfristiger Eigenkapitalinstrumente

Die folgende Abbildung zeigt die Buchungen für die Wertsteigerung bzw. Wertminderung. Da die Finanzinstrumente erfolgswirksam bewertet werden, wird im Folgenden der Zusatz "in profit or loss" angefügt.

Buchung zum 31.12.01 (Fall a):			
Dr Financial instruments at fair value in profit or loss	2.500	Cr Finance income	2.500
Buchung zum 31.12.01 (Fall b):			
Dr Finance expense	500	Cr Financial instruments at fair value in profit or loss	500

Abb. 109: Buchungssätze bei erfolgswirksamer Bewertung

Das Wahlrecht zwischen erfolgsneutraler und erfolgswirksamer Bewertung ist auf Eigenkapitalinstrumente beschränkt. Für Schuldinstrumente, die at fair value bewertet werden, ist nur eine erfolgswirksame Bewertung vorgesehen[1].

Schuldinstrumente at fair value sind erfolgswirksam zu bewerten

---

[1] Vgl. Grünberger, D. (IFRS), S. 114.

Latente Steuern entstehen, wenn der IFRS-Wert zunächst höher ist als der Steuerwert und später ein Ausgleich stattfindet. Somit müsste bei der erfolgsneutralen und der erfolgswirksamen fair value-Bewertung eine passive latente Steuer entstehen, wenn die Anschaffungskosten überschritten werden. In der Steuerbilanz bilden die Anschaffungskosten die Wertobergrenze. Allerdings ist bei deutschen Kapitalgesellschaften § 8b KStG zu beachten: Danach sind Erträge und Wertsteigerungen aus **Anteilen** zwischen Kapitalgesellschaften steuerfrei und insoweit entsteht keine latente Steuer[1]. Anders verhält es sich bei Schuldinstrumenten: Wenn eine AG eine Anleihe erwirbt, die zur Kategorie "at fair value" gehört, sind bei Wertsteigerungen über die Anschaffungskosten hinaus erfolgswirksame passive latente Steuern zu bilden.

Im **HGB** sind Wertpapiere mit den Anschaffungskosten zu bewerten. Ein höherer Kurswert ist nur in seltenen Ausnahmefällen zulässig (z.B. § 253 Abs. 1 Satz 4 HGB). Die Abschreibung hängt von der Zuordnung zum Anlage- oder Umlaufvermögen ab: Im Anlagevermögen ist eine Abwertung bei dauernder Wertminderung Pflicht, ansonsten besteht ein Wahlrecht. Im Umlaufvermögen muss unabhängig von der Wertminderungsdauer abgeschrieben werden, wenn der Börsen- oder Marktwert niedriger ist.

5.3 Kategorie "at amortised Cost"

Schuldverschreibungen werden beim Erwerb zum fair value mit direkt zurechenbaren Nebenkosten bewertet. Bestehen im Erwerbszeitpunkt keine Zinsdifferenzen, sind die Anschaffungskosten auch in den Folgejahren beizubehalten. Oft bestehen jedoch beim Kauf festverzinslicher Wertpapiere Zinsdifferenzen, die zu einem Agio oder Disagio führen. Dann müssen die Anschaffungskosten fortgeführt werden, so dass bei der Rückzahlung der Nennbetrag erfolgsneutral eingebucht werden kann. Hierbei wird die **Effektivzinsmethode** (effective interest method) angewendet.

Beim **Erwerb** festverzinslicher Wertpapiere sind die folgenden Zinsdifferenzen relevant:
- Marktzins > Nominalzins: Der Kurs des Wertpapiers sinkt – Effektivverzinsung steigt, somit: Angleichung Rendite an höheren Marktzins. Bei Ausgabe: Verrechnung **Disagio** (Auszahlungsbetrag unter Nennwert). Fortführung = Zuschreibung auf Nennwert.
- Marktzins < Nominalzins: Der Kurs des Wertpapiers steigt – Effektivverzinsung sinkt, somit: Angleichung Rendite an niedrigeren Marktzins. Bei Ausgabe: Verrechnung **Agio** (Auszahlungsbetrag über Nennwert). Fortführung = Abschreibung auf Nennwert.

---

[1] Vgl. Kirsch, H. (Rechnungslegung), S. 116-117. Für die Gewerbesteuer gilt diese Steuerbefreiung nur, wenn der Anteil mindestens 15% beträgt (§ 9 Nr. 2a GewStG).

Beispiel: Am 1.1.01 wird ein festverzinsliches Wertpapier für 9.700 € (Auszahlungsbetrag) erworben, dessen Nennwert 10.000 € beträgt (Laufzeit vier Jahre, Nominalzins 6%). Es besteht ein Disagio von 300 €. Da am 31.12.04 eine Rückzahlung von 10.000 € erfolgt, aber nur 9.700 € bezahlt wurden, muss die Rendite des Wertpapiers über 6% liegen. Die Abbildung zeigt die Zahlungsströme. Die nominellen Zinsen werden vom Nennbetrag berechnet, so dass jährlich 600 € vereinnahmt werden (6% von 10.000 € - ohne Steuern). Am Ende der Laufzeit wird auch der Nennwert zurückgezahlt.

Zahlungsströme festverzinslicher Wertpapiere Nennwert 10.000 € - Ausgabebetrag 9.700 € = Disagio 300 €				
1.1.01	31.12.01	31.12.02	31.12.03	31.12.04
-9.700 €	600 €	600 €	600 €	600 € + 10.000 €

Abb. 110: Zahlungsströme festverzinslicher Wertpapiere (mit Disagio)

Die Rendite (Effektivverzinsung) ergibt sich durch die Berechnung des internen Zinssatzes für die Zahlungsreihe. Der Barwert der zukünftigen Zahlungsströme vermindert um 9.700 € muss null ergeben. Hieraus ergibt sich ein effektiver Zinssatz von rund 6,8833%, der dem Marktzins entspricht. Wenn beim Erwerb direkte **Nebenkosten** anfallen, müssen sie aktiviert und in die Effektivzinsberechnung einbezogen werden[1].

Zeit	Bewertung	Effektive Zinsen	Nominelle Zinsen	Disagio
Anfang 01	**9.700,00 €**	-	-	300 €
Ende 01	**9.767,68 €**	667,68 €	600 €	-67,68 €
Ende 02	**9.840,02 €**	672,34 €	600 €	-72,34 €
Ende 03	**9.917,34 €**	677,32 €	600 €	-77,32 €
Ende 04	**9.999,98 €**	682,64 €	600 €	-82,64 €

Abb. 111: Bewertung festverzinslicher Wertpapiere (mit Disagio)

Anfang 01 erfolgt die Bewertung mit 9.700 €. Die effektiven Zinsen für 01 ergeben sich durch Multiplikation des Barwerts (9.700 €) mit dem effektiven Zinssatz. Die Differenz

---

[1] Vgl. Wagenhofer, A. (Rechnungslegungsstandards), S. 248.

aus effektiven und nominellen Zinsen (67,68 € in 01) ergibt die Abnahme des Disagios. Um diesen Betrag nimmt das Wertpapier zu und die Anschaffungskosten werden fortgeführt. Nach vier Jahren ist das Wertpapier mit 10.000 € zu bewerten (Rundungsdifferenz 0,02 €), so dass eine erfolgsneutrale Einlösung stattfindet. Die Zinsen werden Ende 01 wie folgt gebucht, wenn die Kapitalertragsteuer vernachlässigt wird: "Dr Financial instruments at amortised cost 67,68, Dr Cash 600, Cr Finance income 667,68".

Außerplanmäßige Wertminderungen werden nicht in IFRS 9 behandelt. Die Regelung aus IAS 39.63 sieht beim **impairment** Folgendes vor: Bei erwartetem Zahlungsausfall sind die zukünftigen Zahlungen des Wertpapiers zu ermitteln und mit dem ursprünglichen Effektivzins abzuzinsen. Die Differenz zwischen diesem Barwert und dem (vorläufigen) Restbuchwert stellt den Aufwand dar. Im obigen Beispiel beträgt der Buchwert Ende 02 rund 9.840 €. Durch Zahlungsprobleme des Schuldners werden keine Zinszahlungen mehr erwartet und es wird von einer Rückzahlung von 5.000 € Ende 04 ausgegangen (Ausfall von 50% des Nennbetrags). Der Barwert beträgt Ende 02: 4.376,74 € (5.000 €/1,068833^2) und die außerplanmäßige Abschreibung 5.463,26 €. Anschließend erfolgt eine Zuschreibung des Barwerts auf 5.000 €, die der Schuldner voraussichtlich zurückzahlen wird.

Werden Wertpapiere der Kategorie "at amortised cost" veräußert, sind Gewinne und Verluste **erfolgswirksam** zu behandeln. Auch wenn das Geschäftsmodell auf die Erzielung von regelmäßigen Zahlungsströmen ausgerichtet ist, können einzelne Wertpapiere veräußert werden, wenn z.b. die Bonität des Emittenten unter einen Mindestwert sinkt[1].

Der **Ausweis von Wertpapieren** wird in IFRS 7 (Financial Instruments: Disclosures – Finanzinstrumente: Angaben) geregelt. Financial assets sind in der Bilanz getrennt nach Bewertungsgruppen auszuweisen (IFRS 7.8). Für jede Gruppe sind, am besten im Anhang, die Anschaffungskosten und die Ermittlungsmethoden für den fair value anzugeben. In der Gesamtergebnisrechnung oder im Anhang werden die Erträge gruppenweise dargestellt. Außerdem sind umfangreiche Angabepflichten (z.B. über die Art und den Umfang der Risiken, insbesondere Kredit-, Liquiditäts- und Marktpreisrisiken) zu vermitteln[2].

Im **HGB** sind Wertpapiere im Anlagevermögen (Finanzanlagen) mit den Anschaffungskosten zu bewerten. Bei voraussichtlich dauernder Wertminderung muss, ansonsten kann, eine außerplanmäßige Abschreibung auf den niedrigeren beizulegenden Stichtagswert erfolgen. Im Umlaufvermögen sind Wertpapiere bei einer Wertminderung immer abzuschreiben. Beim späteren Wegfall des Abschreibungsgrundes muss zugeschrieben werden (Obergrenze: Anschaffungskosten). Im Anhang sind bestimmte Angaben zu vermitteln.

---

[1] Vgl. Christian, D. (Finanzinstrumente), S. 365.
[2] Vgl. hierzu im Einzelnen Grünberger, D. (IFRS), S. 305-321.

5.4 Betrachtung einzelner Investitionsarten

5.4.1 Behandlung von Derivaten

Derivative Finanzinstrumente sind Finanzgeschäfte, die von einem Grundgeschäft (z.B. Aktienkauf) abgeleitet werden. Beispiele sind: Futures, Forwards, Optionen. Die derivativen Instrumente sind sehr abstrakt, so dass im Folgenden nur Termingeschäfte über einzelne Aktien erläutert werden. Bei diesen (financial) **Forwards** schließen die Vertragsparteien heute einen Kaufvertrag über Anteile ab, der zu einem späteren Zeitpunkt erfüllt wird: Vertragsabschluss und Vertragserfüllung fallen zeitlich auseinander.

Beispiel: Es wird am 1.10.01 ein Kaufvertrag über die Lieferung von 100 A-Aktien zum Terminkurs von 60 € je Aktie abgeschlossen. Die Vertragserfüllung erfolgt sechs Monate später (per Termin). Wenn am 31.12.01 der Kassakurs (Tageskurs) der A-Aktie auf 80 € gestiegen ist (**Fall a**), ergibt sich Folgendes: Der Käufer erwirbt gedanklich für 6.000 € (100 Stück zu je 60 €/Stück) und kann für 8.000 € (100 Stück zu 80 €/Stück) verkaufen. Gewinn: 2.000 €. Der Verkäufer muss 8.000 € zum Kauf der Aktien aufwenden und erhält vom Käufer nur 6.000 € (Verlust: 2.000 €): Des einen Gewinn ist des anderen Verlust!

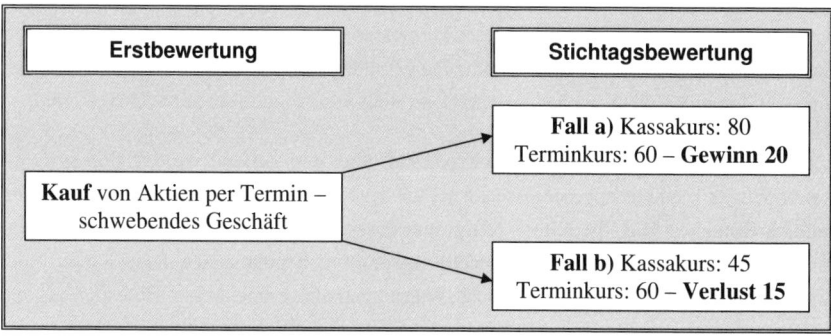

Abb. 112: Bewertung derivativer Instrumente

Der Kaufvertrag muss nicht ausgeführt werden, d.h. es müssen keine Aktien übertragen werden. Es reicht aus, wenn die Differenz zwischen Termin- und Kassakurs am Ausführungstag beglichen wird (2.000 €). Daraus ergibt sich für den Käufer der Vorteil, dass er kein Kapital investieren muss. Nach IFRS weist ein **Derivativ** drei Merkmale auf:
- Abhängigkeit von einem Grundgeschäft (underlying), wie z.B. einem Aktienkurs.
- Keine oder nur geringe anfängliche Nettoinvestition.
- Erfüllung zu einem späteren Zeitpunkt.

Forwards werden beim Erwerb grundsätzlich nicht aktiviert, da sie bei Eröffnung ausgeglichen sind. Im Beispiel steht dem Anspruch auf Lieferung von Aktien im Wert von 6.000 € am 1.10.01 eine gleich hohe Zahlungsverpflichtung gegenüber. Da Derivate als financial assets held for trading eingestuft werden[1], ist die Folgebewertung erfolgswirksam zum fair value vorzunehmen, wenn das Derivativ nicht als Sicherungsinstrument genutzt wird. Da am Bilanzstichtag die Leistung noch nicht erbracht wurde, handelt es sich um ein **schwebendes Geschäft**. Dennoch müssen Gewinne und Verluste beim Käufer und Verkäufer berücksichtigt werden[2], so dass Forderungen bzw. Verbindlichkeiten entstehen.

Wenn im obigen Beispiel der Vertrag am 1.11.01 abgeschlossen und am 1.2.02 ausgeführt wird, ist der Kurs am 31.12.01 maßgeblich. Beträgt er 72 € je Aktie, erzielt der Käufer (Verkäufer) einen Gewinn (Verlust) von 1.200 €. Für den Käufer entstehen sonstige Forderungen (other receivables) und ein Finanzertrag. Der Verkäufer passiviert eine Rückstellung für Drohverluste und in der GuV-Rechnung entsteht ein Finanzaufwand. Der Käufer bucht am 31.12.01: "Dr Other receivables 1.200, Cr Finance income 1.200", der Verkäufer bucht "Dr Finance expense 1.200, Cr Current provisions 1.200".

Derivative Finanzinstrumente werden oft als Sicherungsinstrumente für bestimmte Grundgeschäfte abgeschlossen. Derartige Sicherungsbeziehungen werden **Hedging** genannt[3]. Wenn die A-AG am 1.11.01 Waren in die USA verkauft, entsteht eine Fremdwährungsforderung von z.B. 100.000 US-Dollar (Aktivposten). Am 1.11.01 würde die A-AG umgerechnet 100.000 € erhalten. Da die Aktiengesellschaft ein Zahlungsziel von drei Monaten einräumt, kann der Wechselkurs am 1.2.02 gefallen sein, so dass sie nur 95.000 € erhält.

Wenn am 1.11.01 ein **Währungstermingeschäft** über den Verkauf von 100.000 USD mit dreimonatiger Laufzeit abgeschlossen wird (passives Geschäft), ist der Wechselkurs verbindlich festgelegt (z.B. 99.000 €). Aktiv- und Passivgeschäft werden zusammen bewertet und die AG erzielt einen (sicheren) Verlust von 1.000 €. Da der spätere Kurs stärker fallen kann, wird eine Absicherung gegen das Währungsrisiko erreicht. Zur Bilanzierung verschiedener Sicherungsbeziehungen wird auf die Literatur verwiesen[4].

Im **HGB** sind Termingeschäfte als schwebende Geschäfte nicht zu bilanzieren, wenn sie ausgeglichen sind. Sind am Bilanzstichtag Verluste entstanden, sind sie durch eine Rückstellung für drohende Verluste aus schwebenden Geschäften zu berücksichtigen (§ 249 Abs. 1 Satz 1 HGB). Gewinne sind nach dem Realisationsprinzip nicht auszuweisen. Bei

---

[1] Vgl. Grünberger, D. (IFRS), S. 196.
[2] Vgl. Coenenberg, A.G./Haller, A./Schultze, W. (Jahresabschluss), S. 288.
[3] Vgl. Perridon, L./Steiner, M./Rathgeber, A. (Finanzwirtschaft), S. 316.
[4] Vgl. Wagenhofer, A. (Rechnungslegungsstandards), S. 351-358.

Sicherungsgeschäften können **Bewertungseinheiten** gebildet werden, wenn die Voraussetzungen nach § 254 HGB erfüllt sind. Es wird z.b. ein risikobehafteter aktiver Posten durch ein Finanzinstrument abgesichert und beide werden als Einheit behandelt.

5.4.2 Behandlung von Beteiligungen

Bei Eigenkapitalinstrumenten mit einer Anteilsquote von **mindestens 20%** handelt es sich um **Beteiligungen**. Sie sind durch eine dauernde wirtschaftliche Verbindung zum Beteiligungsunternehmen gekennzeichnet. Der Anteilskauf wird z.b. durchgeführt, um langfristige Kooperationsmöglichkeiten durchzusetzen: Die C-AG erwirbt 60% der Anteile an der Software-AG, um ihre Computer mit deren Programmen auszustatten. In diesem Fall entsteht ein Konzern, so dass die Muttergesellschaft einen Einzelabschluss für ihr Unternehmen und einen Konzernabschluss für den Unternehmensverbund erstellen muss.

Im **Einzelabschluss** hat die Muttergesellschaft nach IAS 27.10 ein Bewertungswahlrecht für Beteiligungen. Sie kann die Anteile entweder nach IFRS 9 oder at cost bewerten[1]. IFRS 9 wurde bereits behandelt. Bei der Bewertung at cost sind die Anschaffungskosten relevant. Wenn allerdings der recoverable amount gesunken ist, muss eine Abschreibung erfolgen. Im Einzelabschluss ist IAS 36 (Impairment of Assets) anzuwenden (IAS 36.4).

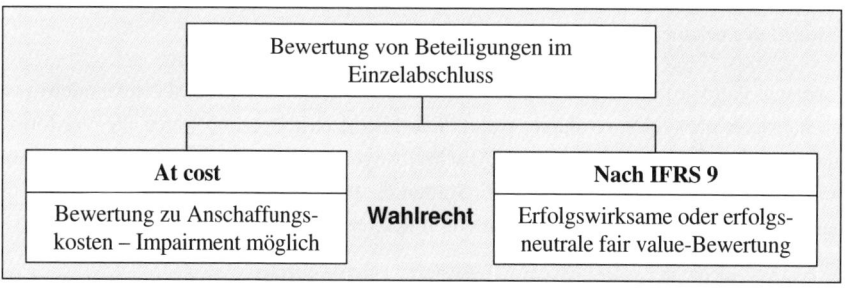

Abb. 113: Bewertung von Beteiligungen im Einzelabschluss

Beispiel: In 01 betragen die Anschaffungskosten einer Beteiligung 500.000 €. Ende 01 ist der recoverable amount auf 460.000 € gesunken, Ende 02 auf 520.000 € gestiegen. Bei der Bewertung at cost sind die Anschaffungskosten von 500.000 € relevant. Ende 01 werden 40.000 € außerplanmäßig abgeschrieben (impairment loss 40.000 €). Ende 02 wird dieser

---

[1] Wenn die Anteile zum Verkauf bestimmt sind, liegen assets held for sale vor und die Bewertung muss nach IFRS 5 erfolgen.

Betrag wieder zugeschrieben, so dass Erträge von 40.000 € entstehen. Die Zuschreibung von 60.000 € ist unzulässig, da die Anschaffungskosten die Wertobergrenze bilden.

Im **HGB** sind Beteiligungen wie andere Wertpapiere des Anlagevermögens zu bewerten. Die Anschaffungskosten stellen die Wertobergrenze dar. Außerplanmäßige Abschreibungen müssen (können) bei voraussichtlich dauernder (nicht dauernder) Wertminderung verrechnet werden. Bei Wegfall des Abschreibungsgrunds muss zugeschrieben werden.

5.4.3 Behandlung von Investment Properties

Zu den investment properties gehören nach IAS 40 (Investment Properties – Als Finanzinvestition gehaltene Immobilien) Grundstücke und Gebäude, die zur Erzielung von Mieteinnahmen oder zum Zweck der Wertsteigerung gehalten werden (IAS 40.5). Sie werden nicht produktiv im Unternehmen genutzt, sondern weisen einen Investitionscharakter auf. Daher gehören sie inhaltlich zu den Finanz- und nicht zu den Sachanlagen.

Die Bewertung ist beim Zugang mit den Anschaffungs- oder Herstellungskosten vorzunehmen. Bei der Folgebewertung besteht nach IAS 40.32A ein **Wahlrecht**, das für alle betreffenden Grundstücke einheitlich auszuüben ist (horizontale Stetigkeit). Außerdem ist die gewählte Methode im Zeitablauf beizubehalten, so dass auch eine vertikale Stetigkeit verlangt wird[1]. Für die Bewertung kann entweder das cost model oder das fair value model (Modell des beizulegenden Zeitwerts) angewendet werden.

Im ersten Fall wird die Bewertung wie beim **cost model** (Anschaffungskostenmodell) von Sachanlagen nach IAS 16 durchgeführt. Die historischen Kosten bilden die Wertobergrenze und es werden planmäßige Abschreibungen verrechnet. Außerplanmäßige Abschreibungen richten sich nach IAS 36. Sollten die betreffenden Immobilien zum Verkauf bestimmt sein, müssen die Regelungen von IFRS 5 beachtet werden (IAS 40.56).

Im zweiten Fall erfolgt eine **Neubewertung** zum fair value, der sich im Idealfall als Wert auf vollkommenen Märkten ergibt. In der Realität wird eine Ableitung des fair values meist aus den Verkäufen ähnlicher Immobilien erfolgen. Die Bewertung ist jährlich durchzuführen, wobei Wertsteigerungen und Wertminderungen erfolgswirksam in der GuV-Rechnung erfasst werden (IAS 40.35). Die Verrechnung planmäßiger Abschreibungen entfällt. Das fair value model für investment properties unterscheidet sich deutlich vom revaluation model für Sachanlagen. Nach IAS 16 ist die Neubewertung grundsätzlich erfolgsneutral durchzuführen, indem eine Rücklage gebildet wird.

---

[1] Vgl. Beck, M. (Bilanzierung), S. 499.

Beispiel: Die X-AG erwirbt in 01 ein Gebäude (investment property) für 500.000 € (der Grund und Boden wird vernachlässigt). Ende 01 ist der fair value auf 510.000 € angestiegen. Die Wertsteigerung von 10.000 € erscheint in der GuV-Rechnung als Finanzertrag (finance income 10.000). Bei Sachanlagen wären planmäßige Abschreibungen zu verrechnen und anschließend erfolgsneutral eine Neubewertungsrücklage zu bilden.

Auch die Häufigkeit der Neubewertung ist unterschiedlich. Bei Sachanlagen ist sie im Regelfall alle drei bis fünf Jahre durchzuführen (IAS 16.34) – bei investment properties muss sie dagegen jährlich vorgenommen werden. Zusammenfassend gilt:

Investment properties	
Erstbewertung: Anschaffungs- oder Herstellungskosten	
Folgebewertung: Cost model	Folgebewertung: Fair value model
• Planmäßige Abschreibung über die Nutzungsdauer • Eventuell außerplanmäßige Ab- und Zuschreibungen (mit Obergrenzen)	• Neubewertung zum fair value (keine planmäßige Abschreibung) • Erfolgswirksame Behandlung von Wertänderungen (ohne Obergrenzen)

Abb. 114: Bewertung von investment properties

Im **HGB** sind für Gebäude die Vorschriften für abnutzbare Sachanlagen anzuwenden. Auch im Steuerrecht ist eine Bewertung mit Marktwerten verboten. Wenn der Wert eines bebauten Grundstücks über seine (fortgeführten) Anschaffungskosten steigt, liegt der IFRS-Wert über dem Steuerbilanzwert und es entsteht eine passive latente Steuer.

Beispiel: Die X-AG erwirbt am 1.7.01 ein Mietwohngebäude mit zehn Wohnungen als Kapitalanlage. Die Anschaffungskosten des Grund und Bodens betragen 400.000 €, die des Gebäudes 1.200.000 €. Diese Werte gelten auch steuerrechtlich. Ende 01 ist der Wert des Grundstücks auf 420.000 €, der des Gebäudes auf 1.240.000 € gestiegen. Die Buchungen für die Zuschreibung des Grund und Bodens lauten: "Dr Land 20.000, Cr Finance income 20.000" und "Dr Deferred tax expense 6.000, Cr Deferred tax liabilities 6.000".

	IFRS-Wert	Steuerwert	Differenz	Latente Steuer
Grund und Boden	420.000	400.000	20.000	Passiv: 6.000
Gebäude	1.240.000	1.188.000	52.000	Passiv: 15.600

Abb. 115: Latente Steuern bei investment properties

Im deutschen Steuerrecht ist das Wohngebäude mit 2% der Anschaffungskosten abzuschreiben (§ 7 Abs. 4 Satz 1 Nr. 2a EStG). Die Abschreibungen betragen in 01: 12.000 € (6/12 von 0,02 x 1.200.000 €). Daraus ergibt sich ein Steuerwert von 1.188.000 €. Beim Steuersatz von 30% ergeben sich passive latente Steuern von 15.600 € (0,3 x 52.000 €).

Bei einer voraussichtlich **nicht dauernden Wertminderung** darf im Steuerrecht nicht außerplanmäßig abgeschrieben werden, sodass der IFRS-Wert unter dem Steuerbilanzwert liegt. Es entsteht eine aktive latente Steuer. Bei voraussichtlich dauernder Wertminderung **kann** in der Steuerbilanz eine Teilwertabschreibung vorgenommen werden. Bei Ausübung des Wahlrechts stimmen IFRS-Wert und Steuerwert überein – andernfalls entsteht wieder eine aktive latente Steuer.

6. Bewertung von Inventories

6.1 Ausgangswerte

Die Bewertung von Vorräten wird in IAS 2 (Inventories – Vorräte) geregelt, wobei grundsätzlich die **historical costs** von Bedeutung sind. Für Waren und fremdbezogene Werkstoffe sind die Anschaffungskosten, für selbst erstellte Fertigerzeugnisse die Herstellungskosten anzuwenden. Unfertige Erzeugnisse sind mit den Herstellungskosten zu bewerten, die bis zur jeweiligen Fertigungsstufe angefallen sind.

Grundsätzlich gilt für die Bewertung von inventories das **Einzelbewertungsprinzip**[1]. Da dieses Vorgehen arbeitsintensiv oder unmöglich sein kann, werden zur Vereinfachung die gewogene Durchschnittsmethode und die Fifo-Methode zugelassen (IAS 2.25). Es wird unterstellt, dass die ersten Zugänge auch zuerst verbraucht werden. Der Endbestand wird mit den Werten der letzten Zugänge bewertet, so dass eine aktuelle Bewertung stattfindet.

Bewertungsmethoden bei inventories	
Grundsatz: Einzelbewertung – Erlaubte Ausnahmen:	
Gewogene Durchschnittsmethode	Fifo-Methode
Bewertung des Endbestands: Mit gewogenem Durchschnittswert	Bewertung des Endbestands: Mit letzten Zugangswerten

Abb. 116: Bewertungsmethoden bei inventories

---

[1] Vgl. Achleitner, A.-K./Behr, G./Schäfer, D. (Rechnungslegung), S. 159.

Beispiel: Ein Unternehmen bezieht in 01 die folgenden Rohstoffe (Anfangsbestand zum Jahresbeginn: Null Stück): Anfang 01: 1.000 kg zu 10 €/kg, Mitte 01: 800 kg zu 12 €/kg, Ende 01: 1.200 kg zu 11 €/kg. Der Endbestand beträgt 1.400 kg. Bei der Bewertung der Endbestände nach der Durchschnittsmethode bzw. Fifo-Methode gelten folgende Werte:

Fifo-Methode:	15.600 € (1.200 kg zu 11 €/kg und 200 kg zu 12 €/kg)
Durchschnittsmethode:	15.302 € (1.400 kg x 10,93 €/kg)

6.2 Abschreibung und Zuschreibung

Wenn der **net realisable value** (Nettoveräußerungswert) niedriger ist als die Anschaffungs- oder Herstellungskosten, muss er angesetzt werden (IAS 2.9). Es gilt ein Niederstwertprinzip, bei dem der Vergleichswert vom Absatzmarkt abgeleitet wird. Vom Nettoveräußerungspreis müssen noch bestimmte Aufwendungen abgezogen werden, so dass eine **retrograde Wertermittlung** vorliegt:
- Bei unfertigen Erzeugnissen: Kosten der Fertigstellung und Veräußerung.
- Bei fertigen Erzeugnissen und Waren: Veräußerungskosten.

Beispiel: Die Herstellungskosten eines fertigen Erzeugnisses betragen zum Jahresende 2.000 €. Die Auslieferung erfolgt Anfang 02, wodurch weitere Aufwendungen für Transport und Versicherung in Höhe von 150 € anfallen. Der im Kaufvertrag fest vereinbarte Absatzpreis beträgt netto: Fall a) 2.200 € – Fall b) 2.100 €. Bewertungen zum 31.12.01:

Fall a) Zu Herstellungskosten: 2.000 € - Fall b) Zum Nettoveräußerungswert: 1.950 €

Im Fall a) ist der net realisable value mit 2.050 € nicht niedriger als die Herstellungskosten, so dass keine Abschreibung des Erzeugnisses erfolgt. Im Fall b) liegt der net realisable value unter den Herstellungskosten. Somit besteht eine **Abschreibungspflicht**. Der Verlust von 50 € wird aus dem Veräußerungsjahr 02 in die Produktionsperiode 01 vorgezogen (Erlöse 2.100 € abzgl. Aufwendungen 2.150 €). Er erscheint schon in der Produktionsperiode, so dass der Verkauf erfolgsneutral möglich ist (verlustfreie Bewertung)[1].

Werkstoffe sind – im Gegensatz zu Fertigerzeugnissen und Waren – nicht zur Veräußerung bestimmt. Roh- und Hilfsstoffe gehen in die fertigen Erzeugnisse ein, Betriebsstoffe

---
[1] Vgl. Bitz, M./Schneeloch, D./Wittstock, W. (Jahresabschluss), S. 270.

werden bei der Produktion verbraucht. Solange die Fertigerzeugnisse ohne Verluste veräußert werden können, ist eine Abwertung der Vorräte unzulässig (IAS 2.32). Erst wenn diese Bedingung nicht mehr erfüllt ist, sind die Werkstoffe außerplanmäßig abzuschreiben, wobei die **Wiederbeschaffungskosten** den bestmöglichen Maßstab bilden.

Beispiel: Die Construct-AG stellt in 01 das A-Produkt her, für dessen Fertigung zwei Einheiten des X-Rohstoffs benötigt werden (Anschaffungskosten: 200 €/Einheit). Die weiteren Fertigungskosten betragen 600 € für jedes A-Produkt. Am Jahresende 01 befinden sich noch zehn Einheiten des X-Rohstoffs auf Lager, die zu bewerten sind. Die Wiederbeschaffungskosten belaufen sich am Jahresende auf 130 € je Rohstoffeinheit. Die Absatzpreise betragen a) 1.200 €/Stück netto bzw. b) 900 €/Stück netto.

Die Herstellungskosten des A-Produkts betragen 1.000 € (2 x 200 € + 600 €) und übersteigen im Fall a) nicht den Absatzpreis von 1.200 € netto. Beim Verkauf des Produkts entsteht ein Gewinn (200 €). In diesem Fall kommt keine Abschreibung der Rohstoffe in Betracht. Im Fall b) übersteigen die Herstellungskosten den Nettoverkaufspreis (1.000 € > 900 €), so dass sich ein Verlust von 100 € ergibt. Dann ist im ersten Schritt das Fertigerzeugnis um 100 € je Stück abzuschreiben, wobei der Aufwand in der GuV-Rechnung als Bestandsminderung fertiger Erzeugnisse (fE) erfasst wird.

Herstellungskosten (inkl. Rohstoffe): 1.000 €/Stück	
a) Nettoverkaufspreis 1.200 €/Stück	b) Nettoverkaufspreis 900 €/Stück
Kein Verlust – keine Abwertung	**Verlust: Abwertung fE und Rohstoffe**

Abb. 117: Beispiel zur Abwertung von Rohstoffen

Im zweiten Schritt werden die Werkstoffe auf die **Wiederbeschaffungskosten** reduziert. Die Anschaffungskosten von 200 €/Einheit werden um je 70 € auf die Wiederbeschaffungskosten von 130 €/Einheit vermindert. Bilanzielle Bewertung von 10 Einheiten am Jahresende: 1.300 €. In der GuV-Rechnung erscheint ein Materialaufwand von 700 €[1]. Buchung: "Dr Raw materials and consumables used 700, Cr Raw materials or supplies 700".

Zuschreibungen sind maximal bis zu den historical costs vorzunehmen, wenn der net realisable value der zuvor abgeschriebenen Werkstoffe wieder steigt. Der Zuschreibungsbetrag von Werkstoffen mindert den Materialaufwand der Periode, in der die Wertaufholung stattfindet (IAS 2.34). Der Aufwand der eingesetzten Werkstoffe wird insoweit storniert.

---

[1] Vgl. Baetge, J./Kirsch, H.-J./Thiele, S. (Bilanzen), S. 629.

Bewertung von inventories	
Basis: Historical costs	
Abschreibungspflicht	Zuschreibungspflicht
Bei gesunkenem net realisable value	Bei wieder gestiegenem net realisable value (Obergrenze: Historical costs)

Abb. 118: Bewertung von inventories

Im **HGB** werden Vorräte grundsätzlich einzeln mit den Anschaffungs- oder Herstellungskosten bewertet. Abweichend vom Einzelbewertungsprinzip können gleichartige Vorräte nach § 256 HGB vereinfachend mit dem Lifo- oder Fifo-Verfahren bewertet werden, soweit es den GoB entspricht (Bewertungsvereinfachungsverfahren). Die Durchschnittsbewertung ist handelsrechtlich ebenfalls erlaubt.

Im Umlaufvermögen gilt das strenge Niederstwertprinzip: Ein niedrigerer Börsen- oder Marktpreis muss beachtet werden. Hierbei sind Nebenkosten zu berücksichtigen. Bei betriebsnotwendigen Werkstoffen ist der Beschaffungsmarkt und bei Fertigerzeugnissen der Absatzmarkt relevant[1]. Ist kein Markpreis zu bestimmen, wird der beizulegende Stichtagswert angewendet (§ 253 Abs. 4 Satz 2 HGB). Beim späteren Wegfall des Abschreibungsgrunds besteht eine Zuschreibungspflicht (§ 253 Abs. 5 HGB).

Steuerrechtlich sind Vorräte einzeln mit den Anschaffungs- oder Herstellungskosten zu bewerten. Zur Bewertungsvereinfachung können die Durchschnittsbewertung und die Lifo-Methode angewendet werden. Wird bei IFRS die Fifo-Methode eingesetzt, weichen der IFRS-Wert und Steuerbilanzwert voneinander ab und es ergeben sich latente Steuern. Im Umlaufvermögen ist steuerlich keine Teilwertabschreibung zulässig, wenn die Wertminderung nicht von Dauer ist. In diesem Fall treten aktive latente Steuern auf.

6.3 Spezialfall: Langfristfertigung

Bei Großprojekten wie z.B. dem Brückenbau, Schiffbau, Großanlagenbau nimmt die Fertigung des Produkts eine längere Zeit in Anspruch. Zwischen Beginn und Fertigstellung liegt regelmäßig ein Bilanzstichtag. Damit stellt sich die Frage, wie der Erfolg auf die Geschäftsjahre zu verteilen ist. Die Beantwortung ist auch deshalb wichtig, weil die Unternehmen aus Kapazitätsgründen oft nur ein Projekt durchführen können.

---

[1] Vgl. Federmann, R. (Bilanzierung), S. 441.

Beispiel: Die Schiffbau-AG beginnt am 1.1.01 mit dem Bau eines Kreuzfahrtschiffs. Fertigstellung: 30.12.02. Der Festpreis beträgt 180.000.000 € netto, die produktionsbedingten Aufwendungen belaufen sich auf 140.000.000 €. Jährlich fallen Verwaltungskosten von 5.000.000 € an. Der Vergütungsanspruch entsteht bei diesem **Werkvertrag** Ende 02 bei Abnahme des Schiffs durch den Auftraggeber. Der Auftrag wird gleichmäßig abgewickelt, so dass in 01 Aufwendungen in Höhe von 70.000.000 € anfallen. Wenn der Erfolg in 02 nach Fertigstellung und Abnahme ausgewiesen wird, ergibt sich:

| In 01: Aufwendungen: 75.000.000 € - Erträge: 75.000.000 €. Erfolgsneutral |
| In 02: Aufwendungen: 150.000.000 € - Erträge: 180.000.000 €. Erfolgswirksam |

In 01 ist der Vorgang **erfolgsneutral**, wenn alle Kosten aktiviert werden. In der Bilanz wird das Schiff als unfertiges Erzeugnis aktiviert und mit den Herstellungskosten bewertet. Wenn die allgemeinen Verwaltungskosten (wie im HGB) aktiviert werden können, ist der Vorgang bei Wahlrechtsausübung erfolgsneutral. In der GuV-Rechnung stehen den Aufwendungen (75.000.000 €) gleich hohe andere aktivierte Eigenleistungen gegenüber. Wenn nicht aktivierbare Kosten (wie z.B. Forschungskosten) zu berücksichtigen sind, wird keine Erfolgsneutralität erreicht.

In 02 entsteht ein Gewinn in Höhe von 30.000.000 €: Den Umsatzerlösen in Höhe von 180.000.000 € stehen die Produktionsaufwendungen (Material- und Fertigungskosten von 70.000.000 €), die Verwaltungskosten (5.000.000 €) und die Bestandsminderung unfertiger Erzeugnisse (75.000.000 €) gegenüber. Die Betrachtungsweise ist **rechtlich** orientiert: Da der Hersteller Ende 01 noch keinen Anspruch auf Vergütung aus dem Werkvertrag hat, entsteht in diesem Jahr noch kein Gewinn. Erst mit der Abnahme des Werks durch den Auftraggeber entstehen Ende 02 der Vergütungsanspruch und der Gewinn.

Bei **wirtschaftlicher** Betrachtung gilt: Da das Schiff an Wert gewinnt, ist am 31.12.01 bereits die Hälfte des Gewinns (15.000.000 €) entstanden. In 01 werden Umsatzerlöse von 90.000.000 € erwirtschaftet, denen Aufwendungen von 75.000.000 € gegenüberstehen. Bei der Langfristfertigung sind daher zwei Verfahren der Erfolgsermittlung üblich:
- Completed-contract method: Gewinnausweis nach Fertigstellung.
- Percentage-of-completion method: Gewinnausweis nach Fertigstellungsgrad.

Bei der **completed-contract method** steht das Vorsichtsprinzip im Vordergrund. Der Gewinn wird erst ausgewiesen, wenn der Werkvertrag erfüllt und der Anspruch rechtlich entstanden ist. Das Realisationsprinzip wird "streng" interpretiert[1]. Die Methode ist insbe-

---
[1] Vgl. Coenenberg, A.G./Haller, A./Schultze, W. (Jahresabschluss), S. 231.

6. Bewertung von Inventories

sondere für die Gläubiger eines Unternehmens geeignet und wird in Handels- und Steuerrecht eingesetzt[1]. Im Beispiel entsteht der Erfolg in voller Höhe im zweiten Jahr.

Dagegen steht bei der **percentage-of-completion method** das Prinzip der periodengemäßen Erfolgsermittlung (accrual basis) im Vordergrund. Das Realisationsprinzip kommt in einer "milden" Version zur Anwendung und das Vorsichtsprinzip tritt in den Hintergrund. Die percentage-of-completion method ist bei IFRS üblich und insbesondere für die Anteilseigner eines Unternehmens geeignet. Die Methode wird in IAS 11 (Construction Contracts - Fertigungsaufträge) geregelt. Der Standard ist auf **Fertigungsaufträge** anzuwenden, die die folgenden Merkmale aufweisen:

Kundenspezifische Fertigung und längerfristige Fertigungsdauer

Die folgende Abbildung stellt die beiden Verfahren der Erfolgsermittlung bei Fertigungsaufträgen gegenüber:

	Erfolgsausweis bei Fertigungsaufträgen	
	Completed-contract method	Percentage-of-completion method
Inhalt	Erfolgsausweis bei Abnahme - Rechtliche Betrachtung -	Zeitanteiliger Erfolgsausweis - Wirtschaftliche Betrachtung -
Vorrangiges Prinzip	Vorsichtsprinzip Realisationsprinzip **streng**	Accrual basis Realisationsprinzip **milde**
Adressaten	Gläubiger	Anteilseigner
Anwendung	HGB	IFRS

Abb. 119: Erfolgsausweis und Prinzipien bei Langfristfertigung

Bei langfristigen Fertigungsaufträgen sind verschiedene Vertragstypen möglich[2]. Beim **Festpreisvertrag** wird für das Gesamtwerk ein fester Absatzpreis vereinbart. Der Anbieter wird diesen Preis so festlegen, dass nach Abzug aller Auftragskosten ein Gewinn entsteht. Auf Grund der längeren Produktionsdauer müssen die Kosten geschätzt werden. Bei Abweichungen zwischen geplanten und tatsächlichen Auftragskosten treten Gewinneinbußen oder sogar Verluste auf. Das Risiko liegt beim Hersteller.

---

[1] Vgl. Coenenberg, A.G./Haller, A./Schultze, W. (Jahresabschluss), S. 231.
[2] Vgl. Hayn, S./Waldersee, G.G. (IFRS), S. 191.

Zur Anwendung der percentage-of-completion method müssen bestimmte Annahmen erfüllt sein. Bei Festpreisverträgen müssen insbesondere der Fertigstellungsgrad, die geplanten Gesamtkosten des Projekts und die bis zum Bilanzstichtag tatsächlich angefallenen Kosten verlässlich ermittelt werden können.

Der Fertigstellungsgrad kann nach der **cost to cost-method** (Kostenverhältnismethode) ermittelt werden. Hierbei wird das Verhältnis aus bisher angefallenen Auftragskosten und geschätzten Gesamtkosten des Projekts gebildet[1]. Die Projektkosten umfassen alle zugehörigen Einzel- und Gemeinkosten (z.b. Material- und Personalkosten). Allgemeine Verwaltungskosten, Forschungs- und Entwicklungskosten sind nicht zu verrechnen (IAS 11.20).

Cost to cost-method
Fertigstellungsgrad = Verhältnis bisher angefallener Auftragskosten zu Gesamtkosten
Beispiel: Angefallene Kosten 01: 70.000.000, Gesamtkosten des Projekts: 140.000.000
Fertigstellungsgrad 50% (70.000.000 €/140.000.000 €)

Abb. 120: Anwendung der cost to cost-method

Die nächste Abbildung stellt die bilanzielle Behandlung der Fertigungsaufträge nach den beiden Methoden für das Eingangsbeispiel gegenüber (ohne Umsatzsteuer). Bei der percentage-of-completion method wird in der Bilanz 01 eine spezielle Forderung ausgewiesen, die in IAS 11.42 "gross amount due from customers for contract work" genannt wird (sinngemäß: Forderung aus Fertigungsaufträgen). Diese Forderung (nachfolgend kurz: receivables) wird mit den Herstellungskosten zuzüglich anteiliger Gewinnbeträge bewertet. Bei der completed-contract method wird der Fertigungsauftrag Ende 01 als unfertiges Erzeugnis bilanziert und mit anteiligen Herstellungskosten bewertet.

		Percentage-of-completion method		Completed-contract method	
Bilanzposten und Erfolg 01		Receivables: Erfolg:	90.000.000 15.000.000	Inventories: Erfolg:	75.000.000 0
Bilanzposten und Erfolg 02		Trade receivables: Erfolg:	180.000.000 15.000.000	Trade receivables: Erfolg:	180.000.000 30.000.000
Totalperiode		Gesamterfolg:	30.000.000	Gesamterfolg:	30.000.000

Abb. 121: Bilanzielle Ausweismethoden bei Langfristfertigung

---

[1] Vgl. Grünberger, D. (IFRS), S. 89. In IAS 11.30 werden noch weitere Methoden angeführt.

6. Bewertung von Inventories

Bei der **percentage-of-completion method** werden die receivables in der Bilanz 01 mit 90.000.000 € bewertet (Herstellungskosten 70.000.000 € und 50% des Projektgewinns von 20.000.000 €). Die Gegenbuchung erfolgt auf dem Konto Umsatzerlöse: "Dr Receivables 90.000.000, Cr Revenue 90.000.000". Der Periodenerfolg ergibt sich als Differenz aus periodenbezogenen Auftragserlösen vermindert um Auftragskosten und weiteren Kosten (z.B. für die Verwaltung). In 01 ergibt sich ein Periodengewinn von 15.000.000 €:

> **Percentage-of-completion method.** Gewinn 01: Umsatzerlöse 90.000.000 - Projektkosten 70.000.000 - Verwaltungskosten 5.000.000

Ende 02 entsteht die Forderung gegenüber dem Auftraggeber (Posten "trade receivables", Wert 214.200.000 € brutto). Der Gewinn beträgt in 02 wieder 15.000.000 €: Es entstehen Umsatzerlöse von 90.000.000 €, denen Aufwendungen für das Projekt und die Verwaltung in Höhe von insgesamt 75.000.000 € gegenüberstehen. Die Ende 01 aktivierte Forderung (receivables) von 90.000.000 € wird ausgebucht: "Dr Trade receivables 214.200.000, Cr Receivables 90.000.000, Cr Revenue 90.000.000, Cr Other payables 34.200.000".

Bei der **completed-contract method** erfolgt die Bewertung des Fertigungsauftrags Ende 01 mit den Herstellungskosten von 70.000.000 € (50% des Gesamtaufwands in Höhe von 140.000.000 €). Wenn die Verwaltungskosten aktiviert werden, steigt der Wert der unfertigen Erzeugnisse auf 75.000.000 €. Die Gegenbuchung erfolgt auf dem Ertragskonto Bestandserhöhung unfertiger Erzeugnisse. Diesem Ertrag stehen in 01 Aufwendungen für die Produktion in gleicher Höhe gegenüber. In 02 entsteht der Gewinn von 30.000.000 €:

> **Completed-contract method.** Gewinn 02 = Umsatzerlöse 180.000.000 - Bestandsminderung 75.000.000 - Projektkosten 70.000.000 - Verwaltungskosten 5.000.000

Die percentage-of-completion method lässt sich relativ einfach durchführen, solange alle relevanten Daten bekannt sind und sich **nicht verändern**. Das ist in der Praxis oft nicht der Fall. Mit zunehmender Projektdauer sind Kostensteigerungen zu erwarten. Es gilt:

> Kostensteigerungen verändern den Fertigstellungsgrad und den Gewinn

Das obige Beispiel wird wie folgt verändert: Zum 31.12.01 sind die tatsächlichen Aufwendungen auf 75.000.000 € gestiegen. Für 02 werden Kosten in Höhe von 80.000.000 € erwartet. Damit ergeben sich neue Gesamtkosten von 155.000.000 € und der Gewinn des

Projekts sinkt auf 25.000.000 € (180.000.000 € - 155.000.000 €). Der Fertigstellungsgrad beträgt Ende 01: 48,39% (75.000.000 €/155.000.000 €) und die in der Bilanz zu aktivierende Forderung: 87.102.000 € (0,4839 x 180.000.000 €). In der GuV-Rechnung werden in dieser Höhe Umsatzerlöse ausgewiesen. Der Gewinn für 01 ist im Vergleich zur Ausgangssituation deutlich niedriger und beträgt nur noch 7.102.000 €. Berechnung:

> **Percentage-of-completion method.** Gewinn 01 = Umsatzerlöse 87.102.000 - Projektkosten 75.000.000 - Verwaltungskosten 5.000.000

Im **Steuerrecht** ist ein Erfolgsausweis vor Fertigstellung verboten, so dass latente Steuern auftreten. Im Beispiel liegt der IFRS-Wert der Forderung Ende 01 über dem Steuerbilanzwert der unfertigen Erzeugnisse: IFRS-Wert 90.000.000 €, Steuerwert (wie im HGB) 75.000.000 € - Differenz: 15.000.000 €. Beim Steuersatz von 30% entsteht eine passive latente Steuer von 4.500.000 €. Sie wird in 02 aufgelöst, wenn der Gewinnanspruch und damit die tatsächlichen Ertragsteuern entstehen[1].

Zusammenfassend lässt sich feststellen, dass die percentage-of-completion method und die completed-contract method insgesamt dieselben Erfolge ausweisen. Auch wenn der zeitanteilige Erfolgsausweis zweckmäßig erscheint, können sich jedoch Probleme bei der Bestimmung des Fertigstellungsgrads ergeben. Außerdem müssen bei Kostensteigerungen, die in der Praxis ständig auftreten, immer neue Berechnungen erfolgen. Die Methode setzt ein **effizientes Projektcontrolling** voraus, das die Projektdaten laufend aktualisiert[2].

7. Bewertung von Trade Receivables

7.1 Ausgangswerte

Forderungen lassen sich in Kapital- und Leistungsforderungen unterteilen. **Kapitalforderungen** beinhalten eine zeitlich befristete Überlassung von Geld: Wird heute ein Kredit gewährt, muss der Schuldner diesen Geldbetrag später wieder zurückzahlen. **Leistungsforderungen** entstehen durch die Erbringung von Sach- oder Dienstleistungen auf Grund von Kauf-, Werk- oder Dienstleistungsverträgen[3]. Sie werden bilanziell als Forderungen aus Lieferungen und Leistungen (trade receivables) behandelt.

---

[1] Vgl. Pellens, B./Fülbier, R.U./Gassen, J./Sellhorn, T. (Rechnungslegung), S. 268.
[2] Vgl. Achleitner, A.-K./Behr, G./Schäfer, D. (Rechnungslegung), S. 173.
[3] Vgl. Bitz, M./Schneeloch, D./Wittstock, W. (Jahresabschluss), S. 164.

Für die Bewertung von loans and receivables (Kredite und Forderungen) ist IFRS 9 anzuwenden. Es handelt sich um financial instruments at amortised cost. **Kapitalforderungen** werden zunächst zum fair value zuzüglich direkter Nebenkosten bewertet. Die Folgebewertung wird mit den fortgeführten Anschaffungskosten nach der Effektivzinsmethode vorgenommen. Zinsbedingte Wertunterschiede ergeben sich nur dann, wenn der Zinssatz der Forderung bei Entstehung vom Marktzins abweicht.

Leistungsforderungen werden bei ihrer Entstehung mit dem fair value plus Nebenkosten bewertet. Es handelt sich inhaltlich um die Anschaffungskosten. Zu den Nebenkosten gehören auch Verkehrssteuern, die die Transaktion belasten. Hierzu zählt insbesondere die Umsatzsteuer, so dass die Forderungen **brutto** bewertet werden. Die Entstehung von Erträgen wird in IAS 18 (Revenue – Umsatzerlöse) behandelt. Beim Kaufvertrag müssen insbesondere alle Risiken auf den Käufer übertragen werden (IAS 18.14). Dieser Fall tritt bei endgültiger Übergabe der Sache ein. Beim Werkvertrag gilt Entsprechendes, wobei eine Abnahme des Werks durch den Auftraggeber erfolgen muss.

Beispiel: Die Software-AG hat ein Computerprogramm im Auftrag der Computer-AG gefertigt. Das Programm ist am 1.11.01 fertig gestellt worden, wobei Herstellungskosten (costs) von 300.000 € angefallen sind (Verkaufspreis: 500.000 € zzgl. 19% USt). Die Abnahme durch die Computer-AG erfolgt am 15.12.01, die Bezahlung findet Anfang 02 statt. Zum 31.12.01 wird eine Forderung im Umlaufvermögen ausgewiesen, da alle Risiken übertragen wurden. Sie wird mit 595.000 € (inklusive 19% USt) bewertet.

Im **HGB** sind Leistungsforderungen erst auszuweisen, wenn der Schuldner alle vertraglichen Pflichten erfüllt hat und ein Anspruch auf Zahlung besteht. Dann erfolgt die Bewertung mit den Anschaffungskosten (Nennwert). Bei Leistungsforderungen gehört auch die Umsatzsteuer zu den Anschaffungskosten[1].

7.2 Abschreibung und Zahlungseingang

Der Zahlungseingang einer Forderung wird unsicher, wenn der Schuldner in Zahlungsschwierigkeiten gerät. Hierfür müssen substanzielle Hinweise vorliegen. Dann handelt es sich um eine Wertminderung (impairment), die zu einer außerplanmäßigen Abschreibung führt. Bei IFRS ist jede Forderung einzeln zu überprüfen und bei Bedarf eine **Einzelwertberichtigung** vorzunehmen[2]. Wenn eine Gruppe von Forderungen ein vergleichbares

---

[1] Vgl. Buchholz, R. (IFRS), S. 105.
[2] Vgl. Hayn, S./Waldersee, G.G. (IFRS), S. 189.

Ausfallrisiko aufweist, können pauschalierte Wertberichtigungen vorgenommen werden. Insoweit ist eine **Pauschalwertberichtigung** zulässig[1]. Zur Berechnung wird auf die Literatur verwiesen[2]. Allgemeine Pauschalwertberichtigungen, die ohne konkrete Risikoinformation verrechnet werden sollen, sind bei IFRS unzulässig.

Bei der Einzelwertberichtigung ist der Abschreibungsbetrag nach IAS 39.63 die Differenz aus (vorläufigem) Buchwert und voraussichtlichem Barwert der Einzahlungen. Da Forderungen aus Lieferungen und Leistungen eine kurze Laufzeit haben, wird aus Gründen der Wesentlichkeit (materiality) meist auf die Abzinsung verzichtet. Dann gilt:

Abschreibungsbetrag = Buchwert - voraussichtlicher Einzahlungsbetrag

---

Besonderheiten ergeben sich durch die Umsatzsteuer, die in einer Leistungsforderung enthalten ist. Eine Umsatzsteuerkorrektur darf nach deutschem Umsatzsteuerrecht erst erfolgen, wenn der Forderungsausfall sicher feststeht. Die zu viel gezahlte Umsatzsteuer wird erst bei endgültigem Zahlungseingang oder nach Eröffnung eines Insolvenzverfahrens vom Finanzamt erstattet. Die Forderungsabschreibung bezieht sich daher nur auf ihren **Nettobetrag** (ohne Umsatzsteuer)[3]. Hierdurch wird eine periodengemäße Erfolgsermittlung sichergestellt, da die Umsatzsteuer nicht ausfällt, sondern vom Finanzamt erstattet wird. Für den Inhaber der Forderung entsteht insoweit kein Aufwand.

Beispiel: Die X-AG verfügt am 1.12.01 über eine Forderung gegen die Y-AG in Höhe von 200.000 € zzgl. 19% USt, somit insgesamt 238.000 €. Zum 31.12.01 ist zweifelhaft, ob die Y-AG noch zahlungsfähig ist. Die X-AG schätzt den Ausfall auf 60%. Nach Abschluss des Insolvenzverfahrens wird auf die ursprüngliche Forderung nur 20% gezahlt (47.600 €). Der tatsächliche Ausfall betrug 80%. Das Ausfallrisiko wurde zu niedrig eingestuft.

Zum 31.12.01 ist die Forderung zweifelhaft und wird auf ein spezielles Konto (doubtful accounts – zweifelhafte Forderungen) umgebucht. Für Investoren dürfte diese Information entscheidungsrelevanten Charakter haben, so dass ein gesonderter Ausweis zweckmäßig erscheint. Die Forderungsabschreibung stellt einen Wertminderungsverlust (impairment loss) dar. Er wird in 01 vom Nettobetrag vorgenommen und beträgt 120.000 € (60% von 200.000 €). Die Bewertung zum 31.12.01 erfolgt in Höhe von 118.000 € (80.000 € zuzüglich voller Umsatzsteuer von 38.000 €).

---

[1] Vgl. Coenenberg, A.G./Haller, A./Schultze, W. (Jahresabschluss), S. 268.
[2] Vgl. Ruhnke, K./Simons, D. (Rechnungslegung), S. 500.
[3] Vgl. Döring, U./Buchholz, R. (Jahresabschluss), S. 132-133.

Bei Erhalt der Zahlung von 47.600 € entsteht ein zusätzlicher Aufwand von 40.000 €. Außerdem ist die Umsatzsteuer, die auf das Konto "sonstige Verbindlichkeiten" (other payables) gebucht wurde, in Höhe von 30.400 € zu korrigieren. Es entsteht insoweit ein Erstattungsanspruch gegenüber dem Finanzamt. Die Buchungssätze lauten:

Buchung der Abschreibung:				
Dr Doubtful accounts	238.000	Cr	Trade receivables	238.000
Dr Impairment loss	120.000	Cr	Doubtful accounts	120.000
Buchung des Zahlungseingangs:				
Dr Cash	47.600	Cr	Doubtful accounts	118.000
Dr Other expenses	40.000			
Dr Other payables	30.400			

Abb. 122: Buchungen bei Forderungen

Im **HGB** sind Forderungen im Umlaufvermögen außerplanmäßig abzuschreiben, wenn ihr beizulegender Stichtagswert gesunken ist. Bei konkreten Hinweisen erfolgt eine Einzelwertberichtigung der Forderungen. Für den verbleibenden Bestand wird eine Pauschalwertberichtigung gebildet, wenn durch Erfahrungswerte mit einem gewissen Ausfall zu rechnen ist. Auch allgemeine Pauschalwertberichtigungen sind zulässig.

8. Bewertung von Liabilities

8.1 Abgrenzungsbetrag bei Deferred Income

Zu den Schulden (liabilities) gehören bei IFRS passive Rechnungsabgrenzungsposten, Rückstellungen und finanzielle Verbindlichkeiten. Die passiven **transitorischen** Rechnungsabgrenzungsposten erfüllen die Liabilitydefinition, weil es sich um gegenwärtige Verpflichtungen handelt, deren Erfüllung zu einer Verminderung des wirtschaftlichen Nutzens führt. Die Nutzenabnahme besteht in der noch zu erbringenden Leistung des Unternehmens (z.B. Mietraumüberlassung), für die es bereits Geld erhalten hat.

Beispiel: Die Foto-AG will ihre Produktion erweitern und hat deshalb ein unbebautes Grundstück erworben. Da die Planungen für den Neubau noch nicht abgeschlossen sind, vermietet sie es vom 1.10.01 bis zum 30.09.02 für 24.000 € an die Bau-AG als Lagerplatz. Der gesamte Mietbetrag ist im Voraus zu entrichten. Die Zahlung ist umsatzsteuerfrei.

Der Betrag von 24.000 € ist auf die Geschäftsjahre 01 und 02 zu verteilen. Am Bilanzstichtag (31.12.01) müssen 18.000 € als passiver Rechnungsabgrenzungsposten abgegrenzt werden. Buchung Ende 01: "Dr Cash 24.000, Cr Other income 6.000, Cr Deferred income 18.000". Da die Erzielung von Mieten nicht zum Hauptgeschäft (zu den Umsatzerlösen) der Foto-AG gehört, wird der Posten "other income" verwendet. Entsprechend bucht die Bau-AG in 01: "Dr Other expenses 6.000, Dr Prepaid expenses 18.000, Cr Cash 24.000".

Neben passiven transitorischen können auch passive **antizipative** Rechnungsabgrenzungsposten auftreten. Hierbei handelt es sich um Verpflichtungen, bei denen der Aufwand im alten Geschäftsjahr entsteht und die Auszahlung im Folgejahr. Am Bilanzstichtag liegen sonstige Verbindlichkeiten (other payables) vor.

Beispiel: Die X-AG emittiert am 1.7.01 eine Schuldverschreibung im Gesamtbetrag von 1.000.000 € (Laufzeit vier Jahre, nachschüssige Zinszahlungen, Nominalzinssatz von 5%). Ende 01 schuldet die X-AG ihren Gläubigern Zinsen in Höhe von 25.000 € (6/12 von 5% von 1.000.000 €). Die Buchung lautet: "Dr Finance expense 25.000, Cr Other payables 25.000". Bei Vornahme der Zahlungen am 1.7.01 bucht die X-AG: "Dr Finance expense 25.000, Dr Other payables 25.000, Cr Cash 50.000".

Im **HGB** sind Rechnungsabgrenzungsposten zu passivieren, wenn im alten Geschäftsjahr eine Einnahme entstanden ist, die im nächsten Geschäftsjahr einen zeitlich bestimmten Ertrag darstellt. Die Abgrenzung betrifft z.B. im Voraus vereinnahmte Mieten und Zinsen.

8.2 Erfüllungsbetrag bei Provisions

Die Bewertung von Rückstellungen ist in IAS 37 nicht vom Ansatz der entsprechenden Verpflichtungen zu trennen. Daher wurden die entsprechenden Werte bereits im dritten Kapitel behandelt. Die Bewertung von Rückstellungen erfolgt nach IAS 37.36 mit der bestmöglichen Schätzung der Ausgabe, die zur **Erfüllung** der gegenwärtigen Verpflichtung am Bilanzstichtag notwendig ist. Es handelt sich um den Betrag, den das Unternehmen bezahlen müsste, um sich von der Verpflichtung zu befreien. Hierbei gilt:
- Einzelverpflichtung: Bewertung mit dem Wert der höchsten Eintrittswahrscheinlichkeit (mit eventuellen Anpassungen, falls andere Werte ins Gewicht fallen).
- Massenverpflichtungen: Bewertung mit dem Erwartungswert.

Bei langfristigen Verpflichtungen sind zukünftige Kostensteigerungen zu beachten und die Verpflichtungen sind abzuzinsen. Außerdem erfolgt eine Aktivierung des Rückstellungsbetrags, wenn eine direkte Verbindung zu einem Aktivposten besteht.

Auch **Altersversorgungsverpflichtungen** für Arbeitnehmer stellen langfristige Verpflichtungen des Unternehmens dar. Wenn eine Aktiengesellschaft ihren Arbeitnehmern bei Erreichen eines bestimmten Alters eine jährliche Rente verspricht, muss eine **Pensionsrückstellung** gebildet werden. Hierbei sind zwei Phasen zu unterscheiden:

- Aufbauphase: In den aktiven Jahren, die der Arbeitnehmer für das Unternehmen tätig ist, werden jährliche Zuführungen zur Pensionsrückstellung geleistet. Bei Erreichen des Rentenalters hat die Pensionsrückstellung den maximalen Wert erreicht.

- Abbauphase: In den Jahren, in denen der Arbeitnehmer seine Rente bezieht, wird die Pensionsrückstellung jährlich um einen bestimmten Betrag aufgelöst. Am Ende der Rentenlaufzeit ist der Rückstellungswert auf null gesunken.

Die Bewertung von Pensionsrückstellungen ist schwierig und wird beispielhaft erläutert. Die X-AG gewährt ihrem neuen Mitarbeiter Alt eine auf zehn Jahre befristete Rente, die ab dem 65. Lebensjahr jährlich nachschüssig gezahlt wird (Jahresbetrag 10.000 €, Zinssatz 5%)[1]. Alt wird Ende Dezember 10 eingestellt und ist gerade 60 Jahre alt geworden. Im Dezember 15 erreicht er das 65. Lebensjahr und der Rentenfall tritt ein. Die Pensionsrückstellung erreicht am 31.12.15 ihren maximalen Wert.

Insgesamt muss die X-AG Pensionen von 100.000 € bezahlen (10 x 10.000 €). Bei einem Zinssatz von 5% ist der Barwert niedriger und beträgt 77.217,35 €[2]. Mit diesem Wert muss die Pensionsrückstellung Ende 15 passiviert werden. Der Betrag wird aber auf die Jahre verteilt, in denen Alt für die AG tätig ist. Er "verdient" sich seine Pension in den aktiven Jahren. Da er Ende Dezember 10 eingestellt wird, ist noch keine Rückstellung zu bilden.

Ende 11 hat er 1/5 des Betrags von 77.217,35 € verdient, also 15.443,47 €. Dieser Betrag ist um vier Jahre abzuzinsen, so dass man 12.705,38 € erhält (15.443,47/$1,05^4$). Mit diesem Betrag wird die Rückstellung dotiert. Die Buchung lautet: "Dr Current service costs 12.705,38, Cr Defined benefit liability 12.705,38". In der GuV-Rechnung wird ein Dienstzeitaufwand ausgewiesen, der Personalaufwand darstellt und in der Bilanz erscheint der Posten "Schuld aus einem leistungsorientierten Plan" (= Pensionsrückstellung).

Ende 12 hat Alt wieder 1/5 des Betrags von 77.217,35 € verdient, also 15.443,47 €. Die Abzinsung erfolgt über drei Jahre: 13.340,65 € (15.443,47/$1,05^3$). Außerdem ist der Betrag aus dem Vorjahr um ein Jahr aufzuzinsen: 12.705,38 x 1,05 = 13.340,65 €. Insgesamt beträgt die Pensionsrückstellung Ende 12: 26.681,3 €. Die Buchung lautet: "Dr Current service costs 13.340,65, Dr Finance expense 635,27, Cr Defined benefit liability 13.975,92". Die folgende Abbildung zeigt die weiteren Werte der Rückstellung:

---

[1] Vgl. hierzu auch Pellens, B./Fülbier, R.U./Gassen J./Sellhorn, T. (Rechnungslegung), S. 462-463.
[2] Berechnung: 10.000/1,05 + 10.000/$1,05^2$ + ... 10.000/$1,05^{10}$ = 77.217,35.

Aufbau einer Pensionsrückstellung					
31.12.11	31.12.12	31.12.13	31.12.14	31.12.15
12.705,38 €	26.681,3 €	42.023,05 €	58.832,27 €	77.217,35 €

Abb. 123: Aufbau einer Pensionsrückstellung

Die Auflösung der Pensionsrückstellung beginnt im Jahr 16. Ende dieses Jahres zahlt die X-AG 10.000 €. Ende 16 beträgt der Barwert der Rentenbeträge 71.078,22 € (Berechnung wie oben, aber über neun Jahre). Damit ist die Pensionsrückstellung um 6.139,13 € aufzulösen (71.078,22 € - 77.217,35 €). Die Buchung lautet: "Dr Defined benefit liability 6.139,13, Dr Finance expense 3.860,87, Cr Cash 10.000". Nach zehn Jahren (am 31.12.25) ist die Rückstellung komplett aufgelöst.

Bereits das einfache Beispiel verdeutlicht den hohen rechnerischen Aufwand. In der Praxis werden meist Leibrenten gezahlt, die von der unsicheren Lebenserwartung des Arbeitnehmers abhängen. Außerdem hängt die Rente oft vom Gehalt ab, so dass Gehaltsänderungen zu berücksichtigen sind. Hierdurch steigt der Umfang der Berechnungen weiter an[1]. Im **HGB** werden Pensionsrückstellungen in vergleichbarer Weise berechnet, wenn die Grundfälle betrachtet werden. In den Einzelheiten können Unterschiede auftreten.

8.3 Anschaffungskosten bei Financial Liabilities

Finanzielle Verbindlichkeiten (financial liabilities) werden beim Erwerb mit dem fair value bewertet, der inhaltlich dem Barwert entspricht. Direkte Nebenkosten bei Aufnahme einer Verbindlichkeit sind zu berücksichtigen, so dass die Anschaffungskosten relevant sind. Auch in den Folgejahren ist in den meisten Fällen eine Bewertung zu (fortgeführten) Anschaffungskosten (amortised cost) vorzunehmen[2].

Wenn bei der Aufnahme eines Kredits oder der Ausgabe einer Schuldverschreibung der Marktzins dem Nominalzins entspricht, werden keine Ab- oder Zuschläge verrechnet. Anders verhält es sich bei Zinsdifferenzen, die beim **Eingehen der Verbindlichkeit** bestehen. Wenn der Marktzins 12% beträgt, aber eine emittierte Schuldverschreibung nur mit 8% Nominalzins ausgestattet ist, liegt eine Niedrigverzinslichkeit vor. Durch den Abzug eines **Disagios (discount)** vom Nennwert wird der Ausgleich hergestellt (unter

---

[1] Vgl. hierzu Pellens, B./Fülbier, R.U./Gassen J./Sellhorn, T. (Rechnungslegung), S. 464-470.
[2] Vgl. hierzu Grünberger, D. (IFRS), S. 146.

8. Bewertung von Liabilities

pari-Emission). Der Schuldner erhält heute einen niedrigeren Betrag, als er später zurückzahlen muss. Der fair value liegt unter dem Nennwert, so dass die Effektivverzinsung des Wertpapiers steigt. Der Nachteil des Schuldners wird zum Vorteil des Gläubigers: Er zahlt heute weniger als den Nennwert und erhält am Laufzeitende den vollen Betrag zurück.

Umgekehrt verhält es sich, wenn der Marktzins unter dem Nominalzins eines Wertpapiers liegt (Hochverzinslichkeit). Es wird ein **Agio (premium)** zum Nennwert zugerechnet – die Ausgabe erfolgt über pari. In den Folgejahren wird eine Abschreibung der Verbindlichkeit auf den Nennwert vorgenommen, so dass die Rückzahlung erfolgsneutral durchgeführt werden kann. Zinsänderungen, die **nach Eingehen** einer Verbindlichkeit entstehen, verändern ihren Zeitwert (fair value) und sind daher für die Bewertung irrelevant. Eine Fortführung nach der **Effektivzinsmethode** ist in den folgenden Fällen notwendig:

	Erstbewertung	Folgebewertung
Marktzins > Nominalzins	Fair value unter Nennwert: Discount	**Zuschreibung** der Verbindlichkeit auf Nennwert
Marktzins < Nominalzins	Fair value über Nennwert: Premium	**Abschreibung** der Verbindlichkeit auf Nennwert

Abb. 124: Bewertung von Verbindlichkeiten nach IFRS

Die Bilanzierung erfolgt beim Gläubiger und Schuldner entsprechend. Bei der Erläuterung von Finanzinstrumenten der Kategorie "at amortised cost" wurde die Bewertung einer vierjährigen Schuldverschreibung dargestellt: Nennwert 10.000 €, Auszahlung mit 9.700 € Anfang 01, Laufzeit vier Jahre, Nominalzins 6%, Effektivzins 6,8833%. Die Bewertung aus Schuldner- und Gläubigersicht wird in der folgenden Abbildung dargestellt.

Schuldner		Gläubiger	
01.01.01:	9.700,00 €	01.01.01:	9.700,00 €
31.12.01:	9.767,68 €	31.12.01:	9.767,68 €
31.12.02:	9.840,02 €	31.12.02:	9.840,02 €
31.12.03:	9.917,34 €	31.12.03:	9.917,34 €
31.12.04:	9.999,98 €	31.12.04:	9.999,98 €
Erfolgsneutrale Rückzahlung		**Erfolgsneutraler Erhalt des Anlagebetrags**	

(Mittelspalte: Entsprechende Werte ↔)

Abb. 125: Schuldverschreibung aus Schuldner- und Gläubigersicht

Der Schuldner erhält bei der Emission der Anleihe Anfang 01 einen Betrag von 9.700 €. Er muss in 01 Zinsen von 600 € zahlen (6% von 10.000 €). Die tatsächliche Zinsbelastung ist höher (667,68 €), da der Effektivzins 6,8833% beträgt (0,068833 x 9.700 = 667,68 €). Die Differenz von 67,68 € wird der Verbindlichkeit zugeschrieben. Die Buchung lautet: "Dr Finance expense 667,68, Cr Cash 600, Cr Non current financial liabilities 67,68".

Auf eine Abzinsung von finanziellen Verbindlichkeiten kann verzichtet werden, wenn der Effekt unwesentlich ist. Das wird bei **kurzfristigen Verbindlichkeiten** mit einer Laufzeit bis zu einem Jahr regelmäßig der Fall sein[1]. Die Differenz zwischen dem Nennwert und dem Barwert der Verbindlichkeit ist in diesen Fällen unwesentlich – der Zinseffekt hat keinen großen Einfluss auf die Bewertung.

Im obigen Beispiel waren der Ausgabe- und Nennbetrag sowie das Disagio bekannt. Der Effektivzinssatz war zu berechnen. Wenn der Marktzins (Effektivzins) und Nominalzins eines festverzinslichen Wertpapiers bekannt sind, muss das Disagio berechnet werden, das vom Nennbetrag der Verbindlichkeit abzuziehen ist.

Beispiel: Die X-AG emittiert am 1.1.01 eine Obligation zum Nennwert von 100.000 € zum nominellen Zinssatz von 10% (Laufzeit drei Jahre, Marktzins 13%, nachschüssige Zahlung). Die X-AG muss die Obligation unter 100.000 € platzieren, damit der effektive Zinssatz dem Marktzins entspricht. Die Ausgabe (Emission) erfolgt mit einem Disagio.

Im Vergleich zum Marktzins fallen pro Periode 3.000 € weniger Zinsen an (Zinsdifferenz 3% bezogen auf den Nennwert von 100.000 €). Das Disagio ergibt sich als Barwert der Differenz und beträgt 7.084 €. Der Barwert ist das Produkt aus jährlichem Unterschiedsbetrag und nachschüssigem Rentenbarwertfaktor[2].

Zeit	Nominelle Zinsen	Effektive Zinsen	Discount	Verbindlichkeit
Ende 01	10.000 €	12.079 €	-2.079 €	94.995 €
Ende 02	10.000 €	12.349 €	-2.349 €	97.344 €
Ende 03	10.000 €	12.655 €	-2.655 €	99.999 €

Abb. 126: Entwicklung eines Disagios bei IFRS

---

[1] Vgl. Baetge, J./Kirsch, H.-J./Thiele, S. (Bilanzen), S. 401.
[2] Vgl. Wöhe, G./Bilstein, J./Ernst, D./Häcker, J. (Unternehmensfinanzierung), S. 230. Konkret: 3.000 x $(1{,}13^3 - 1)$ dividiert durch $(0{,}13 \times 1{,}13^3)$ ergibt rund 7.084. Alternative Berechnung: Abzinsung der jährlichen Unterschiedsbeträge: $3.000/1{,}13 + 3.000/1{,}13^2 + 3.000/1{,}13^3 = 7.084$ (gerundet).

Anfang 01 erscheint die Verbindlichkeit in der Bilanz mit dem Nennwert abzüglich Disagio (92.916 € = 100.000 € - 7.084 €). Für das **Disagio** besteht ein **Ansatzverbot**. Die effektiven Zinsen für 01 (12.079 €) ergeben sich als Produkt aus Marktzins (13%) und ursprünglichem Barwert (92.916 €). Tatsächlich werden nur die nominellen Zinsen in Höhe von 10.000 € bezahlt, so dass das Disagio (discount) um die Differenz von 2.079 € abnimmt und die Verbindlichkeit entsprechend steigt. Am Ende des dritten Jahres ist das Disagio null und die Verbindlichkeit hat den Rückzahlungsbetrag erreicht.

Im **HGB** sind Verbindlichkeiten zum Erfüllungsbetrag zu bewerten. Ihre Abzinsung ist unzulässig. Ein Disagio **kann** nach § 250 Abs. 3 HGB als aktiver Rechnungsabgrenzungsposten angesetzt werden. Wird das Wahlrecht ausgeübt, kann auch im Handelsrecht ein Barwertansatz erreicht werden. Die Obligation wird mit 100.000 € passiviert und das Disagio Anfang 01 mit 7.084 € aktiviert. Wird es in 01 mit 2.079 € aufgelöst, ergibt sich am Jahresende ein Endbestand von 5.005 € und per Saldo derselbe Wert wie nach IFRS.

		Bilanz/Balance sheet Ende 01		
HGB:	Disagio	5.005	Verbindlichkeiten: Anleihen	100.000
IFRS:	Kein Disagio		Non current financial liabilities	94.995

Abb. 127: Bilanzielle Behandlung des Disagios

8.4 Spezialfall: Fremdwährungsverbindlichkeiten

Wenn eine deutsche Kapitalgesellschaft z.B. Rohstoffe aus den USA importiert und nicht sofort bezahlt, müssen die Anschaffungskosten dieser Vorräte und der **Fremdwährungsverbindlichkeit** umgerechnet werden. Hierbei ist IAS 21 (The Effects of Changes in Foreign Exchange Rates – Auswirkungen von Wechselkursänderungen) anzuwenden.

Die Umrechnung muss mit dem Wechselkurs erfolgen, der im Zeitpunkt des Geschäftsvorfalls maßgeblich ist (IAS 21.21). Bei der Erstbewertung wird der **Devisenkassakurs** verwendet. Hierbei sind zu unterscheiden:
- Briefkurs: Kurs, zu dem eine Bank ausländische Währung verkauft.
- Geldkurs: Kurs, zu dem eine Bank ausländische Währung ankauft.

In IAS 21 wird nicht festgelegt, welcher Kurs zu verwenden ist[1]. Im Regelfall liegt der Briefkurs über dem Geldkurs, da die Banken den Umtausch mit Gewinn durchführen. Da

---
[1] Vgl. Schmidbauer, R. (Fremdwährungsumrechnung), S. 700.

die Unterschiede zwischen diesen Kursen meist keinen wesentlichen Einfluss auf die wirtschaftliche Lage des Unternehmens haben, kann nach dem Grundsatz der materiality der **Mittelkurs** (Mittelwert aus Brief- und Geldkurs) als Wechselkurs verwendet werden[1].

Wenn eine Fremdwährungsverbindlichkeit am Bilanzstichtag besteht, sind oft Wechselkursänderungen zu beachten: Bei Kurssenkungen von monetären Posten (z.b. Geldbestände, Forderungen oder Verbindlichkeiten in ausländischer Währung) sind Abschreibungen, bei Kurssteigerungen Zuschreibungen relevant. Nach IAS 21.28 sind Wechselkursverluste monetärer Posten grundsätzlich als Aufwand und Wechselkursgewinne als Ertrag in der GuV-Rechnung auszuweisen.

Beispiel: Die deutsche X-AG erwirbt Rohstoffe aus den USA. Die Lieferung erfolgt am 1.12.01. Die Anschaffungskosten betragen 200.000 USD und werden Anfang 02 bezahlt. Die Rohstoffe werden noch in 01 im Produktionsprozess verbraucht. Der Wechselkurs beträgt beim Erwerb: 1 USD = 1 EUR. Zum 31.12.01 haben sich die folgenden Änderungen ergeben: 1 USD = 1,1 EUR (Fall a) – 1 USD = 0,9 EUR (Fall b). Im Fall a) ergibt sich ein Aufwand von 20.000 €, im Fall b) ein Ertrag in gleicher Höhe. Dieses Ergebnis gilt **unabhängig** von der Laufzeit der Verbindlichkeit.

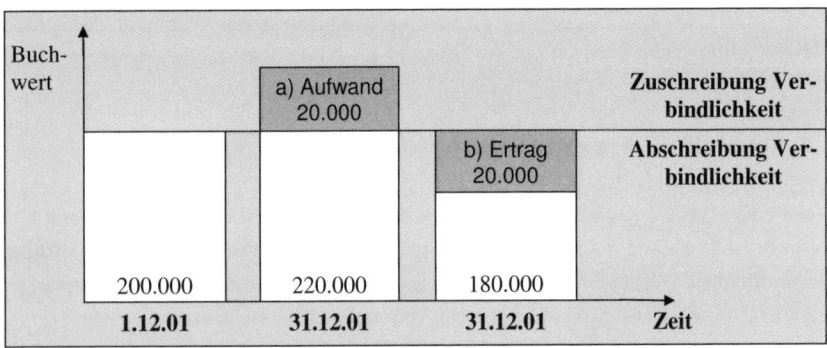

Abb. 128: *Erfolgseffekte bei Wechselkursänderungen von Verbindlichkeiten*

Im **HGB** sind langfristige Vermögensgegenstände und Schulden nach dem Imparitätsprinzip zu bewerten. Beträgt die Restlaufzeit dieser Posten ein Jahr oder weniger, sind das Anschaffungskosten- und Realisationsprinzip nicht anzuwenden (§ 256a Satz 2 HGB). Bei Posten mit kurzfristiger Laufzeit sind Gewinne aus der Währungsumrechnung auszuweisen. Die Umrechnung erfolgt zum Devisenkassamittelkurs am Abschlussstichtag.

---

[1] Vgl. Ruhnke, K./Simons, D. (Rechnungslegung), S. 420.

9. Bewertung des Equitys

9.1 Gezeichnetes Kapital und Rücklagen

Das **Grundkapital** einer deutschen Aktiengesellschaft und das Stammkapital einer GmbH sind in der Bilanz als gezeichnetes Kapital auszuweisen. Die Bewertung des issued capitals erfolgt nach IFRS zum Nennwert, so dass grundsätzlich eine **nominelle Kapitalerhaltung** stattfindet[1]. Zusätzlich zum festen Eigenkapital werden Rücklagen benötigt, die insbesondere den Erfolg des Geschäftsjahres aufnehmen. Ein Gewinn erhöht die retained earnings, die zu den Gewinnrücklagen zählen. Weitere Rücklagen sind die Kapitalrücklagen und die sonstigen Rücklagen (siehe drittes Kapitel).

Nach IFRS sind die mit der Aktienemission verbundenen **Eigenkapitalbeschaffungskosten** erfolgsneutral mit dem Eigenkapital zu verrechnen (IAS 32.37). Allerdings wird kein spezielles Eigenkapitalkonto genannt. Die Verrechnung mit der Kapitalrücklage ist wirtschaftlich zweckmäßig[2]. Dann wird das Agio in der Kapitalrücklage als Nettogröße ausgewiesen. Entsteht bei einer Aktienemission ein Agio von 800.000 € (Emissionskosten: 40.000 €) wird im Eigenkapital der Bilanz ein share premium von 760.000 € ausgewiesen.

Im **HGB** sind die Kosten der Eigenkapitalbeschaffung **nicht** mit der Kapitalrücklage zu verrechnen. Die Beträge sind als Aufwand zu behandeln (Ansatzverbot nach § 248 Abs. 1 Nr. 2 HGB). Auch handelsrechtlich wird das Eigenkapital zum Nennwert bewertet.

9.2 Spezialfall: Eigene Anteile

Nach deutschem Recht dürfen Aktiengesellschaften Anteile an der eigenen Gesellschaft nur in bestimmten Fällen erwerben (§ 71 Abs. 1 AktG). Ein Erwerbsgrund ist die Übertragung von Aktien an eigene Mitarbeiter. Derartige **Belegschaftsaktien** sollen die Bindung zwischen den Arbeitnehmern und der Gesellschaft stärken, da eine Beteiligung an der Wertsteigerung des Unternehmens stattfindet.

Erwirbt eine Aktiengesellschaft eigene Aktien (treasury shares), wird das Grundkapital teilweise zurückgezahlt. Nach IAS 32.33 führt der Erwerb eigener Aktien zur Verminderung des Eigenkapitals, ohne dass ein spezielles Verfahren angegeben wird. Im früheren SIC 16 (Share Capital – Reacquired Own Equity Instruments (Treasury Shares)) wurden

---

[1] Vgl. Wagenhofer, A. (Rechnungslegungsstandards), S. 365.
[2] Vgl. Kirsch, H. (Rechnungslegung), S. 130.

verschiedene Verrechnungsmethoden genannt. Im Folgenden werden die par value method und cost method erläutert, die auch weiterhin als anwendbar gelten[1].

Bei der **par value method** (Nennwertmethode) wird eine Aufteilung der Anschaffungskosten eigener Aktien vorgenommen, so dass eine Verrechnung mit den einzelnen Eigenkapitalposten möglich ist. Der Nennwert der zurückgekauften Anteile vermindert das Grundkapital der Aktiengesellschaft. Da der Kurswert der zurückgekauften Aktien im Regelfall über dem Nennwert liegt, findet noch eine Verminderung der Kapitalrücklage statt, soweit bei der Aktienemission ein Agio entstanden ist. Reicht diese Verrechnung nicht aus, wird auf die Gewinnrücklagen (retained earnings) zurückgegriffen.

Beispiel: Die X-AG hat ursprünglich 50.000 Aktien zum Nennwert von je 20 € für 50 € ausgegeben (Agio von 30 €). Bei der Emission ergaben sich die folgenden Posten: Grundkapital 1.000.000 € (50.000 x 20 €) und Kapitalrücklagen (share premium) 1.500.000 € (50.000 x 30 €). Im Zeitpunkt des Rückkaufs werden retained earnings von 100.000 € bilanziert. Rückkauf von 2.000 Aktien, Kurse je Aktie: 60 € (Fall a) – 45 € (Fall b).

Im **Fall a)** werden für die Aktien insgesamt 120.000 € bezahlt (2.000 x 60 €). Das gezeichnete Kapital sinkt um 40.000 € (2.000 x 20 €). Die Kapitalrücklage ist um 60.000 € aufzulösen (2.000 x 30 €). Der Restbetrag von 10 € je Aktie ist zu Lasten der retained earnings aufzulösen: "Dr Issued capital (treasury shares) 40.000, Dr Share premium (treasury shares) 60.000, Dr Retained earnings (treasury shares) 20.000, Cr Cash 120.000".

Im **Fall b)** werden für die Aktien 90.000 € bezahlt. Das gezeichnete Kapital sinkt um 40.000 € und die Kapitalrücklagen um 50.000 €[2]. Die Buchung lautet: "Dr Issued capital (treasury shares) 40.000, Dr Share premium (treasury shares) 50.000, Cr Cash 90.000".

Bei der **cost method** (Anschaffungskostenmethode) wird pauschal vorgegangen. Die Anschaffungskosten der eigenen Aktien werden insgesamt mit dem Eigenkapital verrechnet. Es erfolgt keine Zurechnung auf einzelne Eigenkapitalkonten. Daher werden die Anteile aktiviert und bilden einen Ausgleichsposten zum Eigenkapital auf der Passivseite. Im obigen Fall a) würde gebucht: "Dr Treasury shares 120.000, Cr Cash 120.000".

Im **HGB** sind eigene Aktien mit dem Eigenkapital zu verrechnen (§ 272 Abs. 1a HGB). Der Nennwert der Aktien wird vom gezeichneten Kapital abgesetzt. Der Unterschiedsbetrag zwischen Kurswert und Nennwert ist mit frei verfügbaren Rücklagen zu verrechnen. Anschaffungsnebenkosten, die beim Erwerb der Aktien angefallen sind, werden als Aufwand behandelt (§ 272 Abs. 1a Satz 3 HGB).

---

[1] Vgl. Pellens, B./Fülbier, R.U./Gassen, J./Sellhorn, T. (Rechnungslegung), S. 504.
[2] Vgl. Pellens, B./Fülbier, R.U./Gassen, J./Sellhorn, T. (Rechnungslegung), S. 505-506.

Fünftes Kapitel: Internationale Gesamtergebnisrechnung

1. Erfolgsermittlung bei Industriebebetrieben

1.1 Erfolgseinflüsse durch Lagerbestandsänderungen

Die **GuV-Rechnung** bildet den wesentlichen Bestandteil der Gesamtergebnisrechnung und wird zunächst behandelt. Die GuV-Rechnung dient der Ermittlung des erwirtschafteten Periodenerfolgs, der das Betriebs- und Finanzergebnis umfasst. Das Betriebsergebnis wird bei Industriebetrieben durch unfertige und fertige Erzeugnisse beeinflusst:

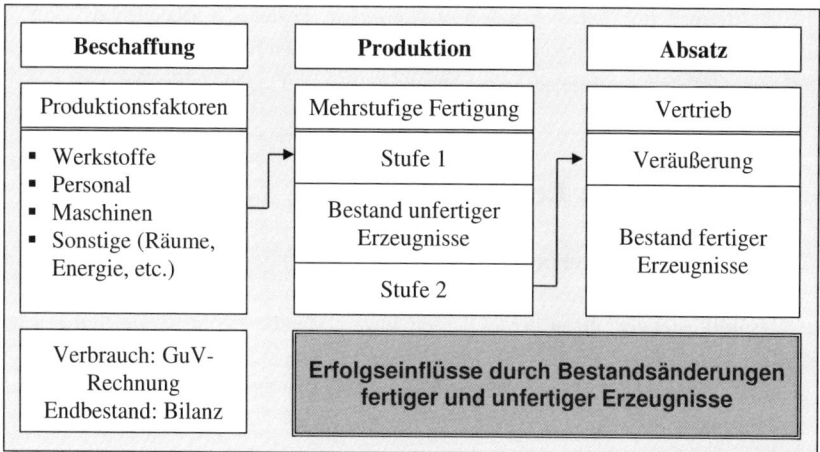

Abb. 129: Erfolgseinflüsse im Produktionsprozess

Zunächst werden die Produktionsfaktoren beschafft: Maschinen und Werkstoffe (Roh-, Hilfs- und Betriebsstoffe) werden eingekauft und Personal wird eingestellt. Es folgt der Faktoreinsatz in der Produktion zur Herstellung von Erzeugnissen. Die Werkstoffe werden durch Maschinen und Arbeitsleistungen verarbeitet. In der Möbelindustrie werden z.B. Holzplatten mit Maschinen zugeschnitten, um in der ersten Stufe das Gestell für Schränke zu bauen (unfertiges Erzeugnis). In der zweiten Stufe werden z.B. Türen eingebaut, um den Schrank fertigzustellen (fertiges Erzeugnis).

Die am Jahresende noch vorhandenen Werkstoffe und Maschinen werden in der Bilanz aktiviert. Die verbrauchten Produktionsfaktoren erscheinen in der GuV-Rechnung als Aufwand. Hierzu gehören im Wesentlichen der Materialaufwand, der Personalaufwand, die Abschreibungen und der sonstige betriebliche Aufwand.

Werden alle hergestellten Erzeugnisse im selben Geschäftsjahr abgesetzt, ergibt sich kein Erfolgseinfluss durch Lagerbestände. Den Aufwendungen für die hergestellte Menge, dem **Produktionsaufwand**, stehen die Umsatzerlöse für die abgesetzte Menge mit gleichem Mengengerüst gegenüber. Es sind keine Anpassungen des Erfolgs notwendig. Das ändert sich im Fall von Lagerbestandsänderungen.

Bei einer Lagerbestandserhöhung ist der Produktionsaufwand zu hoch. Werden in einem Industrieunternehmen 10.000 Stück hergestellt (x_p = 10.000 Stück), aber nur 8.000 Stück abgesetzt (x_a = 8.000 Stück), entsteht ein Produktionsaufwand für 10.000 Stück, dem nur Umsatzerlöse für 8.000 Stück gegenüberstehen. Der Lagerbestand (2.000 Stück) stellt einen Wert dar, der bei der Erfolgsermittlung berücksichtigt werden muss. In der Bilanz wird der Bestand im Umlaufvermögen ausgewiesen (Posten: "finished goods"). In der GuV-Rechnung kann die Bestandserhöhung unterschiedlich behandelt werden. Beim Gesamtkostenverfahren wird sie als Ertrag behandelt, wie im Folgenden gezeigt wird.

1.2 Methoden der Erfolgsermittlung

1.2.1 Gesamtkostenverfahren

Das **Gesamtkostenverfahren** berücksichtigt Lagerbestandsänderungen von fertigen und unfertigen Erzeugnissen wie folgt[1]:
- Bestandserhöhung ($x_p > x_a$): Zusätzlicher Ertrag.
- Bestandsminderung ($x_p < x_a$): Zusätzlicher Aufwand.

Der Produktionsaufwand, der für die gesamte produzierte Menge x_p angefallen ist, wird als feste Aufwandsgröße betrachtet. Damit erfolgt eine **Anpassung auf der Ertragsseite**. Bei einer Bestandserhöhung von 2.000 Stück wird ein zusätzlicher Ertrag für diese Menge ausgewiesen. Umgekehrt ist bei einer Bestandsminderung der laufende Produktionsaufwand um den Wert des Lagerabbaus zu erhöhen.

In Periode 01 werden 10.000 Stück eines Fertigerzeugnisses hergestellt, jedoch nur 8.000 Stück veräußert. Es entstehen Umsatzerlöse (revenue) von 100.000 €. Der Materialauf-

---
[1] Vgl. Döring, U./Buchholz, R. (Jahresabschluss), S. 94-98.

wand (raw materials and consumables used) beträgt 20.000 €, die Abschreibungen auf Maschinen (depreciation expense) betragen 30.000 € und der Personalaufwand (employee benefits expense) beläuft sich auf 10.000 € für die produzierte Menge. Der Aufwand pro Stück ist 6 € (60.000 €/10.000 Stück), für 2.000 Stück somit 12.000 €. Die Bestandserhöhung wird als Ertrag ausgewiesen (changes in inventories of finished goods). Die GuV-Rechnung (statement of profit or loss) in Kontoform sieht wie folgt aus (ohne Steuern):

Statement of profit or loss 01			
Raw materials and consumables used	20.000	Revenue	100.000
Depreciation expense	30.000	Changes in inventories of finished goods	12.000
Employee benefits expense	10.000		
Profit	**52.000**		
	112.000		112.000

Abb. 130: *Statement of profit or loss (Gesamtkostenverfahren)*

Die Aufwandsseite wird nach **Kostenarten** gegliedert. Da die Art (die Natur) der Aufwendungen im Vordergrund steht, wird das Verfahren bei IFRS als **nature of expense method** bezeichnet. Die wichtigsten Buchungssätze lauten[1]:

Buchungen (Gesamtkostenverfahren)				
Aufwandsbuchungen:				
Dr	Raw materials and consumables used	20.000	Cr Raw materials or supplies	20.000
Dr	Depreciation expense	30.000	Cr Machinery	30.000
Dr	Employee benefits expense	10.000	Cr Cash	10.000
Ertragsbuchungen:				
Dr	Trade receivables	119.000	Cr Revenue	100.000
			Cr Other payables	19.000
Dr	Finished goods	12.000	Cr Changes in inventories of finished goods	12.000

Abb. 131: *Buchungen beim Gesamtkostenverfahren (Bestandserhöhung)*

---

[1] Vgl. Döring, U./Buchholz, R. (Jahresabschluss), S. 95-96 und S. 186-187.

Den Aufwandsbuchungen für den Verbrauch der Produktionsfaktoren stehen die Ertragsbuchungen für den Verkauf und die Bestandserhöhung gegenüber. Letztere führt in der Bilanz zur Erhöhung der finished goods (Fertigerzeugnisse) im Umlaufvermögen. Die Veräußerung auf Ziel wird mit 19% Umsatzsteuer gebucht. Neben dem Ertragskonto Umsatzerlöse ist das passive Bestandskonto "other payables" (sonstige Verbindlichkeiten) zu buchen. Dieser Posten enthält die Umsatzsteuerschuld gegenüber dem Finanzamt.

Würde in der nächsten Periode nur noch ein Absatz des Lagerbestands (zu 25.000 € zzgl. 19% USt) vorgenommen, wären die folgenden Buchungen relevant, wenn keine weitere Produktion stattfindet (kein weiterer Kostenanfall). Die Bestandsminderung führt zu einem Aufwand, dem die Umsatzerlöse als Ertrag gegenüberstehen.

Buchungen (Gesamtkostenverfahren)			
Aufwandsbuchung:			
Dr Changes in inventories of finished goods	12.000	Cr Finished goods	12.000
Ertragsbuchung:			
Dr Trade receivables	29.750	Cr Revenue Cr Other payables	25.000 4.750

Abb. 132: Buchungen beim Gesamtkostenverfahren (Bestandsminderung)

Ist der Produktionsprozess mehrstufig, können zusätzlich Bestände von unfertigen Erzeugnissen (work in progress) auftreten. Diese werden erfolgsrechnerisch wie die Bestandsänderungen fertiger Erzeugnisse behandelt[1]. Bestandsmehrungen unfertiger Erzeugnisse stellen einen Ertrag, Bestandsminderungen unfertiger Erzeugnisse einen Aufwand dar.

Wird ein Bestand unfertiger Erzeugnisse (40.000 €) mit einem Aufwand von 30.000 € fertig gestellt (ohne Veräußerung), erfolgt die Umbuchung auf das Konto "finished goods" und es wird ein Ertrag von 30.000 € in der GuV-Rechnung ausgewiesen. Der Produktionsvorgang ist **erfolgsneutral**. Dem Produktionsaufwand von 30.000 € steht ein gleich hoher Ertrag gegenüber. Die Buchung lautet: "Dr Finished goods 70.000, Cr Work in progress 40.000, Cr Changes in inventories of finished goods 30.000".

Bislang wurden nur Aufwendungen betrachtet, die einen direkten Produktionsbezug aufweisen. Es fallen in einem Unternehmen aber auch Aufwendungen an, bei denen dieser Zusammenhang fehlt. Sie sind zeitlich abzugrenzen und der Periode zuzuordnen, in der sie

---
[1] Vgl. Döring, U./Buchholz, R. (Jahresabschluss), S. 97-99.

entstanden sind (zeitraumbezogene Abgrenzung – deferral). Eine anteilige Verrechnung auf die Lagermenge (als Teil der Herstellungskosten) ist nicht möglich. Beispiele sind:
- Allgemeine Verwaltungskosten: Die Kosten der Geschäftsführung und des internen und externen Rechnungswesens fallen für das Unternehmen insgesamt an.
- Forschungskosten: Die Kosten bilden die Vorstufe zur Entwicklung neuer Produkte und dürfen nicht aktiviert werden.

1.2.2 Umsatzkostenverfahren

Das **Umsatzkostenverfahren** berücksichtigt Lagerbestandsänderungen fertiger und unfertiger Erzeugnisse nicht als Ertrag, sondern nach dem folgenden Muster:
- Bestandserhöhung ($x_p > x_a$): Verminderung des laufenden Produktionsaufwands.
- Bestandsminderung ($x_p < x_a$): Erhöhung des laufenden Produktionsaufwands.

Die Umsatzerlöse, die für die abgesetzte Menge x_a anfallen, werden als feste Größe angesehen. Somit muss eine Anpassung bei den Aufwendungen erfolgen, die an die abgesetzte Menge angeglichen werden. Da die Kosten der abgesetzten Menge (Umsatzaufwand = cost of sales) im Mittelpunkt stehen, wird das Verfahren als **cost of sales method** bezeichnet. Durch die funktionsorientierte Arbeitsweise des Umsatzkostenverfahrens ist auch der Begriff "function of expense method" üblich (IAS 1.103).

Zur Erläuterung der cost of sales method werden die Daten des obigen Beispiels verwendet, so dass ein direkter Vergleich möglich wird. Durch Einsatz von Material im Wert von 20.000 €, durch Abschreibungen von 30.000 € und Personalaufwendungen von 10.000 € entstehen in 01: 10.000 Stück eines Fertigerzeugnisses. In der Fertigungsperiode werden 8.000 Stück abgesetzt, wodurch Erlöse von 100.000 € entstehen.

Statement of profit or loss 01			
Cost of sales	48.000	Revenue	100.000
Profit	**52.000**		
	100.000		100.000

Abb. 133: Statement of profit or loss (Umsatzkostenverfahren)

Im income statement werden beim Umsatzkostenverfahren nicht die einzelnen Aufwandsarten, sondern die **cost of sales** ausgewiesen. Diesen **Umsatzaufwand** erhält man, indem die Gesamtaufwendungen von 60.000 € auf die abgesetzte Menge umgerechnet werden. Da von der produzierten Menge 8.000 Stück veräußert werden, sind nur 80% des laufenden Produktionsaufwands (80% von 60.000 € = 48.000 €) zu verrechnen.

Die Erfolge nach Gesamt- bzw. Umsatzkostenverfahren sind identisch (52.000 €), da die direkt bzw. indirekt berücksichtigte Lagermenge bei beiden Verfahren gleich bewertet wird. Unterschiede ergeben sich jedoch bei der Darstellung der Ergebnisse und bei den Kontensummen. Der Ausweis der Aufwendungen wird beim Umsatzkostenverfahren kostenstellenorientiert und nicht wie beim Gesamtkostenverfahren kostenartenorientiert vorgenommen. Daher sind beim Umsatzkostenverfahren Umrechnungen erforderlich.

In die cost of sales sind z.B. die Abschreibungen des Produktionsbereichs, nicht aber die des Verwaltungsbereichs einzubeziehen. Letztere müssen zeitlich verrechnet werden, da sie keine direkte Verbindung zur Produktion aufweisen. Der Posten "administrative expenses" (Verwaltungsaufwendungen) wird gesondert ausgewiesen. Zur Aufwandstrennung wird eine **Kostenstellenrechnung** benötigt, in der eine entsprechende Aufteilung erfolgt. Die Einzelheiten werden im Gliederungspunkt 2.3 dieses Kapitels behandelt.

Die **Kontensummen** unterscheiden sich im Beispiel um 12.000 €. Das Gesamtkostenverfahren weist bei einer Bestandsmehrung eine höhere Kontensumme auf. Die wichtigsten Buchungssätze, die beim Umsatzkostenverfahren in der Produktionsperioode anfallen, lassen sich der folgenden Abbildung entnehmen:

Buchungen (Umsatzkostenverfahren)				
Aufwandsbuchungen:				
Dr Raw materials and consumables used	20.000	Cr	Raw materials or supplies	20.000
Dr Depreciation expense	30.000	Cr	Machinery	30.000
Dr Employee benefits expense	10.000	Cr	Cash	10.000
Dr Finished goods	60.000	Cr	Raw materials and consumables used	20.000
		Cr	Depreciation expense	30.000
		Cr	Employee benefits expense	10.000
Dr Cost of sales	48.000	Cr	Finished goods	48.000
Ertragsbuchung:				
Dr Trade receivables	119.000	Cr	Revenue	100.000
		Cr	Other payables	19.000

Abb. 134: Buchungen beim Umsatzkostenverfahren (Bestandserhöhung)

1. Verfahren der Erfolgsermittlung

Die Aufwandskonten werden über das Bestandskonto "finished goods" abgeschlossen. Es findet ein Lagerzugang statt. Anschließend wird der Umsatzaufwand (cost of sales) als Abgang gebucht, da ein Teil der Erzeugnisse veräußert wird. Als Saldo bleibt der Endbestand der Fertigerzeugnisse auf dem Konto "finished goods" stehen und wird in die Bilanz übernommen. Der Vermögensausweis ist bei beiden Verfahren identisch.

Beim Absatz des Lagerbestands in der nächsten Periode (25.000 € zzgl. 19% USt), ergeben sich beim Umsatzkostenverfahren die folgenden Buchungen. Es wird unterstellt, dass im neuen Geschäftsjahr nicht produziert wird und keine weiteren Kosten anfallen.

Buchungen (Umsatzkostenverfahren)				
Aufwandsbuchung:				
Dr Cost of sales	12.000	Cr Finished goods		12.000
Ertragsbuchung:				
Dr Trade receivables	29.750	Cr Revenue		25.000
		Cr Other payables		4.750

Abb. 135: Buchungen beim Umsatzkostenverfahren (Bestandsminderung)

Auch beim Umsatzkostenverfahren sind die nicht produktionsbedingten Aufwendungen in voller Höhe zu verrechnen. Hierzu gehören z.B. die allgemeinen Verwaltungskosten und Forschungskosten, für die ein Ansatzverbot besteht. Die folgende Abbildung stellt die beiden Verfahren gegenüber. Bei gleicher Bewertung der Lagermenge stimmen die Erfolge überein.

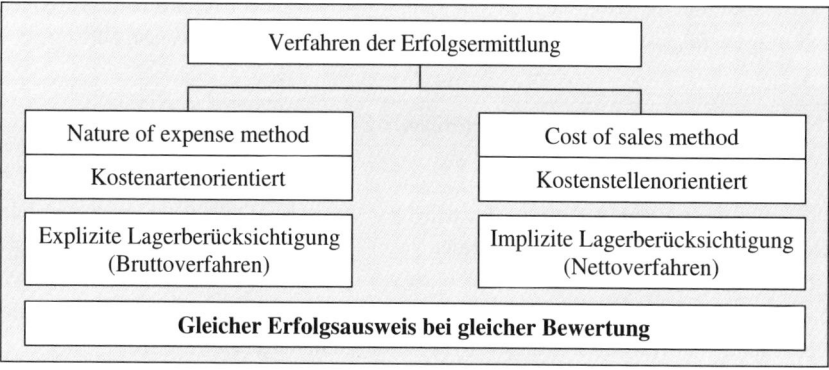

Abb. 136: Vergleich von Gesamt- und Umsatzkostenverfahren

2. Erfolgsermittlung nach IFRS

2.1 Aufbau der Gesamtergebnisrechnung

Die GuV-Rechnung (statement of profit or loss) dient der Ermittlung des Periodenerfolgs. In ihr werden Erträge (income) und Aufwendungen (expenses) ausgewiesen, die bestimmte Definitionen und Ansatzkriterien erfüllen müssen. Die IFRS folgen einem **bilanzorientierten Konzept**, das auf die Wertänderungen von assets und liabilities zurückgreift. Die Definitionen der Erträge und Aufwendungen im Framework (F 4.25) lauten:

Definition income	Definition expenses
Zunahme des wirtschaftlichen Nutzens durch Zuflüsse, Erhöhung von Vermögenswerten oder Abnahme von Schulden, die das Eigenkapital erhöhen. Einlagen sind keine Erträge	Abnahme des wirtschaftlichen Nutzens durch Abflüsse, Verminderung von Vermögenswerten oder Zunahme von Schulden, die das Eigenkapital vermindern. Ausschüttungen sind kein Aufwand
Ansatzkriterien: Probability und reliable measurement	

Abb. 137: Definitionen und Ansatzkriterien für Erfolgsgrößen

Erträge entstehen, wenn sich die Zahlungsmittel durch Umsatzerlöse oder Zinsgutschriften erhöhen. Auch Wertsteigerungen von assets, wie Zuschreibungen von Sachanlagen im cost model oder Kursgewinne erfolgswirksam bewerteter Finanzinstrumente der Kategorie "at fair value" sind Erträge. Entsprechendes gilt für die erfolgsneutrale Neubewertung von Sachanlagen und die erfolgsneutrale fair value-Bewertung von Eigenkapitalinstrumenten. Da Erträge **erfolgswirksam** oder **erfolgsneutral** verrechnet werden können, gilt[1]:

$$\text{Eigenkapitalmehrung der Bilanz} \neq \text{Erfolg der GuV-Rechnung}$$

Ein Ertrag liegt **nicht** vor, wenn die Schulden durch Kredittilgungen abnehmen oder Aktien mit einem Agio ausgegeben werden. Die Eigenkapitalerhöhung muss durch Transaktionen mit Dritten entstehen und darf nicht aus Einlagen der Gesellschafter resultieren. Die Auflösung von Rückstellungen stellt eine Abnahme von Schulden dar und erhöht das Eigenkapital. Für Aufwendungen gelten die Aussagen in umgekehrter Weise.

---

[1] Vgl. Coenenberg, A.G./Haller, A./Schultze, W. (Jahresabschluss), S. 513.

2. Erfolgsermittlung nach IFRS

Die positiven und negativen Erfolgskomponenten können durch die Geschäftstätigkeit oder durch sonstige Unternehmensaktivitäten bedingt sein[1]. Sie können regelmäßig oder unregelmäßig anfallen. Im Framework (F 4.29 und 4.33) werden Erträge und Aufwendungen unterteilt: Zu den Erträgen (income) gehören revenue (Umsatzerlöse) aus der Geschäftstätigkeit und **gains** (andere Erträge) aus der sonstigen Unternehmenstätigkeit.

Bei den Aufwendungen fehlt ein dem income vergleichbarer Oberbegriff: Expenses kennzeichnen die Aufwendungen im Allgemeinen und den Aufwand aus der Geschäftstätigkeit. Diese Unterteilung ist unsystematisch. **Losses** stellen andere Aufwendungen aus der sonstigen Unternehmenstätigkeit dar und bilden das Gegenstück zu den gains.

Erfolgsgrößen bei IFRS			
Positive Komponenten		Negative Komponenten	
Revenue - Regelmäßig -	**Gains** - Eher unregelmäßig -	**Expenses** - Regelmäßig -	**Losses** - Eher unregelmäßig -
Durch Geschäftstätigkeit: ▪ Umsatzerlöse ▪ Zinserträge ▪ Mieterträge	Durch sonstige Unternehmenstätigkeit: ▪ Zuschreibungen von assets ▪ Veräußerungsgewinne	Durch Geschäftstätigkeit: ▪ Umsatzkosten ▪ Zinsaufwand ▪ Mietaufwand	Durch sonstige Unternehmenstätigkeit: ▪ Außerplanmäßige Abschreibungen ▪ Veräußerungsverluste

Abb. 138: Erfolgsgrößen bei IFRS

Im HGB stimmen die Eigenkapitaländerungen der GuV-Rechnung und der Bilanz überein. Bei IFRS können sich durch die erfolgsneutrale Bewertung einiger Vermögenswerte Abweichungen ergeben. Um diese Differenzen zu beseitigen, wird im statement of profit or loss and other comprehensive income das Periodenergebnis der GuV-Rechnung durch das sonstige Ergebnis (**other comprehensive income, OCI**) erweitert. Es gilt:

> Gesamtergebnis: Periodenergebnis und sonstiges Ergebnis

Das **Periodenergebnis** entsteht aus der Geschäftstätigkeit des Unternehmens und umfasst das Betriebs- und Finanzergebnis. Zum **sonstigen Ergebnis** gehören z.B. Erträge und Aufwendungen aus der Veränderung der Neubewertungsrücklage von Sachanlagen und

---

[1] Vgl. Coenenberg, A.G./Haller, A./Schultze, W. (Jahresabschluss), S. 509.

der fair value-Rücklage von erfolgsneutral bewerteten Eigenkapitalinstrumenten. Diesen Rücklagen ist gemeinsam, dass sie nicht in die GuV-Rechnung umgebucht werden – es findet **kein recycling** statt. Andere Eigenkapitalrücklagen (z.B. der Ausgleichsposten für Fremdwährungsumrechnung[1]) werden bei Veräußerung des zugrunde liegenden Postens erfolgswirksam behandelt. Diese Rücklagen werden im Folgenden nicht weiter behandelt.

Die Darstellung des other comprehensive income wurde im Juni 2011 überarbeitet. Die wesentliche Änderung betrifft den getrennten Ausweis von Posten, bei denen ein recycling stattfindet bzw. nicht stattfindet[2]. Das OCI kann weiterhin in einer oder in zwei Rechnungen dargestellt werden. Damit ergeben sich die folgenden Ausweismöglichkeiten:

- **Ein Abschlussbestandteil**: Es wird zunächst das Periodenergebnis nach Steuern ermittelt, das anschließend durch das sonstige Ergebnis verändert wird. Als Summe wird das Gesamtergebnis (total comprehensive income) des Geschäftsjahres ausgewiesen. Anschließend erfolgt die Gewinnverteilung auf die Gesellschaftergruppen des Unternehmens. Im Konzernabschluss ist die Zuordnung der Gewinne auf die Muttergesellschaft und die Minderheiten vorzunehmen (siehe achtes Kapitel).
- **Zwei Abschlussbestandteile**: Es wird zunächst eine GuV-Rechnung erstellt, in der das Periodenergebnis nach Steuern berechnet wird. Anschließend wird die Verteilung auf die Gesellschaftergruppen vorgenommen. Im nächsten Schritt wird das sonstige Ergebnis ermittelt und die Summe beider Erfolgsbestandteile gebildet. Bei dieser Darstellung wird der Periodenerfolg deutlicher herausgestellt. Im Folgenden wird diese Form des Erfolgsausweises beispielhaft erläutert (ohne Vorjahresangaben)[3]:

Profit	140.000 €
Other comprehensive income	
1. Gains on revaluation of PPE	20.000 €
2. Gains on equity instruments at fair value	32.000 €
Income tax expense	- 6.000 €
Other comprehensive income (net of tax)	**46.000 €**
Total comprehensive income	**186.000 €**

Abb. 139: Ermittlung des Gesamtergebnisses (zwei Bestandteile)

---

[1] Wenn die deutsche Mutter-AG ihre amerikanische Tochter-AG in den Konzernabschluss aufnimmt, entsteht eine Umrechnungsdifferenz durch die Verwendung unterschiedlicher Währungen. Diese Differenz wird erfolgsneutral im Eigenkapital ausgewiesen. Wird die Tochter-AG veräußert, findet eine erfolgswirksame Behandlung statt. Vgl. Achleitner, A.-K./Behr, G./Schäfer, D. (Rechnungslegung), S. 269.

[2] Vgl. Zülch, H./Salewski, M. (Presentation), S. 2674.

[3] Vgl. hierzu das Schema bei Zülch, H./Salewski, M. (Presentation), S. 2675.

Der Periodengewinn 01 beträgt nach Steuern 140.000 €. Die Neubewertung von property, plant and equipment (PPE) führt zur Bildung einer revaluation surplus von 20.000 €. Die erfolgsneutrale Bewertung von Eigenkapitalinstrumenten zum fair value führt zu einem (aus deutscher Sicht steuerfreien) Gewinn von 32.000 €. Beim Steuersatz von 30% ergibt sich eine latente Steuer von 6.000 € auf den Neubewertungsertrag der Sachanlagen.

Zusammenfassend lässt sich die Gesamtergebnisrechnung in zwei Abschlussbestandteilen wie folgt darstellen:

Statement of profit or loss and other comprehensive income	
1. Teil: Periodenergebnis	2. Teil: Sonstiges Ergebnis
Profit or loss (Saldo erwirtschafteter Erträge und Aufwendungen)	Other comprehensive income (Saldo erfolgsneutraler Erträge und Aufwendungen)
Summe: Total comprehensive income	
Ergänzend: Erfolgsaufteilung auf Gesellschaftergruppen	

Abb. 140: Gesamtergebnisrechnung nach IFRS

2.2 GuV-Rechnung nach Nature of Expense Method

2.2.1 Gliederung und Postenerläuterung

Die GuV-Rechnung als Teil der Gesamtergebnisrechnung kann auch bei IFRS nach dem Gesamt- oder Umsatzkostenverfahren aufgestellt werden. Die formalen Vorschriften sind in IAS 1 enthalten, der aber nur eine **Mindestgliederung** vorsieht. Für eine angemessene Darstellung der Ertragslage müssen weitere Posten aufgenommen oder vorhandene Posten tiefer untergliedert werden. Hierbei ist die Höhe (Wesentlichkeit), die Art und Funktion der Posten von Bedeutung. In der Literatur wird vorgeschlagen, die Wesentlichkeitsgrenze grundsätzlich auf **5% des Jahresergebnisses** festzulegen[1]. Hierbei sollten aber noch ergänzende qualitative Merkmale berücksichtigt werden.

Die folgende Abbildung zeigt eine Grundgliederung der GuV-Rechnung nach dem Gesamtkostenverfahren in Staffelform (report form). Die eher selten anfallenden Gewinne oder Verluste aus der Aufgabe von Unternehmensbereichen (profit or loss from discontinued operations) werden vernachlässigt.

---

[1] Vgl. Ruhnke, K./Simons, D. (Rechnungslegung), S. 221.

Statement of profit or loss (nature of expense method)	
1. Revenue	1. Umsatzerlöse
2. Other income	2. Sonstige Erträge
3. Changes in inventories of finished goods and work in progress	3. Bestandsveränderungen fertiger und unfertiger Erzeugnisse
4. Raw materials and consumables used	4. Aufwendungen für Roh-, Hilfs- und Betriebsstoffe (Materialaufwand)
5. Employee benefits expense	5. Aufwendungen für Leistungen an Arbeitnehmer (Personalaufwand)
6. Depreciation/amortisation expense	6. Abschreibungsaufwand
7. Other expenses	7. Sonstige Aufwendungen
= Operating profit/loss	= Betriebsergebnis
8. Finance income	8. Finanzerträge
9. Finance expense	9. Finanzaufwendungen
= Profit or loss before tax	= Periodenergebnis vor Steuern
10. Income tax expense	10. Ertragsteueraufwand
= Profit/loss	= Periodengewinn/Periodenverlust

Abb. 141: Grundgliederung der GuV-Rechnung (Gesamtkostenverfahren)

Die einzelnen Posten lassen sich wie folgt erläutern:

1. **Revenue**: Die typischen Umsatzerlöse des Unternehmens sind unter diesem Posten auszuweisen. Hierzu zählen im Handel die Verkaufserlöse, in der Industrie die Erlöse aus dem Verkauf hergestellter Güter, im Dienstleistungsunternehmen die Erlöse der jeweiligen Dienstleistungen (z.B. Beratung). Bei Langfristfertigung mit Gewinnausweis nach Fertigstellungsgrad (percentage-of-completion method) erfolgt ein Ertragsausweis unter diesem Posten, da es sich um spezielle Umsatzerlöse handelt.

2. **Other income**: Der Posten umfasst alle Erträge, die nicht zu den Umsatzerlösen zählen. Beispiele sind: Mieterträge, Gewinne aus dem Verkauf von Anlagegegenständen, erfolgswirksame Zuschreibungen von Sachanlagen und immateriellen Vermögenswerten, Erträge aus der Auflösung von Rückstellungen oder durch zu hoch abgeschriebene Forderungen. In vielen Fällen dürfte es sich um gains handeln.

3. **Changes in inventories**: Die Bestandsveränderungen fertiger/unfertiger Erzeugnisse (finished goods/work in progress) werden unter diesem Posten aufgeführt. Hierzu gehören nicht nur mengenmäßige, sondern auch wertmäßige Änderungen: Außerplanmäßige Abschreibungen von Fertigerzeugnissen werden ebenfalls in der Bestands-

2. Erfolgsermittlung nach IFRS

änderung erfasst. Wenn in 01 die Lagermenge um 2.000 Stück steigt, erfolgt die Bewertung mit Vollkosten von z.b. 25 € je Stück und die Bestandserhöhung beträgt 50.000 €. Bei gesunkenem net realisable value der Fertigerzeugnisse (z.b. auf 20 € je Stück), entsteht eine Bestandsminderung von 10.000 €. Per Saldo wird nur eine Bestandserhöhung von 40.000 € (2.000 Stück x 20 €/Stück) berücksichtigt.

Vom Unternehmen selbst erstellte assets, die längerfristig genutzt werden sollen und deshalb zum Anlagevermögen gehören (z.b. development costs), werden als **work performed by the entity and capitalised** ausgewiesen. Dieser Posten entspricht den anderen aktivierten Eigenleistungen nach § 275 Abs. 2 Nr. 3 HGB.

4. **Raw materials and consumables used**: Die Aufwendungen für Roh-, Hilfs- und Betriebsstoffe (Materialaufwand), die zur Herstellung der betrieblichen Leistungen anfallen, werden unter diesem Posten erfasst. Hierzu gehören mengen- und wertmäßige Änderungen, insbesondere außerplanmäßige Abschreibungen auf den net realisable value. Spätere Zuschreibungen stellen Minderungen des Materialaufwands dar.

5. **Employee benefits expense**: Die Aufwendungen für Leistungen an Arbeitnehmer werden im Folgenden vereinfacht als Personalaufwand bezeichnet. Er umfasst:
   - Löhne und Gehälter: Periodische Gehaltszahlungen nebst Sonderzahlungen wie ein 13. Monatsgeld, Urlaubsgeld.
   - Sozialaufwendungen: Beiträge zur Sozialversicherung, die vom Arbeitgeber zu leisten sind (Arbeitgeberanteil zur Sozialversicherung).
   - Dienstzeitaufwand (current service costs): Zuführungen zur Pensionsrückstellungen bei leistungsorientierten Plänen, die das Unternehmen selbst verpflichten.

6. **Depreciation expense/amortisation expense**: Der Aufwand, der aus planmäßigen Abschreibungen von Sachanlagen entsteht, wird als depreciation expense bezeichnet. Außerplanmäßige Abschreibungen sind bei Entscheidungsrelevanz gesondert als impairment loss darzustellen. Da es sich um unregelmäßig anfallende Wertminderungen handelt, werden sie als losses und nicht als expenses bezeichnet.

   Der Aufwand aus der planmäßigen Abschreibung von immateriellen Vermögenswerten wird amortisation expense genannt. Im Regelfall sind die Abschreibungen für intangible assets und Entwicklungskosten (development costs) gesondert zu erfassen. Neben planmäßigen Abschreibungen können außerplanmäßige Wertminderungen auftreten (z.B. impairments of goodwill), die speziell ausgewiesen werden.

7. **Other expenses**: Sie bilden das Gegenstück zu den sonstigen Erträgen und umfassen z.B. Zuführungen zu Rückstellungen, Mietaufwand, Versicherungsaufwand, Kfz-Auf-

wand, Werbeaufwand, Gebühren und Beiträge, Aufwendungen für zu niedrig abgeschriebene Forderungen.

8. **Finance income**: Die Finanzerträge umfassen z.b. regelmäßig anfallende Zinserträge und Dividenden von Aktiengesellschaften (die nach Maßgabe der Anteilsquote weiter unterteilt werden können). Auch die Wertsteigerungen von investment properties beim fair value model gehören durch ihren Investitionscharakter zum Finanzergebnis[1]. Unregelmäßig anfallende Wertzuwächse haben den Charakter von gains, während es sich bei regelmäßigen Erträgen (z.B. Dividenden) um revenue handelt.

9. **Finance expense**: Die Finanzaufwendungen umfassen die regelmäßig zu leistenden Zinsen an Fremdkapitalgeber. Auch die Zuschreibungen von abgezinsten langfristigen Verbindlichkeiten auf den Nennwert gehören zu diesem Posten. Unregelmäßige Wertminderungen von Wertpapieren stellen einen loss (anderen Aufwand) dar.

10. **Income tax expense**: Dieser Posten beinhaltet den Ertragsteueraufwand eines Unternehmens. Für deutsche Kapitalgesellschaften sind relevant:
    - Effektive Steuer: Steuerbelastung durch die Körperschaftsteuer (mit Solidaritätszuschlag) und die Gewerbesteuer. Gesamter Ertragsteuersatz: Rund 30%.
    - Latente Steuer: Anpassung der effektiven Steuerbelastung an den Steueraufwand gemäß IFRS-Erfolg. Die Einzelheiten wurden im dritten Kapitel erläutert.

Beispiel: Der IFRS-Gewinn beträgt in 01: 100.000 €. Nach den steuerrechtlichen Vorschriften gelten die folgenden Gewinne: Fall a) 80.000 €, Fall b) 120.000 €. Es handelt sich um zeitliche Gewinnunterschiede, so dass latente Steuern anfallen. Bei einem Steuersatz von 30% ergibt sich in 01 eine Steuer auf den IFRS-Gewinn in Höhe von 30.000 €. Die effektiven Ertragsteuern betragen im Fall a) 24.000 € und im Fall b) 36.000 €. Im Fall a) wird die effektive Ertragsteuer um 6.000 € erhöht und im Fall b) um 6.000 € vermindert. Es wird ein latenter Steueraufwand bzw. Steuerertrag verrechnet.

	Fall a)	Fall b)
Effektive Steuer (income taxes)	24.000 €	36.000 €
Latente Steuer (deferred taxes)	+ 6.000 €	- 6.000 €
Steuer nach IFRS-Gewinn	30.000 €	30.000 €

Abb. 142: Korrektur des effektiven Ertragsteueraufwands

---

[1] Vgl. Baetge, J./Kirsch, H.-J./Thiele, S. (Bilanzen), S. 631.

Im Fall a) ist neben der effektiven Steuer ein latenter Steueraufwand von 6.000 € zu verbuchen. In der Bilanz erfolgt ein getrennter Ausweis der beiden Posten, da diese Informationen für die Investoren relevant sein dürften. Es wird eine Rückstellung für Ertragsteuern (current tax provision) und für latente Steuern (deferred tax liabilities) gebildet. Im Fall b) wird die effektive Steuer von 36.000 € durch den latenten Steuerertrag von 6.000 € korrigiert. Es wird eine aktive latente Steuer in der Bilanz ausgewiesen. Per Saldo ergibt sich im statement of profit or loss der Steueraufwand nach dem IFRS-Gewinn (30.000 €).

Buchung effektiver und latenter Steuern			
Fall a) Latenter Steueraufwand:			
Dr Income tax expense	24.000	Cr Current tax provision	24.000
Dr Deferred tax expense	6.000	Cr Deferred tax liabilities	6.000
Fall b) Latenter Steuerertrag:			
Dr Income tax expense	36.000	Cr Current tax provision	36.000
Dr Deferred tax assets	6.000	Cr Deferred tax revenue	6.000

Abb. 143: Buchung latenter Steuern

2.2.2 Erfolgsspaltung

Nicht alle Komponenten der GuV-Rechnung weisen für die Anteilseigner die gleiche Bedeutung auf. Zur Abschätzung der zukünftigen Unternehmenserfolge ist eine Unterteilung der Erfolgskomponenten in dauerhafte bzw. nicht dauerhafte und beeinflussbare bzw. nicht beeinflussbare Komponenten sinnvoll. Dauerhaft anfallende und beeinflussbare Erfolgskomponenten sind für Anteilseigner besonders wichtig.

Von großer Bedeutung ist das **Ergebnis der betrieblichen Tätigkeit** (Betriebsergebnis), da es die Erfolge aus dem Kerngeschäft eines Unternehmens abbildet[1]. Dieses Ergebnis ist meist nachhaltig erzielbar. Außerdem kann das Betriebsergebnis von der Unternehmensleitung beeinflusst werden. Durch die Änderung der Produktionsbedingungen können z.B. Kosten gesenkt werden, um das Betriebsergebnis zu erhöhen.

Das **Finanzergebnis** kann meist nicht beeinflusst werden. Nur bei Eigenkapitalinstrumenten mit höheren Anteilsquoten (z.B. Beteiligungen an Tochterunternehmen) verhält es sich anders: Die Inhaber der Beteiligungen können die Geschäftspolitik beeinflussen. Bei Gläubigerinstrumenten können die Zinsaufwendungen vom Schuldner nicht beeinflusst

---
[1] Vgl. Döring, U./Buchholz, R. (Jahresabschluss), S. 37.

werden, da die Modalitäten vertraglich geregelt sind. Insgesamt handelt es sich beim Finanzergebnis um eine dauerhafte Erfolgskomponente, die meist nicht beeinflussbar ist.

Die Mindestgliederung der GuV-Rechnung in IAS 1 schreibt keinen Ausweis des Betriebs- und Finanzergebnisses mehr vor[1], auch wenn diese **Erfolgsspaltung** aus Sicht der Anleger wichtig ist. Die bilanzierenden Unternehmen können aber eine entsprechende Unterteilung vornehmen, um den Anteilseignern diese Informationen zu vermitteln.

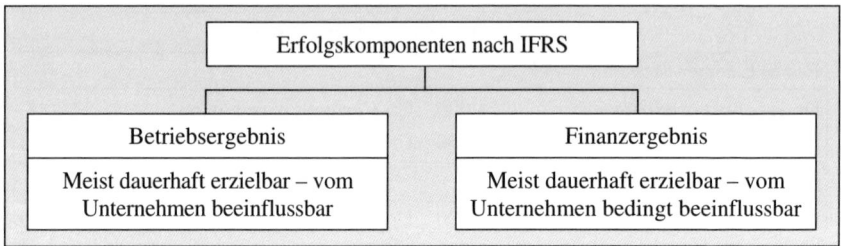

Abb. 144: *Erfolgskomponenten nach IFRS*

Anders als im HGB darf bei IFRS das **außerordentliche Ergebnis** nicht speziell ausgewiesen werden[2]. Hierzu zählen nach § 277 Abs. 4 HGB Aufwendungen und Erträge für seltene Ereignisse, wie z.B. Schäden durch Naturkatastrophen. Das IASB will verhindern, dass "normale Verluste" aus der Geschäftstätigkeit als außerordentliche Ergebnisse behandelt werden. Auch ungewöhnliche Erfolgskomponenten erscheinen im Betriebsergebnis.

2.3 GuV-Rechnung nach Cost of Sales Method

Der Aufbau des Umsatzkostenverfahrens (cost of sales method) nach IFRS unterscheidet sich nur beim Betriebsergebnis vom Gesamtkostenverfahren. Daher wird im Folgenden nur diese Erfolgskomponente behandelt. Von den Umsatzerlösen (Absatzmenge x Nettopreis) werden zunächst die Umsatzaufwendungen (Absatzmenge x Herstellungskosten) abgezogen, woraus sich der **Bruttogewinn** ergibt. Buchungstechnisch werden die Herstellungskosten für die produzierte Menge x_p auf das Konto "finished goods" gebucht. Der Wert der abgesetzten Menge x_a ergibt sich als Abgang auf diesem Konto und wird auf das GuV-Konto gebucht, aus dem die GuV-Rechnung gebildet wird. Der Endbestand der fertigen Erzeugnisse wird in die Bilanz übernommen.

---

[1] Vgl. Coenenberg, A.G./Haller, A./Schultze, W. (Jahresabschluss), S. 559.
[2] Vgl. Küting, K./Keßler, M./Gattung, A. (Gewinn- und Verlustrechnung), S. 18-19.

Allerdings dürfen die allgemeinen Verwaltungsaufwendungen, die Vertriebskosten und die sonstigen Aufwendungen nicht in die Herstellungskosten einbezogen werden:
- Allgemeine Verwaltungskosten umfassen insbesondere die Kosten der Geschäftsleitung oder die Kosten für soziale Einrichtungen (z.B. Kosten des Betriebskindergartens).
- Vertriebskosten umfassen alle Aufwendungen für den Absatz der betrieblichen Leistungen (z.B. Transportkosten und Personalkosten für Mitarbeiter im Versandbereich).
- Sonstige Aufwendungen umfassen alle Wertminderungen, die weder im Umsatzaufwand noch in den allgemeinen Verwaltungskosten oder in den Vertriebskosten enthalten sind[1]. Hierzu gehören beispielsweise: Abschreibungen von investment properties, außerplanmäßige Abschreibungen von Maschinen im Fertigungsbereich oder ein überhöhter Materialverschnitt bei der Produktion.

Grundsätzlich gehören auch nicht aktivierte Entwicklungskosten, Forschungskosten und Abschreibungen auf den Firmenwert zu den sonstigen Aufwendungen. Da es sich aber meist um hohe Beträge, ist ein gesonderter Ausweis zweckmäßig.

Statement of profit or loss (cost of sales method)	
1. Revenue 2. Cost of sales	1. Umsatzerlöse 2. Umsatzaufwand
= Gross profit	= Bruttogewinn
3. Other income 4. Distribution costs 5. Administrative expenses 6. Other expenses	3. Sonstige Erträge 4. Vertriebskosten 5. Verwaltungsaufwendungen 6. Sonstige Aufwendungen
= Operating profit/loss	= Betriebsergebnis

Abb. 145: Grundgliederung der GuV-Rechnung (Umsatzkostenverfahren)

Beispiel: Die X-AG fertigt in 01: 100.000 Stück eines Produkts (Absatz: 72.000 Stück für 30 € netto). Es entstehen die folgenden Kosten: Material: 350.000 €, Personal: 700.000 €, Abschreibungen: 290.000 € und sonstige Aufwendungen 60.000 €. Die in der Buchhaltung nach Kostenarten erfassten Wertminderungen sind den Kostenstellen zuzuordnen. Neben dem Produktionsbereich sind der Verwaltungs- und Vertriebsbereich relevant. Zum Ausweis weiterer Kosten (z.B. für Forschung) sind entsprechende Kostenstellen einzurichten. Die sonstigen Aufwendungen nach dem UKV weichen von denen des GKV ab, da z.B. Reparaturkosten dem Produktions- oder Verwaltungsbereich zuzuordnen sind.

---
[1] Vgl. Kirsch, H. (Rechnungslegung), S. 277.

	Kostenstellen			
	Produktion	Verwaltung	Vertrieb	Sonstige
Material	330.000 €	10.000 €	10.000 €	-
Personal	150.000 €	480.000 €	70.000 €	-
Abschreibung	150.000 €	100.000 €	40.000 €	-
Sonstige	30.000 €	10.000 €	-	20.000 €
Summe	660.000 €	600.000 €	120.000 €	20.000 €

Abb. 146: Beispiel zum Umsatzkostenverfahren

Der Umsatzaufwand von 475.200 € ergibt sich durch Umrechnung des Produktionsaufwands auf die abgesetzte Menge. Die übrigen Kosten lassen sich der obigen Abbildung entnehmen. Die GuV-Rechnung hat das folgende Aussehen (ohne Steuern):

Statement of profit or loss (cost of sales method)	
1. Revenue	2.160.000 € (72.000 x 30)
2. Cost of sales	- 475.200 € (660.000/100.000 x 72.000)
= Gross profit	1.684.800 €
3. Distribution costs	- 120.000 €
4. Administrative expenses	- 600.000 €
5. Other expenses	- 20.000 €
= **Profit**	**944.800 €**

Abb. 147: GuV-Rechnung nach UKV

3. Erfolgsermittlung im HGB

Der handelsrechtliche Erfolg kann mit dem Gesamt- oder Umsatzkostenverfahren ermittelt werden (§ 275 Abs. 2 und 3 HGB), die zum selben Ergebnis führen. Im Handelsrecht kann der Periodenerfolg in die Bestandteile Betriebsergebnis, Finanzergebnis und außerordentliches Ergebnis unterteilt werden. Das Betriebsergebnis wird nicht speziell ausgewiesen – es kann aber aus den gesetzlichen Gliederungsschemata abgeleitet werden (z.B. beim GKV aus § 275 Abs. 2 Nr. 1-8 HGB). Die formalen Vorschriften für die Darstellung der GuV-Rechnung sind im HGB genauer als bei IFRS und die handelsrechtliche Erfolgsspaltung ist differenzierter. Da im HGB keine erfolgsneutralen Komponenten auftreten, entspricht die Eigenkapitalerhöhung der Bilanz der der GuV-Rechnung.

Sechstes Kapitel: Internationale Kapitalflussrechnung

1. Inhalt und Abbildung der Finanzlage

Die wirtschaftliche Lage eines Unternehmens besteht aus der Vermögens-, Finanz- und Ertragslage. Die Vermögenslage informiert über das Reinvermögen eines Unternehmens und wird in der Bilanz dargestellt. Die Ertragslage informiert bei IFRS über das Gesamtergebnis und wird in der Gesamtergebnisrechnung abgebildet. Damit stellt sich die Frage, welchen Inhalt die Finanzlage aufweist und welches Instrument zu ihrer Darstellung geeignet ist. Der Beantwortung dient das folgende Beispiel.

Beispiel: Die X-AG hat in 01 Zahlungen erwirtschaftet, die in der folgenden Abbildung dargestellt werden. Zu jedem Zeitpunkt des Geschäftsjahres liegen die Einzahlungen über den Auszahlungen. Damit wird die Liquidität der X-AG eingehalten.

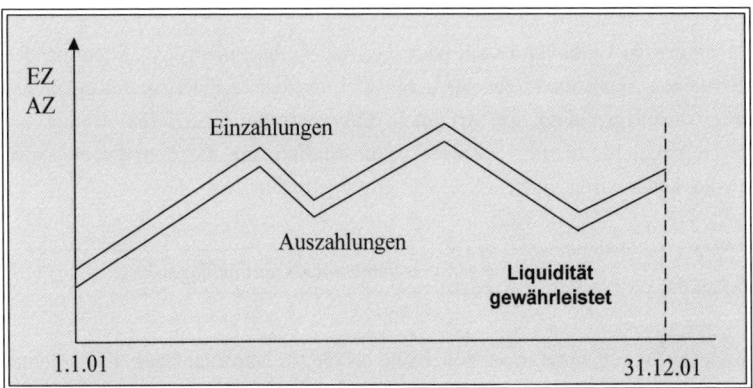

Abb. 148: Beispielhafte Liquiditätsentwicklung

Als **Liquidität** bezeichnet man die Fähigkeit eines Unternehmens zur termingerechten Erfüllung der Zahlungsverpflichtungen ohne Störung des Betriebsprozesses[1]. Die obige AG ist als liquide einzustufen, da sic in 01 über mehr Einzahlungen als Auszahlungen

---

[1] Vgl. Wöhe, G./Bilstein, J./Ernst, D./Häcker, J. (Unternehmensfinanzierung), S. 25.

verfügt. Lägen zu bestimmten Zeitpunkten die Auszahlungen über den Einzahlungen, könnte das Defizit z.b. durch vorhandene Bankguthaben oder durch den kurzfristigen Verkauf von Wertpapieren gedeckt werden. Wenn die vorhandenen Finanzmittel nicht ausreichen, könnten die Finanzlücken durch Kredite geschlossen werden.

Die Liquidität eines Unternehmens ist gefährdet, wenn keine eigenen flüssigen Mittel zur Begleichung von Verbindlichkeiten vorhanden sind und auch keine Kredite zur Verfügung stehen. Dann müsste z.b. ein Verkauf von Teilen des Anlagevermögens erfolgen, wodurch die Produktionsmöglichkeiten eingeschränkt werden. Die Absatzmenge und der Gewinn sinken tendenziell. Die Einhaltung der Liquidität ist wichtig, da die Zahlungsunfähigkeit bzw. die drohende Zahlungsunfähigkeit zur Eröffnung des Insolvenzverfahrens führt[1].

Allerdings ist auch zu beachten, dass hohe Geldbestände zu **Opportunitätskosten** führen. Wenn monatliche Auszahlungen von 80.000 € zu leisten sind, müssen finanzielle Mittel in dieser Höhe bereitgestellt werden. Alle weiteren Bestände können investiert werden, um Zinsen zu erwirtschaften. Allerdings sind die Einzahlungen in der Praxis meist nicht genau prognostizierbar, so dass eine Liquiditätsreserve einzuplanen ist. Es gilt:
- **Überliquidität**: Es werden mehr als die notwendigen Zahlungsmittel (inklusive einer bestimmten Liquiditätsreserve) gehalten.
- **Unterliquidität**: Es werden weniger als die notwendigen Zahlungsmittel gehalten.

Die Einhaltung der Liquidität ist ein wichtiger Aspekt der Finanzlage. Allerdings ist unter wirtschaftlichen Aspekten zu beachten, dass frei verfügbare Finanzmittel möglichst hoch verzinslich anzulegen sind, um maximale Finanzerträge zu erzielen. Umgekehrt sind Kredite zu möglichst niedrigen Zinsen zu beschaffen, um die Finanzierungskosten zu minimieren. Unter wirtschaftlichen Aspekt gilt regelmäßig:

Zinsen für Kredite > Zinsen für Kapitalanlagen

Da Zinsen für Fremdkapital meist höher sind als die für Kapitalanlagen, ist die Unterliquidität möglichst zu vermeiden. Der Investitions- und Finanzierungsbereich des Unternehmens muss optimal gestaltet werden. Damit wird deutlich, dass der Inhalt der **Finanzlage** nicht auf die Liquidität beschränkt ist. Ihre Inhalte sind:

Abbildung des gesamten Investitions- und Finanzbereichs eines Unternehmens unter besonderer Beachtung der Liquidität

---

[1] Vgl. Bieg, H./Kußmaul, H. (Rechnungswesen), S. 55.

Unter zeitlichen Aspekten ist die **zukünftige Finanzlage** von Bedeutung. Die zukünftigen Liquiditätsprobleme und ihre Deckungsmöglichkeiten sind für Anleger wichtig. Diese Informationen werden durch einen unternehmensbezogenen **Finanzplan** bereitgestellt. In diesem Plan werden z.b. die monatlichen Ein- und Auszahlungen gegenübergestellt und es wird die Deckung geprüft[1]. Bei einer Unterdeckung müssen Kapitalaufnahmen berücksichtigt werden – bei einer Überdeckung sind Anlagemöglichkeiten zu suchen.

Ein zukunftsorientierter Finanzplan stellt die idealen Informationen zur Verfügung. Allerdings sind diese subjektiv und nicht für eine nachvollziehbare Rechnungslegung geeignet. Der Finanzplan vermittelt ideale, aber praktisch nicht umsetzbare Informationen.

> Ideale Abbildung der Finanzlage durch zukunftsorientierten Finanzplan

Anstelle eines zukunftsbezogenen Finanzplans ist in IAS 7 (Statement of Cash flows) eine Kapitalflussrechnung zur Abbildung der Finanzlage vorgesehen. Die Rechnung ist vergangenheitsorientiert, weil sie die Daten des abgelaufenen Geschäftsjahres zugrunde legt. Damit wird unterstellt, dass sich die Bestimmungsfaktoren für die vergangene Finanzlage zukünftig nicht wesentlich verändern werden. In diesem Fall kann eine "gute" Finanzlage der Vergangenheit auch für die Zukunft unterstellt werden.

> Reale Abbildung der Finanzlage durch vergangenheitsorientierte Kapitalflussrechnung

2. Aufbau der Kapitalflussrechnung

2.1 Ermittlung des Zahlungsmittelfonds

Die Bilanz bildet das Reinvermögen eines Unternehmens am Bilanzstichtag ab. Betrachtet man die Bilanzen zweier aufeinanderfolgender Stichtage, können Veränderungen der assets, der liabilities und des equitys festgestellt werden. Bei einer derartigen **Bewegungsbilanz** erscheinen auf den Bilanzseiten die folgenden Änderungsgrößen[2]:
- Aktivseite: Aktivmehrung und Passivminderung (und Restgröße Verlust).
- Passivseite: Aktivminderung und Passivmehrung (und Restgröße Gewinn).

---

[1] Vgl. Perridon, L./Steiner, M./Rathgeber, A. (Finanzwirtschaft), S. 639-640.
[2] Vgl. Wöhe, G./Bilstein, J./Ernst, D./Häcker, J. (Unternehmensfinanzierung), S. 31.

Beispiel: In der folgenden Abbildung (Angaben in Tausend Euro, ohne Ertragsteuern) steigen die (nicht-liquiden) assets in 01 um 40.000 € und die Zahlungsmittel (cash) um 20.000 €. Außerdem sinken die liabilities um 40.000 € (von 320.000 € auf 280.000 €). Die Veränderungen kommen durch den Gewinn (profit) in Höhe von 100.000 € zustande, der formal gesehen eine Passivmehrung darstellt. Aus didaktischen Gründen werden der Gewinn und die Zahlungsmittel in der IFRS-Bilanz gesondert ausgewiesen.

Balance sheet 1.1.01				Balance sheet 31.12.01			
Assets	500	Equity	300	Assets	540	Equity	300
Cash	120	Liabilities	320	Cash	140	Profit	100
						Liabilities	280
	620		620		680		680

Abb. 149: *Entwicklung der Bewegungsbilanz nach IFRS*

Die Bewegungsbilanz nach IFRS sieht wie folgt aus (increase: Zunahme, decrease: Abnahme):

Changes of balance sheet items			
Increase of assets	40.000	Profit	100.000
Increase of cash	20.000		
Decrease of liabilities	40.000		
	100.000		100.000

Abb. 150: *Bewegungsbilanz nach IFRS*

Der Übergang zur Kapitalflussrechnung vollzieht sich, indem die assets weiter aufgegliedert werden. Es wird ein spezieller **Fonds** (= abgegrenzter Bestand an Mitteln) gebildet, dessen Veränderung näher betrachtet wird. Um Aussagen über die Liquidität zu erhalten, wird der **Zahlungsmittelfonds** gebildet. Er enthält Zahlungsmittel (Kasse, Bank, Postscheck) und Zahlungsmitteläquivalente (Wechsel, Schecks). Auch kurzfristige Finanzinvestitionen mit einer Restlaufzeit von nicht mehr als drei Monaten (gemessen vom Erwerbszeitpunkt) gehören dazu (IAS 7.7). Im Gegensatz zur Literatur[1] werden bei IFRS Kapitalbeteiligungen (z.B. kurzfristig veräußerbare Aktien) nicht zum cash fund gezählt.

---

[1] Vgl. Wöhe, G./Bilstein, J./Ernst, D./Häcker, J. (Unternehmensfinanzierung), S. 33.

2.2 Veränderung des Zahlungsmittelfonds

Der Zahlungsmittelfonds umfasst die Bilanzposten "cash and cash equivalents" und Teile der "current financial assets". Seine Zu- oder Abnahme ergibt sich aus der Veränderung aller übrigen Bilanzposten. Die Zunahme der Zahlungsmittel von 20.000 € in der vorigen Abbildung ergibt sich formal aus der folgenden Gleichung (Angaben in Tausend Euro):

> Zahlungsmittel 20 = Profit 100 - Zunahme anderer assets 40 - Abnahme Schulden 40

Wenn man die anderen assets genauer unterteilt, erhält man weitere Informationen über die Ursachen der Zahlungsmitteländerung. Allerdings droht die Analyse durch die vielen möglichen Bilanzposten schnell unübersichtlich zu werden. Daher ist eine Systematisierung der Einflussgrößen mit dem folgenden Ablauf sinnvoll:

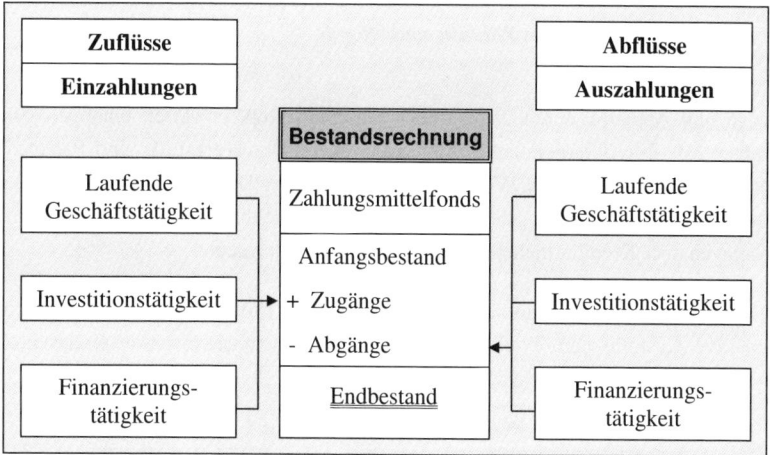

Abb. 151: Kapitalflussrechnung mit Fondsausgliederung

Der Zahlungsmittelfonds hat am Jahresanfang z.B. einen Bestand von 22.800 €. Aus der laufenden Geschäftstätigkeit resultieren Einzahlungen bzw. Auszahlungen von 668.420 € bzw. 437.240 €. Außerdem wurden langfristige Wertpapiere im Wert von 80.000 € gekauft (Auszahlung) und ein Kredit in Höhe von 30.000 € getilgt (Auszahlung). Es gilt:

> AB 22.800 + Zugänge (668.420) - Abgänge (437.240 + 80.000 + 30.000) = 143.980

Die **Bestandsrechnung** bildet die Entwicklung der Bestände zum Jahresanfang und zum Jahresende ab. Die **Strömungsrechnung** zeigt die liquiden Zu- und Abflüsse, die aus den folgenden drei Bereichen stammen können:

Veränderungen des Zahlungsmittelfonds		
Operating activities (Lfd. Geschäftstätigkeit)	Investing activities (Investitionstätigkeit)	Financing activities (Finanzierungstätigkeit)
Ein- und Auszahlungen aus der Umsatztätigkeit	Ein- und Auszahlungen durch Veräußerung/Erwerb von Anlagevermögen	Ein- und Auszahlungen durch Aufnahme/Rückzahlung von Eigen- oder Fremdkapital
Beispiele: • Erwerb von Werkstoffen • Bezahlung von Personal • Verkauf von Produkten	Beispiele: • Kauf/Verkauf von Maschinen • Kauf/Verkauf von Wertpapieren oder Patenten	Beispiele: • Kreditaufnahme/-tilgung • Emission von Aktien • Emission von Schuldverschreibungen

Abb. 152: Veränderungen des Zahlungsmittelfonds

Zugänge und Abgänge durch die laufende Geschäftstätigkeit weisen einen dauerhaften Charakter auf. Ein Unternehmen bezahlt z.B. regelmäßig Werkstoffe und Personal und erhält Einzahlungen aus dem Verkauf seiner Produkte. Dagegen treten Zahlungen im Investitions- und Finanzierungsbereich seltener auf: Einzahlungen aus dem Verkauf von Sachanlagen oder Kreditaufnahmen finden nur gelegentlich statt.

Die Differenz aus Ein- und Auszahlungen wird als **Cash flow** (Zahlungsfluss) bezeichnet[1]. Ein positiver Cash flow erhöht den Zahlungsmittelfonds, ein negativer vermindert ihn.

Cash flow: Differenz von Einzahlungen und Auszahlungen

Der Cash flow der laufenden Geschäftstätigkeit kann aus der GuV-Rechnung abgeleitet werden. Dabei ist das Periodenergebnis um nicht-zahlungswirksame Aufwendungen und Erträge zu korrigieren. Diese indirekte Methode zur Cash flow-Ermittlung kann aber im Investitions- und Finanzierungsbereich nicht angewendet werden, da ihre Zahlungen nur die Bilanz berühren. Der Kauf und die Bezahlung einer Maschine für 180.000 € Anfang 01 führt zu einer entsprechenden Auszahlung (Abgang auf dem Bankkonto). In der GuV-

---

[1] Vgl. Perridon, L./Steiner, M./Rathgeber, A. (Finanzwirtschaft), S. 580.

Rechnung 01 werden aber nicht die Zahlungen, sondern nur die Abschreibungen von 18.000 € erfasst (Nutzungsdauer zehn Jahre, lineare Abschreibungsmethode).

Vergleichbares gilt für den Finanzierungsbereich. Die Aufnahme und Tilgung von Krediten sind erfolgsneutrale Vorgänge, die bilanziell zur Bilanzverlängerung und Bilanzverkürzung führen. Auch die Emission von Aktien stellt eine Bilanzverlängerung dar. Die Zinszahlungen sind dagegen erfolgswirksam und vermindern den Periodenerfolg. Bei einigen Zahlungen ist die Zuordnung nicht zwingend. Bei IFRS gilt[1]:

- Erhaltene Zinsen und Dividenden: Grundsätzliche Zugehörigkeit zur laufenden Geschäftstätigkeit – Zuordnung zum Investitionsbereich möglich.
- Gezahlte Zinsen: Grundsätzliche Zugehörigkeit zur laufenden Geschäftstätigkeit – Zuordnung zum Finanzierungsbereich möglich.
- Ertragsteuerzahlungen: Grundsätzliche Zugehörigkeit zur laufenden Geschäftstätigkeit – Zuordnung zum Investitions- oder Finanzierungsbereich möglich.
- Gezahlte Dividenden: Grundsätzliche Zuordnung zum Finanzierungsbereich – Zuordnung zur laufenden Geschäftstätigkeit möglich.

2.3 Ermittlung von Cash flows

Bei der **direkten Methode** wird jeder einzelne Geschäftsvorfall auf seine Zahlungswirksamkeit überprüft. In jedem Bereich wird ein Zahlungssaldo ermittelt, die anschließend zusammengefasst werden. Diese Methode muss im Investitions- und Finanzierungsbereich angewendet werden. Dagegen kann der Cash flow aus der laufenden Geschäftstätigkeit (operativer Cash flow) auch auf **indirekte Weise** bestimmt werden[2].

Ermittlungsmethoden des Cash flows	
Direkte Methode	Indirekte Methode
Ermittlung des Cash flows durch Rückgriff auf Zahlungsströme	Ermittlung des Cash flows ausgehend vom Periodenergebnis
• Laufende Geschäftstätigkeit • Investitions-/Finanzierungstätigkeit	• Nur laufende Geschäftstätigkeit

Abb. 153: Ermittlungsmethoden des Cash flows

---

[1] Vgl. Coenenberg, A.G./Haller, A./Schultze, W. (Jahresabschluss), S. 837 und Pilhofer, J. (Kapitalflussrechnung), S. 295.

[2] Vgl. Scheffler, E. (Kapitalflussrechnung), S. 298.

Beispiel: Das Periodenergebnis der X-AG beträgt für 01: 400.000 €. Die Umsatzerlöse (Erträge) belaufen sich auf 700.000 € und die Aufwendungen auf 300.000 €. Drei Fälle sind zu unterscheiden, wobei Ertragsteuern zunächst vernachlässigt werden:
Fall a): Erträge und Aufwendungen sind zu 100% zahlungswirksam.
Fall b): Von den Aufwendungen sind nur 50% zahlungswirksam (Erträge: 100%).
Fall c): Von den Erträgen sind nur 50% zahlungswirksam (Aufwendungen: 100%).

Die **direkte** Ermittlung des Cash flows wird in der folgenden Abbildung gezeigt:

	Direkte Cash flow-Ermittlung		
	Fall a)	Fall b)	Fall c)
Einzahlungen	700.000 €	700.000 €	350.000 €
Auszahlungen	300.000 €	150.000 €	300.000 €
Cash flow	400.000 €	550.000 €	50.000 €

Abb. 154: Direkte Ermittlung des Cash flows

Bei der **indirekten** Ermittlung wird vom Periodenerfolg von 400.000 € ausgegangen. Im Fall a) erfolgt keine Korrektur, da die Erfolgskomponenten vollständig zahlungswirksam sind. In den Fällen b) und c) sind Korrekturen notwendig, da nicht-zahlungswirksame Größen zu beachten sind. Im Fall b) muss der nicht-zahlungswirksame Aufwand in Höhe von 150.000 € wieder hinzugerechnet werden, da er den Periodenerfolg gemindert hat. Im Fall c) ist der nicht-zahlungswirksame Ertrag (350.000 €) abzuziehen, da er in den Umsatzerlösen enthalten ist. Die direkte und indirekte Ermittlung führen zum selben Ergebnis.

	Fall a)	Fall b)	Fall c)
Periodenerfolg	400.000 €	400.000 €	400.000 €
Korrekturen • Addition nicht-zahlungs-wirksamer Aufwendungen • Subtraktion nicht-zahlungs-wirksamer Erträge	Keine	+ 150.000 €	− 350.000 €
Cash flow	400.000 €	550.000 €	50.000 €

Abb. 155: Indirekte Ermittlung des Cash flows

2. Aufbau der Kapitalflussrechnung

Die Gleichung für die Ableitung des Cash flows aus dem Periodenergebnis (profit or loss) der GuV-Rechnung lautet:

> Erfolg + nicht-zahlungswirksame Aufwendungen - nicht-zahlungswirksame Erträge

Bei IFRS können auch **erfolgsneutrale Eigenkapitalerhöhungen** vorhanden sein, die im other comprehensive income (OCI) dargestellt werden. Da die Wertsteigerungen von Sachanlagen beim revaluation model und von erfolgsneutral behandelten Eigenkapitalinstrumenten nicht zu Einzahlungen führen, müssen diese Zunahmen vom Gesamtergebnis abgezogen werden, um den Cash flow zu bestimmen.

Um den Zahlungsfluss aus der GuV-Rechnung abzuleiten, müssen die nicht-zahlungswirksamen Aufwendungen und Erträge bestimmt werden. Eine Gruppe von Aufwendungen und Erträgen ist immer **zahlungsunwirksam** und eindeutig zu bestimmen. Hierzu zählen:
- Aufwand: Abschreibung, Zuführung zu Rückstellungen, Bestandsminderungen.
- Ertrag: Zuschreibung, Auflösung von Rückstellungen, Bestandserhöhungen.

Abschreibungen und Zuschreibungen führen zu buchmäßigen Wertänderungen ohne Zahlungseffekten. Entsprechendes gilt für die Bildung und Auflösung von Rückstellungen und die Bestandsveränderungen fertiger und unfertiger Erzeugnisse, die beim Gesamtkostenverfahren direkt in der GuV-Rechnung erscheinen. Die aktivierten Eigenleistungen (z.B. aus selbst erstellten Entwicklungen im Anlagevermögen) führen nicht zu Einzahlungen.

Auch die Veränderung von Forderungen und Verbindlichkeiten hat Auswirkungen auf den Cash flow. Werden Werkstoffe beschafft, können sie bar bezahlt oder auf Ziel gekauft werden. Nur im ersten Fall vermindert sich der Zahlungsmittelfonds. Im zweiten Fall steigen die Verbindlichkeiten aus Lieferungen und Leistungen, so dass gilt:

> **Verbindlichkeitszunahme: Nicht-zahlungswirksamer Aufwand**

Auch die Forderungen aus Lieferungen und Leistungen erhöhen sich durch nicht-zahlungswirksame Erträge. Bei Umsatzerlösen von 700.000 €, von denen 50% zahlungsunwirksam sind, steigt der Forderungsbestand um 350.000 € (zzgl. USt). Zwar werden die Forderungen durch die Umsatzsteuer erhöht, aber die meist monatlich vorzunehmenden Umsatzsteuerzahlungen (§ 18 Abs. 2 UStG) führen zu einem Ausgleich. Es gilt:

> **Forderungszunahme: Nicht-zahlungswirksamer Ertrag**

2.4 Berücksichtigung von Ertragsteuern

Der Gewinn eines Geschäftsjahres unterliegt der Besteuerung. Bei Kapitalgesellschaften sind die Körperschaftsteuer (mit Solidaritätszuschlag) und die Gewerbesteuer zu beachten. Für sie wird am Jahresende eine Steuerrückstellung (current tax liability) gebildet, die im Folgejahr bei der Steuerzahlung aufgelöst wird. Da nur die Steuerzahlung zum Abfluss liquider Mittel führt, sind Veränderungen der Steuerrückstellungen ausgehend vom Gewinn nach Steuern wie folgt zu berücksichtigen:

> Rückstellungsbildungen sind zuzurechnen, Rückstellungsauflösungen sind abzurechnen

Beispiel: Mitte 01 wird die X-AG gegründet, die ihren Jahresabschluss nach IFRS erstellt. Es wird ein IFRS-Gewinn von 100.000 € ausgewiesen. Beim Steuersatz von 30% wird eine Steuerrückstellung von 30.000 € gebildet. Der Gewinn nach Steuern ist 70.000 €. Diese Rückstellungsbildung ist dem Gewinn nach Steuern wieder zuzurechnen.

Die Steuergesetze sehen **Vorauszahlungen** auf die Ertragsteuern vor[1], die zu Abflüssen führen. Wenn in 01 Steuern in Höhe von 30.000 € entstehen, werden vom Finanzamt entsprechende Vorauszahlungen für das Folgejahr festgesetzt. Dieser Ertragsteueraufwand wird gebucht: "Dr Income tax expense 30.000, Cr Cash 30.000". Wenn der Gewinn 02 wieder 100.000 € beträgt, muss keine Steuerrückstellung mehr gebildet werden. Insoweit ist der Gewinn nach Steuern unter Zahlungsaspekten nicht mehr zu korrigieren.

Weichen der IFRS-Gewinn und Steuergewinn voneinander ab, sind aktive oder passive latente Steuern zu berücksichtigen. Sie stellen keine Ein- oder Auszahlungen dar. Wird z.B. eine aktive latente Steuer gebildet, ist sie vom Gewinn nach Steuern abzuziehen.

Beispiel: Der IFRS-Gewinn 01 beträgt 100.000 €, der steuerrechtliche Gewinn 120.000 €. Da eine zeitliche Differenz vorliegt, sind latente Steuern zu bilden. Beim Steuersatz von 30% ist in der Bilanz eine Steuerrückstellung von 36.000 € auszuweisen. Durch Ansatz einer aktiven latenten Steuer in Höhe von 6.000 € ergibt sich der richtige Steueraufwand von 30.000 €. Der IFRS-Gewinn nach Steuern beträgt 70.000 €.

Ausgehend von diesem Gewinn ist die Steuerrückstellung zuzurechnen und die Bildung der aktiven latenten Steuer abzuziehen: 70.000 € + 36.000 € - 6.000 € = 100.000 €. Wenn die aktive latente Steuer im Folgejahr zur Hälfte aufgelöst wird, müssen dem Gewinn nach Steuern 3.000 € wieder zugerechnet werden.

---

[1] Vgl. § 31 Abs. 1 KStG i.V.m. § 37 Abs. 1 EStG und § 19 Abs. 1 GewStG.

2.5 Formale Gestaltung

Die IFRS enthalten nur wenige formale Vorschriften für die Gestaltung der Kapitalflussrechnung. Die Anwendung der **Staffelform** (report form) wird in IAS 7 empfohlen. Den formalen Aufbau der Cash flow-Rechnung nach IFRS zeigt die folgende Abbildung. Es findet eine direkte Berechnung mit den wichtigsten Posten statt.

Cash flow aus laufender Geschäftstätigkeit
1. Einzahlungen von Kunden
2. Auszahlungen an Lieferanten/Beschäftigte
= Zufluss aus laufender Geschäftstätigkeit
3. Zinszahlungen (betrieblich bedingt)
4. Ertragsteuerzahlungen
= Netto-Zufluss aus laufender Geschäftstätigkeit
Cash flow aus Investitionstätigkeit
1. Auszahlungen für Anlagevermögen
2. Einzahlungen aus Anlagevermögen
3. Einzahlungen aus Dividenden und Zinsen
= Netto-Zufluss aus Investitionstätigkeit
Cash flow aus Finanzierungstätigkeit
1. Ein-/Auszahlungen von langfristigem Fremdkapital
2. Zahlung von Dividenden
= Netto-Abfluss aus Finanzierungstätigkeit
Veränderung liquider Mittel im Geschäftsjahr
+ Bestand liquider Mittel am Beginn des Geschäftsjahres
= Bestand liquider Mittel am Ende des Geschäftsjahres

Abb. 156: Kapitalflussrechnung nach IFRS (direkte Ermittlung)

Der Ausweis der einzelnen Posten erfolgt nach dem **Bruttoprinzip**, so dass Saldierungen sachlich gleicher Größen (z.B. Zinsaufwendungen und Zinserträge) verboten sind. Zu jedem Posten sind die entsprechenden **Vorjahresbeträge** anzugeben. Soweit Wahlrechte vorhanden sind (z.B. Zuordnung erhaltener Dividenden zur laufenden Geschäftstätigkeit oder zum Investitionsbereich), muss das **Stetigkeitsprinzip** beachtet werden. Werden die Dividenden in 01 dem Investitionsbereich zugeordnet, ist in den Folgejahren entsprechend vorzugehen.

Eine Kapitalflussrechnung mit indirekter Ermittlung des Cash flows kann nach DRS 2 wie folgt aufgebaut werden (Darstellung der wesentlichen Posten[1]). Die gegenteiligen Effekte werden in Klammern angefügt. IAS 7 enthält im Anhang ein vergleichbares Schema.

Cash flow aus laufender Geschäftstätigkeit	
	Gewinn/Verlust
+	Abschreibungen (- Zuschreibungen) des Anlagevermögens
+	Zunahme (- Abnahme) von Rückstellungen
+	Sonstiger zahlungsunwirksamer Aufwand (- Ertrag)
-	Zunahme (+ Abnahme) von Forderungen
+	Zunahme (- Abnahme) von Verbindlichkeiten
=	**Cash flow**

Abb. 157: Kapitalflussrechnung nach DRS 2 (indirekte Ermittlung)

3. Kapitalflussrechnung im HGB

Im Handelsrecht ist die Kapitalflussrechnung nur im Konzernabschluss verpflichtend aufzustellen. Im Einzelabschluss wird eine Kapitalflussrechnung nur in Ausnahmefällen verlangt (§ 264 Abs. 1 Satz 2 HGB). Da für die Ausgestaltung der Kapitalflussrechnung gesetzliche Vorschriften fehlen, wird DRS 2 (Kapitalflussrechnung) des DRSC zugrunde gelegt. Dieser Standard wurde am 31.5.2000 durch das BMJ bekannt gemacht[2].

Auch nach DRS 2 werden die Zahlungsströme den erläuterten Bereichen (laufende Geschäftstätigkeit, Investitions- und Finanzierungsbereich) zugeordnet. Zum Teil erfolgen jedoch unterschiedliche Behandlungen der Zinszahlungen, Dividenden und Ertragsteuerzahlungen. Erhaltene Dividenden sind nach DRS 2 grundsätzlich der laufenden Geschäftstätigkeit zuzuordnen. Nur ausnahmsweise gehören sie zur Investitionstätigkeit.

Die Zahlungsströme der laufenden Geschäftstätigkeit können indirekt ermittelt werden, wobei vom Jahresüberschuss ausgegangen wird. Da im Handelsrecht erfolgsneutrale Bewertungen unzulässig sind, existiert kein sonstiges Ergebnis und entsprechende Zurechnungen unterbleiben. Die Investitions- und Finanzierungszahlungen müssen direkt erfasst werden. Die Darstellung erfolgt in Staffelform, wobei Vorjahreswerte anzugeben sind.

---

[1] Vgl. das vollständige Schema bei Küting, K./Weber, C.-P. (Konzernabschluss), S. 660.
[2] Vgl. Coenenberg, A.G./Haller, A./Schultze, W. (Jahresabschluss), S. 49.

Siebtes Kapitel: Weitere internationale Rechnungslegungsinstrumente

1. Eigenkapitalveränderungsrechnung

Kapitalgesellschaften weisen feste und variable Eigenkapitalkonten auf. Das gezeichnete Kapital bleibt langfristig unverändert, während die Rücklagen (insbesondere die anderen Gewinnrücklagen) kurzfristig veränderlich sind. Bei deutschen Aktiengesellschaften richtet sich die Rücklagenbildung und Rücklagenauflösung nach den handels- und aktienrechtlichen Vorschriften.

Die Verwendbarkeit der meisten Kapitalrücklagen wird in § 150 Abs. 3 und Abs. 4 AktG geregelt, wobei die Höhe der Rücklagen wichtig ist. Die Kapitalrücklagen und die gesetzliche Rücklage dürfen grundsätzlich nur zur Verlustdeckung verwendet werden[1], wobei vorher die frei verfügbaren Gewinnrücklagen aufzulösen sind. Kapitalrücklagen dürfen **nicht** für Ausschüttungen genutzt werden – sie führen nicht zu einem Bilanzgewinn.

Beispiel: Der Verlust des Jahres 02 (Jahresfehlbetrag) beträgt bei der X-AG 150.000 €. Aus dem Vorjahr sind vorhanden: Andere Gewinnrücklagen 100.000 €, gesetzliche Rücklage 20.000 € und Kapitalrücklagen 40.000 €. Zur Verlustdeckung sind zunächst die frei verfügbaren anderen Gewinnrücklagen aufzulösen. Anschließend können höchstens 50.000 € aus der gesetzlichen Rücklage oder Kapitalrücklage entnommen werden, um den Verlust auszugleichen. Dann entsteht ein Bilanzgewinn von null Euro.

Auch bei IFRS werden Kapital- und Gewinnrücklagen unterschieden. Anders als im HGB wird in der IFRS-Bilanz von Aktiengesellschaften aber kein **Bilanzgewinn** ausgewiesen, über den die Aktionäre entscheiden. Die Eigenkapitalveränderungsrechnung nach IFRS verfolgt das **Ziel**, die tatsächliche Eigenkapitalentwicklung abzubilden. Bei IFRS werden die durchgeführten und nicht die möglichen Ausschüttungen (Bilanzgewinn) dargestellt.

Die folgende Abbildung zeigt beispielhaft den Aufbau einer Eigenkapitalveränderungsrechnung nach IAS 1 für den Einzelabschluss (ohne Vorjahresangaben). In der Kopfzeile werden die relevanten Eigenkapitalposten dargestellt. Die Geschäftsvorfälle, die das Reinvermögen verändern, werden in der senkrechten Spalte angeführt. Ausgehend vom

---

[1] Das gilt für die Kapitalrücklagen nach § 272 Abs. 2 Nr. 1 bis 3 HGB, die im Folgenden betrachtet werden. Vgl. im Einzelnen Coenenberg, A.G./Haller, A. /Schultze, W. (Jahresabschluss), S. 338-339.

Anfangsbestand am Jahresbeginn wird die Entwicklung bis zum Endbestand am Jahresende gezeigt. Eigenkapitalveränderungen ergeben sich insbesondere durch das Gesamtergebnis, durch die Dividendenzahlungen und die Rücklagenveränderungen.

	Statement of changes in equity						
	Issued capital	Share premium	Retained earnings	Statutory reserves	Legal reserves	Other reserves	Total
1.1.01	Anfangsbestände der Posten						
Changes in equity items	Veränderung der einzelnen Posten						
31.12.01	Endbestände der Posten						

Abb. 158: Eigenkapitalveränderungsrechnung nach IFRS

Beispiel: Die deutsche X-AG hat am 1.1.02 die folgenden Posten in der IFRS-Bilanz: Issued capital 500.000 €, retained earnings 320.000 €, legal reserves 20.000 €, revaluation surplus 10.000 €. IFRS-Gewinn 02 nach Steuern: 140.000 €, sonstiges Ergebnis 21.000 € nach Steuern (Neubewertung von Sachanlagen). In 02 werden 100.000 € Dividenden gezahlt. Die legal reserves sind mit 1/20 (= 5%) des Jahresüberschusses zu dotieren, der um 10% niedriger ist als der IFRS-Gewinn. Es ergibt sich die folgende Darstellung:

	Statement of changes in equity				
	Issued capital	Retained earnings	Legal reserves	Revaluation surplus	Total
1.1.02	500.000	320.000	20.000	10.000	850.000
Dividends	-	(100.000)	-	-	(100.000)
Total comprehensive income	-	140.000	-	21.000	161.000
Transfer to reserves	-	(6.300)	6.300	-	-
31.12.02	500.000	353.700	26.300	31.000	911.000

Abb. 159: Beispiel zur Eigenkapitalveränderungsrechnung

Die Dividenden mindern die retained earnings um 100.000 € (negative Beträge in Klammern). Das Gesamtergebnis beträgt 161.000 € (profit + OCI), die retained earnings steigen um den Gewinn von 140.000 € und die Neubewertungsrücklagen um 21.000 €. Durch die Dotierung der gesetzlichen Rücklage sinken die retained earnings um 6.300 € (1/20 von 0,9 x 140.000 €, da der Jahresüberschuss um 10% niedriger als der IFRS-Gewinn ist). Deutsche Unternehmen, die die IFRS-Regelungen anwenden, müssen § 150 Abs. 2 AktG beachten. Somit müssen 1/20 des handelsrechtlichen Jahresüberschusses in die gesetzliche Rücklage eingestellt werden. Die Unterscheidung zwischen dem Jahresüberschuss nach dem HGB und dem Periodengewinn nach IFRS ist wichtig, da diese Größen voneinander abweichen können (wie im obigen Beispiel).

Aktiengesellschaften, deren Eigenkapital- oder Schuldinstrumente öffentlich gehandelt werden, müssen ein **Ergebnis je Aktie** ermitteln. Nach IAS 1.107 ist diese Größe in der Eigenkapitalveränderungsrechnung oder im Anhang auszuweisen. Die Einzelheiten regelt IAS 33 (Earnings per Share – Ergebnis je Aktie). Die Berechnung des **basic earnings per share** (= unverwässertes earnings per share) erfolgt mit dem Quotienten:

> Periodengewinn/durchschnittliche Stammaktienzahl

Beispiel: Der Periodengewinn der X-AG beträgt in 01: 1.400.000 € bei einer durchschnittlichen Aktienzahl von 1.000.000 Stück. Damit ergibt sich ein earnings per share (EPS) von 1,4 € je Aktie. Auf jede Stammaktie entfällt ein Gewinn von 1,4 €. Da der obige Quotient auf das Periodenergebnis abstellt, werden erfolgsneutrale Eigenkapitaländerungen vernachlässigt[1]. Gewinnanteile, die auf Vorzugsaktien entfallen, würden von der Gewinngröße abgezogen. Somit stellt das EPS auf die Stammaktionäre ab.

Findet im Laufe eines Geschäftsjahres eine Kapitalerhöhung statt, verändert sich die durchschnittliche Stammaktienzahl. Hierbei muss eine zeitliche Gewichtung stattfinden. Wenn im obigen Beispiel am 1.4.01 eine Kapitalerhöhung stattgefunden hat, durch die 200.000 neue Stammaktien entstanden sind, beträgt die durchschnittliche Stammaktienzahl in 01: 1.150.000 Stück. Das neue earnings per share liegt bei 1,22 € je Aktie.

Besonderheiten ergeben sich für den Fall, dass eine Aktiengesellschaft **Anleihen mit Sonderrechten** ausgeben hat. Bei einer Optionsanleihe hat der Inhaber das Recht, zu einem bestimmten Zeitpunkt Aktien für einen vorab festgelegten Kurs (z.B. 40 € je Aktie) zu erwerben. Liegt der durchschnittliche Kurs eines Jahres z.B. bei 50 € je Aktie, würde der Anleiheninhaber die Option ausüben. Könnte er 20.000 Aktien beziehen, ergäbe sich für die Gesellschaft ein finanzieller Nachteil von 200.000 € im Vergleich zum Marktwert.

---

[1] Vgl. Pellens, B./Fülbier, R.U./Gassen, J./Sellhorn, T. (Rechnungslegung), S. 914.

Das entspricht einer kostenlosen Ausgabe von 4.000 Aktien (200.000 €/50 € je Aktie). Auf diese Gratisaktien würde ein Gewinnanteil entfallen, obwohl die Gesellschaft keine Mittel für sie erhielte, die erfolgswirksam investiert werden könnten. Bei einem Gewinn von 1.400.000 € und einer Stammaktienzahl von 1.000.000 € ergibt sich durch die theoretische Ausgabe von 4.000 Gratisaktien ein **verwässertes (diluted) EPS** von 1,39 €/Aktie.

Bei Wandelanleihen tritt ein vergleichbarer Effekt ein[1]. Für IAS 33 wurde im August 2008 ein Exposure Draft veröffentlicht[2], der eine Vereinfachung für die Berechnung des verwässerten EPS vorsieht: Der durchschnittliche Aktienkurs soll durch den Aktienkurs am Jahresende ersetzt werden. Derzeit ist offen, ob das Projekt weiter verfolgt wird.

Im **HGB** wird im Einzelabschluss keine Eigenkapitalveränderungsrechnung vorgeschrieben (Ausnahmefall: § 264 Abs. 1 Satz 2 HGB). Im handelsrechtlichen Konzernabschluss ist dagegen ein **Eigenkapitalspiegel** aufzustellen. Da das HGB keine Vorschriften für den Aufbau bereithält, ist der Rückgriff auf DRS 7 (Konzerneigenkapital und Konzerngesamtergebnis) zweckmäßig. Der Standard zeigt die Eigenkapitalentwicklung im Konzern, so dass in der Kopfzeile zunächst eine Unterteilung in das Eigenkapital der Mutter- und der Tochtergesellschaften erfolgt[3]. Ansonsten ist der Aufbau mit IFRS vergleichbar. Die Ermittlung des Ergebnisses je Aktie ist handelsrechtlich nicht vorgeschrieben.

2. Anhang

Internationale Bilanzen enthalten die assets, die liabilities und (als Saldo) das equity eines Unternehmens zu einem bestimmten Zeitpunkt (Bilanzstichtag). Weist ein Unternehmen Ende 01 Sachanlagen in Höhe von 800.000 € aus, kann ein Investor nicht feststellen, wie dieser Wert ermittelt wurde. Die Abschreibungsmethode kann der Bilanz nicht entnommen werden. Auch ist nicht zu erkennen, wie der fair value bei einer Neubewertung ermittelt wurde. Zur Behebung dieser Informationsdefizite übernimmt der Anhang eine **Erläuterungsfunktion** für die Posten des Jahresabschlusses. Die Bilanz wird von zusätzlichen Angaben befreit, sodass auch eine **Entlastungsfunktion** erzielt wird.

Darüber hinaus enthält der Anhang auch Informationen, die über den Inhalt des Jahresabschlusses hinausgehen. Der Anhang hat noch eine **Ergänzungsfunktion**. Damit lauten die Zielsetzungen des Anhangs[4]:

---

[1] Vgl. Grünberger, D. (IFRS), S. 191-192.
[2] Vgl. hierzu Schütte, J. (Standardentwurf), S. 857-860.
[3] Vgl. Gräfer, H./Scheld, G. (Konzernrechnungslegung), S. 381.
[4] Vgl. Ruhnke, K./Simons, D. (Rechnungslegung), S. 279.

Erläuterung, Entlastung und Ergänzung des Jahresabschlusses

Die grundsätzlichen Inhalte des Anhangs sind in IAS 1 (Presentation of Financial Statements – Darstellung des Abschlusses) geregelt. Nach IAS 1.112 muss der Anhang die folgenden Angaben enthalten. Außerdem wird die Segmentberichterstattung, die im nächsten Gliederungspunkt erläutert wird, in den Anhang aufgenommen[1].

Anhangangaben nach IFRS		
Grundlagen der Abschlusserstellung und Bilanzierungs- und Bewertungsmethoden	Verlangte Informationen, die in anderen Abschlussbestandteilen nicht enthalten sind	Ergänzende Informationen zum Verständnis der Abschlussbestandteile

Abb. 160: Anhangangaben nach IFRS

Zu den **Grundlagen der Abschlusserstellung** gehört eine Erklärung über die Einhaltung der IFRS-Vorschriften (IAS 1.16). Bei den Bilanzierungs- und Bewertungsmethoden müssen zunächst die verwendeten Wertmaßstäbe (z.B. Anschaffungskosten oder beizulegender Zeitwert) vermittelt werden. Außerdem sind andere Bewertungsmethoden anzugeben, die für das Verständnis der Jahresabschlüsse notwendig sind. Diese Methoden werden regelmäßig durch die Angabepflichten in den einzelnen Standards konkretisiert.

Die Angabe der Bilanzierungs- und Bewertungsmethoden umfasst auch die Erläuterung von **Ermessensentscheidungen**. Hierzu gehört z.B. die Wahl der Abschreibungsmethode für neue Maschinen, deren Wertverlauf nur geschätzt werden kann. Die Begründung der vom Unternehmen getroffenen Entscheidungen über die Bilanzierung erhöht die Transparenz, aber sie kann Manipulationen nicht völlig ausschließen.

In den Standards wird oft die **Angabe von Informationen verlangt**, die nicht in anderen Abschlussbestandteilen enthalten sind. Am Schluss der Standards werden meist spezielle Angabepflichten festgelegt (disclosure – Angaben). Für Sachanlagen wird in IAS 16.73(b) und (c) z.B. die Angabe der Abschreibungsmethoden und der Nutzungsdauern bzw. der Abschreibungssätze (bei geometrisch-degressiver Abschreibungsmethode) verlangt. Wird eine Neubewertung von Sachanlagen nach dem revaluation model vorgenommen, sind ergänzende Informationen in den Anhang aufzunehmen. Hierzu gehören z.B. der Zeitpunkt und die Grundlagen der Neubewertung, insbesondere Angaben zur Ermittlung des fair values (IAS 16.77).

---

[1] Vgl. Baetge, J./Kirsch, H.-J./Thiele, S. (Bilanzen), S. 724.

Nach IAS 16.73(e) ist eine **Überleitungsrechnung** aufzustellen, in der die Buchwerte der einzelnen Sachanlagen zum Jahresbeginn durch Zugänge, Abgänge, Umbuchungen, planmäßige und außerplanmäßige Abschreibungen verändert werden, um zum Buchwert am Jahresende zu gelangen[1]. Auch Wertaufholungen im cost model und Wertsteigerungen im revaluation model sind zu berücksichtigen.

Beispiel: Eine Maschine wurde Anfang 01 mit Anschaffungskosten von 150.000 € beschafft (Nutzungsdauer sechs Jahre, lineare Methode). Am 1.1.03 ergibt sich der Buchwert von 100.000 € als Saldo aus Anschaffungskosten (150.000 €) und kumulierten Abschreibungen der Vorperioden (50.000 €). In 03 werden jährliche Abschreibungen von 25.000 € verrechnet, so dass die kumulierten Abschreibungen auf 75.000 € steigen (Buchwert Ende 03: 75.000 €). Wird in 03 eine neue Maschine erworben, findet ein Zugang (addition) statt, der die planmäßigen und kumulierten Abschreibungen erhöht. In 04 steigen die gesamten Anschaffungskosten durch die neue Maschine. Abgänge (disposals) vermindern die Anschaffungskosten. Die Überleitungsrechnung wird in Tabellenform aufgestellt.

Die **ergänzenden Informationen** zum Verständnis der Abschlussbestandteile betreffen z.B. Hinweise auf zukünftige finanzielle Belastungen, die noch nicht in der Bilanz erfasst werden. Wenn das Unternehmen A eine Bürgschaft für die Verbindlichkeit des Unternehmens B übernimmt, ergibt sich für Unternehmen A zunächst keine finanzielle Verpflichtung. Wenn B die Zinsen bezahlt und alle vereinbarten Tilgungen leistet, wird A nie belastet. Allerdings kann jederzeit die Situation eintreten, dass B in Zahlungsprobleme gerät und der Kreditgeber auf A zurückgreift, der dann als Bürge die Zahlungen leisten muss. Daher sind Anhangangaben über die Höhe derartiger Verpflichtungen sinnvoll[2].

Im **HGB** sind im Anhang die Bilanzierungs- und Bewertungsmethoden für den Jahresabschluss anzugeben (§ 284 Abs. 2 Nr. 1 HGB). In § 285 HGB wird die Angabe von Detailinformationen verlangt. Ein Beispiel: Bei Aktivierung selbst geschaffener immaterieller Vermögensgegenstände müssen nach § 285 Nr. 22 HGB die gesamten Forschungs- und Entwicklungskosten (und davon der aktivierte Anteil) angegeben werden. Auch im HGB müssen zusätzliche Verpflichtungen aufgezeigt werden, die sich erst zukünftig auswirken können. Eine Bürgschaftsverpflichtung ist nach § 251 HGB unter der Bilanz anzugeben. Im Handelsrecht wird in § 268 Abs. 2 HGB die Aufstellung eines **Anlagegitters** gefordert[3], dessen Inhalte der Überleitungsrechnung nach IFRS weitgehend entsprechen. Auf die Begründung von Ermessensentscheidungen wird im HGB verzichtet.

---

[1] Vgl. Pellens, B./Fülbier, R.U./Gassen, J./Sellhorn, T. (Rechnungslegung), S. 358-359.
[2] Auch die Risiken aus Wertpapieren sind nach IFRS 7 detailliert im Anhang darzustellen. Vgl. Baetge, J./Kirsch, H.-J./Thiele, S. (Bilanzen), S. 723.
[3] Vgl. im Einzelnen Bitz, M./Schneeloch, D./Wittstock, W. (Jahresabschluss), S. 156-160.

3. Segmentberichterstattung

3.1 Zielsetzung

In der GuV-Rechnung wird das Periodenergebnis für das gesamte Unternehmen ausgewiesen: Es wird keine Aufteilung des Erfolgs auf einzelne Unternehmensbereiche vorgenommen. Eine derartige **Segmentierung** ist aus Sicht der Anteilseigner insbesondere bei großen Unternehmen sinnvoll, um ihre Erfolgskomponenten genauer zu bestimmen.

<u>Beispiel</u>: Die Fahrzeug-AG stellt die folgenden Produktgruppen her: Pkw, Lkw, Busse und Motorräder. Der gesamte Gewinn 01 beträgt 30.000.000 €, die sich wie folgt verteilen: Pkw 25.300.000 €, Lkw 2.000.000 €, Busse 1.800.000 €, Motorräder 900.000 €. Es wird deutlich, dass die Personenfahrzeuge eine besondere Bedeutung für die Ertragslage des Unternehmens aufweisen, da sie überproportional zum Erfolg beitragen.

Die Erfolgsaufteilung vermittelt Informationen über die **Chancen und Risiken** eines Unternehmens. Die Fahrzeug-AG ist bei der Autoproduktion sehr erfolgreich und sollte diese Produktgruppe weiter stärken. Dieser Chance steht das Risiko einer hohen Abhängigkeit von einer Produktgruppe gegenüber: Bei einer rückläufigen Nachfrage besteht die Gefahr eines hohen Gewinnrückgangs. Somit ergeben sich aus der Erfolgsaufteilung auch wichtige Informationen zur Risikoanalyse eines Unternehmens.

Die Segmentberichterstattung beinhaltet Informationen über Teilbereiche eines Unternehmens, die nach verschiedenen Kriterien gebildet werden können und eine bestimmte Größe aufweisen müssen. Im Mittelpunkt stehen operative Segmente eines Unternehmens, die anschließend erläutert werden. Die Zielsetzung der **Segmentberichterstattung** lautet:

> Informationsvermittlung über wesentliche Unternehmensbereiche zur Risikoanalyse

Die Segmentberichterstattung wird in IFRS 8 (Operating Segments - Geschäftssegmente) geregelt, der Ende November 2006 veröffentlicht wurde. Der Standard orientiert sich weitgehend an den US-GAAP[1], um die Unterschiede zwischen den IFRS und den amerikanischen Rechnungslegungsvorschriften abzubauen. Die Segmentberichterstattung ist insbesondere für Unternehmen vorgeschrieben, deren Eigenkapital- oder Schuldinstrumente (Aktien oder Schuldverschreibungen) öffentlich gehandelt werden[2].

---

[1] Vgl. Fink, C./Ulbrich, P. (Segmentberichterstattung), S. 236.
[2] Vgl. Grünberger, D. (IFRS), S. 322.

3.2 Inhalt

3.2.1 Segmentabgrenzung

In IFRS 8 wird die Segmentabgrenzung nach dem **management approach** vorgenommen. Danach werden die Segmente übernommen, die für die interne Berichterstattung im Unternehmen gebildet werden[1]. Meist werden die Segmente produktorientiert (z.B. nach Fahrzeugarten: Pkw, Lkw, Busse, Motorräder) oder länderspezifisch (z.B. nach Ländergruppen: Fahrzeuge in Europa, Asien, Amerika, Afrika) gebildet. Nach IFRS müssen die **operating segments** (operativen Segmente) die folgenden Merkmale erfüllen[2]:

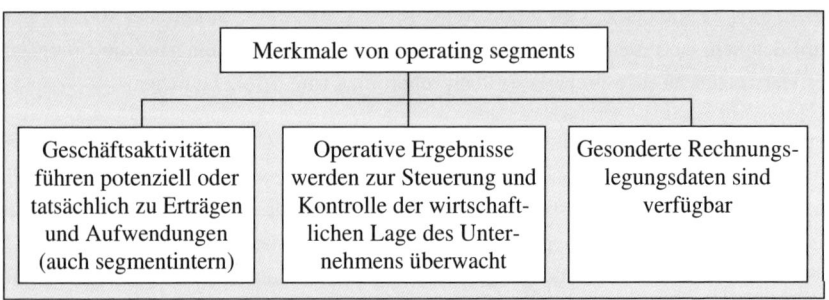

Abb. 161: Merkmale von operating segments

Bei einem Fahrzeughersteller erzielt z.B. das operative Segment Motorräder Erträge durch den Absatz von Fahrzeugen. Ihnen stehen Aufwendungen z.B. für Material und Personal in der Fertigung gegenüber. Bei der Segmentbildung müssen die Erträge aber nicht unbedingt mit fremden Dritten erzielt werden, sondern können auch segmentintern entstehen. Wenn beim Fahrzeughersteller ein Segment Motorproduktion gebildet wird, das die Motoren für die Produktgruppen Pkw, Lkw, Busse und Motorräder fertigt, erzielt die vorgelagerte Produktionsgruppe nur interne Umsätze. Es liegt ein **vertikales Segment** vor, das seine Leistungen vorrangig an andere Segmente abgibt[3].

Die einzelnen Segmente des Fahrzeugherstellers werden anhand von Erfolgsgrößen durch einen zentralen Entscheidungsträger überwacht. Das operative Ergebnis (Betriebsergebnis) bildet den Beurteilungsmaßstab. Wenn es für eine Produktgruppe unter dem Ergebnis anderer Segmente liegt, müssen Maßnahmen zur Effizienzsteigerung eingeleitet werden.

---

[1] Vgl. Gräfer, H./Scheld, G. (Konzernrechnungslegung), S. 396.
[2] Vgl. Alvarez, M./Büttner, M. (Segments), S. 309.
[3] Vgl. Küting, K./Weber, C.-P. (Konzernabschluss), S. 666.

Auch die vertikalen Segmente werden mit Erfolgsgrößen überwacht. Damit die Summe der Erfolge aller Segmente dem Periodenergebnis der GuV-Rechnung entspricht, werden die internen Erfolge in der (noch zu behandelnden) **Überleitungsrechnung** ausgeglichen. Abschließend müssen für operative Segmente Rechnungslegungsdaten verfügbar sein.

Für operative Segmente besteht nur eine **Berichtspflicht**, wenn sie eine bestimmte Größe erreichen. Hierdurch soll vermieden werden, dass ein Unternehmen zu viele berichtspflichtige Segmente (reportable segments) bildet, die zu einer unübersichtlichen Berichterstattung führen. Der Grundsatz der materiality ist einzuhalten. Deshalb sind die Segmente zunächst mit qualitativen Merkmalen auf ihre Entscheidungsrelevanz zu überprüfen. Anschließend sind quantitative Maßstäbe anzulegen[1]. Wenn die folgenden Grenzwerte für ein Segment erfüllt sind, besteht eine Berichtspflicht:

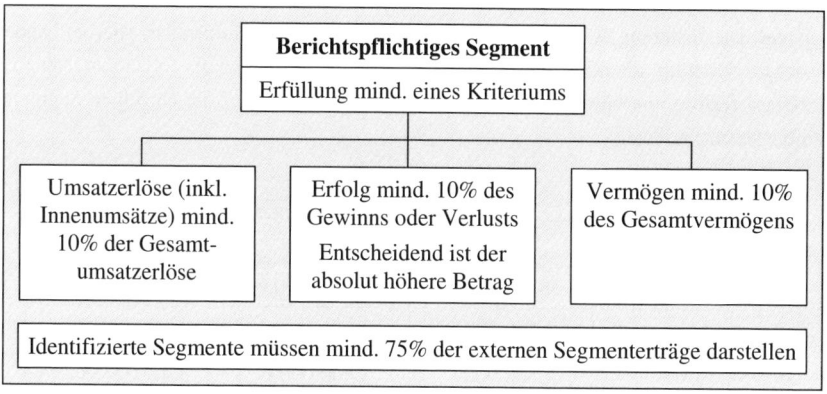

Abb. 162: Berichtspflichtige Segmente

Eine Berichtspflicht entsteht, wenn **mindestens eins** der drei Kriterien erfüllt ist. Beim Erfolgskriterium sind die Segmente mit den Gewinnen und Verlusten zu trennen. Maßgeblich ist der **absolut** höhere Betrag. Wenn bei vier Segmenten die Gewinne insgesamt 500.000 € und bei zwei weiteren Segmenten die Verluste insgesamt -600.000 € betragen, sind 10% von 600.000 € (somit 60.000 €) als Grenzwert relevant.

Beim Umsatzkriterium werden für jedes Segment die Erlöse mit Unternehmensfremden und die Erlöse mit anderen Segmenten (intersegmentäre Umsatzerlöse) ermittelt. Danach wird ihr Anteil an den gesamten (externen und internen) Umsatzerlösen berechnet. Damit werden im Zähler und Nenner jeweils die Gesamtumsätze erfasst.

---

[1] Vgl. Müller, S./Peskes, M. (Segmentberichterstattung), S. 820.

Beispiel: Das Segment Motorräder eines Fahrzeugherstellers erzielt in 01 Umsätze von 1.500.000 € durch Verkäufe und 800.000 € Umsätze durch Lieferung von Teilen an das Segment Personenkraftwagen. Der gesamte externe und interne Umsatz des Unternehmens beträgt 20.000.000 € in 01. Damit wird für das Motorradsegment die 10%-Grenze (2.300.000 €/20.000.000 € = 0,115 – 11,5%) überschritten, da die externen und internen Umsätze zusammen berücksichtigt werden.

Die in den berichtspflichtigen Segmenten ausgewiesenen Erlöse dürfen insgesamt nicht weniger als 75% der gesamten Umsatzerlöse erfassen. Hierdurch soll die Aussagekraft der Segmentberichterstattung sichergestellt werden. Wird die **75%-Regel** nicht eingehalten, müssen weitere Segmente gebildet werden[1]. In diesem Fall sind die obigen 10%-Grenzwerte ohne Bedeutung. Die Segmente, die die obigen Grenzen nicht erfüllen, werden in einem **Sammelsegment** (z.B. übrige Geschäftsbereiche) zusammengefasst[2].

Beispiel: Die Fahrzeug-AG produziert Pkw, Lkw, Busse und Motorräder. Hierbei handelt es sich zugleich um die relevanten operating segments. In 01 sind die folgenden Daten für die Umsatzerlöse, die Gewinne und das Vermögen (bezogen auf die einzelnen Segmente und insgesamt) relevant.

	Umsätze	Gewinne	Vermögen
Pkw	30.200.000 €	25.300.000 €	28.900.000 €
Lkw	4.200.000 €	2.000.000 €	1.800.000 €
Busse	3.800.000 €	1.800.000 €	1.100.000 €
Motorräder	1.800.000 €	900.000 €	3.200.000 €
Summe	40.000.000 €	30.000.000 €	35.000.000 €

Abb. 163: Beispiel zur Segmentbildung

Das Produktsegment Pkw erfüllt alle drei Kriterien, das Produktsegment Lkw nur das Umsatzkriterium (Umsatzanteil 10,5% – 4.200.000 €/40.000.000 €). Die Umsatzgrenze wird überschritten. Die Segmente Motorräder und Busse erfüllen keine Grenze. Für die Segmente Lkw und Pkw besteht eine spezielle Berichtspflicht, für die Motorräder und Busse nicht. Sie werden zu einem gemeinsamen **Sammelsegment** zusammengefasst. Da

---

[1] Vgl. Pellens, B./Fülbier, R.U./Gassen, J./Sellhorn, T. (Rechnungslegung), S. 938.
[2] Vgl. Müller, S./Peskes, M. (Segmentberichterstattung), S. 820.

die Umsatzerlöse der Segmente Pkw und Lkw 34.400.000 € betragen, wird auch die 75%-Regel erfüllt (34.400.000 €/40.000.000 € = 0,86 – 86%). Damit ist gewährleistet, dass die Segmentberichterstattung repräsentative Ergebnisse bereitstellt.

3.2.2 Segmentinformationen

Wesentliche Segmentinformationen nach IFRS 8 lassen sich der folgenden Abbildung entnehmen[1]. Zunächst werden die wichtigsten Daten erläutert und anschließend werden die Zusatzinformationen besprochen.

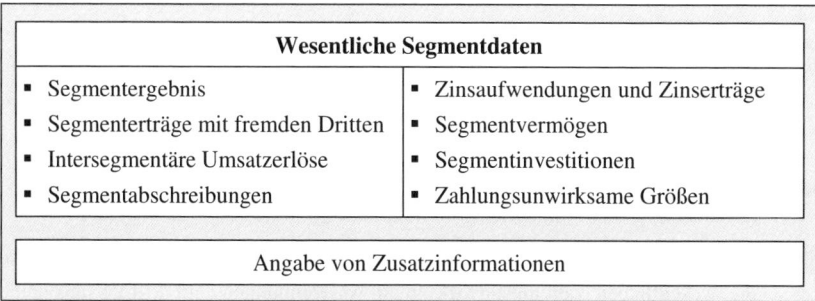

Abb. 164: Wichtige Segmentinformationen

Segmentergebnis: Für das Segmentergebnis wird in IFRS 8 keine Definition vorgegeben, da nach dem management approach die Ergebnisgröße für die interne Steuerung und Berichterstattung zu verwenden ist[2]. Es kann sich z.B. um das Periodenergebnis nach IFRS oder um den kalkulatorischen Gewinn des internen Rechnungswesens (Leistungen abzüglich Kosten) handeln. Dann müssen die Bewertungsmethoden zur Berechnung des kalkulatorischen Gewinns bereitgestellt werden, damit der Periodenerfolg nach IFRS ermittelt werden kann. Die inhaltliche Unbestimmtheit der Erfolgsgröße erschwert die zwischenbetriebliche Vergleichbarkeit.

Segmenterträge mit fremden Dritten: Sie stellen die positive Komponente des Segmentergebnisses dar. Hierbei handelt es sich um die Umsatzerlöse[3].

---

[1] Vgl. die umfassenden Darstellungen bei Alvarez, M./Büttner, M. (Segments), S. 317 und Fink, C./Ulbrich, P. (Segmentberichterstattung), S. 239. Bestimmte Angaben, wie z.B. Segmenterträge mit fremden Dritten, sind nur verpflichtend anzugeben, wenn sie Bestandteil des Segmentergebnisses sind.
[2] Vgl. Fink, C./Ulbrich, P. (Segmentberichterstattung), S. 237-238.
[3] Vgl. Alvarez, M./Büttner, M. (Segments), S. 314.

Intersegmentäre Umsatzerlöse: Diese Erträge werden nicht mit fremden Dritten erzielt, sondern entstehen durch Lieferungen und Leistungen zwischen den einzelnen Segmenten. Die Bewertung erfolgt mit unternehmensinternen Verrechnungspreisen, die unterschiedlich ermittelt werden können. Als Zusatzinformation müssen die Grundlagen für die Bestimmung der Verrechnungspreise angegeben werden.

Segmentabschreibungen: Sie umfassen die Abschreibungen des materiellen und immateriellen Segmentvermögens (depreciation expense und amortisation expense). Die Angaben sind zur indirekten Ermittlung des Cash flows auf der Segmentebene notwendig (siehe sechstes Kapitel).

Zinsaufwendungen und Zinserträge: Hierbei handelt es sich um die Aufwendungen bzw. Erträge, die durch Nutzung bzw. Überlassung des Fremdkapitals entstehen.

Segmentvermögen: Hierzu zählen die materiellen und immateriellen assets, die zu einem bestimmten Segment gehören[1]. Die Bewertung des Vermögens wird gemäß dem management approach nicht verbindlich festgelegt. Wenn eine Abweichung von der IFRS-Bewertung besteht, sind die Bewertungsmethoden anzugeben.

Segmentinvestitionen: Es ist der Betrag anzugeben, der für längerfristig nutzbare assets (Sachanlagen und immaterielle Vermögenswerte) neu aufgewendet wurde.

Zahlungsunwirksame Größen: Zur Berechnung des Cash flows für jedes Segment müssen die wesentlichen zahlungsunwirksamen Aufwendungen und Erträge angegeben werden (ohne Abschreibungen, die gesondert erfasst werden). Die Angabe dient der Berechnung des Cash flows auf indirektem Wege.

Ergänzend zu den Segmentangaben müssen bestimmte **Zusatzinformationen** vermittelt werden. Neben den bereits genannten Angaben zu den Bewertungsmethoden und zur Ermittlung interner Verrechnungspreise sind weitere Angabepflichten zu erfüllen. Sie betreffen z.B. die Vorjahresangaben und die Auswirkungen, die sich aus einer Änderung der Bewertungsmethoden (Durchbrechung des Stetigkeitsprinzips) ergeben.

Damit die Segmentinformationen mit den Daten der Bilanz und GuV-Rechnung übereinstimmen, wird eine **Überleitungsrechnung** erforderlich. Sie stellt die Verbindung zwischen den Teilgrößen der Segmente und den Gesamtgrößen der GuV-Rechnung (Unternehmensebene) her. Wenn die Gewinne (30.000.000 €) eines Fahrzeugherstellers mit der Kostenrechnung ermittelt wurden, können sie z.B. durch Zusatzkosten wie kalkulatorische Eigenkapitalzinsen vom Periodengewinn der GuV-Rechnung abweichen[2]. Dann müssen die Kosten an die Aufwendungen angepasst werden. Wenn bei der Gewinnermittlung

---

[1] Vgl. Fink, C./Ulbrich, P. (Segmentberichterstattung), S. 238.
[2] Vgl. Müller, S./Peskes, M. (Segmentberichterstattung), S. 823.

kalkulatorische Kosten in Höhe von 800.000 € abgezogen wurden, muss dieser Betrag für die GuV-Rechnung wieder zugerechnet werden, um den Periodengewinn zu ermitteln. Er beläuft sich für die obigen Zahlen auf 30.800.000 €.

Die Überleitungsrechnung ist bei IFRS für die Ermittlung der folgenden Größen vorgeschrieben: Segmenterträge, Segmentergebnisse, Segmentvermögen und sonstige wesentliche Segmentdaten. Die folgende Abbildung zeigt den Aufbau einer Segmentberichterstattung mit Überleitungsrechnung[1]. Es wird von vier berichtspflichtigen Segmenten und einem Sammelsegment ausgegangen (Angaben in Tausend Euro, ohne Vorjahreswerte). Die letzte Spalte zeigt die Werte auf der Unternehmensebene (in der GuV-Rechnung).

	Segmentberichterstattung						
	Segment A	Segment B	Segment C	Segment D	Übrige Bereiche	Überleitung	Unternehmen
Erträge (extern, intern)	150 12	180 8	220 11	250 14	75 5	- -50	875 -
Summe 1	**162**	**188**	**231**	**264**	**80**	**-50**	**875**
Abschreibungen	38	42	55	68	15	-14	204
Sonstige Aufwendungen	82	95	103	133	22	-30	405
Summe 2	**120**	**137**	**158**	**201**	**37**	**-44**	**609**
Ergebnis	42	51	73	63	43	-6	266

Abb. 165: Beispiel einer Segmentberichterstattung

Die externen Segmenterträge entstehen durch den Absatz an Dritte (Werte in der ersten Zeile). Die internen Segmenterträge entstehen durch interne Leistungen (Werte in der zweiten Zeile). Das Segment A erbringt interne Leistungen im Wert von 12.000 €, die an die anderen Segmente ausgeführt werden. Diese Leistungen müssen in der Überleitungsrechnung in der Summenzeile 1 rückgängig gemacht werden, da sonst eine Doppelzählung stattfindet. Wenn das Segment A Motoren für 12.000 € an das Segment B liefert, erzielt nur Segment B Umsatzerlöse mit Dritten im Wert von 180.000 €. Der interne Umsatz ist eine Vorleistung, die nicht zusätzlich in der GuV-Rechnung erscheinen darf.

Die kalkulatorischen Abschreibungen der Kostenrechnung weichen regelmäßig von den bilanziellen Werten ab, da in der Kostenrechnung die Wiederbeschaffungskosten als Ab-

---

[1] Vgl. auch das Beispiel bei Coenenberg, A.G./Haller, A. /Schultze, W. (Jahresabschluss), S. 921-922.

schreibungsbasis verwendet werden. Daher wurden bei den Abschreibungen 14.000 € in der Überleitungsspalte abgezogen, um die kalkulatorischen Werte an die Bilanzgrößen anzupassen. Auch bei den sonstigen Kosten können Abweichungen zu den Aufwendungen bestehen, da in der Kostenrechnung kalkulatorische Größen berücksichtigt werden. Daher wurden die sonstigen Aufwendungen um 30.000 € in der Überleitungsspalte vermindert. Aus der Differenz der Summen 1 und 2 ergibt sich das Ergebnis der einzelnen Segmente. Zur Überleitung auf das Gesamtergebnis sind die internen Erträge abzuziehen und die Aufwandsdifferenzen zuzurechnen: 272.000 € - 50.000 € + 44.000 € = 266.000 €.

Im **HGB** existieren keine gesetzlichen Vorschriften für die inhaltliche Gestaltung der Segmentberichterstattung. Für börsennotierte Konzernunternehmen sind die IFRS anzuwenden, so dass IFRS 8 relevant ist. Andere Konzernunternehmen **können** nach § 297 Abs. 1 Satz 2 HGB eine Segmentberichterstattung vornehmen. Dann ist die Anwendung von DRS 3 (Segmentberichterstattung) zweckmäßig, der vom DRSC entwickelt und am 31.5.2000 bekannt gemacht wurde.

In DRS 3 werden operative Segmente zugrunde gelegt, deren Definition fast identisch ist mit IFRS 8. Die Segmentabgrenzung erfolgt in DRS 3 ebenfalls nach dem management approach, so dass eine Abgrenzung nach der internen Unternehmens- und Berichtsstruktur erfolgt. Die quantitativen Größenkriterien, die zu einer Berichtpflicht für Segmente führen, entsprechen denen von IFRS 8[1]. Auch bei DRS 3 müssen die berichtspflichtigen Segmente die 75%-Regel bezüglich der Umsatzerlöse erfüllen.

Die zu vermittelnden Segmentdaten stimmen bei DRS 3 und IFRS 8 weitgehend überein[2]. Da auch DRS 3 den management approach verwendet, wird das Segmentergebnis nicht festgelegt und hängt von der internen Datenstruktur ab. In der Überleitungsrechnung wird die Verbindung zwischen den aufgegliederten Daten (je Segment) und den Gesamtdaten (der GuV-Rechnung und Bilanz) hergestellt. Eine Verpflichtung besteht bei den Segmenterträgen, dem Segmentergebnis, dem Segmentvermögen und anderen wichtigen Segmentdaten[3]. Auch die Zusatzinformationen stimmen bei DRS 3 und IFRS überein.

Zusammenfassend lässt sich feststellen, dass die Segmentberichterstattungen nach IFRS 8 und DRS 3 kaum voneinander abweichen, da beide Standards denselben Ansatz verwenden. Die Segmentangaben stellen für Investoren wichtige Informationen dar, weil sie spezieller sind als die Angaben in der Bilanz und GuV-Rechnung.

---

[1] Vgl. Baetge, J./Kirsch, H.-J./Thiele, S. (Konzernbilanzen), S. 583.
[2] Eine Differenz besteht bei den Segmentschulden, die nach DRS 3, aber nicht nach IFRS 8 anzugeben sind.
[3] Vgl. Coenenberg, A.G./Haller, A./Schultze, W. (Jahresabschluss), S. 909.

Achtes Kapitel: Internationaler Konzernabschluss

1. Inhalt und Bestandteile

Unternehmen erwerben Beteiligungen an anderen Gesellschaften, um wirtschaftliche Vorteile zu erzielen. Wenn die Fernseh-AG 60% der Aktien an der Recorder-AG erwirbt, hat sie einen Einfluss auf deren Produktionsprogramm und kann die Herstellung von Aufnahmegeräten durchsetzen, die optimal auf ihre Fernsehapparate abgestimmt sind. Die Fernseh-AG kann ihre Absatzmenge steigern, wodurch ihr Umsatz und ihr Gewinn wachsen. Aus wirtschaftlicher Sicht ist der Anteilserwerb sinnvoll, wenn die Rendite des Unternehmens durch den Kauf der Beteiligung gesteigert werden kann.

Das erwerbende Unternehmen (acquirer), das die Anteile kauft, erhält einen Einfluss auf das erworbene Unternehmen (acquiree). Die Stärke dieses Einflusses hängt vom Beteiligungsgrad ab. Bei einer Quote von mehr als 50% entstehen **verbundene Unternehmen**, da der Erwerber die Mehrheit der Stimmen besitzt und alle Entscheidungen des erworbenen Unternehmens kontrollieren kann. Obwohl die Unternehmen rechtlich selbstständig sind, verhalten sie sich wie ein einziges Unternehmen.

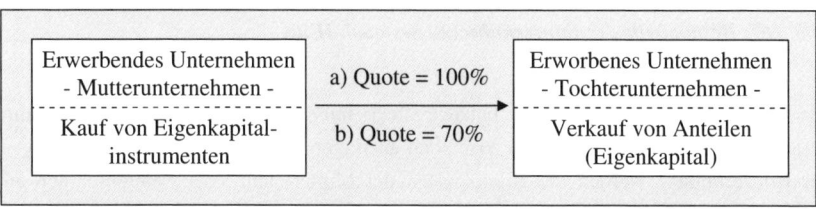

Abb. 166: Verbundene Unternehmen

Der Fall a) kennzeichnet die Situation, dass einem **Mutterunternehmen** (parent) ein **Tochterunternehmen** (subsidiary) vollständig gehört. Im Fall b) steht der Muttergesellschaft die Mehrheit der Anteile und Stimmrechte zu (70% der Aktienrechte). Die übrigen 30% der Aktien gehören den **Minderheitsaktionären** (Minderheitsgesellschaftern), die sich selbst bei einheitlichen Interessen nicht gegen die Mehrheit durchsetzen können. Wenn die Muttergesellschaft mehr als 50% der stimmberechtigten Anteile besitzt, ist sie meistens ein herrschendes Unternehmen. Die Tochtergesellschaft wird als beherrschtes Unternehmen bezeichnet, da sie keine unabhängigen Entscheidungen treffen kann. Die Unternehmensverbindung führt zu einem **Konzern** (group), der wie folgt definiert wird:

> Verbindung von rechtlich selbstständigen Unternehmen, die wirtschaftlich von einem anderen Unternehmen beherrscht werden

Der Konzernabschluss (consolidated financial statement) soll die wirtschaftlichen Verhältnisse des Konzerns so darstellen, als würde er ein einziges Unternehmen sein (Einheitstheorie). Daher müssen alle kapital- und leistungsmäßigen Beziehungen zwischen der Mutter- und Tochtergesellschaft im Konzernabschluss ausgeglichen (konsolidiert) werden. Der Konzernabschluss umfasst dieselben **Bestandteile** wie der Einzelabschluss (Jahresabschluss einzelner Unternehmen), der im ersten Kapitel erläutert wurde:

Bestandteile des Konzernabschlusses nach IFRS
1. Statement of financial position as at the end of the period
2. Statement of financial position as at the beginning of the period
3. Statement of profit or loss and other comprehensive income
4. Statement of changes in equity
5. Statement of Cash flows
6. Notes, comprising a summary of significant accounting policies and other explanatory information

Abb. 167: Bestandteile des Konzernabschlusses nach IFRS

Die **Konzernbilanz** (consolidated balance sheet) muss zum Ende eines Geschäftsjahres aufgestellt werden – in drei Fällen zusätzlich auch zum Beginn eines Geschäftsjahres[1]. In der Konzernbilanz werden die Bilanzposten der Mutter- und Tochterunternehmen ausgewiesen. Im Rahmen der Kapitalkonsolidierung werden die Anteile der Muttergesellschaft mit dem Eigenkapital der Tochter verrechnet. Wenn die Mutter nicht alle Anteile an der Tochter besitzt, sind noch Anteile der Minderheitsgesellschafter zu passivieren.

Die **Gesamtergebnisrechnung** enthält das Periodenergebnis des Konzerns, der die Periodenerfolge der einzelnen Konzernunternehmen nach Durchführung der Konsolidierungsmaßnahmen umfasst. Außerdem wird das sonstige Ergebnis (other comprehensive income) ermittelt, das die erfolgsneutral verrechneten Vorgänge in den Bilanzen der Mutter

---

[1] Vgl. Zülch, H./Fischer, D. (Financial Statement), S. 1767.

und Tochter enthält. In die Gesamtergebnisrechnung wird auch die Eigenkapitalverwendung mit den Gesellschaftern aufgenommen. Wenn die Muttergesellschaft nicht über alle Anteile verfügt, muss den Minderheitsgesellschaftern ein Teil des Periodengewinns und des sonstigen Ergebnisses zugerechnet werden.

Beispiel: Die M-AG ist zu 80% an der T-AG beteiligt. Der Periodengewinn 03 der T-AG beträgt 420.000 € nach Steuern. Davon entfallen 80% auf die Mutter (336.000 €) und 20% auf die Minderheitsgesellschafter (84.000 €). Wenn das sonstige Ergebnis (other comprehensive income) der T-AG 70.000 € nach Steuern beträgt, entfallen hiervon 56.000 € auf die Mutter und 14.000 € auf die Minderheiten.

Die **Eigenkapitalveränderungsrechnung** zeigt die gesamte Eigenkapitalentwicklung der verbundenen Unternehmen. Die Bestände der einzelnen Eigenkapitalposten am Jahresende müssen insgesamt dem Reinvermögen der Konzernbilanz entsprechen. Die Kapitalflussrechnung soll den Cash flow auf der Konzernebene abbilden. Bei Anwendung der indirekten Methode werden die Zahlungsflüsse der laufenden Geschäftstätigkeit aus dem Periodenergebnis der Konzern-GuV-Rechnung ermittelt (siehe sechstes Kapitel).

Der **Anhang** enthält neben den bereits im siebten Kapitel erläuterten Inhalten auch noch Informationen über die Konsolidierungsmaßnahmen, die zur Erstellung des Konzernabschlusses notwendig sind. Kapitalmarktorientierte Konzerne müssen zusätzlich eine Segmentberichterstattung aufstellen und das Ergebnis je Aktie ermitteln. Im Folgenden stehen die Konzernbilanz und Konzern-GuV-Rechnung im Mittelpunkt der Erläuterungen.

Der vorrangige **Zweck** der Konzernrechnungslegung ist der **Anlegerschutz**. Die aktuellen und potenziellen Investoren sollen richtige Informationen über die wirtschaftliche Lage des Konzerns erhalten, um richtige Anlageentscheidungen treffen zu können[1]. In der Konzernbilanz werden statt der Anteile an verbundenen Unternehmen die einzelnen Vermögenswerte und Schulden der Töchter ausgewiesen, so dass die fair presentation der wirtschaftlichen Lage besser erfüllt wird. Die Informationen des Konzernabschlusses werden zunehmend als aussagefähiger angesehen als die des Einzelabschlusses[2].

Im **HGB** gelten die obigen Ausführungen meist entsprechend. Der handelsrechtliche Konzernabschluss hat ebenfalls Informationsaufgaben zu erfüllen, wobei die Gläubiger und Anleger des Konzerns im Mittelpunkt stehen. Die Bestandteile des handelsrechtlichen Konzernabschlusses unterscheiden sich teilweise von IFRS. Die Einzelheiten wurden im ersten Kapitel erläutert.

---

[1] Vgl. Küting, K./Weber, C.-P. (Konzernabschluss), S. 100.
[2] Vgl. Pellens, B/Fülbier, R.U./Gassen, J./Sellhorn, T. (Rechnungslegung), S. 147.

2. Aufstellungspflicht

Die Aufstellungspflicht eines Konzernabschlusses wird in IFRS 10 (Consolidated Financial Statements – Konzernabschlüsse) geregelt. Dieser Standard wurde im Mai 2011 veröffentlicht und ersetzt in weiten Teilen den vorher gültigen IAS 27. Dieser Standard ist zukünftig nur noch auf zu erstellende Einzelabschlüsse anzuwenden. In IFRS 10 wird auch eine andere Definition von Beherrschung (Control) verwendet als im bisherigen IAS 27. Das **Control-Konzept** ist durch die folgenden Merkmale gekennzeichnet[1]:

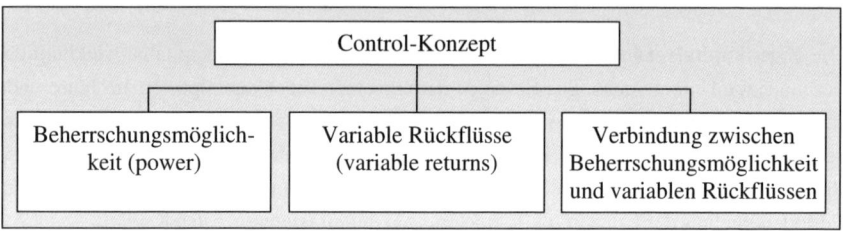

Abb. 168: Merkmale des Control-Konzepts

Die Beherrschungsmöglichkeit wird durch bestehende Rechtspositionen konkretisiert. Der Investor, die potenzielle Muttergesellschaft, erwirbt z.b. die (direkte oder indirekte) Stimmenmehrheit an einem Unternehmen oder schließt mit ihm einen Beherrschungsvertrag ab. Damit hat der Investor einen rechtlich gesicherten und dauerhaften Einfluss auf die Gesellschaft. Außerdem muss das Mutterunternehmen variablen Rückflüssen ausgesetzt sein, die weit interpretiert werden und neben den Gewinnausschüttungen (Dividenden) z.B. auch Entgelte für die Verwaltung von Vermögenswerten und Schulden umfassen[2].

Als drittes Kriterium muss eine Verbindung zwischen der Beherrschungsmöglichkeit und den Rückflüssen bestehen. Wenn die Muttergesellschaft z.B. die Produktions- und Absatzentscheidungen bei der Tochter bestimmt, ergeben sich hieraus Einflüsse auf die Umsatzerlöse und Gewinne.

Beispiel: Mitte 01 erwirbt die A-AG 400.000 Aktien der C-AG, die 1.000.000 Aktien mit gleichen Stimmrechten ausgegeben hat. Da der A-AG nur 40% der Stimmrechte zustehen, hat sie keine Stimmenmehrheit. Wenn die A-AG außerdem zu 60% an der B-AG beteiligt ist, die 30% der Anteile der C-AG hält, gilt im Verhältnis von A-AG und C-AG:

---

[1] Vgl. Küting, K./Mojadadr, M. (IFRS 10), S. 275.
[2] Vgl. Böckem, H./Stibi, B./Zoeger, O. (IFRS 10), S. 402.

- Direkte Stimmrechte: 40% der A-AG an der C-AG.
- Indirekte Stimmrechte: 30% der A-AG an der C-AG.

Die folgende Abbildung stellt die obigen Beteiligungsverhältnisse zusammen. Die A-AG hat zwei Tochtergesellschaften: Die B-AG und die C-AG.

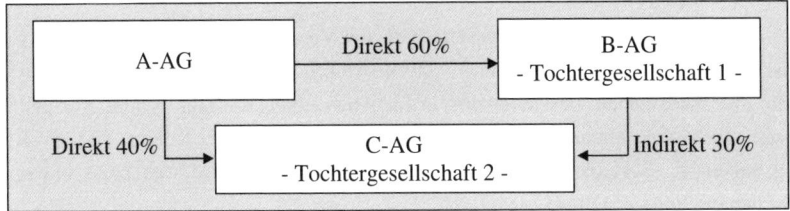

Abb. 169: Control-Konzept bei indirekter Beteiligung

Durch die indirekte Beteiligung hat die A-AG nicht nur die Beherrschungsmöglichkeit über die B-AG, sondern auch über die C-AG. Dieses Ergebnis stellt sich auch ein, wenn die A-AG nicht an der B-AG beteiligt ist, sondern mit der D-AG (15%-Anteil an der C-AG) eine dauerhafte **Stimmrechtsvereinbarung** abschließt. In diesem Stimmrechtsvertrag verpflichtet sich die D-AG immer so abzustimmen, wie es die A-AG wünscht. Auch in diesem Fall kann die A-AG ihre Interessen bei der C-AG dauerhaft durchsetzen und es besteht eine Beherrschungsmöglichkeit.

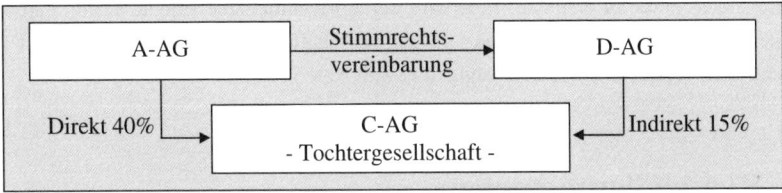

Abb. 170: Control-Konzept bei Stimmrechtsvereinbarung

Die A-AG kann ihre Stimmenmehrheit an der C-AG zur Besetzung von Führungspositionen bei dieser Gesellschaft nutzen und damit ihre Geschäftspolitik festlegen. Die A-AG kann z.B. eine Abstimmung der Produkte und Vertriebswege zwischen den Gesellschaften durchsetzen. Damit ergeben sich Einflüsse auf die Erfolge der C-AG, so dass auch die übrigen Kriterien erfüllt sind. Die C-AG ist eine Tochtergesellschaft und es entsteht ein Konzern, für den ein Konzernabschluss zu erstellen ist.

Die Aufstellung des Konzernabschlusses erfolgt zum Ende des Geschäftsjahres durch das Mutterunternehmen. Es müssen grundsätzlich alle Töchter in den Konzernabschluss einbezogen werden. Für die Aufstellung des Konzernabschlusses gelten bei IFRS keine genauen Fristen. Ein Problem entsteht bei **abweichenden Stichtagen**: Wenn das Geschäftsjahr der Mutter dem Kalenderjahr entspricht (Stichtag 31.12.) und die Tochter ein abweichendes Geschäftsjahr aufweist (Stichtag 30.6.), passen die Abschlüsse zeitlich nicht zusammen.

In diesem Fall muss die Tochtergesellschaft zur Vereinheitlichung grundsätzlich einen Zwischenabschluss erstellen. Ist dies nicht durchführbar oder wirtschaftlich nicht zu vertreten, sind bedeutende Geschäftsvorfälle im Abweichungszeitraum durch Korrekturbuchungen zu berücksichtigen[1]. Hierdurch werden die Posten in der Bilanz und GuV-Rechnung angepasst. Bei einer Abweichung von **mehr als drei Monaten** muss immer ein Zwischenabschluss erstellt werden.

Auch im **Handelsrecht** richtet sich die Aufstellungspflicht für Konzernabschlüsse nach dem Control-Konzept (§ 290 Abs. 1 HGB). Danach muss eine inländische Kapitalgesellschaft einen Konzernabschluss aufstellen, wenn sie unmittelbar oder mittelbar einen beherrschenden Einfluss auf ein anderes Unternehmen ausüben kann. In § 290 Abs. 2 HGB werden vier Fälle angeführt, die das Control-Konzept konkretisieren. Für deutsche Muttergesellschaften, die IFRS anwenden, richtet sich die Aufstellungspflicht nach dem HGB.

Der Konzernabschluss ist in deutscher Sprache und in Euro aufzustellen. Es gilt eine Aufstellungsfrist von fünf (bei Kapitalmarktorientierung: vier) Monaten. Liegt der Abschlussstichtag der Tochter **mehr als drei Monate vor** dem Stichtag der Mutter, ist ein Zwischenabschluss zu erstellen. Innerhalb der Frist entfällt die Pflicht. Dann sind Vorgänge, die von besonderer Bedeutung für die wirtschaftliche Lage des Konzerns sind, z.B. durch Nachbuchungen zu berücksichtigen (§ 299 Abs. 3 HGB).

3. Konsolidierungsarten

Nach der **Einheitstheorie** (entity theory) wird der Konzern als ein einziges Unternehmen betrachtet. Die einzelnen rechtlich selbstständigen Unternehmen werden wie die unselbstständigen Abteilungen in einem Unternehmen geführt. Somit können z.B. bei Lieferungen zwischen den Konzernunternehmen keine Gewinne erzielt werden, da zwischen den Abteilungen keine Erträge entstehen. Die Zwischengewinne aus konzerninternen Lieferungen müssen neutralisiert werden. Zur Umsetzung der Einheitstheorie muss ein Ausgleich aller

---

[1] Vgl. Pellens, B./Fülbier, R.U./Gassen, J./Sellhorn, T. (Rechnungslegung), S. 732.

3. Konsolidierungsarten

Beziehungen zwischen den Konzernunternehmen erfolgen. Neben Lieferungen und Leistungen sind auch kapitalmäßige Verflechtungen zwischen Mutter und Tochter auszugleichen. Für die **Vollkonsolidierung** gilt daher:

> Ausgleich aller kapital- und leistungsmäßigen Beziehungen im Konzern

Die Aufstellung des Konzernabschlusses ist mit hohen Kosten verbunden. Daher braucht im Handelsrecht nach der Bruttomethode (§ 293 Abs. 1 HGB) ein Konzernabschluss nicht erstellt zu werden, wenn zwei der drei folgenden Kriterien erfüllt sind:
- Bilanzsummen der Konzernunternehmen ≤ 23.100.000 €,
- Summen der Umsatzerlöse ≤ 46.200.000 €,
- durchschnittliche Arbeitnehmerzahlen ≤ 250 Personen.

Die IFRS enthalten **keine größenabhängigen Befreiungen**, so dass auch kleine Konzerne einen Konzernabschluss aufstellen müssen[1]. Nach dem **Weltabschlussprinzip** sind grundsätzlich alle Tochterunternehmen in den Konzernabschluss einzubeziehen, unabhängig vom Sitz der Gesellschaft. Auch im Fall der Weiterveräußerungsabsicht muss eine Einbeziehung in den Konzernabschluss erfolgen[2]. Allerdings richtet sich die Bewertung dieser Posten nach IFRS 5 (Non-current Assets Held for Sale and Discontinued Operations).

Ein **Einbeziehungsverbot** besteht im Fall der dauerhaften Beschränkung des Einflusses (fehlende Beherrschungsmöglichkeit). Wenn ein Mutterunternehmen seine Stimmrechte bei einer Tochtergesellschaft nicht ausüben kann, besteht keine Beherrschungsmöglichkeit und das Control-Konzept wird nicht erfüllt. Wird z.B. eine ausländische Tochtergesellschaft unter die Kontrolle der ausländischen Regierung gestellt, ohne dass eine formelle Enteignung stattfindet, kann die Muttergesellschaft die Tochter nicht mehr leiten[3]. Es besteht keine Beherrschung mehr, so dass keine Aufstellungspflicht besteht.

Ein **Einbeziehungswahlrecht** besteht bei IFRS für Tochterunternehmen von untergeordneter Bedeutung (materiality-Grundsatz)[4]. Wenn eine Tochter im Vergleich zur Mutter oder zu anderen Töchtern eine geringe Bilanzsumme oder niedrige Umsatzerlöse aufweist, kann auf ihre Einbeziehung verzichtet werden, ohne die wirtschaftliche Lage im Konzernabschluss falsch darzustellen. Die Anteile der nicht konsolidierten Tochter werden in der Bilanz aktiviert und nach IFRS 9 (Financial Instruments) bewertet.

---

[1] Vgl. Baetge, J./Kirsch, H.-J./Thiele, S. (Konzernbilanzen), S. 124.
[2] Vgl. Pellens, B/Fülbier, R.U./Gassen, J./Sellhorn, T. (Rechnungslegung), S. 150.
[3] Vgl. Ruhnke, K./Schmidt, M./Seidel, T. (Neuregelungen), S. 2232.
[4] Vgl. Kirsch, H. (Rechnungslegung), S. 173.

Alle Unternehmen, die voll konsolidiert in den Konzernabschluss aufgenommen werden, bilden den **engen Konsolidierungskreis**. Daneben ist auch eine Einbeziehung von Gemeinschaftsunternehmen und assoziierten Unternehmen notwendig (**weiter Konsolidierungskreis**). Gemeinschaftsunternehmen werden von mindestens zwei Partnerunternehmen auf Vertragsbasis gemeinschaftlich geführt und von keinem Partner beherrscht. Im Konzernabschluss kommen meist die folgenden Methoden zur Anwendung:

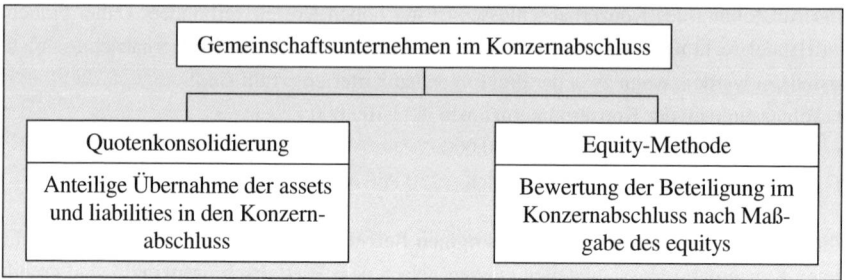

Abb. 171: Gemeinschaftsunternehmen im Konzernabschluss

Der im Mai 2011 veröffentlichte IFRS 11 (Joint Arrangements) legt für joint ventures die Equity-Methode fest. Dieses Verfahren gilt auch für assoziierte Unternehmen (associates): Es handelt sich um Unternehmen, bei denen der Anteilseigner über einen maßgeblichen Einfluss verfügt. Bei einem (direkten oder indirekten) Stimmrechtsanteil von mindestens 20% (aber weniger als 50%) wird dieser Einfluss widerlegbar vermutet.

Die Equity-Methode für Gemeinschaftsunternehmen und assoziierte Unternehmen kommt nur im Konzernabschluss zur Anwendung, d.h. es muss ein enger Konsolidierungskreis vorliegen: Es muss mindestens eine Tochtergesellschaft vorhanden sein, die voll konsolidiert wird. Im **Einzelabschluss** ist die Equity-Methode bei IFRS **nicht** anwendbar. Dort werden Beteiligungen entweder mit den Anschaffungskosten oder nach IFRS 9 bewertet (siehe viertes Kapitel). Somit gilt schlagwortartig für die Konsolidierungskreise:

> Ohne enger Kreis kein weiter Kreis

Die Konsolidierungskreise und die einzubeziehenden Unternehmen lassen sich wie folgt zusammenfassen:

Konsolidierungskreise nach IFRS	
Enger Kreis	Weiter Kreis
Vollkonsolidierung von Mutter und Tochter	Vollkonsolidierung von Mutter und Tochter und Einbeziehung weiterer Unternehmen: • Gemeinschaftsunternehmen • Assoziierte Unternehmen

Abb. 172: Konsolidierungskreise nach IFRS

Wenn ein Mutterunternehmen einen großen Einfluss auf ihre Töchter hat, wird die Vollkonsolidierung angewendet, die die "stärkste" Form der Einbeziehung von Unternehmen in den Konzernabschluss darstellt. Auf Gemeinschaftsunternehmen bzw. auf assoziierte Unternehmen ist der Einfluss geringer. Obwohl Gemeinschaftsunternehmen besser geführt werden können als assoziierte Unternehmen, ist für beide Formen seit 2011 die Equity-Methode vorgeschrieben. Die Anwendung der Quotenkonsolidierung, die im früheren IAS 31 zulässig war, ist als zweckmäßiger anzusehen. Sonstige Anteile beinhalten nur geringe Einflussmöglichkeiten und stellen Eigenkapitalinstrumente nach IFRS 9 dar. Es gilt die folgende **Stufenkonzeption** im Konzernabschluss[1]:

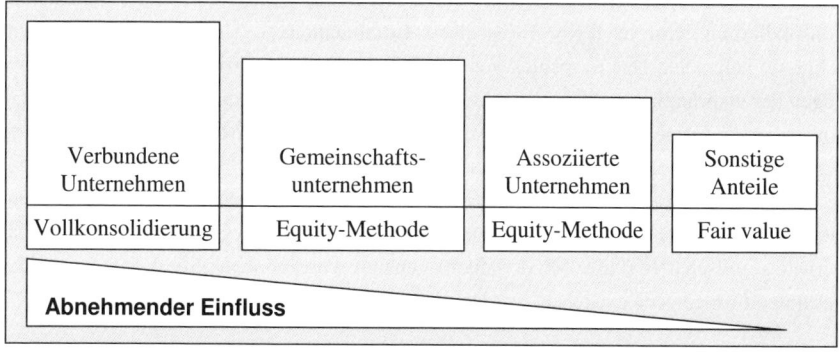

Abb. 173: Konsolidierungen bei unterschiedlichem Einflussgrad

Im **HGB** bestehen größenabhängige Befreiungen, um kleine Konzerne zu entlasten. Die Werte der in der Praxis wichtigen Bruttomethode wurden bereits dargestellt. Zur Nettomethode wird auf die Literatur verwiesen[2]. Grundsätzlich gilt auch im HGB das Weltab-

---

[1] Vgl. Küting, K./Weber, C.-P. (Konzernabschluss), S. 173.
[2] Vgl. Gräfer, H./Scheld, G. (Konzernrechnungslegung), S. 69.

schlussprinzip, so dass alle Tochterunternehmen in den Konzernabschluss einzubeziehen sind. § 296 Abs. 1 HGB enthält verschiedene Einbeziehungswahlrechte (z.b. bei Weiterverkaufsabsicht von Anteilen an Tochterunternehmen). Außerdem kann nach § 296 Abs. 2 HGB aus Wesentlichkeitsgründen auf die Einbeziehung einer Tochtergesellschaft verzichtet werden. Auch im HGB wird zwischen dem engen und weiten Konsolidierungskreis unterschieden. Die Regelungen sind mit IFRS vergleichbar.

4. Vollkonsolidierung verbundener Unternehmen

4.1 Technik der Abschlusserstellung

Die Vollkonsolidierung verbundener Unternehmen wird im Folgenden für eine deutsche Aktiengesellschaft erläutert: Die inländische Mutter-AG erwirbt am 1.7.01 die Aktienmehrheit an der inländischen Tochter-AG. Jede Gesellschaft erstellt ihren handelsrechtlichen Jahresabschluss und zur Offenlegung einen Einzelabschluss nach IFRS. Letztere werden von der Mutter-AG zur Aufstellung des IFRS-Konzernabschlusses verwendet.

Wenn die Mutter die Mehrheit der Anteile an der Tochter erwirbt, liegt ein **share deal** vor. Anders als beim asset deal entsteht ein Firmenwert erst im Konzernabschluss. Die Kapitalkonsolidierung wird in IFRS 3 (Business Combinations – Unternehmenszusammenschlüsse) behandelt. Das Kernstück von IFRS 3, der **Full Goodwill-Approach**, wird entgegen der ursprünglichen Planung nicht mehr verpflichtend vorgeschrieben[1]. Nach diesem Ansatz ist ein Firmenwert voll aufzudecken, so dass bei einer unvollständigen Beteiligung der Mutter (Anteilsquote < 100%) auch der Firmenwert für die Minderheitsgesellschafter anzusetzen ist. Diese Gesellschafter werden als nicht-kontrollierende Gesellschafter (non-controlling interest) bezeichnet. Sie werden auch konzernfremde Gesellschafter oder Minderheitsgesellschafter (kurz: Minderheiten) genannt. Die Probleme, die beim Ansatz des gesamten Firmenwerts entstehen, werden noch erläutert.

Nach der **Erwerbsmethode** (acquisition method) werden mit dem Kauf der Anteile auch die einzelnen Vermögenswerte der Tochter erworben und ihre Schulden übernommen. Die einzelnen Posten der Tochter sind zu identifizieren und neu zu bewerten, wobei grundsätzlich der fair value relevant ist. Die **Neubewertungsmethode** wird angewendet. Das Reinvermögen der Tochter wird auf die Mutter und die Minderheiten verteilt. Wenn das Reinvermögen der Tochter 800.000 € beträgt und die Mutter zu 80% beteiligt ist, werden ihr 640.000 € zugerechnet. Den konzernfremden Gesellschaftern stehen die übrigen 20%

---

[1] Vgl. Küting, K./Weber, C.-P./Wirth, J. (Goodwillbilanzierung), S. 139.

(160.000 €) zu. Wenn die Mutter für ihren 80%-Anteil 700.000 € bezahlt, wird im Konzernabschluss ein Firmenwert von 60.000 € ausgewiesen. Auch für die Minderheitsgesellschafter kann ein Firmenwert aktiviert werden, dessen Ermittlung später behandelt wird.

Bei der Erstellung des Konzernabschlusses übernimmt die Mutter alle Posten der Tochter aus der Bilanz und GuV-Rechnung. Hierbei müssen einheitliche Bilanzierungs- und Bewertungsmethoden verwendet werden. Auch bei IFRS können unterschiedliche Methoden zur Wertbestimmung eingesetzt werden. Die Mutter-AG kann z.B. ihre Sachanlagen nach dem cost model und die Tochter-AG nach dem revaluation model bewerten. Da diese Methoden nicht übereinstimmen, muss die Bewertung bei der Tochter angepasst werden.

Nach der **Vereinheitlichung** wird das Vermögen der Tochter neu bewertet, soweit nicht schon eine aktuelle Bewertung im Jahresabschluss stattfindet. Anschließend werden die einzelnen Aktiv- und Passivposten der Mutter- und Tochterunternehmen addiert, so dass man die **Summenbilanz** erhält. Die Bilanzierung wird im nächsten Gliederungspunkt erläutert. Bei der Erstellung der Summen-GuV-Rechnung wird entsprechend vorgegangen, indem die Posten der GuV-Rechnungen von Mutter und Tochter addiert werden.

Die Konsolidierungen stellen sicher, dass alle konzerninternen Beziehungen ausgeglichen werden. Die Konsolidierungsbuchungen können erfolgsneutral oder erfolgswirksam sein. Im ersten Fall stimmt der Konzernerfolg mit der Summe der Periodenerfolge in den Einzelabschlüssen überein, im zweiten Fall weicht er von ihnen ab. Da das Konsolidierungsverfahren in den meisten Fällen die Konzernbilanz und Konzern-GuV-Rechnung berührt, ist deren gemeinsame Entwicklung nach dem folgenden Schema zweckmäßig:

Ausgangspunkt: IFRS-Einzelabschlüsse von Mutter und Tochter	
Schritte	**Inhalt**
1. Vereinheitlichung:	Ausrichtung der Bewertungsmethoden am Mutterunternehmen
2. Neubewertung:	Neubewertung des Vermögens des Tochterunternehmens
3. Summenbildung:	Bilanz: Addition der Aktiv- und Passivposten von Mutter und Tochter zur Summenbilanz
	GuV-Rechnung: Addition der Erträge und Aufwendungen von Mutter und Tochter zur Summen-GuV-Rechnung
4. Konsolidierung:	Kapitalkonsolidierung, Schuldenkonsolidierung, Zwischenergebniskonsolidierung, Aufwands- und Ertragskonsolidierung
Ergebnis: Konzernabschluss (nach Einheitstheorie)	

Abb. 174: Technik der Abschlusserstellung

Im **HGB** wird der Konzernabschluss ähnlich ermittelt wie bei IFRS[1]. Auch im Handelsrecht ist die Erwerbsmethode anzuwenden. Diese purchase method wird aber enger interpretiert als die acquisition method nach IFRS: Der Firmenwert darf nicht in voller Höhe angesetzt werden. Bei der Kapitalkonsolidierung wird auch im HGB die **Neubewertungsmethode** verwendet. Der wesentliche Unterschied zwischen der Vollkonsolidierung nach IFRS 3 und dem HGB ist in der Behandlung des Firmenwerts für die nicht-kontrollierenden Gesellschafter (Minderheitsgesellschafter) zu sehen.

4.2 Kapitalkonsolidierung

4.2.1 Erstkonsolidierung bei vollständiger Beherrschung

Die erstmalige Kapitalkonsolidierung (**Erstkonsolidierung**) ist im Erwerbszeitpunkt (acquisition date) vorzunehmen. Werden die Anteile im Laufe eines Jahres gekauft, muss zu diesem Zeitpunkt ein Zwischenabschluss erstellt werden. Wenn die Mutter-AG am 1.7.01 alle Anteile an der Tochter-AG erwirbt, wird zum 1.7.01 ein Zwischenabschluss für die Erstkonsolidierung der Tochter erstellt. Stimmt das Geschäftsjahr der Mutter-AG mit dem Kalenderjahr überein, ist am 31.12.01 die erste Folgekonsolidierung vorzunehmen. Hierbei werden die im ersten Konzernabschluss aufgedeckten stillen Reserven fortgeführt (z.B. Abschreibung von abnutzbaren Vermögenswerten).

Zunächst wird die Erstkonsolidierung betrachtet, wobei von einer vollständigen Beherrschung ausgegangen wird. Die Mutter erwirbt alle Anteile an der Tochter (Beteiligung zu 100%). Anschließend wird für diesen Fall die Folgekonsolidierung erläutert. Danach wird die unvollständige Beherrschung (Beteiligung unter 100%) untersucht, wobei die Anteile nicht-kontrollierender Gesellschafter zu beachten sind. Die **Kapitalkonsolidierung** lässt sich bei vollständiger Beherrschung wie folgt definieren:

> Verrechnung der gewährten Gegenleistung der Mutter (= fair value aller Anteile) mit dem Zeitwert des Eigenkapitals der Tochter

Um die Anteile am Tochterunternehmen zu erhalten, muss das Mutterunternehmen eine Gegenleistung erbringen. Im Folgenden werden Zahlungen per Bank unterstellt, deren Wert eindeutig feststeht. Beim Anteilserwerb müssen neben dem Anschaffungspreis meist auch Nebenkosten (z.B. Bankgebühren) entrichtet werden. Diese Aufwendungen dürfen

---

[1] Vgl. Buchholz, R. (IFRS), S. 185-186.

4. Vollkonsolidierung verbundener Unternehmen

nicht in die Kapitalkonsolidierung einbezogen werden, obwohl sie im Einzelabschluss zu den Anschaffungskosten gehören. Die **Anschaffungsnebenkosten** sind auf der Konzernebene als Aufwand zu verrechnen (IFRS 3.53). Wenn für alle Anteile an einer Tochter 610.000 € gezahlt wurden (Nebenkosten 10.000 €), sind die Nebenkosten im Konzern wie folgt zu buchen: "Dr Other expenses 10.000, Cr Investments in subsidiaries 10.000".

Die restlichen 600.000 € stellen den fair value aller Anteile dar, die mit dem Eigenkapital der Tochter verrechnet werden. Das Eigenkapital ergibt sich als Saldo der identifizierten Vermögenswerte und Schulden, die grundsätzlich zum fair value bewertet werden. Die in den Vermögenswerten vorhandenen stillen Reserven werden aufgedeckt. Das Eigenkapital der Aktiengesellschaft besteht aus dem gezeichneten Kapital (issued capital) und den Rücklagen (reserves), die weiter unterteilt werden (siehe drittes Kapitel).

Die Kapitalkonsolidierung umfasst das gesamte Eigenkapital der Tochter. Auch die Neubewertungsrücklage (bei Sachanlagen) und die fair value-Rücklage (bei erfolgsneutral bewerteten equity instruments) gehören dazu. Diese Posten haben im Einzelabschluss einen vorläufigen Charakter und werden im Konzernabschluss durch den Anteilskauf realisiert. Nach dem bilanzorientierten **Temporary-Konzept** ergeben sich bilanzielle Unterschiede zwischen den Werten der IFRS-Konzernbilanz und der Steuerbilanz. Daraus entstehen meist passive latente Steuern, die aus Vereinfachungsgründen zunächst vernachlässigt und anschließend in einem Exkurs behandelt werden.

Beispiel: Die Mutter-AG erwirbt am 1.7.01 alle Anteile (100%) an der Tochter-AG für 600.000 € (ohne Nebenkosten). Die Abbildung zeigt die Bilanzen der Mutter und Tochter **nach** dem Anteilserwerb. Die stillen Reserven in den assets der Tochter (80.000 €) sind aufgedeckt worden und werden durch die Rücklagen von 80.000 € dargestellt. Es gilt: Angaben in Tausend Euro, issued cap. = Gezeichnetes Kapital, ohne latente Steuern und ohne gesetzliche Rücklage.

Parent				Subsidiary			
Balance sheet 1.7.01				Balance sheet 1.7.01			
Assets	300	Issued cap.	600	Assets	380	Issued cap.	300
Investments in subsidiaries	600	Reserves	300			Reserves	80
	900		900		380		380

Abb. 175: IFRS-Bilanzen zur Erstkonsolidierung

Das Mutterunternehmen zahlt für alle Anteile des Tochterunternehmens 600.000 €. Als Gegenleistung erhält sie den Zeitwert des Nettovermögens (Eigenkapitals) der Tochter im Wert von 380.000 €. Die Differenz von 220.000 € ist ein positiver Firmenwert (**Goodwill**). Der Preis für eine 100%-Beteiligung entspricht im Regelfall dem Unternehmenswert.

Die folgende Abbildung fasst die Schritte zur Erstellung der Konzernbilanz zusammen. In den ersten Spalten werden die Posten der vereinheitlichten Einzelabschlüsse der Mutter und Tochter dargestellt. Anschließend sind die einzelnen Posten horizontal zu addieren, woraus sich die **Summenbilanz** (aggregated balance sheet) ergibt. Bei der Konsolidierung werden die Anteile der Mutter mit dem neu bewerteten Eigenkapital der Tochter verrechnet, wobei ein Firmenwert von 220.000 € entsteht. Er umfasst verschiedene immaterielle Komponenten[1] (z.B. Synergie-Effekte, wie Kostenersparnisse durch die gemeinsame Verwaltung von Mutter und Tochter). In der letzten Spalte erscheint die Konzernbilanz.

	Items	Parent	Subsidiary	Aggregation	Consolidation Dr	Consolidation Cr	**Consolidated balance sheet**
Assets	Assets	300	380	680			**680**
	Investments	600	-	600		a) 600	-
	Goodwill	-	-	-	a) 220		**220**
	Total	900	380	1.280			**900**
Liabilities and equity	Issued capital	600	300	900	a) 300		**600**
	Reserves	300	80	380	a) 80		**300**
	Total	900	380	1.280	600	600	**900**

Abb. 176: Erstkonsolidierung nach IFRS

Die Buchung der Erstkonsolidierung hat weder einen Gewinn noch einen Verlust zur Folge. Es besteht eine **Erfolgsneutralität der Erstkonsolidierung**[2]. Die Buchung lautet:

Buchung der Erstkonsolidierung:			
Dr Goodwill	220.000	Cr Investments in subsidiaries	600.000
Dr Issued capital	300.000		
Dr Reserves	80.000		

Abb. 177: Buchung der Erstkonsolidierung

---
[1] Vgl. Pellens, B./Fülbier, R.U./Gassen, J./Sellhorn, T. (Rechnungslegung), S. 693-694.
[2] Vgl. Küting, K./Weber, C.-P. (Konzernabschluss), S. 295.

Die folgende Abbildung zeigt die Konzernbilanz in Kontoform. Eine weitere Unterteilung der Posten ist nach der Bilanzgliederung des dritten Kapitels vorzunehmen.

Assets		Consolidated balance sheet		Liabilities/equity
Assets	680.000		Issued capital	600.000
Goodwill	220.000		Reserves	300.000
	900.000			900.000

Abb. 178: Erste Konzernbilanz nach IFRS

4.2.2 Erstkonsolidierung mit latenten Steuern

Wenn die stillen Reserven in den Vermögenswerten und Schulden der Tochtergesellschaft aufgedeckt werden, fallen **passive latente Steuern** an, da im Steuerrecht die Anschaffungskosten nicht überschritten werden dürfen. Im obigen Beispiel zur Erstkonsolidierung waren stille Reserven von 80.000 € bei der Tochter vorhanden. Beim Ertragsteuersatz von 30% fallen hierauf 24.000 € latente Steuern an, so dass nur noch 56.000 € stille Reserven verbleiben. Es ergeben sich die folgenden Bilanzen (Angaben in Tausend Euro), wenn vereinfachend unterstellt wird, dass keine Gewinne angefallen sind und damit auch keine Steuerrückstellungen gebildet werden müssen:

Parent				Subsidiary			
Balance sheet 1.7.01				Balance sheet 1.7.01			
Assets	300	Issued cap.	600	Assets	380	Issued cap.	300
Investments in subsidiaries	600	Reserves	300			Reserves	56
						Deferred tax liabilities	24
	900		900		380		380

Abb. 179: IFRS-Bilanzen zur Erstkonsolidierung (mit latenten Steuern)

Bei der Tochter-AG ergibt sich durch die Berücksichtigung von latenten Steuern nur auf der Passivseite eine Änderung. Die Rücklagen sinken von 80.000 € auf 56.000 €. Im Gegenzug steigt der Firmenwert, wie die folgende Konsolidierungsbuchung zeigt[1]:

---

[1] Vgl. Buchholz, R. (IFRS), S. 195.

Buchung der Erstkonsolidierung:			
Dr Goodwill	244.000	Cr Investments in subsidiaries	600.000
Dr Issued capital	300.000		
Dr Reserves	56.000		

Abb. 180: Buchung der Erstkonsolidierung (mit latenten Steuern)

Die Anteile der Mutter-AG im Wert von 600.000 € müssen mit dem Eigenkapital der Tochter-AG verrechnet werden. Das gezeichnete Kapital beträgt unverändert 300.000 €. Da die Rücklagen von 80.000 € im Nicht-Steuerfall auf 56.000 € im Steuerfall gesunken sind, steigt der Firmenwert um diese Differenz an. Für den **Firmenwert selbst sind keine latenten Steuern** zu bilden (IAS 12.15(a)). Die folgende Abbildung zeigt die Konzernbilanz mit latenten Steuern. Im Unterschied zum Nicht-Steuerfall steigt der Firmenwert um 24.000 € und die passiven latenten Steuern werden mit 24.000 € aufgenommen.

Assets	Consolidated balance sheet		Liabilities/equity
Assets	680.000	Issued capital	600.000
Goodwill	244.000	Reserves	300.000
		Deferred tax liabilities	24.000
	924.000		924.000

Abb. 181: Erste Konzernbilanz nach IFRS (mit latenten Steuern)

Im Regelfall erzielen die Mutter- und Tochtergesellschaften vor der Erstkonsolidierung Gewinne. Hierauf fallen Ertragsteuern an, die zu einem Steueraufwand in der GuV-Rechnung und zu Steuerrückstellungen in der IFRS-Bilanz führen. Die Rückstellungen werden in die Summenbilanz aufgenommen und erscheinen in der ersten Konzernbilanz. Wenn in den **Einzelabschlüssen** Differenzen zwischen einzelnen IFRS-Werten und Steuerwerten bestehen, ergeben sich latente Steuern, die in die Konzernbilanz zu übernehmen sind:

Übernahme latenter Steuern aus den Einzelabschlüssen in die Konzernbilanz

Die aus den Einzelabschlüssen der Mutter- und Tochtergesellschaften übernommenen aktiven und passiven latenten Steuern werden anschließend auf der Konzernebene durch die zusätzlichen latenten Steuern aus Konsolidierungsmaßnahmen verändert.

Beispiel: Die Tochter-AG erzielt in 01 einen IFRS-Gewinn von 100.000 €. Der steuerliche Gewinn beträgt 120.000 €. Beim Ertragsteuersatz von 30% ergibt sich eine Steuerrückstellung von 36.000 €. Da der IFRS-Gewinn nur 30.000 € beträgt, ist der Steueraufwand zu hoch und es ist eine aktive latente Steuer von 6.000 € zu bilden. Wenn bei der Neubewertung des Vermögens der Tochter stille Reserven von 80.000 € aufgedeckt werden, entstehen passive latente Steuern in Höhe von 24.000 €. Im Konzernabschluss erscheinen:
- Aktive latente Steuern 6.000 € (aus dem Einzelabschluss).
- Passive latente Steuern 24.000 € (durch die Erstkonsolidierung).

4.2.3 Folgekonsolidierung bei vollständiger Beherrschung

Die bei der Erstkonsolidierung aufgedeckten stillen Reserven sind in den Folgejahren fortzuführen. Das gilt auch für die zugehörigen latenten Steuern, die im Folgenden aus didaktischen Gründen vernachlässigt werden. Wenn die Erstkonsolidierung im Laufe eines Jahres erfolgt (z.B. zum 1.7.01) und das Geschäftsjahr der Mutter dem Kalenderjahr entspricht, ist zum Jahresende die erste **Folgekonsolidierung** vorzunehmen. Hierbei gilt:

> Fortführung der stillen Reserven und des Firmenwerts im nächsten Konzernabschluss

Die stillen Reserven teilen das "Schicksal" des zugehörigen Postens. Im Einzelnen gilt:
- Abnutzbares Anlagevermögen: Die stillen Reserven werden über die verbleibende Nutzungsdauer der zugehörigen materiellen und immateriellen assets abgeschrieben. Insoweit sinkt der Konzernerfolg gegenüber der Summe der Erfolge in den Einzelabschlüssen. Dieser Teil der Folgekonsolidierung ist **erfolgswirksam**.
- Nicht abnutzbares Anlagevermögen: Die stillen Reserven lösen sich erst beim Verkauf des Postens auf, so dass sie lange im Konzernabschluss bestehen können. Der Verkauf ist aus Sicht des Konzerns **erfolgsneutral**, wenn der fair value erzielt wird, der bei der Erstkonsolidierung zugrunde gelegt wurde.
- Umlaufvermögen: Die stillen Reserven lösen sich kurzfristig durch den Verkauf der Waren und Fertigerzeugnisse auf. Die Posten des Umlaufvermögens werden meist innerhalb von zwölf Monaten realisiert. Der Verkauf ist aus Sicht des Konzerns **erfolgsneutral**, wenn der fair value aus der Erstkonsolidierung erzielt wird.

Beispiel: Im obigen Beispiel erwarb die Mutter-AG am 1.7.01 alle Anteile an der Tochter-AG, wobei stille Reserven von 80.000 € bei der Erstkonsolidierung aufgedeckt wurden. Davon sollen 50% (40.000 €) auf das abnutzbare Anlagevermögen (Gebäude) entfallen, das eine Restnutzungsdauer von zehn Jahren bei linearer Abschreibung aufweist. Die verbleibenden 50% (40.000 €) beziehen sich auf das nicht abnutzbare Anlagevermögen (z.B. Grund und Boden). Dieser Posten wird nach fünf Jahren zum Buchwert der Konzernbilanz veräußert. Es bestehen keine Leistungsbeziehungen zwischen der Mutter und Tochter, so dass weitere Konsolidierungen entfallen. Der Firmenwert bleibt wertmäßig unverändert.

Die **erste Folgekonsolidierung** ist am 31.12.01 vorzunehmen, wenn das Geschäftsjahr dem Kalenderjahr entspricht. Es sind zusätzliche planmäßige Abschreibungen auf das Gebäude mit einem Jahresbetrag von 4.000 € (40.000 €/10 Jahre) zu verrechnen. Da der Anteilserwerb am 1.7.01 erfolgte, werden 2.000 € abgeschrieben. Insoweit liegt der Konzernerfolg unter der Summe der Einzelerfolge. Im Konzernabschluss wird gebucht: "Dr Depreciation expense 2.000, Cr Buildings 2.000". Der gesamte Abschreibungsbetrag für das Gebäude besteht aus den Abschreibungen des Einzelabschlusses und den zusätzlichen Abschreibungen stiller Reserven im Konzernabschluss im Wert von 2.000 €.

Wird der Grund und Boden nach fünf Jahren veräußert, entsteht im Einzelabschluss ein Gewinn von 40.000 €, wenn das Anschaffungskostenmodell verwendet wird. Der Gewinn muss auf der Konzernebene wieder rückgängig gemacht werden, da der Verkauf aus Sicht des Konzerns erfolgsneutral ist. Die stillen Reserven von 40.000 € wurden bereits bei der Erstkonsolidierung berücksichtigt. Da die Folgekonsolidierung die Bilanz und die GuV-Rechnung betrifft, sind beide Instrumente auf Konzernebene gleichzeitig zu entwickeln.

Der Firmenwert wird nicht planmäßig abgeschrieben. Der impairment only-approach sieht nur eine außerplanmäßige Abschreibung vor, wenn der Goodwill im Wert gesunken ist. Hierzu müssen auf der Konzernebene die im vierten Kapitel beschriebenen cash generating units gebildet werden. Anschließend muss geprüft werden, ob der auf eine CGU entfallende Goodwill im Wert gesunken ist[1]. Wird eine Wertminderung festgestellt, muss eine außerplanmäßige Abschreibung erfolgen. Wenn Minderheitsgesellschafter vorhanden sind, können sich hierbei Besonderheiten ergeben[2].

Die **Technik der Folgekonsolidierung** verläuft wie bei der Erstkonsolidierung: Ausgangspunkt sind die neuen vereinheitlichten Einzelabschlüsse der Mutter- und Tochtergesellschaften. Viele Posten der Jahresabschlüsse haben sich im Vergleich zum Zeitpunkt der Erstkonsolidierung weiterentwickelt. Die Tochter weist z.B. in ihrer Bilanz neue Maschinen und Vorräte aus, die beim Anteilserwerb noch nicht vorhanden waren. Die neuen Posten erscheinen direkt in der Konzernbilanz. Die beim Anteilserwerb vorhandenen (alten) Posten sind in der Konzernbilanz um die aufgedeckten stillen Reserven

---
[1] Vgl. Pellens, B./Fülbier, R.U./Gassen, J./Sellhorn, T. (Rechnungslegung), S. 767-773.
[2] Vgl. Küting, K./Weber, C.-P./Wirth, J. (Goodwillbilanzierung), S. 146-148.

4. Vollkonsolidierung verbundener Unternehmen

zu verändern und fortzuführen (z.B. planmäßig abzuschreiben). Die Posten der einzelnen Bilanzen und GuV-Rechnungen werden zur Summenbilanz und Summen-GuV-Rechnung zusammengefasst. Anschließend wird die Folgekonsolidierung durchgeführt. Hierbei gilt:

> Erstkonsolidierung wird inhaltlich unverändert durchgeführt

Die Erstkonsolidierung ist ein **Vorgang der Vergangenheit**, der nicht mehr geändert werden kann. Daher ist auch bei der Folgekonsolidierung nur das Eigenkapital der Tochter gegen die Anteile der Mutter zu verrechnen, das beim Anteilserwerb vorhanden war. Dieses Eigenkapital wurde von der Mutter entgeltlich erworben. Wenn die Tochter **nach** der Erstkonsolidierung einen Gewinn erwirtschaftet, steht er der Mutter zu. Der Gewinn wird im Konzernabschluss ausgewiesen und erhöht das Eigenkapital in der Konzernbilanz.

Beispiel: Es gelten die obigen Daten für die Erstkonsolidierung: Preis für die Anteile 600.000 €, weitere assets der Mutter 300.000 €, issued capital 600.000 €, Rest: Reserves. Für die Tochter gilt: Assets 380.000 € (aufgedeckte stille Rücklagen 80.000 €), issued capital 300.000 €. Diese Daten werden für die Kapitalkonsolidierung übernommen. Die assets und reserves der Mutter und Tochter verändern sich durch die wirtschaftlichen Tätigkeiten, wie die folgende Abbildung zeigt. Sie stellt die **neuen** Bilanzen der Mutter und Tochter zum 31.12.01 dar. Die Vermögenswerte der Mutter haben sich durch einen Gewinn um 80.000 € erhöht. Die Tochter hat im zweiten Halbjahr 01 einen Gewinn von 70.000 € erwirtschaftet, so dass ihre assets auf 450.000 € steigen. Die Rücklagen (reserves) wachsen von 80.000 € auf 150.000 €. Ertragsteuern werden vernachlässigt.

Parent				Subsidiary		
Balance sheet 31.12.01				Balance sheet 31.12.01		
Assets	380	Issued cap.	600	Assets	450	Issued cap. 300
Investments in subsidiaries	600	Reserves	380			Reserves 150
	980		980		450	450

Abb. 182: IFRS-Bilanzen zur Folgekonsolidierung

Für die **erste** Folgekonsolidierung werden die vereinheitlichten Werte der IFRS-Bilanzen in die ersten beiden Spalten eingetragen und die Summenbilanz berechnet. In der Konsolidierungsspalte sind zwei Buchungen auszuführen, wenn der Firmenwert unverändert ist:

- Erstkonsolidierung: Die Buchung a) wiederholt die erfolgsneutrale Verrechnung der Anteile der Mutter mit dem Eigenkapital der Tochter vom 1.7.01.
- Folgekonsolidierung: Die stillen Reserven des bebauten Grundstücks werden in 01 mit einem Betrag von 2.000 € abgeschrieben (Aufwand in der Konzern-GuV-Rechnung). Die Berechnung des Betrags wurde bereits durchgeführt. Gebucht wird: "Dr Depreciation expense 2.000, Cr Buildings 2.000". Der Konzerngewinn sinkt um 2.000 €. In der Bilanz vermindern sich die reserves um diesen Betrag. Buchung: "Dr Reserves 2.000, Cr Profit 2.000". Die Summe der Gewinne von Mutter und Tochter beträgt Ende 01 zunächst 150.000 € (80.000 € + 70.000 €) und steht im Soll (Debtor – Dr) der Summen-GuV-Rechnung. Der Konzerngewinn sinkt um den Betrag von 2.000 €, der im Haben (Creditor – Cr) zu buchen ist. Der Konzerngewinn beträgt 148.000 €.

In der nächsten Abbildung werden die Bilanzposten und zwei Posten der GuV-Rechnung dargestellt, um alle Buchungen abzubilden[1]. Der Doppelstrich trennt die Bilanz und GuV-Rechnung (Statement of profit or loss – P/L). Die Abschreibungen werden im Konzern mit 2.000 € im Soll erfasst (Buchung b). Die erhöhten Abschreibungen vermindern auch den Konzerngewinn, so dass die Rücklagen in der Konzernbilanz sinken (Buchung c).

	Items	Parent	Subsidiary	Aggregation	Consolidation Dr	Consolidation Cr	Consolidated balance sheet
Assets	Assets	380	450	830		b) 2	828
	Investments	600	-	600		a) 600	-
	Goodwill	-	-	-	a) 220		220
	Total	980	450	1.430			1.048
Liabilities and equity	Issued cap.	600	300	900	a) 300		600
	Reserves	380	150	530	a) 80 c) 2		448
	Total	980	450	1.430	602	602	1.048
Statement of P/L	Depreciation				b) 2		
	Profit	80	70	150		c) 2	148

Abb. 183: Folgekonsolidierung nach IFRS

Ende 02 ist die **zweite** Folgekonsolidierung vorzunehmen. Die Erstkonsolidierung und die erste Folgekonsolidierung werden erfolgsneutral durchgeführt[2], indem die Rücklagen ver-

---
[1] Es ist auch eine getrennte Verbuchung in Bilanz und GuV-Rechnung möglich. Dann werden in der Bilanz die Abschreibungen direkt mit den Rücklagen verrechnet. Vgl. Buchholz, R. (IFRS), S. 201.
[2] Vgl. Gräfer, H./Scheld, G. (Konzernrechnungslegung), S. 162.

mindert werden (Buchung: "Dr Reserves 2.000, Cr Buildings 2.000"). Bei der zweiten Folgekonsolidierung erscheint nur der Aufwand für 02 in der GuV-Rechnung. Es sind Abschreibungen für das Gebäude (4.000 €) zu verbuchen, so dass der Konzerngewinn sinkt.

4.2.4 Behandlung von Minderheitsgesellschaftern

4.2.4.1 Erstkonsolidierung bei unvollständiger Beherrschung

Wenn die Mutter nicht alle Anteile an der Tochter besitzt, ist sie zwar Mehrheitsgesellschafter und kann die Entscheidungen der Tochtergesellschaft bestimmen. Es sind aber auch **nicht-kontrollierende Gesellschafter** zu beachten. Nach der Einheitstheorie übernimmt die Mutter das gesamte Vermögen und alle Schulden der Tochter in die Konzernbilanz, um die Vermögenslage wie bei einem einzigen Unternehmen abzubilden. Wenn die Mutter-AG 80% der Aktien an der Tochter-AG besitzt, wird bei vollständiger Übernahme des Vermögens mehr aktiviert, als der Mutter zusteht. Es muss ein Ausgleich erfolgen:

| Ausweis von non-controlling Interest im Eigenkapital der Konzernbilanz |

Der Anteil der Minderheitsgesellschafter wird in der Konzernbilanz als Eigenkapital ausgewiesen[1]. Für die Bewertung dieses Anteils gilt nach IFRS 3.19 ein **Wahlrecht**: Er kann mit oder ohne Firmenwert ausgewiesen werden. Damit bestehen für den Firmenwert nach IFRS 3 zwei Behandlungsmöglichkeiten[2]. Anstelle des Begriffs "approach" wird im Folgenden auch die Bezeichnung "method" (Methode) verwendet.

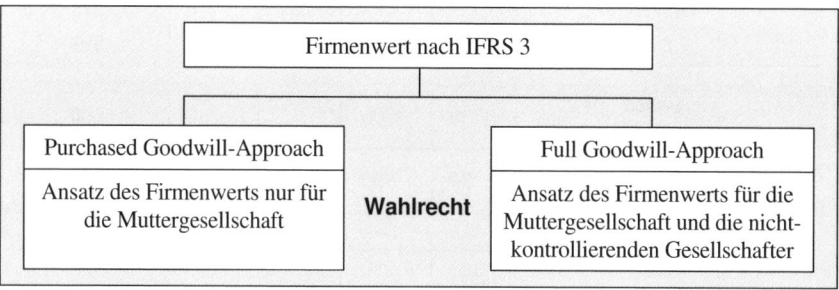

Abb. 184: Bilanzierung des Firmenwerts nach IFRS

---
[1] Vgl. Küting, K./Weber, C.-P./Wirth, J. (Goodwillbilanzierung), S. 140.
[2] Vgl. Buchholz, R. (IFRS), S. 293.

Das Wahlrecht ist **kritisch** zu beurteilen, da die im ersten Kapitel erläuterte Standardisierungsfunktion der internationalen Rechnungslegung gefährdet wird, wenn Konzerne das Wahlrecht unterschiedlich ausnutzen. Die Vergleichbarkeit der Konzernabschlüsse wird gefährdet. Außerdem weichen die IFRS insoweit von den US-GAAP ab, da die amerikanischen Vorschriften die Full Goodwill-Method zur Pflicht machen[1]. Hierdurch kann die Anerkennung der IFRS an den amerikanischen Börsen eventuell gefährdet werden.

Bei der **Purchased Goodwill-Method** wird nur der Firmenwert aufgedeckt, der auf die Muttergesellschaft entfällt. Diese Methode entspricht der Neubewertungsmethode im Handelsrecht. Die **Erstkonsolidierung** wird auch bei Minderheitsgesellschaftern nach dem bekannten Schema durchgeführt: Zur Erstellung der ersten Konzernbilanz wird die Bewertung vereinheitlicht, die Summenbilanz berechnet und die Kapitalkonsolidierung durchgeführt. Die letzte Spalte des Konsolidierungsschemas enthält die Konzernbilanz.

Beispiel: Die Mutter-AG erwirbt am 1.7.01 für 600.000 € 75% der Aktien an der Tochter-AG. Die übrigen 25% werden von konzernfremden Aktionären gehalten. Die Bilanzposten der Mutter und Tochter befinden sich in den ersten Spalten. Die gesamten stillen Reserven in den assets der Tochter (80.000 €) wurden aufgedeckt und sind in den Rücklagen (reserves) von 80.000 € enthalten. Es gilt: Angaben in Tausend Euro, Investments = Investments in subsidiaries, N.c. interest = Non-controlling interest. Latente Steuern werden vernachlässigt. Die folgende Abbildung zeigt die Entwicklung der Konzernbilanz.

	Items	Parent	Subsidiary	Aggregation	Consolidation Dr	Consolidation Cr	Consolidated balance sheet
Assets	Assets	300	380	680			**680**
	Investments	600	-	600		a) 600	-
	Goodwill	-	-	-	a) 315		**315**
	Total	900	380	1.280			**995**
Liabilities and equity	Issued capital	600	300	900	a) 225 b) 75		**600**
	Reserves	300	80	380	a) 60 b) 20		**300**
	N.c. interest	-	-	-		b) 95	**95**
	Total	900	380	1.280	695	695	**995**

Abb. 185: Erstkonsolidierung mit Minderheitsgesellschaftern (Purchased Goodwill-Approach)

---

[1] Vgl. Küting, K./Weber, C.-P./Wirth, J. (Goodwillbilanzierung), S. 140.

4. Vollkonsolidierung verbundener Unternehmen

Bis zur Summenbilanz besteht kein Unterschied im Vergleich zum 100%-Anteilsbesitz. Besonderheiten treten jedoch bei der Konsolidierung auf. Das Eigenkapital (Nettovermögen) der Tochter hat einen Zeitwert von 380.000 €, der zu 75% auf die Mutter und zu 25% auf die nicht-kontrollierenden Gesellschafter entfällt. Somit ergibt sich:
- Parent: 285.000 € (issued capital 225.000 € und reserves 60.000 €).
- Non-controlling interest: 95.000 € (issued capital 75.000 € und reserves 20.000 €).

Da die Gegenleistung der Mutter 600.000 € beträgt, hat sie 315.000 € mehr bezahlt, als es ihrem Anteil am Eigenkapital der Tochter entspricht (285.000 €). Der Mehrbetrag stellt einen Firmenwert dar, der in der Konzernbilanz als **Goodwill** (315.000 €) ausgewiesen wird. Bei der Purchased Goodwill-Method erhalten die Minderheitsgesellschafter **keinen Anteil** am Firmenwert.

Bei der Erstkonsolidierung mit Minderheitsgesellschaftern sind zwei Buchungen durchzuführen: Die Buchung (a) bezieht sich auf den Eigenkapitalanteil der Mutter und die Buchung (b) auf den Eigenkapitalanteil der nicht-kontrollierenden Gesellschafter:

Buchung der Erstkonsolidierung – Mutter (a):			
Dr Goodwill	315.000	Cr Investments in subsidiaries	600.000
Dr Issued capital	225.000		
Dr Reserves	60.000		
Buchung der Erstkonsolidierung – nicht-kontrollierende Gesellschafter (b):			
Dr Issued capital	75.000	Cr Non-controlling interest	95.000
Dr Reserves	20.000		

Abb. 186: Buchung der Erstkonsolidierung (Purchased Goodwill-Approach)

Die Konzernbilanz ergibt sich aus der letzten Spalte des obigen Konsolidierungsschemas und wird in der nächsten Abbildung in Kontoform dargestellt.

Assets	Consolidated balance sheet		Liabilities/Equity
Assets	680.000	Issued capital	600.000
Goodwill	315.000	Reserves	300.000
		Non-controlling interest	95.000
	995.000		995.000

Abb. 187: Bilanz mit Minderheitsgesellschaftern (Purchased Goodwill-Approach)

Bei der **Full Goodwill-Method** wird der Firmenwert in voller Höhe aufgedeckt, so dass auch der Firmenwert für die nicht-kontrollierenden Gesellschafter bilanziert wird. Es kommt zu einer Bilanzverlängerung: Auf der Aktivseite erhöht sich der Firmenwert und auf der Passivseite der Anteil der konzernfremden Gesellschafter. Die Berechnung des Firmenwerts für die nicht-kontrollierenden Gesellschafter ist schwierig, da sie – anders als die Muttergesellschaft – für ihren Posten keine Gegenleistung erbringen. Zunächst wird aus didaktischen Gründen eine **einfache Hochrechnung** des Firmenwerts vorgenommen. Die damit verbundenen Probleme werden anschließend erläutert.

Beispiel: Die Mutter-AG erwirbt am 1.7.01 für 600.000 € einen 75%-Anteil an der Tochter-AG. Die übrigen 25% werden von konzernfremden Aktionären gehalten. Das Eigenkapital der Tochter-AG beträgt 380.000 €. Aus diesen Daten ergibt sich für die Mutter-AG ein Firmenwert von 315.000 €, der oben berechnet wurde. Bei einer Hochrechnung beläuft sich der gesamte Firmenwert auf 420.000 € (315.000 €/0,75). Der Anteil für die nicht-kontrollierenden Gesellschafter beträgt 105.000 € (0,25 x 420.000 €).

Bei der Erstkonsolidierung nach dem Full Goodwill-Approach ergibt sich nur in der Konsolidierungsphase ein Unterschied zum Purchased Goodwill-Approach: Die nicht-kontrollierenden Gesellschafter erhalten auch einen Anteil am Firmenwert. Jetzt ist für die konzernfremden Gesellschafter die folgende Konsolidierungsbuchung durchzuführen:

Buchung der Erstkonsolidierung – nicht-kontrollierende Gesellschafter (b):			
Dr Goodwill	105.000	Cr Non-controlling interest	200.000
Dr Issued capital	75.000		
Dr Reserves	20.000		

Abb. 188: Buchung der Erstkonsolidierung (Full Goodwill-Approach)

Die folgende Abbildung zeigt die Konzernbilanz nach dem Full Goodwill-Approach. Im Gegensatz zum Purchased Goodwill-Approach hat eine Bilanzverlängerung stattgefunden.

Assets	Consolidated balance sheet		Liabilities/Equity
Assets	680.000	Issued capital	600.000
Goodwill	420.000	Reserves	300.000
		Non-controlling interest	200.000
	1.100.000		1.100.000

Abb. 189: Bilanz mit Minderheitsgesellschaftern (Full Goodwill-Approach)

Die einfache Hochrechnung des Firmenwerts auf Basis der Gegenleistung der Mutter ist problematisch. Der Erwerber wird für die Erlangung der Stimmenmehrheit meist einen zusätzlichen Betrag bezahlen, weil er die Synergieeffekte des gekauften Unternehmens nutzen kann. Der Mehrbetrag, den der Erwerber für die Beherrschung des Erworbenen leistet, wird **Kontrollprämie** genannt[1]. Da dieser Betrag nur vom Mehrheitsgesellschafter entrichtet wird, kann der Wert der Mehrheitsanteile nicht einfach auf 100% hochgerechnet werden, wie das folgende Beispiel zeigt.

Beispiel: Die Mutter bezahlt 600.000 € für 75% der Anteile am Tochterunternehmen (Eigenkapital: 380.000 €). In der Praxis wäre die Mutter bereit, für ihren Mehrheitsanteil beispielsweise 660.000 € zu bezahlen. Die Kontrollprämie beträgt 60.000 €. Geht man von einem Aktienbestand von insgesamt 100.000 Aktien aus, würde der "normale" Aktienkurs für 75.000 Aktien bei 8 € je Stück liegen (600.000 €/75.000 Stück). Dieser Kurs gilt nur, wenn sich die Aktien in den Händen vieler Aktionäre befinden. Der massive Aktienerwerb der Mutter führt zu einer Kurssteigerung auf 8,8 € je Stück (660.000 €/75.000 Stück). Eine Hochrechnung des Firmenwerts kann nur auf Basis von 600.000 € erfolgen, da die konzernfremden Gesellschafter keine speziellen Vorteile aus der Kooperation erhalten. Mit einer Kontrollprämie beträgt der Firmenwert 480.000 € und verteilt sich wie folgt:
- Mutter: 375.000 € (660.000 € - 285.000 €).
- Non-controlling interest: 105.000 € (200.000 € - 95.000 €).

Der Firmenwert der konzernfremden Gesellschafter bleibt unverändert, während der Posten der Mutter um die Kontrollprämie von 60.000 € ansteigt (bei gegebener Ausgangsbilanz der Mutter müssen die assets in der Konzernbilanz um 60.000 € sinken). Der **fair value** des Anteils der nicht-kontrollierenden Gesellschafter beträgt 200.000 € (Anteil am Eigenkapital der Tochter 95.000 € und Firmenwert 105.000 €). In der Praxis ist der Firmenwert eines gesamten Unternehmens nur schwer zu ermitteln, da eine objektive Berechnung der Kontrollprämie kaum möglich ist. Damit besteht beim Full Goodwill-Approach immer die Gefahr, dass die Konzernbilanz keine zutreffenden Werte enthält.

Assets	Consolidated balance sheet	Liabilities/Equity	
Assets	620.000	Issued capital	600.000
Goodwill	480.000	Reserves	300.000
(mit Kontrollprämie)		Non-controlling interest	200.000
	1.100.000		1.100.000

Abb. 190: Bilanz mit Minderheitsgesellschaftern (mit Kontrollprämie der Mutter)

---

[1] Vgl. Brücks, M./Richter, M. (Combinations), S. 409.

4.2.4.2 Folgekonsolidierung bei unvollständiger Beherrschung

Bei der ersten **Folgekonsolidierung** werden die neuen Bilanzposten der Mutter und Tochter in der Summenbilanz addiert und anschließend wird die Kapitalkonsolidierung durchgeführt. Die Erstkonsolidierung wird wiederholt und anschließend sind die aufgedeckten stillen Reserven in den Vermögenswerten fortzuschreiben (z.b. Abschreibung des Anlagevermögens). Wird vom impairment des Firmenwerts abgesehen, ergeben sich **keine Unterschiede** zwischen der Purchased Goodwill-Method und der Full Goodwill-Method, da sich diese Methoden nur in der Behandlung des Firmenwerts unterscheiden.

Im Folgenden wird das letzte Beispiel **mit einer Kontrollprämie** verwendet (ohne Ertragsteuern). Die Erstkonsolidierung ist am 1.7.01 und die erste Folgekonsolidierung am 31.12.01 vorzunehmen. Die stillen Reserven von 80.000 € befinden sich in einem bebauten Grundstück, so dass die bereits berechneten Abschreibungen in Höhe von 2.000 € auf das Gebäude zusätzlich in der Konzern-GuV-Rechnung erfasst werden. Der Grund und Boden wird bei der ersten Folgekonsolidierung nicht verändert.

Wenn die Mutter bzw. die Tochter in der zweiten Hälfte des Jahres 01 einen Gewinn von 80.000 € bzw. 70.000 € erzielen, ist die Gewinnsumme 150.000 €. Durch die Abschreibung des Gebäudes (2.000 €) sinkt der Konzerngewinn auf 148.000 €, der in der Konzern-GuV-Rechnung erscheint. Die wichtigsten Posten der Konzernbilanz werden nachfolgend entwickelt. Die Aktivseite der Konzernbilanz weist am 31.12.01 die folgenden Posten aus:
1. **Assets 768.000 €**: Am 1.7.01 waren Vermögenswerte von 620.000 € vorhanden. Die Gewinnsumme von 150.000 € erhöht die Aktivposten (z.B. das Bankguthaben) auf 770.000 €. Die Gebäudeabschreibung (2.000 €) vermindert den Wert auf 768.000 €.
2. **Goodwill 480.000 €**: Am 1.7.01 wurde der volle Firmenwert von 480.000 € aktiviert. Er wird nicht verändert, solange keine Wertminderung stattgefunden hat.

Die Passivseite der Konzernbilanz weist am 31.12.01 die folgenden Posten aus:
1. **Issued capital 600.000 €**: Am 1.7.01 war ein gezeichnetes Kapital von 600.000 € vorhanden. Es handelt sich um das Grundkapital der Mutter, da das Eigenkapital der Tochter vollständig konsolidiert wird. Da keine Kapitalveränderung bei der Mutter stattgefunden hat, wird das gezeichnete Kapital am 31.12.01 unverändert fortgeführt.
2. **Reserves 431.000 €**: Am 1.7.01 waren Rücklagen von 300.000 € vorhanden. Sie steigen durch den Gewinn der Mutter um 80.000 €. Da die Mutter 75% der Anteile an der Tochter besitzt, erhält sie noch 75% des Gewinns der Tochter, somit 52.500 € (0,75 x 70.000 €). Die Abschreibungen des Gebäudes von 2.000 € sind bei der Mutter zu 75% gewinnmindernd zu berücksichtigen: 1.500 € (0,75 x 2.000 €). Damit betragen die Rücklagen am 31.12.01: 431.000 € (300.000 € + 80.000 € + 52.500 € - 1.500 €).

3. **Non-controlling interest 217.000 €**: Am 1.7.01 betrug der Wert der Minderheitsanteile 200.000 € (inklusive Firmenwert). Die Minderheiten sind mit 25% am Gewinn der Tochter beteiligt und erhalten 17.500 € (0,25 x 70.000 €). Die Gebäudeabschreibungen sind den nicht-kontrollierenden Gesellschaftern anteilig zuzurechnen und vermindern ihren Anteil um 500 € (0,25 x 2.000 €). Somit ergibt sich zum 31.12.01 bei konstantem Firmenwert: 200.000 € + 17.500 € - 500 € (= 217.000 €). Die **Konzernbilanz** lautet:

Assets		Consolidated balance sheet	Liabilities/Equity	
Assets	768.000	Issued capital		600.000
Goodwill	480.000	Reserves		431.000
		Non-controlling interest		217.000
	1.248.000			1.248.000

Abb. 191: Konzernbilanz mit Minderheitsgesellschaftern (nach Folgekonsolidierung)

Zum 31.12.02 ist die zweite Folgekonsolidierung durchzuführen. Hierbei wird die Erstkonsolidierung wiederholt und die erste Folgekonsolidierung ist erfolgsneutral durchzuführen. Gebucht wird: "Dr Reserves 1.500, Dr Non-controlling interest 500, Cr Buildings 2.000". Die Abschreibung des zweiten Jahres ist wieder erfolgswirksam zu verrechnen.

4.2.5 Spezialfall: Negativer Firmenwert

Bisher wurde davon ausgegangen, dass die gewährte Gegenleistung der Mutter den Zeitwert des Eigenkapitals der Tochter übersteigt. Wenn die Mutter alle Anteile an der Tochter erwirbt (100%-Beteiligung), kann die Bedingung für einen **positiven Firmenwert** (Goodwill) wie folgt formuliert werden:

> Gewährte Gegenleistung für alle Anteile > Zeitwert des Eigenkapitals der Tochter

Es kann aber auch der umgekehrte Fall eintreten, dass die gewährte Gegenleistung der Mutter den Zeitwert des Eigenkapitals der Tochter unterschreitet. Dann entsteht ein **negativer Firmenwert**, der als **Badwill** bezeichnet wird[1]. Er kann auf unterschiedliche Weise entstehen[2]. Wenn ein Unternehmen große Zahlungsprobleme aufweist und dringend einen

---
[1] Vgl. Gräfer, H./Scheld, G. (Konzernrechnungslegung), S. 156.
[2] Vgl. Küting, K./Weber, C.-P. (Konzernabschluss), S. 375-376.

Investor sucht, um eine drohende Insolvenz abzuwenden, ist dieses Unternehmen eventuell bereit, sein Eigenkapital unter Zeitwert zu verkaufen. Für den Erwerber ergibt sich ein Lucky Buy (Glückskauf), da er die Anteile des erworbenen Unternehmens günstig erhalten kann. Dieser Fall wird in IFRS 3.34 als **bargain purchase** bezeichnet.

Da nach der Neubewertungsmethode die stillen Reserven der Tochtergesellschaft immer voll aufzudecken sind, können in Abhängigkeit von der Gegenleistung der Mutter verschiedene Firmenwerte entstehen. Das nächste Beispiel verdeutlicht die Zusammenhänge.

Beispiel: Ein Mutterunternehmen erwirbt alle Aktien eines Tochterunternehmens (Beteiligung 100%), das ein Eigenkapital im Zeitwert von 700.000 € aufweist. Die Mutter zahlt a) 1.000.000 €, b) 700.000 €, c) 600.000 €. Da die stillen Reserven aufzudecken sind, wird das Eigenkapital der Tochter mit 700.000 € bewertet. Nur im Fall a) entsteht ein positiver Firmenwert von 300.000 €. Im Fall b) ist er null und im Fall c) negativ.

Mögliche Firmenwerte bei IFRS		
Gegenleistung der Mutter	Stille Reserven	Firmenwert
a) Zahlung über Zeitwert	Volle Aufdeckung	Positiv: 300.000
b) Zahlung des Zeitwerts	Volle Aufdeckung	Null
c) Zahlung unter Zeitwert	Volle Aufdeckung	**Negativ: 100.000**

Abb. 192: Mögliche Firmenwerte bei IFRS

Die bilanzielle Behandlung des Badwills wird in IFRS 3.36 geregelt. Danach sind der Ansatz und die Bewertung des Eigenkapitals der Tochter zu überprüfen. Die Werte einzelner Posten (z.B. immaterieller Vermögenswerte) können zu hoch sein. Sollte nach der Wertkorrektur noch eine Differenz bestehen, wird sie als **Ertrag** gebucht. Eine Bilanzierung des Badwills ist unzulässig – er darf nicht in der Bilanz passiviert werden.

Im Beispiel entstand im Fall c) ein Badwill von 100.000 €. Eine Wertüberprüfung vermindert den Wert der Aktiva und damit des Eigenkapitals der Tochter um 60.000 € nach unten (von 700.000 € auf 640.000 €). Es verbleibt ein Badwill von 40.000 €. Die Erstkonsolidierung des Kapitals kann wie folgt gebucht werden, wenn das Eigenkapital (equity) der Tochter nicht weiter unterteilt wird: "Dr Equity 640.000, Cr Investments in subsidiaries 600.000, Cr Gain on bargain purchase 40.000". Es entsteht ein Ertrag aus einem günstigen Kauf (**bargain purchase**): Die Tochter wird für wenig Geld erworben.

4.2.6 Konsolidierungsvergleich von IFRS und HGB

Im **HGB** ist die Erstkonsolidierung in dem Zeitpunkt durchzuführen, in dem ein Unternehmen erstmals zum Tochterunternehmen wird (§ 301 Abs. 2 Satz 1 HGB). Bei der Kapitalkonsolidierung ist die Neubewertungsmethode anzuwenden, wobei latente Steuern für die aufgedeckten stillen Reserven zu beachten sind (wie bei IFRS). Auf den Firmenwert aus der Kapitalkonsolidierung werden auch im HGB keine latenten Steuern verrechnet (§ 306 Satz 3 HGB). Bei der Erstkonsolidierung werden die Anschaffungskosten der Anteile mit dem Zeitwert des Eigenkapitals der Tochter verrechnet. Den konzernfremden Gesellschaftern wird ein Ausgleichsposten für Minderheitsgesellschafter im Eigenkapital der Konzernbilanz zugeordnet. Ein Firmenwert ist hierbei nicht zu berücksichtigen.

Bei der **Folgekonsolidierung** sind die stillen Reserven in den einzelnen Vermögensgegenständen fortzuführen. Anders als bei IFRS muss auch der Firmenwert planmäßig abgeschrieben werden (§ 309 Abs. 1 HGB). Hierbei sind die Vorschriften für den Einzelabschluss zu beachten (siehe viertes Kapitel). Da bei IFRS keine planmäßige Verteilung möglich ist, weichen HGB und IFRS in diesem Punkt deutlich voneinander ab.

Ein **negativer Firmenwert** (Badwill) kann auch im Handelsrecht entstehen, wenn die Mutter weniger als den **Zeitwert** des Eigenkapitals der Tochter vergütet. In der Konzernbilanz erfolgt ein Ausweis als passiver Unterschiedsbetrag, der Eigen- oder Fremdkapital darstellen kann[1]. Je nachdem, wie die Zuordnung erfolgt, ist der Betrag aufzulösen (§ 309 Abs. 2 HGB). Anders als bei IFRS führt der negative Firmenwert im Handelsrecht nicht immer zu einem Ertrag.

4.3 Weitere Konsolidierungen

4.3.1 Schuldenkonsolidierung

Die Mutter- und Tochtergesellschaften eines Konzerns sind nicht nur kapitalmäßig (über die Anteile) miteinander verbunden. Zwischen den Konzernunternehmen treten meist Liefer- und Leistungsbeziehungen auf. Die Mutter liefert unfertige Erzeugnisse an ihre Tochter zur Weiterverarbeitung, die Tochter gewährt ihrer Mutter ein Darlehen und erhält für die Leistung (Fremdkapitalüberlassung) Zinsen. Im Konzern sind alle internen Transaktionen nach IFRS 10.21 i.V.m. IFRS 10.B86(c) auszugleichen, weil sie nach der Einheitstheorie in einem Unternehmen nicht vorkommen können. Daher sind weitere Konsoli-

---

[1] Vgl. Gräfer, H./Scheld, G. (Konzernrechnungslegung), S. 158.

dierungen durchzuführen: Die Schuldenkonsolidierung, Zwischenergebniskonsolidierung und Aufwands- und Ertragskonsolidierung. Sie werden in den IFRS nur in Grundzügen erläutert. Die handelsrechtlichen Methoden dürften entsprechend gelten.

Im Folgenden wird unterstellt, dass die Mutter **alle Anteile** an der Tochter besitzt und die Kapitalkonsolidierung bereits durchgeführt wurde. Latente Steuern, die nach dem bilanzorientierten Temporary-Konzept oft bei der Schuldenkonsolidierung zu beachten sind, werden aus Vereinfachungsgründen vernachlässigt[1].

Wenn die Mutter ihrer Tochter in 01 ein Darlehen von 500.000 € gewährt, entsteht bei der Mutter im Einzelabschluss ein Aktivposten, bei der Tochter ein Passivposten. Im Konzernabschluss sind die Kredite der Mutter (loans) und die finanziellen Verbindlichkeiten der Tochter (financial liabilities) miteinander zu verrechnen. Die Zinsen werden bei der Aufwands- und Ertragskonsolidierung ausgeglichen, die später behandelt wird.

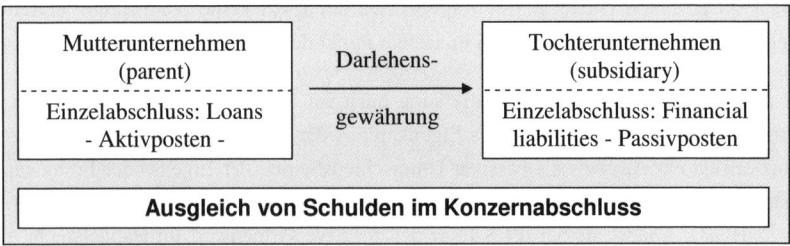

Abb. 193: Schuldenkonsolidierung im Konzern

Die Konzernbilanz wird nach dem bekannten Schema ermittelt. In der Summenbilanz stehen sich die aktiven und passiven Posten der Mutter und Tochter in gleicher Höhe gegenüber. Die Konsolidierungsbuchung lautet: "Dr Financial liabilities 500.000, Cr Loans 500.000". Es findet eine **erfolgsneutrale Verrechnung** statt, da die Konzern-GuV-Rechnung nicht berührt wird. In der Konzernbilanz erscheint das Darlehen nicht mehr.

Anders ist der Fall zu behandeln, wenn in 01 eine Abschreibung auf das Darlehen erfolgen muss, weil die Rückzahlung durch die Tochter gefährdet ist. Wenn die Mutter den Kredit im Einzelabschluss um 80% (400.000 €) abschreiben muss, weil die Tochter in Zahlungsschwierigkeiten geraten ist, wird im Einzelabschluss der Mutter wie folgt gebucht: "Dr Impairment loss 400.000, Cr Loans 400.000". In der Summenbilanz werden auf der Aktivseite 100.000 € (Restbetrag des Darlehens) und auf der Passivseite 500.000 € (Verbind-

---

[1] Vgl. hierzu Küting, K./Weber, C.-P. (Konzernabschluss), S. 510.

lichkeit der Tochter) ausgewiesen. Die Beträge sind unterschiedlich, so dass keine erfolgsneutrale Konsolidierung möglich ist. Die Differenz ist **erfolgswirksam** auszugleichen, indem der Aufwand des Einzelabschlusses rückgängig gemacht wird. Die Konsolidierungsbuchung lautet: "Dr Loans 400.000, Cr Impairment loss 400.000". Der Erfolg ist im Konzernabschluss 01 um 400.000 € höher als die Summe der Einzelerfolge. Zum Ausgleich der Posten in Konzernbilanz und Konzern-GuV-Rechnung ist zu buchen: "Dr Profit 400.000, Cr Reserves 400.000". Der Gewinn und die Rücklagen steigen um 400.000 €.

Echte Aufrechnungsdifferenzen sind erfolgswirksam in den Jahren zu korrigieren, in denen die Differenz entsteht[1]. Ist der Unterschiedsbetrag auch noch im Folgejahr vorhanden, wird eine erfolgsneutrale Verrechnung vorgenommen. Wenn das obige Darlehen in 02 noch nicht zurückgezahlt wurde, besteht auch noch in diesem Jahr die Aufrechnungsdifferenz von 400.000 €. Sie wird in der Literatur in einen speziellen Korrekturposten im Eigenkapital gebucht[2], der im Folgenden als consolidation difference bezeichnet wird. Die erfolgsneutrale Konsolidierungsbuchung 02 lautet: "Dr Financial liabilities 500.000, Cr Consolidation difference 400.000, Cr Loans 100.000".

Wenn das Darlehen in 03 von der Tochter in voller Höhe (500.000 €) zurückgezahlt wird, entsteht bei der Mutter im Einzelabschluss ein sonstiger Ertrag, da sie den Posten mit 100.000 € aktiviert hat. Im Konzernabschluss ist dieser Ertrag erfolgswirksam zu neutralisieren. Die Buchung lautet: "Dr Other income 400.000, Cr Consolidation difference 400.000". Da der Konzerngewinn um 400.000 € sinkt, nehmen auch die Rücklagen in der Bilanz ab (Buchung: "Dr Reserves 400.000, Cr Profit 400.000").

Die Schuldenkonsolidierung betrifft auch die folgenden konzerninternen Vorgänge[3]:
- Forderungen aus Lieferungen und Leistungen: Die Mutter liefert Waren an die Tochter, die im Einzelabschluss der Mutter als trade receivables aktiviert werden. Die Tochter weist trade payables aus. Die Konsolidierung ist **erfolgsneutral** vorzunehmen.
- Rechnungsabgrenzungsposten: Die Mutter zahlt an die Tochter Mieten oder Zinsen im Voraus, so dass in ihrem Einzelabschluss prepaid expenses entstehen. Die Tochter weist deferred income aus. Die Konsolidierung wird **erfolgsneutral** durchgeführt.
- Rückstellungen: Die Mutter bildet eine Rückstellung für ungewisse Verbindlichkeiten, die aus einer Verpflichtung gegenüber ihrer Tochter entsteht (z.B. Schadensersatzpflicht). Da die Mutter keinen entsprechenden Posten aktivieren kann, besteht eine echte Aufrechnungsdifferenz, die **erfolgswirksam** zu konsolidieren ist.

---

[1] Hiervon sind unechte Aufrechnungsdifferenzen abzugrenzen, die z.B. durch zeitliche Unterschiede bei der Buchung betragsgleicher Geschäftsvorfälle entstehen. Vgl. Kirsch, H. (Rechnungslegung), S. 210.
[2] Vgl. Baetge, J./Kirsch, H.-J./Thiele, S. (Konzernbilanzen), S. 242.
[3] Vgl. Gräfer, H./Scheld, G. (Konzernrechnungslegung), S. 198-200.

4.3.2 Zwischenergebniskonsolidierung

Zwischen der Muttergesellschaft und ihren Tochterunternehmen finden oft Lieferungen von Waren und von (unfertigen oder fertigen) Erzeugnissen statt. Während im Handelsbetrieb keine Veränderung stattfindet, werden im Industriebetrieb Weiterverarbeitungen vorgenommen, deren Kosten zu verrechnen sind. Das liefernde Unternehmen kalkuliert einen Gewinnzuschlag, so dass im Einzelabschluss ein Gewinn entsteht. Der Erfolg ist im Konzernabschluss zu konsolidieren, wenn noch kein Absatz an Konzernfremde erfolgte.

Beispiel: Die Handelsmutter-AG erwirbt in 01 Waren für 10.000 € (500 Stück zu 20 € je Stück). Sie veräußert diese Waren im gleichen Zeitraum an ihre Verkaufstochter-AG für 25.000 € netto. Die Umsatzsteuer ist für die Berechnung des Zwischengewinns ohne Bedeutung, da sie an das Finanzamt abzuführen ist. Die Mutter erzielt im Einzelabschluss einen Gewinn von 15.000 €. Die Tochter aktiviert die Waren im Einzelabschluss mit den Anschaffungskosten von 25.000 €, wenn keine Nebenkosten bei der Beschaffung anfallen.

Im Konzernabschluss muss der **Zwischengewinn** von 15.000 € konsolidiert werden, da er konzernintern entsteht und noch kein Absatz an Dritte erfolgte. Nach der Einheitstheorie ist der Konzern als ein Unternehmen anzusehen und bei Lieferungen zwischen einzelnen Abteilungen entsteht kein Gewinn. Der Zwischengewinn lässt sich wie folgt definieren[1]:

Einzelbilanzwert > Konzernanschaffungskosten bzw. Konzernherstellungskosten

Mit dem Einzelbilanzwert werden die Waren im Einzelabschluss des empfangenden Unternehmens aktiviert. Dieser Wert wird auch als **Verrechnungspreis** bezeichnet. Mit den Konzernanschaffungskosten würden die Waren im Konzern bewertet, wenn er ein einziges Unternehmen wäre. Ein Gewinn entsteht im Konzern erst mit der Veräußerung an Dritte.

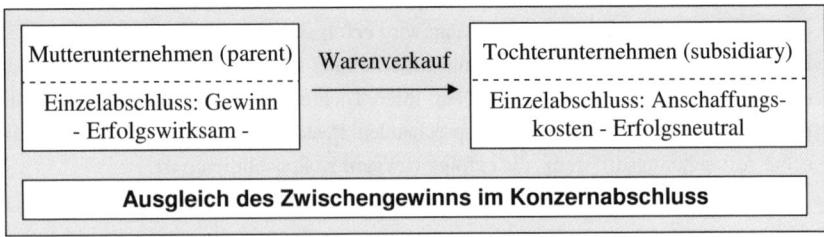

Abb. 194: Zwischengewinnkonsolidierung im Handelskonzern

---

[1] Vgl. Gräfer, H./Scheld, G. (Konzernrechnungslegung), S. 216.

4. Vollkonsolidierung verbundener Unternehmen

Im Industriebetrieb gelten die obigen Ausführungen entsprechend. Die Konsolidierung von Zwischengewinnen ist schwieriger, da die Herstellungskosten im Konzern zu berechnen sind. Außerdem müssen die Bestandsveränderungen unfertiger und fertiger Erzeugnisse in der Bilanz und GuV-Rechnung berücksichtigt werden. Zu diesem Zweck wird das **Gesamtkostenverfahren** (nature of expense method) angewendet, da es buchungstechnisch einfacher ist als das Umsatzkostenverfahren. Alle Steuern werden vernachlässigt.

Die Herstellungskosten der Erzeugnisse werden bei IFRS auf **Vollkostenbasis** berechnet. Das gilt im Einzel- und Konzernabschluss. Bei unfertigen Erzeugnissen sind die vollen Material- und Fertigungskosten bis zur jeweiligen Fertigungsstufe zu berücksichtigen. Bei fertigen Erzeugnissen werden die angemessenen Produktionskosten aller Stufen in die Herstellungskosten einbezogen. Ein Einbeziehungsverbot besteht für allgemeine Verwaltungskosten und Vertriebskosten. Aus Konzernsicht sind einige Vertriebskosten (z.B. Transportkosten zwischen Mutter und Tochter) als produktionsbedingte Gemeinkosten anzusehen und müssen – im Gegensatz zum Einzelabschluss – einbezogen werden.

Die Zwischenergebniskonsolidierung im Industrieunternehmen wird mit dem folgenden Beispiel erläutert. Die Mutter liefert in 01 unfertige Erzeugnisse an ihre Tochter, die dort zu fertigen Erzeugnissen weiterverarbeitet werden. In 01 findet noch kein Absatz statt.

Beispiel: Die Mutter erzielt in 01 Umsatzerlöse in Höhe von 900.000 €. Hiervon entfallen 600.000 € auf Lieferungen fertiger Erzeugnisse an Konzernfremde (Herstellungskosten 450.000 €) und 300.000 € auf Lieferungen unfertiger Erzeugnisse an die Tochter (Herstellungskosten 100.000 €). Die Tochter erzielt in 01 Umsatzerlöse mit Konzernfremden von 400.000 €, wobei Aufwendungen von 150.000 € entstehen. Außerdem werden die von der Mutter gelieferten Erzeugnisse mit einem Aufwand von 80.000 € zu fertigen Erzeugnissen weiterverarbeitet. Alle Steuern werden vernachlässigt.

Mit diesen Daten wird in der folgenden Abbildung eine vereinfachte Konzern-GuV-Rechnung erstellt. Eine vollständige Gliederung kann sich am Einzelabschluss orientieren und wurde im fünften Kapitel behandelt. Es gelten die folgenden Abkürzungen: Changes of finished goods = Changes in inventories of finished goods, Changes of work in progress = Changes in inventories of work in progress.

In den ersten beiden Spalten erscheinen die Erträge und Aufwendungen aus den **Einzelabschlüssen** der Mutter und Tochter. Die Mutter hat Erträge von 900.000 €, denen Aufwendungen von 550.000 € gegenüberstehen (450.000 € + 100.000 €). Ihr Gewinn ist 350.000 €. Die Tochter erzielt Umsatzerlöse von 400.000 €, denen Aufwendungen von 150.000 € gegenüberstehen. Die unfertigen Erzeugnisse werden zuerst mit 300.000 € aktiviert und dann als Bestandsminderung unfertiger Erzeugnisse gebucht. Die Weiterverarbeitung erhöht den Aufwand um 80.000 €, so dass die expenses 230.000 € betragen. Der Bestandsminderung unfertiger Erzeugnisse steht die Bestandserhöhung fertiger Erzeugnisse im Wert von 380.000 € gegenüber. Die Bestandsänderung ist erfolgsneutral. Der Gewinn der Tochter von 250.000 € kommt nur durch den Umsatz mit Dritten zustande.

Die **Konzern-GuV-Rechnung** wird in ähnlichen Schritten ermittelt wie die Konzernbilanz. Die Addition der einzelnen Posten der GuV-Rechnungen der Mutter- und Tochtergesellschaften führt zur Summen-GuV-Rechnung. Anschließend wird die Konsolidierung durchgeführt, aus der sich die Konzern-GuV-Rechnung ergibt. Um die Buchungen geschlossen darstellen zu können, werden zwei Posten aus der Bilanz aufgenommen (Fertigerzeugnisse, Rücklagen) und durch einen Doppelstrich von der GuV-Rechnung getrennt.

	Parent		Subsidiary		Aggregation		Consolidation		Statement of profit or loss	
Items	Dr	Cr	Dr	Cr	Dr	Cr	Dr	Cr	Dr	Cr
Revenue	-	900	-	400	-	1.300	a) 300	-	-	1.000
Changes of work in progress	-	-	300	-	300	-		a) 300	-	-
Changes of finished goods	-	-	-	380	-	380	a) 200	-	-	180
Expenses	550	-	230	-	780	-	-	-	780	-
Profit	350	-	250	-	600	-	-	b) 200	400	-
Total	900	900	780	780	1.680	1.680	500	500	1.180	1.180
Balance sheet: Finished goods Reserves							b) 200	a) 200		

Abb. 195: Zwischengewinnkonsolidierung und Konzern-GuV-Rechnung

Die folgende Abbildung zeigt die Konsolidierungsbuchung für den Zwischengewinn. Die Umsatzerlöse der Mutter müssen um 300.000 € vermindert werden, da dieser Umsatz mit der Tochter und nicht mit Dritten erzielt wurde. In gleicher Höhe muss die Bestandsminderung unfertiger Erzeugnisse ausgebucht werden, da aus Konzernsicht nur die Herstellung von Fertigerzeugnissen stattfindet (ohne Zwischenstufe unfertiger Erzeugnisse)[1].

Der zweite Teil dieser Buchung betrifft die Bewertung fertiger Erzeugnisse im Einzelabschluss. Die Bestandserhöhung fertiger Erzeugnisse in der GuV-Rechnung der Tochter

---

[1] Vgl. Buchholz, R. (IFRS), S. 214-216.

ist um 200.000 € zu hoch, da in diesem Betrag der Gewinn der Mutter enthalten ist. Auch der Bestand der fertigen Erzeugnisse wird in der Bilanz um 200.000 € zu hoch bewertet. Die Buchung b) gleicht die Gewinnminderung in der Konzern-GuV-Rechnung und die gleich hohe Rücklagenminderung in der Bilanz aus. Somit ergibt sich:

Buchung der Zwischengewinnkonsolidierung a):				
Dr	Revenue	300.000	Cr Changes in inventories of work in progress	300.000
Dr	Changes in inventories of finished goods	200.000	Cr Finished goods	200.000
Buchung von Rücklagen und Gewinn b):				
Dr	Reserves	200.000	Cr Profit	200.000

Abb. 196: Buchung der Erstkonsolidierung (Zwischengewinne)

Würde im obigen Beispiel in 01 die Hälfte der fertig gestellten Erzeugnisse für 300.000 € veräußert, entstände im Konzernabschluss ein zusätzlicher Konzerngewinn von 210.000 € (300.000 € - 90.000 € (= 50% der Fertigerzeugnisse in Höhe von 180.000 €)). Dieser Gewinn ergibt sich durch den Absatz mit Dritten. Im Einzelabschluss der Tochter wäre durch die höhere Bewertung der Fertigerzeugnisse (380.000 €, davon die Hälfte: 190.000 €) ein anderer Gewinn (110.000 € = 300.000 € - 190.000 €) auszuweisen. Die Konsolidierungsbuchungen wären entsprechend zu ändern. Es wird deutlich, dass die Zwischengewinnkonsolidierung bereits bei wenigen Lieferströmen unübersichtlich werden kann.

4.3.3 Aufwands- und Ertragskonsolidierung

Die Aufwands- und Ertragskonsolidierung soll im Konzernabschluss die Erfolgseffekte aus konzerninternen Leistungen ausgleichen, die nur die GuV-Rechnung betreffen. Die Verrechnung der Zwischengewinne aus der Lieferung von Waren und Fertigerzeugnissen wurde bereits behandelt. Diese Konsolidierung entsteht aus den zu aktivierenden Beständen im Vorratsvermögen der Konzernbilanz.

Die Aufwands- und Ertragskonsolidierung betrifft Mieten, Zinsen für Fremdkapitalüberlassung und allgemeine Dienstleistungen (z.B. Kundendienst, Wartung, Reparatur). Die Aufrechnung ist in diesen Fällen meist problemlos möglich[1], da sich die Aufwendungen

---
[1] Vgl. Küting, K./Weber, C.-P. (Konzernabschluss), S. 561.

und Erträge meist in gleicher Höhe bei Mutter und Tochter gegenüberstehen. Somit werden die Posten in der Konzern-GuV-Rechnung miteinander verrechnet. In den meisten Fällen können die entsprechenden Posten **erfolgsneutral** ausgebucht werden, wie das folgende Beispiel zeigt.

Beispiel: Die Mutter-AG gewährt der Tochter-AG Anfang 01 ein Darlehen von 500.000 € zum marktüblichen Zinssatz von 5%. Bei der Mutter entstehen jährliche Zinserträge von 25.000 €, bei der Tochter Zinsaufwendungen von 25.000 €. Die erfolgsneutrale Konsolidierungsbuchung lautet: "Dr Finance income 25.000, Cr Finance expense 25.000".

4.3.4 Konsolidierungsvergleich von IFRS und HGB

Die handelsrechtliche Schuldenkonsolidierung wird in § 303 HGB geregelt. § 305 HGB enthält die Vorschriften zur Aufwands- und Ertragskonsolidierung. In beiden Fällen bestehen keine Unterschiede zu IFRS[1]. Auch die Zwischenergebniskonsolidierung ist bei IFRS und HGB vergleichbar. Besonderheiten ergeben sich dadurch, dass im HGB bei der Herstellungskostenermittlung ein **Wahlrecht** zur Einbeziehung von angemessenen Teilen der allgemeinen Verwaltungskosten besteht (§ 255 Abs. 2 Satz 3 HGB). Sie können im HGB aktiviert werden, während bei IFRS ein Ansatzverbot besteht.

Durch das handelsrechtliche Wahlrecht zur Aktivierung von allgemeinen Verwaltungskosten ist im HGB zwischen einem **konsolidierungspflichtigen** und einem **konsolidierungsfähigen** Zwischengewinn zu unterscheiden[2]. Wenn der Nettopreis eines Fertigerzeugnisses 100 €/Stück beträgt und die Herstellungskosten mit 50 €/Stück (ohne Verwaltungskosten) bzw. 70 €/Stück (inklusive Verwaltungskosten) berechnet werden, gilt: Konsolidierungspflichtig sind 30 €/Stück. Bei der hohen Bewertung der Fertigerzeugnisse entsteht ein Zwischengewinn von 30 €, der auf der Konzernebene auszugleichen ist.

Bei der niedrigen Bewertung entsteht ein Zwischengewinn von 50 €, so dass weitere 20 € konsolidierungsfähig sind. Wird die niedrige Bewertung gewählt, fällt der zu konsolidierende Zwischengewinn entsprechend höher aus. Im Konzern können auch **Zwischenverluste** auftreten, wenn der Einzelbilanzwert kleiner ist als die Konzernherstellungskosten. Auch hierbei ist zwischen einem konsolidierungspflichtigen und konsolidierungsfähigen Zwischenverlust zu unterscheiden. Eine derartige Differenzierung ist bei IFRS nicht möglich, da die allgemeinen Verwaltungskosten nicht zu den Herstellungskosten gehören.

---

[1] Vgl. Baetge, J./Kirsch, H.-J./Thiele, S. (Konzernbilanzen), S. 251 und 284.
[2] Vgl. Buchholz, R. (IFRS), S. 210-211.

5. Behandlung weiterer Unternehmensanteile

5.1 Equity-Methode für Gemeinschaftsunternehmen

Die Behandlung von Gemeinschaftsunternehmen wird in IFRS 11 (Joint Arrangements – Gemeinschaftliche Vereinbarungen) geregelt. Der Standard behandelt joint operations (gemeinschaftliche Tätigkeiten) und joint ventures (Gemeinschaftsunternehmen), wobei im Folgenden **joint ventures** betrachtet werden. Für sie gelten die Merkmale:

- Vertragliche Vereinbarung mindestens zweier Unternehmen über die gemeinschaftliche Tätigkeit und deren Beherrschung bei einstimmigen Entscheidungen. Es ist auf alle relevanten Tätigkeiten abzustellen, wie z.b. den Kauf oder Verkauf von Produkten[1]. Diese Kriterien sind grundsätzlich für jedes joint arrangement kennzeichnend[2].
- Rechtliche Selbstständigkeit des joint ventures. Jedes Partnerunternehmen ist mit einem gleich hohen Prozentsatz am Reinvermögen des Unternehmens beteiligt. Eine Verfügung über einzelne assets und liabilities ist nicht möglich.

Im **Konzernabschluss** sind Anteile an Gemeinschaftsunternehmen mit der Equity-Methode zu bewerten. Im Einzelabschluss ist dieses Verfahren nicht anwendbar. Dort ist die Bewertung mit den Anschaffungskosten (at cost) oder nach IFRS 9 vorzunehmen, wenn nicht bei einer geplanten Veräußerung IFRS 5 anzuwenden ist (siehe viertes Kapitel). Im Regelfall ergeben sich unterschiedliche Bewertungen im Einzel- und Konzernabschluss.

In der folgenden Abbildung gründen die M_1-AG und die M_2-AG am 1.7.01 die Joint-AG, die ein Gemeinschaftsunternehmen darstellt. Das gezeichnete Kapital der Joint-AG beträgt 800.000 €. Da jedes Partnerunternehmen die Hälfte der Aktien übernimmt, weisen die M_1-AG und M_2-AG in ihren Einzelabschlüssen jeweils eine Beteiligung von 400.000 € aus. Diese Werte sind am 1.7.01 auch in den Konzernabschlüssen relevant. Bei der Folgebewertung zum 31.12.01 können sich Unterschiede ergeben.

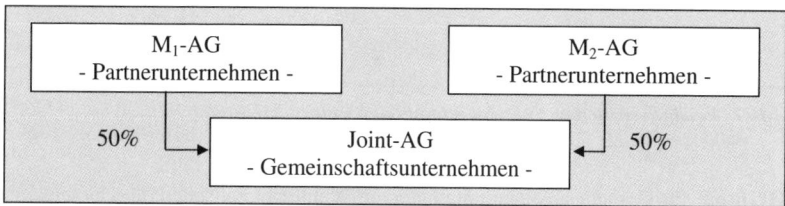

Abb. 197: Anteile am Gemeinschaftsunternehmen

---

[1] Vgl. Küting, K./Seel, C. (Abgrenzung), S. 343.
[2] Vgl. Zülch, H./Erdmann, M.-K./Popp, M./Wünsch, M. (Arrangements), S. 1818.

Ende 01 hat die Joint-AG einen Gewinn von 120.000 € erzielt, so dass sich ihr Eigenkapital auf 920.000 € erhöht (800.000 € + 120.000 €). Ertragsteuern und die gesetzliche Rücklage werden zunächst vernachlässigt. Auf jedes Partnerunternehmen entfällt ein Anteil von 460.000 €. Mit diesem Betrag wird die Beteiligung in der Konzernbilanz bewertet. Hätte die Joint-AG in 01 einen Verlust von 120.000 € erzielt, würden die Anteile in den Konzernabschlüssen auf 340.000 € (50% von 680.000 €) sinken. Es gilt:

	Partnerunternehmen	Gemeinschaftsunternehmen
Erstbewertung	50%-Anteil: 400.000	Equity 800.000
a) Gewinn 120.000	50%-Anteil: 460.000	Equity 920.000
b) Verlust 120.000	50%-Anteil: 340.000	Equity 680.000

Abb. 198: Bewertung von Anteilen at equity

Es wird deutlich, dass der Wert der Anteile bei der Equity-Methode vom Eigenkapital des Gemeinschaftsunternehmens abhängt: Gewinne erhöhen den Anteilswert, Verluste vermindern ihn. Auch erfolgsneutrale Veränderungen des Eigenkapitals (z.B. Neubewertung von Sachanlagen), die das other comprehensive income (OCI) in der Gesamtergebnisrechnung verändern, wirken sich auf die Höhe der Anteilswerte aus. Gewinnausschüttungen verringern das Eigenkapital des joint ventures und damit auch den Wert der Anteile. Da die Anteilswerte beim Partnerunternehmen vom Eigenkapital des Gemeinschaftsunternehmens abhängen, wird die Equity-Methode auch **Spiegelbildmethode** genannt[1].

Veränderung der Anteilswerte (Equity-Methode)	
Erhöhung des Anteilswerts	Verminderung des Anteilswerts
• Gewinne des joint ventures • Erhöhungen des OCI	• Verluste des joint ventures • Verminderungen des OCI • Gewinnausschüttungen

Abb. 199: Veränderung der Anteilswerte bei der Equity-Methode

Im **HGB** gilt für Gemeinschaftsunternehmen ein Wahlrecht zwischen der Quotenkonsolidierung und der Equity-Methode (§ 310 HGB). Bei der Quotenkonsolidierung ist die Neubewertungsmethode anzuwenden, so dass die stillen Reserven aufgedeckt werden müssen.

---

[1] Vgl. Küting, K./Weber, C.-P. (Konzernabschluss), S. 578.

Bei der **Quotenkonsolidierung** übernehmen die Partnerunternehmen die anteiligen assets und liabilities (z.b. 50%) des joint ventures in die Konzernabschlüsse. Dann wird die Beteiligung mit den Eigenkapitalposten des joint ventures verrechnet (Kapitalkonsolidierung). Die Buchung lautet: "Dr Issued capital (50%), Dr Reserves (50%), Cr Interests in joint ventures". Im Regelfall entsteht noch ein Firmenwert, der im Soll gebucht wird. Nach der Erstkonsolidierung werden die stillen Reserven und der Firmenwert in den Folgejahren weiterentwickelt[1]. Die Quotenkonsolidierung entspricht der Vollkonsolidierung, so dass z.b. auch Liefer- und Leistungsbeziehungen anteilig zu konsolidieren sind.

5.2 Equity-Methode für assoziierte Unternehmen

IAS 28 (Investments in Associates – Beteiligungen an assoziierten Unternehmen) regelt die Bilanzierung assoziierter Unternehmen. Auf diese Unternehmen hat ein Anteilseigner einen maßgeblichen Einfluss, aber es liegen weder ein Tochterunternehmen noch ein joint venture vor. Der **maßgebliche Einfluss** beinhaltet die Möglichkeit, an finanziellen und operativen Entscheidungen mitzuwirken[2]. Bei einem Stimmrechtsanteil von **mindestens 20%** wird dieser Einfluss widerlegbar vermutet (IAS 28.5).

Im Konzernabschluss sind die Anteile an assoziierten Unternehmen nach der Equity-Methode zu bewerten. Im Einzelabschluss ist diese Methode nicht anwendbar. Dort erfolgt die Bewertung zu Anschaffungskosten oder gemäß IFRS 9, wenn nicht ausnahmsweise IFRS 5 anzuwenden ist. Bisher wurde die Equity-Methode für den Fall der Gründung betrachtet, bei dem noch keine stillen Reserven auftreten. Das ändert sich beim Erwerb von Anteilen an bereits länger bestehenden Unternehmen, wie im Folgenden gezeigt wird.

Bei der **Erstbewertung** nach der Equity-Methode wird die Beteiligung im Erwerbszeitpunkt mit den Anschaffungskosten bewertet. Sie umfassen den Anteil am Buchwert des Eigenkapitals und an den stillen Reserven des assoziierten Unternehmens. Wird mehr als der anteilige Zeitwert des Eigenkapitals bezahlt, stellt der Restbetrag einen Firmenwert dar. Die Anschaffungskosten werden in einer **Nebenrechnung** weiter aufgeteilt.

Beispiel: Die X-AG ist ein assoziiertes Unternehmen und weist am 31.12.01 die folgende Bilanz auf. Der Buchwert des Eigenkapitals beträgt 740.000 €. Der Gewinn nach Steuern (profit) beträgt in 01: 140.000 €. Beim Steuersatz von 30% ergibt sich eine Steuerrückstellung von 60.000 €. Die Gewinnrücklagen betragen 100.000 €, wobei die gesetzliche

---

[1] Vgl. im Einzelnen Gräfer, H./Scheld, G. (Konzernrechnungslegung), S. 249-252.
[2] Vgl. Grünberger, D. (IFRS), S. 96.

Rücklage vernachlässigt wird. In den Vermögenswerten der X-AG sind stille Reserven von 100.000 € vorhanden. Hierauf entfallen passive latente Steuern von 30.000 €, da die Anschaffungskosten steuerrechtlich nicht überschritten werden dürfen.

Assets	Balance sheet X-AG 31.12.01	Liabilities/Equity	
Assets	800.000	Issued capital	500.000
		Retained earnings	240.000
		Current tax liabilities	60.000
	800.000		800.000

Abb. 200: Bilanz des assoziierten Unternehmens

Die Purchase-AG erwirbt einen 30%-Anteil an der X-AG und bezahlt dafür 300.000 €. Der Anteil am Buchwert des Eigenkapitals beträgt 222.000 € (0,3 x 740.000 €). Von den stillen Reserven stehen der Purchase-AG 30.000 € zu – hiervon sind aber die zugehörigen passiven latenten Steuern von 9.000 € (0,3 x 30.000 €) abzuziehen. Der Restbetrag entfällt auf den Firmenwert (Goodwill) in Höhe von 57.000 €.

In der Konzernbilanz der Purchase-AG erscheint der Anteil am assoziierten Unternehmen mit dem Betrag von 300.000 €. In der Nebenrechnung wird er wie folgt aufgeschlüsselt:

Bilanzausweis im Konzernabschluss Ende 01	
Investments in associates	300.000 €
Nebenrechnung	
Anschaffungskosten der Anteile	300.000 €
- Anteiliges Eigenkapital (Buchwert)	- 222.000 €
Unterschiedsbetrag	= 78.000 €
▪ Stille Reserven	30.000 €
▪ Passive latente Steuern	- 9.000 €
▪ Positiver Firmenwert (Goodwill)	57.000 €

Abb. 201: Erstbewertung nach Equity-Methode

Bei der **Folgebewertung** werden die Anteile am assoziierten Unternehmen weiterentwickelt. Neben den Gewinnen (Verlusten) des assoziierten Unternehmens sind auch die Abschreibungen auf aufgedeckte stille Reserven zu berücksichtigen, die zu einer Verminderung des Beteiligungswerts führen. Die Auflösung der passiven latenten Steuern führt dagegen zu einer Erhöhung des Beteiligungswerts.

Der **Firmenwert** ist nur abzuschreiben, wenn der erzielbare Betrag (recoverable amount) der Beteiligung niedriger ist als sein Wert nach der Equity-Methode. Die in ihr enthaltenen Posten werden aber nicht einzeln auf ihre Werthaltigkeit überprüft, sondern der gesamte Equity-Wert wird auf eine mögliche Wertminderung untersucht[1]. Steigt der recoverable amount später wieder an, ist eine Zuschreibung vorzunehmen.

Der recoverable amount wird durch den höheren der folgenden beiden Werte bestimmt: Nutzungswert und beizulegender Zeitwert abzüglich der Verkaufskosten (siehe viertes Kapitel). Der Nutzungswert kann z.b. als anteiliger Barwert des zukünftigen Cash flows des assoziierten Unternehmens ermittelt werden. Hierzu gehören die erwirtschafteten Cash flows und die möglichen Erlöse aus der Veräußerung des Anteils (IAS 28.42(a)).

Beispiel: In 02 erwirtschaftet die obige X-AG einen Gewinn von 240.000 €, wovon 30% auf die Purchase-AG entfallen (= 72.000 €). Die stillen Reserven befinden sich in abnutzbaren assets, so dass sich Abschreibungen von 6.000 € (30.000 €/5 Jahre) ergeben (Restnutzungsdauer fünf Jahre bei linearer Abschreibung). Die zugehörigen passiven latenten Steuern von 1.800 € (0,3 x 6.000 €) erhöhen den Beteiligungswert[2]. Ende 02 gilt:

Bilanzausweis im Konzernabschluss Ende 02	
Investments in associates	367.800 €
Nebenrechnung	
Anfangsbestand 1.1.02	300.000 €
+ Gewinnanteil 02	+ 72.000 €
- Abschreibung stiller Reserven 02	- 6.000 €
+ Auflösung latenter Steuern 02	+ 1.800 €
= Endbestand 31.12.02	367.800 €

Abb. 202: Folgebewertung nach Equity-Methode (Gewinnfall)

Wenn die Anteile im Einzelabschluss mit 300.000 € bewertet werden (at cost), kann die Zunahme der Beteiligung im Konzernabschluss wie folgt gebucht werden: "Dr Investments in associates 67.800, Cr Finance income from associates 67.800".

---

[1] Vgl. Küting, K./Weber, C.-P. (Konzernabschluss), S. 587.
[2] Vgl. Kirsch, H. (Rechnungslegung), S. 217.

Beispiel: In 03 erzielt die obige X-AG einen Verlust von 180.000 €, wovon 30% auf die Purchase-AG entfallen. Der Beteiligungswert vermindert sich im Konzernabschluss durch den anteiligen Verlust von 54.000 € und die Abschreibung der stillen Reserven:

Bilanzausweis im Konzernabschluss Ende 03	
Investments in associates	309.600 €
Nebenrechnung	
Anfangsbestand 1.1.03	367.800 €
- Verlustanteil 03	- 54.000 €
- Abschreibung stiller Reserven 03	- 6.000 €
+ Auflösung latenter Steuern 03	+ 1.800 €
= Endbestand 31.12.03	309.600 €

Abb. 203: Folgebewertung nach Equity-Methode (Verlustfall)

Der Wert der Beteiligung sinkt im Konzernabschluss von 367.800 € auf 309.600 €. Die Differenz kann wie folgt gebucht werden: "Dr Finance expense from associates 58.200, Cr Investments in associates 58.200".

Wenn der recoverable amount der Beteiligung Ende 03 die Anschaffungskosten unterschreitet, muss bereits im Einzelabschluss eine Abschreibung erfolgen, wenn dort die Bewertung at cost erfolgt. Wenn der recoverable amount Ende 03 auf 200.000 € sinkt, muss im Einzelabschluss eine Abschreibung um 100.000 € erfolgen. Im Konzernabschluss müssen 109.600 € abgeschrieben werden, um von 309.600 € auf 200.000 € zu gelangen. Damit stellt sich die Frage, ob in der Nebenrechnung eine Verminderung der stillen Reserven und des Firmenwerts erfolgen soll. Nach Meinung der Literatur ist zunächst keine Verminderung der stillen Reserven bzw. des Firmenwerts vorzunehmen[1].

Im **HGB** wird bei assoziierten Unternehmen ebenfalls die Equity-Methode angewendet (§ 312 Abs. 1 HGB). Beim Erwerb der Beteiligung sind im Einzel- und Konzernabschluss die Anschaffungskosten relevant. Im Konzernabschluss verändert sich der Beteiligungswert in Abhängigkeit von den Erfolgen des assoziierten Unternehmens. Zusätzlich müssen die bei der Erstbewertung aufgedeckten stillen Reserven und der Firmenwert fortgeführt werden. Anders als nach IFRS müssen auch planmäßige Abschreibungen auf den Firmenwert verrechnet werden.

---

[1] Vgl. Pellens, B./Fülbier, R.U./Gassen, J./Sellhorn, T. (Rechnungslegung), S. 825.

Neuntes Kapitel: Internationale Rechnungslegung bei SMEs

1. Anwendungsbereich des Standards für SMEs

Die internationalen Vorschriften unterstellen, dass die Unternehmen in der Rechtsform von Kapitalgesellschaften (insbesondere Aktiengesellschaften) geführt werden und es sich um Großunternehmen handelt. Da die IFRS-Vorschriften zum Teil sehr kompliziert und daher für kleinere Unternehmen ungeeignet sind, hat das IASB im Juli 2009 einen Standard für Small and Medium-sized Entities (SMEs) veröffentlicht. Er enthält vereinfachte Regelungen, die im Folgenden auch als "IFRS for SMEs" bezeichnet werden.

Der vom IASB verabschiedete Standard ist für deutsche Unternehmen aber **nicht verbindlich**. Eine Anerkennung durch die EU im Wege des Komitologieverfahrens ist nicht möglich, da die EU-Verordnung 1606/2002 vom 19.7.2002 nur für die Konzernabschlüsse kapitalmarktorientierter Unternehmen verpflichtend ist (siehe erstes Kapitel). Die geltende Verordnung müsste entweder erweitert oder eine neue Verordnung verabschiedet werden[1]. Aus europäischer Sicht ist die Übernahme des Standards derzeit unwahrscheinlich[2].

Eine deutsche OHG, die die IFRS for SMEs in ihrem Jahresabschluss anwenden möchte, kann dies nur in einem zusätzlichen Abschluss machen. Auf jeden Fall muss die Gesellschaft einen Jahresabschluss nach den handelsrechtlichen Vorschriften erstellen. Es gilt:

Pflicht für Jahresabschlüsse nach HGB – freiwillige Erstellung von IFRS-Abschlüssen

Der Standard für SMEs gilt für Unternehmen, die keiner öffentlichen Rechnungslegungspflicht unterliegen und keine Jahresabschlüsse für externe Interessenten veröffentlichen[3]. Hierzu gehören z.B. Einzelunternehmen und Personenhandelsgesellschaften, die ihre Abschlüsse nicht offenlegen müssen. Das IFRS-System wird seit Einführung der IFRS for SMEs implizit nach der **Publizitätspflicht** untergliedert. Für Unternehmen mit öffentlicher Rechnungslegungspflicht (insbesondere Aktiengesellschaften) gelten die verbind-

---

[1] Vgl. Beiersdorf, K./Davis, A. (Standard), S. 990.
[2] Vgl. Grünberger, D. (IFRS), S. 22.
[3] Vgl. IFRS for SMEs, 1.2.

lichen Standards und Interpretations, die durch das unverbindliche Framework ergänzt werden. Für die übrigen Unternehmen gelten die vereinfachten IFRS for SMEs.

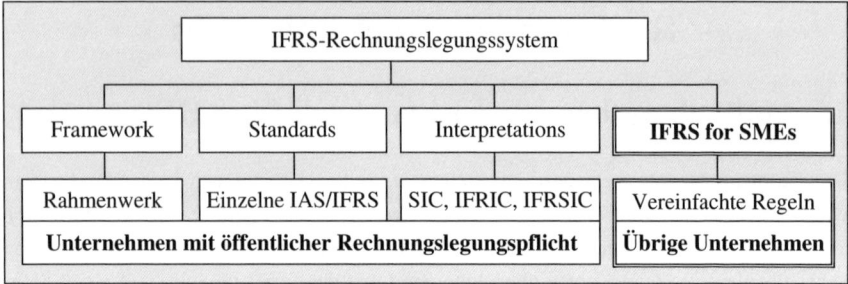

Abb. 204: IFRS-System mit Standard für SMEs

2. Aufbau des Standards für SMEs

Der Standard für SMEs hat mit rund 350 Seiten (mit Basis for Conclusions und Illustrative Financial Statements Presentation and Disclosure Checklist) einen wesentlich geringeren Umfang als die vollständigen IFRS (über 2.500 Seiten). Daher werden die kürzeren Vorschriften als "IFRS light" bezeichnet[1], um sie von den vollständigen IFRS (Full IFRS) abzugrenzen. Nur bei financial instruments kann **wahlweise** der derzeit noch gültige IAS 39 angewendet werden (IFRS for SMEs, 11.2). Dieser Standard wird im Anhang erläutert.

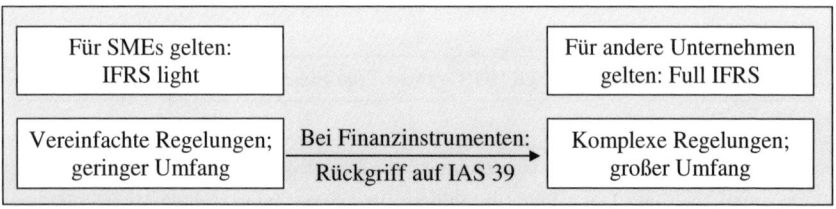

Abb. 205: Verhältnis von IFRS light und Full IFRS

Der Standard für SMEs besteht aus 35 Abschnitten (sections), die in der folgenden Abbildung dargestellt werden. Dem ersten Abschnitt ist ein Vorwort (preface) vorangestellt, das organisatorische Details regelt. Dem letzten Abschnitt folgt ein Glossar mit wichtigen Definitionen.

---

[1] Vgl. Kahle, H./Dahlke, A. (IFRS), S. 318.

Aufbau des Standards für SMEs	
1.- 2. Abschnitt	Definition von SMEs, Konzepte und grundlegende Prinzipien
3. Abschnitt	Darstellung des Abschlusses
4.- 9. Abschnitt	Aufbau der Bilanz, Gesamtergebnisrechnung und anderer Abschlussbestandteile (inkl. Konzernabschluss im 9. Abschnitt)
10. Abschnitt	Bilanzierungs- und Bewertungsmethoden, Schätzungen und Fehler
11.-34. Abschnitt	Behandlung einzelner Themen (z.B. Sachanlagen im 17. Abschnitt)
35. Abschnitt	Übergangsvorschriften auf die IFRS for SMEs

Abb. 206: Aufbau des Standards für SMEs

Der **Jahresabschluss** für SMEs umfasst die folgenden Komponenten (IFRS for SMEs, 3.17): Eine Bilanz am Abschlussstichtag, eine Gesamtergebnisrechnung, eine Eigenkapitalveränderungsrechnung, eine Kapitalflussrechnung und einen Anhang. Die in den Full IFRS zum Teil erforderliche Bilanz zum Beginn des Geschäftsjahres wird nicht verlangt.

Der Aufbau der Rechnungslegungsinstrumente ist mit den Full IFRS vergleichbar. Auch für SMEs werden keine verbindlichen Gliederungsschemata z.B. für die Bilanz festgelegt. In der "Illustrative Financial Statements Presentation and Disclosure Checklist" sind Beispiele angeführt, die bei der Jahresabschlusserstellung als Orientierung dienen können.

3. Ansatzvorschriften für SMEs

Die Definitionen von assets und liabilities sowie income und expenses befinden sich im zweiten Abschnitt des Standards. Ein Vermögenswert ist anzusetzen, wenn die Assetdefinition und die Ansatzkriterien (probability und reliability) erfüllt sind. Es besteht kein Unterschied zu den Full IFRS. Das gilt auch für intangible assets: Es müssen die Grundanforderungen und drei Zusatzkriterien erfüllt sein, damit ein Ansatz erfolgt.

Allerdings dürfen die Ausgaben für selbst erstellte immaterielle Vermögenswerte grundsätzlich nicht angesetzt werden. Es besteht ein **Ansatzverbot für Entwicklungskosten** (IFRS for SMEs, 18.14). Damit entfällt die schwierige Ansatzentscheidung für selbst erstellte immaterielle Posten – allerdings kann sich dann eine Erfolgsverzerrung ergeben.

Beispiel: Die A-B-OHG entwickelt in 01 ein neues Antriebssystem für Pkws, wofür Aufwendungen in Höhe von 1.000.000 € anfallen (Fertigstellung 1.7.01, Nutzungsdauer zehn Jahre, lineare Verteilung). Die Entwicklung wird von der OHG dauerhaft genutzt. Durch das Ansatzverbot der Entwicklungskosten entstehen in 01 höhere Aufwendungen als im Fall der Aktivierung. In den Folgejahren stellt sich der gegenteilige Effekt ein, so dass sich ein Ausgleich ergibt (**Zweischneidigkeit der Bilanz**). Im Einzelnen ergibt sich:

	Kein Ansatz	Ansatz
Aufwand 01	1.000.000 €	50.000 € (6/12 von 100.000)
Aufwand 02-11	-	100.000 € jährlich (in 11: 50.000 €)
Erfolgseffekte	\multicolumn{2}{c}{**Periodengemäße Aufwandsverteilung beim Ansatz**}

***Abb. 207:** Aufwandsverteilung bei Entwicklungskosten*

Auch für **Fremdkapitalkosten** wird im Standard für SMEs die Aufwandsverrechnung vorgeschrieben (IFRS for SMEs, 25.2). Ein Ansatz dieser Kosten ist für SMEs nicht möglich, auch wenn sie für den Zeitraum der Fertigstellung von qualifying assets anfallen.

Die Vorschriften für **latente Steuern** orientieren sich an IAS 12 und verwenden das Temporary-Konzept. Somit werden latente Steuern auf zeitliche und quasi-permanente Differenzen zwischen IFRS-Bilanz und Steuerbilanz gebildet. Da aktive latente Steuern die Assetdefinition und die Ansatzkriterien erfüllen, besteht eine Ansatzpflicht. Aktive latente Steuern dürfen aber nur angesetzt werden, wenn die Steuerentlastung wahrscheinlich eintritt[1]. Auch für passive latente Steuern besteht eine Bilanzierungspflicht, da die Liabilitydefinition und die Ansatzkriterien erfüllt sind. Die Bewertung erfolgt mit dem zukünftigen Steuersatz – im Regelfall wird der Steuersatz am Bilanzstichtag verwendet.

4. Bewertungsvorschriften für SMEs

Die nächste Abbildung stellt die Bewertung einiger Posten nach den IFRS for SMEs und den Full IFRS gegenüber[2]. **Sachanlagen** sind bei SMEs zwingend nach dem **cost model** zu bewerten. Die Anschaffungs- oder Herstellungskosten eines assets werden planmäßig über die Nutzungsdauer verteilt. Ist der recoverable amount niedriger als der Buchwert nach planmäßiger Abschreibung, muss eine außerplanmäßige Abschreibung erfolgen. Eine Zuschreibung ist vorzunehmen, wenn der Grund für eine außerplanmäßige Abschreibung später wieder entfällt. Eine Neubewertung zum fair value ist nicht möglich.

---

[1] Vgl. Pellens, B./Fülbier, R.U./Gassen, J./Sellhorn, T. (Rechnungslegung), S. 240.
[2] Vgl. zur Bewertung im Einzelnen Beiersdorf, K./Eierle, B./Haller, A. (Standard), S. 1553-1557.

4. Bewertungsvorschriften für SMEs

	IFRS for SMEs	Full IFRS
Property, plant and equipment	Cost model	Cost model oder revaluation model
Intangible assets	Cost model	Cost model oder revaluation model (nur bei aktivem Markt)
Goodwill	Amortisation/impairment	Nur impairment
Financial instruments	Amortised cost/fair value oder nach IAS 39	Nach IFRS 9: Je nach Kategorie amortised cost oder fair value
Investment properties	Grds. fair value	Cost model oder fair value model

Abb. 208: Vergleich von Bewertungsvorschriften

Auch bei **immateriellen Vermögenswerten** kann nur das cost model für die Bewertung genutzt werden. Anders als bei den Full IFRS sind auch intangible assets mit unbegrenzter Nutzungsdauer planmäßig abzuschreiben. Wenn sich keine Nutzungsdauer bestimmen lässt, wird ein Zeitraum von **zehn Jahren** zugrunde gelegt (IFRS for SMEs, 18.20). Als Abschreibungsverfahren kann die lineare Methode gewählt werden, wenn der Wertverlauf nicht genau zu bestimmen ist. Die Bewertung wird hierdurch wesentlich vereinfacht.

Anders als in den Full IFRS ist auch der **derivative Firmenwert** (Goodwill) planmäßig über die Nutzungsdauer abzuschreiben. Im Zweifelsfall wird ein Zeitraum von zehn Jahren verwendet (IFRS for SMEs, 19.23(a)). Als Abschreibungsverfahren kann wieder die lineare Methode gewählt werden. Nach Verrechnung planmäßiger Abschreibungen ist zu prüfen, ob ein impairment des Firmenwerts besteht (Abschnitt 27 der IFRS for SMEs).

Beispiel: Eine OHG erstellt freiwillig einen Abschluss nach den IFRS for SMEs. Die Gesellschaft erwirbt am 1.7.01 ein Unternehmen im Wege eines Asset Deals für 4.600.000 € (Zeitwert der assets 6.680.000 €, Zeitwert der liabilities 2.860.000 €). Der Goodwill ergibt sich als Differenz aus Kaufpreis und Zeitwert des Eigenkapitals:
- Zeitwert des Eigenkapitals 3.820.000 € (6.680.000 € - 2.860.000 €).
- Derivativer Firmenwert 780.000 € (4.600.000 € - 3.820.000 €).

Bei einer Nutzungsdauer von zehn Jahren beträgt der jährliche Abschreibungsbetrag 78.000 €. Bei monatsgenauer Verrechnung entfallen auf 01: 39.000 € (6/12 von 78.000 €). Gebucht wird: "Dr Amortisation expense 39.000, Cr Goodwill 39.000".

Bei **Finanzinstrumenten** besteht ein Wahlrecht (IFRS for SMEs, 11.2): Entweder werden die Vorschriften aus IAS 39 oder aus den IFRS for SMEs angewendet. Im Standard für

SMEs wird zwischen den grundlegenden Finanzinstrumenten (basic financial instruments) in Abschnitt 11 und den sonstigen Finanzinstrumenten (other financial instruments) in Abschnitt 12 unterschieden. Zu Letzteren zählen komplexere Anlageformen wie Optionen und Futures, die im Folgenden vernachlässigt werden.

In section 11 werden **finanzielle Vermögenswerte** (z.B. Anleihen, Forderungen) grundsätzlich mit den fortgeführten Anschaffungskosten nach der Effektivzinsmethode bewertet (siehe viertes Kapitel). Eine erfolgswirksame Bewertung zum fair value ist nur in Sonderfällen vorzunehmen: Bei öffentlich gehandelten Aktien ist ein Kurswert leicht festzustellen, so dass eine erfolgswirksame Bewertung stattfindet.

Finanzielle Vermögenswerte im Standard für SMEs	
Grundsätzliche Bewertung	Bewertung in Sonderfällen
Zu (fortgeführten) Anschaffungskosten	Erfolgswirksam zum fair value

Abb. 209: Finanzielle Vermögenswerte im Standard für SMEs

Beispiel: In 01 erwirbt die C-D-OHG 10.000 Aktien der X-AG im Wert von 22 € je Stück, die auf Dauer gehalten werden sollen. Die Aktien der X-AG sind börsennotiert. Nach dem Standard für SMEs ist die Bewertung zum fair value vorzunehmen. Liegt der Börsenwert am 31.12.01 bei 25 € je Stück, entsteht ein Finanzertrag (finance income) von 30.000 €, der in der GuV-Rechnung erscheint.

Als Finanzinvestition gehaltene Immobilien (investment properties) sind im Standard für SMEs zunächst mit den Anschaffungskosten zu bewerten. Nach dem Erwerb erfolgt eine Bewertung zum fair value, wenn dieser verlässlich und ohne übermäßige Kosten zu bestimmen ist. Es kommt das fair value model zur Anwendung, das im vierten Kapitel erläutert wurde. Wenn der fair value die genannten Bedingungen nicht erfüllt, werden die investment properties als Sachanlagen behandelt und mit dem cost model bewertet. Ein Wahlrecht zwischen der Bewertung zum beizulegenden Zeitwert und zu Anschaffungskosten wie es IAS 40 enthält, ist im Standard für SMEs nicht vorgesehen.

Im **HGB** wurden durch die Verabschiedung des BilMoG im Mai 2009 insbesondere die Bewertungsvorschriften vereinheitlicht. Allerdings enthalten die für alle Kaufleute geltenden §§ 238 bis 263 HGB keine spezielle Vorschrift für latente Steuern. Da aktive latente Steuern keine Vermögensgegenstände sind, dürfen sie bei Einzelunternehmen nicht angesetzt werden. Passive latente Steuern sind ebenfalls nicht zu bilanzieren, da sie nicht zu Rückstellungen führen. Das gilt nur für die tatsächlich entstandenen Ertragsteuern.

- AUFGABEN -

Aufgaben zum ersten Kapitel

Aufgabe 1 (Materielle Gründe für internationale Rechnungslegung)
Ein Investor verfügt über einen festen Investitionsbetrag, den er zum Aktienkauf verwenden möchte. Ihm liegen die Abschlüsse einer deutschen und amerikanischen Aktiengesellschaft vor. Die Unternehmen weisen ihre Gewinne nach den jeweiligen nationalen Rechnungslegungsvorschriften aus: Deutsche AG: 800.000 € (vorsichtig ermittelt nach dem HGB), amerikanische AG: 600.000 € (angemessen ermittelt nach US-GAAP). Die Gewinne sind konstant und werden voll ausgeschüttet. Die wirtschaftlichen Daten der Unternehmen sind ansonsten miteinander vergleichbar. Mit dem Investitionsbetrag erwirbt der Anleger folgende Beteiligungsquoten: Deutsche AG: 6%, amerikanische AG: 8%.

a) Welche Aktien sollte der Anleger kaufen, wenn er sich am Gewinn orientiert?
b) Welches materielle Problem stellt sich für den Anleger?
c) Inwieweit können internationale Rechnungslegungsvorschriften das Problem lösen?

Aufgabe 2 (Standardisierung und Wahlrechte)
Das Inter-System ist ein neu entwickeltes internationales Rechnungslegungssystem. Es enthält verschiedene Bewertungswahlrechte, die zu einem hohen, mittleren oder niedrigen Erfolgsausweis führen. Die international tätigen Unternehmen nutzen die Wahlrechte in unterschiedlichem Umfang.

Welches Problem ergibt sich für die Standardisierung der Jahresabschlüsse und für die Investoren?

Aufgabe 3 (Formelle Gründe für internationale Rechnungslegung)
Einem Investor aus A-Land werden die Aktien des A-Unternehmens aus A-Land bzw. des B-Unternehmens aus B-Land angeboten. Der Investor versteht nur die Sprache seines Landes. Die nach einheitlichen Vorschriften ermittelten Gewinne der Unternehmen waren im letzten Jahr gleich hoch. Steuern sind nicht zu berücksichtigen. Die GuV-Rechnungen haben einen Aufbau, der auf der nächsten Seite abgebildet ist. Die folgenden Fragen sind zu beantworten.

a) Welche formellen Probleme stellen sich für den Anleger, wenn er die Gewinne der beiden Unternehmen im Detail vergleichen möchte?
b) Inwieweit können internationale Rechnungslegungsvorschriften die Probleme lösen?

GuV-Rechnung A-Unternehmen		GuV-Rechnung B-Unternehmen	
1. Betriebliche Erträge 1.1 - 1.4: Komponenten der betrieblichen Erträge	6.800 €	1. Finanzergebnis	600 €
2. Betriebliche Aufwendungen 2.1 - 2.4: Komponenten der betrieblichen Aufwendungen	2.800 €		
3. Betriebsergebnis	**4.000 €**		
4. Finanzerträge 4.1 - 4.4: Komponenten der Finanzerträge	3.500 €	2. Betriebsergebnis (inkl. außerordentlicher Komponenten)	6.200 €
5. Finanzaufwendungen 5.1 - 5.4: Komponenten der Finanzaufwendungen	1.300 €		
6. Finanzergebnis	**2.200 €**		
7. Außerordentliche Erträge 7.1 - 7.4: Komponenten der außerordentlichen Erträge	1.300 €		
8. Außerordentliche Aufwendungen 8.1 - 8.4: Komponenten der außerordentlichen Aufwendungen	700 €		
9. Außerordentliches Ergebnis	**600 €**		
Gewinn	6.800 €	Gewinn	6.800 €

Aufgabe 4 (Institutionen und Begriffe)
Füllen Sie das folgende Schema aus.

Institution	Ausgeschriebene Version	Aufgaben
IASB		
DRSC		

Aufgabe 5 (Aussagen zu IFRS)
Welche der folgenden Aussagen über IFRS sind richtig? Kreuzen Sie entsprechend an.

a) 0 Die Entscheidung über die Annahme von Standards wird vom IASB getroffen.
b) 0 Die Entwicklung von Interpretations wird vom IFRS Interpretations Committee vorgenommen.
c) 0 Die Entscheidung über die Annahme von Interpretations wird vom SIC getroffen.
d) 0 Das IASC wurde am 29.7.1983 gegründet.
e) 0 Bei einer Mitgliederzahl von 16 Personen im IASB werden Standards angenommen, wenn 9 Personen für den Standard stimmen.
f) 0 Bei einer Mitgliederzahl von 16 Personen im IASB werden Standards angenommen, wenn 10 Personen für den Standard stimmen.
g) 0 Das IASB hat seinen Sitz in London und die Internetadresse lautet: www.ifrs.org
h) 0 Die Mitgliederzahl des IASB soll zukünftig reduziert werden.
i) 0 Die IASC Foundation wurde im März 2010 in International Foundation umbenannt.
j) 0 Die Geschäfte der IFRS-Foundation werden vom IASB in London geführt.

Aufgabe 6 (Abgrenzung von case und code law)
Ergänzen Sie die Aussagen jeweils um die Begriffe "case law" bzw. "code law".

1) Die IFRS folgen dem ...., da bereits bei der Gründung des früheren IASC die meisten Länder diesem Rechtssystem folgten.
2) Die meisten europäischen Länder verwenden das ....
3) Das .... beinhaltet allgemeingültige Regeln für eine Vielzahl von Fällen.
4) Beim .... sind Wiederholungen unvermeidlich, wenn die Regelungen für verschiedene Sachverhalte gleich sind (z.B. Vorschriften für Anschaffungskosten).
5) Ein Problem des .... ist die inhaltliche Unbestimmtheit, da die Vorschriften meist kurz gefasst sind.
6) Die meisten angelsächsischen Länder verwenden das ....
7) Das .... beinhaltet Spezialregelungen, während das .... durch Generalregelungen gekennzeichnet ist.

Aufgabe 7 (Bestandteile von Standards)
a) Was wird im scope eines Standards festgelegt?
b) IAS 16 (Property, Plant and Equipment) beinhaltet Vorschriften für Sachanlagen (z.B. Maschinen). Welche Inhalte sollten für die Bewertung geregelt werden?
c) Werden außerplanmäßige Abschreibungen im geltenden IAS 16 geregelt?

d) Was enthält der Anhang (appendix) zu einem Standard? Ist der Anhang verbindlich?
e) Ein Standard wurde überarbeitet. Das IASB will den Bilanzierenden mitteilen, weshalb einzelne Bereiche geändert wurden. Welcher Teil ist relevant?

Aufgabe 8 (Verbindlichkeit von IFRS-Vorschriften)
a) Welche Teile der IFRS-Vorschriften sind verbindlich?
b) Was versteht man unter einer Regelungslücke? Welche Vorschriften sind auf der ersten Stufe anzuwenden, wenn eine derartige Lücke besteht?
c) Bei der Bewertung von Sachanlagen will die X-AG eine Abschreibungsmethode anwenden, die nicht in IAS 16 (Property, Plant and Equipment) erwähnt ist. Auch andere Standards sehen keine Lösung vor. Im Framework wird das Problem nicht behandelt. Ein neuer Standard des deutschen DRSC erlaubt die Anwendung der betreffenden Methode. Wie ist in diesem fiktiven Fall vorzugehen?
d) Was versteht man unter fair presentation?
e) Wie ist vorzugehen, wenn die Einhaltung einer IFRS-Vorschrift nicht dazu führt, dass gleichzeitig auch die Generalklausel der fair presentation eingehalten wird?

Aufgabe 9 (Einzelabschlüsse)
Die X-GmbH möchte ihren Einzelabschluss vollständig auf IFRS umstellen und danach "nichts mehr mit dem HGB zu tun haben". Ist das möglich?

Aufgabe 10 (Aufstellung von Jahresabschlüssen)
Welche der folgenden deutschen Gesellschaften können im HGB ihren Jahresabschluss nach IFRS aufstellen bzw. offenlegen?

a) Die A-B-OHG mit ihrem Konzernabschluss.
b) Der Einzelunternehmer Müller mit seinem Einzelabschluss.
c) Die X-AG mit ihrem Konzernabschluss, wenn sie zum DAX zählt.
d) Die X-AG mit ihrem Einzelabschluss.
e) Die Y-AG mit ihrem Konzernabschluss, wenn sie nicht börsennotiert ist.
f) Die Mittel-GmbH mit ihrem Einzelabschluss.

Aufgabe 11 (Anwendung von IFRS)
Die M-AG mit Sitz in Würzburg ist seit vielen Jahren zu 100% an der T-AG beteiligt. Die Aktien der M-AG sind a) an einer englischen Börse, b) an einer Schweizer Börse notiert. Welche Vorschriften muss die M-AG im Konzernabschluss anwenden?

Aufgabe 12 (Endorsement)
Welche der folgenden Aussagen sind richtig? Kreuzen Sie entsprechend an.

a) 0 Die Anerkennung der IFRS durch die EU erfolgt durch das Komitologieverfahren, welches im April 2008 überarbeitet wurde.

b) 0 Das überarbeitete Komitologieverfahren wird als ein Regelungsverfahren ohne Kontrolle bezeichnet.

c) 0 Als erste Instanz arbeitet die EFRAG einen Vorschlag für die Übernahme eines Standards in europäisches Recht aus.

d) 0 Die SARG ist eine Prüfgruppe, die Empfehlungen zur Übernahme von Standards ausspricht.

e) 0 Der Rat und das EU-Parlament üben eine Kontrollfunktion für Standards aus.

f) 0 Das EU-Parlament hat keinen Einfluss auf die Anerkennung von Standards.

g) 0 Der gesamte Ablauf zur Anerkennung von Standards wird zukünftig nur noch maximal fünf Monate betragen.

h) 0 Ein von der EU akzeptierter Standard wird im Amtsblatt der EU veröffentlicht, das im Internet eingesehen werden kann.

Aufgabe 13 (Umstellung von HGB auf IFRS - Erstbewertung)

Die Y-AG will zum 1.1.14 eine Eröffnungsbilanz nach IFRS aufstellen. Die entsprechende HGB-Bilanz liegt bereits vor und ist nachfolgend angegeben (Angaben in Tausend Euro). Auf der Aktivseite werden die Posten A_1 bis A_3 ausgewiesen. Auf der Passivseite erscheinen neben den Schulden der Bilanzgewinn (BG) und das gezeichnete Kapital (Gez. Kap.). Nach IFRS ist der Posten A_2 mit 340.000 € zu bewerten und A_4 ist mit 160.000 € zusätzlich zu berücksichtigen. Die Schulden sind um 50.000 € zu hoch ausgewiesen.

A	HGB-Bilanz 1.1.14		P	A	Erstmalige Ergänzungsbilanz	P
A_1	500	Gez. Kap.	500			
A_2	300	BG	200			
A_3	100	Schulden	200			
	900		900			

a) Erstellen Sie die IFRS-Eröffnungsbilanz zum 1.1.14, indem Sie die Ergänzungsbilanz komplettieren. Ohne Angabe von Vorjahreswerten und latenten Steuern!

b) Inwieweit können bei den Schulden Differenzen auftreten? Hinweis: Rückstellungen im Sinne von § 249 Abs. 1 Satz 2 Nr. 1 HGB dürfen nach IFRS nicht gebildet werden.

c) Über welchen Betrag können die Aktionäre auf der Hauptversammlung entscheiden? Können eventuelle Gewinnrücklagen aus der Ergänzungsbilanz ausgeschüttet werden?

Aufgabe 14 (Umstellung von HGB auf IFRS - Folgebewertung)

Die Posten A_2 und A_4 aus der vorigen Aufgabe gehören zum abnutzbaren Anlagevermögen und haben eine Nutzungsdauer von vier bzw. zehn Jahren bei gleichmäßiger Entwertung. Die Belastung durch die Schulden tritt in 14 mit einem Betrag von 150.000 € ein. Welche Folgewirkung tritt im IFRS-System ein?

Aufgabe 15 (Umstellung mit Vorjahresangaben)

Die Mutig-AG hat beschlossen, im Jahresabschluss zum 31.12.15 erstmals die IFRS für die Offenlegung anzuwenden. Das Geschäftsjahr ist mit dem Kalenderjahr identisch.

Ab welchem Zeitpunkt muss die Umstellung erfolgen, um eine ordnungsgemäße Ermittlung der Vorjahresangaben nach IFRS vorzunehmen?

Aufgabe 16 (Umstellung von Konzernabschlüssen)

Die börsennotierte Global-AG ist seit mehreren Jahren mehrheitlich an verschiedenen Tochterunternehmen beteiligt und muss durch einen Börsengang erstmals einen Konzernabschluss nach IFRS erstellen. Wie ist vorzugehen?

Aufgabe 17 (US-GAAP)

Welche der folgenden Aussagen sind richtig? Kreuzen Sie entsprechend an.

a) 0 Deutsche Konzernunternehmen, die an der New Yorker Börse notiert sind, können Jahresabschlüsse nach IFRS (in der Originalversion) einreichen.

b) 0 Die Vorschriften von US-GAAP und IFRS sind derzeit völlig identisch.

c) 0 Die US-GAAP wurden nicht mit der Absicht entwickelt, ein internationales Rechnungslegungssystem einzurichten.

d) 0 Deutsche Konzernunternehmen, die an der New Yorker Börse notiert sind, können Jahresabschlüsse nach den von der EU akzeptierten IFRS einreichen.

e) 0 Die IFRS wurden mit der Absicht entwickelt, ein internationales Rechnungslegungssystem einzurichten.

f) 0 Die Vorschriften von US-GAAP und IFRS sind derzeit nicht völlig identisch.

Aufgabe 18 (Aktienkauf)

Anleger Meier verfügt Anfang 01 über 14.000 €, die er zum Kauf von Aktien verwenden will. Ihm werden die Aktien der A-AG und B-AG angeboten, wobei sein Anteil an der A-AG bei 0,8% und an der B-AG bei 0,4% betragen würde. Beim späteren Verkauf wird der Anfangskurs erzielt, so dass Kursänderungen keinen Einfluss auf die Entscheidung haben.

	01	02	03	04
Gewinne A-AG	400.000 €	500.000 €	600.000 €	800.000 €
Gewinne B-AG	600.000 €	900.000 €	1.400.000 €	1.700.000 €

Welche Aktien sollte Meier kaufen, wenn er sich am internen Zinssatz orientiert?

Aufgabe 19 (Aktienkauf)
Wie verändert sich die Anlageentscheidung in der vorigen Aufgabe, wenn beim Verkauf nach vier Jahren bei der B-Aktie von einem Kursgewinn in Höhe von 2.000 € ausgegangen werden kann?

Aufgabe 20 (Aktienkauf)
Anleger Müller will Anfang 01 Aktien der C-AG kaufen. Er verfügt über 80.000 €. Das Grundkapital der C-AG beträgt 5.000.000 € (Nennwert je Aktie 40 €, Kurswert 50 €). In den nächsten Jahren wird die AG einen Gewinn von 1.200.000 € erzielen (jährlich nachschüssiger Anfall). Müller will die Aktien fünf Jahre halten und geht davon aus, dass er sie zum Erwerbskurs veräußern kann. Sein Kalkulationszinsfuß ist 5%.

Soll Meier die Aktien kaufen?

Aufgabe 21 (Rendite einer Obligation)
Die A-Bank will am 1.1.01 eine Obligation der Z-AG erwerben (Nennwert 1.000.000 €, nomineller Zinssatz 4%, jährlich nachschüssige Zinszahlungen, Laufzeit zehn Jahre). Es wird ein Disagio von 5% (= 50.000 €) verrechnet.

a) Ist der Effektivzinssatz (die Rendite) höher oder niedriger als 4%?
b) Stellen Sie den Ansatz für die Berechnung des Effektivzinssatzes auf.

Aufgabe 22 (Relevanter Gewinn)
Anleger Mutig will Anteile an der Auto-AG erwerben. Ihm liegen die Gewinne der letzten beiden Jahre vor, die in der GuV-Rechnung der Auto-AG dargestellt wurden. In 01 wurde ein Gewinn von 2.000.000 € und in 02 ein Gewinn von 3.000.000 € erzielt. Bei einem Kauf von 10% der Aktien entfallen auf Mutig jeweils 10% der Gewinne.

a) Welches Problem besteht für Mutig, wenn er eine Anlage für die nächsten fünf Jahre plant?
b) Welche Informationen benötigt Mutig für seine Entscheidung?

Aufgabe 23 (Gewinnbestandteile)

Der Gesamtgewinn der Z-AG beläuft sich in 01 auf 500.000 €. Er setzt sich aus den Komponenten Betriebsergebnis, Finanzergebnis und außerordentliches Ergebnis zusammen. Das Betriebsergebnis beläuft sich auf 380.000 €, das Finanzergebnis auf 70.000 €, das außerordentliche Ergebnis auf 50.000 €. Im Finanzergebnis ist ein Ertrag aus der Zuschreibung von Wertpapieren enthalten (30.000 €), die in den Vorjahren außerplanmäßig abgeschrieben wurden. Im Übrigen handelt es sich um sichere Zinsen. Die weitere Entwicklung der betrieblichen Tätigkeit erscheint ungefährdet.

Sind alle Gewinnkomponenten für die Anleger beim Aktienkauf von gleicher Bedeutung?

Aufgabe 24 (Einzelbewertung des Vermögens)

Die deutsche Vorsicht-AG besitzt am Bilanzstichtag 01 die folgenden Posten: Maschinen 180.000 €, Grundstücke 220.000 €, Rohstoffe 80.000 €, langfristige Wertpapiere 82.000 €, Forderungen aus Lieferungen 59.500, Bankguthaben 10.500 €, immaterielle Vermögensgegenstände 118.000 €, kurzfristige Wertpapiere 24.000 €, fertige Erzeugnisse 86.000 €. Die Steuerrückstellung beträgt 60.000 €. Das Eigenkapital umfasst das Grundkapital (das 8-fache des aktienrechtlichen Mindestwerts) und die voll eingezahlte gesetzliche Rücklage. Das übrige Eigenkapital besteht aus frei verfügbaren Gewinnrücklagen und dem Bilanzgewinn im Verhältnis von 3:1.

a) Erstellen Sie mit den vorhandenen Daten eine Bilanz nach dem handelsrechtlichen Schema für Kapitalgesellschaften (§ 266 Abs. 2 und 3 HGB).
b) Sie erhalten die Informationen, dass der Wert der Grundstücke am Bilanzstichtag bei 260.000 € liegt und der Wert der langfristigen Wertpapiere um 10% gestiegen ist. In der Bilanz werden die Posten mit den (fortgeführten) Anschaffungskosten bewertet. Welcher Effekt ergibt sich im HGB?
c) Wie wird in der Teilaufgabe b) nach IFRS bewertet?
d) Welche Eigenkapitalkomponenten kann der Vorstand der Vorsicht-AG grundsätzlich ausschütten?

Aufgabe 25 (Firmenwert)

Die deutsche X-GmbH weist am 31.12.01 ein Anlagevermögen von 500.000 € und ein Umlaufvermögen von 300.000 € aus. Das gezeichnete Kapital beträgt 800.000 €. Die Zeitwerte sind um 20% höher als die Buchwerte. Bei der Ermittlung des Ertragswerts wird davon ausgegangen, dass für die nächsten zwanzig Jahre ein Gewinn von 100.000 € zu erzielen ist (jährlicher Anfall am Jahresende). Der relevante Zinssatz beträgt 5%. Wie hoch ist der Firmenwert?

Aufgabe 26 (Bestandteile von Jahresabschlüssen)
Komplettieren Sie die folgenden Aussagen (ohne § 264 Abs. 1 Satz 2 HGB).

a) Die A-B-OHG erstellt einen Jahresabschluss nach ...., der aus .... und .... besteht.

b) Die (nicht-kapitalmarktorientierte) Buch-GmbH muss einen handelsrechtlichen Jahresabschluss aufstellen, bestehend aus ....

c) Die Inter-AG kann einen internationalen Einzelabschluss nach .... offenlegen. Er besteht aus den folgenden Komponenten: ....

d) Die Aktionäre der Inter-AG entscheiden auf der Hauptversammlung über den ...., der nach dem .... ermittelt wird.

Aufgabe 27 (Bilanzen)
Gegeben sind die folgenden vier Bilanzen nach IFRS mit den Aktivposten A_1 bis A_3, dem Passivposten P_1 und den Eigenkapitalposten gezeichnetes Kapital (Gez. Kap.) und Gewinnrücklagen (GRL). Angaben in Tausend Euro. Die X-AG erstellt zum 31.12.04 ihren IFRS-Abschluss. Da die Voraussetzungen erfüllt sind, muss die AG auch eine Bilanz zum Jahresbeginn (= 1.1.04) erstellen. Erstellen Sie die entsprechenden Bilanzen mit den zugehörigen Vorjahresangaben.

A	Bilanz 31.12.01		P	A	Bilanz 31.12.02		P
A_1	500	Gez. Kap.	400	A_1	460	Gez. Kap.	400
A_2	200	GRL	250	A_2	180	GRL	220
A_3	100	P_1	150	A_3	120	P_1	140
	800		800		760		760

A	Bilanz 31.12.03		P	A	Bilanz 31.12.04		P
A_1	420	Gez. Kap.	400	A_1	380	Gez. Kap.	400
A_2	160	GRL	200	A_2	140	GRL	220
A_3	150	P_1	130	A_3	220	P_1	120
	730		730		740		740

Aufgabe 28 (Bilanzen)
Die Abweich-AG hat ein Geschäftsjahr, das regelmäßig vom 1.10. bis zum 30.9. verläuft. Die Aktiengesellschaft will den Jahresabschluss nach IFRS zum 30.9.04 aufstellen.

Welche Bilanzdaten sind zu diesem Zeitpunkt zu erfassen, wenn auch eine Anfangsbilanz für das obige Geschäftsjahr zu erstellen ist?

Aufgabe 29 (Gesamtergebnisrechnung)
Das Periodenergebnis der X-AG besteht in 01 aus dem Betriebs- und Finanzergebnis. Außerdem sind in 01 Erträge aus der Neubewertung von Sachanlagen entstanden. Es gilt: Betriebliche Erträge (Aufwendungen): 100.000 € (40.000 €), Finanzerträge (Finanzierungsaufwendungen): 80.000 € (90.000 €), Neubewertungserträge: 30.000 €.

Erstellen Sie eine Gesamtergebnisrechnung nach IFRS (ohne Ertragsteuern).

Aufgabe 30 (Jahresabschlüsse)
Herr A, Gesellschafter und Geschäftsführer der ABC-GmbH, erstellt einen Jahresabschluss nach HGB und zur Offenlegung einen IFRS-Abschluss. Die Gesellschaft ist nicht kapitalmarktorientiert und keine Muttergesellschaft eines Konzerns. Der HGB-Abschluss zum 31.12.01 enthält die folgenden Eigenkapitalkonten: Gezeichnetes Kapital 400.000 € und andere Gewinnrücklagen 220.000 €. Der Jahresüberschuss 01 beträgt 140.000 €. Bei einem Ertragsteuersatz von 30% entsteht eine Steuerrückstellung von 60.000 €.

Einige Aktivposten sind in 01 nach IFRS erstmals höher zu bewerten, so dass Herr A eine spezielle Eigenkapitalrücklage in Höhe von 180.000 € gebildet hat. Die Rücklage entspricht den internationalen Vorschriften und ist nicht zu beanstanden.

a) Wie hoch sind die möglichen Ausschüttungen, die für 01 vorgenommen werden können? Welcher Abschluss ist maßgeblich und welches Prinzip ist zu beachten?
b) Wie wirkt sich die Höherbewertung auf die internationale Erfolgsrechnung aus?
c) Führt der Jahresüberschuss von 140.000 € automatisch zu einer Mehrung der liquiden Mittel? Welches Informationsinstrument wird benötigt?

Aufgabe 31 (Gesamtergebnisrechnung)
Entspricht das statement of profit or loss and other comprehensive income nach IFRS inhaltlich der handelsrechtlichen GuV-Rechnung?

Aufgabe 32 (Lage- und Managementbericht)
Welche der folgenden Aussagen sind richtig? Kreuzen Sie entsprechend an.

a) 0 Der Wirtschaftsbericht informiert nur über den Geschäftsverlauf des Unternehmens.

b) 0 Die Pflichtbestandteile des Lageberichts umfassen den Nachtragsbericht, den Forschungsbericht, den Finanzrisikobericht und den Vergütungsbericht.
c) 0 Der Finanzrisikobericht erläutert die speziellen Chancen und Risiken, die mit Finanzinstrumenten (z.B. Aktien) verbunden sind.
d) 0 Der Nachtragsbericht informiert über Vorgänge nach dem Bilanzstichtag, die bis zur Aufstellung des Lageberichts eingetreten sind.
e) 0 Wenn sich die Absatzmöglichkeiten eines Unternehmens in der Zukunft verbessern werden, wird diese Information im Wirtschaftsbericht dargestellt.
f) 0 Wenn sich die Beschaffungsmöglichkeiten eines Unternehmens in der Zukunft verbessern werden, wird diese Information im Chancen- und Risikobericht dargestellt.
g) 0 Die Aufwendungen für die Entwicklung eines neuen Fahrzeugmodells werden im Forschungs- und Entwicklungsbericht beschrieben.
h) 0 Bei IFRS wird der Lagebericht als statement of position bezeichnet.
i) 0 Bei IFRS kann die Wirtschaftslage im management commentary erläutert werden.
j) 0 Der Managementbericht ist verpflichtend aufzustellen.
k) 0 Der Managementbericht informiert z.B. über Ziele und Strategien einer AG.

Aufgabe 33 (Offenlegung eines IFRS-Abschlusses)

John Multi ist der Geschäftsführer der Englisch-GmbH. Da die Gesellschaft viele Kunden in England beliefert, legt sie einen Jahresabschluss nach IFRS offen. Die Aufstellung erfolgt in englischer Sprache.

Entspricht diese Vorgehensweise den gesetzlichen Vorschriften?

Aufgabe 34 (Wirtschaftliche Lage)

a) Aus welchen Komponenten setzt sich die wirtschaftliche Lage zusammen und welche Instrumente werden zu ihrer Abbildung bei IFRS genutzt?

Wirtschaftliche Lage		
Abbildungsinstrument:	Abbildungsinstrument:	Abbildungsinstrument:

b) Sind die einzelnen Komponenten der wirtschaftlichen Lage exakt bezeichnet?

Aufgaben zum zweiten Kapitel

Aufgabe 1 (Going concern principle)
Am 25.2.02 stellt die International-AG den Abschluss nach IFRS für das Geschäftsjahr 01 auf. Bereits Ende 01 haben die Hausbanken mehrfach deutlich darauf hingewiesen, dass der Kreditrahmen weit überschritten ist und Sanierungsmaßnahmen einzuleiten sind. Trotz dieser Bemühungen ist zweifelhaft, ob die Aktiengesellschaft die ersten sechs Monate des neuen Geschäftsjahres überstehen wird. Das Vermögen beträgt Ende 01 nach regulären IFRS-Vorschriften: 10.000.000 €, auf Basis von Veräußerungspreisen: 8.000.000 €.

Welches Vermögen ist Ende 01 anzusetzen?

Aufgabe 2 (Predictive value)
In der Gesamtergebnisrechnung 02 der Success-AG wird ein Gesamtgewinn in Höhe von 280.000 € nach Steuern ausgewiesen. Der Gewinn entsteht aus der betrieblichen Tätigkeit. Im Vorjahr wurde ein vergleichbarer Gewinn in Höhe von 140.000 € nach Steuern erzielt. Kann nach dem Grundsatz "predictive value" davon ausgegangen werden, dass sich der Gewinn für 03 ebenfalls verdoppeln wird?

Aufgabe 3 (Materiality)
Die kleine X-AG erwirbt in 01 die folgenden Posten. Sind sie nach Art oder Größe wesentlich, d.h. entscheidungsrelevant für Investoren? Verwenden Sie die Anhaltswerte des Lehrbuchs. Die Aktiengesellschaft kann die Vorsteuer in voller Höhe abziehen.
a) Computerprogramm "Project-Calculation" für 400 € zzgl. 19% USt.
b) Kauf von zehn K-Aktien (je 40 €) für die kurzfristige Geldanlage.
c) Kauf von Rohstoffen: 40 kg zu 20 €/kg zzgl. 19% USt.
d) Kauf von zehn L-Aktien (je 80 €) für die langfristige Geldanlage.
e) Kauf eines Schreibtischs für 800 € netto.

Aufgabe 4 (Materiality)
Die große Y-AG hat in 01 fehlerhafte Ware geliefert und wird von ihrem Kunden auf Schadensersatz verklagt. Die Rückstellungshöhe wird auf rund 200.000 € geschätzt – mit einer Verurteilung ist zu rechnen. Da sich die Bilanzsumme der AG auf über 100 Millionen Euro beläuft, wird die Rückstellung vom Leiter des Rechnungswesens als nicht entscheidungsrelevant angesehen und auf den Ansatz verzichtet.

Stimmen Sie dieser Vorgehensweise zu?

Aufgabe 5 (Materiality)
Die Transport-AG erwirbt in 01 Holzpaletten zum Warentransport. Es handelt sich um Sachanlagen, die für eine längere Zeit im Unternehmen eingesetzt werden. Die Mengen und Anschaffungskosten betragen alternativ: Fall I) 25 Paletten à 380 €/Stück netto; Fall II) 100 Paletten à 600 €/Stück netto. Die Bilanzsumme beträgt 2.000.000 € (ohne Holzpaletten), so dass es sich bei der Transport-AG um eine kleine Aktiengesellschaft handelt.

a) Sind die Posten nach dem materiality-Grundsatz von IFRS zu aktivieren?
b) Sind die Posten im HGB zu aktivieren, wenn sich die Transport-AG nach den steuerrechtlichen Vorschriften richtet?

Aufgabe 6 (Free from errors)
Die Z-AG stellt den IFRS-Abschluss für das Geschäftsjahr 01 auf. In 01 waren die Voraussetzungen zur Bildung einer Rückstellung erfüllt, da die Z-AG einem Kunden beschädigte Ware geliefert hat. Die Reparaturkosten werden nach Maßgabe der durchzuführenden Arbeiten berechnet. Danach ergibt sich ein Wert von 40.000 €. In 02 stellt sich heraus, dass der Arbeitsbedarf etwas höher war und die Kosten bei 45.000 € lagen.

Ist der Jahresabschluss 01 als fehlerfrei anzusehen?

Aufgabe 7 (Free from errors)
Es gelten die Daten der vorigen Aufgabe mit folgender Änderung: Die Z-AG schätzt den Wert der Rückstellung pauschal auf 150.000 €.

Aufgabe 8 (Comparability)
Die Gewinne der Invest-AG sind in den letzten Jahren ständig gewachsen: Es wurden jährliche Steigerungsraten von 20% erzielt. Investor Mutig möchte auf Grund dieser Zahlen Aktien der Gesellschaft kaufen. Was ist unter dem Aspekt der comparability zu beachten?

Aufgabe 9 (Wechsel der Abschreibungsmethode)
Die Gewinne der Creative-AG lagen in 01 bei 100.000 € und in 02 bei 150.000 €. Bei einer genaueren Betrachtung der einzelnen Bilanz- und Erfolgsposten stellt sich heraus, dass die Zunahme des Gewinns dadurch möglich wurde, dass die Sachanlagen in 02 nicht mehr degressiv, sondern linear abgeschrieben werden.

a) Welcher Erfolgseffekt tritt grundsätzlich durch den Wechsel der obigen Abschreibungsmethoden ein?
b) Welches Prinzip soll diese Effekte verhindern?

Aufgabe 10 (Bilanzierung)

Die X-AG aktiviert Ende 05 zwanzig Betriebsfahrzeuge. Für neunzehn Fahrzeuge liegen Rechnungen oder andere Belege vor. Für das letzte Fahrzeug lassen sich keine Dokumente finden. Bei einer genaueren Überprüfung stellt sich heraus, dass es sich um ein Leasingfahrzeug handelt, das nicht von der X-AG zu bilanzieren war. Gegen welchen Grundsatz wurde verstoßen? Wieso ist der Grundsatz wichtig?

Aufgabe 11 (Aufstellungszeitraum)

Die große deutsche X-AG stellt einen Jahresabschluss nach IFRS auf, um ihn offenzulegen. Die Vorstandsmitglieder unterzeichnen den Jahresabschluss für 01 unmittelbar nach der Fertigstellung am 20.4.02. Wurde die Aufstellungsfrist eingehalten?

Aufgabe 12 (Wirtschaftliche Betrachtungsweise)

Erläutern Sie, wie die Bilanzierung in den folgenden Fällen vorzunehmen ist.

a) Die Z-AG übereignet am 1.5.01 eine Maschine zur Sicherheit an die B-Bank. Nach dem Sicherungsvertrag verbleibt die Maschine bei der Z-AG zur weiteren Nutzung. Die B-Bank verpflichtet sich, das Sicherungsrecht nur im Notfall (= ausbleibenden Kredittilgungen) auszuüben. Die Tilgung erfolgt ordnungsgemäß.

b) Die A-AG veräußert eine Forderung im Wert von 119.000 € brutto an ein Factoringinstitut. Die Veräußerung wird unter der Bedingung vorgenommen, dass das Ausfallrisiko bei der A-AG verbleibt.

Aufgabe 13 (Eigentumsvorbehalt)

Was versteht man unter einer Lieferung unter Eigentumsvorbehalt? Wer ist rechtlicher bzw. wirtschaftlicher Eigentümer? Wer ist Sicherungsgeber bzw. Sicherungsnehmer? Wer ist Kreditgeber bzw. Kreditnehmer?

Aufgabe 14 (Einzelbewertung)

Die Invest-AG erwirbt am 1.7.01 Aktien der K-AG (5.000 Stück für je 22 €) und der L-AG (5.000 Stück für je 40 €). Am Bilanzstichtag sind die Aktien der K-AG um 2,8 € je Stück gestiegen, die der L-AG um 1,4 € je Stück gesunken. Das anzuwendende Rechnungslegungssystem verbietet Wertsteigerungen über die Anschaffungskosten, aber Wertminderungen unter die Anschaffungskosten sind zu berücksichtigen?

a) Wie werden die Aktien am 1.7.01 und am 31.12.01 bewertet?
b) Kann eine Gesamtbewertung der Aktien erfolgen?

Aufgabe 15 (Wertobergrenze)
Die Produkt-AG ist seit langem Eigentümerin eines unbebauten Grundstücks, das als Abstellplatz für Betriebsfahrzeuge genutzt wird. Die Anschaffungskosten haben 500.000 € betragen. Ende 12 ist der Wert auf 700.000 € gestiegen.

a) Wie erfolgt die Bewertung im HGB? Welches Prinzip ist zu beachten?
b) Wie erfolgt die Bewertung nach IFRS? Welches Prinzip ist zu beachten?

Aufgabe 16 (Prinzipien nach IFRS)
Gegen welches IFRS-Prinzip wird in den folgenden Fällen jeweils verstoßen?

a) Die Posten der IFRS-Bilanz zum 31.12.01 werden willkürlich angeordnet.
b) Eine Maschine wird bei einer Sicherungsübereignung beim Sicherungsnehmer bilanziert.
c) Die Bewertung von Aktien für den Jahresabschluss 01 erfolgt zum Kurswert im Aufstellungszeitpunkt der Bilanz (15.3.02).
d) Die Posten der Gesamtergebnisrechnung werden in den Geschäftsjahren 01 und 02 unterschiedlich abgegrenzt.
e) Für Rohstoffe eines Unternehmens, die zu verschiedenen Preisen erworben wurden und in einem Sammellager aufbewahrt werden, erfolgt eine Durchschnittsbewertung.

Aufgabe 17 (Wertaufhellungsprinzip)
Was versteht man unter dem Wertaufhellungsprinzip?

Aufgabe 18 (Geschäftsjahr)
Die Neu-AG wird in 01 gegründet und nimmt ihren Geschäftsbetrieb am 1.7.01 auf. Sie möchte ihren ersten IFRS-Abschluss erst am **31.12.02** erstellen, um die hohen Aufstellungskosten in 01 zu sparen. Wie beurteilen Sie dieses Vorgehen aus Sicht der Aktionäre?

Aufgabe 19 (Accrual basis)
Die Z-AG produziert in 01 Fertigerzeugnisse. Für 20.000 Stück fallen Aufwendungen von 500.000 € an. In 01 wird ein Kaufvertrag über die Gesamtmenge abgeschlossen (Gesamterlös: 800.000 € netto). Die Übergabe an den Abnehmer wird wie folgt vorgenommen: 40% in 01, 50% in 02, 10% in 03. Jährliche Kosten der Geschäftsleitung: 200.000 €.

a) Nach welchen Prinzipien sind die Erträge bzw. Aufwendungen zu verrechnen? In welcher Höhe fallen Erträge bzw. Aufwendungen in den einzelnen Perioden an?
b) Nach welchem Prinzip werden die Kosten der Geschäftsleitung verrechnet?

Aufgabe 20 (Erfolgsgrößen)

In 01 hat die Flow-AG betriebliche Auszahlungen von 880.000 € getätigt. Ihnen stehen betriebliche Einzahlungen in Höhe von 1.200.000 € gegenüber. Die Aufwendungen sind um 15% niedriger als die Auszahlungen und die Erträge um 10% höher als die Einzahlungen. Die Erfolgsermittlung erfolgt nach dem Grundsatz "accrual basis".

Wie hoch ist der Erfolg für 01, wenn Ertragsteuern vernachlässigt werden?

Aufgabe 21 (Periodenabgrenzung)

Die B-AG zahlt am 1.7.01 die Versicherungsprämie für einen Lkw in Höhe von 6.000 € für ein Jahr im Voraus (Banklastschrift). Sie erhält am 1.12.01 die Miete für einen betrieblichen Lagerplatz in Höhe von 9.000 € für ein halbes Jahr im Voraus (Bankgutschrift). Ohne Umsatzsteuer. Bilanzstichtag ist der 31.12.01. Die folgenden Buchungen wurden bei Verwendung deutscher Kontenbezeichnungen ausgeführt.

1.7.01: Sonstige betriebliche Aufwendungen an Bank 6.000 €.
1.12.01: Bank an sonstige betriebliche Erträge 9.000 €.

a) Um welche Arten von Aufwendungen bzw. Erträgen handelt es sich? Welches Prinzip ist für die Verrechnung anzuwenden? Was ist am 31.12.01 zu veranlassen?
b) Wie muss gebucht werden, um einen periodengemäßen Erfolg zu erzielen?

Aufgabe 22 (Erfolg nach Umsatzkostenverfahren)

Die Produkt-AG hat in 01: 140.000 Stück eines Produkts hergestellt. Hiervon sind 122.000 Stück für 47,6 € (inkl. 19% USt) abgesetzt worden. Die Herstellungskosten pro Stück betragen 18 €. Außerdem sind allgemeine Verwaltungskosten von 645.000 € angefallen. Die Vertriebskosten betragen 5,8 € pro Stück.

a) Ermitteln Sie den Erfolg nach dem Umsatzkostenverfahren. Hinweis: Stellen Sie die Rechnung in Staffelform (= Postenanordnung untereinander) auf.
b) Welche Prinzipien werden bei der Erfolgsermittlung angewendet?

Aufgabe 23 (Realisationsprinzip bei Kaufverträgen)

Die Sale-AG schließt am 1.12.01 einen Kaufvertrag mit der Purchase-AG über die Lieferung von 14.000 Stück eines Produkts zum Preis von 32 € zzgl. 19% USt ab. Die Übergabe der Produkte durch die Sale-AG erfolgt erst zum Beginn des Jahres 02.

Wann weist die Sale-AG die Erträge nach IAS 18 aus? Wie hoch sind die Erträge?

Aufgabe 24 (Erfolgsausweis bei Werkverträgen nach IFRS)

Die Build-AG schließt am 1.7.01 mit der Cruise-AG (Abnehmer) einen Werkvertrag über den Bau eines Kreuzfahrschiffs ab. Das Schiff soll nach zwei Jahren fertig gestellt sein. Die Erträge belaufen sich auf 500.000.000 € netto (Gesamtkosten 450.000.000 € netto). Ende 01 ist das Schiff zu einem Viertel fertig gestellt.

Welche Erträge, Aufwendungen und Erfolge weist die Sale-AG in der GuV-Rechnung 01 aus, wenn IAS 11 (Construction Contracts – Fertigungsaufträge) angewendet wird?

Aufgabe 25 (Erfolgsausweis bei Werkverträgen nach HGB)

Es gelten die Angaben der vorigen Aufgabe. Welcher Erfolgsausweis findet nach den handelsrechtlichen Vorschriften statt?

Aufgabe 26 (Diverse Aussagen zum Realisationsprinzip)

Welche der folgenden Aussagen sind richtig, wenn die aktuellen IFRS-Vorschriften zugrunde gelegt werden? Kreuzen Sie entsprechend an.

a) 0 Bei langfristigen Werkverträgen wird das Realisationsprinzip nach IFRS "milder" interpretiert als im HGB.

b) 0 Nach IFRS ist bei Kaufverträgen bereits ein Ertragsausweis vorzunehmen, wenn ein Kaufvertrag geschlossen wurde.

c) 0 Im HGB müssen bei Werkverträgen die Erträge zeitanteilig ausgewiesen werden, so dass ein Erfolg schon vor der Abnahme der Leistung entsteht.

d) 0 Nach IFRS müssen bei Werkverträgen die Erträge zeitanteilig ausgewiesen werden, so dass ein Erfolg schon vor der Abnahme der Leistung entsteht.

e) 0 Bei langfristigen Werkverträgen wird das Realisationsprinzip nach IFRS und im HGB gleich interpretiert.

Aufgabe 27 (Mehrkomponentenverträge)

Die Purchase-AG erwirbt 1.7.01 einen Großrechner mit einem zweijährigen Updateservice zum Sonderpreis von 9.000 € zzgl. 19% USt (Bankzahlung). Der Rechner allein hätte 10.000 € zzgl. 19% USt gekostet und für den Service wären für zwei Jahre 2.000 € zzgl. 19% USt angefallen. Es besteht ein voller Vorsteuerabzug bei der Purchase-AG.

a) Wie erfolgt die Aufteilung des Gesamtpreises auf die beiden Komponenten?
b) Welche Besonderheit ist beim Updateservice zu beachten?

Aufgabe 28 (Korrektur von Fehlern)

Am 1.1.01 wird in einem Unternehmen eine Maschine mit Anschaffungskosten von 300.000 € beschafft, deren Nutzungsdauer zehn Jahre beträgt bei linearer Abschreibung. Anfang 05 wird bei der Aufstellung des Jahresabschlusses für 04 festgestellt, dass die Maschine versehentlich nicht bilanziert wurde. Beim Erwerb wurde der gezahlte Betrag in voller Höhe als Aufwand verbucht.

a) Stellen Sie die richtige und die falsche Bewertung gegenüber. Erläutern Sie die durchzuführenden Korrekturen nach IFRS.

b) Welche Buchungen sind im Jahr 04 durchzuführen, wenn deutsche Postenbezeichnungen nach dem HGB zugrunde gelegt werden? Steuerrechtliche Aspekte sind zu vernachlässigen. Hinweis: Die IFRS-Buchungen werden im dritten Kapitel erläutert.

Aufgabe 29 (Änderung nach IAS 10)

Die Inter-AG erwirbt Anfang 01 für 400.000 € eine Fertigungsanlage, deren Nutzungsdauer auf zwanzig Jahre veranschlagt wird (lineare Abschreibung). Ende 05 wird festgestellt, dass zu optimistisch geplant wurde: Die Nutzung endet schon nach zehn Jahren.

Welche Art von Änderung liegt vor und wie wird sie berücksichtigt?

Aufgaben zum dritten Kapitel

Aufgabe 1 (Assets nach IFRS)
Erläutern Sie, welche der Posten die Definitionen und Ansatzkriterien nach IFRS erfüllen.

a) Erwerb eines Lkws am 1.10.01 für 150.000 €. Zukünftiger wirtschaftlicher Nutzen: 220.000 € (p = 0,8); 180.000 € (q = 0,2). Eine Veräußerung ist jederzeit möglich.

b) Erwerb einer speziellen Fertigungsanlage am 1.11.02 für 300.000 €. Bei Lieferung der Anlage besteht ein gesetzliches Absatzverbot für die Produkte; eine anderweitige Anlagennutzung ist kaum möglich. Zukünftiger wirtschaftlicher Nutzen: -40.000 € (p = 0,8); 20.000 € (q = 0,2). Eine Veräußerung ist jederzeit möglich.

c) Aufwendungen für eine einmalige Fernsehwerbung des Unternehmens: 50.000 € in 01. Durch die Werbung werden Kunden angesprochen, wodurch ein zukünftiger wirtschaftlicher Nutzen von 150.000 € mit p = 0,7 bzw. 80.000 € mit q = 0,3 entsteht.

Aufgabe 2 (Vermögensgegenstände nach HGB)
Erfüllen die Sachverhalte der Aufgabe 1 auch die Kriterien eines Vermögensgegenstands?

Aufgabe 3 (Transitorische RAP)
Die X-AG leistet am 1.12.01 eine Mietzahlung für Büroräume von 12.000 € für zwölf Monate im Voraus. Laut Mietvertrag sind vorausbezahlte Beträge im Falle der Kündigung zurückzuzahlen. Eine Überlassung der Mieträume an Dritte ist ausgeschlossen.

a) Hat eine Aktivierung nach IFRS zu erfolgen?
b) Hat eine Aktivierung im HGB als Vermögensgegenstand zu erfolgen?

Aufgabe 4 (Antizipative RAP)
Die Vermiet-AG vermietet ab dem 1.9.01 einen Lagerplatz an die Nutz-AG. Die Miete ist jährlich nachschüssig in Höhe von 18.000 € zu zahlen. Die erste Zahlung erfolgt Ende August 02. Welche Posten müssen die beiden Gesellschaften <u>Ende 01</u> jeweils bilanzieren, wenn das Geschäftsjahr dem Kalender entspricht?

Aufgabe 5 (Definitionen und Ansatzkriterien)
Markieren und erläutern Sie, welche Stellen in den folgenden Aussagen falsch sind.

a) Eine liability ist eine zukünftige Verpflichtung des Unternehmens auf Grund eines vergangenen Ereignisses, deren Erfüllung voraussichtlich zu einem Abfluss von Ressourcen führt, die einen wirtschaftlichen Nutzen beinhalten.

b) Eine liability ist eine vergangene Verpflichtung des Unternehmens auf Grund eines vergangenen Ereignisses, deren Erfüllung voraussichtlich zu einem Zufluss von Ressourcen führt, die einen wirtschaftlichen Nutzen beinhalten.
c) Probability fordert für assets, dass der Nutzenzufluss mit einer Wahrscheinlichkeit von mindestens 50% stattfindet.
d) Probability fordert für assets, dass der Nutzenzufluss mit einer Wahrscheinlichkeit von mehr als 50% stattfindet.

Aufgabe 6 (Ansatz nach IFRS und HGB)
Welche der folgenden Aussagen sind richtig? Kreuzen Sie entsprechend an.

a) 0 Für aktive transitorische Rechnungsabgrenzungsposten sieht das Handelsrecht ein Ansatzwahlrecht vor.
b) 0 Aktive transitorische Rechnungsabgrenzungsposten gehören zu den assets, aber nicht zu den Vermögensgegenständen.
c) 0 Rückstellungen gehören zu den Schulden im HGB und zu den liabilities bei IFRS.
d) 0 Für passive latente Steuern besteht im Handelsrecht eine Ansatzpflicht.
e) 0 Für passive transitorische Rechnungsabgrenzungsposten besteht bei IFRS ein Ansatzverbot.
f) 0 Für aktive latente Steuern besteht bei IFRS ein Ansatzverbot.
g) 0 Für passive latente Steuern besteht im Handelsrecht ein Ansatzwahlrecht.

Aufgabe 7 (Zuordnung von Leasingobjekten)
In welchen Fällen liegt Operate Leasing bzw. Finance Leasing vor?

a) Die Miet-AG least ab dem 1.1.01 eine Maschine mit einer wirtschaftlichen Nutzungsdauer von zwanzig Jahren. Die feste Grundmietzeit (GMZ) beträgt fünfzehn Jahre, danach ist die Maschine zurückzugeben.
b) Wie a), aber die feste GMZ beträgt zwölf Jahre. Danach hat der Leasingnehmer die Möglichkeit zum Kauf der Maschine für 35.000 € (Zeitwert 40.000 €).
c) Wie a), aber die feste GMZ beträgt zwölf Jahre. Danach hat der Leasingnehmer die Möglichkeit zum Kauf der Maschine für 24.000 € (Zeitwert 40.000 €).

Aufgabe 8 (Finance Leasing)
Die Mieter-AG least ab dem 1.1.01 eine Maschine für eine jährliche Leasinggebühr von 50.000 € (zahlbar am Jahresende). Die wirtschaftliche Nutzungsdauer der Maschine beträgt acht Jahre, die feste Mietzeit sechs Jahre. Die Maschine hat am 1.1.01 einen beizulegenden Zeitwert von 250.000 €. Nach Ablauf der Mietzeit ist die Maschine zurückzu-

geben. Der relevante Zinssatz beträgt 6,5% (der Leasinggeber wird die Maschine nach der Rückgabe für rund 11.600 € veräußern).

a) Wer muss die Maschine aktivieren?
b) Welche Posten sind Anfang 01 bei der Aktivierung anzusetzen?
c) Wie ist die Leasingrate für 01 aufzuteilen?

Aufgabe 9 (Zinsberechnung bei Finance Leasing)
Gegeben sind die Daten der vorigen Aufgabe. Wie lautet die Gleichung, aus der der Leasinggeber den internen Zinssatz für die Diskontierung der Leasingraten berechnet? Zeigen Sie, dass der obige Zinssatz von 6,5% diese Gleichung erfüllt.

Aufgabe 10 (Leasingverbindlichkeit)
Gegeben sind die Daten der vorigen Aufgabe. Stellen Sie die Entwicklung der Leasingverbindlichkeit in den einzelnen Jahren dar, indem Sie das folgende Schema ausfüllen.

Zeitpunkt	Zinsen	Tilgung	Bestand Leasingverbindlichkeit
Anfang 01	-	-	
Ende 01			
Ende 02			
Ende 03			
Ende 04			
Ende 05			
Ende 06			

Aufgabe 11 (Intangible assets nach IFRS)
Erläutern Sie, weshalb zusätzliche postenspezifische Kriterien für den Ansatz von Intangible Assets nach IAS 38 verlangt werden.

Aufgabe 12 (Intangible assets nach IFRS und HGB)
Der Invent-AG sind für ein Patent (Nr. 4731 im amtlichen Verzeichnis) Aufwendungen von 20.000 € entstanden. Das Patent wurde von eigenen Mitarbeitern entwickelt und soll dauerhaft im Unternehmen selbst genutzt werden, da auf Grund von Marktstudien zukünf-

tig mit hohen Gewinnen zu rechnen ist. Eine Veräußerung ist jederzeit möglich – es liegen bereits Angebote von Konkurrenten vor. Die allgemeinen Ansatzvorschriften nach IFRS sind für das Patent erfüllt. Die Entwicklungskosten sind nicht zu betrachten.

a) Erfolgt ein Ansatz des Patents nach IFRS?
b) Erfolgt ein Ansatz des Patents nach dem HGB?

Aufgabe 13 (Intangible assets nach IFRS und HGB)
Beurteilen Sie, ob bei den folgenden Sachverhalten eine Ansatzpflicht oder ein Ansatzverbot für intangible assets bzw. immaterielle Vermögensgegenstände (ohne Entwicklungskosten) besteht. Tragen Sie die Begriffe in die jeweiligen Lücken ein.

1) Im Anlagevermögen besteht für ein selbst erstelltes Patent handelsrechtlich ein(e) .... und für selbst erstellte Marken ein(e) ....

2) Wenn sämtliche postenspezifischen Ansatzkriterien neben den allgemeinen Ansatzvoraussetzungen für ein langfristiges intangible asset erfüllt sind, besteht nach IFRS ein(e) ....

3) Für eine entgeltlich erworbene Marke, die im Unternehmen längerfristig genutzt werden soll, besteht im HGB ein(e) ....

4) Die X-AG erwirbt das Urheberrecht für ein langfristig zu nutzendes technisches Lehrbuch (für 100.000 €), dessen künftiger wirtschaftlicher Nutzen sehr unsicher ist, so dass nach IFRS ein(e) .... besteht.

5) Ist ein postenspezifisches Kriterium für den Ansatz eines langfristigen intangible assets nicht erfüllt, besteht nach IFRS ein(e)...................................

Aufgabe 14 (Diverse Aussagen zu intangible assets)
Welche der folgenden Aussagen sind richtig? Kreuzen Sie entsprechend an.

a) 0 Für intangible assets im Umlaufvermögen gilt IAS 38.
b) 0 Das Kriterium der Entgeltlichkeit ist bei IFRS keine Voraussetzung für den Ansatz von intangible assets im Anlagevermögen.
c) 0 Selbst erstellte langfristige intangible assets dürfen nach IFRS immer aktiviert werden.
d) 0 Selbst erstellte Patente sind nach IFRS nur zu aktivieren, wenn sie zum Umlaufvermögen gehören.

e) 0 Entwicklungskosten sind bei IFRS schon zu aktivieren, wenn sie neben den allgemeinen Voraussetzungen die Kriterien Identifizierbarkeit, Beherrschung und künftiger wirtschaftlicher Nutzen erfüllen.
f) 0 Intangible assets nach IFRS müssen nicht die Ansatzkriterien probability und reliable measurement erfüllen.
g) 0 Im HGB müssen selbst erstellte gewerbliche Schutzrechte angesetzt werden, wenn sie zum Umlaufvermögen gehören.
h) 0 Im HGB dürfen selbst erstellte gewerbliche Schutzrechte angesetzt werden, wenn sie zum Umlaufvermögen gehören.

Aufgabe 15 (Entwicklungskosten)
Die Pharma-AG hat die Forschungsarbeiten für eine Therapie zur Behandlung von Alzheimer am 1.10.02 abgeschlossen. Die Gedächtnisfähigkeit konnte wieder hergestellt werden. Die mit dem Projekt betrauten Wissenschaftler haben ein stufenweises Programm für die Entwicklung eines konkreten Medikaments vorgelegt. Das Programm soll am 1.12.02 beginnen und am 30.9.03 mit einer Klinikstudie abgeschlossen werden.

Auf der Vorstandssitzung am 1.11.02 wird die Entwicklung des Medikaments beschlossen. Die eigene Vermarktung des Medikaments wird beabsichtigt. Die Pharma-AG verfügt über die Produktionskapazitäten und Vertriebswege zur Nutzung des Medikaments. Es werden bereits ähnliche Heilmittel hergestellt. Die Kosten für die Entwicklung werden nach einer Plankalkulation auf 10.000.000 € festgelegt. Entsprechende Studien belegen, dass mindestens 500.000 Patienten die Therapie zum Preis von 2.000 € nachfragen würden (Herstellungskosten: 400 €). Die Pharma AG verfügt über hohe finanzielle Reserven. Auch die technischen Mittel sind vorhanden, um das Projekt abzuschließen.

Prüfen Sie, ob die postenspezifischen Kriterien zur Aktivierung von Entwicklungskosten erfüllt sind.

Aufgabe 16 (Forschungs- und Entwicklungskosten)
Die X-AG möchte ein Passagierflugzeug herstellen, welches mit fünffacher Schallgeschwindigkeit fliegen kann. Die grundlegenden Kenntnisse hinsichtlich der Flugzeuggestaltung müssen zunächst erarbeitet werden. Am 1.4.01 wird hiermit begonnen. Am 30.9.02 sind die Kenntnisse vorhanden. Aufwand 01: 500.000 €, Aufwand 02: 650.000 € (bis 30.9.02). Am 1.10.02 wird mit der Entwicklung eines funktionsfähigen Prototyps begonnen. Erfolgreiches Ende der Testserie: 30.9.03. Aufwand 02: 700.000 €, Aufwand 03: 800.000 € (bis 30.9.03). Die Aufwendungen für die Patenterteilung betragen 50.000 € (Anfall im Dezember 03). Die speziellen Ansatzvoraussetzungen nach IFRS sind erfüllt.

Alle Aufwendungen sind produktionsbedingt. Eine Veräußerung des Know-hows aus der Entwicklung ist jederzeit möglich.

a) Welche Arten von Aufwendungen liegen vor und wie werden sie nach IFRS behandelt? Geben Sie die entsprechenden Beträge an.
b) Wie werden die Aufwendungen im HGB behandelt?
c) Welche Änderung ergibt sich, wenn die Patentaufwendungen erst in 04 anfallen?

Aufgabe 17 (Entwicklungskosten nach IFRS und HGB)
Im Geschäftsjahr 01 wird die Entwicklung eines neuen Produkts durchgeführt (Abschluss: Ende 01), wobei ein Aufwand von 5.000.000 € entsteht. Die Nutzung dieser Entwicklung erfolgt gleichmäßig über fünf Jahre (Beginn: Anfang 02). Alle Ansatzvoraussetzungen nach IFRS sind erfüllt. Da es sich um die Entwicklung eines sehr speziellen Produkts handelt, ist eine Verwendung des Know-hows durch andere Unternehmen unmöglich. Der Gewinn beträgt ohne die Verrechnung der Entwicklungskosten in den Jahren 01 bis 06 jeweils 1.500.000 €.

a) Wie erfolgt die Behandlung der Entwicklungskosten nach IFRS bzw. im HGB?
b) Welche Erfolgswirkungen ergeben sich aus der unterschiedlichen Behandlung der Entwicklungskosten in 01 bis 06? Wie ist die Behandlung aus Sicht von potenziellen Anlegern in 01 zu beurteilen?

Aufgabe 18 (Originärer Firmenwert nach IFRS)
Im Geschäftsjahr 01 haben in der Invent-AG unter anderem die folgenden Vorgänge stattgefunden:
- Erteilung eines Patents zur Eigennutzung im Unternehmen: 20.000 €. Alle Ansatzvoraussetzungen sind erfüllt.
- Weiterbildung des Personals: 120.000 €.
- Beginn der Entwicklung eines neuen Düsenantriebs. Der zukünftige wirtschaftliche Nutzen ist bei Entwicklungsbeginn noch sehr unsicher. Aufwand in 01: 400.000 €.
- Beginn der Erforschung eines neuen Wasserstoff-Brennmotors: 500.000 €.
- Kauf eines speziellen EDV-Programms für 250.000 €, welches in der AG selbst für längere Zeit genutzt werden soll. Sämtliche Ansatzvoraussetzungen sind erfüllt.

Außerdem ist festzustellen, dass die Mitarbeiter der AG stets gut gelaunt sind und sich freiwillig nach Ende der Arbeitszeit weiterbilden.

a) Wie sind die einzelnen Sachverhalte bilanziell nach IFRS zu behandeln?

b) Was versteht man unter einem originären Firmenwert? Aus welchen Komponenten setzt er sich in der Invent-AG mindestens zusammen?
c) Kann der originäre Firmenwert für die AG direkt oder indirekt ermittelt werden?

Aufgabe 19 (Derivativer Firmenwert)
Die A-AG erwirbt am 1.7.01 die Z-AG zum Preis von 1.300.000 € (Unternehmenswert). Die assets der erworbenen AG weisen zu diesem Zeitpunkt einen Buchwert in Höhe von 1.000.000 € auf, die liabilities von 500.000 €. Der fair value der assets ist um 10% höher als der Buchwert, der fair value der liabilities um 5% niedriger.

a) Was versteht man unter einem Asset Deal? Welcher Firmenwert entsteht dabei?
b) Wie ist ein derivativer Firmenwert nach IFRS bzw. im HGB bilanziell zu behandeln?
c) Was versteht man unter einem Share Deal? Auf welcher Ebene (Einzel- oder Konzernabschluss) ist ein möglicher Firmenwert auszuweisen?

Aufgabe 20 (Diverse Aussagen zum Firmenwert)
Welche der folgenden Aussagen sind richtig? Kreuzen Sie entsprechend an.

a) 0 Ein originärer Firmenwert ergibt sich aus der Differenz von tatsächlichem Unternehmenspreis und Zeitwert des Eigenkapitals.
b) 0 Für den derivativen Firmenwert besteht nach IFRS eine Ansatzpflicht.
c) 0 Im HGB besteht für den derivativen Firmenwert ein Ansatzverbot.
d) 0 Der derivative Firmenwert berechnet sich als (tatsächlicher) Unternehmenspreis abzgl. assets und zzgl. liabilities, jeweils bewertet zum Zeitwert.
e) 0 Der originäre Firmenwert könnte auf indirektem Wege ermittelt werden, wenn insbesondere der Unternehmenswert bestimmbar wäre.
f) 0 Der derivative Firmenwert ergibt sich als Differenz aus fiktivem Unternehmenspreis und Zeitwert des Eigenkapitals.
g) 0 Der originäre Firmenwert darf bei IFRS und im HGB nicht angesetzt werden.

Aufgabe 21 (Latente Steuern nach IFRS und HGB)
Für den Jahresabschluss der X-AG gilt: Gewinn nach IFRS in 01: 100.000 €, Steuerbilanzgewinn in 01: 180.000 €. In den nächsten vier Jahren kehrt sich der Gewinnunterschied des Jahres 01 in gleichmäßigen Schritten um. In 02 ist der IFRS-Gewinn somit um 20.000 € höher als der steuerrechtliche Gewinn. Der Ertragsteuersatz beträgt 30%.
<u>Hinweis</u>: In dieser und den folgenden Aufgaben zu latenten Steuern zählt nur die Differenz zwischen IFRS-Gewinn und steuerrechtlichem Gewinn.

a) Erläutern Sie, welche latenten Steuern in der IFRS-Bilanz in 01 bzw. 02 auftreten.
b) Wie erfolgt der Ansatz nach IFRS in 01 bzw. 02?
c) Wie würden diese latenten Steuern im HGB behandelt?

Aufgabe 22 (Latente Steuern)

Die Gewinne nach IFRS und dem Steuerrecht sind in 01 bis 04 grundsätzlich gleich hoch und betragen 300.000 € (vor der Verrrechnung von Abschreibungen). Der Ertragsteuersatz ist 30%. Anfang 01 wird eine Maschine für 200.000 € erworben. Sie wird nach IFRS mit den folgenden Beträgen abgeschrieben: 80.000 €, 60.000 €, 40.000 €, 20.000 €. In der Steuerbilanz (StB) wird linear abgeschrieben. Tragen Sie die jeweiligen Gewinne und Steuern in die folgenden Tabellen ein.

Periode	IFRS-Gewinn	Steuer nach IFRS	Gewinn nach StB	Steuer nach StB
01				
02				
03				
04				
Gesamt				

Periode	Veränderung latenter Steuern	Bestand latenter Steuern
01		
02		
03		
04		
Gesamt		

Aufgabe 23 (Latente Steuern)

Die Langfrist-AG beginnt Anfang 01 mit der Fertigung eines Großprojekts. Der hiermit verbundene Gesamtgewinn beträgt 600.000 €. Das Projekt soll Ende 03 abgeschlossen werden. Die Erfolgsausweise nach IFRS und nach dem Steuerrecht lassen sich der Tabelle entnehmen und sind nicht zu beanstanden. Der Ertragsteuersatz beträgt 30%.

	IFRS-Gewinn	Steuerbilanzgewinn
Periode 01	200.000 €	-
Periode 02	200.000 €	-
Periode 03	200.000 €	600.000 €

a) Welche Art von Gewinndifferenz liegt vor?
b) Welche latenten Steuern sind in den Perioden 01 bis 03 in der IFRS-Bilanz zu berücksichtigen? Geben Sie jeweils die periodische Veränderung und den Bestand an.
c) Wie ist die Bilanzierung dieser latenten Steuern nach IFRS geregelt?

Aufgabe 24 (Latente Steuern bei nicht abnutzbaren assets)
Die X-AG verfügt über ein unbebautes Grundstück, welches für 200.000 € erworben wurde. Zum 31.12.02 ist in der IFRS-Bilanz eine außerplanmäßige Abschreibung auf 160.000 € vorzunehmen, die in der Steuerbilanz nicht möglich ist. Der Gewinn beträgt vor Abschreibung 150.000 € in IFRS-Bilanz und Steuerbilanz. Der Ertragsteuersatz ist 30%.

a) Erläutern Sie, welche Art von Gewinndifferenz vorliegt. Ist sie bei IFRS zu beachten?
b) Welche latenten Steuern entstehen in der IFRS-Bilanz?

Aufgabe 25 (Bestand latenter Steuern)
Ein Vergleich zweier Bilanzposten führt am 31.12.01 zu den folgenden Bilanzwerten:
1. Maschine: Nach IFRS 100.000 € – nach Steuerrecht 80.000 €.
2. Gebäude: Nach IFRS 220.000 € – nach Steuerrecht 250.000 €.

Wie hoch sind die latenten Steuern bei einem Ertragsteuersatz von 30%?

Aufgabe 26 (Verbuchung latenter Steuern)
In der IFRS-Bilanz der X-AG wird Ende 01 erstmals der Aktivposten A_1 mit dem Wert von 480.000 € angesetzt. In der Steuerbilanz ist die Aktivierung des Postens unzulässig. Der Ertragsteuersatz beläuft sich auf 30%. Die Differenz löst sich gleichmäßig über zwanzig Jahre auf.

Wie werden die latenten Steuern Ende 01 und in 02 gebucht?

Aufgabe 27 (Verbuchung latenter Steuern)
In der IFRS-Bilanz der X-AG wird Ende 01 erstmals der Passivposten P_1 mit dem Wert von 180.000 € angesetzt. In der Steuerbilanz ist der Posten mit 140.000 € zu bewerten. Der Ertragsteuersatz beläuft sich auf 30%. Die Differenz löst sich im Folgejahr zur Hälfte wieder auf.

Wie werden die latenten Steuern Ende 01 und in 02 gebucht?

Aufgabe 28 (Permanente Differenzen)
Der IFRS-Gewinn beträgt in 01: 100.000 €. Es wurden nicht-abzugsfähige Betriebsausgaben von 20.000 € getätigt (Steuerbilanzgewinn 01: 120.000 €). Der Ertragsteuersatz beträgt 30%. Wie hoch sind die latenten Steuern?

Aufgabe 29 (Steuersatzänderungen)
Die Future-AG weist zum 31.12.05 zunächst aktive latente Steuern in Höhe von 7.500 € in der IFRS-Bilanz aus. Sie beruhen auf einer Gewinndifferenz von 25.000 € bei einem Steuersatz von 30%. Die Gewinndifferenz wird sich in den nächsten fünf Jahren gleichmäßig auflösen. Anfang 06 werden Steuersatzerhöhungen beschlossen: Der Ertragsteuersatz steigt auf 35%. Diese Information ist bei der Bilanzaufstellung zu berücksichtigen.

a) Erläutern Sie die Funktion aktiver latenter Steuern und klären Sie, ob der vorläufige Bestand zum 31.12.05 beibehalten werden kann.
b) Nehmen Sie die eventuell notwendigen Anpassungen vor.

Aufgabe 30 (Diverse Aussagen zu latenten Steuern)
Welche der folgenden Aussagen sind richtig? Kreuzen Sie entsprechend an.

a) 0 Bei IFRS wird bei den latenten Steuern das Temporary-Konzept verwendet.
b) 0 Das Temporary-Konzept berücksichtigt nur zeitliche Differenzen zwischen IFRS-Gewinn und Steuerbilanzgewinn.
c) 0 Permanente Differenzen werden beim Temporary-Konzept berücksichtigt.
d) 0 Das Temporary-Konzept ist bilanzorientiert.
e) 0 Aktive latente Steuern sind nach IFRS anzusetzen, während im HGB ein Ansatzwahlrecht besteht.
f) 0 Passive latente Steuern erfüllen die Definition eines assets nach IFRS.
g) 0 Ist der IFRS-Gewinn zunächst höher als der Steuerbilanzgewinn, ist nach IFRS eine aktive latente Steuer zu berücksichtigen.

h) 0 Wird ein entgeltlicher Firmenwert bei IFRS aktiviert, ergeben sich in den Folgejahren passive latente Steuern, da bei IFRS keine planmäßige Abschreibung erfolgt.
i) 0 Wird bei IFRS eine außerplanmäßige Abschreibung auf ein unbebautes Grundstück vorgenommen, die im Steuerrecht nicht möglich ist, ergibt sich eine passive latente Steuer bei IFRS.
j) 0 Passive latente Steuern sind als zukünftige Steuerbelastungen anzusehen.
k) 0 Zukünftige Steuersatzänderungen müssen im HGB und nach IFRS grundsätzlich berücksichtigt werden.
l) 0 Liegt der IFRS-Bilanzwert über dem Steuerbilanzwert, entsteht bei einem Passivposten eine aktive latente Steuer.

Aufgabe 31 (Ansatz von Rückstellungen)
Prüfen Sie, ob in den folgenden Fällen Rückstellungen zu bilden sind. Die Wahrscheinlichkeit und die Schätzbarkeit der Belastungen sind erfüllt.

a) Für eine gemietete Maschine besteht nach dem Mietvertrag eine Verpflichtung zur jederzeitigen Instandhaltung. In 01 wurde eine Reparatur unterlassen, um alle Aufträge termingerecht bearbeiten zu können.
b) Wie a), aber es handelt sich um eine eigene Maschine.
c) Die X-AG baut ab 01 Bodenschätze ab, wobei ein Teil der Erdoberfläche (Abraum) zu entfernen ist. Die Baugenehmigung wurde von der Behörde unter der Auflage erteilt, dass der Abraum regelmäßig beseitigt werden muss.
d) Wie c), aber die Beseitigung des Abraums erfolgt aus technischen Gründen, da sonst die Abraumhalden die Gewinnung des Bodenschatzes beeinträchtigen würde.

Aufgabe 32 (Rückstellungsbildung)
In welchen der folgenden Fälle ist in der IFRS-Bilanz der Z-AG eine Rückstellung zu bilden, wenn das Geschäftsjahr 01 betrachtet wird? Eine verlässliche Bewertung ist jeweils gegeben.

a) Verpflichtung zur Zahlung von Provisionen an die Handelsvertreter für abgeschlossene Verträge aus 01. Die Provisionen sind Bestandteil der Arbeitsverträge.
b) Verpflichtung zur Buchung der Geschäftsvorfälle des Monats Januar 02.
c) Verpflichtung aus einem betrieblich veranlassten Prozess aus 01, der mit einer Wahrscheinlichkeit von 60% verloren und mit 40% Wahrscheinlichkeit gewonnen wird.
d) Wie c), aber der Prozess wird mit einer Wahrscheinlichkeit von 60% gewonnen und mit 40% Wahrscheinlichkeit verloren.

e) Verpflichtung für eine in 01 unterlassene Instandhaltung eigener Lkws. Sie wird im Februar 02 bzw. im Juni 02 nachgeholt.
f) Verpflichtung für die Grunderwerbsteuer, die beim Kauf eines neuen Betriebsgeländes in 01 angefallen ist.
g) Verpflichtung für die Grundsteuer 01, die für ein neues Betriebsgrundstück anfällt.

Aufgabe 33 (Steuerrückstellung)
Der Vorstand der Profit-AG hat in 01 nach seinen Berechnungen einen steuerrechtlichen Gewinn in Höhe von 260.000 € erzielt. Beim Steuersatz von 30% wird eine entsprechende Steuerrückstellung gebildet.

a) Wie wird in 01 gebucht?
b) Wie ist zu buchen, wenn der Steuerbescheid in 02 eine Steuern in Höhe von 82.000 € festsetzt?

Aufgabe 34 (Diverse Aussagen zu Rückstellungen)
Welche der folgenden Aussagen sind richtig? Kreuzen Sie entsprechend an.

a) 0 Für das allgemeine Risiko, die noch auf Lager befindlichen Waren im nächsten Jahr mit Verlust verkaufen zu müssen, ist nach IFRS eine Rückstellung zu bilden.
b) 0 Für einen drohenden Verlust aus einem schwebenden Beschaffungsgeschäft müssen nach IFRS Rückstellungen gebildet werden.
c) 0 Rückstellungen sind bei IFRS mit der bestmöglichen Schätzung der Ausgabe zu bewerten, die zur Erfüllung der Verpflichtung am Bilanzstichtag notwendig ist.
d) 0 Bei IFRS sind Rückstellungen für unterlassene Instandhaltungen zu bilden, die im Folgejahr innerhalb von drei Monaten nachgeholt werden.
e) 0 Langfristige Verpflichtungen sind nach IFRS abzuzinsen.
f) 0 Für betriebliche Steuern des vergangenen Geschäftsjahres sind bei IFRS und im HGB Rückstellungen zu bilden.
g) 0 Bei langfristigen Verpflichtungen dürfen bei IFRS keine Kostenänderungen berücksichtigt werden.
h) 0 Kurzfristige Verpflichtungen sind nach IFRS abzuzinsen.
i) 0 Im HGB gehören die Abbruchkosten einer Anlage zu ihren Anschaffungskosten.
j) 0 Für zukünftige betriebliche Steuern sind im Jahresabschluss des letzten Geschäftsjahres bei IFRS und im HGB Rückstellungen zu bilden.
k) 0 Im HGB sind Rückstellungen für unterlassene Instandhaltungen zu bilden, die im Folgejahr innerhalb von drei Monaten nachgeholt werden.
l) 0 Aufwandsrückstellungen sind im HGB immer zu passivieren.

Aufgabe 35 (Beschaffungsgeschäfte)
Die Handels-AG bestellt am 1.12.01 Waren bei der Liefer-AG: 50.000 Stück zu je 40 € zzgl. 19% USt. Die Lieferung soll Ende Januar 02 erfolgen. Am Bilanzstichtag liegen keine Hinweise auf einen Preisverfall vor.

Wie wird das Geschäft bezeichnet? Wie wird es bilanziert?

Aufgabe 36 (Beschaffungsgeschäfte)
Es gelten die Angaben der vorigen Aufgabe mit der folgenden Änderung. Am Bilanzstichtag beträgt der Wert der bestellten Ware nur noch 30 € je Stück. Wie ist vorzugehen?

Aufgabe 37 (Bewertung langfristiger Rückstellungen)
Die Rohstoff-AG erwirbt und bezahlt am 1.1.01 das Nutzungsrecht zum Abbau eines Rohstoffvorkommens 1.000.000 € (Banklastschrift). Der Abbau wurde von der zuständigen Behörde für einen Zeitraum von zehn Jahren genehmigt. Danach muss das Grundstück rekultiviert werden. Hierfür wird ein Betrag von 150.000 € veranschlagt. Der relevante Zinssatz beträgt 6%. Das Anschaffungskostenmodell wird angewendet.

a) Wie wird der Vorgang bei der Rohstoff AG zum 1.1.01 bilanziert?
b) Wie wird der Vorgang zum 31.12.01 bilanziert, wenn das Nutzungsrecht (Posten "right to use") gleichmäßig abgeschrieben wird? Wie lauten die Buchungssätze?

Aufgabe 38 (Kostenänderungen)
Es gelten die Angaben der vorigen Aufgabe. Allerdings wird Ende 01 festgestellt, dass die Kosten der Rekultivierung voraussichtlich 180.000 € betragen werden.

Wie ist Ende 01 vorzugehen?

Aufgabe 39 (Rückstellungen und latente Steuern)
Welche latenten Steuern treten in den folgenden Fällen in der IFRS-Bilanz auf, wenn von einer Kapitalgesellschaft ausgegangen wird (s = 0,3)?
a) In der Steuerbilanz wird eine Instandhaltungsrückstellung von 20.000 € neu gebildet.
b) Eine neu entstandene Verbindlichkeitsrückstellung wird in der Steuerbilanz mit 42.000 € bewertet, nach IFRS mit 48.000 €. Wie wird in diesem Fall gebucht?

Aufgabe 40 (Bilanz nach IFRS)
Erstellen Sie die Bilanz der Z-AG zum 31.12.01 für die folgenden Posten unter Angabe der Originalbezeichnungen. Ein Saldo ist auf der Passivseite unter den reserves auszu-

weisen. Auf die Angabe von Vorjahresbeträgen wird verzichtet. Der Ansatz und die Bewertung der Posten sind korrekt.

Posten (in Euro): Aktien an der Y-AG: 680.000 (70% des Nennkapitals); Sachanlagen: 200.000; Vorräte: 120.000; Verbindlichkeiten aus Lieferungen und Leistungen: 11.900; Bank: 7.000; Forderungen aus Lieferungen und Leistungen: 119.000; Rückstellungen (unsichere Verpflichtung aus 01): rund 40.000; gezeichnetes Kapital: 500.000; diverse langfristige Aktien (mit niedrigen Anteilsquoten, bewertet zum beizulegenden Zeitwert): 110.000; langfristige Ausleihungen an die Y-AG: 114.000.

Aufgabe 41 (Bilanz nach IFRS – Detailgliederung)

Die X-AG will zum 31.12.01 eine Bilanz nach IFRS aufstellen. Die folgenden Posten wurden ermittelt, wobei die Bewertung (in Euro) grundsätzlich unstrittig ist. Der Ansatz ist bei der Bilanzaufstellung noch zu klären.

Posten (in Euro): Rohstoffe: 50.000; antizipative aktive Rechnungsabgrenzungsposten: 32.000; Fertigerzeugnisse: 125.000; Aktien an der Z-AG: 220.000 (0,2% des Grundkapitals; dauernde Liquiditätsreserve); Darlehensschulden zum Marktzinssatz: 80.000 (Laufzeit: Fünf Jahre); gezeichnetes Kapital: 400.000; Maschinen: 120.000; Büroausstattung: 130.000; Aktien an der T-AG: 80.000 (geplanter Verkauf nach erwarteter Kurssteigerung); Mietvorauszahlung für Büroräume 02: 6.000; Forderungen gegenüber Kunden: 200.000; selbst erstellte Rechte (Ansatz unstrittig): 20.000; Fertigungsanlagen: 380.000; unsichere Verpflichtungen aus Beratungsleistungen, die in 01 entstanden sind: 20.000; Verbindlichkeiten gegenüber Lieferanten: 60.000 aus 01, 20.000 aus 02; Betriebsstoffe: 25.000; Bankguthaben: 12.000, am 1.12.01 bestellter Fotokopierer: 8.000 (Lieferung: 15.1.02). Ein verbleibender Saldo ist unter dem Eigenkapitalposten "reserves" auf der Passivseite auszuweisen.

Erstellen Sie die Bilanz zum 31.12.01 nach IFRS, indem Sie die einzelnen Posten genau ausweisen. Verwenden Sie Originalbezeichnungen von IFRS. Vorjahresbeträge sind zu vernachlässigen.

Aufgabe 42 (Bilanz nach IFRS – Grundgliederung)

Erstellen Sie die Bilanz zum 31.12.01 nach IFRS mit den Posten aus der vorhergehenden Aufgabe. Verwenden Sie die bilanzielle Grundgliederung und die Originalbezeichnungen. Ein verbleibender Saldo ist unter dem Posten "reserves" auf der Passivseite auszuweisen. Vorjahresbeträge sind zu vernachlässigen.

Welches Schema ist für Anteilseigner besser geeignet?

Aufgabe 43 (Postenausweis nach IFRS)

Die Creative-AG möchte die folgenden Postenanordnungen in ihrer Bilanz verwenden. Ist das möglich? Welches allgemeine Kriterium ist hierbei zu beachten?

a) Statement of financial position 1:

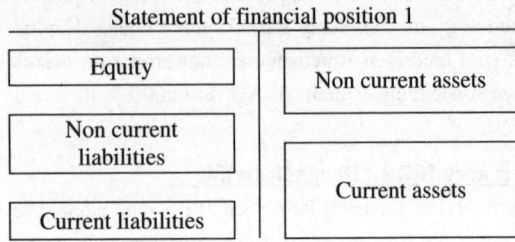

b) Statement of financial position 2:

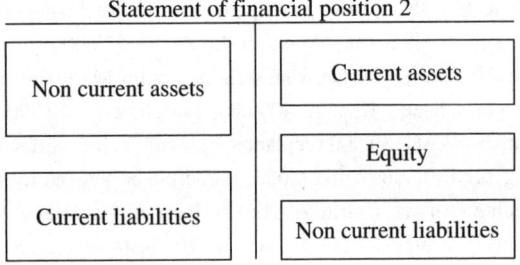

Aufgabe 44 (Wechsel der Bilanzformate)

Die Creative-AG hat sich für ein zulässiges Bilanzformat entschieden. Nach jeweils zwei Jahren möchte sie jedoch einen Wechsel auf ein neues, ebenfalls zulässiges Format vornehmen, um ihren Aktionären ihre Kreativität unter Beweis zu stellen.

a) Ist dieses Vorgehen zulässig? Welches Prinzip ist eventuell zu beachten?
b) Wird ein Aktionär der Creative-AG dem ständigen Wechsel zustimmen?

Aufgabe 45 (Bilanzgliederung nach IFRS)

a) Sind die Bilanzgliederungsschemata hinsichtlich der Formate eindeutig in IAS 1 festgelegt?
b) Welche Probleme ergeben sich hieraus für Anteilseigner beim Vergleich des Reinvermögens bzw. Vergleich der bilanziellen Einzelposten verschiedener Unternehmen?
c) Welche Problemlösung wäre zweckmäßig?

Aufgabe 46 (Postenausweis nach materiality)

Die A-AG will die Bilanz zum 31.12.05 erstellen. Es werden Sachanlagen im Wert von insgesamt 1.000.000 € ermittelt. Das übrige Vermögen beträgt 5.200.000 €. Die Sachanlagen setzen sich wie folgt zusammen: Fahrzeuge 20.000 €, Büroausstattung 10.000 €, Betriebsausstattung 30.000 €, Grundstücke 250.000 €, Gebäude 390.000 €, Maschinen 300.000 €. Der Vorstand der A-AG will jeden Posten einzeln in der IFRS-Bilanz ausweisen (in englischer Sprache).

a) Stimmen Sie diesem detaillierten Postenausweis zu?
b) Wie muss der Ausweis der Sachanlagen unter Beachtung der materiality erfolgen?

Aufgabe 47 (Postenausweis)

Die B-AG erwirbt in 01 Aktien verschiedener Unternehmen, die zur Kategorie "Financial instruments at fair value" gehören: Alpha-Aktien: 40.000 €, Beta-Aktien: 30.000 € und Gamma-Aktien: 45.000 €. Die Bilanzsumme beträgt insgesamt 4.000.000 €. Alle Aktien weisen ein vergleichbares Risiko auf und werden auf dieselbe Art und Weise bewertet (siehe viertes Kapitel).

Muss ein getrennter Ausweis der Aktien erfolgen?

Aufgabe 48 (Aussagen zur Bilanz)

Gegeben ist die vereinfachte Bilanz der A-AG zum 31.12.01 (in Euro).

	Statement of financial position		
Various assets	600.000	Issued capital	500.000
		Reserves	100.000
	600.000		600.000

Der Gewinn des Jahres 02 beträgt 400.000 €. Am 1.7.03 werden 50% der verfügbaren Rücklagen ausgeschüttet. Der Gewinn des Jahres 03 beläuft sich auf 500.000 €. Steuern sind nicht zu berücksichtigen. Die finanziellen Mittel für die Ausschüttungen sind jederzeit verfügbar. Gewinne und Ausschüttungen werden mit den reserves verrechnet.

Welche der folgenden Aussagen sind richtig? Kreuzen Sie entsprechend an.
a) 0 Am 31.12.02 beträgt die Summe der assets 1.000.000 €.
b) 0 Am 31.12.02 ist das issued capital auf 900.000 € angestiegen.
c) 0 Am 1.7.03 reduzieren sich die reserves auf 250.000 €.
d) 0 Am 1.7.03 reduzieren sich die reserves auf 300.000 €.

e) 0 Am 31.12.03 belaufen sich die assets auf 1.500.000 €.
f) 0 Am 31.12.03 belaufen sich die assets auf 1.250.000 €.
g) 0 Am 31.12.03 betragen die reserves 750.000 €.

Aufgabe 49 (Eigenkapitalausweis nach IFRS)
Erläutern Sie die entstehenden Eigenkapitalposten nach IFRS:
a) Die X-AG wird in 01 neu gegründet. Das Grundkapital beträgt 1.000.000 € (500.000 Aktien). Die Ausgabe erfolgt zu 3,5 € pro Stück.
b) Der Jahresüberschuss 01 beträgt 200.000 €. Die gesetzliche Rücklage ist nach aktienrechtlichen Vorschriften zu dotieren.
c) Wo erscheint der restliche Gewinnbetrag aus Teilaufgabe b)?

Aufgabe 50 (Buchungssystem nach IFRS)
a) Gegeben sei die Anfangsbilanz eines Unternehmens nach IFRS zum Jahresbeginn. Wie muss vorgegangen werden, um erfolgsneutrale bzw. erfolgswirksame Geschäftsvorfälle verbuchen zu können? Was ist zum Ende des Geschäftsjahres zu veranlassen? Welche Unterschiede bestehen zur handelsrechtlichen Buchführung?

b) Geben Sie die Buchungssätze zu den folgenden Geschäftsvorfällen an. Hinweis: Verwenden Sie die Kontenbezeichnungen nach dem Gliederungsschema der IFRS-Bilanz. Es besteht jeweils ein voller Vorsteuerabzug.
  ba) Kauf von Vorräten auf Ziel: 10.000 € zzgl. 19% USt.
  bb) Kauf einer Sachanlage für 200.000 € zzgl. 19% USt gegen Bankscheck.
  bc) Bezahlung der Miete im Dezember 01 für Januar 02: 2.000 € (umsatzsteuerfrei).
  bd) Erhalt einer umsatzsteuerfreien Zinsgutschrift am 1.12.02 für die folgenden zwölf Monate im Voraus: 2.400 €. (Konto: Finanzerträge – finance income).
  be) Eine langfristige Rückstellung für einen Prozess wird aufgelöst und der Schadensbetrag per Bank bezahlt: 50.000 € (ohne USt).
  bf) Aufnahme eines Bankdarlehens: 100.000 € per Bank (normal verzinslich).

Aufgabe 51 (Diverse Fragen zur IFRS-Bilanz)
Der Vorstand der International-AG stellt Ihnen folgende Fragen hinsichtlich des Bilanzausweises im Jahresabschluss 01 nach IFRS.

a) Wo sind antizipative aktive Rechnungsabgrenzungsposten auszuweisen (Zahlungseingang innerhalb zweier Monate nach dem Bilanzstichtag 01)?
b) Wo sind langfristige passive latente Steuern auszuweisen?
c) Wie wird die Betriebsausstattung ausgewiesen?

d) Wo sind Verbindlichkeiten für Steuern auszuweisen, wenn der Betrag am Jahresende 01 sicher feststeht?
e) Wo sind langfristige latente Steueransprüche auszuweisen?
f) Wo sind Rückstellungen für die Altersversorgung der Arbeitnehmer auszuweisen?
g) Wo ist die Rückstellung für die Einkommensteuer der Vorstandsmitglieder auszuweisen?
h) Wo sind Aktien auszuweisen, die zu Handelszwecken erworben werden?
i) Wo sind langfristige Schuldverschreibungen auszuweisen, die das Unternehmen erworben hat?
j) Wo sind Kosten für die Erweiterung des Geschäftsbetriebs (Kosten einer Werbekampagne) auszuweisen, die durch den Vertrieb neuer Produkte entstanden sind?
k) Wo sind unsichere Verpflichtungen des Geschäftsjahres 01 auszuweisen, die mit einer Wahrscheinlichkeit von 80% innerhalb von fünf Monaten nach dem Bilanzstichtag zu bezahlen sind?
l) Wo sind Aktien auszuweisen, wenn die Beteiligungsquote 25% beträgt und ein maßgeblicher Einfluss besteht?
m) Wo sind die Aufwendungen für die Entwicklung eines neuartigen Lasersystems auszuweisen, wenn alle Ansatzvoraussetzungen in 01 erfüllt sind und das Unternehmen die Erfindung selbst verwerten will?
n) Wo sind die Kosten für die Prüfung des Jahresabschlusses 01 auszuweisen, die relativ sicher zu ermitteln sind?
o) Wo sind unsichere Verpflichtungen des Geschäftsjahres 01 auszuweisen, die mit einer Wahrscheinlichkeit von 40% innerhalb von fünf Monaten nach dem Bilanzstichtag zu bezahlen sind?

Aufgaben zum vierten Kapitel

Aufgabe 1 (Anschaffungskosten)
Die X-AG erwirbt am 1.7.01 eine Fertigungsanlage zum Preis von 50.000 € zzgl. 19% USt. Bei Zahlung innerhalb von acht Tagen ist ein Skontoabzug in Höhe von zwei Prozent des Preises möglich. Für den Transport bezahlt die X-AG weitere 5.000 € zzgl. 19% USt an einen Spediteur (Bankzahlung). Es besteht ein voller Vorsteuerabzug.

a) Wie hoch sind die Anschaffungskosten bei Zahlung innerhalb von acht Tagen?
b) Wie hoch sind die Anschaffungskosten bei Zahlung nach acht Tagen?

Aufgabe 2 (Buchung von Anschaffungskosten)
Wie lauten die Buchungssätze für den Fall a) in der vorigen Aufgabe, wenn die Konten aus einer detaillierten Gliederung der Bilanz nach IFRS abgeleitet werden?

Aufgabe 3 (Anschaffungskosten)
Die K-AG erwirbt am 1.10.01 eine Anlage zum Preis von 250.000 € zzgl. 19% USt. Es fallen Transportkosten von 15.000 € zzgl. 19% USt an. Die (umsatzsteuerfreie) Transportversicherung beträgt 1.000 €. Ein Vorsteuerabzug besteht in Höhe von 70%.

Wie hoch sind die Anschaffungskosten?

Aufgabe 4 (Finanzierungskosten)
Die Complicated-AG erwirbt am 1.7.01 eine Präzisionsfertigungsanlage (Preis: 780.000 € netto), die im Unternehmen erst noch zusammengebaut und justiert werden muss. Hierbei entstehen in 01 die folgenden Aufwendungen: Direkt zurechenbare Fertigungslöhne: 25.000 €, pauschale Abschreibungen für benutzte Maschinen: 3.000 €.

In 02 fallen weitere direkte Fertigungslöhne von 17.000 € und pauschale Abschreibungen von 4.000 € an (Fertigstellung am 30.4.02). Zur Finanzierung des Anschaffungspreises nimmt die Aktiengesellschaft einen Kredit in Höhe von insgesamt 900.000 € auf (Zinssatz: 12% pro Jahr), wovon 120.000 € zur Finanzierung der allgemeinen Betriebstätigkeit vorgesehen sind. Die Umsatzsteuer ist zu vernachlässigen.

a) Berechnen Sie die Anschaffungskosten zum 30.4.02.
b) Wie sind die Zinsen zu behandeln, die nach dem 30.4.02 anfallen?

Aufgabe 5 (Finanzierungskosten)

Die X-AG erwirbt am 1.9.01 zwei Maschinen, die qualifying assets darstellen. Die Maschine A weist (vorläufige) Anschaffungskosten von 400.000 € auf, die Maschine B hat (vorläufige) Anschaffungskosten von 500.000 €. Die weiteren Kosten zur Fertigstellung, die am 30.6.02 erfolgt, sind zu vernachlässigen. Zur Finanzierung werden am 1.9.01 zwei Kredite aufgenommen: Kredit I hat einen Betrag von 600.000 € (Zinssatz: 12% pro Jahr), Kredit II hat einen Betrag von 300.000 € (Zinssatz: 14% pro Jahr).

a) Wie hoch ist der durchschnittliche gewogene Finanzierungskostensatz?
b) Wie sind die Maschinen im Fertigstellungszeitpunkt (30.6.02) zu bewerten?
c) Wie verändern sich die Anschaffungskosten der Maschinen, wenn Kredit II einen Betrag von 400.000 € aufweist?

Aufgabe 6 (Diverse Aussagen zu Anschaffungskosten)

Welche der folgenden Aussagen sind richtig? Kreuzen Sie entsprechend an.

a) 0 Im HGB und bei IFRS sind die Finanzierungskosten immer ein Bestandteil der Anschaffungskosten.
b) 0 Bei der Berechnung der handelsrechtlichen Anschaffungskosten und den costs of purchase nach IFRS ergibt sich kein wesentlicher Unterschied.
c) 0 Bei IFRS sind auch Gemeinkosten in die Anschaffungskosten einzubeziehen.
d) 0 Wird der Motor einer Spezialmaschine ersetzt, erfolgt bei IFRS eine Aktivierung des neuen Motors als gesonderte Komponente der Maschine.
e) 0 Wird der Motor einer Spezialmaschine ersetzt, liegen im HGB aktivierungspflichtige nachträgliche Herstellungskosten vor.
f) 0 Die Vorsteuer gehört immer zu den Anschaffungskosten nach IFRS.
g) 0 Laufender Erhaltungsaufwand (z.B. für Inspektionen) wird bei IFRS aktiviert.
h) 0 Skonto stellt nur dann eine Preisminderung dar, wenn die Zahlung innerhalb der Skontoabzugsfrist erfolgt.
i) 0 Die nicht als Vorsteuer abzugsfähige Umsatzsteuer ist in die Anschaffungskosten einzubeziehen.
j) 0 Die Aufwendungen für die laufende Wartung einer Maschine führen bei IFRS und im Handelsrecht zu sofortigem Aufwand.

Aufgabe 7 (Herstellungskosten)

Die K-AG fertigt die Produkte A und B. Die Einzelkosten von A bzw. B betragen 20 bzw. 40 €/Stück. In 01 werden 1.000 Stück von A und 2.000 Stück von B produziert. Die Gemeinkosten (= Fixkosten) sind 250.000 € pro Jahr. Ende 01 sind noch 800 Stück des

Produkts B auf Lager. Absatzpreise: A 200 € je Stück, B 220 € je Stück. Die K-AG verwendet eine Zuschlagskalkulation, bei der die Gemeinkosten nach Maßgabe der Einzelkosten verrechnet werden. Die Umsatzsteuer wird vernachlässigt.

a) Wie wird die Lagermenge am 31.12.01 nach IFRS bewertet?
b) Wie wird die Lagermenge nach IFRS bilanziell ausgewiesen?

Aufgabe 8 (Unterbeschäftigungskosten)
Die Auftragslage für die K-AG aus der vorigen Aufgabe ist rückläufig. In 05 werden nur noch 500 Stück von Produkt A (Einzelkosten: 20 €/Stück) und 1.000 Stück von Produkt B (Einzelkosten: 40 €/Stück) gefertigt. Die Gemeinkosten (Fixkosten) betragen unverändert 250.000 € pro Jahr. Am 31.12.05 sind noch 400 Stück von Produkt B auf Lager. Die Verrechnung der Gemeinkosten erfolgt weiterhin nach Maßgabe der Einzelkosten. Qualitative Produktverbesserungen liegen nicht vor.

a) Wie hoch ist der Lagerwert auf Basis der obigen Daten?
b) Welches Problem tritt hierbei auf? Wie ist es aus Sicht der Anteilseigner zu würdigen?
c) Wie hat die Bewertung nach IFRS zu erfolgen?

Aufgabe 9 (Herstellungskosten und Erfolg)
Die Einzelkosten eines Produkts betragen 30 €/Stück. In 01 werden 12.000 Stück hergestellt und 9.000 Stück abgesetzt. Die Gemeinkosten (= Fixkosten) betragen 400.000 € in 01. Sie enthalten 40.000 € kalkulatorische Kosten. Der Absatzpreis beträgt 80 €/Stück. Die Ausbringungsmenge von 12.000 Stück stellt die Normalausbringung des Unternehmens dar. Es wird nur ein Produkt gefertigt. Die Gemeinkosten werden durch eine einfache Division auf die Stückzahl verteilt. Die Umsatzsteuer ist zu vernachlässigen.

a) Wie wird die Lagermenge bewertet?
b) Wie hoch ist der Erfolg in 01? Erstellen Sie eine einfache GuV-Rechnung in Kontoform und verrechnen Sie die Bestandserhöhung als Ertrag.

Aufgabe 10 (Aussagen zu Herstellungskosten)
Gegeben sind die folgenden Daten für das Geschäftsjahr 01, wobei die Gemeinkosten eine angemessene Höhe aufweisen: Materialeinzelkosten: 160.000 €, Materialgemeinkosten: 200.000 €, Fertigungseinzelkosten: 400.000 €, Fertigungsgemeinkosten: 320.000 €, allgemeine Verwaltungskosten: 540.000 €, Verwaltungskosten des Produktionsbereichs: 270.000 €, Vertriebseinzelkosten: 50.000 €. In 01 findet eine Lagerbestandserhöhung statt.
Welche der folgenden Aussagen sind für 01 richtig? Kreuzen Sie entsprechend an.

a) 0 Der Materialgemeinkostenzuschlag beträgt bei der Zuschlagskalkulation 140% bezogen auf die Materialeinzelkosten.
b) 0 Die Materialgemeinkosten dürfen nach IFRS und nach dem HGB nicht in die Herstellungskosten der Lagermenge einbezogen werden.
c) 0 Die Verwaltungskosten des Produktionsbereichs sind nach IFRS grundsätzlich Bestandteil der costs of conversion.
d) 0 Die allgemeinen Verwaltungskosten müssen bei IFRS mit einem Zuschlagssatz von 50% (bezogen auf die Material- und Fertigungskosten) in die Herstellungskosten einbezogen werden.
e) 0 Da im HGB und nach IFRS sämtliche Einzelkosten auf die Lagermenge zu verrechnen sind, werden 50.000 € Vertriebskosten in die Lagermenge kalkuliert.
f) 0 Die Vertriebsgemeinkosten dürfen im HGB und nach IFRS nicht auf die Lagermenge verrechnet werden.
g) 0 Die Fertigungsgemeinkosten werden bei der Zuschlagskalkulation sachgerecht nach Maßgabe der Materialeinzelkosten verrechnet, so dass der Zuschlagssatz 200% ist.
h) 0 Nach IFRS sind alle produktionsbezogenen Gemeinkosten auf die Lagermenge zu verrechnen, sofern sie angemessen sind.
i) 0 Handelsrechtlich dürfen Gemeinkosten in beliebiger Höhe kalkuliert werden.
j) 0 Die Verwaltungskosten der Geschäftsleitung können im HGB in die Bewertung der Lagermenge einbezogen werden (Wahlrecht).

Aufgabe 11 (Fair value)
Die X-AG verfügt über einen gebrauchten Lkw der Marke Brummi. Das Fahrzeug kann jederzeit veräußert werden. Ende 02 könnte die X-AG einen vergleichbaren Lkw für 52.000 € vom Händler erwerben, wobei Nebenkosten von 400 € anfallen. Beim Verkauf des Fahrzeugs könnte ein Preis von 48.000 € erzielt werden, wobei Veräußerungskosten von 200 € anfallen (keine Transportkosten). Wie hoch ist der fair value?

Aufgabe 12 (Aufteilung von assets)
Ein neu erworbenes Fabrikgebäude (Nutzungsdauer fünfzig Jahre) weist Anfang 01 Anschaffungskosten von insgesamt 400.000 € auf. Von diesem Betrag entfallen 20% auf das Dach (Nutzungsdauer zwanzig Jahre) und 10% auf die Heizung (Nutzungsdauer zehn Jahre). Es findet eine gleichmäßige Entwertung statt.

a) Welche Abschreibungen werden in 01 verrechnet, wenn eine Aufteilung des Gebäudes in die Komponenten Dach, Heizung und übriges Gebäude erfolgt?
b) Welche Abschreibungen werden in 01 verrechnet, wenn keine Aufteilung des Gebäudes erfolgt?

c) Wie sollte beim Vergleich der obigen Ergebnisse vorgegangen werden? Sollte der Komponentenansatz auch auf handelsübliche Fahrzeuge ausgeweitet werden?

Aufgabe 13 (Nachträgliche Kosten)
Die Transport-AG hat Anfang 01 ein Spezialfahrzeug für 500.000 € erworben, das zur Beförderung schwerer Güter eingesetzt wird. Aktiviert wurden die Komponenten Antrieb, Karosserie und Aufbau. Die jährlichen Inspektionskosten betragen 5.000 €. Alle drei Jahre muss das Fahrzeug aus Sicherheitsgründen grundlegend überholt werden, weil die Fahrzeugteile stark belastet werden. Aufwand: 60.000 €. Ohne Umsatzsteuer.

a) Wie werden die Aufwendungen bei IFRS behandelt?
b) Wie werden die Aufwendungen im HGB behandelt?

Aufgabe 14 (Abschreibungen von Sachanlagen)
Die X-AG erhält am 20.10.01 eine Maschine mit vorläufigen Anschaffungskosten von 400.000 €. Die Installationskosten für die Maschine betragen 25.000 €, wovon 5.000 € pauschal zugerechnet wurden. Die Nutzungsdauer beträgt fünf Jahre. Insgesamt kann die Maschine 200.000 Stunden genutzt werden. Geben Sie die Abschreibungsbeträge in 01 und 02 nach IFRS für die folgenden Methoden an (monatsgenau in 01).

a) Straight-line Method.
b) Diminishing balance Method (Prozentsatz: 25%).
c) Units of production Method (Laufzeit 01: 18.000 Stunden, 02: 42.000 Stunden).

Aufgabe 15 (Abschreibungen von Sachanlagen)
Eine Aktiengesellschaft erwirbt am 22.11.01 eine Fertigungsanlage. Preis: 300.000 € zzgl. 19% USt. Die Transportkosten betragen 5.000 € zzgl. 19% USt. Die umsatzsteuerfreie Transportversicherung beträgt 3.625 €. Für die Installation der Anlage fallen 7.200 € an, wovon ein Drittel Einzelkosten darstellen. Die Umsatzsteuer ist zu 50% als Vorsteuer abzugsfähig. Der Abschreibungsprozentsatz beträgt 30% für die geometrisch-degressive Methode. Die Nutzungsdauer ist fünf Jahre. In 01 wird monatsgenau abgeschrieben.

a) Entwickeln Sie nach der geometrisch-degressiven Methode die Buchwerte zum 31.12.01 und 31.12.02.
b) Entwickeln Sie nach der linearen Methode die Buchwerte zum 31.12.01 und 31.12.02.

Aufgabe 16 (Änderung der Nutzungsdauer)

Die Wechsel-AG hat am 1.7.01 eine Maschine mit Anschaffungskosten von 300.000 € erworben (lineare Abschreibungsmethode). Die ursprüngliche Nutzungsdauer wurde auf fünfzehn Jahre geschätzt. Am 31.12.05 wird festgestellt, dass diese Nutzungsdauer nicht zu erreichen ist. Die tatsächliche Nutzungsdauer beträgt nur zehn Jahre.

a) Ermitteln Sie den Buchwert zum 31.12.05 bei planmäßiger Abschreibung.
b) Welche Art von Änderung liegt vor? Wie wird sie behandelt und wie wird ab 06 abgeschrieben?

Aufgabe 17 (Außerplanmäßige Abschreibungen)

Die Anschaffungskosten einer Maschine betragen am 5.10.01: 500.000 €. Die Abschreibung erfolgt linear über eine Nutzungsdauer von zehn Jahren (monatsgenau in 01). Am 31.12.02 wäre eine Veräußerung der Maschine für 412.000 € möglich, wobei Veräußerungskosten von 2.000 € anfallen würden. Bei einer weiteren Nutzung der Maschine im Unternehmen würde ein Nutzungswert von 400.000 € erzielt werden.

a) Ermitteln Sie den Buchwert zum 31.12.02 bei planmäßiger Abschreibung.
b) Prüfen Sie, ob am 31.12.02 eine außerplanmäßige Abschreibung vorzunehmen ist.
c) Ermitteln Sie die latenten Steuern, wenn die Wertminderung nicht als dauernd anzusehen ist (lineare Abschreibungsmethode, Steuersatz 30%).

Aufgabe 18 (Sicherheitsäquivalent und Risikozuschlag)

Für eine Fertigungsanlage werden die folgenden Zahlungen ermittelt, die am Ende des folgenden Jahres anfallen werden:

	$p = 0{,}25$	$p = 0{,}5$	$p = 0{,}25$
Einzahlungen	120.000 €	140.000 €	180.000 €
Auszahlungen	40.000 €	50.000 €	80.000 €

Die Unternehmensleitung ist risikoscheu. Daher wird das Sicherheitsäquivalent berechnet, indem der Erwartungswert um 5% vermindert wird. Der sichere Zinssatz beträgt 5%.

a) Berechnen Sie den Nutzungswert nach der Sicherheitsäquivalentmethode.
b) Berechnen Sie den Nutzungswert nach der Risikozuschlagsmethode.
c) Wie hoch ist der sicherheitsäquivalente Betrag für risikoneutrale Unternehmer?

Aufgabe 19 (Mehrperiodige Sicherheitsäquivalente)

Für eine Maschine werden Einzahlungsüberschüsse ermittelt, die zusammen mit den Wahrscheinlichkeiten in der Tabelle angegeben werden. Der sichere Zinssatz beträgt 5%. Die Unternehmensleitung ist risikoneutral (Fall I) bzw. risikoscheu (Fall II) und berechnet dann ein Sicherheitsäquivalent, indem ein Sicherheitsabschlag von 10% vom Erwartungswert abgezogen wird. Die Bewertung erfolgt zum Ende des Jahres 01.

	$p = 0{,}25$	$p = 0{,}5$	$p = 0{,}25$
Ende 02	120.000 €	160.000 €	220.000 €
Ende 03	110.000 €	140.000 €	200.000 €
Ende 04	100.000 €	150.000 €	180.000 €

a) Berechnen Sie den Nutzungswert nach der Sicherheitsäquivalentmethode für Fall I.
b) Berechnen Sie den Nutzungswert nach der Sicherheitsäquivalentmethode für Fall II.

Aufgabe 20 (Zuschreibungen beim cost model)

Eine Fertigungsanlage weist am 9.10.01 Anschaffungskosten von 350.000 € auf (Nutzungsdauer fünf Jahre, lineare Abschreibungsverrechnung, monatsgenau). Am 31.12.02 beträgt der erzielbare Betrag 210.000 €, am 31.12.03 beläuft sich sein Wert auf 195.000 €. Zeigen Sie die Entwicklung der bilanziellen Werte nach dem cost model (Anschaffungskostenmodell). Geben Sie auch die englischen Originalbezeichnungen an.

Aufgabe 21 (Aussagen zu Zuschreibungen – cost model)

Die Anschaffungskosten einer Fertigungsanlage betragen am 1.1.01: 400.000 €. Die Nutzungsdauer beträgt acht Jahre und wird durch die folgenden Vorgänge nicht beeinflusst. Die planmäßige Abschreibung wird immer nach der diminishing balance method mit 30% vorgenommen. Am 31.12.01 gelten die folgenden Werte: Fair value less costs to sell 250.000 €, value in use 240.000 €. Am 31.12.02 beläuft sich der recoverable amount auf 210.000 €. Alle Werte sind unstrittig. Welche der folgenden Aussagen treffen beim cost model zu? Kreuzen Sie entsprechend an.

a) 0 Am 31.12.01 ist keine außerplanmäßige Abschreibung vorzunehmen.
b) 0 Am 31.12.01 ist eine außerplanmäßige Abschreibung von 30.000 € vorzunehmen.
c) 0 Am 31.12.01 ist eine außerplanmäßige Abschreibung von 40.000 € vorzunehmen.
d) 0 Die planmäßigen Abschreibungen betragen in 02: 84.000 €.
e) 0 Die planmäßigen Abschreibungen betragen in 02: 75.000 €.
f) 0 Die planmäßigen Abschreibungen betragen in 02: 72.000 €.

g) 0 Am 31.12.02 kann eine Zuschreibung in Höhe von 21.000 € erfolgen.
h) 0 Am 31.12.02 muss eine Zuschreibung in Höhe von 21.000 € erfolgen.
i) 0 Am 31.12.02 muss eine Zuschreibung in Höhe von 35.000 € erfolgen.
j) 0 Am 31.12.02 darf keine Zuschreibung erfolgen, da das Stetigkeitsprinzip verletzt wird.
k) 0 Am 31.12.02 besteht kein Bedarf für eine Zuschreibung.

Aufgabe 22 (Zuschreibungen beim revaluation model)
Eine Fertigungsanlage wird am 1.7.01 für 240.000 € erworben. Die Nutzungsdauer beträgt acht Jahre und die Abschreibung erfolgt linear. Am 31.12.02 beträgt der Zeitwert der Anlage nach einem Sachverständigengutachten 266.500 €. Latente Steuern sind zu vernachlässigen.

a) Führen Sie die Neubewertung zum 31.12.02 durch. Wie heißt der Wert, der bei der Bewertung angewendet wird? Welcher spezielle Passivposten ist zu bilden?
b) Wie hat die Bewertung der Anlage zum 31.12.03 zu erfolgen? Wie entwickelt sich der zugehörige Passivposten, wenn von einer Umbuchung ausgegangen wird?

Aufgabe 23 (Revaluation model)
Am 31.12.01 beträgt der Buchwert eines Gebäudes 400.000 €. Der beizulegende Zeitwert (fair value) ist 450.000 €. Die Restnutzungsdauer ist unstrittig zwanzig Jahre, die Abschreibung erfolgt linear. Am 31.12.04 werden die folgenden fair values festgestellt: Fall a): 392.500 € − Fall b): 382.500 € − Fall c): 370.000 € − Fall d): 340.000 € − Fall e): 323.000 €. Ohne Komponentenansatz, ohne latente Steuern.

- Geben Sie für die verschiedenen Fälle die bilanzielle Behandlung der relevanten Posten zum 31.12.04 an. Das Neubewertungsmodell wird angewendet und eine anteilige Umbuchung der Neubewertungsrücklage erfolgt.
- In welchen der Fälle ergeben sich Erfolgswirkungen? Geben Sie die Beträge an.

Aufgabe 24 (Revaluation model)
Eine Sachanlage wird am Anfang 01 für 500.000 € erworben (Anschaffungskosten). Die Nutzungsdauer beträgt zwanzig Jahre (lineare Methode). Das Neubewertungsmodell wird angewendet. Die fair values entwickeln sich wie folgt: 31.12.04: 480.000 €, 31.12.06: 336.000 €, 31.12.08: 350.000 €. Die Neubewertungsrücklage wird umgebucht.

Wie wird die Sachanlage am 31.12.04, 31.12.06, 31.12.08 bewertet? Welche Erfolgswirkungen treten zu diesen Stichtagen ein? Latente Steuern sind zu vernachlässigen.

Aufgabe 25 (Anlagenverkauf)
Die A-AG bewertet ihre Maschinen nach dem revaluation model. Der Buchwert einer Maschine beträgt am 31.12.05: 180.000 € (revaluation surplus 30.000 €). Anfang 06 findet ein unvorhergesehener Verkauf der Maschine statt. Bankgutschriften: a) 180.000 €, b) 160.000 €, c) 140.000 €. Steuern sind zu vernachlässigen. Wie wird jeweils gebucht?

Aufgabe 26 (Sachanlagen und latente Steuern)
Der vorläufige Buchwert einer Maschine (= Steuerwert) beträgt bei der Z-AG Ende 03: 400.000 €. Bei der ersten Neubewertung wird ein fair value von 520.000 € festgestellt. Die Abschreibung erfolgt linear und die Restnutzungsdauer ist acht Jahre (Steuersatz 30%).

a) Wie lautet die Buchung Ende 03 mit latenten Steuern?
b) Welche Buchungen sind in 04 auszuführen, wenn Wahlrechte genutzt werden?

Aufgabe 27 (Abwertung von Sachanlagen mit latenten Steuern)
Die X-AG hat für eine neubewertete Maschine Ende 06 die folgenden Daten ermittelt: Buchwert 880.000 €, Neubewertungsrücklage 56.000 €, passive latente Steuer 24.000 € (Steuersatz 30%). Bei der Neubewertung wird ein fair value von 800.000 € ermittelt. Der Steuerwert entspricht den fortgeführten Anschaffungskosten. Wie wird gebucht?

Aufgabe 28 (Abwertung von Sachanlagen mit latenten Steuern)
Es gelten die Angaben der vorigen Aufgabe mit folgender Änderung: Bei der Neubewertung wird ein fair value (= Teilwert) in Höhe von 700.000 € ermittelt. Die Wertminderung ist nicht als dauernd einzustufen. Welche Buchungen sind auszuführen?

Aufgabe 29 (Abwertung von Sachanlagen mit latenten Steuern)
Bei einer neubewerteten Maschine wird festgestellt, dass der fair value (= Teilwert) unter die fortgeführten Anschaffungskosten gesunken ist. Die Wertminderung ist als voraussichtlich dauernd einzustufen. Erläutern Sie, welche latenten Steuern auftreten.

Aufgabe 30 (Neubewertung und latente Steuern)
Der Buchwert einer Maschine beträgt zum 31.12.04: 100.000 € (fair value: 150.000 €). Das revaluation model wird angewendet (Steuersatz 30%), die restliche Nutzungsdauer umfasst zehn Jahre bei linearer Abschreibung.

a) Welche latenten Steuern werden Ende 04 in der IFRS-Bilanz gebildet?
b) Wie werden die latenten Steuern in 05 aufgelöst? Geben Sie die Buchung für 05 an.

Aufgabe 31 (Diverse Aussagen zu Abschreibungen)
Welche der folgenden Aussagen über die Abschreibung von <u>Sachanlagen</u> sind richtig? Kreuzen Sie entsprechend an.

a) 0 Die handelsrechtliche geometrisch-degressive Abschreibung und die diminishing balance method nach IFRS unterscheiden sich grundlegend.
b) 0 Die arithmetisch-degressive Abschreibungsmethode ist weder bei IFRS noch im HGB erlaubt.
c) 0 Im HGB ist eine Neubewertung von Sachanlagen möglich.
d) 0 Nach einer außerplanmäßigen Abschreibung müssen im HGB (begrenzte) Zuschreibungen erfolgen, wenn der Abschreibungsgrund später entfällt.
e) 0 In die revaluation surplus nach IFRS wird der Unterschiedsbetrag aus fair value und Buchwert (nach planmäßiger Abschreibung) eingestellt (revaluation model).
f) 0 Die anteilige Auflösung der revaluation surplus wird bei IFRS erfolgswirksam über die GuV-Rechnung vorgenommen.
g) 0 Die straight-line method ist bei IFRS und im HGB ein zweckmäßiges Abschreibungsverfahren, wenn eine gleichmäßige Entwertung des Postens erfolgt.
h) 0 Außerplanmäßige Abschreibungen sind im HGB immer vorzunehmen, wenn eine unvorhergesehene Wertminderung voraussichtlich von Dauer ist.
i) 0 Unbegrenzte Zuschreibungen sind im HGB vorzunehmen, wenn der Grund für die außerplanmäßige Abschreibung später wieder entfällt.
j) 0 Bei IFRS muss im cost model außerplanmäßig abgeschrieben werden, wenn der recoverable amount kleiner ist als der Buchwert nach planmäßiger Abschreibung.
k) 0 Unbegrenzte Zuschreibungen sind im HGB nur bei Kapitalgesellschaften vorzunehmen, wenn der Grund für die außerplanmäßige Abschreibung später wieder entfällt.

Aufgabe 32 (Assets held for sale)
Ein Fabrikgebäude steht ab 31.12.05 zum Verkauf. Der Buchwert beträgt zu diesem Zeitpunkt 190.000 € (Bewertung nach cost model). Ende 05 wird ein fair value von 220.000 € (Fall I) bzw. 150.000 € (Fall II) ermittelt (Veräußerungskosten jeweils 5.000 €). Die Voraussetzungen für ein asset held for sale sind erfüllt.

a) Wie wird das Gebäude zum 31.12.05 im Fall I bewertet?
b) Wie wird das Gebäude zum 31.12.05 im Fall II bewertet?
c) Wie wäre im Fall II vorzugehen, wenn das Gebäude zum 31.12.06 noch vorhanden und der fair value (abzüglich Veräußerungskosten) auf 170.000 € gestiegen ist?
d) Welche planmäßigen Abschreibungen entstehen in 05 bei Verkaufsabsicht ab 1.10.05?

Aufgabe 33 (Intangible assets)

Die A-AG erwirbt am 10.3.01 ein Recht für 300.000 € zzgl. 19% USt. Die Nutzungsdauer beträgt acht Jahre, die Abschreibung erfolgt linear (monatsgenau in 01). Am 31.12.02 ist der beizulegende Zeitwert abzüglich Veräußerungskosten 200.000 €, der Nutzungswert 190.000 €. Am 31.12.04 entfällt der Grund, der zu den verringerten Werten am 31.12.02 geführt hatte. Es gilt: Voller Vorsteuerabzug, Bewertung nach cost model.

a) Entwickeln Sie die Werte bis zum 31.12.02. Was ist am 31.12.02 zu veranlassen?
b) Was ist am 31.12.04 zu veranlassen, wenn der Wert des Rechts wieder auf die fortgeführten historical costs gestiegen ist?

Aufgabe 34 (Development costs)

Die Invent-AG ist im Flugzeugbau tätig. Am 1.3.01 beginnt die Erforschung des Strömungsverhaltens an Flügeln für Passagierflugzeuge. Direkter Aufwand pro Monat: 100.000 €. Am 28.2.02 liegen die Erkenntnisse in Form eines Abschlussberichts vor. Ab 1.3.02 wird der Prototyp eines neuen Flügels entwickelt. Am 30.7.02 ist die Entwicklung erfolgreich abgeschlossen. Monatliche Aufwendungen: Einzelkosten: 96.000 €, produktive Gemeinkosten: 120.000 €, Gemeinkosten im Verwaltungsbereich 180.000 €. Die Entwicklung wird im Unternehmen ab dem 1.8.02 genutzt (gleichmäßige Entwertung über zehn Jahre, monatsgenau in 02). Die Ansatzvorschriften sind ab dem 1.3.02 erfüllt.

a) Welche Posten sind nach IFRS zu bilanzieren? Wie sind sie zu bewerten?
b) Welche latenten Steuern entstehen bei diesen Posten (Steuersatz 30%)?

Aufgabe 35 (Intangible Assets mit unbegrenzter Nutzungsdauer)

Die Invent-AG hat am 1.4.01 ein intangible asset für 200.000 € (Anschaffungskosten) erworben, das eine unbegrenzte Zeit nutzbar ist. Die Werte des immateriellen Vermögenswerts entwickeln sich wie folgt: 31.12.01: 150.000 €, 31.12.02: 180.000 €, 31.12.03: 220.000 €. Das cost model wird angewendet. Wie ist Ende 01, 02 und 03 zu bewerten?

Aufgabe 36 (Cash generating units)

Bei der Gesundheits-AG bilden die assets der folgenden Tabelle zusammen eine cash generating unit (CGU). Die einzelnen Buchwerte, die einzelnen Nettoveräußerungspreise und der gesamte Nutzungswert der Vermögenswerte lassen sich zum 31.12.03 der Tabelle entnehmen. Ein derivativer Firmenwert ist nicht vorhanden. Alle Angaben in Euro.

	Patent XY	Maschine 1	Maschine 2	Maschine 3
Buchwert	250.000	150.000	220.000	180.000
Nettoveräußerungspreis	200.000	120.000	160.000	140.000
Nutzungswert		660.000		

a) Prüfen Sie, ob eine außerplanmäßige Abschreibung zum 31.12.03 vorzunehmen ist.
b) Führen Sie gegebenenfalls die außerplanmäßige Abschreibung durch und prüfen Sie, ob die Wertuntergrenzen für die assets der CGU eingehalten werden.

Aufgabe 37 (Diverse Aussagen zu intangible assets)
Welche der folgenden Aussagen sind richtig, wenn die intangible assets eine begrenzte Nutzungsdauer aufweisen? Kreuzen Sie entsprechend an.

a) 0 Intangible assets müssen nach IFRS immer linear abgeschrieben werden.
b) 0 Intangible assets sind außerplanmäßig abzuschreiben, wenn im cost model der recoverable amount unter dem Buchwert (nach planmäßiger Abschreibung) liegt.
c) 0 Entwicklungskosten sind nach IFRS im Aktivierungsfall nur mit den Einzelkosten zu bewerten.
d) 0 Für intangible assets kann das Neubewertungsmodell nur angewendet werden, wenn ein aktiver Markt vorhanden ist.
e) 0 Entwicklungskosten sind nach IFRS im Aktivierungsfall mit den produktionsbedingten Vollkosten zu bewerten.
f) 0 Ist der Grund für die außerplanmäßige Abschreibung eines intangible assets wieder entfallen, muss im cost model eine Zuschreibung erfolgen, die unbegrenzt ist.
g) 0 Intangible assets können nie nach der Neubewertungsmethode bewertet werden.
h) 0 Ist der Grund für die außerplanmäßige Abschreibung eines intangible assets wieder entfallen, muss im cost model eine Zuschreibung erfolgen, die begrenzt ist.
i) 0 Der Nutzungswert von intangible assets ist im Rahmen von cash generating units zu ermitteln, wenn eine Einzelbewertung nicht möglich ist.
j) 0 Bei frei handelbaren öffentlichen Lizenzen bildet sich im Regelfall ein aktiver Markt, so dass eine Neubewertung dieser intangible asset möglich ist.
k) 0 Der Nutzungswert von intangible assets kann im Rahmen von cash generating units ermittelt werden, auch wenn eine Einzelbewertung möglich ist.
l) 0 Der recoverable amount eines intangible assets ergibt sich als höherer Wert aus value in use und fair value des betreffenden Postens.
m) 0 Intangible assets sind außerplanmäßig abzuschreiben, wenn im cost model der recoverable amount über dem Buchwert (nach planmäßiger Abschreibung) liegt.

Aufgabe 38 (Impairment von Firmenwerten)

Die X-AG hat ein Unternehmen erworben, das aus zwei Niederlassungen besteht, die jeweils eine cash generating unit (CGU) darstellen. Die relevanten assets und Werte der CGUs lassen sich zum 31.12.04 der folgenden Abbildung entnehmen.

	CGU_1		CGU_2	
	Asset A_1	Asset A_2	Asset B_1	Asset B_2
Buchwert	100.000 €	200.000 €	150.000 €	250.000 €
Firmenwert		120.000 €		80.000 €
Recoverable amount	130.000 €	210.000 €	140.000 €	220.000 €

a) Prüfen Sie, ob ein impairment bei den jeweiligen Firmenwerten vorliegt und nehmen Sie eventuelle außerplanmäßige Abschreibungen vor.
b) Welche Mindestbedingung muss bei der buchwertproportionalen Abschreibung der assets einer CGU beachtet werden? Wie wirkt sie sich bei der CGU_2 aus?

Aufgabe 39 (Zuschreibungen von CGUs)

Wie ist vorzugehen, wenn nach einer vollständigen Abschreibung des Firmenwerts und einer buchwertproportionalen Abschreibung der assets einer cash generating unit der Grund für die Abschreibung später wieder entfällt?

a) Erfolgt eine Zuschreibung bei den assets der CGU?
b) Erfolgt eine Zuschreibung des Firmenwerts?

Aufgabe 40 (Firmenwert nach IFRS und HGB)

Die Purchase-AG erwirbt am 1.4.04 ein Unternehmen, wobei unstrittig ein Firmenwert von 540.000 € entsteht. In den Folgejahren sind keine Anzeichen für eine Wertminderung des Firmenwerts zu erkennen. Seine Nutzungsdauer wird speziell nachgewiesen und beträgt fünfzehn Jahre. Der Ertragsteuersatz beträgt 30%.

a) Wie wird der Firmenwert nach IFRS bewertet?
b) Wie wird der Firmenwert nach HGB bewertet (lineare Abschreibung, monatsgenau)?
c) Welche latenten Steuern entstehen Ende 04 und Ende 05?

Aufgabe 41 (Zuordnung von Wertpapieren)

Die Invest-AG erwirbt am 1.7.01 Aktien für 200.000 € und Obligationen für 300.000 €. Beide Wertpapiere sollen der Kategorie "at amortised cost" zugeordnet werden, weil die

AG jährliche Zahlungen erzielen will. Können beide Wertpapierarten zu fortgeführten Anschaffungskosten bewertet werden?

Aufgabe 42 (Eigenkapitalinstrumente zum fair value)
Die Interworld-AG erwirbt am 1.10.01 umsatzsteuerfrei 10.000 Aktien der A-AG zu je 13,5 €. Es fallen zusätzliche Nebenkosten in Höhe von 5.000 € an. Die Aktien werden erfolgsneutral zum fair value bewertet. Am 31.12.01 ist der beizulegende Zeitwert der Aktien auf 16 € pro Stück gestiegen.

a) Wie werden die Aktien Ende 01 bewertet?
b) Wie wird Ende 01 gebucht?

Aufgabe 43 (Eigenkapitalinstrumente zum fair value)
Es gelten die Angaben der vorigen Aufgabe, aber jetzt ist der Wert der Aktie am Jahresende auf 11 € je Stück gefallen. Wie wird in diesem Fall bewertet und gebucht?

Aufgabe 44 (Verkauf von Eigenkapitalinstrumenten)
Die A-AG bewertet ihre Aktien erfolgsneutral. Am 31.12.01 ist der fair value 80.000 €. Die Anschaffungskosten haben Mitte 01: 92.000 € betragen. Wie wird der Verkauf Anfang 02 verbucht, wenn ein Verkauf für 80.000 € stattfindet (Bankzahlung)?

Aufgabe 45 (Verkauf von Eigenkapitalinstrumenten)
Es gelten die Daten der vorigen Aufgabe. Aber jetzt erfolgt ein Verkauf für 84.000 €. Wie wird der Verkauf gebucht?

Aufgabe 46 (Eigenkapitalinstrumente zum fair value)
Die B-AG hat Mitte 01 Aktien für 100.000 € erworben, deren Bewertung erfolgsneutral zum fair value erfolgen soll. Ende 01 ist der fair value auf 110.000 € gestiegen, Ende 02 auf 94.000 € gesunken. Mitte 03 werden die Aktien für 96.000 € veräußert (Bankgutschrift). Wie lauten die Buchungen Ende 01, 02 und Mitte 03?

Aufgabe 47 (Schuldinstrumente zum fair value)
Die C-AG erwirbt in 01 eine Schuldverschreibung für 59.500 € zzgl. 500 € Nebenkosten. Die Bewertung erfolgt zum fair value, der Ende 01 auf 80.000 € gestiegen ist.

Wie werden der Erwerb Mitte 01 und die Wertsteigerung Ende 01 gebucht?

Aufgabe 48 (Schuldinstrumente zum fair value)
Es gelten die Angaben der vorigen Aufgabe. Aber jetzt ist der fair value auf 51.000 € gesunken. Wie wird Ende 01 gebucht?

Aufgabe 49 (Schuldinstrumente zum fair value)
Die C-AG erwirbt in 01 eine Schuldverschreibung für 99.200 € (Nebenkosten 800 €), die zum fair value bewertet wird. Ende 01 ist der fair value auf 98.000 € gesunken. Die C-AG aktiviert 98.000 € und passiviert eine negative fair value-Rücklage von 2.000 €. Stimmen Sie zu? Wenn nicht, wie lautet der zugehörige Buchungssatz?

Aufgabe 50 (Berechnung von amortised cost)
Die Investment-AG erwirbt Anfang 01 festverzinsliche Wertpapiere, die zur Kategorie "at amortised cost" gehören. Für diese Wertpapiere gilt: Nennwert 50.000 €, Disagio 2% des Nennwerts, nominelle Verzinsung 7%, Laufzeit vier Jahre, nachschüssige Zinszahlung (am Jahresende).

Berechnen Sie den effektiven Zinssatz und stellen Sie anschließend die bilanziellen Bewertungen Ende 01 bis Ende 04 in einer geeigneten Tabelle dar, welche auch die nominellen und effektiven Zinsen enthält.

Aufgabe 51 (Wertpapiere und latente Steuern)
Eine Aktiengesellschaft erwirbt am 1.10.01 eine Obligation für 40.000 €, die zur Kategorie "at fair value" gehört. Die Kursentwicklungen lauten: 31.12.01: 30.000 €, 31.12.02: 55.000 €. Der Ertragsteuersatz beträgt 30%. Die Wertminderung am 31.12.01 ist nicht dauerhaft. Anfang 03 werden die Wertpapiere für 55.000 € veräußert.

a) Welche Bewertungen sind in der IFRS-Bilanz und Steuerbilanz vorzunehmen?
b) Welche latenten Steuern entstehen? Sind sie erfolgswirksam oder -neutral zu bilden?

Aufgabe 52 (Aussagen zu Finanzinstrumenten)
Welche der folgenden Aussagen sind richtig? Kreuzen Sie entsprechend an.

a) 0 Aktien können beim Erwerb der Kategorie "at amortised cost" zugeordnet werden.
b) 0 Schuldverschreibungen können zur Kategorie "at fair value" gehören.
c) 0 Wertsteigerungen von längerfristig gehaltenen Eigenkapitalinstrumenten der Kategorie "at fair value" können erfolgsneutral oder erfolgswirksam behandelt werden.
d) 0 Wertminderungen von Schuldinstrumenten der Kategorie "at fair value" können erfolgsneutral oder erfolgswirksam behandelt werden.

e) 0 Beim Erwerb von Eigenkapitalinstrumenten der Kategorie "at fair value" werden Nebenkosten aktiviert, wenn eine erfolgsneutrale Bewertung gewählt wird.

f) 0 Beim Erwerb von Eigenkapitalinstrumenten der Kategorie "at fair value" werden Nebenkosten aktiviert, wenn eine erfolgswirksame Bewertung gewählt wird.

Aufgabe 53 (Aussagen zu Finanzinstrumenten)
Füllen Sie die Lücken in den folgenden Aussagen.

a) Financial assets held for trading sind zum .... zu bewerten und Wertsteigerungen bzw. Wertminderungen sind .... zu behandeln.
b) Steigt der Kurswert einer Obligation der Kategorie "at amortised cost", ist der gestiegene Wert ....
c) Wertsteigerungen von Eigenkapitalinstrumenten können .... oder .... behandelt werden, wenn eine längere Anlageabsicht besteht.
d) Bei Fremdkapitalinstrumenten der Kategorie "at amortised cost" entsteht beim Erwerb ...., wenn der Nominalzinssatz des Wertpapiers .... dem Marktzins liegt.
e) Bei der Veräußerung von Eigenkapitalinstrumenten, die erfolgsneutral behandelt werden, führt ein Gewinn zu einer Erhöhung der ....
f) Bei der Veräußerung von Fremdkapitalinstrumenten der Kategorie "at amortised cost", ist ein Gewinn .... zu behandeln.

Aufgabe 54 (Aktientermingeschäft)
Die A-AG schließt am 1.12.01 ein Termingeschäft über den Kauf von 2.000 Z-Aktien zum Terminkurs von 50 €/Stück ab. Im Erfüllungszeitpunkt, dem 1.2.02, wird die Differenz zwischen dem Tageskurs und dem vertraglich vereinbarten Terminkurs ausgeglichen. Die relevanten Tageskurse sind: Fall I: 31.12.01: 40 € je Stück, 1.2.02: 46 € je Stück – Fall II: 31.12.01: 57 € je Stück, 1.2.02: 59 € je Stück.

a) Welches Geschäft liegt vor und welche Merkmale muss es aufweisen?
b) Wie bewertet die A-AG in den Fällen I und II am 31.12.01 (Bilanzstichtag)?
c) Wie wird in den Fällen I und II am Erfüllungstag gebucht?

Aufgabe 55 (Beteiligungen)
Die Fahrzeug-AG erwirbt am 1.8.01: 30% der Aktien an der Motoren-AG, um einen Einfluss auf die Motorenfertigung für ihre Fahrzeuge zu erhalten. Die Anschaffungskosten

der Beteiligung betragen 800.000 €. Am 31.12.01 steigt der Wert der Beteiligung auf 840.000 €. Wie ist die Beteiligung Ende 01 im Einzelabschluss zu bewerten?

Aufgabe 56 (Investment properties)
Die X-AG erwirbt am 1.10.02 ein Mietgebäude zu Anlagezwecken (Preis: 580.000 €, Notarkosten: 9.700 €, Grunderwerbsteuer: 20.300 €), das zu den investment properties gehört. Ende 02 ist der Wert auf 620.000 € gestiegen, Ende 03 auf 560.000 € gesunken. Ohne Umsatzsteuer. Das fair value model wird angewendet.

a) Wie ist das Gebäude Ende 02 bzw. Ende 03 zu bewerten?
b) Welche Erfolge entstehen in 02 bzw. 03?

Aufgabe 57 (Investment properties mit latenten Steuern)
Es gelten die Daten der vorigen Aufgabe. Welche latenten Steuern entstehen Ende 02 und Ende 03 in der IFRS-Bilanz? <u>Hinweis:</u> Nach § 7 Abs. 4 Satz 1 Nr. 2a EStG sind betriebliche Wohngebäude grundsätzlich mit 2% der Anschaffungskosten abzuschreiben.

Aufgabe 58 (Investment properties)
Stellen Sie die Unterschiede zwischen dem Neubewertungsmodell nach IAS 16 und dem fair value model nach IAS 40 gegenüber. Füllen Sie die Lücken im Schema aus.

	Revaluation model (IAS 16)	Fair value model (IAS 40)
Behandlung erstmaliger Wertsteigerungen		
Planmäßige Abschreibung		
Behandlung von Wertminderungen		

Aufgabe 59 (Inventories nach IFRS)
Der Anfangsbestand der Rohstoffe der X-AG ist null zu Beginn des Jahres 01. Es werden die folgenden Beschaffungen vorgenommen (Mengen und Anschaffungskosten): 2.000 kg à 250 €/kg, 700 kg à 300 €/kg und 1.300 kg à 280 €/kg. Der Endbestand beträgt 1.600 kg.

a) Wie ist der Endbestand mit der gewogenen Durchschnittsmethode zu bewerten?
b) Wie ist der Endbestand mit der Fifo-Methode zu bewerten?

Aufgabe 60 (Abschreibung von inventories)
Die Herstellungskosten eines unfertigen Erzeugnisses betragen am 31.12.01: 5.000 €. Für die Fertigstellung in 02 werden noch produktionsbedingte Aufwendungen von 3.000 € anfallen. Für den Transport zum Kunden sind 800 € zu kalkulieren. Die Absatzpreise für das Fertigerzeugnis betragen: Fall a) 7.500 €, Fall b) 9.500 €. Ohne Umsatzsteuer.

a) Wie ist das unfertige Erzeugnis am 31.12.01 in beiden Fällen zu bewerten?
b) Erläutern Sie die retrograde Bewertung anhand der Daten.

Aufgabe 61 (Bewertung von inventories)
Die Anschaffungskosten für ein Kilogramm eines Rohstoffs betragen am 31.12.01: 500 € je kg. Hundert Kilogramm befinden sich noch auf Lager. Die Wiederbeschaffungskosten betragen am Bilanzstichtag 450 € je kg. Für die Herstellung einer Einheit des A-Produkts wird ein Kilogramm des Rohstoffs benötigt. Bei der Fertigung fallen weitere Aufwendungen von 1.200 € an. Die Absatzpreise für das in 02 zu veräußernde A-Produkt ergeben sich wie folgt: Fall a) 1.750 € – Fall b) 1.600 € (jeweils netto).

Wie sind die Rohstoffe in beiden Fällen zu bewerten?

Aufgabe 62 (Diverse Aussagen zu inventories)
Welche der folgenden Aussagen sind richtig? Kreuzen Sie entsprechend an.

a) 0 Bei IFRS ist die Lifo-Methode ein zulässiges Verbrauchsfolgeverfahren.
b) 0 Eine Abwertung von Rohstoffen wird bei IFRS speziell als außerplanmäßige Abschreibung gebucht.
c) 0 Eine Wertaufholung bei Rohstoffen wird bei IFRS als Minderung des Materialaufwands behandelt.
d) 0 Bei IFRS ist die Fifo-Methode ein zulässiges Verbrauchsfolgeverfahren.
e) 0 Sind die Wiederbeschaffungskosten von Werkstoffen bei IFRS gesunken, muss immer eine außerplanmäßige Abschreibung erfolgen.
f) 0 Der Nettoveräußerungserlös ist bei IFRS für die Bewertung von Fertigerzeugnissen relevant, wenn er unter den Herstellungskosten liegt.
g) 0 Eine Wertaufholung von Rohstoffen ist bei IFRS in unbegrenzter Höhe zu berücksichtigen.
h) 0 Im Handelsrecht sind Vorräte nach dem strengen Niederstwertprinzip zu bewerten.
i) 0 Eine Wertaufholung bei Fertigerzeugnissen wird bei IFRS als Bestandsänderung (Bestandserhöhung) behandelt.
j) 0 Im Handelsrecht ist die Lifo-Methode ein zulässiges Verbrauchsfolgeverfahren.

Aufgabe 63 (Langfristfertigung)

Die X-AG erhält den Auftrag, in Würzburg eine neue Brücke über den Main zu bauen. Fertigungsbeginn: 1.7.01, Fertigungsende: 30.6.03. Aufwendungen: 4.000.000 €, Erlöse: 6.000.000 €. Die Erlöse werden mit der Abnahme der Brücke am 30.6.03 fällig. Die Aufwendungen betragen in 01: 500.000 €, in 02: 2.500.000 € und 03: 1.000.000 €. Die Fertigung verläuft nach Plan.

a) Tragen Sie die Erfolgsausweise für die einzelnen Geschäftsjahre nach der percentage-of-completion method (Anwendung der cost to cost-method) und der completed-contract method in das Schema ein. Ohne latente Steuern und USt.

		Percentage-of-completion	Completed-contract
Periode 01	Erträge		
	Aufwendungen		
	Gewinn 01		
Periode 02	Erträge		
	Aufwendungen		
	Gewinn 02		
Periode 03	Erträge		
	Aufwendungen		
	Gewinn 03		
Perioden 01-03	Gesamtgewinn		

b) Wie erfolgen die bilanzielle Bewertung und der bilanzielle Ausweis zum 31.12.02 nach beiden Verfahren? Wie entwickeln sich die Posten in 03?

Aufgabe 64 (Langfristfertigung)

Es gelten die Daten der vorigen Aufgabe. Allerdings fallen jetzt Verwaltungskosten in Höhe von 250.000 € pro Jahr an. Bei der completed-contract method wird die Bewertung nach dem HGB mit hohem Vermögensausweis gewählt.

Welche Erfolge ergeben sich jetzt in den einzelnen Jahren?

Aufgabe 65 (Percentage-of-completion method)

Die Construction-AG plant die Durchführung einer Langfristfertigung. Der Gesamtaufwand wird auf 2.000.000 € geschätzt, die Gesamterträge auf 2.700.000 €. Die zeitliche Verteilung der geplanten und später tatsächlich erzielten Aufwendungen gibt die folgende Übersicht wieder. Erst am Ende der jeweiligen Periode sind die tatsächlichen Aufwendungen bekannt. Für die nächste Periode werden die Plankosten zugrunde gelegt.

	01	02	03	Summe
Geplante Kosten	600.000	800.000	600.000	2.000.000
Tatsächliche Kosten	700.000	750.000	650.000	2.100.000

a) Wie hoch ist der Gewinn in den einzelnen Perioden, wenn die Aufwandsverteilung nach der cost to cost-method erfolgt? Ohne latente Steuern.
b) Welche betriebliche Voraussetzung muss für die Anwendung der percentage-of-completion method erfüllt sein?

Aufgabe 66 (Langfristfertigung und latente Steuern)

Bei einer Langfristfertigung wird bei IFRS Ende 01 eine Forderung von 5.400.000 € ausgewiesen. Steuerrechtlich wird ein unfertiges Erzeugnis von 5.000.000 € aktiviert. Welche latente Steuer entsteht Ende 01 (s = 30%)? Wann wird die Steuer wieder aufgelöst?

Aufgabe 67 (Pensionsrückstellung)

Die Freundlich-AG gewährt einem Arbeitnehmer eine betriebliche Rente ab dem 65. Lebensjahr. Die Rente wird jährlich nachschüssig gezahlt (12.000 €) und hat eine Laufzeit von fünf Jahren (Zinssatz 6%). Wie hoch ist der maximale Wert der Pensionsrückstellung?

Aufgabe 68 (Buchung der Pensionsrückstellung)

Die X-AG muss Ende 05 für den Arbeitnehmer Meier erstmals eine Zuführung zur Pensionsrückstellung in Höhe von 8.450 € vornehmen. Wie wird gebucht?

Aufgabe 69 (Forderungen nach IFRS)

Die X-AG schließt am 1.11.01 mit der Y-AG einen Kaufvertrag über Waren im Wert von 100.000 € zzgl. 19% USt ab. Die X-AG liefert die Ware am 1.12.01. Zum 31.12.01 ist unklar, ob die Y-AG zahlen kann. Es wird ein Forderungsausfall von 50% unterstellt.

a) Wann entsteht die Forderung und wie wird sie zum 31.12.01 bewertet?
b) Wie lauten die zugehörigen Buchungen?

Aufgabe 70 (Forderungen und Zahlungseingang)
In 02 werden von der Forderung aus der vorhergehenden Aufgabe die folgenden Beträge endgültig vereinnahmt (inklusive 19% USt): Fall a) 83.300 € - Fall b) 41.650 €. Geben Sie für beide Fälle die Buchungssätze an.

Aufgabe 71 (Disagio nach IFRS)
Am 1.1.01 emittiert die Finanz-AG eine Anleihe von nominell 200.000 €. Die Laufzeit beträgt fünf Jahre, der nominelle Zinssatz 10%. Der Marktzins beträgt 14%. Die Zinszahlungen erfolgen jährlich nachschüssig.

a) Wie hoch ist das Disagio (discount) Anfang 01?
b) Wie erfolgt die Bewertung der Verbindlichkeit zu den einzelnen Zeitpunkten?

Aufgabe 72 (Verbindlichkeitsbewertung nach IFRS)
Die Schuld-AG nimmt Anfang 01 einen Kredit auf: Nennwert (Rückzahlungsbetrag) 100.000 €, Nominalzins 7%, Auszahlung zu 97.000 € (Disagio 3.000 €), Laufzeit fünf Jahre, nachschüssige Zinszahlungen.

Berechnen Sie den Effektivzins und stellen Sie in einer Tabelle die Entwicklung der Verbindlichkeit (ab Anfang 01) dar. Zeigen Sie die Entwicklung der nominellen und effektiven Zinsen und des Disagios.

Aufgabe 73 (Aussagen zu Verbindlichkeiten)
Füllen Sie die Lücken in den folgenden Aussagen.

a) Liegt der nominelle Zins einer langfristigen Verbindlichkeit unter dem Marktzins, entsteht .... (ein discount/ein premium/weder discount noch premium).
b) Entspricht der Nominalzins einer langfristigen Verbindlichkeit dem Marktzins, entsteht .... (ein discount/ein premium/weder discount noch premium).
c) Ist bei einer Verbindlichkeitsaufnahme ein premium zu berücksichtigen, wird die Verbindlichkeit im Zeitablauf auf den Nennwert .... (abgeschrieben/zugeschrieben).

Aufgabe 74 (Fremdwährungsverbindlichkeiten)
Die International-AG bestellt am 1.10.01 in den USA eine Maschine, die am 1.12.01 geliefert wird. Der Preis beträgt 400.000 USD, der Kurs ist 1 : 1 im Erwerbszeitpunkt

(USD : EUR). Die Bezahlung der Verbindlichkeit erfolgt am 31.3.02. Am 31.12.01 hat sich der Kurs wie folgt verändert:
Fall I: USD : EUR = 1 : 1,2.
Fall II: USD : EUR = 1 : 0,8.

a) Wie ist die Bewertung der Verbindlichkeit nach IFRS am 1.12.01 vorzunehmen?
b) Wie ist die Bewertung der Verbindlichkeit nach IFRS am 31.12.01 in den Fällen I und II vorzunehmen?

Aufgabe 75 (Fremdwährungsverbindlichkeiten)
Wie werden Kursgewinne bzw. Kursverluste bei kurzfristigen Fremdwährungsverbindlichkeiten im HGB behandelt?

Aufgabe 76 (Eigenkapitalbeschaffungskosten)
Die X-AG hat in 01 ihre Aktien an der Börse notieren lassen, wobei eine Kapitalrücklage von 1.500.000 € entstand. Für die Aktienplatzierung wurden an ein Bankenkonsortium 100.000 € gezahlt (Banküberweisung).

a) Wie werden die Eigenkapitalbeschaffungskosten im HGB behandelt?
b) Wie werden die Eigenkapitalbeschaffungskosten bei IFRS behandelt?

Aufgabe 77 (Eigene Anteile)
Die Inter-AG hat die folgenden Aktien ausgegeben: 200.000 Stück zum Nennwert von 5 € pro Stück. Bei der Ausgabe wurde ein Agio von 13 € pro Aktie erzielt. Die Inter-AG erwirbt später 1.000 eigene Aktien zum Kurswert von 10 € pro Stück (Fall I) bzw. 22 € pro Stück (Fall II) per Bankzahlung. Es sind ausreichend hohe retained earnings vorhanden.

a) Wie sind die Anteile im Fall I) zu behandeln (par value method)? Wie ist zu buchen?
b) Wie sind die Anteile im Fall II) zu behandeln (par value method)? Wie ist zu buchen?
c) Wie lautet die Buchung im Fall II) bei der cost method?

Aufgaben zum fünften Kapitel

Aufgabe 1 (Gesamt- und Umsatzkostenverfahren)
In 01 werden 25.000 Stück eines fertigen Produkts hergestellt, wovon 60% in 01 veräußert werden. In 02 wird die übrige Menge verkauft. Eine Produktion findet in 02 nicht mehr statt. Kosten fallen ebenfalls nicht mehr an. Der Produktionsaufwand beträgt in 01 200.000 €. Absatzpreis pro Stück: 25 €. Ohne Umsatzsteuer und Ertragsteuern.

a) Wie hoch sind die Periodenerfolge in 01 bzw. 02 nach dem Gesamtkostenverfahren?
b) Wie hoch sind die Periodenerfolge in 01 bzw. 02 nach dem Umsatzkostenverfahren?
c) Wie werden die Bestandsänderungen nach dem Gesamtkostenverfahren gebucht? Verwenden Sie die (genauen) Kontenbezeichnungen nach IFRS.

Aufgabe 2 (Lagerbewertung)
Ein Unternehmen produziert in 01: 50.000 Stück eines fertigen Produkts, wovon in 01 30.000 Stück abgesetzt werden. Produktionsaufwand: 150.000 €. Die allgemeinen Verwaltungskosten betragen 50.000 € und die Vertriebskosten 20.000 €.

a) Wie wird die Lagermenge beim Gesamtkostenverfahren bewertet? Findet beim Umsatzkostenverfahren eine Lagerbewertung statt? Welche Erfolgseinflüsse bestehen?
b) Wie werden die allgemeinen Verwaltungskosten bzw. die Vertriebskosten verrechnet?

Aufgabe 3 (Herstellungskosten und Erfolg nach IFRS)
Die X-AG fertigt nur ein einziges Produkt. In 01 werden 10.000 Stück produziert und 8.000 Stück abgesetzt (Nettopreis: 50 €/Stück). Die Einzelkosten pro Stück betragen 15 €. Die angemessenen Gemeinkosten (zugleich Fixkosten) belaufen sich auf 200.000 € in 01. Das Eigenkapital beträgt 500.000 €, wobei eine Verzinsung von 10% als marktgerecht angesehen wird. Die X-AG legt eine GuV-Rechnung nach IFRS vor (mit deutschen Postenbezeichnungen) und bittet um eine Analyse des Periodenerfolgs und eine eventuelle Korrektur. Das Gesamtkostenverfahren wird angewendet (ohne Ertragsteuern).

GuV-Rechnung X-AG 01			
Einzelkosten	170.000	Umsatzerlöse	400.000
Gemeinkosten	200.000	(8.000 x 50)	
Eigenkapitalzinsen	50.000	**Periodenverlust 20.000**	
	420.000		420.000

Aufgabe 4 (Gesamt- und Umsatzkostenverfahren)

In 01 werden 8.000 Stück eines Produkts hergestellt. Die Rohstoffe werden für 100.000 € zzgl. 19% USt beschafft (Bankzahlung) und zu 80% verbraucht. Weitere Produktionsaufwendungen fallen nicht an. In 01 werden 6.000 Stück für 120.000 € zzgl. 19% USt veräußert. Die Verwaltungskosten (Personal) betragen 50.000 € in 01 und 02. In 02 wird die übrige Menge verkauft. Eine Produktion findet in 02 nicht statt. Es besteht ein voller Vorsteuerabzug. Ertragsteuern werden vernachlässigt, Zahlungen erfolgen per Bank.

a) Ermitteln Sie die Periodenerfolge für 01 und 02 nach dem Gesamtkostenverfahren nach dem IFRS-Schema einer GuV-Rechnung (report form).
b) Geben Sie für 01 die Buchungssätze für die Beschaffung der Rohstoffe, deren Verbrauch, die Bestandsveränderung und den Absatz an.
c) Ermitteln Sie die Periodenerfolge für 01 bzw. 02 nach dem Umsatzkostenverfahren nach dem IFRS-Schema einer GuV-Rechnung (report form).
d) Geben Sie die Buchungssätze für den Umsatzaufwand in 01 an.

Aufgabe 5 (Buchungen bei GKV und UKV)

Für 01 gelten die folgenden Daten: Materialaufwand: 40.000 €; Personalaufwand (Fertigung): 60.000 € (Bankzahlung); Abschreibungen (auf Maschinen): 50.000 €. Produzierte Menge: 10.000 Stück, von denen die Hälfte auf Ziel veräußert wird (Verkaufspreis: 50 € je Stück zzgl. 19% USt). Verwenden Sie genaue Konten nach IFRS. Ohne Ertragsteuern.

a) Wie lauten die Buchungen für die Aufwendungen und Bestandsänderung in 01 nach dem GKV? Buchen Sie die Veräußerung. Wie hoch ist der Periodenerfolg?
b) Wie lauten die Buchungen beim UKV? Wie hoch ist der Periodenerfolg?
c) Wie hoch ist der Periodenerfolg nach Steuern (Steuersatz 30%)? Wie wird gebucht?

Aufgabe 6 (Finished goods and work in progress)

Der Produktionsaufwand beträgt in 01: 400.000 €, die allgemeinen Verwaltungskosten 01: 100.000 €. Es werden Erlöse von 800.000 € erzielt. Die Bestandserhöhungen sind in 01: Finished goods 100.000 €, work in progress 50.000 €. In 02 werden die finished goods für 200.000 € veräußert und die work in progress mit 50.000 € zu finished goods weiterverarbeitet. Eine Veräußerung dieser Erzeugnisse findet nicht statt. Verwaltungskosten sind in 02 nicht zu berücksichtigen. Erfolgsermittlung nach nature of expense method (ohne Ertragsteuern). Welche der folgenden Aussagen sind richtig?

a) 0 Der Periodengewinn des Jahres 01 ist 400.000 €.
b) 0 Der Periodengewinn des Jahres 01 ist 300.000 €.

c) 0 Der Periodengewinn des Jahres 01 ist 450.000 €.
d) 0 Die Buchungen der Bestandserhöhungen lauten in 01: "Dr Finished goods 100.000, Dr Work in progress 50.000, Cr Changes in inventories of finished goods and work in progress 150.000".
e) 0 Die Buchungen der Bestandserhöhungen lauten in 01: "Dr Finished goods 50.000, Dr Work in progress 100.000, Cr Changes in inventories of finished goods and work in progress 150.000".
f) 0 Der Periodengewinn des Jahres 02 ist 150.000 €.
g) 0 Der Periodengewinn des Jahres 02 ist 100.000 €.
h) 0 Der Periodengewinn des Jahres 02 ist 250.000 €.

Aufgabe 7 (Aussagen zur Erfolgsermittlung nach IFRS)
Welche der folgenden Aussagen sind richtig? Kreuzen Sie entsprechend an.

a) 0 Nach IFRS ist nur die nature of expense method zur Erfolgsermittlung erlaubt.
b) 0 Eine Bestandserhöhung unfertiger Erzeugnisse wird bei IFRS allgemein gebucht: "Dr Changes in inventories of work in progress, Cr Work in progress".
c) 0 Der Periodengewinn im statement of profit or loss entspricht bei IFRS immer der Eigenkapitalmehrung in der Bilanz.
d) 0 Eine Bestandsminderung fertiger Erzeugnisse wird bei IFRS allgemein gebucht: "Dr Changes in inventories of finished goods, Cr Finished goods".
e) 0 Das statement of profit or loss and other comprehensive income kann sich aus zwei Abschlussbestandteilen zusammensetzen.
f) 0 Das other comprehensive income umfasst die Komponenten, die erfolgsneutral in der Bilanz verbucht werden.
g) 0 Die GuV-Rechnung muss immer in Staffelform (report form) dargestellt werden.
h) 0 Der Gesamtgewinn im statement of profit or loss and other comprehensive income nach IFRS entspricht der Eigenkapitalmehrung in der Bilanz.
i) 0 Other comprehensive income wird mit dem Begriff "sonstiges Ergebnis" übersetzt.

Aufgabe 8 (Definitionen)
Erläutern Sie, ob und in welchen Fällen die Definition des income erfüllt ist. Handelt es sich um revenue oder gains?

a) Durchführung einer Beratung durch die Consult-AG in 01. Betrag der Dienstleistung: 50.000 €. Die Bezahlung erfolgt in 02.
b) In 03 findet eine Wertaufholung eines in 01 abgeschriebenen unbebauten Grundstücks (cost model) statt. Unstrittiger Betrag: 30.000 €.

c) Zuzahlung eines GmbH-Gesellschafters zur Finanzierung einer Investition: 100.000 €.
d) Tilgung von betrieblichen Schulden in 01: 10.000 €.
e) In 03 findet eine Wertsteigerung einer Anlage nach dem revaluation model statt (ohne vorherige Wertminderung). Unstrittiger Betrag: 50.000 €.
f) Neubewertung von financial instruments at fair value (Aktien) Ende 03 mit Rücklagenbildung: Unstrittige Wertsteigerung: 40.000 €.

Aufgabe 9 (Gesamtergebnis)
Die X-AG hat in 02 aus der Geschäftstätigkeit Erträge von 420.000 € und Aufwendungen von 180.000 € erzielt. Außerdem wurde in 02 eine Neubewertung von Sachanlagen in Höhe von 90.000 € vorgenommen. Der Ertragsteuersatz beträgt 30%. Wie hoch ist das Gesamtergebnis für 02 aus Sicht einer deutschen AG?

Aufgabe 10 (Abgrenzungsbuchungen)
Geben Sie die Buchungssätze zu den folgenden Geschäftsvorfällen in 01 bzw. 02 an. Wichtige Bilanzkonten sind: Prepaid expenses, deferred income, other receivables, other payables. Die Umsatzsteuer ist zu vernachlässigen.

a) Zahlung der Miete am 1.12.01 per Bank für sechs Monate im Voraus. Summe 9.000 €.
b) Am 28.2.02 erhalten wir die Zinsen für die letzten zwölf Monate: 12.000 € (Bank). Die Kapitalertragsteuer ist zu vernachlässigen.
c) Am 1.11.01 erhält das Unternehmen die Pacht für ein Grundstück für sechs Monate bar im Voraus. Betrag: 6.000 €.
d) Am 31.12.01 besteht ein Anspruch auf die Miete des Monats Dezember: 1.000 €. Die Zahlung erfolgt Mitte Januar 02 (Bankgutschrift).
e) Am 1.7.01 wird die Kfz-Versicherung für ein Jahr im Voraus gezahlt: 1.200 € (Bank).

Aufgabe 11 (Diverse Buchungen nach IFRS)
Geben Sie zu den Geschäftsvorfällen die Buchungssätze an. Es besteht ein voller Vorsteuerabzug bzw. eine volle Umsatzsteuerpflicht (Regelfälle des deutschen UStG). Buchen Sie die Vorsteuer über das Konto "other receivables", die Umsatzsteuer über das Konto "other payables". Es sind genaue Konten aus der Bilanz bzw. der GuV-Rechnung nach IFRS zu verwenden. Das Gesamtkostenverfahren wird angewendet. Möglicherweise auftretende latente Steuern sind zu vernachlässigen.

a) Erwerb einer Maschine am 12.10.01 für 100.000 € zzgl. 19% USt. auf Ziel. Abschreibung nach der diminishing balance method mit 25% (monatsgenau). Am 31.12.01 beträgt der recoverable amount 70.000 €.

b) Selbst erstellte Patente ab 8.4.01: 120.000 € (ansatzpflichtig). Nutzung im eigenen Unternehmen (Nutzungsdauer fünf Jahre), lineare Abschreibung, monatsgenau.
c) Restwert einer Maschine am 1.1.01: 200.000 €, Jahresabschreibung: 40.000 €. Verkauf am 30.03.01 für 210.000 € zzgl. 19% USt. Bankgutschrift.
d) Aufnahme eines Fälligkeitsdarlehens mit mehrjähriger Laufzeit am 1.7.01: 100.000 € zum Marktzins von 12%. Jährlich nachschüssige Zinszahlung. Buchung für 01.
e) Kauf von Aktien im Dezember 01 aus spekulativen Gründen für 20.000 € (Bankzahlung). Am Bilanzstichtag ist der Wert auf 23.000 € gestiegen.
f) Am 31.12.01 sind die Kosten für die Aufstellung des Jahresabschlusses 01 noch nicht berücksichtigt worden. Voraussichtlicher Betrag: 10.000 € zzgl. 19% USt.
g) In 01 hat der Bestand fertiger Erzeugnisse in einem Unternehmen um 5.000 Stück zugenommen. Die Herstellungskosten betragen nach IFRS 15 € je Stück.
h) Am 1.7.01 wird ein betriebliches Wohngebäude für 400.000 € erworben (Bankzahlung). Am 31.12.01 ist der Wert auf 410.000 € gestiegen (fair value model).
i) Am 1.4.01 beginnt eine Langfristfertigung, die am 31.3.03 endet (Entstehung der Forderung aus dem Werkvertrag). Gesamtaufwand: 480.000 €, Gesamterlöse: 720.000 €. Die Aufwendungen entstehen gleichmäßig im Zeitablauf. Anwendung der cost to cost-method. Buchen Sie die Entwicklung der entstehenden Forderungen (receivables) zu den einzelnen Stichtagen (percentage-of-completion method). Geben Sie die Erfolgswirkungen in jeder Periode an. Ohne Umsatzsteuer.

Aufgabe 12 (Buchung latenter Steuern)

Die Gewinne der IFRS-Bilanz bzw. Steuerbilanz weisen durch einen zeitlichen Erfolgseffekt die folgenden Entwicklungen auf. Der Ertragsteuersatz beträgt 30%.

	IFRS-Gewinn	Steuerbilanzgewinn
Periode 01	200.000 €	140.000 €
Periode 02	170.000 €	200.000 €
Periode 03	150.000 €	180.000 €

Geben Sie die Buchungssätze für die effektiven und latenten Steuern an.

Aufgabe 13 (Latente Steuern)

Die Gewinne der IFRS-Bilanz bzw. Steuerbilanz weisen in den Jahren 01 bzw. 02 die folgenden Entwicklungen auf. Der Ausgleich kommt automatisch zustande. Der Ertragsteuersatz beträgt 30%.

	IFRS-Gewinn	Steuerbilanzgewinn
Periode 01	200.000 €	240.000 €
Periode 02	180.000 €	140.000 €

Berechnen Sie die Steuern für den IFRS-Gewinn bzw. Steuerbilanzgewinn. Welche latente Steuer entsteht? Geben Sie die Buchungssätze für die effektiven und latenten Steuern in den beiden Geschäftsjahren an.

Aufgabe 14 (GuV-Rechnung nach GKV)
Die Produkt-AG erstellt in 01 die Produkte A und B. Von A werden 40.000 Stück zu 12 € zzgl. 19% USt abgesetzt, von B 50.000 Stück zu 8 € zzgl. 19% USt. Bei Produkt A ist der Bestand in 01 um 4.500 Stück gewachsen (Herstellungskosten 8 €/Stück), bei Produkt B ist der Bestand um 2.800 Stück gesunken (Herstellungskosten 4 €/Stück). In 01 entstehen Aufwendungen für Personal (200.000 €), für Material (180.000 €) und Abschreibungen für Sachanlagen von 120.000 €. Für kleinere Reparaturen und Wartung der Maschinen und Sonstiges entstehen Aufwendungen von 18.000 €. Finanzielle Erträge und Aufwendungen sind nicht entstanden.

Stellen Sie die GuV-Rechnung nach IFRS (nature of expense method) in Staffelform auf. Der Ertragsteuersatz beträgt 30% auf den IFRS-Periodengewinn.

Aufgabe 15 (GuV-Rechnung nach UKV)
Bei der X-AG sind in 01 Kosten von insgesamt 1.200.000 € angefallen. Sie verteilen sich wie folgt: 32% Produktionskosten, 28% Verwaltungskosten, 12% Vertriebskosten, 10% Forschungskosten, 13% aktivierungspflichtige Entwicklungskosten und 5% sonstige Kosten. In 01 werden 24.000 Stück eines Produkts hergestellt, wovon 80% abgesetzt werden. Der Preis beträgt 38,08 € (inklusive 19% USt). Aus dem Verkauf von Fahrzeugen des Fuhrparks ist ein Gewinn in Höhe von 40.000 € entstanden.

Stellen Sie die GuV-Rechnung nach IFRS (cost of sales method) in Staffelform auf. Die Forschungskosten sind gesondert auszuweisen. Ertragsteuern sind zu vernachlässigen.

Aufgaben zum sechsten Kapitel

Aufgabe 1 (Liquidität)
Der Finanzbedarf der folgenden Unternehmen beträgt jeweils 70.000 € pro Monat. Der Marktzins liegt bei 8% pro Jahr. Die folgenden Zahlungsbestände werden gehalten:
a) Unternehmen A: 120.000 € pro Monat.
b) Unternehmen B: 70.000 € pro Monat. Frei verfügbare Mittel werden für 6% Zinsen pro Jahr angelegt.
c) Unternehmen C: Grundsätzlich 70.000 € pro Monat. In einigen Monaten beträgt der Zahlungsmittelbestand aber nur 40.000 €.
d) Unternehmen D: 70.000 € pro Monat. Frei verfügbare Mittel werden für 8% Zinsen pro Jahr angelegt.

Wie ist die Liquidität der einzelnen Unternehmen einzustufen? Ist die Finanzlage optimal?

Aufgabe 2 (Komponenten des Cash flows)
Füllen Sie die Lücken in den Aussagen, indem Sie die Begriffe "laufende Geschäftstätigkeit", "Finanzierungstätigkeit", "Investitionstätigkeit" oder "keinem Bereich" eintragen.

a) Einzahlungen aus dem Warenverkauf gehören beim Handelsbetrieb zum Cash flow aus ....
b) Auszahlungen für Zinsen von aufgenommenen Krediten gehören nach IFRS regelmäßig zur/zu ....
c) Dividendenzahlungen an eigene Aktionäre werden grundsätzlich der .... zugerechnet.
d) Ertragsteuerzahlungen gehören nach IFRS grundsätzlich zum Bereich der ....
e) Einzahlungen aus dem Verkauf von Sachanlagen gehören zur ....
f) Abschreibungen gehören nach IFRS zu/zur ....

Aufgabe 3 (Beeinflussung des Cash flows)
Welche der folgenden Komponenten des Geschäftsjahres 02 beeinflussen den Cash flow nach IFRS? Geben Sie jeweils die entsprechenden Beträge an.

a) Amortisation expense (intangible assets): 75.000 €.
b) Verkauf von machinery für 80.000 € zzgl. 19% USt per Bank. Buchwert bei Verkauf: 70.000 € (cost model).

c) Zuführungen zu provisions: 120.000 €.
d) Changes in inventories of finished goods (increase): 130.000 €.
e) Zahlung von Dividenden an Aktionäre: 250.000 €.
f) Erhalt von Dividenden per Bank auf Aktien im Anlagevermögen: 14.725 €.
g) Kauf einer Fertigungsanlage: 250.000 € (am Jahresanfang, Bankzahlung, ohne USt). Abschreibung 01: 25.000 €.
h) Revenue: 1.100.000 € (20% als trade receivables, 80% Bankgutschrift). Ohne USt.
i) Employee benefits expense: 400.000 €, davon 90% per Bank gezahlt.
j) Kauf von Rohstoffen: 50.000 € netto, davon 10% auf Ziel, Rest per Bank.
k) Erfolgswirksame Zuschreibungen auf Wertpapiere: 20.000 €.

Aufgabe 4 (Ermittlung des Cash flows)

Die Erträge des Jahres 01 betragen 680.000 €, die Aufwendungen 320.000 €, der Periodengewinn (profit) somit 360.000 €. Folgende Zahlungsanteile sind in den Erträgen bzw. Aufwendungen enthalten: Fall 1) Erträge 80%, Aufwendungen 70% - Fall 2) Erträge 60%, Aufwendungen 50%. Ohne Ertragsteuern.

a) Berechnen Sie den Cash flow 01 nach der direkten Methode.
b) Berechnen Sie den Cash flow 01 nach der indirekten Methode.

Aufgabe 5 (Indirekte Ermittlung des Cash flows)

Der Periodengewinn des Jahres 01 beträgt 300.000 €. Die Erträge bzw. Aufwendungen sind für 01: 750.000 € bzw. 450.000 €. Die Forderungen sind wie folgt gegeben: 1.1.01: 200.000 €, 31.12.01: 260.000 €. Die Verbindlichkeiten haben in 01 um 40.000 € zugenommen. Diese Veränderungen lassen sich den Erträgen bzw. Aufwendungen zurechnen. Steuern sind nicht zu beachten.

a) Ermitteln Sie den Cash flow auf indirektem Weg.
b) Erläutern Sie, welcher Anteil der Erträge in 01 zahlungswirksam war.

Aufgabe 6 (Indirekte Ermittlung des Cash flows)

Der Periodengewinn des Jahres 02 beträgt 420.000 €. Die Erträge 02 belaufen sich auf 900.000 €; hierin sind 50.000 € für die Bestandserhöhung enthalten. Die Aufwendungen betragen in 02: 480.000 €; sie enthalten 80.000 € Abschreibungen. Die trade receivables haben um 40.000 € zugenommen und die trade payables sind um 20.000 € gestiegen. Die Veränderungen sind den Erträgen bzw. Aufwendungen zuzurechnen. Ohne Steuern.

Ermitteln Sie den Cash flow auf indirektem Weg.

Aufgabe 7 (Indirekte Ermittlung des Cash flows)
Die Z-AG hat in 01 einen Gesamtgewinn von 80.000 € erzielt. Es wurden Abschreibungen auf Sachanlagen in Höhe von 50.000 € verrechnet. Außerdem wurde eine Maschine bei der Neubewertung um 30.000 € zugeschrieben. Steuern werden vernachlässigt. Wie hoch ist der Cash flow?

Aufgabe 8 (Cash flow und USt)
Die Neu-GmbH wird am 1.4.01 mit einem gezeichneten Kapital von 100.000 € gegründet. Auf der Aktivseite wird "Bank 100.000" ausgewiesen. Die GmbH erzielt in 01 Umsatzerlöse von 600.000 € zzgl. 19% USt (Aufwendungen: 400.000 € zzgl. 19% USt). Die Umsatzerlöse gehen zu 50% auf dem Bankkonto ein (Rest: Forderungen). Die Aufwendungen werden zu 60% per Bank bezahlt (Rest: Verbindlichkeiten). Die Umsatzsteuerschuld (USt abzgl. Vorsteuer) wird am Jahresende per Bank bezahlt. Ohne Ertragsteuern.

a) Wie hoch ist der Cash flow, wenn er direkt aus den Bilanzen entwickelt wird?
b) Wie hoch ist der Cash flow, wenn er indirekt aus der GuV-Rechnung entwickelt wird?

Aufgabe 9 (Cash flow und USt)
Es gelten die Angaben der vorigen Aufgabe mit folgender Änderung: Die an das Finanzamt zu zahlende Umsatzsteuer wird in 01 noch nicht gezahlt. Wie hoch ist der Cash flow?

Aufgabe 10 (Investing activities)
Die X-AG erwirbt Anfang 01 eine Fertigungsanlage für 350.000 € netto durch Bankzahlung. Die Nutzung erfolgt über fünf Jahre. Am Ende der Nutzungsdauer wird die Maschine kostenfrei verschrottet. Der Vorstand der X-AG will den Cash flow aus investing activities im Zugangsjahr, in den Nutzungsjahren und im Abgangsjahr aus der GuV-Rechnung ableiten. Stimmen Sie dieser Idee zu?

Aufgabe 11 (Cash flow mit Ertragsteuern)
Der IFRS-Gewinn der Z-AG beträgt in 01: 180.000 € vor Steuern. Es wird eine current tax liability in Höhe von 66.600 € gebildet. Wie hoch ist bei einem Steuersatz von 30% der steuerrechtliche Gewinn? Welche latente Steuer ist zu bilden? Wie hoch ist der Cash flow, wenn weitere nicht-zahlungswirksame Aufwendungen von 24.000 € vorhanden sind?

Aufgabe 12 (Vorauszahlungen auf Ertragsteuern)
Der IFRS-Gewinn der Inter-AG beträgt in 02: 320.000 € vor Steuern. In 02 wurden in jedem Quartal 23.250 € Vorauszahlungen auf die Ertragsteuern geleistet und als Aufwand

verbucht. Die Vorauszahlungen wurden vom Finanzamt auf Grund des Vorjahresgewinns festgesetzt. Der Ertragsteuersatz beträgt 31%. Latente Steuern treten nicht auf.

a) Wie werden die Vorauszahlungen verbucht?
b) Wie hoch ist die noch zu bildende Steuerrückstellung in 02?
c) Welcher IFRS-Gewinn bildet die Ausgangsbasis für die Cash flow-Ermittlung?

Aufgabe 13 (Cash flow-Rechnung nach IFRS)
Der Zahlungsmittelbestand eines Unternehmens beträgt am 1.1.01: 50.000 €. In 01 sind die folgenden Geschäftsvorfälle angefallen: Kauf einer Fertigungsanlage für 420.000 €. Bei Bezahlung werden zulässigerweise 3% Skonto abgezogen. Die Abschreibungen betragen 84.000 € in 01. Umsatzerlöse: 1.500.000 € (hierdurch bedingte Forderungszunahme: 250.000 €). Erhöhung des Bestands fertiger Erzeugnisse: 180.000 €. Bezahlung von Gehältern: 280.000 €. Kauf von inventories: 400.000 €, wovon 80% in 01 bezahlt werden. Verkauf eines Patents für 350.000 € (Bankzahlung). Erfolgswirksame Abschreibung auf Wertpapiere, da der fair value gesunken ist: 35.000 €. Verkauf langfristiger Wertpapiere: 30.000 € (Bankzahlung). Unterjährige Aufnahme eines Kredits zur Finanzierung der betrieblichen Tätigkeit: 250.000 € (Bankgutschrift), wodurch Zinszahlungen von 20.000 € entstanden sind. Zahlung von Dividenden: 245.000 € durch Banküberweisung. Steuern sind nicht zu berücksichtigen.

Erstellen Sie die Kapitalflussrechnung nach IFRS (direkte Methode in Staffelform).

Aufgabe 14 (Cash flow-Rechnung nach DRS 2)
Für ein Unternehmen sind Ende 01 bzw. 02 die folgenden Werte der Bilanz gegeben (in Euro). Die Sachanlagen haben nur infolge von Abschreibungen abgenommen.

	Ende 01	Ende 02
Sachanlagen	200.000	170.000
Vorräte	50.000	70.000
Forderungen	70.000	100.000
Bargeld	10.000	20.000
Verbindlichkeiten	120.000	130.000
Eigenkapital	210.000	230.000

a) Berechnen Sie den Cash flow nach der indirekten Methode unter Verwendung des Schemas nach DRS 2. Der handelsrechtliche Jahresüberschuss 02 beträgt 20.000 €.
b) Führen Sie eine Kontrolle des Werts aus a) unter Verwendung von Bilanzdaten durch.

Aufgaben zum siebten Kapitel

Aufgabe 1 (Rücklagenauflösung)
Die Großzügig-AG erwirtschaftet in 02 einen Jahresfehlbetrag von 500.000 €. Aus dem Vorjahr sind andere Gewinnrücklagen (380.000 €), gesetzliche Rücklagen (150.000 €) und Kapitalrücklagen (70.000 € aus der Aktienemission) vorhanden. Die AG will alle Rücklagen auflösen, um den Aktionären trotz des Verlustes eine Dividende zahlen zu können.

a) Stimmen Sie diesem Vorhaben zu?
b) Unter welchem Posten erscheinen bei IFRS die im Bilanzgliederungsschema des HGB ausgewiesenen anderen Gewinnrücklagen?

Aufgabe 2 (Statement of changes in equity)
Gegeben sind die Anfangsbestände der Eigenkapitalposten zum 1.1.01 gemäß Tabelle. Von Ihrem englischen Geschäftspartner erhalten Sie die folgenden Informationen: "In 01 there had been a raise of issued shared capital. 160.000 shares, 5 € par, have been issued with a premium of 1 € per share. We reported a profit of 400.000 € in the statement of profit or loss. Five per cent of our profits have to be allocated to legal reserves. Dividends of 250.000 € have been declared and paid". Entwickeln Sie nach diesen Informationen die Endbestände für die Eigenkapitalposten im folgenden Schema zum 31.12.01. **Angaben in Englisch.**

	Statement of changes in equity				
	Share capital	Share premium	Retained earnings	Legal reserves	Total
1.1.01	800.000	200.000	200.000	-	1.200.000
31.12.01					

Aufgabe 3 (Eigenkapitalveränderungsrechnung nach IFRS)

Zum 1.1.02 weist die X-AG die folgenden Anfangsbestände für ihre Eigenkapitalkonten auf: Share capital 600.000 €, retained earnings 300.000 €, legal reserves 20.000 € und revaluation surplus 80.000 €. In 02 sind folgende Vorgänge zu beachten: Das Gesamtergebnis beträgt 350.000 €, wovon 50.000 € auf eine positive Neubewertung von Sachanlagen entfallen. Vom Periodenergebnis sind 5% in die gesetzliche Rücklage einzustellen.

Erstellen Sie die Eigenkapitalveränderungsrechnung nach IFRS für 02.

Aufgabe 4 (Earnings per share)

Die Aktien der X-AG werden an der Börse gehandelt. In 01 wird ein profit in Höhe von 1.600.000 € erzielt. Die Stammaktienzahl beträgt 1.000.000 Stück. Die X-AG hat Optionsanleihen ausgegeben, wobei 40.000 Optionen zum Aktienkauf für 60 € bestehen. Der Aktienkurs beträgt 80 €. Berechnen Sie das Basic EPS und das verwässerte EPS.

Aufgabe 5 (Diverse Fragen zum Eigenkapital)

Welche der folgenden Aussagen sind richtig? Kreuzen Sie entsprechend an.

a) 0 Der Periodenerfolg wird in der IFRS-Bilanz speziell ausgewiesen.

b) 0 In die gesetzliche Rücklage einer deutschen Aktiengesellschaft wird immer 1/20 des profits nach IFRS eingestellt.

c) 0 Die Bilanz einer Aktiengesellschaft zeigt im Handelsrecht immer den Erfolg des laufenden Geschäftsjahres.

d) 0 Der Periodenerfolg des Geschäftsjahres wird in der Bilanz nach IFRS in den Posten "retained earnings" eingestellt.

e) 0 Statutory reserves nach IFRS werden nach gesetzlichen Vorschriften gebildet und aufgelöst.

f) 0 Die nach § 150 Abs. 1 AktG zu bildende Rücklage wird bei IFRS unter dem Posten "legal reserves" ausgewiesen.

g) 0 Zuzahlungen der Aktionäre für den Aktienerwerb (Agiobeträge) sind bei IFRS als share premium auszuweisen.

h) 0 Wenn der fair value von Sachanlagen bei IFRS über dem Buchwert liegt, entsteht bei der Neubewertungsmethode eine spezielle Rücklage im Eigenkapital.

i) 0 Das issued capital (share capital) einer Aktiengesellschaft wird bei IFRS nie verändert.

j) 0 Zahlt der Inhaber einer Schuldverschreibung für ein Optionsrecht 10.000 €, wird dieser Betrag bei IFRS als retained earnings ausgewiesen.

k) 0 Bei IFRS wird in der Bilanz – wie im HGB – ein Bilanzgewinn ausgewiesen.

Aufgabe 6 (Überleitungsrechnung)

Die X-AG stellt Ihnen die folgenden Fragen zur Darstellung von Sachanlagen in der Überleitungsrechnung nach IFRS (die dem deutschen Anlagespiegel/Anlagegitter entspricht):

a) Am 1.7.01 wurden die ersten beiden Maschinen beschafft, für die das cost model gewählt wird: Anschaffungskosten Maschine A 400.000 €, Maschine B 500.000 €, Nutzungsdauer jeweils zehn Jahre, lineare Abschreibungsmethode. Wie hoch sind Ende 02 die kumulierten Abschreibungen? Wie erhält man den gesamten Buchwert Ende 02, wenn die gesamten Anschaffungskosten zugrunde gelegt werden?
b) Muss das gewählte Bewertungsmodell im Anhang erläutert werden?
c) Mitte 02 wurde eine neue Maschine erworben (Anschaffungskosten 280.000 €, Nutzungsdauer vierzehn Jahre, lineare Methode). Wie erfolgt der Ausweis in der Überleitungsrechnung 02 bzw. 03?

Aufgabe 7 (Segmentabgrenzung)

Die Fahrrad-AG produziert seit Jahren Herrenräder, Damenräder und Kinderräder. Bei den Herrenrädern werden Rennräder, Trekkingräder und Tourenräder gefertigt. Die Damenräder werden in den Varianten Trekkingräder, Tourenräder, Mountainbikes und Stadträder hergestellt. Bei den Kinderrädern wird nur ein Modell mit unterschiedlichen Rahmenhöhen gefertigt (für Kinder bis 8 Jahre, 10 Jahre, 12 Jahre, 14 Jahre).

a) Welche Segmentabgrenzung bietet sich an, wenn eine produktorientierte Betrachtung im Vordergrund steht? Welches Problem besteht bei einer sehr detaillierten Segmentabgrenzung?
b) Welcher Ansatz liegt der Segmentabgrenzung nach IFRS zugrunde? Welche Konsequenzen ergeben sich hieraus für die Segmentergebnisse?

Aufgabe 8 (Berichtspflichtige Segmente)

Gegeben sind die folgenden vier operativen Segmente eines Elektroherstellers mit ihren jeweiligen Umsätzen, Gewinnen und Vermögen (Angaben in Euro).

	Umsätze	Gewinn	Vermögen
Küchengeräte	24.400.000	19.300.000	41.800.000
Haushaltsgeräte	33.000.000	27.700.000	32.200.000
HiFi-Geräte	6.000.000	3.400.000	4.500.000
Fernsehgeräte	2.600.000	600.000	1.500.000
Summe	66.000.000	51.000.000	80.000.000

a) Welche der Segmente sind berichtspflichtig?
b) Wie werden die nicht berichtspflichtigen Segmente behandelt?

Aufgabe 9 (Berichtspflichtige Segmente)
Die Gemischt-AG hat sechs Segmente (A bis F) gebildet, für die die folgenden Erfolgsgrößen gelten: Segment A: 400.000 €, Segment B 300.000 €, Segment C 200.000 €, Segment D -420.000 €, Segment E -85.000 €, Segment F -75.000 €.

a) Welcher Grenzwert ist für die Erfolgsgröße relevant?
b) Welche Segmente sind gesondert auszuweisen?

Aufgabe 10 (Segmentergebnis)
Die Fahrzeug-AG verfügt über vier Segmente, deren kalkulatorische Segmentgewinne lauten: Pkw 480.000 €, Lkw 320.000 €, Busse 162.000 € und Motorräder 88.000 €. Bei den Segmenten Pkw und Lkw wurden kalkulatorische Kosten in Höhe von 12.000 € und 13.000 € abgezogen. Es bestehen keine weiteren Abweichungen zum Periodenergebnis.

a) Wie hoch ist das Periodenergebnis in der GuV-Rechnung?
b) Wie gelingt der Übergang von der Segmentebene zur Unternehmensebene?

Aufgabe 11 (Segmenterträge)
Die X-AG hat die Segmente A bis D und ein Sammelsegment eingerichtet. Für die einzelnen Segmente gelten die folgenden Daten (ohne USt):
A: Umsatz mit Dritten: 5.000 Stück zu 44 € netto. Interner Umsatz: 42.000 €.
B: Umsatz mit Dritten: 7.000 Stück zu 34 € netto. Interner Umsatz: 28.000 €.
C: Umsatz mit Dritten: 6.000 Stück zu 26 € netto. Interner Umsatz: 33.000 €.
D: Umsatz mit Dritten: 8.000 Stück zu 32 € netto. Interner Umsatz: 24.000 €.
Übriger Bereich: Umsatz mit Dritten: 3.000 Stück zu 18 € netto. Interner Umsatz: 5.000 €.

Berechnen Sie die gesamten Segmenterträge für jedes Segment und füllen Sie das folgende Schema aus.

	Segmentberichterstattung						
	Segment A	Segment B	Segment C	Segment D	Übrige Bereiche	Überleitung	Unternehmen
Segmenterträge (extern, intern)							
Summe							

Aufgabe 12 (Aussagen zur Segmentberichterstattung)
Welche der folgenden Aussagen sind richtig? Kreuzen Sie entsprechend an.

a) 0 Wenn die X-AG an der Börse notiert ist, muss sie bei IFRS eine Segmentberichterstattung durchführen.
b) 0 Bei IFRS dürfen keine vertikalen Segmente gebildet werden.
c) 0 Bei IFRS sollen immer möglichst viele kleine Segmente gebildet werden, um die Anteilseigner umfassend zu informieren.
d) 0 Nach DRS 3 ist eine Berichtspflicht nach dem Kriterium "Vermögen" vorzunehmen, wenn das Segmentvermögen mehr als 10% des Gesamtvermögens beträgt.
e) 0 Nach IFRS 8 wird bei der Prüfung der Berichtspflicht nach dem Kriterium "Umsatzerlöse" nur auf die Umsätze mit fremden Dritten abgestellt.
f) 0 Nach IFRS 8 ist eine Berichtspflicht nach dem Kriterium "Vermögen" vorzunehmen, wenn das Segmentvermögen mindestens 12% des Gesamtvermögens beträgt.
g) 0 Nach IFRS 8 wird bei der Prüfung der Berichtspflicht nach dem Kriterium "Erfolg" eine Saldierung der Gewinne und Verluste verschiedener Segmente durchgeführt.
h) 0 Bei DRS 3 gibt es eine 75%-Regel bei der Prüfung berichtspflichtiger Segmente.
i) 0 Das Segmentvermögen umfasst nach IFRS 8 die Sachanlagen, das immaterielle Vermögen und das Finanzvermögen.
j) 0 Das Segmentvermögen umfasst nach IFRS 8 die Sachanlagen und das immaterielle Vermögen.
k) 0 Das Segmentvermögen umfasst nach IFRS 8 nur die Sachanlagen.
l) 0 Nach DRS 3 müssen den Segmenten Zinsaufwendungen und Zinserträge zugerechnet werden.

Aufgaben zum achten Kapitel

Aufgabe 1 (Posten der Konzernbilanz)
Die Inter-AG ist zu 100% an der National-AG beteiligt. Weitere Beteiligungen sind nicht vorhanden. Nach Aufstellung des Konzernabschlusses erscheint auf der Aktivseite der Konzernbilanz nach IFRS der Posten "investments in subsidiaries". Kann das sein?

Aufgabe 2 (Gesamtergebnisrechnung)
Die Simple-AG erstellt als Muttergesellschaft zum 31.12.01 einen Konzernabschluss nach IFRS. In der Gesamtergebnisrechnung wird nur der erwirtschaftete Konzerngewinn in Höhe von 500.000 € ausgewiesen. Die in der Konzernbilanz vorgenommene Neubewertung von Sachanlagen (80.000 €) wird nicht erfasst. Was halten Sie davon?

Aufgabe 3 (Aufstellung des Konzernabschlusses)
Die Deutsch-AG ist eine inländische börsennotierte Muttergesellschaft eines Konzerns. Sie ist zu 80% an der T_1-AG und zu 40% an der T_2-AG beteiligt. Mit der T_2-AG besteht ein Beherrschungsvertrag.

a) Nach welchen Vorschriften richtet sich die grundsätzliche Aufstellungspflicht für den Konzernabschluss der Deutsch-AG?
b) Müssen die T_1-AG und die T_2-AG in den Konzernabschluss einbezogen werden?
c) Welche Aufstellungsfrist besteht für den Konzernabschluss?

Aufgabe 4 (Control-Konzept)
Die X-AG hat 500.000 Stammaktien mit je einer Stimme ausgegeben. Die Aktien verteilen sich zur Hälfte auf die A-AG und B-AG. Die A-AG ist zu 80% an der B-AG beteiligt.

a) Hat die A-AG die Beherrschungsmöglichkeit über die X-AG?
b) Welche Unternehmen muss die A-AG in den Konzernabschluss aufnehmen?

Aufgabe 5 (Control-Konzept)
Die Z-AG hat ein Aktiennennkapital, das 2.000.000 Aktien umfasst, die einen Nennwert von 4 € je Stück aufweisen und jeweils die gleichen Stimmrechte gewähren. An der Börse werden die Aktien zum Kurswert von 220% des Nennwerts gehandelt. Die Y-AG erwirbt an der Börse Aktien der Z-AG im Wert von insgesamt 7.040.000 €.

a) Wie hoch ist der Anteil der Y-AG an der Z-AG? Welcher Stimmrechtsanteil steht der Y-AG zu?
b) Kann die Y-AG die Z-AG beherrschen?
c) Welche Änderung tritt ein, wenn die Y-AG einen langfristigen Vertrag mit einem Großaktionär schließt (12%-Anteil), der eine einheitliche Stimmenabgabe vorsieht?

Aufgabe 6 (Abschlussstichtag)
Die Mutter-AG erwirbt Ende 04 alle Anteile an der Tochter-AG (Beteiligung 100%). Die Konsolidierungsmaßnahmen werden ordnungsgemäß durchgeführt und es wird ein Konzernabschluss erstellt. Das Geschäftsjahr der Mutter-AG entspricht dem Kalenderjahr. Das Geschäftsjahr der Tochter endet am 31.10. eines Jahres (abweichendes Geschäftsjahr).

a) Welches Problem tritt bei der Aufstellung des Konzernabschlusses Ende 05 auf?
b) Wie wird das Problem abweichender Geschäftsjahre bei IFRS gelöst?

Aufgabe 7 (Abschlussstichtag)
Die Klein-AG (Muttergesellschaft) ist zu 100% an der Kleiner-AG (Tochtergesellschaft) beteiligt. Das Geschäftsjahr der Mutter entspricht dem Kalenderjahr, das Geschäftsjahr der Tochter endet am 30.11. Die zeitlichen Abweichungen sind durch Korrekturbuchungen zu berücksichtigen. Im Dezember 05 erzielt die Kleiner-AG Umsatzerlöse von 400.000 € (Zielverkauf). Weitere Informationen: Rohstoffaufwand: 220.000 € (Minderung der Vorräte), sonstige Aufwendungen: 80.000 € (Bankzahlung). Ohne Steuern.

Erläutern Sie, welche Buchungen im Jahresabschluss der Kleiner-AG vorzunehmen sind, um eine Übereinstimmung mit dem Abschlussstichtag der Klein-AG zu erzielen.

Aufgabe 8 (Konsolidierungskreis)
Welche der folgenden Aussagen sind richtig? Kreuzen Sie entsprechend an.

a) 0 Bei IFRS bestehen größenabhängige Befreiungen von der Pflicht zur Aufstellung eines Konzernabschlusses.
b) 0 Bei IFRS müssen alle wesentlichen Unternehmen in den engen Konsolidierungskreis aufgenommen werden, wenn das Control-Konzept erfüllt ist.
c) 0 Im HGB bestehen größenabhängige Befreiungen von der Pflicht zur Aufstellung eines Konzernabschlusses.
d) 0 Bei IFRS dürfen alle Unternehmen in den engen Konsolidierungskreis aufgenommen werden, wenn das Control-Konzept erfüllt ist.

e) 0 Bei IFRS wird zwischen einem engen und weiten Konsolidierungskreis unterschieden.
f) 0 Bei IFRS besteht ein Einbeziehungsverbot in den engen Konsolidierungskreis, wenn eine Verkaufsabsicht der Mehrheitsanteile besteht.

Aufgabe 9 (Befreiung für kleine Konzerne)
Die Mutter-AG erwirbt Ende 01 alle Anteile an der Tochter-AG. Die Bilanz der Mutter-AG hat eine Bilanzsumme von 12.300.000 €, die GuV-Rechnung weist Umsatzerlöse von 26.300.000 € aus und die durchschnittliche Arbeitnehmerzahl ist 120. Die Daten der Tochter-AG betragen jeweils 50% der Daten der Mutter.

a) Muss die Mutter-AG nach dem HGB einen Konzernabschluss erstellen?
b) Muss die Mutter-AG nach IFRS einen Konzernabschluss erstellen?

Aufgabe 10 (Konsolidierungskreis nach IFRS)
Die Multi-AG weist im Einzelabschluss verschiedene Finanzanlagen aus: An der A-AG besteht eine Beteiligung von 75%, an der B-AG von 30%, an der C-AG von 50%. Bei der A-AG kann die Multi-AG die Rückflüsse beeinflussen und bei der C-AG führt die Multi-AG zusammen mit der Fremd-AG die Geschäfte. Die Multi-AG besitzt keine Aktien an der Fremd-AG, welche die anderen 50% an der C-AG hält. Außerdem hat die Multi-AG noch Aktien an der D-AG in Höhe von 0,5% der Gesamtaktienzahl.

a) Welche Arten von Unternehmen bzw. Anteilen liegen vor?
b) Welche Konsolidierungen sind im Konzernabschluss vorzunehmen bzw. welche Methoden sind anzuwenden?

Aufgabe 11 (Konsolidierungskreis nach IFRS)
Die A-AG erwirbt in 01 einen 30%-Anteil an der B-AG für 500.000 €. Über weitere Beteiligungen verfügt die A-AG nicht. Die A-AG will ihre Beteiligung Ende 01 at equity bewerten. Stimmen Sie zu?

Aufgabe 12 (Erstkonsolidierung)
Die A-AG (Muttergesellschaft) erwirbt am 1.10.01 für 2.000.000 € alle Anteile (100%-Beteiligung) an der B-AG (Tochtergesellschaft). Zu diesem Zeitpunkt weist die B-AG in ihrer Bilanz Aktivposten von 1.500.000 € und Schulden von 250.000 € aus. Der fair value der aktivierten Sachanlagen liegt durch stille Reserven um 400.000 € über den Buchwerten. Ein immaterieller Vermögenswert in Höhe von 150.000 € ist neu anzusetzen. Die

A-AG verfügt nach dem Anteilserwerb über weitere Vermögenswerte von 900.000 € (Schulden 300.000 €). Das Eigenkapital besteht bei beiden Unternehmen zur Hälfte aus dem Grundkapital und den Rücklagen. Latente Steuern sind zu vernachlässigen.

a) Wie hoch ist der Firmenwert in der Konzernbilanz?
b) Wie lautet der Buchungssatz für die Kapitalkonsolidierung (Erstkonsolidierung)?
c) Entwickeln Sie mit den obigen Werten die Konzernbilanz zum 1.10.01, indem Sie das folgende Schema ausfüllen (Angaben in Tausend Euro, englische Bezeichnungen). Die Aktivposten werden pauschal unter der Bezeichnung "assets" ausgewiesen.

	Items	Parent	Subsidiary	Aggregation	Consolidation Dr	Consolidation Cr	Consolidated balance sheet
Assets	Assets						
	Investments						
	Goodwill						
	Total						
Liabilities and equity	Issued cap.						
	Reserves						
	Liabilities						
	Total						

Aufgabe 13 (Folgekonsolidierung)

Es gelten die Daten der vorigen Aufgabe. Am 31.12.01 ist die erste Folgekonsolidierung vorzunehmen. Bei der A-AG (Muttergesellschaft) haben die Aktivposten durch den Periodengewinn um 280.000 € zugenommen, bei der Tochtergesellschaft um 160.000 €. Die Rücklagen sind entsprechend gewachsen. Für die aufgedeckten stillen Reserven gilt: Die Bewertungsdifferenz ist über zehn Jahre linear abzuschreiben (monatsgenau in 01). Der neue immaterielle Posten ist mit 20% geometrisch-degressiv abzuschreiben (monatsgenau in 01). Es wurde keine Wertminderung des Firmenwerts festgestellt. Ohne Ertragsteuern.

a) Welche Konsolidierungsbuchungen sind Ende 01 durchzuführen?
b) Führen Sie die Folgekonsolidierung mit einem Schema wie in der vorigen Aufgabe durch und entwickeln Sie darin die Konzernbilanz zum 31.12.01.

Aufgabe 14 (Latente Steuern auf stille Reserven)
Bei der Erstkonsolidierung der Sohn-AG werden Mitte 01 stille Reserven im Wert von 600.000 € aufgedeckt. Wie hoch sind die latenten Steuern beim Steuersatz von 30%?

Aufgabe 15 (Konsolidierung mit latenten Steuern)
Die M-AG erwirbt eine 100%-Beteiligung an der Tochter-AG für 880.000 €. Die Tochter-AG verfügt über ein gezeichnetes Kapital von 400.000 € und über Gewinnrücklagen von 260.000 €. Die stillen Reserven in den Vermögenswerten (assets) betragen 90.000 €. Der Ertragsteuersatz beläuft sich auf 30%.

a) Wie wird die Aufdeckung der stillen Reserven mit latenten Steuern gebucht? Hinweis: Die stillen Reserven werden in einer Neubewertungsrücklage ausgewiesen.
b) Wie lautet der Buchungssatz für die Erstkonsolidierung?

Aufgabe 16 (Latente Steuern auf Firmenwert)
Die Genau-AG will bei der Erstkonsolidierung ihrer T-AG auf den entstehenden Firmenwert von 280.000 € latente Steuern in Höhe von 120.000 € verrechnen (Ertragsteuersatz 30%). Stimmen Sie zu?

Aufgabe 17 (Folgekonsolidierung)
Eine Mutter-AG weist Ende 01 in der Konzernbilanz ein unbebautes Grundstück zum fair value von 120.000 € aus, das in der Bilanz der Tochter-AG mit den Anschaffungskosten von 100.000 € bilanziert wird. Die stillen Reserven von 20.000 € wurden Ende 01 bei der Erstkonsolidierung aufgedeckt. Das Grundstück wird im Laufe des Jahres 05 veräußert, wobei 120.000 € (Fall I) bzw. 115.000 € (Fall II) erzielt werden. Ohne Ertragsteuern.

a) Wie wird die Veräußerung im Einzelabschluss der Tochter-AG behandelt?
b) Wie wird die Veräußerung im Konzernabschluss behandelt?

Aufgabe 18 (Erstkonsolidierung nach Purchased Goodwill-Method)
Am 1.4.01 erwirbt die Big-AG 75% der Aktien an der Small-AG zum "normalen" Kurswert von insgesamt 900.000 €. Die Small-AG weist beim Erwerb das folgende Eigenkapital aus: Gezeichnetes Kapital 500.000 €, Rücklagen 240.000 €. Die Aufdeckung von stillen Reserven in den Aktiva lässt die Rücklagen um 50% steigen. Ohne latente Steuern.

a) Berechnen Sie den Firmenwert, der im Konzernabschluss anzusetzen ist.
b) Wie lautet der Buchungssatz für die Kapitalkonsolidierung?

Aufgabe 19 (Folgekonsolidierung nach Purchased Goodwill-Method)
Es gelten die Daten der vorigen Aufgabe. Die Small-AG erwirtschaftet ab dem Erwerbszeitpunkt einen Gewinn von 300.000 €. Die aufgedeckten stillen Reserven der Aktivposten sind linear über eine Nutzungsdauer von zehn Jahren zu verteilen (monatsgenau in 01). Berechnen Sie den Minderheitsanteil, der Ende 01 im Konzernabschluss auszuweisen ist. Ertragsteuern sind zu vernachlässigen.

Aufgabe 20 (Erstkonsolidierung nach Full Goodwill-Method)
Welche Änderung ergibt sich in der Konzernbilanz zum 1.4.01, wenn in der vorigen Aufgabe bei der Erstkonsolidierung auch der Firmenwert für die nicht-kontrollierenden Gesellschafter aufgedeckt wird? Gehen Sie von einer Hochrechnung des Firmenwerts aus.

Aufgabe 21 (Folgekonsolidierung nach Full Goodwill-Method)
Welche Änderung ergibt sich bei der ersten Folgekonsolidierung nach der Full Goodwill-Method im Vergleich zur Purchased Goodwill-Method? Gehen Sie davon aus, dass der Firmenwert gleich geblieben ist. Ertragsteuern sind zu vernachlässigen.

Aufgabe 22 (Firmenwertberechnung bei Full Goodwill-Method)
Welche Auswirkung ergibt sich auf die Posten in der Konzernbilanz, wenn die Big-AG in der obigen Aufgabe eine Kontrollprämie von 150.000 € für ihren 75%-Anteil bezahlt?

Aufgabe 23 (Firmenwerte bei IFRS)
Die Mother-AG erwirbt alle Anteile (100%-Beteiligung) an der Daughter-AG, deren Buchwert des Eigenkapitals 600.000 € beträgt (Zeitwert 800.000 €). Die Mother-AG bezahlt: a) 900.000 €, b) 750.000 €, c) 580.000 €. Welche Firmenwerte sind nach IFRS auszuweisen? Wie ist bei b) und c) vorzugehen?

Aufgabe 24 (Schuldenkonsolidierung)
Erläutern Sie, ob in den folgenden Fällen in 01 eine Schuldenkonsolidierung vorzunehmen ist und wie die mögliche Konsolidierungsbuchung lautet (Geschäftsjahr = Kalenderjahr).

a) Die Y-AG ist zu 100% an der X-AG beteiligt und zahlt im Dezember 01 die Miete für Büroräume des Monats Januar 02 an die Vermieterin (X-AG) im Voraus (5.000 €).
b) Die Y-AG ist zu 100% an der X-AG beteiligt und zahlt im Dezember 01 die Miete für Büroräume des Monats Januar 02 an die Vermieterin (Z-AG) im Voraus (5.000 €). Die Y-AG verfügt über keine weiteren Beteiligungen.

c) Die Y-AG ist zu 100% an der X-AG beteiligt und liefert Ende 01 Waren an die X-AG im Wert von 100.000 €. Kurz nach der Lieferung beklagt sich die X-AG über die mangelhafte Qualität und verlangt Schadensersatz für die schlechte Lieferung. Die Y-AG bildet Ende 01 eine (kurzfristige) Rückstellung in Höhe von 15.000 €.

Aufgabe 25 (Schuldenkonsolidierung)
Die Mutter-AG gewährt Anfang 01 ihrer Tochter-AG ein Darlehen von 800.000 € zu marktüblichen Zinsen, das Ende 04 zurückzuzahlen ist. In 02 gerät die Tochter in Zahlungsprobleme, so dass die Mutter-AG im Einzelabschluss eine Abschreibung von 60% vornimmt. Ende 04 sind die Probleme bei der Tochter-AG behoben, so dass eine vollständige Rückzahlung erfolgt. Die Zinsen sind im Folgenden zu vernachlässigen. Kreuzen Sie die richtigen Aussagen zur Schuldenkonsolidierung an!

a) 0 In 01 wird eine erfolgswirksame Konsolidierungsbuchung vorgenommen.
b) 0 In 01 wird eine erfolgsneutrale Konsolidierungsbuchung vorgenommen.
c) 0 In 02 wird eine erfolgsneutrale Konsolidierungsbuchung vorgenommen.
d) 0 In 02 wird eine erfolgswirksame Konsolidierungsbuchung vorgenommen.
e) 0 In 03 wird eine erfolgsneutrale Konsolidierungsbuchung vorgenommen.
f) 0 In 03 wird eine erfolgswirksame Konsolidierungsbuchung vorgenommen.
g) 0 In 04 wird eine erfolgswirksame Konsolidierungsbuchung vorgenommen.
h) 0 In 04 wird eine erfolgsneutrale Konsolidierungsbuchung vorgenommen.

Aufgabe 26 (Zwischenergebniskonsolidierung)
Die Handels-AG ist zu 100% an der Verkaufs-AG beteiligt. In 01 liefert die Handels-AG Waren an ihre Tochter: 10.000 Stück zu 42 €/Stück. Die Anschaffungskosten haben bei der Mutter 20 €/Stück betragen. Die Handels-AG hat am 31.12.01 noch die gesamte Ware auf Lager. Steuern sind zu vernachlässigen.

Welche Wirkungen ergeben sich im Einzelabschluss der Mutter und Tochter und wie sind sie im Konzern zu behandeln?

Aufgabe 27 (Zwischenergebniskonsolidierung)
Es gelten die Daten aus der vorigen Aufgabe mit der folgenden Änderung. Die Verkaufs-AG hat Ende 01 noch 2.000 Stück auf Lager. Die übrigen 8.000 Stück wurden an konzernfremde Abnehmer zum Preis von 60 € je Stück veräußert. Steuern sind zu vernachlässigen.

Welche Wirkungen ergeben sich im Einzelabschluss der Mutter und Tochter und wie sind sie im Konzern zu behandeln?

Aufgabe 28 (Zwischenergebniskonsolidierung)

Die Mutter-AG ist zu 100% an der Tochter-AG beteiligt. In 01 liefert die Mutter-AG 30.000 Stück unfertige Erzeugnisse an ihre Tochter zur Weiterverarbeitung. Die Herstellungskosten betrugen 20 € je Stück bei der Mutter. Die Lieferung erfolgte mit einem Gewinnzuschlag von 2 € je Stück. Ende 01 hat die Tochter-AG noch nicht mit der Verarbeitung begonnen, so dass keine zusätzlichen Kosten entstanden sind. Das Gesamtkostenverfahren ist anzuwenden – alle Steuern sind zu vernachlässigen.

Wie lautet die Konsolidierungsbuchung im Konzernabschluss?

Aufgabe 29 (Gemeinschaftsunternehmen)

Die A-AG, B-AG und C-AG gründen am 1.4.01 die GU-GmbH, die ein Gemeinschaftsunternehmen darstellt. Jede AG ist zu einem Drittel beteiligt und übernimmt jeweils einen Anteil von 300.000 €. Der Gewinn der GU-GmbH beträgt in 01: 210.000 € nach Steuern. In 02 findet eine Ausschüttung von 105.000 € statt – der Gewinn ist null.

Wie wird die Beteiligung an der GmbH im Konzernabschluss Ende 01 und 02 bewertet?

Aufgabe 30 (Anschaffungskosten nach Equity-Methode)

Die A-AG erwirbt am 1.7.01 einen 25%-Anteil an der Associate-GmbH für 640.000 €. Der Buchwert des Eigenkapitals beträgt zu diesem Zeitpunkt 1.600.000 €. Die stillen Reserven betragen 480.000 €. Wie erfolgt die Bewertung im Konzernabschluss? Wie werden die Anschaffungskosten aufgeteilt, wenn ein Ertragsteuersatz von 30% gilt?

Aufgabe 31 (Folgebewertung nach Equity-Methode)

Die Associate-GmbH aus der obigen Aufgabe erzielt in der zweiten Jahreshälfte 01 einen Gewinn (nach Steuern) in Höhe von 420.000 €. Die stillen Reserven werden linear über sechs Jahre abgeschrieben. Wie wird die Beteiligung Ende 02 im Konzernabschluss bewertet?

Aufgaben zum neunten Kapitel

Aufgabe 1 (Entwicklungskosten)
Die A-B-OHG entwickelt in 01 eine neue Lasertechnik, die am Ende des Jahres fertig gestellt ist. Die Entwicklungskosten betragen 400.000 €. Die neue Technik kann voraussichtlich acht Jahre lang genutzt werden. Alle Voraussetzungen für die Aktivierung nach IAS 38 sind erfüllt. Wie sind die Entwicklungskosten im Standard für SMEs zu behandeln?

Aufgabe 2 (Sachanlagen)
Einzelunternehmer Müller erwirbt am 12.4.01 eine Maschine für Anschaffungskosten in Höhe von 200.000 €. Die Nutzungsdauer beträgt zehn Jahre bei gleichmäßiger Entwertung. Am 31.12.03 beläuft sich der beizulegende Zeitwert auf 120.000 € (Verkaufskosten 1.500 €). Es wird ein Nutzungswert in Höhe von 108.000 € berechnet.

a) Wie ist die Maschine Ende 03 nach dem Standard für SMEs zu bewerten?
b) Wie ist vorzugehen, wenn der beizulegende Zeitwert einer Sachanlage am Bilanzstichtag über dem Restbuchwert liegt?

Aufgabe 3 (Bewertung von Marken)
Unternehmer Blau erwirbt von einem Unternehmen den Markennamen einer angesehenen Produktreihe. Die Anschaffungskosten betragen am 1.4.01: 600.000 €. Es ist davon auszugehen, dass die Produkte erfolgreich abgesetzt werden können und die Nutzung der Marke auf unbestimmte Zeit möglich ist. Wie wird im Standard für SMEs bewertet?

Aufgabe 4 (Firmenwert)
Eine OHG erwirbt am 1.4.01 ein anderes Unternehmen, wobei ein derivativer Firmenwert von 2.000.000 € entsteht. Es liegen keine Hinweise über die Dauer und den Wertverlauf des Firmenwerts vor. Gründe für ein impairment liegen nicht vor.

a) Wie ist der Firmenwert Ende 01 nach dem Standard für SMEs zu bewerten?
b) Wie würde der Firmenwert Ende 01 nach den Full IFRS bewertet?

Aufgabe 5 (Wertpapiere)
Einzelunternehmer Gründlich erwirbt am 12.10.01 börsennotierte Aktien für 40.500 € (Anschaffungskosten). Am 31.12.01 liegen die folgenden, alternativen Kurse vor: Fall a)

43.000 € und Fall b) 35.000 €. Wie erfolgt die Bewertung der beiden Fälle nach dem Standard für SMEs?

Aufgabe 6 (Schuldverschreibung)
Einzelunternehmer Klein erwirbt Anfang 01 eine Schuldverschreibung für 94.846 € (Nennwert: 100.000 €, Nominalzins: 6%, jährlich nachschüssige Zinszahlung). Der Marktzinssatz liegt bei 8%, die Laufzeit des Wertpapieres beträgt drei Jahre. Wie ist die Schuldverschreibung Anfang und Ende 01 zu bewerten?

Aufgabe 7 (Investment properties)
Ein Kleinunternehmen erwirbt in 05 ein betriebliches Mietwohngebäude zur Geldanlage. Der Anschaffungspreis beträgt 280.000 € am 1.7.05 (Nebenkosten: 30.000 €, davon 2/3 direkt zurechenbar). Die Nutzungsdauer des Gebäudes beträgt 40 Jahre bei linearer Abschreibung. Am 31.12.05 wird ein fair value von 290.000 € festgestellt, am 31.12.06 ist der fair value auf 310.000 € gestiegen. Der Grund und Boden wird vernachlässigt – der fair value ist verlässlich zu ermitteln.

Wie wird Ende 05 und Ende 06 nach dem Standard für SMEs bewertet?

Aufgabe 8 (Sachanlagen und latente Steuern)
Die deutsche XY-OHG erstellt zusätzlich zum Abschluss nach HGB einen IFRS-Abschluss nach den IFRS for SMEs. Die OHG erwirbt Mitte 01 eine Fertigungsanlage für 500.000 €. Ende 05 beträgt der vorläufige Buchwert 320.000 €. Der recoverable amount beläuft sich auf 280.000 € (= steuerrechtlicher Wert). Im Steuerrecht kann Ende 05 keine Teilwertabschreibung vorgenommen werden, da keine dauernde Wertminderung vorliegt.

a) Welche Ertragsteuern sind bei einer OHG betrieblich veranlasst und damit bei der Berechnung latenter Steuern zu beachten?
b) Wie hoch sind die latenten Steuern bei einem Hebesatz von 400%?

Aufgabe 9 (Firmenwert und latente Steuern)
Durch einen Unternehmenserwerb am 1.7.01 entsteht im Einzelabschluss einer OHG ein Firmenwert in Höhe von 900.000 €. Welche latente Steuer ist Ende 01 bei einem Steuersatz von 14% auszuweisen?

Hinweis: Im deutschen Steuerrecht wird der Firmenwert linear über eine Nutzungsdauer von 15 Jahren abgeschrieben.

- LÖSUNGEN -

Lösungen der Aufgaben zum ersten Kapitel

Lösung zu Aufgabe 1 (Materielle Gründe für internationale Rechnungslegung)

a) Sowohl bei der deutschen als auch bei der amerikanischen AG entfallen auf den Investor Gewinnbeträge von 48.000 € pro Jahr. Somit besteht grundsätzlich eine Gleichheit zwischen den Aktien der deutschen und der amerikanischen Gesellschaft. Allerdings sind die Anmerkungen zu b) zu beachten.

b) <u>Materielles Problem</u>: Die Gewinne der Unternehmen sind nicht direkt miteinander vergleichbar, weil sie nach unterschiedlichen nationalen Rechnungslegungsvorschriften ermittelt wurden. Für die beiden Gesellschaften gilt: Die deutsche Gesellschaft bilanziert nach dem HGB, die amerikanische Gesellschaft nach US-GAAP. Der Gewinn nach dem HGB wird eher zu niedrig ausgewiesen, da das **Vorsichtsprinzip** eine vorrangige Bedeutung aufweist. Der Gewinn nach US-GAAP wird in angemessener Höhe dargestellt, weil das Vorsichtsprinzip eher nachrangig ist. Folglich lassen sich die Gewinne nicht direkt miteinander vergleichen.

c) Werden die Gewinne der Unternehmen nach einheitlichen Vorschriften ermittelt, wird eine Standardisierung erreicht und es ist ein direkter Erfolgsvergleich möglich. Eine Umrechnung der Gewinne entfällt, so dass die Anlageentscheidung vereinfacht wird.

Lösung zu Aufgabe 2 (Standardisierung und Wahlrechte)

Eine Standardisierung der Jahresabschlüsse wird nicht erreicht. Die unterschiedliche Ausübung der Wahlrechte führt zu abweichenden Erfolgsausweisen der Unternehmen. Ein direkter Ergebnisvergleich ist nicht mehr möglich. Die Investoren müssen Umrechnungen vornehmen, woraus Zeit- und Kostennachteile resultieren.

Lösung zu Aufgabe 3 (Formelle Gründe für internationale Rechnungslegung)

a) <u>Gliederungsprobleme</u>: Ein Vergleich einzelner Posten ist nicht möglich, da die GuV-Rechnungen **unterschiedlich tief gegliedert** sind. Der Abschluss des A-Unternehmens ist detailliert gegliedert, der des B-Unternehmens dagegen nicht. Die Gewinnentstehung kann nur beim A-Unternehmen geprüft werden. Beim B-Unternehmen ist dies nicht möglich. Es kann nicht festgestellt werden, wie hoch der Anteil der außerordentlichen Komponenten am Betriebsergebnis des B-Unternehmens ist. Derartige Vorgänge haben meist einmaligen Charakter, so dass die Ertragslage des B-Unternehmens trotz gleich hohen Gewinns eventuell schlechter zu beurteilen ist als die des A-Unternehmens.

Außerdem sind die Gliederungen der beiden Unternehmen **unterschiedlich aufgebaut**. Ein Vergleich von einzelnen Posten ist selbst bei gleicher Gliederungstiefe nicht direkt möglich. Die Posten müssen erst in eine vergleichbare Reihenfolge gebracht werden. Das ist zeit- und kostenintensiv. Außerdem müsste überprüft werden, ob die Posten in der gleichen Weise abgegrenzt worden sind.

Sprachprobleme: Da der Investor die Sprache des B-Landes nicht versteht, muss zunächst eine Übersetzung der einzelnen Posten erfolgen. Hierdurch entstehen weitere Kosten, die der Investor zu tragen hat.

b) Werden internationale Abschlüsse nach einheitlichen **formellen** Vorschriften erstellt, können auch einzelne Posten direkt miteinander verglichen werden. Hierzu müssen einheitliche Gliederungsschemata, Postenabgrenzungen und Ausweisvorschriften vorhanden sein. Die sprachliche Vereinheitlichung durch Verwendung gleicher Postenbezeichnungen erspart den Investoren kostspielige Übersetzungen.

Lösung zu Aufgabe 4 (Institutionen und Begriffe)
Die folgende Übersicht zeigt die Institutionen und ihre Aufgaben:

Institution	Ausgeschriebene Version	Aufgaben
IASB	International Accounting Standards Board	▪ Verabschiedung von Standards und Interpretations, ▪ Kontaktaufnahme zu nationalen Standardsettern
DRSC	Deutsches Rechnungslegungs Standards Committee	▪ Entwicklung von Grundsätzen der Konzernrechnungslegung, ▪ Beratung des BMJ bei Gesetzen zur Rechnungslegung, ▪ Vertretung in internationalen Standardisierungsgremien, ▪ Interpretation internationaler Vorschriften

Lösung zu Aufgabe 5 (Aussagen zu IFRS)
Richtig sind: a), b), f), g), j). − Falsch sind: c), d), e), h), i).

Lösung zu Aufgabe 6 (Abgrenzung von case und code law)
1) Die IFRS folgen dem **case law**, da bereits bei der Gründung des früheren IASC die meisten Länder diesem Rechtssystem folgten.
2) Die meisten europäischen Länder verwenden das **code law**.

3) Das **code law** beinhaltet allgemeingültige Regeln für eine Vielzahl von Fällen.
4) Beim **case law** sind Wiederholungen unvermeidlich, wenn die Regelungen für verschiedene Sachverhalte gleich sind (z.B. Vorschriften für Anschaffungskosten).
5) Ein Problem des **code law** ist die inhaltliche Unbestimmtheit, da die Vorschriften meist kurz gefasst sind.
6) Die meisten angelsächsischen Länder verwenden das **case law**.
7) Das **case law** beinhaltet Spezialregelungen, während das **code law** durch Generalregelungen gekennzeichnet ist.

Lösung zu Aufgabe 7 (Bestandteile von Standards)

a) Unter scope versteht man den Anwendungsbereich eines Standards. Er gibt an, für welche assets der Standard gilt. IAS 38 ist z.B. auf immaterielle Vermögenswerte im Anlagevermögen anzuwenden. Wenn sich immaterielle Posten im Umlaufvermögen befinden, gilt dagegen IAS 2 (Inventories – Vorräte).

b) Sachanlagen (z.B. Maschinen) unterliegen einer Abnutzung, so dass die planmäßige Abschreibung erläutert werden muss. Hierzu sind die Verfahren, die Nutzungsdauer und die Behandlung von Restwerten anzusprechen. Ergänzend sind die Ausgangswerte der Abschreibung, die Anschaffungs- oder Herstellungskosten, zu erläutern.

c) Nein. Die außerplanmäßigen Abschreibungen werden nicht in IAS 16, sondern in IAS 36 (Impairment of Assets) behandelt. IAS 36 ist auch auf außerplanmäßige Abschreibungen von immateriellen Vermögenswerten anzuwenden.

d) Der Anhang (appendix) enthält Ergänzungen zu einzelnen Bereichen des Standards. Es werden z.B. Verfahren für die Bestimmung von Werten angegeben, die im Standard genannt werden. Auch Beispiele und praktische Erläuterungen zu einzelnen Teilen des Standards sind möglich. Der Anhang kann verbindlich sein (z.B. bei IAS 36) oder nur einen begleitenden Charakter aufweisen, so dass er nicht verbindlich ist.

e) Die basis for conclusions (Grundlagen für Schlussfolgerungen). Sie enthalten Begründungen des IASB, weshalb einzelne Teile des Standards geändert wurden. Teilweise werden in den basis for conclusions auch die Argumente für oder gegen eine bestimmte Methode zusammengefasst und die Entscheidung des IASB erläutert.

Lösung zu Aufgabe 8 (Verbindlichkeit von IFRS-Vorschriften)

a) Direkt verbindlich sind die Standards (ältere IAS und neuere IFRS) und die Interpretations (SIC, IFRIC und IFRSIC). Bei den Standards sind aber nur die Kerninhalte verbindlich – die implementation guidance kommen z.B. ergänzend zur Anwendung.

Lösungen der Aufgaben zum ersten Kapitel 353

b) Eine Regelungslücke entsteht, wenn das IFRS-Rechnungslegungssystem für ein Bilanzierungsproblem keine Vorschrift enthält. Auf der ersten Stufe sind die implementation guidance und basis for conclusions anzuwenden, wenn der betreffende Standard derartige Anwendungshinweise und Grundlagen für Schlussfolgerungen enthält.

c) Da weder auf der ersten noch auf der zweiten Stufe die Regelungslücke geschlossen werden kann, wird der (fiktive) Standard des DRSC auf der dritten Stufe als ergänzende Quelle herangezogen. Da die betreffende Methode im neuen Standard erlaubt wird, gilt das auch für die IFRS.

d) Fair presentation beinhaltet die angemessene Darstellung der wirtschaftlichen Lage des Unternehmens, die aus der Vermögens-, Finanz- und Ertragslage besteht. Weitere Einzelheiten werden am Ende des ersten Kapitels erläutert. Es handelt sich um eine Generalklausel, die eine allgemeine Regelung beinhaltet und keine Details festlegt.

e) In diesem Fall muss von der konkreten Vorschrift zugunsten der Generalklausel abgewichen werden. Die Generalklausel stellt ein **overriding principle** dar, d.h. sie überstimmt quasi die Einzelvorschrift.

Lösung zu Aufgabe 9 (Einzelabschlüsse)
Nein. Der handelsrechtliche Jahresabschluss bildet bei Kapitalgesellschaften auch in der Zukunft die Grundlage der Rechnungslegung. Dieser Abschluss ist für die Ausschüttungen maßgeblich. Nur zu Informationszwecken darf ein Einzelabschluss nach internationalen Vorschriften offengelegt werden. Also ist das Handelsrecht auch weiterhin für den Jahresabschluss von Kapitalgesellschaften verpflichtend anzuwenden.

Lösung zu Aufgabe 10 (Aufstellung von Jahresabschlüssen)
a) Kein IFRS zulässig. Die A-B-OHG erstellt nach deutschem Recht überhaupt keinen Konzernabschluss, da sie keine Kapitalgesellschaft ist. Nach § 290 Abs. 1 HGB muss die Muttergesellschaft immer die Rechtsform einer Kapitalgesellschaft aufweisen. Hinweis: Auch im Einzelabschluss muss die OHG das HGB anwenden, um ihre gesetzlichen Pflichten zu erfüllen.

b) Kein IFRS zulässig. Der Einzelunternehmer muss den Jahresabschluss nach dem HGB aufstellen, um seine gesetzlichen Pflichten zu erfüllen. Hinweis: Freiwillig kann der Einzelunternehmer – zusätzlich zum handelsrechtlichen Jahresabschluss – einen IFRS-Abschluss erstellen. Dieser Abschluss hat aber keine rechtliche Bedeutung.

c) Pflicht für IFRS im Konzernabschluss. Die X-AG ist börsennotiert und muss deshalb im Konzernabschluss die IFRS anwenden. Hinweis: DAX steht für Deutscher Aktienindex. Im DAX sind die 30 größten börsennotierten Aktiengesellschaften gelistet.

d) IFRS zur Offenlegung möglich (Wahlrecht). Grundsätzlich muss ein handelsrechtlicher Jahresabschluss aufgestellt werden, der für die Ausschüttungen maßgeblich ist. Zur Information kann ein IFRS-Abschluss offengelegt werden.

e) IFRS möglich (Wahlrecht). Die Y-AG hat ein Wahlrecht, den Konzernabschluss nach IFRS aufzustellen. Hinweis: In diesem Fall ist es sinnvoll, auch den Einzelabschluss nach IFRS zu erstellen, da er die Basis für den Konzernabschluss bildet.

f) IFRS zur Offenlegung möglich (Wahlrecht). Die Aussagen unter d) gelten entsprechend.

Lösung zu Aufgabe 11 (Anwendung von IFRS)

a) Da die Aktien der M-AG in einem Mitgliedstaat der EU börsennotiert sind, muss der Konzernabschluss nach IFRS erstellt werden.

b) Da die Aktien der M-AG nicht in einem Mitgliedstaat der EU börsennotiert sind (die Schweiz gehört nicht zur EU), hat die M-AG ein Wahlrecht: Sie kann den Konzernabschluss nach HGB oder IFRS aufstellen.

Lösung zu Aufgabe 12 (Endorsement)
Richtig sind: a), c), d), e), h). – Falsch sind: b), f), g).

Lösung zu Aufgabe 13 (Umstellung von HGB auf IFRS - Erstbewertung)

a) In der Ergänzungsrechnung werden die Aktivposten A_2 und A_4 mit 40.000 € bzw. 160.000 € zusätzlich bilanziert. Da die Schulden nach IFRS niedriger sind, erscheinen sie mit einem negativen Betrag auf der Passivseite. Insgesamt werden 250.000 € in die Gewinnrücklagen nach IFRS eingestellt. Die HGB-Bilanz zum 1.1.14 bildet zusammen mit der Ergänzungsrechnung die Eröffnungsbilanz nach IFRS.

A	HGB-Bilanz 1.1.14		P	A	Erstmalige Ergänzungsbilanz		P
A_1	500	Gez. Kap.	500	A_2	40	GRL	250
A_2	300	BG	200	A_4	160	Schulden	-50
A_3	100	Schulden	200				
	900		900		200		200

b) Die Schulden umfassen im Wesentlichen die Verbindlichkeiten und Rückstellungen. Bei den Verbindlichkeiten bestehen nur wenige Unterschiede zwischen HGB und IFRS. Bei den Rückstellungen können Differenzen auftreten, da im HGB einige Aufwandsrückstellungen zu berücksichtigen sind, die nach IFRS **nicht** gebildet werden dürfen. Im Handelsrecht sind z.b. Instandhaltungsrückstellungen zu bilden, wenn die Instandhaltung im abgelaufenen Geschäftsjahr unterlassen wurde und im neuen Geschäftsjahr binnen dreier Monate nachgeholt wird (§ 249 Abs. 1 Satz 2 Nr. 1 HGB). Die Einzelheiten zu Rückstellungen werden im dritten Kapitel behandelt.

c) Die Aktionäre entscheiden auf der Hauptversammlung über den **Bilanzgewinn**, der in der Handelsbilanz ausgewiesen wird. Die Ermittlung des Bilanzgewinns richtet sich nach den Vorschriften des Aktienrechts. Somit können in 14 maximal 200.000 € ausgeschüttet werden. Die Gewinnrücklagen der Ergänzungsbilanz stehen nicht für Dividendenzahlungen zur Verfügung. Diese Rücklagen geben die erstmaligen Wertunterschiede zwischen den beiden Rechnungslegungssystemen an. In der IFRS-Bilanz werden stille Reserven aufgedeckt und es wird ein höheres Vermögen gezeigt.

Lösung zu Aufgabe 14 (Umstellung von HGB auf IFRS - Folgebewertung)
Die Posten A_2 und A_4 sind planmäßig abzuschreiben. Bei gleichmäßiger Entwertung ist die lineare Methode anzuwenden. In 14 sind nach IFRS zusätzliche Abschreibungen von 10.000 € (40.000 €/4 Jahre) bei A_2 und 16.000 € (160.000 €/10 Jahre) bei A_4 vorzunehmen. Zusätzlicher Aufwand insgesamt: 26.000 €. Hierdurch sinkt der IFRS-Gewinn im Vergleich zum Handelsbilanzgewinn um 26.000 €. Die Schuldenbegleichung ist dagegen im IFRS-Abschluss erfolgsneutral, da die Belastung in der IFRS-Bilanz richtig erfasst wurde (Erfolgseffekte entstehen nur im HGB-Abschluss).

Lösung zu Aufgabe 15 (Umstellung mit Vorjahresangaben)
Da das Geschäftsjahr und Kalenderjahr der Mutig-AG identisch sind, wird erstmalig am 31.12.15 ein gültiger IFRS-Abschluss aufgestellt. In der Bilanz zum 31.12.15 müssen auch die Daten für den 31.12.14 (= Vorjahreswerte) angegeben werden. In der GuV-Rechnung für 15 müssen auch die Daten für 14 erscheinen. Um die Daten für 14 zu ermitteln, muss eine IFRS-Eröffnungsbilanz zum 1.1.14 erstellt werden.

Somit muss die Umstellung zu Beginn des Vorjahres (Anfang Geschäftsjahr 14) erfolgen, das vor dem ersten IFRS-Abschluss liegt (Ende Geschäftsjahr 15). Für 14 werden die IFRS-Daten und HGB-Daten parallel ermittelt, wobei das HGB auch bei der Offenlegung zu verwenden ist. Erst im Jahr 15 werden die IFRS-Daten für den ersten IFRS-Abschluss verwendet, der offengelegt werden kann.

Lösung zu Aufgabe 16 (Umstellung von Konzernabschlüssen)

Der Konzernabschluss ergibt sich als Summe der Einzelabschlüsse der Mutter- und Tochterunternehmen, wobei jeder Posten der Bilanz und GuV-Rechnung addiert wird. Anschließend muss zumindest eine Kapitalkonsolidierung erfolgen: Die Beteiligung der Mutter in der Konzernbilanz wird mit dem Eigenkapital der Tochter verrechnet. Ohne diese Konsolidierung ergäbe sich eine **Doppelzählung**, da sowohl die Beteiligung an der Tochter und deren Eigenkapital im Konzernabschluss ausgewiesen würden.

Um den ersten IFRS-Konzernabschluss aufzustellen, ist die Konsolidierung mit IFRS-Daten durchzuführen. Dabei müsste bis zur **erstmaligen** Konsolidierung, d.h. bis zum ersten Konzernabschluss zurückgegangen werden, da schon bei diesem Vorgang Unterschiede zwischen HGB und IFRS auftreten können. Nur so würde der erste IFRS-Konzernabschluss richtig erstellt. Da diese Vorgehensweise sehr arbeitsaufwendig ist, sind in IFRS 1 Erleichterungen enthalten.

Lösung zu Aufgabe 17 (US-GAAP)

Richtig sind: a), c), e), f). – Falsch sind: b), d).

Lösung zu Aufgabe 18 (Aktienkauf)

Der interne Zinssatz ist der Zinssatz, bei dem der Kapitalwert null ist. Zur Berechnung müssen zunächst die Zahlungen der beiden Aktien zusammengestellt werden (Gewinnanteil der A-AG in 01: 0,008 x 400.000 € = 3.200 € - weitere Berechnungen entsprechend).

	01	02	03	04
Gewinnanteil A-AG	3.200 €	4.000 €	4.800 €	6.400 €
Gewinnanteil B-AG	2.400 €	3.600 €	5.600 €	6.800 €

Für die A-Aktie ergibt sich der interne Zinssatz aus der Gleichung: $-14.000 + 3.200/(1+i) + \ldots 6.400/(1+i)^4 = 0$. Die Berechnung mit einem Computerprogramm führt zu einem Zinssatz von rund 10,56%. Für die B-Aktie wird entsprechend vorgegangen, wobei sich ein Zinssatz von rund 10,02% ergibt. Somit ist die Verzinsung der A-Aktie höher und diese Aktie ist bei den gegebenen Daten zu wählen.

Lösung zu Aufgabe 19 (Aktienkauf)

Die Rendite der A-Aktie beträgt weiterhin 10,56%. Für den internen Zinssatz der B-Aktie gilt: $-14.000 + 2.400/(1+i) + \ldots 6.800/(1+i)^4 + 2.000/(1+i)^4 = 0$. Der Veräußerungsgewinn von 2.000 € erhöht die Zahlungen am Ende des vierten Jahres. Der interne Zinssatz steigt auf rund 13,61% und somit ist jetzt die B-Aktie besser als die A-Aktie. Meier sollte sich für den Kauf der B-Aktien entscheiden.

Lösung zu Aufgabe 20 (Aktienkauf)

Müller sollte die C-Aktien nur kaufen, wenn ihr Kapitalwert größer ist als null. Das bedeutet, dass die C-Aktien eine höhere Rendite haben als die Alternativanlage zum Kalkulationszinsfuß von 5%. Bei den gegebenen Daten entfallen auf Müller jährliche Gewinnanteile in Höhe von 15.360 € (1.600 Aktien/125.000 Aktien x 1.200.000 €). Mit dem Kapital von 80.000 € kann Müller beim Kurs von 50 € genau 1.600 Stück erwerben. Die gesamte Aktienzahl beträgt 125.000 Stück (5.000.000 €/40 €).

Der Kapitalwert berechnet sich wie folgt: $C_0 = -80.000 + 15.360/1,05 + \ldots + 15.360/1,05^5$. Es ergibt sich ein Wert von $C_0 = -13.499,23$ €. Der Kapitalwert ist negativ – die Anlage zum Kalkulationszinssatz ist besser als der Kauf der Aktien.

Lösung zu Aufgabe 21 (Rendite einer Obligation)

a) Der Effektivzinssatz (die Rendite) muss höher sein als 4%, da die Bank nur 950.000 € für eine Schuldverschreibung im Nennwert von 1.000.000 € bezahlen muss. Die Differenz von 50.000 € wird quasi zusätzlich zu den Zinsen verdient.

b) Der Ansatz für die Berechnung des Effektivzinssatzes lautet: $-950.000 + 40.000/(1+i) + \ldots 40.000/(1+i)^{10} + 1.000.000/(1+i)^{10}$. Die A-Bank zahlt heute 950.000 € für die Obligation und erhält jährlich nachschüssige Zinszahlungen in Höhe von jeweils 40.000 €. Diese Zahlungen sind mit dem zu berechnenden Zinssatz i abzuzinsen. Nach zehn Jahren erhält die Bank den Nennwert der Obligation (1.000.000 €) zurück.

Lösung zu Aufgabe 22 (Relevanter Gewinn)

a) Mutig kann **nicht** davon ausgehen, dass sich die Gewinnentwicklung der letzten Jahre so fortsetzen wird. Die Auto-AG hat zwar in 02 einen Gewinnzuwachs von 50% erzielt, aber aus den vorhandenen Daten kann nicht geschlossen werden, ob sich diese Entwicklung so fortsetzen wird.

b) Mutig benötigt Informationen darüber, wie sich der Fahrzeugmarkt in den nächsten Jahren entwickeln wird: Werden mehr oder weniger Autos abgesetzt als bisher? Außerdem ist zu prüfen, ob die von der Auto-AG angebotenen Produkte auch zukünftig erfolgreich sein werden. Mögliche Fragen: Sind neue Produkte in der Planung? Gibt es Absatzstudien für diese Produkte? Wie ist der Absatz der bisherigen Produkte einzuschätzen? Wie ist die Kostensituation? Lassen sich Kosten reduzieren? Die Antworten auf diese und weitere Fragen dienen der Bestimmung der zukünftigen Gewinne des Unternehmens.

Lösung zu Aufgabe 23 (Gewinnbestandteile)
Der Gesamtgewinn von 500.000 € lässt sich wie folgt aufteilen und hinsichtlich seiner Dauerhaftigkeit klassifizieren:
1. Betriebsergebnis: 380.000 €. Nachhaltig erzielbar, da keine negativen Einflussfaktoren bekannt sind.
2. Finanzergebnis: 70.000 €. Nachhaltig erzielbar sind 40.000 € (Zinsen); der Zuschreibungsertrag hat einmaligen Charakter.
3. Außerordentliches Ergebnis: 50.000 €. Nicht nachhaltig erzielbar; dieser Ertrag hat einmaligen Charakter.

Ergebnis: Für den Investor sind nur die nachhaltig erzielbaren Gewinne von Bedeutung. Somit ist ein Gewinn von 420.000 € bei seiner Anlageentscheidung zugrunde zu legen. Der übrige Gewinn (80.000 €) ist nicht nachhaltig erzielbar und wird daher vernachlässigt.

Lösung zu Aufgabe 24 (Einzelbewertung des Vermögens)
a) Die handelsrechtliche Bilanz hat das folgende Aussehen (VG = Vermögensgegenstand):

Aktiva		Bilanz zum 31.12.01			Passiva
A. Anlagevermögen			A. Eigenkapital		
I.	Immaterielle VG	118.000	I.	Gezeichnetes Kapital	400.000
II.	Sachanlagen		II.	Gewinnrücklagen (GRL)	
	1. Grundstücke	220.000		1. Gesetzliche Rücklage	40.000
	2. Maschinen	180.000		2. Andere GRL	270.000
III.	Finanzanlagen	82.000	III.	Bilanzgewinn	90.000
B. Umlaufvermögen			B. Steuerrückstellungen		60.000
I.	Vorräte				
	1. Rohstoffe	80.000			
	2. Fertige Erzeugnisse	86.000			
II.	Forderungen	59.500			
III.	Wertpapiere	24.000			
IV.	Bank	10.500			
		860.000			860.000

b) Keiner. Im Handelsrecht ist eine Bewertung, die über die (fortgeführten) Anschaffungskosten hinausgeht, grundsätzlich verboten. Hiervon gibt es nur wenige Ausnahmen. Das

Vorsichtsprinzip verbietet die Berücksichtigung von nicht realisierten Wertsteigerungen, damit weniger Gewinne ausgewiesen und ausgeschüttet werden können.

c) Nach IFRS können oder müssen die Wertsteigerungen berücksichtigt werden. Wenn für die Grundstücke (= Sachanlagen) die Neubewertungsmethode gewählt wird, ist der gestiegene Wert von 260.000 € zu berücksichtigen. Auch bei den Aktien ist der höhere Wert zu verwenden. Die Einzelheiten der Bewertung finden sich im vierten Kapitel. Bei der Höherbewertung liegt das Eigenkapital in der IFRS-Bilanz um insgesamt 48.200 € (40.000 € + 8.200 €) über dem Wert der Handelsbilanz.

d) Neben dem Bilanzgewinn könnte der Vorstand auch noch die anderen Gewinnrücklagen in Höhe von 270.000 € ausschütten.

Lösung zu Aufgabe 25 (Firmenwert)

Der Buchwert des Eigenkapitals ist 800.000 €, der Zeitwert 960.000 € (1,2 x 800.000 €). Der Ertragswert (EW) berechnet sich wie folgt: EW = $100.000/(1+i) + \ldots 100.000/(1+i)^{20}$ = 1.246.221 € (abgerundeter Wert). Aus der Differenz zwischen Ertragswert und Zeitwert des Eigenkapitals ergibt sich ein Firmenwert von 286.221 €.

Lösung zu Aufgabe 26 (Bestandteile von Jahresabschlüssen)

a) Die A-B-OHG erstellt einen Jahresabschluss nach **dem HGB,** der aus **der Bilanz** und **der GuV-Rechnung** besteht.

b) Die (nicht-kapitalmarktorientierte) Buch-GmbH muss einen handelsrechtlichen Jahresabschluss aufstellen, bestehend aus **Bilanz, GuV-Rechnung und Anhang**.

c) Die Inter-AG kann einen internationalen Einzelabschluss nach **IFRS** offenlegen. Er besteht aus den folgenden Komponenten: **Bilanz (oder Bilanzen), Gesamtergebnisrechnung, Anhang, Kapitalflussrechnung und Eigenkapitalveränderungsrechnung**.

d) Die Aktionäre der Inter-AG entscheiden auf der Hauptversammlung über den **Bilanzgewinn**, der nach dem **HGB** ermittelt wird.

Lösung zu Aufgabe 27 (Bilanzen)

Im Jahresabschluss zum 31.12.04 muss die Bilanz zum Ende 04 und zum Anfang 04 (mit Vorjahresangaben) enthalten sein. Bilanz Ende 04 (Angaben in Tausend Euro):

A	Bilanz 31.12.04		P
A_1	380 (420)	Gez. Kapital	400 (400)
A_2	140 (160)	Gewinnrücklagen	220 (200)
A_3	220 (150)	P_1	120 (130)
	740 (730)		740 (730)

Die Bilanz Anfang 04 ist mit der Bilanz zum 31.12.03 identisch und enthält in Klammern die Vorjahresangaben zum 31.12.02. Es gilt:

A	Bilanz 1.1.04		P
A_1	420 (460)	Gez. Kapital	400 (400)
A_2	160 (180)	Gewinnrücklagen	200 (220)
A_3	150 (120)	P_1	130 (140)
	730 (760)		730 (760)

Im Ergebnis werden somit drei Bilanzwerte angegeben: Ende 04, Ende 03 und Ende 02.

Lösung zu Aufgabe 28 (Bilanzen)
Im Jahresabschluss müssen die Bilanzen zum Beginn und zum Ende des Geschäftsjahres enthalten sein. Somit müssen die Bilanzen zum 1.10.03 und zum 30.9.04 aufgestellt werden. Da im Jahresabschluss – und somit auch in der Bilanz – die Angaben für das Vorjahr enthalten sein müssen, sind zusätzlich die Angaben zum 1.10.02 und zum 30.9.03 zu ermitteln. Allerdings stimmen die Bilanzdaten zum 30.9.03 und 1.10.03 nach dem Grundsatz der Bilanzidentität überein. Somit sind im Ergebnis die Bilanzdaten von **drei** Stichtagen zu vermitteln: 30.9.02, 30.9.03, 30.9.04.

Lösung zu Aufgabe 29 (Gesamtergebnisrechnung)
In der GuV-Rechnung wird das Periodenergebnis ermittelt, das aus dem Betriebsergebnis von 60.000 € und dem Finanzergebnis von -10.000 € besteht. Somit ist der Periodengewinn 50.000 €. Da die Gesamtergebnisrechnung nach IFRS auch die erfolgsneutral erfassten Erträge und Aufwendungen enthält, muss noch der Neubewertungsertrag der Sachanlagen in Höhe von 30.000 € berücksichtigt werden. Daraus ergibt sich ein Gesamtergebnis von 80.000 € für 01 (50.000 € + 30.000 €).

Lösung zu Aufgabe 30 (Jahresabschlüsse)
a) Es können die anderen Gewinnrücklagen in Höhe von 220.000 € und der Jahresüberschuss 01 in Höhe von 140.000 € ausgeschüttet werden. Die Ausschüttungen richten sich

nach dem handelsrechtlichen Jahresabschluss, der vom Vorsichtsprinzip geprägt ist. Daher werden die Gewinne eher niedrig und spät ausgewiesen.

b) Die Neubewertung der Posten wirkt sich zunächst nur in der Bilanz aus. Es findet eine erfolgsneutrale Bilanzverlängerung statt, wobei die Aktivposten und die Eigenkapitalrücklage steigen. In der Gesamtergebnisrechnung wird der Betrag von 180.000 € im sonstigen Ergebnis ausgewiesen.

c) Nein. Der Jahresüberschuss ergibt sich als Saldo von Erträgen und Aufwendungen. Diese Komponenten führen nicht automatisch zu liquiden Größen. Bei einer Lieferung von Waren an einen Kunden auf Ziel entsteht eine Forderung, die den Gewinn des Jahres erhöht, wenn der Verkaufspreis über den Anschaffungspreis liegt. Es findet aber noch kein Zufluss liquider Mittel statt.

Es wird eine Kapitalflussrechnung benötigt, die über die Entwicklung der liquiden Mittel informiert. Im sechsten Kapitel wird gezeigt, wie aus dem Jahresüberschuss der Cash flow abgeleitet wird, indem nicht-zahlungswirksame Aufwendungen und Erträge zu- bzw. abgerechnet werden.

Lösung zu Aufgabe 31 (Gesamtergebnisrechnung)
Nein. Das statement of profit or loss and other comprehensive income umfasst das Periodenergebnis aus der Geschäftstätigkeit und das sonstige Ergebnis (z.B. Erträge aus der erfolgsneutralen Neubewertung von Sachanlagen). Letzteres wird nicht erwirtschaftet und ist daher nicht in der handelsrechtlichen GuV-Rechnung enthalten.

Im Handelsrecht ist eine Neubewertung von Sachanlagen, die über die (fortgeführten) Anschaffungskosten hinausgeht, verboten. Das statement of profit or loss and other comprehensive income kann als eine erweiterte GuV-Rechnung angesehen werden, mit der ein umfassender Gesamterfolg ermittelt wird (Einzelheiten folgen im fünften Kapitel).

Lösung zu Aufgabe 32 (Lage- und Managementbericht)
Richtig sind: d), f), g), i), k). – Falsch sind: a), b), c), e), h), j).

Hinweis zu c): Der Finanzrisikobericht soll nur die speziellen Risiken dieser "gefährlichen" Instrumente aufzeigen. Die Angabe von Chancen ist nicht vorgesehen.

Lösung zu Aufgabe 33 (Offenlegung eines IFRS-Abschlusses)
Nein. In § 325 Abs. 2a Satz 3 HGB wird auf die Anwendung des § 244 HGB verwiesen. Danach ist der Jahresabschluss in deutscher Sprache und in Euro aufzustellen. Die Verwen-

dung von Englisch ist unzulässig. Aus Gründen der internationalen Vergleichbarkeit von Abschlüssen wäre die Verwendung der englischen Sprache sinnvoll.

Lösung zu Aufgabe 34 (Wirtschaftliche Lage)
a) Die Komponenten der wirtschaftlichen Lage lassen sich der Abbildung entnehmen:

Wirtschaftliche Lage		
Vermögenslage	Finanzlage	Ertragslage
Abbildungsinstrument: Bilanz	Abbildungsinstrument: Kapitalflussrechnung	Abbildungsinstrument: Gesamtergebnisrechnung

b) **Nein.** Für die Vermögenslage gilt: Das Vermögen umfasst die Posten der Aktivseite der Bilanz. Nur in Abwesenheit von Schulden handelt es sich hierbei um das **Reinvermögen**, also um das tatsächliche bilanzielle Vermögen eines Unternehmens. Die Vermögenslage ist zutreffender als "Reinvermögenslage" zu bezeichnen.

Für die Ertragslage gilt: Die Erträge umfassen nur den positiven Bestandteil des Erfolges. Hiervon sind die Aufwendungen abzuziehen, um als Saldo den **Periodenerfolg** (Periodengewinn oder Periodenverlust) zu ermitteln. Die Ertragslage ist zutreffender als "Erfolgslage" zu bezeichnen. Bei IFRS ist außerdem noch das sonstige Ergebnis zu berücksichtigen, der erfolgsneutrale Komponenten (z.B. aus der Neubewertung von Sachanlagen) enthält.

Für die Finanzlage gilt: Die Finanzlage ist ein unbestimmter Begriff. Bei Anwendung einer Kapitalflussrechnung werden regelmäßig sowohl die Veränderungen finanzieller Mittel als auch deren Anfangs- und Endbestand aufgezeigt. Die finanziellen Mittel werden meist im Sinne liquider Mittel interpretiert. In diesem Fall ist der Begriff "Liquiditätslage" anwendbar. Einzelheiten zur Kapitalflussrechnung werden im sechsten Kapitel des Buchs erläutert.

Lösungen der Aufgaben zum zweiten Kapitel

Lösung zu Aufgabe 1 (Going concern principle)
Am Ende des Geschäftsjahres 01 bestehen ernsthafte Zweifel an der Unternehmensfortführung. Die Hausbanken des Unternehmens haben bereits vor dem Bilanzstichtag deutlich auf Sanierungsmaßnahmen hingewiesen – der Bestand des Unternehmens ist gefährdet. Somit ist das going concern principle nicht mehr aufrechtzuerhalten. Die Bewertung des Vermögens hat auf Basis von **Veräußerungspreisen** zu erfolgen. Ende 01 ist von einem Vermögen in Höhe von 8.000.000 € auszugehen.

Lösung zu Aufgabe 2 (Predictive value)
Nein. Der Vorhersagewert der Gesamtergebnisrechnung ist begrenzt. Das Betriebsergebnis entsteht aus dem Kerngeschäft eines Unternehmens und kann in bestimmten Grenzen beeinflusst werden. Allerdings kann ein Unternehmen seine Umsatzerlöse nur bedingt verändern: Wenn die Kunden eine bestimmte Produktmenge in 03 kaufen wollen, ist dieser Wert für das Unternehmen vorgegeben und insoweit liegen die Umsatzerlöse fest. Auch durch Werbemaßnahmen oder Preisaktionen sind nur bestimmte Veränderungen möglich. Somit können die Gewinne aus 01 bzw. 02 nicht einfach für 03 fortgeschrieben werden.

Lösung zu Aufgabe 3 (Materiality)
a) Nicht entscheidungsrelevant nach Art oder Größe (Anschaffungskosten liegen unter dem Anhaltswert von 500 € netto). Das Computerprogramm kann sofort als Aufwand behandelt werden.
b) Entscheidungsrelevant nach der Art des Postens. Die Aktien sind Finanzinstrumente, die direkt zu Erträgen führen.
c) Entscheidungsrelevant nach der Art des Postens. Die Rohstoffe werden in der Produktion eingesetzt und weisen einen direkten Ertragsbezug auf.
d) Wie b). Es ist unerheblich, ob die Finanzinstrumente zum Anlage- oder zum Umlaufvermögen gehören. Aus Sicht der Anleger sind die Posten entscheidungsrelevant.
e) Entscheidungsrelevant nach der Größe, da die Anschaffungskosten über dem Anhaltswert von 500 € netto liegen. Der Schreibtisch ist zu aktivieren über die Nutzungsdauer abzuschreiben.

Lösung zu Aufgabe 4 (Materiality)
Nein. Die Rückstellung ist zu passivieren, da sie zu Zahlungsabflüssen führen wird. Sie ist nach ihrer Art entscheidungsrelevant und auf ihren Betrag kommt es nicht an. Daher wird

in IAS 37 (Provisions, contingent Liabilities and contingent Assets – Rückstellungen, Eventualschulden und Eventualforderungen) eine Ansatzpflicht festgelegt. Die Einzelheiten der Rückstellungsbilanzierung werden im dritten Kapitel behandelt.

Lösung zu Aufgabe 5 (Materiality)
a) Im Fall I) betragen die Anschaffungskosten 380 € pro Palette, so dass eine Aktivierung unter materiality-Aspekten unterbleiben kann. Bei einer kleinen Kapitalgesellschaft erscheint eine Sofortabschreibung bis zu einem Betrag von **rund 500 € je Stück** zulässig. Auch der relative Grenzwert von 0,5% der Bilanzsumme wird eingehalten: Für die Paletten beträgt er 0,475% (9.500 €/2.000.000 €).

Im Fall II) liegen die Anschaffungskosten mit 600 € pro Stück über dem Grenzwert von rund 500 € je Stück. Damit sind die Paletten als wesentlich einzustufen und die relative Grenze braucht nicht mehr geprüft zu werden. Im Fall II) muss eine Aktivierung erfolgen. Allerdings ist zu beachten, dass die obigen Grenzwerte nur als Anhaltswerte anzusehen sind – die IFRS legen keine genauen Grenzwerte fest.

b) Im Steuerrecht können abnutzbare bewegliche Wirtschaftsgüter des Anlagevermögens, die einer selbstständigen Nutzung fähig sind, sofort als Aufwand behandelt werden, wenn die Anschaffungskosten pro Stück nicht mehr als 410 € netto betragen. Das Steuerrecht verwendet einen **absoluten Grenzwert**. Die Paletten stellen abnutzbare bewegliche Wirtschaftsgüter des Anlagevermögens dar und können für sich allein genutzt werden.

Im Fall I) wird der Grenzwert von 410 € unterschritten, im Fall II) dagegen überschritten. Somit liegen nur im Fall I) geringwertige Wirtschaftsgüter vor, die sofort abgeschrieben werden können. Im Fall II) muss dagegen eine Aktivierung der Paletten und eine Abschreibung über die Nutzungsdauer erfolgen.
Hinweis: In der Aufgabe wollte die Transport-AG die steuerrechtlichen Vorschriften anwenden. Ohne diesen Hinweis wäre eventuell auch eine Sofortabschreibung im Fall II) möglich. Handelsrechtlich ist auch eine Sofortabschreibung von Sachanlagen möglich, deren Anschaffungskosten über 410 € liegen. Einen genauen Grenzwert gibt es im HGB nicht. Legt man die Anhaltswerte der IFRS zugrunde, wäre allerdings bei der kleinen AG im Fall II) keine Sofortabschreibung möglich.

Lösung zu Aufgabe 6 (Free from errors)
Bei einigen Posten kann der Wert am Bilanzstichtag auf Grund von Unsicherheiten nicht genau bestimmt werden. Das ist z.B. bei Rückstellungen der Fall. Ihre Höhe ist daher am

Bilanzstichtag bestmöglich zu schätzen. Da die Reparaturkosten für die Rückstellungshöhe berechnet werden, ist der Rückstellungswert sachgerecht ermittelt worden. Auch wenn sich später Differenzen ergeben, ist der Jahresabschluss als fehlerfrei anzusehen.

Lösung zu Aufgabe 7 (Free from errors)
In diesem Fall ist der Jahresabschluss wohl nicht mehr als fehlerfrei anzusehen. Die Ermittlung der Rückstellungshöhe muss möglichst genau erfolgen und darf nur in solchen Fällen pauschal festgelegt werden, wenn keine Möglichkeiten für eine bessere Ermittlung bestehen. Es zeigt sich, dass der Rückstellungswert mit 150.000 € viel zu hoch ausgefallen ist. Die Abweichung ist deutlich höher als im Fall einer genaueren Berechnung.

Lösung zu Aufgabe 8 (Comparability)
Auch wenn die Gewinnentwicklung der Improve-AG beeindruckend ist, sollte der Investor prüfen, ob andere Unternehmen nicht noch bessere Ergebnisse erzielt haben. Der Grundsatz der Vergleichbarkeit (comparability) beinhaltet neben dem Zeitvergleich auch den Betriebsvergleich, wobei insbesondere die Gewinne verschiedener Unternehmen miteinander verglichen werden sollten.
Hinweis: Selbstverständlich sind beim Kauf von Aktien auch noch andere Größen zu berücksichtigen, die in dieser Aufgabe nicht betrachtet wurden.

Lösung zu Aufgabe 9 (Wechsel der Abschreibungsmethode)
a) Mit den degressiven Abschreibungsverfahren werden zunächst höhere und später niedrigere Aufwendungen verrechnet als mit der linearen Abschreibungsmethode. Somit bewirkt der Wechsel von der degressiven auf die lineare Methode, dass grundsätzlich weniger Aufwand verrechnet wird. Insoweit steigt der Gewinn in 02.

b) Die Einhaltung des Stetigkeitsprinzips soll dazu führen, dass keine Gewinne aus dem Wechsel von Bewertungsmethoden entstehen. Der Grundsatz der consistency ist bei IFRS streng einzuhalten.

Lösung zu Aufgabe 10 (Bilanzierung)
Der Grundsatz der verifiability (Nachprüfbarkeit) wurde verletzt. Er soll sicherstellen, dass nur die Posten aktiviert werden, die dem Unternehmen rechtlich gehören oder ihm zumindest wirtschaftlich zuzurechnen sind. Ohne diesen Grundsatz kann nicht festgestellt werden, ob das Unternehmen auch alle richtigen Posten bilanziert. Wenn für alle Aktiva Belege (insbesondere Rechnungen) vorhanden sind, besteht ein Nachweis über die rechtlichen Verhältnisse. Vereinfacht gesagt muss gelten: Keine Buchung ohne Beleg!

Lösung zu Aufgabe 11 (Aufstellungszeitraum)
Nein. Große Kapitalgesellschaften haben eine Aufstellungsfrist von drei Monaten einzuhalten. Diese Frist wurde überschritten, da der Abschluss erst am 20.4.02 fertig gestellt wurde. Somit wurde der Abschluss zu spät erstellt worden.

Lösung zu Aufgabe 12 (Wirtschaftliche Betrachtungsweise)
a) <u>Bilanzierung der Maschine</u>: Beim Sicherungsgeber, der Z-AG. Die B-Bank wird zwar am 1.5.01 rechtlicher Eigentümer der Maschine, die aber im Besitz der Z-AG verbleibt und von ihr weiter genutzt wird. Bei ordnungsgemäßer Durchführung des Kreditverhältnisses werden sämtliche Nutzungen von der Z-AG gezogen. Sie ist somit als wirtschaftlicher Eigentümer anzusehen.

b) <u>Bilanzierung der Forderung</u>: Beim Forderungsverkäufer, der A-AG, die das Ausfallrisiko trägt (= unechtes Factoring). Da das Ausfallrisiko nicht übertragen wird, liegt wirtschaftlich gesehen keine endgültige Übertragung der Forderung vor. Deshalb bleibt die A-AG wirtschaftlicher Eigentümer der Forderungen.

Lösung zu Aufgabe 13 (Eigentumsvorbehalt)
Die Lieferung unter Eigentumsvorbehalt ist eine Lieferung unter einer Bedingung: Das Eigentum an der Ware geht erst dann auf den Käufer (Abnehmer) über, wenn er die Ware bezahlt hat. Bis dahin bleibt der Lieferant rechtlich gesehen Eigentümer der Ware. Der Käufer ist aber wirtschaftlicher Eigentümer, da er über die Ware verfügen kann.

Der Käufer ist der Sicherungsgeber, da er auf den Eigentumsübergang verzichtet, der im Zeitpunkt der Warenübergabe stattfindet. Der Abnehmer akzeptiert den Eigentumsvorbehalt des Lieferanten. Gleichzeitig ist der Käufer Kreditnehmer, da er die Ware nicht sofort, sondern erst später bezahlen muss. Der Lieferant (Kreditgeber) gewährt für einen bestimmten Zeitraum einen Kredit. Er ist der Sicherungsnehmer, da er das Eigentumsrecht an seiner Ware behält.

Lösung zu Aufgabe 14 (Einzelbewertung)
a) Am 1.7.01 werden die K-Aktien mit 110.000 € bewertet (5.000 Stück x 22 €/Stück) und die L-Aktien mit 200.000 € (5.000 Stück x 40 €/Stück). Am 31.12.01 ist der Wert der K-Aktien um 14.000 € (5.000 Stück x 2,8 €/Stück) gestiegen, der Wert der L-Aktien um 7.000 € (5.000 Stück x 1,4 €/Stück) gesunken. In der Bilanz ist nur die Wertminderung zu berücksichtigen, nicht jedoch die Wertsteigerung. Somit gilt:
- K-Aktien: Bewertung mit 110.000 €.
- L-Aktien: Bewertung mit 193.000 €.

b) Nein. Die ungleiche Behandlung von Wertsteigerungen und Wertminderungen verbietet die Gesamtbewertung, da es sonst zu Wertkompensationen kommt. Die Aktien sind einzeln zu bewerten.

Lösung zu Aufgabe 15 (Wertobergrenze)
a) Im HGB dürfen die Anschaffungskosten nicht überschritten werden. Daher erfolgt die Bewertung mit dem ursprünglichen Wert von 500.000 €. Das **Vorsichtsprinzip** ist zu beachten. Es verbietet den Ausweis von Erträgen, die noch nicht durch einen Umsatz mit Dritten verwirklicht wurden.

b) Nach IFRS können die Anschaffungskosten überschritten werden, indem eine Bewertung zum fair value erfolgt. Bei Sachanlagen kann das Neubewertungsmodell verwendet werden, das eine aktuelle Bewertung vorsieht. In diesem Fall kann das Grundstück mit 700.000 € bewertet werden (siehe viertes Kapitel). Das Vorsichtsprinzip wird im Framework nicht mehr genannt.

Lösung zu Aufgabe 16 (Prinzipien nach IFRS)
a) Es liegt ein Verstoß gegen den Grundsatz der understandability vor, da die Bilanz unverständlich wird. Außerdem werden formale Grundsätze über die Anordnung der Bilanzposten verletzt, die am Schluss des dritten Kapitels erläutert werden.
b) Es liegt ein Verstoß gegen den Grundsatz der wirtschaftichen Betrachtungsweise (substance over form) vor, da die Maschine beim Sicherungsgeber zu bilanzieren ist.
c) Es liegt ein Verstoß gegen das Stichtagsprinzip vor, da nicht der Kurswert am Bilanzstichtag, sondern im Aufstellungszeitpunkt verwendet wird.
d) Es liegt ein Verstoß gegen den Grundsatz der comparability vor, da die Posten durch die unterschiedliche Abgrenzung nicht miteinander verglichen werden können.
e) Es liegt zwar ein Verstoß gegen den Einzelbewertungsgrundsatz vor, aber dies ist aus Vereinfachungsgründen zu akzeptieren. Durch die gemeinsame Lagerung der Rohstoffe kann keine Einzelbewertung erfolgen. In IAS 2 (Inventories – Vorräte) werden bestimmte Ausnahmen vom Einzelbewertungsgrundsatz ausdrücklich erlaubt.

Lösung zu Aufgabe 17 (Wertaufhellungsprinzip)
Nach dem Wertaufhellungsprinzip sind bessere Informationen über die Verhältnisse am Bilanzstichtag zu berücksichtigen, die grundsätzlich bis zur Aufstellung des Jahresabschlusses zur Verfügung stehen. Für deutsche prüfungspflichtige Kapitalgesellschaften, die einen IFRS-Abschluss aufstellen, endet der Wertaufhellungszeitraum im Zeitpunkt der Erteilung des Bestätigungsvermerks über das Ergebnis der Abschlussprüfung.

Lösung zu Aufgabe 18 (Geschäftsjahr)

Der Berichtszeitraum beträgt nach IFRS grundsätzlich **zwölf Monate**, aber er kann in Ausnahmefällen auch länger oder kürzer sein. Eine deutliche Verlängerung des Zeitraums über die Zwölfmonatsfrist hinaus ist aber kritisch zu sehen, da die Anteilseigner für einen längeren Zeitraum keine Informationen über die wirtschaftliche Lage des Unternehmens erhalten. Sie werden über die Unternehmenslage im Unklaren gelassen. Daher muss die Neu-AG zum 31.12.01 einen Jahresabschluss aufstellen, der über die Vermögens-, Finanz- und Ertragslage in diesem Halbjahr berichtet.

Lösung zu Aufgabe 19 (Accrual basis)

a) Die Erträge sind nach dem Realisationsprinzip (realisation principle) zu verrechnen. Die Aufwendungen sind nach dem Grundsatz der sachlichen Abgrenzung (matching principle) von den Erträgen abzuziehen. Daher werden die Aufwendungen anteilig von den entsprechenden Leistungen subtrahiert. Die Realisation der Erträge erfolgt mit der Übergabe der Produkte an den Abnehmer (es kann unterstellt werden, dass auch die übrigen Kriterien nach IAS 18 erfüllt sind). Für die einzelnen Geschäftsjahre ergeben sich die folgenden Erfolgsgrößen:

01: Erträge: 320.000 € (40%) - Aufwendungen: 200.000 € (40%). Gewinn: 120.000 €.
02: Erträge: 400.000 € (50%) - Aufwendungen: 250.000 € (50%). Gewinn: 150.000 €.
03: Erträge: 80.000 € (10%) - Aufwendungen: 50.000 € (10%). Gewinn: 30.000 €.

b) Die Verrechnung zeitraumabhängiger Aufwendungen erfolgt nach dem deferral-Prinzip. Danach werden jeder Periode Aufwendungen in Höhe von 200.000 € zugeordnet.

Lösung zu Aufgabe 20 (Erfolgsgrößen)

Der Erfolg ergibt sich als Differenz der Erträge und Aufwendungen des Jahres 01. Die Erträge betragen in 01: 1.320.000 € (1,1 x 1.200.000 €) und die Aufwendungen 748.000 € (0,85 x 880.000 €). Daraus errechnet sich eine Differenz von 572.000 €, die den Gewinn darstellt.

Lösung zu Aufgabe 21 (Periodenabgrenzung)

a) Es handelt sich um zeitraumabhängige Aufwendungen bzw. Erträge, die über den Bilanzstichtag hinausreichen. Es erfolgt eine zeitraumabhängige Verrechnung, die als deferral bezeichnet wird. Da die Zahlungen vor dem Aufwand bzw. Ertrag erfolgen, und der Bilanzstichtag zwischen diesen Vorgängen liegt, ist eine aktive bzw. passive Abgrenzung vorzunehmen. Es sind (aktive und passive) transitorische Rechnungsabgrenzungsposten zu bilden.

b) Die Buchungen lauten (RAP: Rechnungsabgrenzungsposten): "Aktiver RAP an sonstige betriebliche Aufwendungen 3.000" und "sonstige betriebliche Erträge an passiver RAP 7.500". Die erste Buchung ermittelt den Aufwand für 01, die zweite Buchung den Ertrag dieses Jahres.

Lösung zu Aufgabe 22 (Erfolg nach Umsatzkostenverfahren)

a) Der Erfolg lässt sich der folgenden Aufstellung entnehmen. Die Umsatzerlöse richten sich nach dem **Nettopreis** (40 €), da die Umsatzsteuer an das Finanzamt abzuführen ist und somit keinen Ertrag darstellt. Der Umsatzaufwand ergibt sich als Produkt aus abgesetzter Menge und Herstellungskosten pro Stück (122.000 Stück x 18 €/Stück = 2.196.000 €). Die Vertriebskosten belaufen sich auf 707.600 € (122.000 Stück x 5,8 €/Stück). Die allgemeinen Verwaltungskosten sind in voller Höhe abzuziehen.

GuV-Rechnung (Umsatzkostenverfahren)		
1. Umsatzerlöse	4.880.000 €	
2. Umsatzaufwand	- 2.196.000 €	Matching principle
= Bruttoergebnis	2.684.000 €	
3. Vertriebskosten	- 707.600 €	Matching principle
4. Allg. Verwaltungskosten	- 645.000 €	Deferral
= Gewinn	1.331.400 €	

b) Die Prinzipien sind in der obigen Abbildung enthalten. Der Umsatzaufwand und die Vertriebskosten werden nach dem matching principle verrechnet, da diese Aufwendungen direkt der abgesetzten Menge zuzurechnen sind. Die allgemeinen Verwaltungskosten sind nach dem deferral-Grundsatz zu verrechnen, da sie keine direkte Beziehung zur Leistungserstellung haben. Es handelt sich um zeitraumabhängige Aufwendungen.

Lösung zu Aufgabe 23 (Realisationsprinzip bei Kaufverträgen)

Da die Sale-AG die Produkte erst in 02 übergibt, sind erst in diesem Jahr die wesentlichen Risiken und Chancen auf den Abnehmer übergegangen. Damit werden die Erträge in 02 ausgewiesen – sie betragen 448.000 € (14.000 Stück x 32 € je Stück).

Lösung zu Aufgabe 24 (Erfolgsausweis bei Werkverträgen nach IFRS)

IAS 11 sieht für Werkverträge einen zeitanteiligen Ertragsausweis vor. Da das Schiff Ende 01 zu einem Viertel fertig gestellt ist, werden 25% der gesamten Erträge und 25% der

gesamten Aufwendungen in diesem Jahr gegenübergestellt. Es ergibt sich die folgende, vereinfachte GuV-Rechnung:
Erträge: 125.000.000 €.
Aufwendungen: 112.500.000 €.
Gewinn: 12.500.000 €.

Es werden Umsatzerlöse in Höhe von 125.000.000 € ausgewiesen. Ihnen steht ein Umsatzaufwand in Höhe von 112.500.000 € (25% von 450.000.000 €) gegenüber. Damit ergibt sich per Saldo ein Gewinn von 12.500.000 €. Bei dieser Berechnung wurde das Umsatzkostenverfahren zugrunde gelegt. Von großer Bedeutung für den Erfolgsausweis ist die Ermittlung des Fertigstellungsgrades. Seine Bestimmung wird im vierten Kapitel erläutert.

Lösung zu Aufgabe 25 (Erfolgsausweis bei Werkverträgen nach HGB)
Keiner. Handelsrechtlich werden noch keine Umsatzerlöse ausgewiesen, da noch kein Absatz an Dritte stattgefunden hat. Damit ist bei Anwendung des Umsatzkostenverfahrens auch kein Umsatzaufwand angefallen. Aus handelsrechtlicher Sicht findet eine Bestandserhöhung unfertiger Erzeugnisse statt, die mit den anteiligen Herstellungskosten bewertet wird. Die entsprechenden Aufwendungen (z.b. Personal- und Materialaufwand) werden nicht in der GuV-Rechnung erfasst, sondern über das Bestandskonto "unfertige Erzeugnisse" abgerechnet. Die Buchung lautet: "Unfertige Erzeugnisse an diverse Aufwandskonten (z.B. Personal und Material) 112.500.000".

Lösung zu Aufgabe 26 (Diverse Aussagen zum Realisationsprinzip)
Richtig sind: a), d). – Falsch sind: b), c), e).

Lösung zu Aufgabe 27 (Mehrkomponentenverträge)
a) Die Aufteilung erfolgt nach dem Verhältnis aus Paketpreis zur Summe der Einzelveräußerungspreise der Teilleistungen. Daraus ergibt sich ein Quotient von 0,75 (9.000 €/ 12.000 €). Der Rechner ist mit 7.500 € (0,75 x 10.000 €) und der Service mit 1.500 € (0,75 x 2.000 €) zu bewerten.

b) Der gesamte Service für zwei Jahre wird am 1.7.01 im Voraus bezahlt. Der Aufwand von 1.500 € ist auf zwei Jahre zu verteilen. Auf 01 entfällt ein Viertel des Aufwands (375 €). Damit ist Ende 01 ein aktiver Rechnungsabgrenzungsposten von 1.125 € zu bilden, um den Aufwand 01 in der GuV-Rechnung richtig darzustellen. In 02 werden weitere 750 € als Aufwand verrechnet, so dass sich der aktive Rechnungsabgrenzungsposten Ende 02 auf 375 € verringert. Dieser Aufwand entfällt auf 03.

Lösung zu Aufgabe 28 (Korrektur von Fehlern)
a) Da die Maschine anzusetzen ist, liegt ein Bilanzierungsfehler vor. Die richtigen Werte sind in der Tabelle enthalten: Der jährliche Abschreibungsbetrag ist 30.000 € pro Jahr (300.000 €/10 Jahre). Ende 04 wird die Maschine mit 180.000 € bewertet.

	31.12.01	31.12.02	31.12.03	31.12.04
Falsche Werte	-	-	-	-
Richtige Werte	270.000 €	240.000 €	210.000 €	180.000 €
Korrekturen	<ul><li>Zum 1.1.03: Erfolgsneutrale Korrektur: 240.000 €</li><li>Zum 31.12.03: Erfolgswirksame Korrektur: -30.000 €</li><li>Zum 31.12.04: Erfolgswirksame Korrektur: -30.000 €</li></ul>			

b) Die Maschine wird am 1.1.03 erfolgsneutral eingebucht: "Maschine an Gewinnrücklagen 240.000 €". Der Bilanzzusammenhang wird durchbrochen, da die Schlussbilanz zum 31.12.02 die Maschine nicht enthielt. In 03 sind Abschreibungen zu buchen: "Abschreibungen auf Sachanlagen an Maschinen 30.000". Abschlussbuchung: "GuV-Konto an Abschreibungen auf Sachanlagen 30.000". Der um 30.000 € verminderte Gewinn wird auf das passive Bestandskonto Jahresüberschuss gebucht ("GuV-Konto an Jahresüberschuss 30.000"), das in der Bilanz erscheint ("Jahresüberschuss an Schlussbilanzkonto 30.000"). Auch die Maschine wird in das Schlussbilanzkonto gebucht: "Schlussbilanzkonto an Maschinen 210.000". Damit sind das Vermögen und der Erfolg für das Jahr 03 korrekt abgebildet worden. Man erhält zugleich die relevanten Vergleichswerte, die im Jahresabschluss für das Jahr 04 anzugeben sind.

Lösung zu Aufgabe 29 (Änderung nach IAS 10)
Es liegt eine Schätzänderung vor, die für die Zukunft (prospektiv) geändert wird. Ende 05 beträgt der Restwert der Maschine bei einer ursprünglichen Nutzungsdauer von zwanzig Jahren noch 300.000 € (400.000 € - 5 x 20.000 €). Dieser Wert wird auf die noch verbleibenden fünf Jahre verteilt. Somit werden jährlich 60.000 € abgeschrieben.

Lösungen der Aufgaben zum dritten Kapitel

Lösung zu Aufgabe 1 (Assets nach IFRS)

a) Definition: Der Lkw ist eine Ressource, über die das Unternehmen auf Grund vergangener Ereignisse (Anschaffung) verfügt und die einen zukünftigen wirtschaftlichen Nutzen verspricht. Das Kriterium ist erfüllt.

Ansatzkriterien:
- Probability: Die Wahrscheinlichkeit des Nutzenzuflusses liegt über 50% (p = 0,8); das Kriterium ist erfüllt.
- Reliable measurement: Für den wirtschaftlichen Nutzen entstehen Aufwendungen in Höhe von 150.000 €. Sie lassen sich dem Vorteil direkt zuordnen, so dass das Kriterium erfüllt ist.

Ergebnis: **Aktivierungspflicht.**

b) Definition: Die Fertigungsanlage ist eine Ressource, über die das Unternehmen auf Grund vergangener Ereignisse (Anschaffung) verfügt und die – zumindest in eingeschränkter Weise – einen zukünftigen wirtschaftlichen Nutzen aufweist. Das Kriterium ist erfüllt.

Ansatzkriterien:
- Probability: Da die Wahrscheinlichkeit für den zukünftigen wirtschaftlichen Nutzen unter 50% liegt (q = 0,2), ist das Kriterium nicht erfüllt. Die Wahrscheinlichkeit für einen zukünftigen Mittelabfluss ist sehr viel höher.
- Reliable measurement: Eine Prüfung kann entfallen, da bereits das vorige Kriterium nicht erfüllt ist.

Ergebnis: **Aktivierungsverbot.**

c) Definition: Der Werbeaufwand ist eine Ressource, über die das Unternehmen auf Grund vergangener Ereignisse verfügt und die einen zukünftigen wirtschaftlichen Nutzen zur Folge hat. Das Kriterium ist erfüllt.

Ansatzkriterien:
- Probability: Die Wahrscheinlichkeit des Nutzenzuflusses liegt über 50% (p = 0,7); das Kriterium ist erfüllt.
- Reliable measurement: Gezahlt wird für die Werbemaßnahme, deren Aufwendungen eindeutig feststehen; der wirtschaftliche Nutzen entsteht jedoch durch das veränderte Kaufverhalten der Kunden. Diese Verhaltensänderung entzieht sich einer verlässlichen Bewertung. Das Kriterium ist nicht erfüllt.

Ergebnis: **Aktivierungsverbot.**

Lösung zu Aufgabe 2 (Vermögensgegenstände nach HGB)

a) Der Lkw ist eine Sache, die selbstständig bewertbar ist. Darüber hinaus liegt eine selbstständige Verwertbarkeit vor; der Lkw kann jederzeit veräußert werden.
Ergebnis: **Aktivierungspflicht**.

b) Die Fertigungsanlage ist eine Sache, die selbstständig bewertbar ist. Zusätzlich ist die selbstständige Verwertbarkeit erfüllt, da die Anlage jederzeit veräußert werden kann.
Ergebnis: **Aktivierungspflicht**.
Hinweis: Die Bewertung erfolgt zunächst mit den Anschaffungskosten. Ist der beizulegende Stichtagswert – nach Verrechnung planmäßiger Abschreibungen – niedriger, muss bei dauernder Wertminderung außerplanmäßig abgeschrieben werden.

c) Die Werbung stellt einen wirtschaftlichen Vorteil ("verändertes Kaufverhalten") für das Unternehmen dar. Da jedoch eine selbstständige Bewertbarkeit nicht gegeben ist, kann keine Aktivierung erfolgen. Auch die selbstständige Verwertbarkeit ist nicht gegeben; dieses Kriterium muss nicht mehr geprüft werden.
Ergebnis: **Aktivierungsverbot**.

Lösung zu Aufgabe 3 (Transitorische RAP)

a) **Ja**. Die Definition für ein asset ist **erfüllt**, da ein zukünftiger wirtschaftlicher Nutzen erzielt wird. Dieser Nutzen ist direkt gegeben, wenn im Fall einer Kündigung des Mietverhältnisses der im Voraus bezahlte Betrag zurückerstattet wird. Ansonsten liegt ein indirekter Nutzenzufluss vor, indem zukünftige Auszahlungen gespart werden.
Das Ansatzkriterium "probability" ist erfüllt, da eine Rückzahlung im Kündigungsfall erfolgt bzw. bei Fortführung des Mietverhältnisses zukünftige Mietzahlungen gespart werden. Die Bewertung erfolgt verlässlich (reliable measurement)".
Ergebnis: Aktivierungspflicht (prepaid expenses 11.000 € - Betrag für 02).

b) **Nein**. Handelsrechtlich liegt **kein** Vermögensgegenstand vor, da der Anspruch auf die zukünftige Nutzung der Büroräume nicht übertragbar ist. Eine selbstständige Verwertbarkeit ist nicht gegeben. Ein Ansatz erfolgt als aktiver Rechnungsabgrenzungsposten (§ 250 Abs. 1 HGB), der nach dem Anlage- und Umlaufvermögen auszuweisen ist.
Ergebnis: Aktivierungspflicht (Rechnungsabgrenzungsposten 11.000 €).

Lösung zu Aufgabe 4 (Antizipative RAP)

Der Vermieter hat am Jahresende 01 einen Mietanspruch von 6.000 € (= 4 x 1.500 €). Er aktiviert eine sonstige Forderung (other receivable) in seiner Bilanz. Der Mieter muss in dieser Höhe eine sonstige Verbindlichkeit passivieren (other payables). Da die Zahlung durch die Forderung bzw. die Verbindlichkeit vorweggenommen wird, handelt es sich um antizipative Rechnungsabgrenzungsposten.

Lösung zu Aufgabe 5 (Definitionen und Ansatzkriterien)

a) Eine liability ist eine **gegenwärtige** Verpflichtung, die am Bilanzstichtag besteht. Zukünftige Verpflichtungen sind erst in dem Geschäftsjahr zu berücksichtigen, in dem sie wirtschaftlich entstehen.

b) Eine liability ist eine **gegenwärtige** Verpflichtung; vergangene Verpflichtungen sind bereits in Vorperioden entstanden. Letztere werden nur berücksichtigt, wenn sie am Bilanzstichtag noch vorhanden sind (Beispiel: Darlehen mit mehrjähriger Laufzeit und Restschuld am Jahresende). Außerdem führt die Verpflichtung zu einem **Abfluss** von Ressourcen, d.h. zu einer Verminderung der finanziellen Mittel. Ein Zufluss wird nur durch assets erzielt.

c) Probability beinhaltet eine Wahrscheinlichkeit von **mehr als 50%**. Mindestens 50% ist nicht ausreichend, da die folgende Situation ansonsten nicht entschieden werden könnte: Wahrscheinlichkeit 50%: Zufluss 100.000 € – Wahrscheinlichkeit 50%: Abfluss 50.000 €. Es ist unklar, ob für das Unternehmen ein Vorteil besteht.

d) Kein Fehler; die Aussage ist richtig.

Lösung zu Aufgabe 6 (Ansatz nach IFRS und HGB)
Richtig sind: b), c), d). – Falsch sind: a), e), f), g).

Lösung zu Aufgabe 7 (Zuordnung von Leasingobjekten)

a) Finance Leasing: Die Mieter-AG nutzt die Maschine überwiegend. Das Leasingobjekt wird zumindest für 75% (15 Jahre/20 Jahre) der wirtschaftlichen Nutzungsdauer von der Mieter-AG eingesetzt.

b) Operate Leasing: Die Mieter-AG nutzt die Maschine nicht überwiegend – das 75%-Kriterium ist nicht erfüllt (12 Jahre/20 Jahre = 0,6). Auch die Kaufoption verleitet den Leasingnehmer nicht zum Kauf, da der Optionspreis nicht um mindestens 20% unter dem Zeitwert liegt. Der Optionspreis ist nur 12,5% niedriger als der Zeitwert (5.000 €/ 40.000 €). Da kein Kriterium für Finance Leasing erfüllt ist, handelt es sich um Operate Leasing.

c) Finance Leasing: Wie bei der Teilaufgabe b) ist zwar der Laufzeittest nicht erfüllt, aber die Kaufoption liegt um mindestens 20% unter dem Zeitwert (40%: 16.000/ 40.000). Da nur ein Kriterium erfüllt sein muss, liegt Finance Leasing vor.

Lösung zu Aufgabe 8 (Finance Leasing)

a) Da der Leasingnehmer die Maschine zumindest 75% der wirtschaftlichen Nutzungsdauer einsetzt, muss er die Maschine ansetzen. Es liegt Finance Leasing vor – der Laufzeittest ist erfüllt.

b) Die Maschine wird mit dem kleineren der folgenden Werte angesetzt: Beizulegender Zeitwert oder Barwert der Mindestleasingraten. Der Barwert beträgt 242.050,68 € (50.000/1,065 + ... + 50.000/$1,065^6$). Er ist kleiner als der beizulegende Zeitwert von 250.000 € und somit anzusetzen. In derselben Höhe wird eine Leasingverbindlichkeit passiviert. Der Ansatz ist erfolgsneutral, da sich Aktiv- und Passivposten ausgleichen – es liegt eine Bilanzverlängerung vor.

c) Die Leasingrate von 50.000 € besteht aus einem Zins- und Tilgungsanteil. Der Zinsanteil beträgt in 01: 0,065 x 242.050,68 = 15.733,29 €. Der Rest von 34.266,71 € führt zur Tilgung der Verbindlichkeit.

Lösung zu Aufgabe 9 (Zinsberechnung bei Finance Leasing)

Der Ansatz lautet: 250.000 = 50.000/(1 + i) + ... + 50.000/$(1 + i)^6$ + 11.600/$(1 + i)^6$. Der Leasinggeber erwirbt heute ein Leasingobjekt im Wert von 250.000 €. In der Mietzeit erhält der Leasinggeber die insgesamt sechs Leasingraten. Sie sind jeweils abzuzinsen, um ihren Barwert zu ermitteln. Außerdem erzielt der Leasinggeber nach Rückerhalt der Maschine noch einen Resterlös von 11.600 €, der ebenfalls abzuzinsen ist. Der interne Zins stellt die Rendite aus Sicht des Leasinggebers dar. Für den Zinssatz von 6,5% gilt: 250.000 = 50.000/(1,065) + ... + 50.000/$(1,065)^6$ + 11.600/$(1,065)^6$. Ausgerechnet: 250.000 = 242.050,68 + 7.949,88. Auf der rechten Seite ergibt sich ein Wert von 250.000,56. Es besteht eine geringfügige Rundungsdifferenz von 0,56 €.

Lösung zu Aufgabe 10 (Leasingverbindlichkeit)

Die Zinsen eines Jahres ergeben sich aus der Multiplikation von Verbindlichkeit und Zinssatz. Wenn die Zinsen von der konstanten Leasingrate abgezogen werden, erhält man den Tilgungsbetrag. Für 01 wurden die Werte in der vorigen Aufgabe berechnet. Die übrigen Werte ergeben sich in entsprechender Weise. Im Zeitablauf sinkt der Zinsanteil, während der Tilgungsanteil zunimmt. Nach sechs Jahren ist die Verbindlichkeit vollständig getilgt. Im folgenden Schema bleibt eine geringe Rundungsdifferenz von 0,01 am Ende des sechsten Jahres, da der Zinssatz nicht ganz genau zu bestimmen ist.

Zeitpunkt	Zinsen	Tilgung	Bestand Leasingverbindlichkeit
Anfang 01	-	-	242.050,68
Ende 01	15.733,29	34.266,71	207.783,97
Ende 02	13.505,96	36.494,04	171.289,93
Ende 03	11.133,85	38.866,15	132.423,78
Ende 04	8.607,55	41.392,45	91.031,33
Ende 05	5.917,04	44.082,96	46.948,37
Ende 06	3.051,64	46.948,36	0,01

Lösung zu Aufgabe 11 (Intangible assets nach IFRS)
Intangible assets sind sowohl physisch als auch wirtschaftlich nur schwer nachweisbar. Oft existieren sie nur in Form von Verträgen. Damit ist schwer abzuschätzen, ob sie überhaupt existieren und – wenn das der Fall ist – welchen Wert sie aufweisen. IAS 38 enthält Ansatzkriterien für intangible assets **im Anlagevermögen**, die den Nachweis und die Werthaltigkeit der immateriellen Posten sicherstellen sollen. Die Investoren werden geschützt, da nur solche immateriellen Vermögenswerte langfristig zu aktivieren sind, die dem Unternehmen nutzen. IAS 38 gilt nicht für immaterielle Posten im Umlaufvermögen. Ihr Ansatz richtet sich nach IAS 2 (Inventories), der "mildere" Voraussetzungen enthält.

Lösung zu Aufgabe 12 (Intangible assets nach IFRS und HGB)
a) Bei IFRS erfolgt ein Ansatz des intangible assets im Anlagevermögen nur, wenn die folgenden postenspezifischen Kriterien nach IAS 38 zusätzlich erfüllt sind.
   <u>Identifizierbarkeit</u>: Das Patent beruht auf einer rechtlichen Grundlage und unterscheidet sich von anderen assets eindeutig. Das Kriterium ist erfüllt.
   <u>Beherrschung</u>: Dem Inhaber eines Patents stehen umfangreiche Rechte zu, die sich auch gerichtlich durchsetzen lassen. Damit hat die Invent-AG die Verfügungsmacht über das Patent und kann seinen Nutzen verwerten. Das Kriterium ist erfüllt.
   <u>Künftiger wirtschaftlicher Nutzen</u>: Da mit großen Gewinnen gerechnet wird, ist ein entsprechender wirtschaftlicher Nutzen vorhanden. Das Kriterium ist erfüllt.
   <u>Ergebnis</u>: **Aktivierungspflicht.**

b) Handelsrechtlich liegt ein immaterieller Vermögensgegenstand vor: Es handelt sich um ein Recht, das selbstständig bewertbar und verwertbar ist. Da das Patent dauerhaft genutzt werden soll, gehört es zum Anlagevermögen und kann daher auch im HGB angesetzt werden.
   <u>Ergebnis</u>: **Aktivierungswahlrecht.**

Lösung zu Aufgabe 13 (Intangible assets nach IFRS und HGB)

1) Im Anlagevermögen besteht für ein selbst erstelltes Patent handelsrechtlich ein **Ansatzwahlrecht** und für selbst erstellte Marken ein **Ansatzverbot**.
2) Wenn sämtliche postenspezifischen Ansatzkriterien neben den allgemeinen Ansatzvoraussetzungen für ein langfristiges intangible asset erfüllt sind, besteht nach IFRS **eine Ansatzpflicht**.
3) Für eine entgeltlich erworbene Marke, die im Unternehmen längerfristig genutzt werden soll, besteht im HGB **eine Ansatzpflicht**.
4) Die X-AG erwirbt das Urheberrecht für ein langfristig zu nutzendes technisches Lehrbuch (für 100.000 €), dessen künftiger wirtschaftlicher Nutzen sehr unsicher ist, so dass nach IFRS ein **Ansatzverbot** besteht.
5) Ist ein postenspezifisches Kriterium für den Ansatz eines langfristigen intangible assets nicht erfüllt, besteht nach IFRS ein **Ansatzverbot**.

Lösung zu Aufgabe 14 (Diverse Aussagen zu intangible assets)

Richtig sind: b), g). – Falsch sind: a), c), d), e), f), h).

Hinweise:

Zu c): Eine Aktivierung ist nicht immer möglich, sondern nur dann, wenn neben der Definition eines assets und den Ansatzkriterien auch die postenspezifischen Kriterien nach IAS 38 erfüllt sind. Dann gilt eine Ansatzpflicht.

Zu e): Für den Ansatz von Entwicklungskosten müssen neben den genannten Kriterien noch weitere sechs Merkmale erfüllt sein, die später erläutert werden.

Zu g): Im HGB besteht im Umlaufvermögen grundsätzlich eine Ansatzpflicht von selbst erstellten immateriellen Vermögensgegenständen, da sie zum Absatz bestimmt sind und ihre Verwertung innerhalb einer kurzen Zeit erfolgt. Anders verhält es sich im Anlagevermögen. Die Aussage h) ist falsch, weil der Begriff "dürfen" ein Wahlrecht beinhaltet (und eine Pflicht besteht).

Lösung zu Aufgabe 15 (Entwicklungskosten)

1. Technische Realisierbarkeit: Die Forschung hat gezeigt, dass die Demenz beseitigt werden kann. Die Forscher haben einen konkreten Entwicklungsplan vorgelegt, nach dem entsprechende Medikamente hergestellt werden können. Es findet kein Verstoß gegen Naturgesetze statt. Das Kriterium ist erfüllt.
2. Absicht der Fertigstellung: Durch die Entscheidung des Vorstands vom 1.11.02 wird die Absicht des Unternehmens, das Medikament zu entwickeln und nach Fertigstellung selbst zu nutzen, deutlich. Das Kriterium ist erfüllt.

3. <u>Fähigkeit zur Nutzung</u>: Die Pharma-AG verfügt über die notwendigen Produktionskapazitäten und Vertriebswege, um das fertige Produkt zu nutzen. Da bereits ähnliche Medikamente hergestellt werden, passt das Produkt in das bestehende Programm. Das Kriterium ist erfüllt.
4. <u>Zukünftiger wirtschaftlicher Nutzen</u>: Die Marktstudie belegt eine entsprechende Nachfrage der Demenzkranken. Die voraussichtlichen Einzahlungen belaufen sich auf (500.000 x 2.000 € =) 1.000.000.000 € bei Herstellungskosten von 200.000.000 €. Nach Abzug der Entwicklungskosten von 10.000.000 € verbleibt ein Überschuss, der auch bei einer Abzinsung positiv ausfallen würde. Das Kriterium ist erfüllt.
5. <u>Verfügbarkeit von Mitteln</u>: Die Pharma-AG verfügt über hohe finanzielle Mittel. Das Projekt ist finanziell durchführbar. Auch die technischen Voraussetzungen sind vorhanden. Das Kriterium ist erfüllt.
6. <u>Bewertbarkeit</u>: Die Plankalkulation konkretisiert die Aufwendungen, die notwendig sind, um die Entwicklung abzuschließen. Das Kriterium ist erfüllt.

Alle Kriterien sind erfüllt. Somit besteht eine **Ansatzpflicht** für die Entwicklungskosten. Allerdings wird auch deutlich, dass das bilanzierende Unternehmen die Erfüllung der Kriterien beeinflussen kann. Es sind Möglichkeiten zur Bilanzpolitik vorhanden.

Lösung zu Aufgabe 16 (Forschungs- und Entwicklungskosten)

a) <u>Forschungskosten</u>: Vom 1.4.01 bis 30.9.02. In diesem Zeitraum wird das grundsätzliche Wissen erarbeitet. Für diese Forschungskosten besteht ein **Ansatzverbot**. Aufwand 01: 500.000 €, Aufwand 02: 650.000 €.

<u>Entwicklungskosten</u>: Vom 1.10.02 bis 30.9.03. In dieser Zeitspanne wird ein funktionsfähiger Prototyp entwickelt. Aktivierung in 02: 700.000 € und in 03: 800.000 €. Herstellungskosten insgesamt: 1.500.000 €. Da die speziellen Ansatzvoraussetzungen erfüllt sind, besteht eine **Ansatzpflicht** (für direkt zurechenbare Einzelkosten und produktionsbedingte Gemeinkosten).

<u>Intangible asset (Patent)</u>: Die Aufwendungen für das Patent betragen 50.000 € und sind zu aktivieren (zusammen mit den Entwicklungskosten). Somit ergibt sich ein Gesamtbetrag von 1.550.000 €. Der Ansatz erfolgt vereinfachend am 30.9.03.

b) Auch im HGB besteht für Forschungskosten ein **Ansatzverbot**. Entwicklungskosten für neue Produkte sind zu aktivieren, wenn es sich um Vermögensgegenstände handelt. Hierbei ist insbesondere die selbstständige Verwertbarkeit des immateriellen Postens von Bedeutung. Da das Know-how jederzeit verkauft werden kann, liegt ein Vermögensgegenstand vor und die Kosten für den selbst geschaffenen immateriellen Vermögensgegenstand betragen 1.550.000 € (inkl. Patentkosten).

c) In 03 werden die Entwicklungskosten aktiviert und über drei Monate abgeschrieben. Da die Patentaufwendungen sachlich zu den Entwicklungskosten gehören, werden in 04 weitere 50.000 € für das Patent als nachträgliche Herstellungskosten behandelt. Sie werden den Entwicklungskosten zugerechnet (vereinfachend am Jahresbeginn).

Lösung zu Aufgabe 17 (Entwicklungskosten nach IFRS und HGB)

a) <u>IFRS</u>: Da die Ansatzvoraussetzungen nach IFRS erfüllt sind, besteht eine Ansatzpflicht. Die Aufwendungen werden aktiviert und ab 02 auf die Jahre der Nutzung verteilt. Bei gleichmäßiger Nutzung beträgt der Aufwand 1.000.000 € pro Jahr und der Gewinn in 02 bis 06 jeweils 500.000 €.

<u>HGB</u>: Es ist keine selbstständige Verwertbarkeit des Know-hows möglich, da es nur vom entwickelnden Unternehmen selbst genutzt werden kann. Damit liegt kein Vermögensgegenstand vor und es besteht ein Ansatzverbot im HGB. In 01 entsteht ein Aufwand von 5.000.000 €.

b) Potenzielle Anleger benötigen Informationen über den periodengerechten und nachhaltig erzielbaren Erfolg. Durch die Entwicklung des neuen Produkts werden in der Zukunft hohe Zahlungsrückflüsse erwirtschaftet. Damit ist die bilanzielle Behandlung nach IFRS in diesem Fall zutreffender als nach dem HGB. Erfolgswirkungen:

	Erfolge 01 bis 06	
	IFRS	HGB
01	1.500.000 €	- 3.500.000 €
02 - 06	Jeweils 500.000 €	Jeweils 1.500.000 €
Insgesamt	4.000.000 €	4.000.000 €

Im **HGB** entsteht im Jahr 01 ein Verlust in Höhe von 3.500.000 € (1.500.000 € - 5.000.000 €), da keine Aktivierung erfolgt. Im HGB kann ein Ansatz von Entwicklungskosten grundsätzlich nur erfolgen, wenn sie zu Vermögensgegenständen führen. Dabei muss insbesondere eine selbstständige Verwertbarkeit des wirtschaftlichen Vorteils bestehen (statische Interpretation).

<u>Hinweis</u>: Auch wenn ein Vermögensgegenstand vorliegen würde, müsste kein Ansatz erfolgen, da nach § 248 Abs. 2 Satz 1 HGB ein Ansatzwahlrecht besteht, das nicht ausgeübt werden muss.

Bei **IFRS** wird von einer dynamischen Sichtweise ausgegangen – die Erzielung von zukünftigen Zahlungen steht im Vordergrund. Der Ansatz ist für Anteilseigner zweckmäßiger. Allerdings besteht auch bei IFRS das Problem des objektiven Nachweises von Entwicklungskosten. Hierzu werden in IAS 38 sechs spezielle Kriterien festgelegt, die aber relativ "weich" formuliert sind und leicht erfüllt werden können. Es besteht die Gefahr, dass zu viele immaterielle Posten aktiviert werden.

Lösung zu Aufgabe 18 (Originärer Firmenwert nach IFRS)

a) Aktivierung: Patent (20.000 €), EDV-Programm (250.000 €). Da in beiden Fällen die Ansatzvoraussetzungen erfüllt sind, muss jeweils eine Aktivierung erfolgen. Für diese Posten besteht eine **Ansatzpflicht**.

Keine Aktivierung: Für Entwicklungskosten besteht nur eine Aktivierungspflicht, wenn sämtliche Voraussetzungen erfüllt sind. Das ist bei der Entwicklung des Düsenantriebs nicht der Fall, da der künftige wirtschaftliche Nutzen unsicher ist. Für die Forschungskosten und die Weiterbildungsmaßnahme besteht ein **Ansatzverbot**.

b) Originärer Firmenwert: Die Summe aller immateriellen Faktoren, die sich auf den Unternehmenswert auswirken, ohne dass eine objektive Bewertung der einzelnen Komponenten bzw. des Wertes insgesamt möglich ist. In der Invent-AG gehen zumindest die Entwicklungskosten, Forschungskosten und Weiterbildungsmaßnahmen in den Firmenwert ein. In welcher Höhe jeder Faktor zu berücksichtigen ist, kann nicht festgestellt werden. Außerdem sind noch weitere Faktoren zu beachten, wie z.B. die Freundlichkeit des Personals bzw. dessen Weiterbildungsbereitschaft.

c) Direkte Ermittlung: Nicht möglich, da die Komponenten nicht vollständig aufgeführt werden können. Sie sind somit auch nicht direkt bewertbar.
Indirekte Ermittlung: Möglich, indem vom Ertragswert der Zeitwert des Eigenkapitals (vollständiger Substanzwert) abgezogen wird. Allerdings ist dieser Unternehmenswert ein subjektiver Wert aus Sicht des Bewertenden. Ein objektiv nachweisbarer Firmenwert kommt nicht zustande. Diese Voraussetzung wäre erst erfüllt, wenn das Unternehmen tatsächlich zu diesem Preis veräußert würde. Daher besteht für den originären Firmenwert ein Ansatzverbot.

Lösung zu Aufgabe 19 (Derivativer Firmenwert)

a) Asset Deal: Kauf der einzelnen Vermögenswerte und Übernahme der Schulden. Der derivative Firmenwert beträgt 675.000 €. Rechnung: Fair value der assets 1.100.000 € (1,1 x 1.000.000 €) abzgl. fair value der liabilities: 475.000 € (0,95 x 500.000 €) ergibt den fair value des equitys in Höhe von 625.000 €. Firmenwert: Unternehmenswert abzgl. fair value des equitys: 1.300.000 € - 625.000 € = 675.000 €.

Der Firmenwert ist im Einzelabschluss der A-AG zu berücksichtigen. Die IFRS-Buchung würde bei Bankzahlung lauten: "Dr Assets 1.100.000, Dr Goodwill 675.000, Cr Cash 1.300.000, Cr Liabilities 475.000". Die assets und liabilities werden zum beizulegenden Zeitwert (fair value) eingebucht.

Hinweis: Dr steht für Debtor, die Buchung im Soll und Cr für Creditor, die Buchung im Haben. Die IFRS-Buchungstechnik wird am Ende des dritten Kapitels erläutert.

b) Nach IFRS: Da der derivative Firmenwert die Assetdefinition und die Ansatzkriterien (probability und reliable measurement) erfüllt, besteht eine **Ansatzpflicht**.

HGB: Der derivative Firmenwert ist **kein** Vermögensgegenstand, da er insbesondere nicht selbstständig verwertbar ist. Nach § 246 Abs. 1 Satz 4 HGB gilt dieser Firmenwert als (abnutzbarer) Vermögensgegenstand, so dass eine **Ansatzpflicht** besteht.

c) Share Deal: Kauf der Anteile an einem Unternehmen. Es entsteht im Einzelabschluss **kein** Firmenwert, da nur ein Aktivtausch stattfindet ("Anteile an verbundenen Unternehmen an Bank 1.300.000"). Erst im Konzernabschluss entsteht ein Firmenwert bei der Kapitalkonsolidierung, wenn die Anteile der Muttergesellschaft mit dem Eigenkapital der Tochter verrechnet werden (Einzelheiten finden sich im achten Kapitel).

Lösung zu Aufgabe 20 (Diverse Aussagen zum Firmenwert)
Richtig sind: b), d), e), g). – Falsch sind: a), c), f).

Lösung zu Aufgabe 21 (Latente Steuern nach IFRS und HGB)
a) In 01: Der Gewinn der IFRS-Bilanz ist niedriger als der Gewinn in der Steuerbilanz. Damit ist der tatsächliche Steueraufwand (54.000 €) höher als der Steueraufwand, der sich nach dem IFRS-Gewinn ergibt (30.000 €). Da der tatsächliche Steueraufwand zu einer Steuerrückstellung von 54.000 € in der IFRS-Bilanz führt, ist eine Korrektur durch **aktive latente Steuern** (deferred tax assets) in Höhe von 24.000 € vorzunehmen. Per Saldo wird der richtige Steueraufwand ausgewiesen (30.000 €).

In 02: Der Gewinn der IFRS-Bilanz ist um 20.000 € höher als der Gewinn in der Steuerbilanz. Der tatsächliche Steueraufwand ist jetzt – gemessen am Steueraufwand der IFRS-Bilanz – um 6.000 € (0,3 x 20.000 €) zu niedrig. Der Bestand der aktiven latenten Steuern wird um 6.000 € vermindert, um eine entsprechende Angleichung zu erreichen. Bestand aktiver latenter Steuern Ende 02: 18.000 € (24.000 € - 6.000 €).

b) Nach IFRS sind aktive latente Steuern als assets anzusehen, da ein Zufluss wirtschaftlichen Nutzens durch die Steuererstattung in den nächsten vier Jahren gegeben ist. Die Wahrscheinlichkeit liegt über 50% (Erfüllung von probability) und die Aufwendungen für den Vorteil lassen sich verlässlich berechnen (Erfüllung von reliability).
Ergebnis: **Aktivierungspflicht** (Beträge: 01: 24.000 €; 02: 18.000 €).

c) Handelsrechtlich liegt kein Vermögensgegenstand vor, da eine selbstständige Verwertbarkeit von aktiven latenten Steuern nicht gegeben ist. Die spätere Steuerentlastung ist nicht auf Dritte übertragbar. Dennoch kann im HGB ein Ansatz erfolgen (Wahlrecht), da die Gesetzesbegründung zum BilMoG die aktiven latenten Steuern als einen Sonderposten eigener Art betrachtet.
Ergebnis: **Aktivierungswahlrecht** (Gleiche Beträge wie bei IFRS).

Lösung zu Aufgabe 22 (Latente Steuern)
Die Gewinne nach IFRS und dem Steuerrecht lassen sich den Tabellen entnehmen:

Periode	IFRS-Gewinn	Steuer nach IFRS	Gewinn nach StB	Steuer nach StB
01	220.000	66.000	250.000	75.000
02	240.000	72.000	250.000	75.000
03	260.000	78.000	250.000	75.000
04	280.000	84.000	250.000	75.000
Gesamt	1.000.000	300.000	1.000.000	300.000

Periode	Veränderung latenter Steuern	Bestand latenter Steuern
01	+ 9.000 (Bildung aktiver Steuern)	Aktiv: 9.000
02	+ 3.000 (Bildung aktiver Steuern)	Aktiv: 12.000
03	- 3.000 (Auflösung aktiver Steuern)	Aktiv: 9.000
04	- 9.000 (Auflösung aktiver Steuern)	Aktiv: 0
Gesamt	Ausgleich	Ausgleich

Die Gewinne nach der IFRS-Bilanz und Steuerbilanz sind insgesamt gleich hoch. Das gilt auch für die Steuern. Somit müssen sich die aktiven latenten Steuern wieder ausgleichen: Spätestens am Ende der vierten Periode muss ihr Bestand null betragen. Das ist der Fall. Es muss zwischen der Veränderung der latenten Steuern und ihrem Bestand unterschieden werden. Die Veränderung erfasst die Bildung oder Auflösung in der GuV-Rechnung (Zeitraumgröße). Der Bestand gibt den Wert in der Bilanz wieder (Zeitpunktgröße).

Lösung zu Aufgabe 23 (Latente Steuern)
a) In 01 und 02 liegt der IFRS-Gewinn um jeweils 200.000 € über dem Steuerbilanzgewinn – in 03 ist er um 400.000 € niedriger. Es liegt eine **zeitliche Differenz** vor, da sich innerhalb von drei Jahren quasi ein automatischer Ausgleich vollzieht.

b) Es sind passive latente Steuern zu berücksichtigen (deferred tax liabilities). In 01 und 02 wird der Bestand aufgebaut und in 03 abgebaut.
Veränderung 01: + 60.000 € – Bestand 31.12.01:   60.000 €.
Veränderung 02: + 60.000 € – Bestand 31.12.02: 120.000 €.
Veränderung 03: - 120.000 € – Bestand 31.12.03:   0 €.

c) Es besteht eine Passivierungspflicht. Die Liabilitydefinition ist erfüllt, da eine zukünftige wirtschaftliche Belastung vorliegt, die zu einer Verminderung des wirtschaftlichen Nutzens führt. Die Kriterien probability und reliability sind ebenfalls erfüllt: Es liegt eine Belastung mit mehr als 50% Wahrscheinlichkeit vor, die verlässlich bewertbar ist.

Lösung zu Aufgabe 24 (Latente Steuern bei nicht abnutzbaren assets)
a) Da es sich um einen nicht abnutzbaren Posten handelt, entfallen planmäßige Abschreibungen. Es tritt kein automatischer Ausgleich der Gewinnunterschiede zwischen IFRS-Bilanz und Steuerbilanz ein. Nur mit einer zusätzlichen Entscheidung z.B. über den Verkauf des Grundstücks wird ein erfolgsmäßiger Ausgleich hergestellt. Es liegt eine **quasi-permanente Differenz** vor, die bei IFRS zu beachten ist. Das Temporary-Konzept berücksichtigt sowohl zeitliche als auch quasi-permanente Gewinndifferenzen zwischen IFRS-Gewinn und Steuerbilanzgewinn.

b) Es muss eine aktive latente Steuer verrechnet werden, da der IFRS-Gewinn durch die Abschreibung niedriger ist als der Steuerbilanzgewinn (110.000 € < 150.000 €). Die IFRS-Steuer liegt unter der tatsächlichen Steuer (33.000 € < 45.000 €). Die aktive latente Steuer beträgt 12.000 €.

Lösung zu Aufgabe 25 (Bestand latenter Steuern)
Bei der Maschine ist der IFRS-Wert um 20.000 € höher als der Steuerwert, beim Gebäude verhält es sich umgekehrt: Der IFRS-Wert liegt um 30.000 € unter dem Steuerwert. Somit entstehen eine passive latente Steuer von 6.000 € (0,3 x 20.000 €) und eine aktive latente Steuer von 9.000 € (0,3 x 30.000 €). Diese beiden Steuerbeträge sind in die Bilanz aufzunehmen. Eine Saldierung von aktiven und passiven latenten Steuern ist bei IFRS nur in Ausnahmefällen zulässig. Hinweis: Im HGB wäre eine Saldierung möglich.

Lösung zu Aufgabe 26 (Verbuchung latenter Steuern)
Der IFRS-Wert liegt um 480.000 € über dem Steuerwert. Da es sich um einen Aktivposten handelt, ergibt sich eine passive latente Steuer. Betrag: 144.000 € (0,3 x 480.000 €). Die Buchung lautet Ende 01: "Dr Deferred tax expense 144.000, Cr Deferred tax liabilities 144.000". In 02 wird die Differenz zu einem Zwanzigstel aufgelöst (= 7.200 €), so dass gebucht wird: "Dr Deferred tax liabilities 7.200, Cr Deferred tax revenue 7.200".

Lösung zu Aufgabe 27 (Verbuchung latenter Steuern)
Der IFRS-Wert liegt um 40.000 € über dem Steuerwert. Da es sich um einen Passivposten handelt, ergibt sich eine aktive latente Steuer. Betrag: 12.000 € (0,3 x 40.000 €). Die Buchung lautet: "Dr Deferred tax assets 12.000, Cr Deferred tax revenue 12.000". Im Folgejahr wird die Differenz zur Hälfte aufgelöst, so dass gebucht wird: "Dr Deferred tax expense 6.000, Cr Deferred tax assets 6.000".

Lösung zu Aufgabe 28 (Permanente Differenzen)
Der Steuerbilanzgewinn liegt mit 20.000 € über dem IFRS-Gewinn. Es wäre eine aktive latente Steuer von 6.000 € (30% von 20.000 €) zu verrechnen, wenn ein späterer Erfolgsausgleich mit entsprechender Steuerentlastung zustande käme. Bei nicht-abzugsfähigen Betriebsausgaben ist das aber nicht der Fall. Die steuerrechtliche Gewinnerhöhung wird nicht wieder ausgeglichen. Es handelt sich um eine permanente Differenz, für die **keine** latente Steuer zu bilden ist. Das gilt bei IFRS und im HGB.

Lösung zu Aufgabe 29 (Steuersatzänderungen)
a) Aktive latente Steuern beinhalten einen Anspruch auf zukünftige Steuerentlastungen. In der Vergangenheit wurden – gemessen am IFRS-Gewinn – zu viele Steuern entrichtet. Dieser Mehrbetrag wird in der Zukunft erstattet. Wenn sich der Steuersatz erhöht, steigt auch der Erstattungsbetrag. Somit muss der vorläufige Bestand **nach oben** an die Steuersatzänderung angepasst werden.

b) Die Anpassung erfolgt, indem die Gewinndifferenz (25.000 €) mit dem neuen Steuersatz von 35% multipliziert wird. Die Steuerentlastung steigt von 7.500 € auf 8.750 €. In dieser Höhe ergeben sich zukünftige Steuererstattungen.

Lösung zu Aufgabe 30 (Diverse Aussagen zu latenten Steuern)
Richtig sind: a), d), e), h), j), k), l). – Falsch sind: b), c), f), g), i).

Hinweis zu h): Die Aussage ist richtig. Im Steuerrecht muss der Firmenwert linear über fünfzehn Jahre abgeschrieben werden, während bei IFRS eine planmäßige Abschreibung unterbleibt. Nur wenn der Firmenwert außerplanmäßig im Wert gesunken ist, wird er bei IFRS abgeschrieben. Durch die fehlende planmäßige Abschreibung bei IFRS liegt der IFRS-Wert über dem Steuerwert, woraus sich eine passive latente Steuer ergibt.

Lösung zu Aufgabe 31 (Ansatz von Rückstellungen)

Da die Wahrscheinlichkeit und die Schätzbarkeit der Belastungen erfüllt sind, muss der Vergangenheitsbezug geprüft werden: Liegt eine rechtliche oder faktische Verpflichtung vor, die in der Vergangenheit entstanden ist?

a) Der Schaden ist durch die Nutzung der Maschine in 01 entstanden. Es liegt eine vertragliche Verpflichtung gegenüber dem Vermieter vor, da im Mietvertrag die jederzeitige Instandhaltung gefordert wird. Das Kriterium ist erfüllt – es besteht eine Rückstellungspflicht.

b) Die Verpflichtung beruht nicht auf rechtlichen Gründen. Es handelt sich um eine eigene Verpflichtung des Unternehmens, so dass keine Verbindlichkeitsrückstellung, sondern eine Aufwandsrückstellung vorliegt. Hierfür dürfen bei IFRS keine Rückstellungen gebildet werden. Es besteht ein Rückstellungsverbot.

c) Der Abraum entsteht durch den Abbau des Bodenschatzes in 01. Es besteht eine öffentlich-rechtliche Verpflichtung gegenüber der Behörde, da die Abraumbeseitigung ein Bestandteil der Abbaugenehmigung ist. Das Kriterium ist erfüllt, so dass eine Rückstellungspflicht besteht.

d) Der Abraum entsteht durch den Abbau des Bodenschatzes in 01. Allerdings besteht keine Verpflichtung gegenüber Dritten zur Abraumbeseitigung. Die Maßnahme ist aus technischen Gründen notwendig und betrifft das Unternehmen selbst. Es handelt sich um eine Aufwandsrückstellung. Es besteht ein Rückstellungsverbot.

Lösung zu Aufgabe 32 (Rückstellungsbildung)

a) Rückstellungspflicht, da eine vertragliche Verpflichtung zur Zahlung der Provisionen besteht. Die Verpflichtung ist in der Vergangenheit entstanden.

b) Es handelt sich um eine gesetzliche Verpflichtung, da das Unternehmen die Buchführungsvorschriften beachten muss. Die Verpflichtung betrifft aber das Geschäftsjahr 02 und nicht das Jahr 01. Ende 01 ist insoweit keine Rückstellung zu bilden.

c) Rückstellungspflicht, da eine gesetzliche Verpflichtung zum Schadensersatz besteht, wenn das Unternehmen verurteilt wird. Da die Wahrscheinlichkeit über 50% liegt, muss die Rückstellung gebildet werden.

d) Rückstellungsverbot, da die Wahrscheinlichkeit für den Eintritt der Belastung nicht über 50% liegt.

e) Rückstellungsverbot, da keine rechtliche Verpflichtung gegenüber Dritten vorliegt. Es handelt sich um eine eigene Verpflichtung, die zu einer Aufwandsrückstellung führt. Diese Rückstellungen dürfen bei IFRS nicht gebildet werden.

f) Rückstellungsverbot. Die Grunderwerbsteuer fällt beim Erwerb des Geländes an und ist Teil seiner Anschaffungskosten. Es liegt keine Verpflichtung aus der Vergangenheit vor, da das Gelände in der Zukunft genutzt wird. Für Anschaffungs- oder Herstellungskosten sind weder bei IFRS noch im HGB Rückstellungen zu bilden.

g) Rückstellungspflicht, da eine gesetzliche Verpflichtung zur Zahlung der Grundsteuer besteht. Diese Verpflichtung ist in der Vergangenheit (in 01) entstanden. Hinweis: Die Höhe der Verpflichtung ist ungewiss, wenn die Grundsteuer bei einem neuen Grundstück erstmals zu entrichten ist. Ansonsten liegt eine sonstige Verbindlichkeit vor.

Lösung zu Aufgabe 33 (Steuerrückstellung)
a) Die Steuerrückstellung beträgt 78.000 € (0,3 x 260.000 €). Die Buchung lautet: "Dr Income tax expense 78.000, Cr Current tax provision 78.000".
b) Die Buchung lautet: "Dr Income tax expense 4.000, Dr Current tax provision 78.000, Cr Cash 82.000".

Lösung zu Aufgabe 34 (Diverse Aussagen zu Rückstellungen)
Richtig sind: b), c), e), f), k). – Falsch sind: a), d), g), h), i), j), l).

Hinweise:
Zu a): Für allgemeine Risiken darf keine Rückstellung gebildet werden – weder im Handelsrecht noch bei IFRS. Es besteht keine Verpflichtung aus der Vergangenheit, da noch kein Verkauf stattgefunden hat – die Waren sind noch auf Lager.
Zu d): Aufwandsrückstellungen dürfen bei IFRS nicht berücksichtigt werden, da sie keine Verpflichtung gegenüber Dritten beinhalten.
Zu l): Im Handelsrecht sind nur zwei Aufwandsrückstellungen zu passivieren (für Instandhaltung und für Abraumbeseitigung – innerhalb bestimmter Fristen). Darüber hinaus dürfen keine Aufwandsrückstellungen gebildet werden.

Lösung zu Aufgabe 35 (Beschaffungsgeschäfte)
Es handelt sich um ein schwebendes Geschäft, da die Lieferung durch die Liefer-AG am Bilanzstichtag noch nicht erfolgte. Da sich Leistung und Gegenleistung gleichwertig gegenüberstehen, wird das Geschäft nicht bilanziert.

Lösung zu Aufgabe 36 (Beschaffungsgeschäfte)
Es liegt ein belastender Vertrag vor, da das Unternehmen für die Lieferung 2.000.000 € bezahlen muss, während der wirtschaftliche Nutzen nur 1.500.000 € beträgt. Der Verpflichtungsüberschuss von 500.000 € ist durch eine Rückstellung zu berücksichtigen.

Lösung zu Aufgabe 37 (Bewertung langfristiger Rückstellungen)
a) Am 1.1.01 wird das Nutzungsrecht aktiviert (Posten "right to use") und mit der Summe aus Anschaffungspreis und Barwert der Rückstellung (150.000 €/$1,06^{10}$) bewertet. Daraus ergibt sich ein Aktivwert in Höhe von 1.083.759 €. Der Barwert der Rückstellung (83.759 €) wird passiviert. Die Bankzahlung in Höhe von 1.000.000 € vermindert den Bestand des Bankkontos.

b) Das Nutzungsrecht wird gleichmäßig über zehn Jahre abgeschrieben, so dass ein Aufwand von rund 108.376 € entsteht. Die Buchung lautet: "Dr Amortisation expense 108.376, Cr Right to use 108.376" – die Posten der GuV-Rechnung werden im 5. Kapitel besprochen. Die Rückstellung wird jährlich um die entstehenden Zinsen erhöht. In 01 sind 6% von 83.759 €, somit rund 5.026 € zuzuschreiben. Die Buchung lautet: "Dr Finance expense 5.026, Cr Non current provisions 5.026".

Lösung zu Aufgabe 38 (Kostenänderungen)
Ende 01 gelten zunächst die folgenden Werte (nach Abschreibung bzw. Aufzinsung): Nutzungsrecht: 975.383 € - Rückstellung: 88.785 €.
Da der nominelle Rückstellungswert Ende 01 von 150.000 € auf 180.000 € steigt, muss eine weitere Aufzinsung erfolgen. Der neue Barwert der Rückstellung beläuft sich auf 106.542 € (180.000/$1,06^9$), so dass weitere 17.757 € als Finanzaufwand (finance expense) zu berücksichtigen sind (106.542 € - 88.785 €).

Da sich der Barwert der Rückstellung um 17.757 € erhöht, muss auch das Nutzungsrecht nach oben angepasst werden. Es findet eine erfolgsneutrale Bilanzverlängerung statt. Der Wert des Nutzungsrecht beläuft sich Ende 01 auf 993.140 € (975.383 € + 17.757 €). Durch diese Bilanzierung werden die fortgeführten Anschaffungskosten überschritten, so dass der neue Betrag hinsichtlich seiner Werthaltigkeit geprüft werden muss.

Lösung zu Aufgabe 39 (Rückstellungen und latente Steuern)

a) In der IFRS-Bilanz darf keine Instandhaltungsrückstellung gebildet werden. Insoweit ist der IFRS-Wert kleiner als der Steuerwert (bei einem Passivposten). Die Differenz beträgt 20.000 €, so dass bei einem Steuersatz von 30% eine passive latente Steuer in Höhe von 6.000 € entsteht.

b) Die Verbindlichkeitsrückstellung ist auch nach IFRS zu bilden. Es besteht eine Differenz in Höhe von 6.000 €. Der IFRS-Wert ist um 6.000 € höher als der Steuerwert bei einem Passivposten, so dass sich eine aktive latente Steuer ergibt. Sie beträgt 1.800 € und wird wie folgt gebucht: "Dr Deferred tax assets 1.800, Cr Deferred tax revenue 1.800".

Lösung zu Aufgabe 40 (Bilanz nach IFRS)

Es ergibt sich die folgende Darstellung der Bilanz:

Assets		Statement of financial position	Liabilities and equity	
A. Non current assets			A. Capital and reserves	
I. Property, plant and equipment		200.000	I. Issued capital	500.000
			II. Reserves	798.100
II. Non current financial assets			B. Current liabilities	
1. Investments in subsidiaries		680.000	I. Trade payables	11.900
			II. Current provisions	40.000
2. Loans to subsidiaries		114.000		
3. Financial instruments at fair value		110.000		
B. Current assets				
I. Inventories		120.000		
II. Trade receivables		119.000		
III. Cash		7.000		
		1.350.000		1.350.000

<u>Hinweise</u>: Da die Z-AG zu mehr als 50% an der Y-AG beteiligt ist, liegt ein Mutter-Tochter-Verhältnis vor. Die Wertpapiere stellen investments in subsidiaries (Anteile an Tochterunternehmen) dar. Die langfristigen Kredite an die Tochter können unter dem Posten "loans to subsidiaries" (Kredite an Tochterunternehmen) ausgewiesen werden. Die Mutter muss zusätzlich noch einen Konzernabschluss erstellen. Die Aktien, die mit dem beizulegenden Zeitwert bewertet werden, gehören zur Kategorie "financial instruments at fair value" (siehe viertes Kapitel: Bewertung von financial instruments).

Lösung zu Aufgabe 41 (Bilanz nach IFRS – Detailgliederung)
Die Bilanz hat das folgende Aussehen:

Assets	Statement of financial position		Liabilities and equity	
A. Non current assets			A. Capital and reserves	
I. Intangible assets		20.000	I. Issued capital	400.000
II. Property, plant and equipment			II. Reserves	840.000
1. Machinery	500.000			
2. Office equipment	130.000		B. Non current liabilities	80.000
III. Non current financial assets		220.000	C. Current liabilities	
			I. Trade payables	60.000
B. Current Assets			II. Current provisions	20.000
I. Inventories				
1. Raw materials or supplies	75.000			
2. Finished goods	125.000			
II. Trade and other receivables				
1. Trade receivables	200.000			
2. Other receivables	32.000			
III. Current financial assets		80.000		
IV. Prepaid expenses		6.000		
V. Cash		12.000		
		1.400.000		1.400.000

Hinweise:
1. Machinery: Sie umfassen die Maschinen und die Fertigungsanlagen.
2. Office equipment: Der Fotokopierer wird erst in 02 geliefert. Der Ansatz erfolgt erst mit dem Übergang des wirtschaftlichen Eigentums in 02.
3. Non current financial assets: Da es sich um eine dauernde Liquiditätsreserve handelt, sind die Aktien im Anlagevermögen auszuweisen. Es handelt sich um financial instruments at fair value.
4. Raw materials or supplies: Die Roh-, Hilfs- und Betriebsstoffe werden zusammen in einem Posten ausgewiesen.
5. Other receivables: Die antizipativen aktiven Rechnungsabgrenzungsposten werden als sonstige Forderungen ausgewiesen. Prepaid expenses sind transitorische Posten.
6. Current financial assets: Die Aktien an der T-AG sind zum Handel bestimmt, so dass der Ausweis im Umlaufvermögen erfolgt. Es handelt sich um financial assets held for trading.

7. Trade payables: Nur die Verbindlichkeiten aus Lieferungen des Jahres 01 sind in der Bilanz zum 31.12.01 zu passivieren. Die Verbindlichkeiten aus 02 gehören in das nächste Geschäftsjahr.
8. Current provisions: Für die unsicheren Verpflichtungen sind Rückstellungen zu bilden, da die Verpflichtung im abgelaufenen Geschäftsjahr entstanden ist.

Lösung zu Aufgabe 42 (Bilanz nach IFRS – Grundgliederung)

Die Bilanz (statement of financial position oder balance sheet) hat das folgende Aussehen:

Assets		Statement of financial position	Liabilities and equity	
A. Non current assets			A. Capital and reserves	
I. Intangible assets		20.000	I. Issued capital	400.000
II. Property, plant and equipment		630.000	II. Reserves	840.000
III. Non current financial assets		220.000	B. Non current liabilities	80.000
B. Current assets			C. Current liabilities	80.000
I. Inventories		200.000		
II. Trade and other receivables		232.000		
III. Current financial assets		80.000		
IV. Prepaid expenses		6.000		
V. Cash		12.000		
		1.400.000		1.400.000

<u>Eignung für Anteilseigner</u>: Eine detaillierte Bilanzgliederung vermittelt mehr Informationen als eine Bilanzgliederung mit den Mindestangaben. Soweit die Posten einen entscheidungsrelevanten Charakter aufweisen – Erfüllung des relevance-Grundsatzes - muss ein genauer Ausweis erfolgen. Die zeitliche Entwicklung des Erfolgs kann von den Investoren genauer analysiert werden, da auch die Entwicklung der einzelnen Posten besser verfolgt werden kann. Allerdings darf auch keine "Überinformation" erfolgen, indem jeder einzelne Vermögenswert (z.B. jedes einzelne Fahrzeug, jede einzelne Maschine) gesondert ausgewiesen wird.

Lösung zu Aufgabe 43 (Postenausweis nach IFRS)

a) Die Postenanordnung ist **möglich.** Nach IAS 1 ist kein bestimmtes Format für die Bilanzgliederung vorgeschrieben. Allerdings ist die Generalnorm der fair presentation zu beachten. Danach muss die Vermögenslage in der Bilanz angemessen dargestellt werden. Die Bilanzgliederung muss zumindest verständlich aufgebaut sein. Diese Bedingung ist erfüllt. Die Posten werden – wie in IAS 1 verlangt – nach der **Fristigkeit** angeordnet. Nur die beiden Bilanzseiten werden vertauscht. Auch wenn diese Darstellung für einen Bilanzleser handelsrechtlicher Herkunft ungewöhnlich ist, erfüllt sie die IFRS-Anforderungen. Die Gliederung ist **zulässig**.

b) Die Postenanordnung ist **nicht möglich**. Es findet eine Vermischung von Vermögenswerten und Schulden sowie des Eigenkapitals statt. Eine systematische Postenanordnung erfolgt nicht. Das in IAS 1 verlangte Kriterium der Fristigkeit kann nicht eingehalten werden, da die Aktiv- und Passivposten vermischt werden. Damit kann ein Anleger der Bilanz keine sinnvollen Informationen entnehmen. Die Vermögenslage wird nicht angemessen in der Bilanz dargestellt. Die Gliederung ist **unzulässig**.

Lösung zu Aufgabe 44 (Wechsel der Bilanzformate)

a) Das Vorgehen ist **nicht zulässig**. Das (formelle) Stetigkeitsprinzip ist zu beachten. Danach gilt unter anderem, dass das einmal gewählte Gliederungsschema beizubehalten ist. Ein beliebiger Wechsel ist nicht zulässig. Hierfür müssen wichtige Gründe, wie z.B. ein verbesserter Einblick in die wirtschaftliche Lage vorliegen. Da diese Voraussetzung nicht erfüllt ist, kann **kein** Wechsel vorgenommen werden.

b) Ein Aktionär der Creative-AG muss im Zeitablauf einen Vergleich der Unternehmensgewinne insgesamt vornehmen können, um festzustellen, ob die Aktien noch die erforderliche Rendite erwirtschaften. Darüber hinaus ist jedoch auch ein Vergleich einzelner Posten im Zeitablauf sinnvoll. Dieser Vergleich wird erschwert, wenn die Postenanordnung ständig gewechselt wird. Ein mühsames Suchen der Posten entsteht, wodurch Zeit verloren geht und Kosten entstehen. Die Befolgung formeller Ausweisvorschriften sichert somit einen ökonomischen Unternehmensvergleich.

Fazit: Der Aktionär wird dem ständigen Wechsel **nicht zustimmen**.

Lösung zu Aufgabe 45 (Bilanzgliederung nach IFRS)

a) **Nein**. IAS 1 enthält keine eindeutigen Vorschriften für die Postenanordnung. Sowohl die Kontoform als auch die Staffelform sind zulässig. Bei der **Kontoform** können die assets auf der linken oder rechten Seite der Bilanz nach der Fristigkeit angeordnet werden. Es können zunächst die langfristigen non current assets oder die kurzfristigen current assets ausgewiesen werden. Bei der **Staffelform** können zunächst die (langfristigen bzw. kurzfristigen) assets oder liabilities untereinander ausgewiesen werden. Eine systematische Anordnung ist einzuhalten.

b) <u>Vergleich des Reinvermögens</u>: Diese Vergleichbarkeit der Abschlüsse wird **nicht beeinträchtigt**. Auch wenn die Unternehmen unterschiedliche Gliederungen verwenden, ändert sich das Reinvermögen (Eigenkapital) nicht. Entscheidend ist, dass die Ansatz- und Bewertungsmethoden von den Unternehmen einheitlich angewendet werden.

<u>Vergleich der Einzelposten</u>: Diese Vergleichbarkeit der Abschlüsse wird **sehr beeinträchtigt**. Wählen die Unternehmen A und B die Kontoform mit unterschiedlicher seitlicher Anordnung der assets und liabilities, die Unternehmen C und D die Staffelform mit unterschiedlichen Anordnungen, müssen die entsprechenden Posten gesucht und in eine vergleichbare Folge gebracht werden. Das ist zeit- und kostenintensiv.

c) Zweckmäßig wäre die Festlegung einer vollständigen und verbindlichen Bilanzgliederung in IAS 1. Diese Gliederung müsste mit den einzelnen Standards abgestimmt werden, da diese meist weitere Ausweisvorschriften enthalten. In Ausnahmefällen könnten bestimmte Abweichungen zugelassen werden, um z.B. branchentypische Besonderheiten berücksichtigen zu können (z.B. bei Kreditinstituten). Vorteil aus Sicht der Anleger: Eindeutige Postenanordnungen und einfachere Postenvergleiche.

Lösung zu Aufgabe 46 (Postenausweis nach materiality)

a) **Nein**. Wenn zu viele Informationen bereitgestellt werden, wird die Bilanz zu umfangreich und der Bilanzleser verliert den Blick für die wesentlichen Posten. Das relevance Prinzip ist zu beachten. Die Sachanlagen bestehen aus drei großen und drei kleinen Posten. Die großen Posten (Grundstücke, Gebäude und Maschinen) sind gesondert auszuweisen, während die kleinen Posten (Fahrzeuge, Büroausstattung und Betriebsausstattung) zusammengefasst werden.

Da die Sachanlagen **nicht** nach ihrer Art als entscheidungsrelevant anzusehen sind, orientiert man sich an quantitativen Kriterien, um die Wesentlichkeit eines Postens zu bestimmen. Jeder kleine Posten liegt unter dem Grenzwert von 0,5% der Bilanzsumme (Beispiel: Betriebsausstattung 0,484% (30.000 €/6.200.000 €)), der als Anhalt für die Wesentlichkeit genommen werden kann. Somit weisen diese Posten keine spezielle Entscheidungsrelevanz auf.

b) Unter der Überschrift "property, plant and equipment" werden im Anlagevermögen speziell ausgewiesen: 1. Land 250.000 €, 2. Buildings 390.000 €, 3. Machinery 300.000 €. Als Letztes könnte der Sammelposten "Other property, plant and equipment 60.000" angeführt werden, der die drei kleinen Posten zusammenfasst.

Lösung zu Aufgabe 47 (Postenausweis)
Nein. Alle Aktien sind vergleichbar – sie weisen insbesondere das gleiche Risiko auf. Somit erfolgt ein zusammenfassender Ausweis unter den non current financial assets im Anlagevermögen.

Lösung zu Aufgabe 48 (Aussagen zur Bilanz)
Richtig sind: a), c), f), g). – Falsch sind: b), d), e).

Hinweise:
Zu f): Die assets entwickeln sich wie folgt (Angaben in Euro): 600.000 + 400.000 = 1.000.000 zum 31.12.02. Verminderung durch Ausschüttungen in 03 (250.000): 750.000. Erhöhung durch den Gewinn 03: 500.000; somit per 31.12.03: 1.250.000.
Zu g): Die reserves entwickeln sich wie folgt (Angaben in Euro): 100.000 + 400.000 = 500.000 zum 31.12.02. Verminderung durch Ausschüttungen in 03 (50% von 500.000 =) 250.000. Erhöhung durch den Gewinn 03: 500.000; somit per 31.12.03: 750.000. Alternative Berechnung: Assets per 31.12.03: 1.250.000 abzüglich issued capital 500.000 = 750.000. Beide Berechnungen führen zum selben Ergebnis.

Lösung zu Aufgabe 49 (Eigenkapitalausweis nach IFRS)
a) Issued capital: 1.000.000 €, share premium: 750.000 € (500.000 Stück x 1,5 € je Stück). Es entsteht ein Agio von 1,5 € pro Aktie, da der Nennwert 2 € beträgt.
b) Legal reserve: 10.000 € (5% von 200.000 € gemäß § 150 Abs. 2 AktG).
c) Retained earnings: 190.000 €. Die einbehaltenen Ergebnisse umfassen alle frei verfügbaren Gewinnrücklagen einer Aktiengesellschaft.

Lösung zu Aufgabe 50 (Buchungssystem nach IFRS)
a) Die Bilanz wird in Konten (accounts) aufgelöst, wobei aktive und passive Bestandskonten unterschieden werden. Außerdem sind Aufwands- und Ertragskonten (Erfolgskonten) einzurichten, die den Erfolg bestimmen. Nach Verbuchung der laufenden Geschäftsvorfälle (transactions) im Geschäftsjahr müssen am Jahresende die Abschlussbuchungen durchgeführt werden: Die Erfolgskonten sind über das GuV-Konto (income summary) abzuschließen. Der ermittelte Erfolg wird auf das Eigenkapitalkonto "retained earnings" gebucht. Die Endbestände auf den Bestandskonten werden in die Schlussbilanz übernommen. Vorher muss ein Abgleich der Buchwerte auf den Bestandskonten mit den tatsächlichen Werten – ermittelt durch Inventur – erfolgen. Das formale Buchungssystem nach IFRS entspricht dem Handelsrecht. Inhaltliche

Unterschiede ergeben sich beim Ansatz, Ausweis und bei der Bewertung der einzelnen Posten sowie den Bewertungsmethoden.

Eine Besonderheit von IFRS ist z.B. die Neubewertung von Sachanlagen, die im HGB nicht möglich ist. Diese Neubewertung wird nur in der Bilanz durchgeführt (gebucht), so dass keine Erfolgskonten angesprochen werden. In der Gesamtergebnisrechnung wird der Neubewertungsbetrag im other comprehensive income ausgewiesen.

Die Buchungen werden bei IFRS nach dem bekannten Schema "Soll an Haben" ausgeführt, wenn "T-Konten" verwendet werden ("T-Accounts"). Die Sollseite eines Kontos heißt debet side, die Habenseite credit side. Man erkennt die lateinischen Bezeichnungen der Kontenseiten, die früher auch in Deutschland verwendet wurden: Sollseite = Debet (soll zahlen), Habenseite = Credit (hat gut). Daher werden Buchungen auf der Sollseite mit debtor (kurz: Dr) gekennzeichnet, auf der Habenseite wird der Begriff creditor (kurz: Cr) verwendet.

b) Die Buchungssätze lauten (je Buchung auf der Sollseite wird mit "Dr" eingeleitet, jede Buchung auf der Habenseite mit "Cr"):

ba) Zielkauf von Vorräten:					
Dr	Inventories	10.000	Cr	Trade payables	11.900
Dr	Other receivables	1.900			
bb) Barkauf von Sachanlagen:					
Dr	Property, plant and equipment	200.000	Cr	Cash	238.000
Dr	Other receivables	38.000			
bc) Mietvorauszahlung:					
Dr	Prepaid expenses	2.000	Cr	Cash	2.000
bd) Zinsgutschrift im Voraus:					
Dr	Cash	2.400	Cr	Finance income	200
			Cr	Deferred income	2.200
be) Rückstellungsauflösung:					
Dr	Non current provisions	50.000	Cr	Cash	50.000
bf) Darlehensaufnahme:					
Dr	Cash	100.000	Cr	Non current financial liabilities	100.000

Hinweis: Für die deutsche Vorsteuer bzw. (eigene) Umsatzsteuer existieren keine speziellen Posten bei IFRS, da die internationalen Vorschriften nicht für alle Umsatzsteuersysteme auf der Welt entsprechende Konten bereithalten können. Da die Vorsteuer eine Forderung gegenüber dem Finanzamt beinhaltet, kann die Buchung über das Konto "other receivables" erfolgen. In entsprechender Weise kann die eigene Umsatzsteuer, die eine Verbindlichkeit darstellt, über das Konto "other payables" gebucht werden. Möglich und noch genauer wären die Bezeichnungen "tax receivables" und "tax payables".

Lösung zu Aufgabe 51 (Diverse Fragen zur IFRS-Bilanz)

a) Im Umlaufvermögen: Other receivables, da die Laufzeit kurz ist.

b) Unter den non current liabilities: Deferred tax liabilities.

c) Im Anlagevermögen, unter property, plant and equipment: Furniture and fixtures.

d) Unter den current liabilities: Other payables (möglich ware auch der Ausweis als tax payables).

e) Im Anlagevermögen: Deferred tax assets.

f) Unter den non current liabilities (Posten "defined benefit liability"). Übernimmt das Unternehmen selbst die Verpflichtung zur Zahlung der Renten an die Arbeitnehmer, liegt ein leistungsorientierter Versorgungsplan vor (defined benefit plan). Die hieraus resultierende Verpflichtung führt zu einer Rückstellung, da die Höhe der Belastung unsicher ist. Bei einer Leibrente ist z.B. unklar, wie lange der Begünstigte die Rente beziehen wird.

g) Nirgends: Ansatzverbot (keine betriebliche Schuld).

h) Unter den current financial assets im Umlaufvermögen.

i) Unter den non current financial assets im Anlagevermögen.

j) Nirgends: Es besteht ein Ansatzverbot, da die Ansatzkriterien nicht erfüllt sind. Nach IAS 38.69(c) besteht darüber hinaus ein spezielles Ansatzverbot.

k) Unter den current liabilities: Es handelt sich um kurzfristige Rückstellungen, die als current provisions ausgewiesen werden.

l) Im Anlagevermögen unter einem gesonderten Posten der non current financial assets: Investments in associates (Anteile an assoziierten Unternehmen).

m) Im Anlagevermögen als gesonderter Posten der intangible assets: Development costs (Entwicklungskosten).

n) Es handelt sich um unsichere Verpflichtungen, die relativ sicher sind. Somit liegen accruals (abgegrenzte Schulden) vor. Sie werden unter den current liabilities als other payables ausgewiesen.

o) Nirgends. Da die Verpflichtung nicht mehr als 50% Wahrscheinlichkeit aufweist, erfolgt keine bilanzielle Berücksichtigung (nur eine Anhangangabe).

Lösungen der Aufgaben zum vierten Kapitel

Lösung zu Aufgabe 1 (Anschaffungskosten)

a) Anschaffungskosten: 54.000 €. Der Skontoabzug von 1.000 € (2% von 50.000 €) bezieht sich nur auf den Preis. Die Nebenkosten von 5.000 € sind voll zu bezahlen und als Einzelkosten in die Anschaffungskosten einzubeziehen. Da die Vorsteuer voll abzugsfähig ist, gehört sie nicht zu den Anschaffungskosten.

b) Anschaffungskosten: 55.000 € (da kein Skontoabzug von 1.000 € möglich ist).

Lösung zu Aufgabe 2 (Buchung von Anschaffungskosten)

1. Buchung bei Erwerb der Fertigungsanlage: "Dr Machinery 50.000, Dr Other receivables 9.500, Cr Trade payables 59.500".
   Nebenkosten: "Dr Machinery 5.000, Dr Other receivables 950, Cr Cash 5.950".
2. Buchung bei Bezahlung der Anlage: "Dr Trade payables 59.500, Cr Machinery 1.000, Cr Other receivables 190, Cr Cash 58.310".
   Die Anschaffungskosten der Anlage nehmen durch den Skontoabzug um 1.000 € ab. Der Skontoabzug stellt eine (nachträgliche) Anschaffungskostenminderung dar. Auch die Vorsteuer ist zu korrigieren (190 €). Der Restbetrag von 58.310 € ist zu bezahlen.

Per Saldo wird die Anlage mit 54.000 € aktiviert. Die Buchungen können auch zusammengefasst werden, da sie innerhalb eines Geschäftsjahres anfallen. Dann ist die Sachanlage direkt mit 54.000 € zu aktivieren.

Lösung zu Aufgabe 3 (Anschaffungskosten)

Anschaffungskosten:

	Preis	250.000 €
	USt (0,3 x 47.500 €)	14.250 €
	Transport	15.000 €
	USt (0,3 x 2.850 €)	855 €
	Versicherung	1.000 €
	Summe	281.105 €

Hinweis: 30% der Umsatzsteuer sind nicht als Vorsteuer abzugsfähig und gehören daher zu den Anschaffungskosten. Die Versicherungsleistung ist umsatzsteuerfrei.

Lösung zu Aufgabe 4 (Finanzierungskosten)

a) Die Anschaffungskosten umfassen den Anschaffungspreis und alle direkt zurechenbaren Nebenkosten. Bei einem **qualifying asset**, welches in diesem Fall vorliegt,

gehören auch die direkt erfassbaren Finanzierungskosten zu den Anschaffungskosten, soweit sie auf den Zeitraum der Fertigstellung entfallen. Da die Abschreibungen aus 01 und 02 Gemeinkosten darstellen, gehören sie nicht zu den Anschaffungskosten. Somit gilt zunächst: 780.000 € + 25.000 (aus 01) und 17.000 (aus 02) = 822.000 €. Die folgenden Finanzierungskosten werden aktiviert.
In 01: 12% von 780.000 € = 93.600; davon 6/12: 46.800 €.
In 02: 12% von 780.000 € = 93.600; davon 4/12: 31.200 €.
Es sind nur die Finanzierungskosten zu aktivieren, die auf den Preis von 780.000 € entfallen. Die übrigen 120.000 € stellen Finanzierungsaufwand dar. Somit gilt für die Anschaffungskosten: 822.000 € zzgl. 78.000 € (Finanzierungskosten) = 900.000 €.

b) Die Zinsen, die nach der Fertigstellung eines qualifying assets anfallen, stellen Aufwand dar und dürfen **nicht** aktiviert werden. Es werden nur die Finanzierungskosten in die Anschaffungskosten einbezogen, die auf den Herstellungszeitraum entfallen.

Lösung zu Aufgabe 5 (Finanzierungskosten)

a) Der durchschnittliche gewogene Finanzierungskostensatz beträgt rund 12,66%. Berechnung: (600.000 € x 0,12 + 300.000 € x 0,14)/900.000 € = 0,1266.

b) Maschine A (Anschaffungskosten 400.000 €): 400.000 € x 0,1266 = 50.640 €.
In 01: 4/12 = 16.880 €. In 02: 6/12 = 25.320 €.
Endgültige Anschaffungskosten Maschine A: 442.200 €.
Maschine B (Anschaffungskosten 500.000 €): 500.000 € x 0,1266 = 63.300 €.
In 01: 4/12 = 21.100 €. In 02: 6/12 = 31.650 €.
Endgültige Anschaffungskosten Maschine B: 552.750 €.

c) Es ergibt sich ein durchschnittlicher gewogener Finanzierungssatz in Höhe von 12,8% ((600.000 € x 0,12 + 400.000 € x 0,14)/1.000.000 €). Da der gesamte Kreditbetrag aber die Anschaffungskosten der qualifying assets übersteigt, dürfen nur die Zinsen für den Gesamtbetrag von 900.000 € aktiviert werden. Die Zinsen für die restlichen 100.000 € stellen Finanzaufwendungen dar, die in der GuV-Rechnung erscheinen.

Lösung zu Aufgabe 6 (Diverse Aussagen zu Anschaffungskosten)
Richtig sind: b), d), h), i), j). – Falsch sind: a), c), e), f), g).

Hinweis zu e): Der Austausch eines Motors stellt im HGB Erhaltungsaufwand dar, weil keine wesentliche Verbesserung der Maschine im Vergleich zum Ursprungszustand erfolgt. Bei IFRS wird der neue Motor zu einer eigenständigen Komponente, die speziell über ihre Nutzungsdauer abgeschrieben wird.

Lösung zu Aufgabe 7 (Herstellungskosten)

a) Die Bewertung muss nach IFRS mit den produktionsbedingten Vollkosten erfolgen. Die Einzelkosten betragen: 100.000 € (20.000 € für A; 80.000 € für B). Die Gemeinkosten betragen: 250.000 €. Zuschlagssatz somit: 250%. Zu bewerten sind: 800 Stück von B (Vollkosten von B: 40 € Einzelkosten zzgl. 100 € Gemeinkosten, somit 140 €/Stück). Eine Bewertung von B mit den höheren Absatzpreisen ist nicht zulässig, da noch kein Verkauf stattfand. Lagerwert: 112.000 €.

b) <u>Bilanzausweis</u>: Im Umlaufvermögen (current assets): Inventories (finished goods) mit dem Wert von 112.000 € (800 Stück x 140 €/Stück).

Lösung zu Aufgabe 8 (Unterbeschäftigungskosten)

a) Gemeinkostenzuschlag: 500% (250.000 € /50.000 € x 100).
Lagerzugang B: 400 Stück.
Bewertung pro Stück: 40 € zzgl. Gemeinkosten 200 € (500% von 40 €), somit 240 €.
Lagerwert: 400 Stück x 240 €/Stück = 96.000 €.

b) <u>Problem</u>: Im Vergleich zu den Daten aus der vorigen Aufgabe hat der Wert der Lagermenge deutlich zugenommen. Bei einem "normalen" Zuschlagssatz von 250% würde der Lagerwert 56.000 € betragen (400 Stück x 140 €/Stück). Die Zunahme des Werts ist sachlich nicht zu rechtfertigen. Für Anteilseigner gilt: Der Vermögensausweis ist zu hoch, wenn ein Zuschlagssatz in Höhe von 500% verwendet wird.

Der höhere Zuschlagssatz entsteht nicht durch qualitative Verbesserungen, sondern allein durch eine gesunkene Ausbringungsmenge, die die konstanten Fixkosten tragen muss. Die Fixkosten pro Stück steigen somit an. Es entstehen **Kosten der Unterbeschäftigung**, die den Marktwert der Produkte nicht erhöhen. Eine derartige Bewertung ist aus Sicht der Anteilseigner kritisch zu beurteilen.

c) <u>Bewertung nach IFRS</u>: Die Kalkulation der Vollkosten hat auf Basis normaler Zuschlagssätze zu erfolgen. Im Beispiel sind 250% als normal anzusehen, so dass der Lagerwert 56.000 € statt 96.000 € beträgt. Für die Differenz besteht ein **Ansatzverbot**.

Lösung zu Aufgabe 9 (Herstellungskosten und Erfolg)

a) Die Bewertung erfolgt grundsätzlich zu Vollkosten.
Einzelkosten: 90.000 € (3.000 Stück x 30 €/Stück).
Gemeinkosten: 90.000 € (360.000 € x 3.000 Stück/12.000 Stück).
Die kalkulatorischen Kosten dürfen nicht in die Herstellungskosten eingerechnet werden (Aktivierungsverbot). Bestandserhöhung: 180.000 € (2 x 90.000 €).

b) Umsatzerlöse: 720.000 € (9.000 Stück x 80 €/Stück).
   Einzelkosten: 360.000 € (12.000 Stück x 30 €/Stück).
   Gemeinkosten: 360.000 € (400.000 € - 40.000 €).
   Kalkulatorische Kosten dürfen nicht als Aufwand verrechnet werden, da sie keine Verminderung des wirtschaftlichen Nutzens nach sich ziehen. Somit ist der Erfolg laut GuV-Rechnung in 01 (Angaben in Euro):

	GuV-Rechnung 01		
Einzelkosten	360.000	Umsatzerlöse	720.000
Gemeinkosten	360.000	Bestandserhöhung	180.000
Gewinn: 180.000			
	900.000		900.000

Lösung zu Aufgabe 10 (Aussagen zu Herstellungskosten)
Richtig sind: c), f), h), j). – Falsch sind: a), b), d), e), g), i).

Lösung zu Aufgabe 11 (Fair value)
Der fair value ist der Preis, der beim Verkauf eines Vermögenswerts im Rahmen einer gewöhnlichen Transaktion zwischen Marktteilnehmern am Bewertungstag erzielt würde. Damit ist der Veräußerungspreis maßgeblich. Allerdings dürfen keine Transaktionskosten (z.B. Telefonkosten mit möglichen Kunden oder Kosten für Verkaufsanzeigen in Zeitschriften) abgezogen werden. Nur die Transportkosten zum Abnehmer sind vom erzielbaren Preis abzuziehen. Der fair value beträgt bei den gegebenen Zahlen 48.000 €.

Lösung zu Aufgabe 12 (Aufteilung von assets)
a) Bei einer Aufteilung des Gebäudes sind die Komponenten Dach, Heizung und übriges Gebäude mit ihren anteiligen Anschaffungskosten von 80.000 € (Dach), 40.000 € (Heizung) und 280.000 € (übriges Gebäude) getrennt abzuschreiben. Die gleichmäßige Entwertung führt zur linearen Abschreibungsmethode, so dass in 01 die folgenden Aufwendungen zu verrechnen sind: 4.000 € (Dach), 4.000 (Heizung) und 5.600 € (übriges Gebäude). **Insgesamt: 13.600 €.**
b) Es wird nur ein Posten, nämlich das Gebäude als solches aktiviert. Die lineare Abschreibungsmethode führt zu einem Aufwand von **insgesamt 8.000 €** für das Jahr 01 (400.000 €/50 Jahre).
c) Es ergibt sich eine Aufwandsdifferenz von 5.600 € in 01, die als entscheidungsrelevant angesehen werden kann. Allerdings ist zu beachten, dass die Aufteilung eines

assets in einzelne Komponenten oft schwierig ist. Aus Praktikabilitätsgründen sollte der Komponentenansatz nicht zu weit ausgelegt werden: Bei handelsüblichen Fahrzeugen ist die Aufteilung nicht sinnvoll: Die Teile eines Fahrzeugs nutzen sich gleichmäßig ab, so dass eine Aktivierung und Abschreibung des assets insgesamt erfolgt.

Lösung zu Aufgabe 13 (Nachträgliche Kosten)

a) Bei IFRS sind die jährlichen Inspektionskosten laufende Wartungskosten, die **Erhaltungsaufwand** darstellen und nicht aktiviert werden. Die Kosten für die Generalüberholung werden als eine gesonderte Komponente des Spezialfahrzeugs aktiviert, weil sie einen künftigen wirtschaftlichen Nutzen beinhalten. Daher wird der Betrag von 60.000 € als "Generalüberholung" aktiviert und über drei Jahre abgeschrieben. Hierdurch wird eine periodengemäße Verteilung des Aufwands erreicht.

b) Im HGB liegt **in beiden Fällen** Erhaltungsaufwand vor, der nicht aktiviert werden darf. Auch die Aufwendungen für die Generalüberholung beinhalten keine wesentliche Verbesserung im Vergleich zum Ursprungszustand: Beim Erwerb war das Fahrzeug neu und einsatzfähig und dieser Zustand wird wieder hergestellt. Auch nach dem Rechnungslegungshinweis RH HFA 1.016 des IDW dürfen diese Kosten nicht als spezielle Komponente aktiviert werden.

Lösung zu Aufgabe 14 (Abschreibungen von Sachanlagen)

Die Anschaffungskosten betragen 420.000 €. Die Installationskosten sind als Nebenkosten einzubeziehen, soweit sie einzeln zurechenbar sind (hier: 20.000 €). In 01 sind nur 3/12 der jährlichen Abschreibungen als Aufwand zu verrechnen: Für Oktober bis Dezember. Der angefangene Monat Oktober wird in voller Höhe berücksichtigt.

a) Straight-line method: 420.000/5 = 84.000 €.
   In 01: 21.000 € (3/12 von 84.000 €). In 02: 84.000 €.
b) Diminishing balance method: 0,25 x 420.000 = 105.000 €.
   In 01: 26.250 € (3/12 von 105.000 €). In 02: 98.437,5 € (0,25 x 393.750).
c) Units of production method: Pro Stunde: 420.000/200.000 = 2,1 €/Std.
   In 01: 18.000 x 2,1 = 37.800 €. In 02: 42.000 x 2,1 = 88.200 €.

Lösung zu Aufgabe 15 (Abschreibungen von Sachanlagen)

<u>Vorab</u>: Zunächst werden die Anschaffungskosten berechnet. Hierbei ist zu beachten, dass ein Drittel der Installationskosten direkt zurechenbar sind und zu den Anschaffungskosten gehören. Auch die Hälfte der Umsatzsteuer zählt zu den Anschaffungskosten: Der Steuer-

anteil, der nicht als Vorsteuer vom Finanzamt erstattet wird, muss vom Unternehmen getragen werden. Diese Steuer entsteht direkt durch den Anschaffungsvorgang.

• Anschaffungspreis, netto	300.000
• 50% Vorsteuer vom Anschaffungspreis	28.500
• Transportkosten, netto	5.000
• 50% Vorsteuer von den Transportkosten	475
• Transportversicherung (USt-frei)	3.625
• Installationskosten (1/3 von 7.200)	2.400
Anschaffungskosten, 22.11.01	340.000

a) Geometrisch-degressive Abschreibung:

Anschaffungskosten, 22.11.01:	340.0000
Abschreibung 01 (30% von 340.000 = 102.000, davon 2/12, da monatsgenau)	17.000
31.12.01	<u>323.000</u>
Abschreibung 02 (30% von 323.000)	96.900
31.12.02	<u>226.100</u>

b) Lineare Abschreibung:

Anschaffungskosten, 22.11.01:	340.000
Abschreibung 01 (340.000 : 5 = 68.000, davon 2/12 - monatsgenau)	11.333
31.12.01	<u>328.667</u>
Abschreibung 02	68.000
31.12.02	<u>260.667</u>

Lösung zu Aufgabe 16 (Änderung der Nutzungsdauer)

a) Der jährliche Abschreibungsbetrag beläuft sich auf 20.000 €. In 01 sind 10.000 € zu verrechnen, da der Zugang am 1.7.01 erfolgt (halber Jahresbetrag). Damit ergibt sich am 31.12.05 ein Buchwert von 210.000 € (300.000 € - 4 x 20.000 € - 10.000 €).

b) Die Änderung der Nutzungsdauer ist eine Änderung von Schätzungen, die nach IAS 8 prospektiv (zukünftig) zu erfassen ist. Da Ende 05 bereits 4,5 Jahre von der gesamten Nutzungsdauer (zehn Jahre) verbraucht sind, werden die 210.000 € auf die restlichen

5,5 Jahre verteilt. Hieraus errechnet sich ein jährlicher Abschreibungsbetrag von 38.182 € (210.000 €/5,5 Jahre) ab 06.

Lösung zu Aufgabe 17 (Außerplanmäßige Abschreibungen)

a) Buchwert 31.12.02: 437.500 €. Abschreibungen pro Jahr: 50.000 € - in 01 aber nur 12.500 € (3/12 von 50.000 €), da der Erwerb im Oktober erfolgte.

b) Eine außerplanmäßige Abschreibung hat zu erfolgen, wenn der erzielbare Betrag (recoverable amount) unter dem Buchwert liegt. Der erzielbare Betrag ist der **höhere** Wert aus fair value less costs to sell und value in use. Ersterer beträgt 410.000 € (412.000 € abzgl. 2.000 €), Letzterer 400.000 €. Somit ist eine außerplanmäßige Abschreibung auf 410.000 € vorzunehmen, da der fair value less costs to sell **um 27.500 € unter dem Buchwert** liegt. In dieser Höhe entsteht ein impairment loss.

c) Latente Steuern: Am 31.12.02 ergibt sich ein IFRS-Wert von 410.000 €, während der Steuerbilanzwert bei 437.500 € liegt. Im Steuerrecht wird linear und im Erwerbsjahr monatsgenau abgeschrieben. Insoweit besteht keine Differenz zu IFRS. Allerdings ist bei einer nicht dauernden Wertminderung im Steuerrecht **keine Teilwertabschreibung** zulässig (§ 6 Abs. 1 Nr. 1 Satz 2 EStG). Nur bei einer voraussichtlich dauernden Wertminderung besteht ein Wahlrecht zur Abschreibung auf den niedrigeren Teilwert, der im Regelfall dem recoverable amount entspricht.

Damit liegt der IFRS-Wert um 27.500 € unter dem Steuerwert und es entsteht eine aktive latente Steuer. Bei einem Steuersatz von 30% beträgt sie 8.250 €. In der IFRS-Bilanz erscheint der Posten "deferred tax assets". Diese aktive latente Steuer wird durch planmäßige Abschreibungen über die Restnutzungsdauer wieder aufgelöst.

Lösung zu Aufgabe 18 (Sicherheitsäquivalent und Risikozuschlag)

a) Der Erwartungswert der Einzahlungsüberschüsse beträgt 90.000 €. Zunächst sind die Einzahlungsüberschüsse zu berechnen, die anschließend mit den Wahrscheinlichkeiten gewichtet werden: 80.000 € x 0,25 + 90.000 € x 0,5 + 100.000 € x 0,25 = 90.000 €. Der sicherheitsäquivalente Betrag ist nach Abzug des Abschlags 85.500 € (90.000 € - 4.500 €). Die einperiodige Abzinsung des Sicherheitsäquivalents führt zu einem Barwert von 81.429 € (gerundet). Damit ist der Nutzungswert bestimmt.

b) Bei der Risikozuschlagsmethode wird der Erwartungswert mit einem Zinssatz diskontiert, der bei risikoscheuer Einstellung um einen Risikozuschlag z erhöht wird. Der Unternehmer steht dem Risiko negativ gegenüber. Der Risikozuschlag wird unter Rückgriff auf den sicherheitsäquivalenten Betrag ermittelt. Der Barwert nach der

Risikozuschlagsmethode entspricht dem Barwert nach der Sicherheitsäquivalentmethode. Um z zu bestimmen, ist die Gleichung zu lösen: 81.429 = 90.000/(1 + 0,05 + z). Es ergibt sich: z = 0,0553. Der prozentuale Risikozuschlag beträgt rund 5,53%.

c) Einem risikoneutralen Unternehmer ist das Risiko "egal". Er orientiert sich deshalb am Erwartungswert der Zahlungen. Zur Berechnung des sicherheitsäquivalenten Betrags wird **kein Abschlag** verrechnet. Es gilt: Erwartungswert = Sicherheitsäquivalent. Bei der Risikozuschlagsmethode würde **kein Risikozuschlag** verrechnet.

Lösung zu Aufgabe 19 (Mehrperiodige Sicherheitsäquivalente)

a) Im Fall I ist der Bewerter risikoneutral, so dass er immer den Erwartungswert wählt. Die Schwankung der Werte ist für den Bewerter ohne Bedeutung. Somit ergeben sich die folgenden Erwartungswerte: Ende 02: 165.000 €, Ende 03: 147.500 €, Ende 04: 145.000 €. Die Abzinsung mit 5% führt zu einem Barwert von rund 416.186 € (Berechnung: 165.000 €/1,05 + 147.500 €/$1,05^2$ + 145.000 €/$1,05^3$).

b) Im Fall II ist der Bewerter risikoscheu, so dass die Erwartungswerte zur Berechnung der Sicherheitsäquivalente nach unten korrigiert werden. Der Bewerter zieht den sicheren niedrigeren Betrag einer unsicheren höheren Verteilung vor. Nach Abzug eines Sicherheitsabschlags in Höhe von 10% vom Erwartungswert ergeben sich die folgenden Werte: Ende 02: 148.500 €, Ende 03: 132.750 €, Ende 04: 130.500 €. Die Abzinsung mit 5% führt zu einem Barwert von rund 374.568 € Ende 01.

Lösung zu Aufgabe 20 (Zuschreibungen beim cost model)

Die Entwicklung der Werte wird auf der folgenden Seite dargestellt.

Hinweise: Nach der außerplanmäßigen Abschreibung am **31.12.02** auf den erzielbaren Betrag von 210.000 €, muss dieser Wert auf die verbleibende Nutzungsdauer verteilt werden. Da von den insgesamt fünf Jahren bereits 1,25 Jahre verwendet wurden, bleiben noch 3,75 Jahre übrig. Daraus ergibt sich eine planmäßige Abschreibung von 56.000 €.

Die Zuschreibung am **31.12.03** ist auf die fortgeführten Anschaffungskosten begrenzt: 350.000 € vermindert um 17.500 € und 2 x 70.000 € führt zur Obergrenze von 192.500 €. Die Wertaufholung (reversal of an impairment loss) führt zu einem Zuschreibungsertrag von maximal 38.500 €. Es ist somit keine volle Zuschreibung auf den erzielbaren Betrag von 195.000 € möglich. Nutzen Sie die englischen Begriffe aus dem Dictionary im Anhang. Weiterhin gilt: ceiling = Obergrenze, final = endgültig, original = ursprünglich, preliminary = vorläufig, pro rata temporis = zeitanteilig (bedeutet: monatsgenaue Abschreibung im Zugangsjahr).

Deutsche Bezeichnung	Englische Bezeichnung	Beträge
Anschaffungskosten, 9.10.01	Costs of purchase	350.000
Abschreibungen 01 (350.000/5 = 70.000; davon 3/12)	Depreciation expense year 01, pro rata temporis: 3/12 of 70.000	17.500
Buchwert, 31.12.01	Carrying amout, Dec. 31, 01	332.500
Abschreibungen 02	Depreciation expense year 02	70.000
Vorläufiger Buchwert, Erzielbarer Betrag, 31.12.02	Preliminary carrying amount Recoverable amount, Dec. 31, 02	262.500 210.000
Außerplanmäßige Abschreibung	Impairment loss	52.500
Endgültiger Buchwert, 31.12.02	Final carrying amount, Dec. 31, 02	210.000
Abschreibungen 03 (210.000/3,75 = 56.000)	Depreciation expense year 03	56.000
Vorläufiger Buchwert, Erzielbarer Betrag, 31.12.03 Maximal: Fortgeführte AK	Preliminary carrying amount Recoverable amount, Dec. 31, 03 Ceiling: Original carrying amount	154.000 195.000 192.500
Zuschreibung Endgültiger Buchwert	Reversal of an impairment loss Final carrying amount	38.500 192.500

Lösung zu Aufgabe 21 (Aussagen zu Zuschreibungen – cost model)
Richtig sind: b), e), h). – Falsch sind: a), c), d), f), g), i), j), k).

Hinweise:
Zu b): Die außerplanmäßige Abschreibung erfolgt von 280.000 € auf 250.000 € und beträgt somit 30.000 €. Der recoverable amount beträgt 250.000 €!
Zu e): Die planmäßige Abschreibung in 02 ist 75.000 € (30% von 250.000 €).
Zu h): Die maximale Zuschreibung beträgt 21.000 €. Restwert nach planmäßiger Abschreibung in 02: 250.000 € abzgl. 75.000 € = 175.000 €. Der Restwert nach planmäßiger Abschreibung beträgt **ohne** vorherige außerplanmäßige Abschreibung: 196.000 € (280.000 € abzgl. 84.000 €). Die Differenz aus 196.000 € und 175.000 € ergibt den maximalen Zuschreibungsbetrag von 21.000 €. Außerdem besteht eine **Zuschreibungspflicht** – deshalb ist Antwort g) falsch.
Zu j): Zwar wird das Stetigkeitsprinzip durch die Zuschreibung verletzt, aber sie muss dennoch nach IAS 36 vorgenommen werden. Die speziellen Regelungen eines Standards sind vor dem allgemeinen Stetigkeitsprinzip zu beachten. Durch die Zuschreibung wird die wirtschaftliche Lage des Unternehmens besser dargestellt.

Lösung zu Aufgabe 22 (Zuschreibungen beim revaluation model)

a) Der relevante Wert wird als **fair value** (beizulegender Zeitwert) bezeichnet. Bei der Neubewertung der Fertigungsanlage am 31.12.02 wird der fair value verwendet. Der Zuschreibungsbetrag wird **erfolgsneutral** in eine Neubewertungsrücklage (revaluation surplus) als Teil des Eigenkapitals eingestellt. Berechnung der Rücklage: Buchwert nach Vornahme linearer Abschreibungen: 195.000 € (240.000 € - 15.000 € - 30.000 €; in 01 wird ein halber Jahresbetrag verrechnet).
Die Differenz: 266.500 € - 195.000 € (= 71.500 €) wird der Neubewertungsrücklage zugeführt. Zum 31.12.01 ergibt sich der folgende Bilanzausweis: Fertigungsanlage: 266.500 € und Neubewertungsrücklage: 71.500 €. Per Saldo ergibt sich wieder der alte Buchwert in Höhe von 195.000 € (=fortgeführte Anschaffungskosten).

b) Fertigungsanlage: Sie wird linear über die noch verbleibende Restnutzungsdauer von 6,5 Jahren abgeschrieben (8 Jahre - 1,5 Jahre bisherige Nutzung). Jährlicher Betrag: 41.000 € (266.500 €/6,5 Jahre). Somit beträgt der Restwert am 31.12.03: 225.500 €.
Neubewertungsrücklage: Ein Teil der Rücklage kann in die retained earnings (einbehaltenen Ergebnisse) umgebucht werden. Bei linearer Abschreibung beträgt dieser Teil 71.500 €/6,5 = 11.000 €. Rücklagenbestände am 31.12.03: Neubewertungsrücklage: 60.500 € – einbehaltene Ergebnisse: 11.000 €.
Hinweis: Die Neubewertungsrücklage muss nicht aufgelöst werden, wenn die Anlage weiterhin genutzt wird. Sie kann auch in voller Höhe fortgeführt werden. Eine Umbuchungspflicht besteht erst bei Abgang des zugehörigen Aktivpostens – dann muss der Rücklagenbestand in die retained earnings übernommen werden.

Lösung zu Aufgabe 23 (Revaluation model)

Für alle Fälle sind zunächst die Werte des Gebäudes und der zugehörigen Rücklage zum 31.12.04 zu entwickeln. Die jährliche Abschreibung ist 22.500 € (450.000 €/20 Jahre).
31.12.01: Gebäude: 450.000 € – Neubewertungsrücklage: 50.000 €.
31.12.04: Gebäude: 382.500 € – Neubewertungsrücklage: 42.500 €.
(Zusätzlich: Einbehaltene Ergebnisse 7.500 € zum 31.12.04)

Fall a): Fair value: 392.500 €. Der Wert liegt über dem Buchwert von 382.500 €, so dass eine Zuschreibung erfolgt. Die Rücklage steigt ebenfalls (erfolgsneutral). Buchwert Gebäude: 392.500 € – Rücklage: 52.500 € (+ 10.000 €). Kein Erfolgseffekt.

Fall b): Fair value: 382.500 €. Der Wert entspricht genau dem Buchwert, so dass sich keine Änderungen ergeben.
Buchwert Gebäude: 382.500 € – Rücklage: 42.500 €. Kein Erfolgseffekt.

Fall c): Fair value: 370.000 €. Der Wert liegt unter dem Buchwert von 382.500 €, so dass eine teilweise Auflösung der Rücklage erfolgt. Sie wird um 12.500 € aufgelöst. Buchwert Gebäude: 370.000 € – Rücklage: 30.000 € (- 12.500 €). Kein Erfolgseffekt.

Fall d): Fair value: 340.000 €. Der Wert liegt unter dem Buchwert von 382.500 €, so dass eine vollständige Auflösung der Rücklage erfolgt. Buchwert Gebäude: 340.000 € – Rücklage: 0 € (- 42.500 €). Kein Erfolgseffekt.

Fall e): Fair value: 323.000 €. Der Wert liegt unter dem Buchwert von 382.500 €, so dass eine vollständige Auflösung der Rücklage erfolgt. Außerdem ist eine außerplanmäßige Abschreibung in Höhe von 17.000 € zu verrechnen. Buchwert Gebäude: 323.000 € – Rücklage: 0 € (-42.500 €) und zusätzlicher Aufwand: 17.000 €. Erfolgseffekt: -17.000 €.

Lösung zu Aufgabe 24 (Revaluation model)

31.12.04: Buchwert 400.000 € (500.000 € - 4 x 25.000 €). Der erste fair value beläuft sich auf 480.000 €, so dass eine Neubewertungsrücklage von 80.000 € entsteht. Umbuchungsbeträge: 5.000 € pro Jahr (80.000 €/16 Jahre). Weitere Abschreibung: 30.000 € pro Jahr (480.000/16 Jahre).

31.12.06: Buchwert 420.000 € (480.000 € - 2 x 30.000 €). Die Neubewertungsrücklage beträgt noch 70.000 € (80.000 € - 2 x 5.000 €). Da der zweite fair value vom 31.12.06 auf 336.000 € gesunken ist, wird zunächst die Rücklage vollständig aufgelöst: Man erhält einen Wert von 350.000 €. Da der fair value aber nur noch 336.000 € beträgt, muss zusätzlich ein Aufwand (impairment loss) in Höhe von 14.000 € verrechnet werden. Weitere Abschreibung: 24.000 € (336.000 €/14 Jahre).

31.12.08: Buchwert 288.000 € (336.000 € - 2 x 24.000 €), da der zweite fair value vom 31.12.06 über die Restnutzungsdauer von 14 Jahren verteilt wird. Da der dritte fair value auf 350.000 € gestiegen ist, müssen insgesamt 62.000 € zugeschrieben werden (350.000 € - 288.000 €). Hiervon sind 12.000 € erfolgswirksam zuzuschreiben (auf die fortgeführten Anschaffungskosten von 300.000 €: 500.000 € abzüglich 8 x 25.000 €). Die verbleibenden 50.000 € werden erfolgsneutral in die Neubewertungsrücklage eingestellt.

Lösung zu Aufgabe 25 (Anlagenverkauf)

a) Die Buchungen lauten:

Fall a) Volle Rücklagenumbuchung:			
Dr Cash	180.000	Cr Machinery	180.000
Dr Revaluation surplus	30.000	Cr Retained earnings	30.000

Im Fall a) wird die Rücklage voll umgebucht. Im Fall b) werden 20.000 € zur erfolgsneutralen Abwertung der Maschine verwendet, da nicht 180.000 €, sondern nur 160.000 € erzielt werden. Von der Neubewertungsrücklage bleiben nur 10.000 € übrig, die in die retained earnings umgebucht werden. Im Fall c) ist die Rücklage vollständig über den Aktivposten aufzulösen und es entstehen darüber hinaus noch sonstige Aufwendungen in Höhe von 10.000 €. Die folgenden Buchungen sind durchzuführen:

Fall b) Anteilige Rücklagenumbuchung:			
Dr Revaluation surplus	30.000	Cr Machinery	20.000
		Cr Retained earnings	10.000
Dr Cash	160.000	Cr Machinery	160.000

Fall c) Keine Rücklagenumbuchung:			
Dr Revaluation surplus	30.000	Cr Machinery	30.000
Dr Cash	140.000	Cr Machinery	150.000
Dr Other expenses	10.000		

Lösung zu Aufgabe 26 (Sachanlagen und latente Steuern)

a) Die Maschine wird mit 520.000 € bewertet, so dass 120.000 € zuzuschreiben sind. Bei einem Steuersatz von 30% entstehen eine Neubewertungsrücklage von 84.000 € und passive latente Steuern von 36.000 €. Buchung: "Dr Machinery 120.000, Cr Revaluation surplus 84.000, Cr Deferred tax liabilities 36.000".

b) Die Neubewertungsrücklage wird in 04 mit einem Betrag von 10.500 € (84.000 €/8 Jahre) umgebucht, da das Wahlrecht genutzt wird. Buchung: "Dr Revaluation surplus 10.500, Cr Retained earnings 10.500". Die passiven latenten Steuern werden in 04 zum Teil erfolgswirksam aufgelöst (36.000 €/8 Jahre = 4.500 €/Jahr). Buchung: "Dr Deferred tax liabilities 4.500, Cr Deferred tax revenue 4.500".

Lösung zu Aufgabe 27 (Abwertung von Sachanlagen mit latenten Steuern)

Da der fair value gesunken ist, wird zunächst eine noch vorhandene Neubewertungsrücklage (mit den zugehörigen passiven latenten Steuern) über den Aktivposten aufgelöst. Die Summe aus Neubewertungsrücklage und passiven latenten Steuern ist 80.000 €. Nach der Abwertung des Aktivpostens wird der fair value genau erreicht. Weitere Abschreibungen müssen nicht vorgenommen werden. Buchung: "Dr Revaluation surplus 56.000, Dr Deferred tax liabilities 24.000, Cr Machinery 80.000".

Lösung zu Aufgabe 28 (Abwertung von Sachanlagen mit latenten Steuern)
Da der fair value nur noch 700.000 € beträgt, reicht die Auflösung der Neubewertungsrücklage und der zugehörigen latenten Steuern nicht mehr aus. Hierdurch erreicht man nur einen Wert von 800.000 €. Weitere 100.000 € müssen außerplanmäßig abgeschrieben werden. Die erste Buchung lautet wie oben: "Dr Revaluation surplus 56.000, Dr Deferred tax liabilities 24.000, Cr Machinery 80.000". Die zweite Buchung lautet: "Dr Impairment loss 100.000, Cr Machinery 100.000".

Da die Wertminderung nicht dauernd ist, darf im Steuerrecht nicht auf den gesunkenen Teilwert von 700.000 € abgeschrieben werden. Damit liegt der IFRS-Wert um 100.000 € unter dem Steuerwert bei einem Aktivposten. Es ergibt sich eine aktive latente Steuer in Höhe von 30.000 €, die erfolgswirksam zu bilden ist. Die Buchung lautet: "Dr Deferred tax assets 30.000, Cr Deferred tax revenue 30.000".

Lösung zu Aufgabe 29 (Abwertung von Sachanlagen mit latenten Steuern)
Da die Wertminderung voraussichtlich dauernd ist, besteht steuerrechtlich ein Wahlrecht: Es kann auf den niedrigeren Teilwert abgeschrieben werden. Wird das Wahlrecht genutzt, stimmen IFRS-Wert und Steuerwert überein. Da keine Differenzen bestehen, treten keine latenten Steuern auf.

Wird das Wahlrecht nicht ausgeübt, unterbleibt also die Abschreibung im Steuerrecht, weichen IFRS-Wert und Steuerwert voneinander ab. Der IFRS-Wert ist kleiner als der Steuerwert, so dass sich eine aktive latente Steuer ergibt.

Lösung zu Aufgabe 30 (Neubewertung und latente Steuern)
a) Da die Neubewertung steuerrechtlich nicht möglich ist, wird Ende 04 ein Betrag von 15.000 € als passive latente Steuer verrechnet (30% von 50.000 €). Sie wird nicht als Aufwand behandelt, sondern erfolgsneutral gebucht: "Dr Machinery 50.000, Cr Revaluation surplus 35.000, Cr Deferred tax liabilities 15.000".

b) Die Auflösung der latenten Steuern wird in 05 erfolgswirksam vorgenommen, da auch die Abschreibungen der neu bewerteten Maschine erfolgswirksam sind: "Dr Deferred tax liabilities 1.500, Cr Deferred tax revenue 1.500". Der Betrag von 1.500 € ergibt sich durch die Verteilung über zehn Jahre (15.000 €/10 Jahre).

Lösung zu Aufgabe 31 (Diverse Aussagen zu Abschreibungen)
Richtig sind: d), e), g), h), j). – Falsch sind: a), b), c), f), i), k).

Hinweise:
Zu b): Die arithmetisch-degressive ist auch bei IFRS zulässig.
Zu i): Im HGB begrenzen die fortgeführten Anschaffungs- oder Herstellungskosten den möglichen Zuschreibungsbetrag. Das gilt für alle Unternehmen, so dass die Aussagen i) und k) falsch sind.

Lösung zu Aufgabe 32 (Assets held for sale)
a) Die Bewertung erfolgt zum niedrigeren Wert aus Buchwert und fair value abzüglich Veräußerungskosten, der im Fall I: 215.000 € beträgt. Somit ist der Restbuchwert relevant: Bewertung mit 190.000 €. Es entsteht kein zusätzlicher Aufwand.

b) Im Fall II beträgt der fair value abzüglich Veräußerungskosten 145.000 €. Dieser Wert liegt unter dem Restbuchwert und kommt zur Anwendung. Die Bewertung erfolgt mit 145.000 €, so dass eine Abwertung von 45.000 € vorzunehmen ist. In dieser Höhe entsteht ein zusätzlicher Aufwand in der GuV-Rechnung (impairment loss).

c) Da eine Wertsteigerung stattgefunden hat, wird eine Aufwertung vorgenommen. Die Bewertung erfolgt zum 31.12.06 mit 170.000 €. Es wird eine Aufwertung in Höhe von 25.000 € vorgenommen, die in der GuV-Rechnung zu einem Ertrag führt. Maximal wäre eine erfolgswirksame Aufwertung in Höhe von 45.000 € möglich.

d) In 05 werden 9/12 des jährlichen planmäßigen Abschreibungsbetrags verrechnet. Ab dem 1.10.05 werden keine planmäßigen Abschreibungen mehr vorgenommen.

Lösung zu Aufgabe 33 (Intangible assets)
a) Die Bilanzwerte entwickeln sich gemäß der Übersicht auf der Folgeseite.

Hinweise:
1. Da ein voller Vorsteuerabzug besteht, betragen die Anschaffungskosten 300.000 €. Die abziehbare Vorsteuer gehört nicht zu den Anschaffungskosten.
2. In 01 werden die planmäßigen Abschreibungen monatsgenau verrechnet, wobei jeder angebrochene Monat zählt.
3. Der recoverable amount ist der höhere Wert aus beizulegendem Zeitwert abzüglich der Verkaufskosten und dem Nutzungswert. Somit sind 200.000 € maßgeblich.

Anschaffungskosten am 10.3.01	300.000
Abschreibungen 01 (zeitanteilig) (300.000 €/8 Jahre = 37.500, davon 10/12)	31.250
Wert am 31.12.01	268.750
Abschreibungen 02	37.500
Vorläufiger Bilanzwert am 31.12.02: 231.250 € Recoverable amount am 31.12.02: 200.000 € Somit außerplanmäßige Abschreibung: 31.250 €	31.250
Endgültiger Bilanzwert am 31.12.02:	200.000

b) Am 31.12.04 muss eine **Zuschreibung** erfolgen. Hierbei ist der recoverable amount relevant, wobei die fortgeführten historical costs beim cost model nicht überschritten werden dürfen. In diesem Fall sind beide Werte identisch, so dass eine Zuschreibung auf 156.250 € erfolgt (300.000 € - 31.250 - 3 x 37.500 €).

Lösung zu Aufgabe 34 (Development costs)

a) <u>Forschungskosten</u>: Ansatzverbot. Die in 01 bzw. 02 entstandenen Aufwendungen (1.000.000 € und 200.000 €) für die Grundlagenkenntnisse sind nicht zu aktivieren.

<u>Entwicklungskosten</u>: Ansatzpflicht. Die Bewertung erfolgt mit den Herstellungskosten (direkte Kosten und produktive Gemeinkosten). Die Einzelkosten betragen 480.000 € (5 x 96.000 €), die produktiven Gemeinkosten 600.000 € (5 x 120.000 €). Summe: 1.080.000 €. Die Gemeinkosten im Verwaltungsbereich stellen Aufwand dar. In 02 entwickeln sich die Werte bei monatsgenauer Abschreibung (fünf Monate) wie folgt:

Herstellungskosten, 1.8.02	1.080.000
Abschreibungen 02 (1.080.000 €/10 Jahre – davon 5/12)	45.000
Bilanzwert, 31.12.02	1.035.000

b) <u>Forschungskosten</u>: Keine latenten Steuern, da auch im Steuerrecht kein Ansatz möglich ist. IFRS-Wert und Steuerwert weichen nicht voneinander ab.

<u>Entwicklungskosten</u>: Da im Steuerrecht der Ansatz nach § 5 Abs. 2 EStG verboten ist, liegt der IFRS-Wert Ende 02 mit 1.035.000 € über dem Steuerwert. Es entsteht eine passive latente Steuer in Höhe von 310.500 € (0,3 x 1.035.000 €). Durch die weiteren planmäßigen Abschreibungen wird die latente Steuer wieder aufgelöst.

Lösung zu Aufgabe 35 (Intangible assets mit unbegrenzter Nutzungsdauer)
Bei intangible assets mit unbegrenzter Nutzungsdauer werden keine planmäßigen Abschreibungen verrechnet. Es ist jährlich ein impairment test durchzuführen, um eventuelle Wertminderungen festzustellen. Zum 31.12.01 werden 50.000 € abgeschrieben, da der recoverable amount auf 150.000 € gesunken ist. Am 31.12.02 findet eine teilweise Wertaufholung (30.000 €) statt: Bewertung mit 180.000 €. Am 31.12.03 wird mit 200.000 € bewertet, da die Anschaffungskosten beim cost model die Wertobergrenze bilden.

Lösung zu Aufgabe 36 (Cash generating units)
a) Eine außerplanmäßige Abschreibung hat zu erfolgen, wenn der recoverable amount der CGU unter ihrem Buchwert liegt. Der recoverable amount ist der höhere Wert aus fair value less costs to sell (620.000 €) und value in use (660.000 €). Für die CGU wird der recoverable amount vom Nutzungswert bestimmt. Er liegt unter dem Buchwert der CGU (660.000 € < 800.000 €), so dass eine **Abschreibungspflicht** in Höhe von insgesamt 140.000 € besteht.

b) Der Aufwand von 140.000 € ist nach dem Verhältnis der Buchwerte auf die einzelnen assets aufzuteilen. Für das Patent XY erhält man einen Anteil von 31,25%: Verhältnis von 250.000 €/800.000 € (= Summe aller Buchwerte). Die Tabelle zeigt die außerplanmäßigen Abschreibungen und die Restbuchwerte (in Euro). Berechnung der Abschreibung für Patent XY: 0,3125 x 140.000 € = 43.750 €. Restbuchwert für das Patent XY: 250.000 € - 43.750 € = 206.250 €.

Die **Wertuntergrenzen** werden eingehalten, da die Buchwerte der einzelnen assets nicht unter ihren Nettoveräußerungspreisen liegen und nicht kleiner sind als null. Angaben zu den Nutzungswerten einzelner assets der CGU sind meist nicht möglich.

	Patent XY	Maschine 1	Maschine 2	Maschine 3
Anteil Buchwert	31,25%	18,75%	27,5%	22,5%
Abschreibungen	43.750	26.250	38.500	31.500
Buchwerte	206.250	123.750	181.500	148.500

Lösung zu Aufgabe 37 (Diverse Aussagen zu intangible assets)
Richtig sind: b), d), e), h), i), j). – Falsch sind: a), c), f), g), k), l), m).
Hinweise:
Zu f): Die Zuschreibung ist im cost model auf die fortgeführten Anschaffungs- oder Herstellungskosten begrenzt. Daher ist f) falsch und h) ist richtig.
Zu k): Es besteht kein Wahlrecht. Wenn möglich, muss eine Einzelbewertung erfolgen.

Lösung zu Aufgabe 38 (Impairment von Firmenwerten)

a) Für die CGU_1 gilt: Buchwert (mit Firmenwert): 420.000 €. Dieser Wert liegt über dem recoverable amount von 340.000 €. Es ist eine außerplanmäßige Abschreibung von 80.000 € vorzunehmen. Dieser Betrag wird vollständig vom Firmenwert der CGU_1 abgezogen. Restwert des Firmenwerts: 40.000 € (120.000 € - 80.000 €).

Für die CGU_2 gilt: Buchwert (mit Firmenwert): 480.000 €. Dieser Wert liegt über dem recoverable amount von 360.000 €. Es ist eine außerplanmäßige Abschreibung von 120.000 € vorzunehmen. Dieser Betrag wird vollständig vom Firmenwert der CGU_2 abgezogen, so dass er von 80.000 € auf null sinkt. Es verbleibt ein Restbetrag von 40.000 €. Er muss **buchwertproportional** von den assets der CGU_2 abgezogen werden. Auf B_1 entfallen 150.000 €/400.000 € x 40.000 € = 15.000 € und auf B_2 25.000 €. Restwerte: Firmenwert null, asset B_1 135.000 € und asset B_2 225.000 €.

b) Die buchwertproportionale Abschreibung **darf nicht** dazu führen, dass das **Maximum** aus fair value (abzüglich Verkaufskosten), value in use und null unterschritten wird. Bei der CGU_2 wirkt sich die Untergrenze aus: Bei B_1 ergibt sich nach der Abschreibung ein (vorläufiger) Wert von 135.000 €, der unter dem recoverable amount von 140.000 € liegt, der hier die Untergrenze bildet. B_1 wird nur auf 140.000 € abgeschrieben und die Differenz von 5.000 € wird bei B_2 abgezogen (Wert: 220.000 €).

Lösung zu Aufgabe 39 (Zuschreibungen von CGUs)

a) **Ja**. Die Zuschreibung ist buchwertproportional vorzunehmen (Zuschreibungspflicht). Die Obergrenze der Zuschreibung wird für das einzelne Asset vom **Minimum** der folgenden Größen gebildet: Fortgeführte Anschaffungs- oder Herstellungskosten bzw. recoverable amount (Maximum aus fair value less costs to sell und value in use).

b) **Nein**. Für den Firmenwert besteht ein Zuschreibungsverbot. Es soll der Ansatz eines zwischenzeitlich neu entstandenen originären Firmenwerts vermieden werden.

Lösung zu Aufgabe 40 (Firmenwert nach IFRS und HGB)

a) Da der Firmenwert nach IFRS nicht planmäßig abgeschrieben werden darf, wird er mit 540.000 € bilanziert.

b) Die Abschreibung pro Jahr beträgt 36.000 € (540.000 €/15 Jahre). In 04 werden 9/12 verrechnet (27.000 €) und in 05 der volle Betrag. Daraus folgt: 31.12.04: 513.000 €, 31.12.05: 477.000 €. Die handelsrechtlichen Werte entsprechen den steuerrechtlichen.

c) Ende 04 ist der IFRS-Wert um 27.000 € höher als der Steuerwert, so dass sich eine passive latente Steuer von 8.100 € ergibt (0,3 x 27.000 €). Ende 05 ist der IFRS-Wert um 63.000 € höher, so dass sich eine passive latente Steuer von 18.900 € ergibt (0,3 x 63.000 €). Die latente Steuer wächst in 05 um 10.800 € (deferred tax expense).

Lösung zu Aufgabe 41 (Zuordnung von Wertpapieren)
Nein. Nur die Obligationen können der Kategorie "at amortised cost" zugeordnet werden, da die Schuldverschreibungen vertraglich festgelegte Zahlungen beinhalten. Das ist bei den Aktien nicht der Fall. Die Entscheidung über die auszuschüttenden Dividenden wird von den Aktionären jedes Jahr neu auf der Hauptversammlung getroffen.

Lösung zu Aufgabe 42 (Eigenkapitalinstrumente zum fair value)
a) Die Aktien werden beim Erwerb mit 140.000 € bewertet (10.000 Stück x 13,5 € je Stück zuzüglich der Nebenkosten von 5.000 €). Da der fair value Ende 01 auf 16 € je Stück gestiegen ist, werden die Aktien mit 160.000 € bewertet. Es entsteht eine fair value-Rücklage in Höhe von 20.000 €.
b) Die Buchung lautet: "Dr Financial instruments at fair value in OCI 20.000, Cr Fair value-surplus 20.000".

Lösung zu Aufgabe 43 (Eigenkapitalinstrumente zum fair value)
Da der Kurswert auf 11 € je Stück gesunken ist, werden die Aktien mit 110.000 € bewertet (10.000 Stück x 11 €/Stück). Es entsteht eine negative fair value-Rücklage in Höhe von 30.000 €. Die Buchung lautet: "Dr Fair value-surplus 30.000, Cr Financial instruments at fair value in OCI 30.000".

Lösung zu Aufgabe 44 (Verkauf von Eigenkapitalinstrumenten)
Bei den gegebenen Daten entsteht Ende 01 eine negative fair value-Rücklage in Höhe von 12.000 €. Sie ist beim Verkauf mit den retained earnings zu verrechnen, die um 12.000 € abnehmen. Die Buchung lautet: "Dr Cash 80.000, Cr Financial instruments at fair value in OCI 80.000" und "Dr Retained earnings 12.000, Cr Fair value-suplus 12.000".

Lösung zu Aufgabe 45 (Verkauf von Eigenkapitalinstrumenten)
Gebucht wird: "Dr Cash 84.000, Cr Financial instruments at fair value in OCI 80.000, Cr Fair value-surplus 4.000" und "Dr Retained earnings 8.000, Cr Fair value-suplus 8.000". Im Gegensatz zur vorigen Aufgabe beträgt der Verlust keine 12.000 €, sondern nur noch 8.000 €. Nur dieser Betrag vermindert die retained earnings. Da die Wertpapiere Ende 01 mit 80.000 € aktiviert werden, wird bereits in der ersten Buchung ein Teil der negativen fair value-Rücklage ausgeglichen.

Lösung zu Aufgabe 46 (Eigenkapitalinstrumente zum fair value)

Ende 01 wird eine positive fair value-Rücklage gebildet: "Dr Financial instruments at fair value in OCI 10.000, Cr Fair value-surplus 10.000". Aktivierte Wertpapiere: 110.000 €.
Ende 02 wird die positive Rücklage vollständig aufgelöst und eine negative Rücklage gebildet (6.000 €): "Dr Fair value-surplus 16.000, Cr Financial instruments at fair value in OCI 16.000". Aktivierte Wertpapiere: 94.000 €.
Mitte 03 wird die negative Rücklage um 2.000 € reduziert und der verbleibende negative Restbetrag von 4.000 € in die retained earnings umgebucht: "Dr Cash 96.000, Cr Financial instruments at fair value in OCI 94.000, Cr Fair value-surplus 2.000" und "Dr Retained earnings 4.000, Cr Fair value-surplus 4.000".

Lösung zu Aufgabe 47 (Schuldinstrumente zum fair value)

Buchung des Erwerbs: "Dr Financial instruments at fair value in profit or loss 59.500, "Dr Other expenses 500, Cr Cash 60.000". Die Nebenkosten dürfen nicht aktiviert werden und sind als Aufwand zu behandeln. Die Zuschreibung am Jahresende ist bei Schuldinstrumenten immer erfolgswirksam vorzunehmen und wird wie folgt gebucht: "Dr Financial instruments at fair value in profit or loss 20.500, Cr Finance income 20.500".

Lösung zu Aufgabe 48 (Schuldinstrumente zum fair value)

Die Wertminderung von 8.500 € (51.000 € - 59.500 €) ist erfolgswirksam zu behandeln. Somit wird gebucht: "Dr Finance Expense 8.500, Cr Financial instruments at fair value in profit or loss 8.500".

Lösung zu Aufgabe 49 (Schuldinstrumente zum fair value)

Die Behandlung von Verlusten muss bei Schuldinstrumenten erfolgswirksam erfolgen, so dass Ende 01 ein Aufwand von 1.200 € entsteht (98.000 € - 99.200 €). Die Nebenkosten dürfen bei der erfolgswirksamen Behandlung nicht aktiviert werden. Mit der folgenden Buchung werden die Posten korrigiert: "Dr Finance expense 1.200, Dr Financial instruments at fair value in profit or loss 800, Cr Fair value-surplus 2.000".

Lösung zu Aufgabe 50 (Berechnung von amortised cost)

Der effektive Zinssatz (i_{eff}) beträgt rund 7,59845%. Er ergibt sich als interner Zins der Zahlungsreihe: -49.000, +3.500, +3.500, +3.500, +53.500. Anfang 01 müssen 49.000 € bezahlt werden (Disagio: 1.000 €), Ende 04 bekommt man 50.000 € zurück. Zusätzlich sind die jährlichen Zinseinzahlungen von 3.500 € zu beachten. Die folgende Gleichung ist nach i aufzulösen: $-49.000 + 3.500/(1+i) + 3.500/(1+i)^2 + ... + 53.500/(1+i)^4 = 0$. Hierbei gilt: $i = i_{eff}$. Die Lösung ist mit Tabellenkalkulationsprogrammen gut zu ermitteln.

Zeit	Bewertung	Effektive Zinsen	Nominelle Zinsen	Disagio
Anfang 01	49.000,00 €	-	-	1.000,00 €
Ende 01	49.223,24 €	3.723,24 €	3.500 €	-223,24 €
Ende 02	49.463,44 €	3.740,20 €	3.500 €	-240,20 €
Ende 03	49.721,90 €	3.758,46 €	3.500 €	-258,46 €
Ende 04	49.999,99 €	3.778,09 €	3.500 €	-278,09 €

Hinweise: Die effektiven Zinsen ergeben sich als Produkt aus effektivem Zinssatz und jeweiligem Barwert. Für 01: 0,0759845 x 49.000 € = 3.723,24 €. Die Differenz aus effektiven und nominellen Zinsen führt zur Verminderung des Disagios (in 01: 223,24). Ende 04 muss das Wertpapier mit 50.000 € bewertet werden, damit eine erfolgsneutrale Ausbuchung erfolgen kann. Im Beispiel entsteht eine geringfügige Rundungsdifferenz von 0,01 €. Der Wert des Disagios beträgt Ende 04 null.

Lösung zu Aufgabe 51 (Wertpapiere und latente Steuern)
a) In der IFRS-Bilanz erfolgt die Bewertung am 1.10.01 zum fair value von 40.000 €. Da keine Nebenkosten anfallen, gilt dieser Wert auch in der Steuerbilanz. Im deutschen Steuerrecht dürfen die Anschaffungskosten nicht überschritten werden – sie bilden die Wertobergrenze. Da die Wertminderung Ende 01 nicht dauerhaft ist, darf in der Steuerbilanz keine Teilwertabschreibung erfolgen. Es gilt die folgende Bewertung nach IFRS und Steuerrecht:

	IFRS-Bilanz	Steuerbilanz	Wertdifferenz
1.10.01	40.000 €	40.000 €	-
31.12.01	30.000 €	40.000 €	-10.000 €
31.12.02	55.000 €	40.000 €	+15.000 €
Anfang 03	55.000 €	55.000 €	-

b) Da Schuldinstrumente vorliegen, sind die Wertänderungen bei der fair value-Bewertung immer erfolgswirksam zu behandeln (eine erfolgsneutrale Bewertung ist nur bei Eigenkapitalinstrumenten möglich). Da die Wertänderungen der Finanzinstrumente einen erfolgswirksamen Charakter aufweisen, müssen auch die zugehörigen latenten Steuern erfolgswirksam behandelt werden.
31.12.01: Der IFRS-Wert liegt um 10.000 € unter dem Steuerwert. Es wird eine aktive latente Steuer von 3.000 € (0,3 x 10.000 €) gebildet.

31.12.02: Der IFRS-Wert liegt um 15.000 € über dem Steuerwert (Zuschreibung nach IFRS von 30.000 € auf 55.000 €). Die aktiven latenten Steuern werden erfolgswirksam aufgelöst (latenter Steueraufwand 3.000 €) und es wird eine passive latente Steuer von 4.500 € (0,3 x 15.000 €) in der IFRS-Bilanz gebildet. Gesamter latenter Steueraufwand 02: 7.500 € (0,3 x 25.000 €).

02.01.03: Durch den Verkauf gleichen sich die Wertunterschiede zwischen IFRS und dem Steuerrecht aus. Die passive latente Steuer wird erfolgswirksam aufgelöst. Der aus dem Wertpapierverkauf resultierende Gewinn erhöht den Erfolg des Geschäftsjahres und führt insoweit zu einem höheren Steueraufwand und zu einer höheren Steuerrückstellung.

Lösung zu Aufgabe 52 (Aussagen zu Finanzinstrumenten)

Richtig sind: b), c), e). – Falsch sind: a), d), f).

Hinweis zu e) und f): Nebenkosten werden nur bei der erfolgsneutralen fair value-Bewertung aktiviert. Bei erfolgswirksamer Bewertung stellen Nebenkosten Aufwand dar.

Lösung zu Aufgabe 53 (Aussagen zu Finanzinstrumenten)

Füllen Sie die Lücken in den folgenden Aussagen.

a) Financial assets held for trading sind zum *fair value* zu bewerten und Wertsteigerungen bzw. Wertminderungen sind *erfolgswirksam* zu behandeln.
b) Steigt der Kurswert einer Obligation der Kategorie "at amortised cost", ist der gestiegene Wert *nicht zu berücksichtigen*.
c) Wertsteigerungen von Eigenkapitalinstrumenten können *erfolgsneutral* oder *erfolgswirksam* behandelt werden, wenn eine längere Anlageabsicht besteht.
d) Bei Fremdkapitalinstrumenten der Kategorie "at amortised cost" entsteht beim Erwerb *ein Disagio*, wenn der Nominalzinssatz des Wertpapiers *unter* dem Marktzins liegt.
e) Bei der Veräußerung von Eigenkapitalinstrumenten, die erfolgsneutral behandelt werden, führt ein Gewinn zu einer Erhöhung der *retained earnings (einbehaltenen Ergebnisse)*.
f) Bei der Veräußerung von Fremdkapitalinstrumenten der Kategorie "at amortised cost", ist ein Gewinn *erfolgswirksam* zu behandeln.

Lösung zu Aufgabe 54 (Aktientermingeschäft)

a) Es handelt sich um ein **Derivat**, d.h. um ein derivatives Finanzinstrument. Diese Instrumente müssen drei Merkmale aufweisen. Erstens muss eine Abhängigkeit von einem Basisgeschäft vorliegen. Zweitens muss keine oder nur eine geringe Nettoinvestition erfolgen. Drittens muss die Erfüllung zu einem späteren Zeitpunkt stattfinden. Alle drei Merkmale sind beim Aktientermingeschäft erfüllt.

b) Derivate gehören zu den financial assets held for trading, so dass die Bewertung erfolgswirksam zum fair value erfolgt. Im Fall I muss die A-AG Ende 01 einen Finanzaufwand (Verlust) von 20.000 € ausweisen (2.000 Stück x 10 €/Stück). Sie bildet eine Drohverlustrückstellung, da es sich um ein schwebendes Geschäft handelt. ("Dr Finance expense 20.000, Cr Current provisions 20.000"). Im Fall II wird am 31.12.01 ein Finanzertrag (Gewinn) von 14.000 € ausgewiesen (2.000 Stück x 7 €/Stück). Die Buchung lautet: "Dr Other receivables 14.000, Cr Finance income 14.000".

c) Fall I: "Dr Current provisions 20.000, Cr Cash 8.000, Cr Finance income 12.000". Da der Kurs gegenüber dem Bilanzstichtag wieder gestiegen ist, entsteht insoweit ein Finanzertrag. Es bleibt aber insgesamt ein Verlustgeschäft, da die A-AG 8.000 € (2.000 Stück x 4 €/Stück) zahlen muss. Fall II: "Dr Cash 18.000, Cr Other receivables 14.000, Cr Finance income 4.000". Im Vergleich zum Bilanzstichtag ist der Tageskurs noch weiter gestiegen und damit ergibt sich ein noch höherer Gewinn.

Lösung zu Aufgabe 55 (Beteiligungen)
Die Bewertung ist abhängig von der gewählten Bewertungsmethode, da im Einzelabschluss ein **Wahlrecht** besteht. Werden die Anschaffungskosten (cost) zugrunde gelegt, wird die Beteiligung am 31.12.01 weiter mit den Anschaffungskosten von 800.000 € bewertet. Es erfolgt keine Zuschreibung auf 840.000 €.

Wird die Bewertung nach IFRS 9 vorgenommen, liegen financial instruments at fair value vor, die zum fair value bewertet werden. Es kann eine erfolgsneutrale oder erfolgswirksame Zuschreibung von 40.000 € vorgenommen werden. Im ersten Fall wird eine positive fair value-Rücklage gebildet. Im zweiten Fall erfolgt ein Ausweis in der GuV-Rechnung (finance income 40.000 €).

Lösung zu Aufgabe 56 (Investment properties)
a) Beim Erwerb sind investment properties mit Anschaffungskosten zu bewerten, so dass direkte Nebenkosten einzubeziehen sind. Die Notarkosten und die Grunderwerbsteuer gehören zu den Anschaffungskosten, die 610.000 € betragen. Die Folgebewertung erfolgt zum fair value, so dass gilt: 31.12.02: 620.000 € - 31.12.03: 560.000 €.

b) Wertsteigerungen und Wertminderungen werden im fair value model für investment properties **erfolgswirksam** verrechnet, so dass gilt: Gewinn 02: 10.000 € (620.000 € abzgl. 610.000 €), Verlust 03: 60.000 € (560.000 € abzgl. 620.000 €).

Lösung zu Aufgabe 57 (Investment properties mit latenten Steuern)
Die Anschaffungskosten des Gebäudes betragen 610.000 € (1.10.02). Die steuerlichen Abschreibungen betragen 12.200 € pro Jahr (0,02 x 610.000 €) – in 02 werden 3/12 als Aufwand verrechnet. Steuerwert Ende 02: 606.950 € (610.000 € - 3.050 €). Es gilt:

Zeit	IFRS-Wert	Steuerbilanzwert	Differenz	Latente Steuer
Ende 02	620.000 €	606.950 €	13.050 €	Passiv: 3.915 €
Ende 03	560.000 €	594.750 €	- 34.750 €	Aktiv: 10.425 €

Lösung zu Aufgabe 58 (Investment properties)
Es gilt die folgende Übersicht:

	Revaluation model (IAS 16)	Fair value model (IAS 40)
Behandlung erstmaliger Wertsteigerungen	Erfolgsneutral (Rücklagenbildung)	Erfolgswirksam (Finance income)
Planmäßige Abschreibung	Ja	Nein
Behandlung von Wertminderungen	Erst Rücklagenauflösung, dann Abschreibung	Erfolgswirksam (Finance expense)

Lösung zu Aufgabe 59 (Inventories nach IFRS)
a) Durchschnittsmethode: 429.600 € (1.600 kg x 268,5 €/kg).
   Durchschnittswert pro Stück: 268,5 €/kg = 1.074.000 €/4.000 kg.
b) Fifo-Methode: 454.000 € (1.300 kg x 280 €/kg + 300 kg x 300 €/kg).

Lösung zu Aufgabe 60 (Abschreibung von Inventories)
a) Die Bewertung erfolgt grundsätzlich mit den historical costs, solange der net realisable value nicht niedriger ist. In diesem Fall muss eine Abschreibung erfolgen.
   Net realisable value: Fall a) 3.700 € (7.500 - 3.800) - Fall b) 5.700 € (9.500 - 3.800).

   <u>Fall a)</u>: Bewertung mit 3.700 €, da der net realisable value niedriger ist als die Herstellungskosten von 5.000 € (Abschreibungspflicht: 1.300 €).

   <u>Fall b)</u>: Bewertung mit 5.000 € (= Herstellungskosten), da der net realisable value nicht niedriger als die Herstellungskosten ist (keine Abschreibungspflicht).

b) <u>Retrograde Bewertung</u>: Bedeutet rückschreitende Bewertung. Ausgehend vom Absatzpreis werden alle Aufwendungen abgezogen, die bis zur Fertigstellung und Auslieferung an den Kunden anfallen.

Lösung zu Aufgabe 61 (Bewertung von inventories)

Rohstoffe sind mit den Anschaffungskosten zu bewerten, wenn der net realisable value nicht niedriger ist. Der Nettoveräußerungswert von Rohstoffen lässt sich durch die Wiederbeschaffungskosten bestimmen. Eine Abwertung ist aber nur vorzunehmen, wenn eine Veräußerung des Produkts, in das der Rohstoff eingeht, mit Verlust erfolgt. Somit ist zuerst der Absatz des A-Produkts zu untersuchen, für das die folgenden Daten gelten, wenn die Anschaffungskosten des Rohstoffs in Höhe von 500 €/kg zugrunde gelegt werden (Angaben je Stück; HK = Herstellungskosten):

Fall a): HK Produkt: 1.700 € – Absatzpreis 1.750 €. Gewinnfall: **Abschreibungsverbot**.
Fall b): HK Produkt: 1.700 € – Absatzpreis 1.600 €. Verlustfall: **Abschreibungspflicht**.

Im Fall b) ist der Rohstoff auf die Wiederbeschaffungskosten von 450 € abzuschreiben, da sie unter den Anschaffungskosten von 500 € liegen. Es entsteht ein Aufwand von 50 €/kg (insgesamt 5.000 € für 100 kg), der als Materialaufwand verbucht wird.

Hinweis: Auch das Fertigerzeugnis ist in 01 auf den net realisable value abzuwerten, da eine Veräußerung nur mit Verlust möglich ist. Der Abschreibungsbetrag beträgt 100 €.

Lösung zu Aufgabe 62 (Diverse Aussagen zu inventories)

Richtig sind: c), d), f), h), i), j). – Falsch sind: a), b), e), g).

Lösung zu Aufgabe 63 (Langfristfertigung)

a) Die folgende Tabelle zeigt die Entwicklung der Gewinne nach beiden Methoden:

		Percentage-of-completion	Completed-contract
Periode 01	Erträge Aufwendungen Gewinn 01	750.000 500.000 250.000	500.000 500.000 0
Periode 02	Erträge Aufwendungen Gewinn 02	3.750.000 2.500.000 1.250.000	2.500.000 2.500.000 0
Periode 03	Erträge Aufwendungen Gewinn 03	1.500.000 1.000.000 500.000	6.000.000 4.000.000 2.000.000
01 - 03	Gesamtgewinn	2.000.000	2.000.000

Berechnung für 02: Fertigstellungsgrad: Aufwendungen: (500.000 € + 2.500.000 €)/ 4.000.000 € = 0,75 (75%). Gewinn 02: 75% von 2.000.000 € = 1.500.000 €, vermindert um den in 01 ausgewiesenen Gewinn von 250.000 €. Gewinn 02: 1.250.000 €.

b) Percentage-of-completion method
Ausweis als receivables ("gross amount due from customers for contract work"). Es handelt sich eine (vorläufige) Forderung, die rechtlich noch nicht entstanden ist. Bewertung zum **31.12.02**: 4.500.000 €. Projektaufwendungen aus 01 (500.000 €) und 02 (2.500.000 €), vermehrt um die Gewinnanteile der Jahre 01 (250.000 €) und 02 (1.250.000 €). **In 03** wird die vorläufige Forderung ausgebucht und es entstehen trade receivables von 6.000.000 €. Die Differenz ist der Ertrag 03 (1.500.000 €). Nach Abzug der Projektaufwendungen 03 (1.000.000 €) ergibt sich der Gewinn 03: 500.000 €.

Completed-contract method
Ausweis als unfertiges Erzeugnis im Umlaufvermögen. Bewertung zum **31.12.02**: 3.000.000 €: Projektaufwendungen 01 (500.000 €) und 02 (2.500.000 €). Ein Gewinn ist nicht zu berücksichtigen. Für die GuV-Rechnung 02 gilt: Bestandserhöhung (Ertrag) 2.500.000 €, Projektaufwand 2.500.000 € – somit erfolgsneutraler Vorgang. **In 03** wird eine Bestandsminderung von 3.000.000 € gebucht und es entsteht ein Projektaufwand in Höhe von 1.000.000 €. Diesen Aufwendungen steht die Forderung von 6.000.000 € (= Ertrag) gegenüber. Der Gewinn beträgt per Saldo 2.000.000 €.

Lösung zu Aufgabe 64 (Langfristfertigung)

Bei der percentage-of-completion sinkt der Erfolg in jedem Jahr um die Verwaltungskosten in Höhe von 250.000 €. In 01 entsteht kein Erfolg mehr, in 02 ein Gewinn von 1.000.000 € und in 03 ein Gewinn von 250.000 €. Neuer Gesamtgewinn: 1.250.000 €.

Bei der completed-contract method wird das unfertige Projekt mit den Herstellungskosten bewertet. Das Wahlrecht zur Einbeziehung allgemeiner Verwaltungskosten wird ausgeübt, da ein hohes Vermögen gewünscht wird. In 01 und 02 sind die Erfolge null, da den erhöhten Aufwendungen gleich hohe Bestandserhöhungen gegenüberstehen. In 03 entsteht ein Erfolg von 1.250.000 €: Umsatzerlöse 6.000.000 € abzgl. der Posten: Bestandsminderung ufE 3.500.000 €, Projektaufwand 1.000.000 € und Verwaltungskosten 250.000 €.

Lösung zu Aufgabe 65 (Percentage-of-completion method)

a) Periode 01: Der Fertigstellungsgrad ergibt sich als Quotient aus Istkosten und Gesamtkosten. Die voraussichtlichen Gesamtkosten betragen Ende 01 infolge der Kostensteigerung: 2.100.000 € (700.000 € + 800.000 € + 600.000 €). Da die tatsächlichen Kosten erst am Periodenende bekannt sind, kann die Kostensenkung aus 02 Ende 01 noch nicht beachtet werden.
Fertigstellungsgrad: 700.000 €/2.100.000 € = 33,33%. Anteiliger Gewinn: 33,33% von 600.000 € = 200.000 €. Der Gesamtgewinn sinkt durch die Kostensteigerung von 700.000 € auf 600.000 €.

Periode 02: Der Fertigstellungsgrad ist 1.450.000 €/2.050.000 € = 70,73%. Anteiliger Gewinn: 70,73% von 650.000 € = 459.745 €, abzüglich des bereits erfassten Gewinns von 200.000 €. Somit endgültig: 259.745 €. Der Gesamtgewinn steigt durch die Kostensenkung auf 650.000 € wieder an.
Periode 03: Der Fertigstellungsgrad ist 100%. Der Gesamtgewinn ist 600.000 €, von dem die Gewinne der Vorperioden abzuziehen sind. Es verbleiben: 140.255 €.
Fazit: Die Teilgewinne der einzelnen Perioden (01: 200.000 €, 02: 259.745 €, 03: 140.255 €) entsprechen dem Gesamtgewinn von 600.000 €.

b) Es sind umfangreiche Berechnungen des Fertigstellungsgrads und der relevanten Gewinne notwendig. Die percentage-of-completion method setzt ein **effizientes Projektcontrolling** voraus, welches die tatsächlichen Kosten erfasst und mit den Plankosten vergleicht. Auch die Gewinnänderungen müssen neu berechnet werden.

Lösung zu Aufgabe 66 (Langfristfertigung und latente Steuern)
Der IFRS-Wert liegt Ende 01 um 400.000 € über dem Steuerwert. Somit ist bei einem Steuersatz von 30% eine passive latente Steuer in Höhe von 120.000 € in der Bilanz auszuweisen. Sie wird wieder aufgelöst, wenn der Fertigungsauftrag beendet ist und der volle Gewinn im Steuerrecht entsteht.

Lösung zu Aufgabe 67 (Pensionsrückstellung)
Der maximale Wert beträgt 50.548,37 €. Die Berechnung kann als Barwert jährlich nachschüssiger Rentenzahlungen erfolgen: 12.000 x $(1,06^5-1)/(0,06 \times 1,06^5)$ = 50.548,37 € (alternative Berechnung: 12.000/1,06 + ... + $12.000/1,06^5$ = 50.548,37 €).

Lösung zu Aufgabe 68 (Buchung der Pensionsrückstellung)
Die Buchung lautet: "Dr Current service costs 8.450, Cr Defined benefit liability 8.450" (im Soll: Dienstzeitaufwand, im Haben: Schuld aus einem leistungsorientierten Plan).

Lösung zu Aufgabe 69 (Forderungen nach IFRS)
a) Die Forderung entsteht am 1.12.01 mit der Lieferung der Ware. Zu diesem Zeitpunkt hat die X-AG alle vertraglichen Pflichten erfüllt und das Risiko ist auf den Erwerber übergegangen.
b) Forderungen werden zunächst mit den Anschaffungskosten bewertet. Ist mit einem Zahlungsausfall zu rechnen, weil der Schuldner nicht oder nicht vollständig zahlen kann, muss eine Abschreibung erfolgen. Die Anschaffungskosten betragen 119.000 €

(inklusive Umsatzsteuer). Der Ausfall von 50% bezieht sich auf den Nettowert und beträgt 50.000 € (keine Umsatzsteuerkorrektur). Buchwert am 31.12.01: 69.000 €.

c) Die Buchungssätze lauten mit vorheriger Umbuchung auf das Konto "zweifelhafte Forderungen" (doubtful accounts):

Buchungen zum 31.12.01:				
Dr	Doubtful accounts	119.000	Cr Trade receivables	119.000
Dr	Impairment loss	50.000	Cr Doubtful accounts	50.000

Lösung zu Aufgabe 70 (Forderungen und Zahlungseingang)

In beiden Fällen ist die Umsatzsteuer zu korrigieren (Sollbuchung auf dem Konto "other payables"). Im Fall a) werden 5.700 € Umsatzsteuer erstattet und es entstehen sonstige Erträge (other income) von 20.000 €. Im Fall b) ergibt sich eine Umsatzsteuererstattung von 12.350 € und es entsteht ein sonstiger Aufwand (other expenses) von 15.000 €.

Fall a) Zahlungseingang 83.300:				
Dr	Cash	83.300	Cr Doubtful accounts	69.000
Dr	Other payables	5.700	Cr Other income	20.000
Fall b) Zahlungseingang 41.650:				
Dr	Cash	41.650	Cr Doubtful accounts	69.000
Dr	Other expenses	15.000		
Dr	Other payables	12.350		

Lösung zu Aufgabe 71 (Disagio nach IFRS)

a) Pro Periode sind 20.000 € Zinsen zu bezahlen (10% von 200.000 €). Im Vergleich zum Marktzins von 14% sind jährlich 8.000 € weniger Zinsen zu zahlen (4% von 200.000 € = 8.000 €). Unter Verwendung der Rentenformel für jährlich nachschüssige Zahlungen ist der Barwert der Zahlungen: $8.000 \times (1,14^5 - 1)/(0,14 \times 1,14^5) = 27.464$. Alternative Berechnung: $8.000/1,14 + 8.000/1,14^2 + ... + 8.000/1,14^5 = 27.464$. Somit ergibt sich ein Disagio (discount) von rund 27.464 €.

b) Der Barwert der Verbindlichkeit beträgt Anfang 01: 172.536 € (200.000 € - 27.464 €). Effektive Zinsen 01: $0,14 \times 172.536$ € = 24.155 €. Nominelle Zinsen 20.000 €. Die Differenz dieser Beträge stellt die Abnahme des Disagios dar (= Zunahme der Verbindlichkeit). Am Ende des fünften Jahres (Ende 05) muss die Verbindlichkeit den Nennwert (Rückzahlungsbetrag) erreicht haben. Im folgenden Schema besteht ein Rundungsfehler von 2 €, der unbedeutend ist.

Periode	Nominelle Zinsen	Effektive Zinsen	Disagio	Verbindlichkeit
Ende 01	20.000	24.155	-4.155	176.691
Ende 02	20.000	24.736	-4.736	181.427
Ende 03	20.000	25.399	-5.399	186.826
Ende 04	20.000	26.155	-6.155	192.981
Ende 05	20.000	27.017	-7.017	199.998

Lösung zu Aufgabe 72 (Verbindlichkeitsbewertung nach IFRS)
Die Effektivverzinsung beträgt 7,7462%. Sie muss über dem Nominalzins von 7% liegen, da das Unternehmen Anfang 01 nur 97.000 € erhält, aber nach fünf Jahren den vollen Nennwert von 100.000 € zurückzahlen muss. Die Tabelle zeigt die Entwicklung der einzelnen Werte. Effektive Zinsen 01: 0,077462 x 97.000 € = 7.513,81 €. Das Disagio sinkt um die Differenz aus effektiven und nominellen Zinsen (= Zunahme der Verbindlichkeit).

Zeit	Bewertung	Effektive Zinsen	Nominelle Zinsen	Disagio
Anfang 01	97.000,00 €	-	-	3.000,00 €
Ende 01	97.513,81 €	7.513,81 €	7.000 €	-513,81 €
Ende 02	98.067,43 €	7.553,62 €	7.000 €	-553,62 €
Ende 03	98.663,92 €	7.596,49 €	7.000 €	-596,49 €
Ende 04	99.306,63 €	7.642,71 €	7.000 €	-642,71 €
Ende 05	99.999,12 €	7.692,49 €	7.000 €	-692,49 €

Lösung zu Aufgabe 73 (Aussagen zu Verbindlichkeiten)
a) Liegt der nominelle Zins einer langfristigen Verbindlichkeit unter dem Marktzins, entsteht **ein discount**.
b) Entspricht der Nominalzins einer langfristigen Verbindlichkeit dem Marktzins, entsteht **weder discount noch premium**.
c) Ist bei einer Verbindlichkeitsaufnahme ein premium zu berücksichtigen, wird die Verbindlichkeit im Zeitablauf auf den Nennwert **abgeschrieben**.

Lösung zu Aufgabe 74 (Fremdwährungsverbindlichkeiten)
a) Bewertung am 1.12.01: 400.000 € (Umrechnung im Verhältnis 1 : 1)
b) Bewertung am 31.12.01 (Fall I): Es müssen 480.000 € zurückgezahlt werden, so dass eine Zuschreibung erfolgen muss. Es entsteht ein Kursverlust von 80.000 €. In dieser

Höhe ist ein zusätzlicher Aufwand zu verrechnen. Bewertung am 31.12.01 (Fall II): Es müssen 320.000 € zurückgezahlt werden, so dass eine Abschreibung erfolgen muss. Es entsteht ein Kursgewinn von 80.000 €, der als Ertrag ausgewiesen wird.

Lösung zu Aufgabe 75 (Fremdwährungsverbindlichkeiten)

Bei kurzfristigen Fremdwährungsverbindlichkeiten mit einer Laufzeit von einem Jahr oder weniger sind das Anschaffungskostenprinzip und das Realisationsprinzip nicht zu beachten (§ 256a Satz 2 HGB). Somit sind wie bei IFRS Kursgewinne und Kursverluste in gleicher Weise zu behandeln. Das Imparitätsprinzip gilt nur bei der Umrechnung langfristiger Vermögensgegenstände und Schulden.

Lösung zu Aufgabe 76 (Eigenkapitalbeschaffungskosten)

a) Die Kosten der Eigenkapitalbeschaffung stellen keinen Vermögensgegenstand dar und dürfen nicht aktiviert werden (Ansatzverbot nach § 248 Abs. 1 Nr. 2 HGB). Eine Verrechnung mit der Kapitalrücklage ist unzulässig. Es entstehen Aufwendungen.

b) Die Kosten der Eigenkapitalbeschaffung stellen kein asset dar und dürfen nicht aktiviert werden. Nach IFRS wird eine erfolgsneutrale Verrechnung mit der Kapitalrücklage vorgenommen.

Lösung zu Aufgabe 77 (Eigene Anteile)

a) Nach IFRS sinken das gezeichnete Kapital (issued capital) und die Kapitalrücklage jeweils um 5.000 € (1.000 Stück x 5 € pro Stück):

Buchung Fall I:		
Dr Issued capital (treasury shares)	5.000 Cr Cash	10.000
Dr Share premium (treasury shares)	5.000	

b) Wie bei Teilaufgabe a) sinken das gezeichnete Kapital um 5.000 € und die Kapitalrücklagen um 13.000 € (insgesamt 18.000 €). Da für die Aktien jedoch 22.000 € gezahlt werden, sind zusätzlich die retained earnings um 4.000 € zu vermindern.

Buchung Fall II:		
Dr Issued capital (treasury shares)	5.000 Cr Cash	22.000
Dr Share premium (treasury shares)	13.000	
Dr Retained earnings (treasury shares)	4.000	

c) Buchung: "Dr Treasury shares 22.000, Cr Cash 22.000". Bei der cost method findet eine pauschale Eigenkapitalminderung durch Aktivierung der eigenen Anteile statt.

Lösungen der Aufgaben zum fünften Kapitel

Lösung zu Aufgabe 1 (Gesamt- und Umsatzkostenverfahren)
a) Periodenerfolg 01: Erlöse: 375.000 € + Bestandserhöhung: 80.000 € - Produktionsaufwand: 200.000 € = 255.000 €.
Periodenerfolg 02: Erlöse: 250.000 € - Bestandsminderung: 80.000 € = 170.000 €.
b) Periodenerfolg 01: Erlöse: 375.000 € - Umsatzaufwand: 120.000 € = 255.000 €.
Periodenerfolg 02: Erlöse: 250.000 € - Umsatzaufwand: 80.000 € = 170.000 €.
c) Buchung der Bestandserhöhung 01: "Dr Finished goods 80.000, Cr Changes in inventories of finished goods 80.000".
Buchung der Bestandsminderung 02: "Dr Changes in inventories of finished goods 80.000, Cr Finished goods 80.000".

Lösung zu Aufgabe 2 (Lagerbewertung)
a) <u>Gesamtkostenverfahren</u>: 150.000 €/50.000 Stück = 3 € je Stück. Lagerwert: 60.000 €. Die Bewertung erfolgt auf Basis der produktionsbedingten Vollkosten. Die Lagermenge wird speziell in der GuV-Rechnung ausgewiesen (Bestandserhöhung = Ertrag).
<u>Umsatzkostenverfahren</u>: Umsatzaufwand: 150.000 €/50.000 Stück x 30.000 Stück = 90.000 €. Lagerwert: 150.000 € - 90.000 € = 60.000 €.

Beim Umsatzkostenverfahren wird die Lagermenge nicht direkt in der GuV-Rechnung ausgewiesen. Die Aufwendungen werden jedoch an die abgesetzte Menge angepasst, indem der **Umsatzaufwand** berechnet wird. Hierdurch wird **indirekt** eine Bewertung der Lagermenge vorgenommen. In der Bilanz erscheinen die Fertigerzeugnisse mit dem Betrag, der in der Periode **nicht** als Aufwand verrechnet wird. Die Buchungstechnik verdeutlicht diese indirekte Bewertung: Alle produktiven Aufwendungen werden zunächst als Zugang auf dem Konto "finished goods" gebucht. Anschließend wird der Umsatzaufwand als Abgang auf diesem Konto verrechnet: "Dr Cost of sales 90.000, Cr Finished goods 90.000".

<u>Erfolgseffekt</u>: **Keiner**. Die gleiche Bewertung sichert, dass die Periodenerfolge identisch sind. Es ist gleichgültig, ob die Bestandserhöhung als Ertrag (Gesamtkostenverfahren) oder als Minderung des Aufwands (Umsatzkostenverfahren) behandelt wird.

b) <u>Vertriebskosten</u>: Diese Aufwendungen fallen für den Absatz der Produkte an und werden in voller Höhe verrechnet. Sie gehören nicht zu den Herstellungskosten.
<u>Allgemeine Verwaltungskosten</u>: Diese Aufwendungen fallen unabhängig von der Produktion an und werden daher ebenfalls in voller Höhe verrechnet.

Lösung zu Aufgabe 3 (Herstellungskosten und Erfolg nach IFRS)

Es ist Folgendes festzustellen:

1. **Fehlende Lagerbestandserhöhung.** Es wurden 10.000 Stück produziert, aber nur 8.000 Stück abgesetzt, so dass eine Bestandsmehrung von 2.000 Stück als Ertrag zu berücksichtigen ist. Wert der Menge nach IFRS: Einzelkosten 30.000 € und anteilige Gemeinkosten 40.000 €, somit 70.000 €. Erfolgswirkung: Mehr Gewinn 70.000 €.
2. **Zu hohe Einzelkosten.** Die Einzelkosten belaufen sich in 01 auf 150.000 € und nicht auf 170.000 € (falscher Ausweis). Erfolgswirkung: Mehr Gewinn 20.000 €.
3. **Kalkulatorische Eigenkapitalzinsen.** Es besteht ein Verrechnungsverbot für kalkulatorische Eigenkapitalzinsen, da sie nicht zu einem Abfluss finanzieller Mittel führen. Der wirtschaftliche Nutzen nimmt nicht ab. Erfolgswirkung: Mehr Gewinn 50.000 €.

Die Erfolgsrechnung ist zu korrigieren: Neuer Gewinn 120.000 €.

GuV-Rechnung X-AG 01			
Einzelkosten	150.000	Umsatzerlöse	400.000
Gemeinkosten	200.000	Bestandserhöhung fertiger Erzeugnisse	70.000
Periodengewinn 120.000			
	470.000		470.000

Lösung zu Aufgabe 4 (Gesamt- und Umsatzkostenverfahren)

a) Gesamtkostenverfahren: Die Bestandserhöhung beträgt 20.000 € (Materialaufwand: 80.000 € für 8.000 Stück, somit Herstellungskosten: 10 €/Stück. Lagerzugang 2.000 Stück, somit wertmäßig 20.000 €). Darstellung in Staffelform (ohne Ertragsteuern):

Erfolg 01 (GKV)		Erfolg 02 (GKV)	
1. Revenue (6.000 à 20 €)	120.000	1. Revenue (2.000 à 20 €)	40.000
2. Changes in inventories of finished goods	+ 20.000	2. Changes in inventories of finished goods	- 20.000
3. Raw materials and consumables used	- 80.000	3. Employee benefits expense	- 50.000
4. Employee benefits expense	- 50.000		
Profit	10.000	Loss	- 30.000

b) Buchungssätze:

Beschaffung: "Dr Raw materials or supplies 100.000, Dr Other receivables 19.000, Cr Cash 119.000".

Verbrauch: "Dr Raw materials and consumables used 80.000, Cr Raw materials or supplies 80.000".

Bestandsänderung: "Dr Finished goods 20.000, Cr Changes in inventories of finished goods 20.000".

Verkauf: "Dr Cash 142.800, Cr Revenue 120.000, Cr Other payables 22.800".

c) Umsatzkostenverfahren: Berechnung der cost of sales: 80.000 €/8.000 Stück x 6.000 Stück = 60.000 €. Die Erfolge entsprechen denen des Gesamtkostenverfahrens:

Erfolg 01 (UKV)		Erfolg 02 (UKV)	
1. Revenue	120.000	1. Revenue	40.000
2. Cost of sales	- 60.000	2. Cost of sales	- 20.000
Gross profit	60.000	Gross profit	20.000
3. Administrative expenses	- 50.000	3. Administrative expenses	- 50.000
Profit	10.000	Loss	- 30.000

d) Buchungen für den Umsatzaufwand: "Dr Finished goods 80.000, Cr Raw materials and consumables used 80.000" und "Dr Cost of sales 60.000, Cr Finished goods 60.000". In der Bilanz erscheint der Bestand der Fertigerzeugnisse mit 20.000 €, in der GuV-Rechnung wird der Umsatzaufwand von 60.000 € ausgewiesen.

Lösung zu Aufgabe 5 (Buchungen bei GKV und UKV)

a) Die Buchungen lauten für das Gesamtkostenverfahren:

Rohstoffverbrauch: Dr Raw materials and consumables used	40.000	Cr Raw materials or supplies	40.000	
Abschreibungen: Dr Depreciation expense	50.000	Cr Machinery	50.000	
Personalkosten: Dr Employee benefits expense	60.000	Cr Cash	60.000	
Veräußerung: Dr Trade receivables	297.500	Cr Revenue	250.000	
		Cr Other payables	47.500	
Bestandserhöhung: Dr Finished goods	75.000	Cr Changes in inventories of finished goods	75.000	

Erfolg 01: Revenue: 250.000 € + Changes in inventories of finished goods 75.000 € - Produktionsaufwand: 150.000 € = 175.000 €.

b) Die Buchungen lauten für das Umsatzkostenverfahren:

Fertigerzeugnisse:			
Dr Finished goods	150.000	Cr Raw materials and consumables used	40.000
		Cr Depreciation expense	50.000
		Cr Employee benefits expense	60.000
Umsatzaufwand:			
Dr Cost of sales	75.000	Cr Finished goods	75.000
Veräußerung:			
Dr Trade receivables	297.500	Cr Revenue	250.000
		Cr Other payables	47.500

Erfolg 01: Revenue: 250.000 - Umsatzaufwand: 75.000 = 175.000 €.

c) Die Ertragsteuern betragen durch die Erfolgsgleichheit der Verfahren jeweils 52.500 € (0,3 x 175.000 €). Der Gewinn nach Steuern beträgt 122.500 €. Der Buchungssatz lautet: "Dr Income tax expense 52.500, Cr Current tax provision 52.500".

Lösung zu Aufgabe 6 (Finished goods and Work in Progress)
Richtig sind: c), d), g). – Falsch sind: a), b), e), f), h).

Hinweis zu f, g, h): Die Erlöse betragen 200.000 € für den Absatz der finished goods. Ihnen stehen Aufwendungen von 100.000 € durch die Bestandsminderung gegenüber. Für 02 gilt: Erlöse 200.000 € - Bestandsminderung 100.000 € (Fertigerzeugnisse) = Gewinn 100.000 €. Die Weiterverarbeitung der unfertigen Erzeugnisse ist erfolgsneutral: Dem Aufwand von 50.000 € steht ein gleich hoher Ertrag als Bestandserhöhung gegenüber.

Lösung zu Aufgabe 7 (Aussagen zur Erfolgsermittlung nach IFRS)
Richtig sind: d), e), f), h), i). – Falsch sind: a), b), c), g).

Hinweis zu c und h): Der Gesamtgewinn besteht aus dem Periodengewinn und dem sonstigen Gewinn, der die erfolgsneutral verrechneten Wertsteigerungen umfasst. Der Gesamtgewinn stellt die komplette Eigenkapitalmehrung des Jahres dar, die der bilanziellen Eigenkapitalzunahme entspricht. Daher ist Aussage h) richtig und Aussage c) falsch.

Lösung zu Aufgabe 8 (Definitionen)
a) Es liegen revenues vor. Ein wirtschaftlicher Nutzen entsteht durch die Erhöhung von Forderungen (Vermögenswert). Es handelt sich um die typische Geschäftstätigkeit.
b) Es liegen gains vor. Es handelt sich um eine Werterhöhung von Sachanlagen.
c) Es liegt kein income vor. Gesellschaftereinlagen sind kein Ertrag.
d) Es liegt kein income vor. Die Schuldentilgung verändert das Eigenkapital nicht.
e) Es liegen gains vor. Es handelt sich um eine Werterhöhung von Sachanlagen. Trotz der erfolgsneutralen Bilanzierung handelt es sich um einen Ertrag.
f) Es liegen gains vor. Es handelt sich um eine Wertsteigerung von Wertpapieren.

Lösung zu Aufgabe 9 (Gesamtergebnis)
Berechnung des Gesamtergebnisses:
1. Periodengewinn: 420.000 € - 180.000 € = 240.000 €. Ertragsteuern: 72.000 € (0,3 x 240.000 €). Somit ist der Periodengewinn 168.000 € (nach Steuern).
2. Sonstiger Gewinn: 90.000 €. Ertragsteuern (= passive latente Steuer): 27.000 € (0,3 x 90.000 €). Somit ist der sonstige Gewinn 63.000 € (nach Steuern).

Gesamtgewinn (nach Steuern): 231.000 €.

Lösung zu Aufgabe 10 (Abgrenzungsbuchungen)
a) Buchung 01: "Dr Other expenses 9.000, Cr Cash 9.000".
"Dr Prepaid expenses 7.500, Cr Other expenses 7.500".
Buchung 02: "Dr Other expenses 7.500, Cr Prepaid expenses 7.500".

b) Buchung 01: "Dr Other receivables 10.000, Cr Finance income 10.000".
Buchung 02: "Dr Cash 12.000, Cr Other receivables 10.000, Cr Finance income 2.000". <u>Hinweis</u>: Es handelt sich um einen antizipativen RAP – Ende 01 hat das Unternehmen Anspruch auf Zinsen in Höhe von 10.000 €.

c) Buchung 01: "Dr Cash 6.000, Cr Other income 6.000".
"Dr Other income 4.000, Cr Deferred income 4.000".
Buchung 02: "Dr Deferred income 4.000, Cr Other income 4.000".

d) Buchung 01: "Dr Other receivables 1.000, Cr Other income 1.000".
Buchung 02: "Dr Cash 1.000, Cr Other receivables 1.000".

e) Buchung 01: "Dr Other expenses 1.200, Cr Cash 1.200".
"Dr Prepaid expenses 600, Cr Other expenses 600".
Buchung 02: "Dr Other expenses 600, Cr Prepaid expenses 600".

Lösung zu Aufgabe 11 (Diverse Buchungen nach IFRS)

a) "Dr Machinery 100.000, Dr Other receivables 19.000, Cr Trade payables 119.000".
"Dr Depreciation expense 6.250, Cr Machinery 6.250".
"Dr Impairment loss 23.750, Cr Machinery 23.750".

Hinweis: Bei den planmäßigen Abschreibungen für 01 werden nur 3/12 des Jahresbetrags als Aufwand verrechnet (3/12 von 25.000 €). Vorläufiger Buchwert: 93.750 €. Da der recoverable amount niedriger ist, muss eine außerplanmäßige Abschreibung von 23.750 € vorgenommen werden (Aufwandskonto "impairment loss").

b) "Dr Patents 120.000, Cr Work performed by the entity and capitalised 120.000".
"Dr Amortisation expense 18.000, Cr Patents 18.000".

Hinweis: Für die Aktivierung wird ein spezielles Ertragskonto verwendet, das dem Konto "andere aktivierte Eigenleistungen" im HGB entspricht. Planmäßige Abschreibungen von intangible assets werden amortisation expense genannt. Da der Posten im April entsteht, werden 9/12 des Jahresbetrags in Höhe von 24.000 € verrechnet.

c) "Dr Depreciation expense 10.000, Cr Machinery 10.000".
"Dr Cash 249.900, Cr Machinery 190.000, Cr Other income 20.000, Cr Other payables 39.900".

Hinweis: Zunächst sind monatsgenaue Abschreibungen zu verrechnen (3/12 von 40.000 €) und dann die Veräußerung. Es entsteht ein sonstiger Ertrag von 20.000 €.

d) "Dr Cash 100.000, Cr Non current financial liabilities 100.000".
"Dr Finance expense 6.000, Cr Other payables 6.000".

Hinweis: Da das Darlehen zum Marktzins aufgenommen wird, ergeben sich keine Abzinsungseffekte (Nennwert = Barwert). Die Zinsaufwendungen werden als finance expense verbucht (6.000 € = 6/12 von 0,12 x 100.000 €). Am Jahresende entsteht eine sonstige Verbindlichkeit, da die Zahlung nachschüssig erfolgt (= 30.6.02).

e) "Dr Financial instruments at fair value in profit or loss 20.000, Dr Cash 20.000".
"Dr Financial instruments at fair value in profit or loss 3.000, Dr Finance income 3.000".

Hinweis: Es handelt sich um financial assets held for trading, die erfolgswirksam zu bewerten sind. In der GuV-Rechnung wird ein Finanzertrag von 3.000 € ausgewiesen.

f) "Dr Other expenses 10.000, Cr Current provisions 10.000".

g) "Dr Finished goods 75.000, Changes in inventories of finished goods 75.000".

h) "Dr Investment properties 400.000, Cr Cash 400.000".
   "Dr Investment properties 10.000, Cr Finance income 10.000".

   Hinweis: Im fair value model sind Wertsteigerungen über die Anschaffungskosten als Finanzertrag zu behandeln. Abschreibungen sind nicht zu verrechnen.

i) 31.12.01: "Dr Receivables 270.000, Cr Revenue 270.000". Gewinn: 90.000.
   31.12.02: "Dr Receivables 360.000, Cr Revenue 360.000". Gewinn: 120.000.
   31.03.03: "Dr Trade receivables 720.000, Cr Receivables 630.000, Cr Revenue 90.000". Gewinn: 30.000.

   Hinweis: Ertrag 01: 9 x 30.000 € = 270.000 €. Aufwand: 9 x 20.000 € = 180.000 €. In IAS 11 wird die Forderung "gross amount due from customers for contract work" genannt (sinngemäß: Forderung aus Fertigungsaufträgen). Vereinfachend wurde die Bezeichnung "receivables" verwendet.

Lösung zu Aufgabe 12 (Buchung latenter Steuern)

In 01 ist der effektive Steueraufwand 42.000 € (30% von 140.000 €). Da der IFRS-Gewinn um 60.000 € höher ist, müssen 18.000 € (30% von 60.000 €) zusätzlich als passive latente Steuern ausgewiesen werden. Der latente Steueraufwand erhöht den effektiven Steueraufwand, der als Rückstellung passiviert wird, und passt ihn an den IFRS-Gewinn an.

In 02 wird die passive latente Steuer teilweise aufgelöst, da der IFRS-Gewinn unter dem Steuerbilanzgewinn liegt. Die IFRS-Steuer ist 51.000 € (30% von 170.000 €) und die effektive Steuer 60.000 €. Von der Rückstellung werden 9.000 € als latenter Steuerertrag aufgelöst, um den Gesamtsteueraufwand zu senken. In 03 wird der Restbetrag aufgelöst.

Periode 01: Bildung passiver latenter Steuern 18.000:			
Dr Income tax expense	42.000	Cr Current tax provision	42.000
Dr Deferred tax expense	18.000	Cr Deferred tax liabilities	18.000
Periode 02: Auflösung passiver latenter Steuern 9.000:			
Dr Income tax expense	60.000	Cr Current tax provision	60.000
Dr Deferred tax liabilities	9.000	Cr Deferred tax revenue	9.000
Periode 03: Auflösung passiver latenter Steuern 9.000:			
Dr Income tax expense	54.000	Cr Current tax provision	54.000
Dr Deferred tax liabilities	9.000	Cr Deferred tax revenue	9.000

Lösung zu Aufgabe 13 (Latente Steuern)

Die folgenden Abbildungen zeigen die Steuerbeträge und die relevanten Buchungen. In 01 ist die Steuer, gemessen am IFRS-Gewinn, um 12.000 € zu hoch. In 02 kehrt sich der Effekt um. Somit wird in 01 eine aktive latente Steuer gebildet (latenter Steuerertrag) und in 02 aufgelöst (latenter Steueraufwand).

	Steuer nach IFRS-Gewinn	Effektive Steuer	Latente Steuer
Periode 01	60.000 €	72.000 €	Aktiv 12.000 €
Periode 02	54.000 €	42.000 €	-

Periode 01: Bildung aktiver latenter Steuern 12.000:				
Dr	Income tax expense	72.000	Cr Current tax provision	72.000
Dr	Deferred tax assets	12.000	Cr Deferred tax revenue	12.000
Periode 02: Auflösung aktiver latenter Steuern:				
Dr	Income tax expense	42.000	Cr Current tax provision	42.000
Dr	Deferred tax expense	12.000	Cr Deferred tax assets	12.000

Lösung zu Aufgabe 14 (GuV-Rechnung nach GKV)

Die GuV-Rechnung nach IFRS hat das folgende Aussehen (Angaben in Euro), wenn das Gesamtkostenverfahren (nature of expense method) verwendet wird:

Statement of profit or loss (nature of expense method)	
1. Revenue	880.000
2. Changes in inventories of finished goods	+ 24.800
3. Raw materials and consumables used	- 180.000
4. Employee benefits expense	- 200.000
5. Depreciation expense	- 120.000
6. Other expenses	- 18.000
= Operating profit	386.800
7. Income tax expense	- 116.040
= Profit	270.760

Hinweise: Die Umsatzerlöse werden netto, d.h. ohne Umsatzsteuer ausgewiesen. Die Bestandserhöhung ergibt sich als Saldo aus der Bestandserhöhung für Produkt A von 36.000 € (4.500 Stück x 8 €/Stück) und der Bestandsminderung für Produkt B 11.200 € (2.800 Stück x 4 €/Stück).

Lösung zu Aufgabe 15 (GuV-Rechnung nach UKV)
Die folgende Darstellung zeigt die Kosten der Kostenstellen in 01:

Produktion	Verwaltung	Vertrieb	Forschung	Sonstiges
384.000 €	336.000 €	144.000 €	120.000 €	60.000 €

Die Entwicklungskosten erscheinen nicht in der GuV-Rechnung des Jahres 01, da sie aktiviert werden. Sie werden in der Bilanz als development costs im Anlagevermögen ausgewiesen und in den Folgejahren abgeschrieben (dann gehören sie zum Produktionsaufwand). Da in der Aufgabe keine Angaben über den Zeitpunkt der Fertigstellung und den Abschreibungszeitraum der Entwicklungskosten gemacht wurden, war insoweit kein Aufwand zu verrechnen.

Der Produktionsaufwand von 384.000 € entfällt auf die hergestellte Menge von 24.000 Stück. Da nur 80% abgesetzt wurden (= 19.200 Stück), ergibt sich ein Umsatzaufwand von 307.200 € (384.000 €/24.000 Stück x 19.200 Stück). Die Forschungskosten werden nach der Aufgabenstellung in einem gesonderten Posten ausgewiesen, da sie einen hohen Betrag aufweisen. Der Posten ist für die Investoren entscheidungsrelevant.

Die Umsatzerlöse betragen 614.400 € (19.200 Stück x 32 €/Stück – nur der Nettopreis führt zu Erträgen, da die Umsatzsteuer an das Finanzamt abzuführen ist). Der aus dem Verkauf des Fuhrparks entstehende Gewinn gehört nicht zu den Umsatzerlösen, sondern zum sonstigen Ertrag. Es ergibt sich die folgende GuV-Rechnung (Angaben in Euro):

Statement of profit or loss (cost of sales method)	
1. Revenue	614.400
2. Cost of sales	- 307.200
= Gross profit	= 307.200
3. Other income	+ 40.000
4. Distribution costs	- 144.000
5. Administrative expenses	- 336.000
6. Research costs	- 120.000
7. Other expenses	- 60.000
= Loss	- 312.800

Lösungen der Aufgaben zum sechsten Kapitel

Lösung zu Aufgabe 1 (Liquidität)

a) Unternehmen A: Überliquidität. Es ist nur ein Bestand von 70.000 € notwendig, so dass 50.000 € angelegt werden könnten. Das Unternehmen verzichtet auf Zinsen, wodurch Opportunitätskosten (Kosten durch entgangene Zinserträge) entstehen. Ergebnis: Die Finanzlage ist nicht optimal.

b) Unternehmen B: Einhaltung der Liquidität. Es wird genau der Bestand gehalten, der notwendig ist. Da der Marktzinssatz jedoch höher ist als 6%, entstehen Opportunitätskosten in Höhe von 2%. Ergebnis: Die Finanzlage ist nicht optimal.

c) Unternehmen C: Unterliquidität. Auch wenn die Liquidität in den meisten Monaten eingehalten wird, sind die Zeiträume von Bedeutung, in denen das nicht der Fall ist. In diesen Monaten entstehen meist hohe Finanzierungskosten, eventuell droht sogar eine Insolvenz. Ergebnis: Die Finanzlage ist nicht optimal.

d) Unternehmen D: Einhaltung der Liquidität. Es wird genau der Bestand gehalten, der notwendig ist. Die Anlage freier Mittel erfolgt zum Marktzinssatz. Ein höherer Zinssatz ist nicht zu erreichen. Ergebnis: Die Finanzlage ist optimal.

Lösung zu Aufgabe 2 (Komponenten des Cash flows)

a) Einzahlungen aus dem Warenverkauf gehören beim Handelsbetrieb zum Cash flow aus **laufender Geschäftstätigkeit**.
b) Auszahlungen für Zinsen von aufgenommenen Krediten gehören nach IFRS regelmäßig zur **laufenden Geschäftstätigkeit**.
c) Dividendenzahlungen an eigene Aktionäre werden grundsätzlich der **Finanzierungstätigkeit** zugerechnet.
d) Ertragsteuerzahlungen gehören nach IFRS grundsätzlich zum Bereich der **laufenden Geschäftstätigkeit**.
e) Einzahlungen aus dem Verkauf von Sachanlagen gehören zur **Investitionstätigkeit**.
f) Abschreibungen gehören nach IFRS zu **keinem Bereich** (da Abschreibungen keine Auszahlungen, sondern nur Aufwand darstellen).

Lösung zu Aufgabe 3 (Beeinflussung des Cash flows)

a) Abschreibungen von immateriellen Vermögenswerten: Keine Zahlungswirkung.
Ergebnis: Kein Einfluss auf den Cash flow.
b) Verkauf: Zahlungswirkung 95.200 €.

Ergebnis: Cash flow steigt um 95.200 €.
Hinweis: Der sonstige Ertrag von 10.000 € erhöht den Gewinn in der GuV-Rechnung. Unter Zahlungsgesichtspunkten ist aber zunächst der gesamte liquide Betrag zu berücksichtigen (Einzahlung). Bei Zahlung der Umsatzsteuer (15.200 €) an das Finanzamt vermindert sich der Cash flow durch die Auszahlung.

c) Zuführungen zu provisions: Keine Zahlungswirkung.
Ergebnis: Kein Einfluss auf den Cash flow.
d) Bestandserhöhung von finished goods: Keine Zahlungswirkung.
Ergebnis: Kein Einfluss auf den Cash flow.
e) Gezahlte Dividenden: Zahlungswirkung 250.000 €.
Ergebnis: Cash flow sinkt um 250.000 €.
f) Erhaltene Dividenden: Zahlungswirkung 14.725 €.
Ergebnis: Cash flow steigt um 14.725 €.
g) Maschinenkauf: Zahlungswirkung 250.000 € (Abschreibung ohne Bedeutung).
Ergebnis: Cash flow sinkt um 250.000 €.
h) Revenue: Zahlungswirkung 880.000 €, Rest zahlungsunwirksam.
Ergebnis: Cash flow steigt um 880.000 €.
i) Employee benefits expense: Zahlungswirkung 360.000 € (90% von 400.000), Rest zahlungsunwirksam.
Ergebnis: Cash flow sinkt um 360.000 €.
j) Erwerb von Rohstoffen: Zahlungswirkung 45.000 €, Rest zahlungsunwirksam.
Ergebnis: Cash flow sinkt um 45.000 €.
k) Zuschreibungen: Keine Zahlungswirkung.
Hinweis: Auch eine erfolgsneutrale Zuschreibung hat keine Zahlungswirkung.
Ergebnis: Kein Einfluss auf den Cash flow.

Lösung zu Aufgabe 4 (Ermittlung des Cash flows)
a) Bei direkter Ermittlung des Cash flows wird auf die Zahlungsgrößen zurückgegriffen:

	Fall 1	Fall 2
Einzahlungen	544.000 €	408.000 €
Auszahlungen	224.000 €	160.000 €
Cash flow	320.000 €	248.000 €

b) Bei indirekter Ermittlung des Cash flows wird vom Periodenerfolg ausgegangen. Der Periodengewinn wird um nicht-zahlungswirksame Aufwendungen erhöht und um nicht-zahlungswirksame Erträge vermindert:

	Fall 1	Fall 2
Periodengewinn Nicht-zahlungwirksamer Aufwand Nicht-zahlungswirksamer Ertrag	360.000 € + 96.000 € - 136.000 €	360.000 € + 160.000 € - 272.000 €
Cash flow	320.000 €	248.000 €

Fazit: Beide Verfahren führen zu demselben Ergebnis.

Lösung zu Aufgabe 5 (Indirekte Ermittlung des Cash flows)

a) Nicht-zahlungswirksame Erträge: Zunahme der Forderungen: 60.000 €.
Nicht-zahlungswirksamer Aufwand: Zunahme der Verbindlichkeiten: 40.000 €.

Berechnung des Cash flows:
Periodengewinn:	300.000 €
Nicht-zahlungswirksamer Aufwand:	+ 40.000 €
Nicht-zahlungswirksamer Ertrag:	- 60.000 €
Cash flow:	= 280.000 €

b) Die gesamten Erträge betragen in 01: 750.000 €. Gleichzeitig haben die Forderungen um 60.000 € zugenommen. Da die Forderungszunahme durch die Erträge bedingt ist, müssen die übrigen 690.000 € (750.000 € - 60.000 €) liquide zugeflossen sein.

Lösung zu Aufgabe 6 (Indirekte Ermittlung des Cash flows)

Nicht-zahlungswirksame Aufwendungen: Abschreibungen 80.000 € und Verbindlichkeitszunahme 20.000 €. Summe: 100.000 €. Nicht-zahlungswirksame Erträge: Bestandserhöhung 50.000 € und Forderungszunahme 40.000 €. Summe: 90.000 €.

Berechnung des Cash flows (Angaben in Euro):
Periodengewinn 420.000 + nicht-zahlungswirksame Aufwendungen 100.000 - nicht-zahlungswirksame Erträge 90.000 = 430.000. Der Cash flow beträgt 430.000 €.

Lösung zu Aufgabe 7 (Indirekte Ermittlung des Cash flows)

Der Gesamtgewinn ergibt sich als Summe des Periodengewinns und des sonstigen Gewinns. Die nicht-zahlungswirksamen Aufwendungen von 50.000 € erhöhen den Cash flow und die erfolgsneutralen Erträge aus der Zuschreibung der Maschine vermindern ihn um 30.000 €. Damit ergibt sich ein Cash flow von 100.000 €: Gesamtgewinn 80.000 € + Abschreibungen 50.000 € - erfolgsneutrale Zuschreibungen 30.000 €.

Lösung zu Aufgabe 8 (Cash flow und USt)
a) Die Bilanz am 1.4.01 enthält liquide Mittel (Bank) von 100.000 €.
In 01 entwickelt sich der Bankbestand wie folgt: 100.000 € + 50% von 714.000 € - 60% von 476.000 € - 38.000 € = 133.400 €.
Es fließen 50% der Brutto-Umsatzerlöse zu. Der Bankbestand vermindert sich um 60% der Brutto-Aufwendungen. Außerdem wird die Umsatzsteuerschuld ans Finanzamt überwiesen: 38.000 € (Saldo aus USt 114.000 € und Vorsteuer 76.000 €).
Die Zunahme des Bankkontos beträgt 33.400 € (133.400 € - 100.000 €). In dieser Höhe entsteht ein Cash flow.

b) Bei indirekter Ermittlung wird vom Jahresüberschuss ausgegangen, der 200.000 € beträgt (Ertragsteuern sind zu vernachlässigen). Dieser Gewinn wird durch die Zunahme der Verbindlichkeiten erhöht und durch die Zunahme der Forderungen vermindert. Hierbei werden die Bruttogrößen (inklusive USt) zugrunde gelegt. Berechnung des Cash flows: 200.000 € + 0,4 x 476.000 € - 0,5 x 714.000 € = 33.400 €.
Die Zunahme der Verbindlichkeiten beträgt 40% der Brutto-Aufwendungen. Dieser Betrag ist dem Jahresüberschuss zuzurechnen. Die Zunahme der Forderungen beträgt 50% der Brutto-Umsatzerlöse. Dieser Betrag ist vom Jahresüberschuss abzuziehen.
Beide Verfahren führen zu demselben Ergebnis von 33.400 €.

Lösung zu Aufgabe 9 (Cash flow und USt)
Bei direkter Ermittlung ergibt sich jetzt ein Bankbestand von 71.400 €. Da die Umsatzsteuer in Höhe von 38.000 € nicht gezahlt wird, steigt das Bankkonto entsprechend.
Bei indirekter Ermittlung bleibt der Jahresüberschuss unverändert bei 200.000 €. Allerdings steigen am Jahresende die Verbindlichkeiten (aus Steuern) um 38.000 €, da die USt noch nicht gezahlt wurde. Indirekte Cash flow-Ermittlung: 200.000 € + 0,4 x 476.000 € + 38.000 € - 0,5 x 714.000 € = 71.400 €. Beide Verfahren stimmen überein.

Lösung zu Aufgabe 10 (Investing activities)
Der Aussage ist nicht zuzustimmen. Im Zugangsjahr gilt: Der Erwerb stellt einen Aktivtausch dar, weil die Sachanlagen steigen und der Bestand des Bankkontos abnimmt. Es ergibt sich kein Einfluss auf die GuV-Rechnung. Zwar mindern die im Zugangsjahr verrechneten Abschreibungen den Erfolg - sie beeinflussen aber nicht den Cash flow.
In den Nutzungsjahren gilt: Es werden in der GuV-Rechnung Abschreibungen berücksichtigt, die keine Zahlungseffekte aufweisen. Auch in den Folgejahren kann der Cash flow nicht aus der GuV-Rechnung ermittelt werden.
Im Abgangsjahr gilt: Die Veräußerung erfolgt kostenfrei, so dass keine Zahlungseffekte auftreten. Kein Effekt auf den Cash flow.

Lösung zu Aufgabe 11 (Cash flow mit Ertragsteuern)

Der steuerrechtliche Gewinn ist 222.000 € (66.600 €/0,3). Da der steuerliche Gewinn über dem IFRS-Gewinn liegt, wird eine aktive latente Steuer gebildet. Sie beträgt 12.600 € – 30% von 42.000 € (222.000 € - 180.000 €). Zur Ermittlung des Cash flows ist der Gewinn vor Steuern zu verwenden, der 180.000 € beträgt. Diesem Gewinn sind die nicht-zahlungswirksamen Aufwendungen von 24.000 € zuzurechnen, so dass sich ein Cash flow von 204.000 € ergibt.

Lösung zu Aufgabe 12 (Vorauszahlungen auf Ertragsteuern)

a) Die Buchung lautet: "Dr Income tax expense 93.000, Cr Cash 93.000". Da in jedem Quartal der Betrag von 23.250 € gezahlt wird, ergibt sich eine Summe von 93.000 €.
b) Auf den Gewinn in Höhe von 320.000 € entfallen Ertragsteuern von 99.200 € (0,31 x 320.000 €). Da bereits Vorauszahlungen in Höhe von 93.000 € geleistet wurden, muss noch eine Rückstellung von 6.200 € (99.200 € - 93.000 €) gebildet werden.
c) Der Cash flow wird auf Basis des Gewinns in Höhe von 320.000 € ermittelt. Dieser Wert ist bereits um die Vorauszahlungen gekürzt worden. Der endgültige IFRS-Gewinn beträgt 313.800 €. Da die Zuführung zur Steuerrückstellung aber nicht zahlungswirksam ist, müssen 6.200 € wieder zugerechnet werden, so dass man wieder zum Wert von 320.000 € gelangt.

Lösung zu Aufgabe 13 (Cash flow-Rechnung nach IFRS)

a) Die Kapitalflussrechnung hat folgendes Aussehen.

Cash flow aus laufender Geschäftstätigkeit	
1. Einzahlungen von Kunden (1.500.000 - 250.000)	1.250.000
2. Auszahlungen an Lieferanten (80% von 400.000)	- 320.000
3. Auszahlungen an Beschäftigte	- 280.000
= Zufluss aus laufender Geschäftstätigkeit	= 650.000
4. Zinszahlungen (betrieblich bedingt)	- 20.000
= Netto-Zufluss aus laufender Geschäftstätigkeit	630.000
Cash flow aus Investitionstätigkeit	
1. Auszahlungen für Sachanlagen	- 407.400
2. Einzahlungen durch Patentverkauf (intangible assets)	+ 350.000
3. Einzahlungen durch Verkauf von Wertpapieren	+ 30.000
= Abfluss aus Investitionstätigkeit	- 27.400

Cash flow aus Finanzierungstätigkeit	
1. Zufluss durch Kreditaufnahme	250.000
2. Zahlung von Dividenden	- 245.000
= Zufluss aus Finanzierungstätigkeit	5.000
Veränderung liquider Mittel in 01	607.600
Anfangsbestand 1.1.01	+ 50.000
= Bestand liquider Mittel am Ende des Geschäftsjahres	657.600

Hinweis: Nicht-zahlungswirksame Vorgänge, wie z.b. planmäßige oder außerplanmäßige Abschreibungen und Bestandserhöhungen sind bei der Cash flow-Rechnung (direkte Ermittlung) ohne Bedeutung, da sie keine Zahlungseffekte aufweisen.

Lösung zu Aufgabe 14 (Cash flow-Rechnung nach DRS 2)

a) Der Cash flow beträgt in 02: 10.000 €.
   Berechnung: Jahresüberschuss 20.000 € (= Eigenkapitalzunahme 01/02) + Abschreibungen 30.000 € - Forderungszunahme 30.000 € - Zunahme der Vorräte 20.000 € + Verbindlichkeitszunahme 10.000 € = 10.000 €.

b) Der Bargeldbestand hat in 02 um (20.000 € - 10.000 € =) 10.000 € zugenommen. Die Veränderung dieses Bestands muss dem Cash flow entsprechen, da dieser als Zunahme der liquiden Mittel definiert ist.

Lösungen der Aufgaben zum siebten Kapitel

Lösung zu Aufgabe 1 (Rücklagenauflösung)
a) **Nein**. Die Kapitalrücklage und die gesetzliche Rücklage dürfen nach dem Aktiengesetz (§ 150 Abs. 3 bzw. Abs. 4 AktG) grundsätzlich nur zur Verlustdeckung verwendet werden. Zunächst sind die anderen Gewinnrücklagen aufzulösen. Dann verbleibt ein nicht gedeckter Verlust von 120.000 €, der durch die Auflösung der gesetzlichen Rücklage oder der Kapitalrücklage bis auf null reduziert werden kann. Die beiden Rücklagen dürfen aber nicht zur Dividendenzahlung aufgelöst werden.

b) In der IFRS-Bilanz erscheinen sie im Posten "retained earnings" (einbehaltene Ergebnisse). Der englische Begriff wird auch mit "Gewinnrücklagen" übersetzt.

Lösung zu Aufgabe 2 (Statement of Changes in Equity)
Im Schema werden negative Beträge in Klammern angegeben. Der Periodengewinn (profit) wird den retained earnings (einbehaltenen Ergebnissen) zugerechnet. Danach wird der Posten durch die Dotierung der gesetzlichen Rücklage und die Zahlung von Dividenden vermindert. Das Agio (premium), das bei der Kapitalerhöhung durch Aktienausgabe (issuance of shares) erzielt wird, ist in die Kapitalrücklage einzustellen.

	Statement of changes in equity				
	Share capital	Share premium	Retained earnings	Legal reserves	Total
1.1.01	800.000	200.000	200.000	-	1.200.000
• Profit			400.000		400.000
• Transfer to legal reserves			(20.000)	20.000	-
• Issuance of shares	800.000				800.000
• Premium		160.000			160.000
• Dividends			(250.000)		(250.000)
31.12.01	1.600.000	360.000	330.000	20.000	2.310.000

Lösung zu Aufgabe 3 (Eigenkapitalveränderungsrechnung nach IFRS)
Hinweise: Das Gesamtergebnis von 350.000 € erhöht die retained earnings mit 300.000 € und die revaluation surplus mit 50.000 €. Das Periodenergebnis beträgt 300.000 €, da die

Erhöhung der Neubewertungsrücklage nicht zum Profit gehört. 5% von 300.000 € sind der gesetzlichen Rücklage zuzuführen. Negative Beträge werden mit Klammern angegeben.

	Share capital	Retained earnings	Legal reserves	Revaluation surplus	Total
1.1.02	600.000	300.000	20.000	80.000	1.000.000
▪ Gesamtergebnis	-	300.000	-	50.000	350.000
▪ Dotierung der gesetzlichen Rücklage	-	(15.000)	15.000	-	-
31.12.02	600.000	585.000	35.000	130.000	1.350.000

Lösung zu Aufgabe 4 (Earnings per Share)

Das Basic EPS beträgt 1,6 € je Aktie. Für das verwässerte EPS müssen die Gratisaktien berechnet werden, die durch die Aktienausgabe unter dem Marktwert entstehen. Bei 40.000 Optionen verliert die AG insgesamt 800.000 € (40.000 x 20 €). Das entspricht der Ausgabe von 10.000 Gratisaktien (800.000 €/80 € je Aktie). Das verwässerte EPS beträgt somit 1,58 € je Stammaktie (1.600.000 €/1.010.000 Aktien).

Lösung zu Aufgabe 5 (Diverse Fragen zum Eigenkapital)

Richtig sind: d), f), g), h). – Falsch sind: a), b), c), e), i), j), k).

Hinweis zu b): Es muss 1/20 des Jahresüberschusses zugeführt werden. Der Jahresüberschuss nach dem HGB weicht im Regelfall vom profit nach IFRS ab.

Lösung zu Aufgabe 6 (Überleitungsrechnung)

a) Jährliche Abschreibungen für Maschine A 60.000 € (20.000 € für 01 und 40.000 € für 02) und für Maschine B 75.000 € (25.000 € für 01 und 50.000 € für 02). Kumulierte Abschreibungen (als Summe): 135.000 €. Buchwert Ende 02: Alle Anschaffungskosten abzüglich aller kumulierten Abschreibungen: 900.000 € - 135.000 € = 765.000 €.

b) **Ja.** Im Anhang muss bei den Bilanzierungs- und Bewertungsmethoden auch die Entscheidung zwischen dem Cost und Revaluation Model erläutert werden. Die Angabe muss gruppenweise erfolgen, da das Wahlrecht insoweit einheitlich auszuüben ist.

c) **In 02** wird ein Zugang von 280.000 € verzeichnet. Die jährlichen und kumulierten Abschreibungen 02 steigen um 10.000 € (Restbuchwert 270.000 €). **In 03** erhöhen sich die Anschaffungskosten auf 1.180.000 €. Alle jährlichen Abschreibungen 03:

110.000 €, alle kumulierten Abschreibungen 255.000 € (Für 02: 135.000 € + 10.000 € für die neue Maschine, für 03: 110.000 €). Buchwert Ende 03: 925.000 €.

Lösung zu Aufgabe 7 (Segmentabgrenzung)

a) Es bieten sich die Segmente Herrenräder, Damenräder und Kinderräder an. Eine weitere Unterteilung ist nach den jeweiligen Produktvarianten möglich.
Für Herrenräder: Rennräder, Trekkingräder und Tourenräder.
Für Damenräder: Trekkingräder, Tourenräder, Mountainbikes und Stadträder.
Für Kinderräder: Nach Altersstufen (bis 8 Jahre, bis 10 Jahre etc.).
Bei einer sehr detaillierten Segmentabgrenzung besteht die Gefahr, dass die Segmentberichterstattung unübersichtlich wird. Dann werden zu viele Informationen bereitgestellt, so dass eine Informationsüberlastung der Anteilseigner stattfindet. Daher ist es sinnvoll, die Anzahl der Segmente zu begrenzen. Die quantitativen Abgrenzungskriterien mit ihren 10%-Grenzen unterstellen letztlich eine Höchstzahl von zehn Segmenten.

b) <u>Management approach</u>: Der Ansatz orientiert sich bei der Segmentbildung an der internen Berichterstattung eines Unternehmens. Da die Unternehmen unterschiedliche Erfolgsgrößen für die Steuerung von Segmenten verwenden, kann **keine** Definition von Segmentergebnissen in IFRS 8 erfolgen. Es können z.B. kalkulatorische Gewinne oder Betriebsergebnisse als Steuerungsgrößen festgelegt werden. Die inhaltliche Unbestimmtheit der Erfolgsgrößen erschwert den zwischenbetrieblichen Vergleich.

Lösung zu Aufgabe 8 (Berichtspflichtige Segmente)

a) <u>Berichtspflichtig</u> sind: Küchengeräte und Haushaltsgeräte.
Grund: Die 10%-Grenzen werden beim Umsatz, Gewinn und Vermögen erfüllt. Die Erfüllung eines Kriteriums genügt. Auch die 75%-Regel ist erfüllt, da die Küchen- und Haushaltsgeräte 86,96% der Umsatzerlöse erzielen (57.400.000 €/66.000.000 €).
<u>Nicht berichtspflichtig</u> sind: HiFi-Geräte und Fernsehgeräte.
Grund: Keines der drei Merkmale wird von diesen Segmenten erfüllt.

b) Sie werden zu einem Sammelsegment zusammengefasst, das als "übrige Bereiche" oder "übrige Geschäftsfelder" bezeichnet werden kann. Die Umsätze, Gewinne und Vermögenswerte werden für das Sammelsegment insgesamt ausgewiesen.

Lösung zu Aufgabe 9 (Berichtspflichtige Segmente)

a) Die gewinnerzielenden Segmente sind von den verlustbringenden zu trennen und die positiven und negativen Werte gesondert zu ermitteln: Der Gesamtgewinn beträgt

900.000 €, der Gesamtverlust -580.000 €. Da der absolut höhere Wert entscheidet, sind die 900.000 € zu verwenden. Davon 10% ergibt einen Grenzwert von 90.000 €.
b) Es sind alle Segmente gesondert auszuweisen, deren Gewinn mindestens 90.000 € bzw. deren Verlust mindestens 90.000 € beträgt. Danach sind die Segmente A bis D gesondert auszuweisen. Die Segmente E und F sind nicht berichtspflichtig, da ihre Verluste unter dem Grenzwert liegen. Sie können zusammengefasst werden.

Lösung zu Aufgabe 10 (Segmentergebnis)

a) Der kalkulatorische Gesamtgewinn ergibt sich aus der Summe der einzelnen Segmentgewinne und beträgt 1.050.000 €. Hierbei wurden 25.000 € kalkulatorische Kosten abgezogen, die bei der Ermittlung des Periodenergebnisses nicht berücksichtigt werden dürfen. Somit muss eine Zurechnung erfolgen. Für den Periodengewinn gilt: 1.050.000 € + 25.000 € = 1.075.000 €.

b) Um von der Segmentebene zur Unternehmensebene zu gelangen, wird eine Überleitungsrechnung eingeführt. In ihr werden alle Differenzen beseitigt, die zwischen den Erfolgen der einzelnen Segmente und dem Gesamterfolg des Unternehmens (in der GuV-Rechnung) bestehen.

Lösung zu Aufgabe 11 (Segmenterträge)

Die einzelnen Segmenterträge und die gesamten Erträge für das Unternehmen (die Umsatzerlöse) lassen sich der Tabelle entnehmen (Angaben in Tausend Euro). Die internen Erträge von insgesamt 132.000 € müssen für die Ermittlung der Umsatzerlöse wieder rückgängig gemacht werden, da ansonsten eine Doppelzählung erfolgt.

	Segmentberichterstattung						
	Segment A	Segment B	Segment C	Segment D	Übrige Bereiche	Überleitung	Unternehmen
Segmenterträge (extern, intern)	220 42	238 28	156 33	256 24	54 5	- -132	924 -
Summe	262	266	189	280	59	-132	924

Lösung zu Aufgabe 12 (Aussagen zur Segmentberichterstattung)
Richtig sind: a), h), j), l). – Falsch sind: b), c), d), e), f), g), i), k).

Hinweis zu d): Es müssen mindestens 10% sein. Diese Bedingung umfasst mehr als die Relation "größer".

Lösungen der Aufgaben zum achten Kapitel

Lösung zu Aufgabe 1 (Posten der Konzernbilanz)
Nein. In der Konzernbilanz kann der Posten "investments in subsidiaries" nicht mehr auftreten. Die Anteile an verbundenen Unternehmen der Mutter werden bei der Kapitalkonsolidierung mit dem Eigenkapital der Tochter verrechnet. In die Konzernbilanz werden die gesamten Vermögenswerte und Schulden der Tochter übernommen.

Lösung zu Aufgabe 2 (Gesamtergebnisrechnung)
Diese Vorgehensweise ist **falsch**. Die Gesamtergebnisrechnung muss das Periodenergebnis und das sonstige Ergebnis enthalten. Auf der Konzernebene muss die Gesamtergebnisrechnung den erwirtschafteten Konzerngewinn (500.000 €) und den sonstigen Gewinn aus der Neubewertung von Sachanlagen (80.000 €) ausweisen. Der Gesamtgewinn beträgt somit 580.000 €.

Lösung zu Aufgabe 3 (Aufstellung des Konzernabschlusses)
a) Die Aufstellungspflicht für den Konzernabschluss der Deutsch-AG ist nach den handelsrechtlichen Vorschriften zu beurteilen, da es sich um eine inländische Kapitalgesellschaft (Aktiengesellschaft) handelt. Nach § 290 Abs. 1 HGB wird das Control-Konzept für die Aufstellungspflicht des Konzernabschlusses verwendet.

b) **Ja.** Die T_1-AG ist nach dem Control-Konzept aufzunehmen. Da die Deutsch-AG zu 80% an der T_1-AG beteiligt ist, steht der Deutsch-AG die Mehrheit der Stimmrechte zu. Bei der T_2-AG ist das Control-Konzept ebenfalls erfüllt, da ein Beherrschungsvertrag vorliegt. Die T_2-AG wird von der Deutsch-AG beherrscht, so dass § 290 Abs. 1 HGB erfüllt ist.

c) Da die Muttergesellschaft eine kapitalmarktorientierte Kapitalgesellschaft ist, besteht nach § 290 Abs. 1 Satz 2 i.V.m. § 325 Abs. 4 und § 264d HGB eine Aufstellungsfrist von vier Monaten (§ 327a HGB wird durch die Börsennotierung nicht angewendet).

Lösung zu Aufgabe 4 (Control-Konzept)
a) Die A-AG verfügt direkt nur über die Hälfte der Stimmrechte bei der X-AG. Allerdings stehen der A-AG indirekt weitere 50% der Stimmrechte über die B-AG zu. Da die A-AG die B-AG beherrscht, stehen der A-AG die Stimmrechte ihrer Tochter B-AG in voller Höhe zu. Das Control-Konzept ist somit auch für die X-AG erfüllt.

b) In den Konzernabschluss sind die B-AG und die X-AG einzubeziehen und voll zu konsolidieren. Die Aufstellung erfolgt durch die A-AG als Muttergesellschaft.

Lösung zu Aufgabe 5 (Control-Konzept)
a) Der Kurswert beträgt 8,80 € je Stück (2,2 x 4 € je Stück). Bei Zahlung von insgesamt 7.040.000 € erwirbt die Y-AG 800.000 Aktien (7.040.000 €/8,80 € je Stück). Die Beteiligung an der Z-AG beträgt 40%. Da jede Aktie ein Stimmrecht beinhaltet, verfügt die Y-AG auch über einen Stimmrechtsanteil in Höhe von 40% bei der Z-AG.
b) Da die Y-AG über weniger als die Hälfte der Stimmrechte verfügt und ihr keine weiteren Stimmrechte auf andere Weise zustehen, ist das Control-Konzept nach IFRS **nicht erfüllt**. Die Z-AG ist keine Tochter der Y-AG.
c) In diesem Fall stehen der Y-AG direkt 40% der Stimmrechte zu und weitere 12% werden durch eine Stimmrechtsvereinbarung erworben. Die Y-AG verfügt über die Stimmenmehrheit und das Control-Konzept ist erfüllt. Die Z-AG wird zur Tochter der Y-AG, die somit einen Konzernabschluss erstellen muss.

Lösung zu Aufgabe 6 (Abschlussstichtag)
a) Die Abschlussstichtage von Mutter- und Tochterunternehmen passen nicht zusammen. Die Mutter erstellt ihren Jahresabschluss zum 31.12.05, während die Tochter ihren Jahresabschluss schon zum 31.10.05 aufstellt. Aus diesen Einzelabschlüssen wird der Konzernabschluss erstellt. Wenn im November und Dezember bei der Tochter noch wichtige Geschäftsvorfälle eintreten, können sie nicht mehr im Konzernabschluss berücksichtigt werden. Die wirtschaftliche Lage des Konzerns wird falsch abgebildet.
b) Bei abweichenden Geschäftsjahren erstellt die Tochter einen Zwischenabschluss auf den Stichtag der Mutter. Damit werden alle Daten in den Jahresabschlüssen zeitlich vereinheitlicht und die Konsolidierung kann durchgeführt werden. Diese Methode wird in IAS 27.22 vorgeschrieben. Ausnahmen sind nur selten zulässig – dann sind bedeutende Geschäftsvorfälle durch Korrekturbuchungen zu berücksichtigen.

Lösung zu Aufgabe 7 (Abschlussstichtag)
Die im Dezember 05 angefallenen Geschäftsvorfälle der Kleiner-AG sind noch zu berücksichtigen. Sie führen zu den folgenden Veränderungen:
1. GuV-Rechnung: Die Umsatzerlöse sind um 400.000 € zu erhöhen. Gleichzeitig steigen die Materialaufwendungen (220.000 €) und die sonstigen Aufwendungen (80.000 €). Der Gewinn erhöht sich per Saldo um 100.000 €.
2. Bilanz: Die Forderungen aus Lieferungen und Leistungen steigen um 400.000 €, während die Vorräte (Rohstoffe) um 220.000 € und das Bankkonto um 80.000 € sinken. Der Saldo (Periodengewinn - profit) von 100.000 € erhöht den Posten "retained earnings" (einbehaltene Ergebnisse) im Eigenkapital auf der Passivseite.

Laufende Buchungen:				
Dr	Trade receivables	400.000	Cr Revenue	400.000
Dr	Raw materials and consumables used	220.000	Cr Raw materials or supplies	220.000
Dr	Other expenses	80.000	Cr Cash	80.000
Abschlussbuchung:				
Dr	Profit	100.000	Cr Retained earnings	100.000

Die Abschlussbuchung erfasst die Zunahme des Periodengewinns in der GuV-Rechnung (Buchung im Soll) und den Zuwachs des Eigenkapitals in der Bilanz (Buchung im Haben).

Lösung zu Aufgabe 8 (Konsolidierungskreis)
Richtig sind: b), c), e). – Falsch sind: a), d), f).

Hinweis zu d): Es besteht eine Einbeziehungspflicht – der Begriff "dürfen" beinhaltet ein Wahlrecht.

Lösung zu Aufgabe 9 (Befreiung für kleine Konzerne)
a) Nein. Alle drei Grenzwerte nach § 293 Abs. 1 HGB werden unterschritten. Die Bilanzsumme der Mutter beträgt 12.300.000 €, die der Tochter 6.150.000 € (50% von 12.300.000 €), so dass der Grenzwert von 23.100.000 € deutlich unterschritten wird. Entsprechendes gilt für die übrigen Werte. Die Mutter-AG braucht somit keinen Konzernabschluss aufzustellen.
b) Ja. Die IFRS-Vorschriften sehen keine dem HGB entsprechende Befreiungsregelung für kleine Konzerne vor.

Lösung zu Aufgabe 10 (Konsolidierungskreis nach IFRS)
a) Die Multi-AG und A-AG sind **verbundene Unternehmen**, da die A-AG von der Multi-AG beherrscht wird. Die Multi-AG ist die Muttergesellschaft und die A-AG die Tochtergesellschaft. Das Control-Konzept ist erfüllt.
Die Multi-AG verfügt bei der B-AG über einen maßgeblichen Einfluss, da sie 30% der Anteile besitzt. Bei IFRS besteht eine widerlegbare Vermutung, dass bei einem Stimmrechtsanteil von mindestens 20% ein maßgeblicher Einfluss besteht. Die B-AG ist ein **assoziiertes Unternehmen**.
Die Multi-AG und die Fremd-AG verfügen über je 50% der Anteile an der C-AG und führen gemeinsam deren Geschäfte. Die C-AG ist ein **Gemeinschaftsunternehmen**.
Die Anteile an der D-AG sind sonstige Anteile, die nach IFRS 9 behandelt werden.

b) Die Multi-AG und A-AG sind voll zu konsolidieren, so dass ein Konzernabschluss nach der Einheitstheorie entsteht. Alle kapital- und leistungsmäßigen Beziehungen zwischen diesen Unternehmen werden ausgeglichen. Die Multi-AG und die A-AG bilden den engen Konsolidierungskreis. In den weiten Konsolidierungskreis sind auch assoziierte Unternehmen (B-AG) und Gemeinschaftsunternehmen (C-AG) aufzunehmen. Die Anteile an beiden Unternehmen sind nach der Equity-Methode zu bewerten.

Lösung zu Aufgabe 11 (Konsolidierungskreis nach IFRS)
Nein. Die A-AG verfügt nur über eine Beteiligung und kann damit keine Muttergesellschaft eines Konzerns sein. Sie muss keinen Konzernabschluss aufstellen, in dem die Anwendung der Equity-Methode vorgeschrieben ist. Im Einzelabschluss erfolgt die Bewertung zu Anschaffungskosten (at cost) oder nach IFRS 9 (Financial Instruments). Die Einzelheiten wurden im vierten Kapitel erläutert.

Lösung zu Aufgabe 12 (Erstkonsolidierung)
a) Die A-AG zahlt für alle Anteile an der B-AG 2.000.000 €. Hierfür erhält die Mutter den Zeitwert des Eigenkapitals (fair value) der Tochter im Wert von 1.800.000 € (Aktiva: 1.500.000 € + 400.000 € + 150.000 € abzüglich Passiva: 250.000 €). Damit bleibt eine Differenz von 200.000 € übrig, die den Firmenwert (Goodwill) darstellt.

b) Bei der Kapitalkonsolidierung werden die Anteile an verbundenen Unternehmen (investments in subsidiaries) im Wert von 2.000.000 € mit dem Zeitwert des Eigenkapitals der Tochter verrechnet (1.800.000 €). Das Eigenkapital besteht zur Hälfte aus dem gezeichneten Kapital (issued capital 900.000 €) und zur Hälfte aus den Rücklagen (reserves 900.000 €). Damit ist die folgende Buchung durchzuführen: "Dr Goodwill 200.000, Dr Issued capital 900.000, Dr Reserves 900.000, Cr Investments in subsidiaries 2.000.000".

c) Zunächst werden die Posten der Mutter und Tochter zusammengezählt, woraus sich die Summenbilanz ergibt. Nach Buchung der Erstkonsolidierung (Buchung a) erhält man die Konzernbilanz aus der letzten Spalte des folgenden Schemas. In der Konzernbilanz werden auf der Aktivseite (Passivseite) die assets (liabilities) der Mutter und Tochter ausgewiesen. Das Eigenkapital in der Konzernbilanz stimmt mit dem Eigenkapital der Muttergesellschaft überein.

	Items	Parent	Subsidiary	Aggregation	Consolidation Dr	Consolidation Cr	Consolidated balance sheet
Assets	Assets	900	2.050	2.950		-	2.950
	Investments	2.000	-	2.000		a) 2.000	-
	Goodwill	-	-	-	a) 200		200
	Total	2.900	2.050	4.950			3.150
Liabilities and equity	Issued cap.	1.300	900	2.200	a) 900		1.300
	Reserves	1.300	900	2.200	a) 900		1.300
	Liabilities	300	250	550			550
	Total	2.900	2.050	4.950	2.000	2.000	3.150

Lösung zu Aufgabe 13 (Folgekonsolidierung)

a) Bei der Folgekonsolidierung wird zunächst die Erstkonsolidierungsbuchung wiederholt, da der Anteilserwerb in der Vergangenheit stattgefunden hat und nicht mehr zu verändern ist. Anschließend werden die zusätzlichen Abschreibungen der stillen Reserven gebucht, die sich in der Bewertungsdifferenz der Sachanlagen (Gegenkonto: Depreciation expense) und im neu angesetzten immateriellen Posten befinden (Gegenkonto: Amortisation expense).

Berechnung der Abschreibungen: Auf die Bewertungsdifferenz: 400.000 €/10 Jahre = 40.000 €. Davon 3/12 in 01: 10.000 € (Anteilserwerb Anfang Oktober, somit drei Monate in 01). Auf den immateriellen Posten: 20% von 150.000 € = 30.000 €, davon 3/12 in 01: 7.500 €. Insgesamt: 17.500 €. In dieser Höhe liegt der Konzerngewinn unter der Summe der Gewinne in den Einzelabschlüssen der Mutter und Tochter.

Buchung der Erstkonsolidierung a):					
Dr	Goodwill	200.000	Cr	Investments in subsidiaries	2.000.000
Dr	Issued capital	900.000			
Dr	Reserves	900.000			
Buchung der Abschreibungen b):					
Dr	Depreciation expense	10.000	Cr	Property, plant and equipment	10.000
Dr	Amortisation expense	7.500	Cr	Intangible assets	7.500
Buchung Rücklagen und Gewinn c):					
Dr	Reserves	17.500	Cr	Profit	17.500

Hinweis zu c): Die im Vergleich zu den Einzelabschlüssen erhöhten Abschreibungen von 17.500 € vermindern den Konzerngewinn. In der Bilanz sinken die Rücklagen

(Reserves) und in der GuV-Rechnung der Gewinn (Profit). Die Buchung c) passt die Beträge in der Konzernbilanz und Konzern-GuV-Rechnung an.

b) Durchführung der Folgekonsolidierung und Entwicklung der Konzernbilanz gemäß dem folgenden Schema (Angaben in Tausend Euro, P/L = Profit or loss).

	Items	Parent	Subsidiary	Aggregation	Consolidation Dr	Consolidation Cr	Consolidated balance sheet
Assets	Assets	1.180	2.210	3.390		b) 17,5	3.372,5
	Investments	2.000	-	2.000		a) 2.000	-
	Goodwill	-	-	-	a) 200		200,0
	Total	3.180	2.210	5.390			3.572,5
Liabilities and equity	Issued cap.	1.300	900	2.200	a) 900		1.300,0
	Reserves	1.580	1.060	2.640	a) 900 c) 17,5		1.722,5
	Liabilities	300	250	550			550,0
	Total	3.180	2.210	5.390	2.017,5	2.017,5	3.572,5
Statement of P/L	Expenses Profit	280	160	440	b) 17,5	c) 17,5	422,5

Hinweise:
1. Die Werte in den Ausgangsbilanzen haben sich Ende 01 wie folgt entwickelt: Bei der Mutter (parent): Assets: 900.000 € + 280.000 € = 1.180.000 €. Reserves: 1.300.000 € + 280.000 € = 1.580.000 €.
Bei der Tochter (subsidiary): Assets: 2.050.000 € + 160.000 € = 2.210.000 €. Reserves: 900.000 € + 160.000 € = 1.060.000 €.
2. Die Konsolidierungsbuchung a) wurde oben erläutert. Buchung b) beinhaltet die Abschreibung der stillen Reserven, die aus Platzgründen verkürzt dargestellt wird (Aufwandskonto: Expenses, Aktivkonto: Assets). Die Posten der GuV-Rechnung werden durch einen Doppelstrich von der Bilanz getrennt. Buchung c) wurde oben erläutert.
3. Die letzte Spalte zeigt die Werte der Konzernbilanz und den Konzerngewinn.

Lösung zu Aufgabe 14 (Latente Steuern auf stille Reserven)

Da die stillen Reserven im Steuerrecht nicht aufgedeckt werden dürfen, sind die Bilanzwerte bei IFRS um 600.000 € höher als im Steuerrecht. Bei einem Steuersatz von 30% entstehen passive latente Steuern in Höhe von 180.000 €.

Lösung zu Aufgabe 15 (Konsolidierung mit latenten Steuern)
a) Die stillen Reserven betragen nach Abzug der latenten Steuern noch 63.000 € (0,7 x 90.000 €). Sie werden in einer revaluation surplus ausgewiesen. Die Buchung lautet, wenn die Aktivposten pauschal als assets angeführt werden: "Dr Assets 90.000, Cr Revaluation surplus 63.000, Cr Deferred tax liabilities 27.000".

b) Die Konsolidierungsbuchung lautet, wenn die Gewinnrücklagen als retained earnings betrachtet werden: "Dr Issued capital 400.000, Dr Retained earnings 260.000, Dr Revaluation surplus 63.000, Dr Goodwill 157.000, Cr Investments 880.000".

Lösung zu Aufgabe 16 (Latente Steuern auf Firmenwert)
Nein. Auf den Firmenwert selbst sind keine latenten Steuern zu verrechnen. Die IFRS verbieten den Ansatz, da der Firmenwert um den Betrag der latenten Steuern steigen würde: Von 280.000 € auf 400.000 € (30% von 400.000 € sind 120.000 €). Die Berücksichtigung latenter Steuern auf den Firmenwert würde zu einer "Aufblähung" dieses Postens führen, dessen Wert nur schwer zu bestimmen und nachzuweisen ist.

Lösung zu Aufgabe 17 (Folgekonsolidierung)
a) Im Einzelabschluss wird das unbebaute Grundstück mit den Anschaffungskosten von 100.000 € bewertet. Damit entsteht im Fall I) ein Veräußerungsgewinn von 20.000 €, der als sonstiger Ertrag in der GuV-Rechnung ausgewiesen wird (other income). Im Fall II) beträgt der Veräußerungsgewinn nur 15.000 €.

b) Im Konzernabschluss wird das unbebaute Grundstück mit dem fair value in Höhe von 120.000 € bewertet. Damit entsteht im Fall I) kein Veräußerungsgewinn, da genau der Wert erzielt wird, mit dem das Grundstück bewertet wird. Der Ertrag der Tochter-AG ist rückgängig zu machen, so dass der Konzerngewinn in 05 um 20.000 € unter den Gewinnen der Einzelabschlüsse liegt. Im Konzernabschluss ist zu buchen: "Dr Other income 20.000, Cr Land and buildings 20.000". Die Buchung gleicht den Ertrag im Einzelabschluss der Tochter aus und vermindert die im Konzernabschluss noch auszuweisenden stillen Reserven des Grundstücks (20.000 €) auf null.

Im Fall II) entsteht aus Sicht des Konzerns ein Veräußerungsverlust von 5.000 €, da das Grundstück mit 120.000 € bilanziert wird, aber nur 115.000 € erzielt werden. Im Konzernabschluss ist zu buchen: "Dr Other income 15.000, Dr Other expenses 5.000, Cr Land and buildings 20.000". Mit der Buchung wird der Ertrag von 15.000 € im Einzelabschluss der Tochter ausgeglichen und aus Sicht des Konzerns ein Aufwand von 5.000 € (Veräußerungsverlust) eingebucht.

Lösung zu Aufgabe 18 (Erstkonsolidierung nach Purchased Goodwill-Method)

a) Die Big-AG (Muttergesellschaft) bezahlt 900.000 € für 75% des Zeitwerts des Eigenkapitals der Small-AG (Tochtergesellschaft). Der Zeitwert beläuft sich auf 860.000 € (500.000 € + 1,5 x 240.000 €). Auf die Big-AG entfällt ein Betrag von 645.000 € (0,75 x 860.000 €). Damit hat die Big-AG 255.000 € mehr bezahlt, als es ihrem Anteil am Zeitwert des Eigenkapitals entspricht. Nach der Purchased Goodwill-Method liegt ein Firmenwert (Goodwill) in Höhe von 255.000 € vor.

b) Die Buchung a) betrifft den Anteil der Mutter am Eigenkapital der Tochter. Der Mutter stehen 375.000 € am gezeichneten Kapital der Tochter zu (0,75 x 500.000 €) und 270.000 € an den Rücklagen (0,75 x 360.000 €). Für die Mutter entsteht außerdem der obige Firmenwert (255.000 €). Die verbleibenden 25% am Eigenkapital der Small-AG stehen den nicht-kontrollierenden Gesellschaftern zu: 125.000 € des gezeichneten Kapitals und 90.000 € von den Rücklagen.

Buchung der Erstkonsolidierung – Parent a):			
Dr Goodwill	255.000	Cr Investments in subsidiaries	900.000
Dr Issued capital	375.000		
Dr Reserves	270.000		
Buchung der Erstkonsolidierung – Non-controlling Interest b):			
Dr Issued capital	125.000	Cr Non-controlling interest	215.000
Dr Reserves	90.000		

Lösung zu Aufgabe 19 (Folgekonsolidierung nach Purchased Goodwill-Method)

Am 1.4.01 ergibt sich für die Minderheitsgesellschafter ein Wert von 215.000 €. Die nicht-kontrollierenden Gesellschafter sind zu 25% am Gewinn der Tochter (Small-AG) für 01 beteiligt. Somit steigt der Minderheitsanteil um 75.000 € (0,25 x 300.000 €). Allerdings sind die Minderheitsgesellschafter auch zu 25% an den Aufwendungen beteiligt, die im Konzernabschluss durch die Abschreibung der aufgedeckten stillen Reserven entstehen. Berechnung: 120.000 €/10 Jahre = 12.000 € pro Jahr – in 01: 9.000 € (9/12 von 12.000 €). Hiervon entfallen 25% auf die Minderheitsgesellschafter, somit 2.250 €. Wert des Anteils der Minderheitsgesellschafter Ende 01: 215.000 + 75.000 € - 2.250 € = 287.750 €.

Lösung zu Aufgabe 20 (Erstkonsolidierung nach Full Goodwill-Method)

Bei der Purchased Goodwill-Method entsteht ein Firmenwert in Höhe von 255.000 €. Dieser Firmenwert bezieht sich auf 75% der Anteile am Tochterunternehmen. Bei einer einfachen Hochrechnung ergibt sich ein gesamter Firmenwert von 340.000 € (255.000 €/

0,75). Davon entfallen 25% auf die nicht-kontrollierenden Gesellschafter: 85.000 €. Bei der Full Goodwill-Method kommt es zu einer Bilanzverlängerung: Auf der Aktivseite steigt der Firmenwert um 85.000 € (von 255.000 € auf 340.000 €). Auf der Passivseite steigt der Anteil der Minderheiten in derselben Höhe (von 215.000 € auf 300.000 €). Die übrigen Posten der ersten Konzernbilanz bleiben unverändert.

Lösung zu Aufgabe 21 (Folgekonsolidierung nach Full Goodwill-Method)
Keine. Da sich die beiden Methoden nur in der Behandlung des Firmenwerts unterscheiden (der unverändert bleibt), kann es keine Unterschiede zwischen den Methoden geben.

Lösung zu Aufgabe 22 (Firmenwertberechnung bei Full Goodwill-Method)
Die Kontrollprämie wird von der Mutter gezahlt, um die Vorteile aus der Verbindung mit der Tochtergesellschaft zu realisieren. Daher bleibt der Anteil der Minderheiten in der Konzernbilanz unverändert. Der Firmenwert steigt um 150.000 € und die übrigen assets (z.B. Bankkonten) sinken um 150.000 €, da die Ausgangsbilanz der Mutter vorgegeben ist.

Lösung zu Aufgabe 23 (Firmenwerte bei IFRS)
Im Fall a) bezahlt die Mother-AG 900.000 € und erhält einen Zeitwert des Eigenkapitals der Tochter von 800.000 €. Die stillen Reserven sind bei der Neubewertungsmethode vollständig aufzudecken und es entsteht ein positiver Firmenwert (Goodwill) von 100.000 €.
Im Fall b) bezahlt die Mother-AG 750.000 € und erhält einen Zeitwert des Eigenkapitals der Tochter von 800.000 €. Die stillen Reserven sind bei der Neubewertungsmethode vollständig aufzudecken und es entsteht ein negativer Firmenwert (Badwill) von 50.000 €.
Im Fall c) bezahlt die Mother-AG 580.000 € und erhält einen Zeitwert des Eigenkapitals der Tochter von 800.000 €. Die stillen Reserven sind bei der Neubewertungsmethode vollständig aufzudecken und es entsteht ein negativer Firmenwert (Badwill) von 220.000 €. In den Fällen b) und c) sind bei IFRS zunächst der Ansatz und die Bewertung der Posten zu überprüfen. Verbleibt nach der Korrektur der einzelnen Bilanzposten noch eine Differenz, wird sie als Ertrag gebucht (keine Bilanzierung des Badwills im Konzernabschluss).

Lösung zu Aufgabe 24 (Schuldenkonsolidierung)
a) Die Y-AG ist zu 100% an der X-AG beteiligt, so dass ein Konzern vorliegt. Die konzerninternen Leistungen sind zu konsolidieren. Bei der Mutter (Y-AG) entsteht im Einzelabschluss 01 ein aktiver Rechnungsabgrenzungsposten von 5.000 €, bei der Tochter (X-AG) ein passiver Rechnungsabgrenzungsposten in gleicher Höhe. Die Konsolidierungsbuchung ist erfolgsneutral vorzunehmen und lautet: "Dr Deferred income 5.000, Cr Prepaid expenses 5.000".

b) Auch in diesem Fall bilden die Y-AG und die X-AG einen Konzern. Die Vorauszahlung der Y-AG besteht aber gegenüber einem konzernfremden Unternehmen. Somit findet **keine** Schuldenkonsolidierung statt. In der Konzernbilanz wird ein aktiver Rechnungsabgrenzungsposten in Höhe von 5.000 € aktiviert.

c) Die Verpflichtung der Y-AG besteht gegenüber einem Konzernunternehmen, so dass eine Schuldenkonsolidierung erfolgen muss. Im Einzelabschluss wurde bei der Y-AG gebucht: "Dr Other expenses 15.000, Cr Current liabilities 15.000" (Gewinnminderung 15.000 €). Im Konzernabschluss wird der Vorgang rückgängig gemacht: "Dr Current liabilities 15.000, Cr Other expenses 15.000". Der Gewinn steigt im Konzernabschluss um 15.000 €. In der Konzern-GuV-Rechnung wird gebucht: "Dr Profit 15.000, Cr Reserves 15.000". Hinweis: Entsteht durch die Warenlieferung bei der Mutter ein Gewinn, wird er bei der Zwischenergebniskonsolidierung ausgeglichen.

Lösung zu Aufgabe 25 (Schuldenkonsolidierung)
Richtig sind: b), d), e), g). – Falsch sind: a), c), f), h).

Lösung zu Aufgabe 26 (Zwischenergebniskonsolidierung)
Im **Einzelabschluss** der Mutter entsteht durch die Veräußerung ein Gewinn in Höhe von 220.000 € (10.000 Stück x 42 €/Stück - 10.000 Stück x 20 €/Stück). Bei der Tochter ist der Vorgang erfolgsneutral. Sie aktiviert die Ware mit Anschaffungskosten von 420.000 €. Im **Konzernabschluss** muss der Zwischengewinn Ende 01 neutralisiert werden, da die Ware noch nicht an Konzernfremde veräußert wurde. Nach der Einheitstheorie können bei Lieferungen zwischen den Abteilungen im Konzern keine Gewinne entstehen.

Lösung zu Aufgabe 27 (Zwischenergebniskonsolidierung)
Im **Einzelabschluss** der Mutter entsteht wieder ein Gewinn in Höhe von 220.000 €. Die Tochter veräußert 8.000 Stück zum Preis von 60 €/Stück, so dass sie einen Gewinn von 144.000 € erzielt (8.000 Stück x 60 €/Stück - 8.000 Stück x 42 €/Stück). Die Summe der Gewinne in den Einzelabschlüssen beträgt 364.000 €.

Im **Konzernabschluss** muss ein Gewinn in Höhe von 320.000 € erscheinen, da aus Sicht des Konzerns 8.000 Stück mit einem Gewinn von 40 €/Stück (60 €/Stück - 20 €/Stück) veräußert wurden. Aus Konzernsicht wird der Wareneinsatz mit Anschaffungskosten von 20 € bewertet. Der Konzerngewinn liegt um 44.000 € unter der Summe der Einzelgewinne. Bei der Differenz handelt es sich um den Zwischengewinn für 2.000 Stück, die die Mutter an die Tochter geliefert hat (2.000 Stück zu 22 €/Stück). Er ist zu konsolidieren.

Lösung zu Aufgabe 28 (Zwischenergebniskonsolidierung)

Die Mutter-AG weist im Einzelabschluss durch die Lieferung an die Tochter Umsatzerlöse von 660.000 € aus (30.000 x 22 €). Da sie nicht mit Dritten erzielt wurden, müssen sie im Konzernabschluss konsolidiert werden (Sollbuchung). Stattdessen muss beim Gesamtkostenverfahren eine Bestandserhöhung unfertiger Erzeugnisse im Haben gebucht werden, die mit den Herstellungskosten von 600.000 € zu bewerten ist (30.000 x 20 €). Da die Tochter die unfertigen Erzeugnisse mit 660.000 € bilanziert, muss der Wert um 60.000 € vermindert werden (Habenbuchung). Konsolidierungsbuchung: "Dr Revenue 660.000, Cr Changes in inventories of work in progress 600.000, Cr Work in progress 60.000".

Lösung zu Aufgabe 29 (Gemeinschaftsunternehmen)

Nach der Equity-Methode ist die Beteiligung zunächst mit 300.000 € zu bewerten. Ende 01 erhöht der Gewinnanteil von 70.000 € (1/3 von 210.000 €) den Beteiligungswert auf 370.000 € im Konzernabschluss. In 02 sinkt das Eigenkapital durch die Ausschüttung von 105.000 € und damit auch der Wert der Beteiligung nach der Equity-Methode. Ende 02 ergibt sich ein Wert von 335.000 € (370.000 € - 1/3 von 105.000 €).

Lösung zu Aufgabe 30 (Anschaffungskosten nach Equity-Methode)

Im Konzernabschluss wird die Beteiligung mit 640.000 € bewertet. In der Nebenrechnung wird dieser Betrag aufgeteilt. Anteiliger Buchwert des Eigenkapitals: 400.000 € (0,25 x 1.600.000 €) und anteilige stille Reserven: 120.000 € (0,25 x 480.000 €). Die stillen Reserven vermindern sich um die darauf entfallenden latenten Steuern von 36.000 €. Damit ergibt sich ein Firmenwert von 156.000 €.

Lösung zu Aufgabe 31 (Folgebewertung nach Equity-Methode)

Im Konzernabschluss erfolgt die Bewertung at equity, so dass gilt:

Anschaffungskosten 1.7.01:		640.000 €
+ Gewinnanteil für 01:	105.000 €	
- Abschreibung stiller Reserven:	10.000 €	
+ Auflösung latenter Steuern:	3.000 €	
= Beteiligungswert 31.12.01:		738.000 €

Da die Beteiligung am 1.7.01 erworben wurde, sind die Abschreibungen der stillen Reserven für ein halbes Jahr zu berechnen: 120.000 €/6 Jahre = 20.000 €. Davon 6/12 sind 10.000 €. Entsprechendes gilt für die Auflösung der passiven latenten Steuern.

Lösungen der Aufgaben zum neunten Kapitel

Lösung zu Aufgabe 1 (Entwicklungskosten)
Die Entwicklungskosten werden als Aufwand behandelt, so dass der Erfolg des Jahres 01 um 400.000 € sinkt. Eine Aktivierung ist nach dem Standard für SMEs nicht möglich.

Lösung zu Aufgabe 2 (Sachanlagen)
a) Der Restbuchwert nach planmäßiger Abschreibung beträgt am 31.12.03: 145.000 €. In 01 sind monatsgenaue Abschreibungen von 15.000 € (9/12 von 20.000 €) zu verrechnen (Wert 31.12.01: 185.000 €). In 02 und 03 werden jeweils planmäßige Abschreibungen von 20.000 € abgezogen. – Wenn der recoverable amount am Bilanzstichtag unter den Restbuchwert gesunken ist, muss eine außerplanmäßige Abschreibung erfolgen. Der recoverable amount ist der höhere Wert aus dem fair value less costs to sell und dem value in use. Somit sind 118.500 € zugrunde zu legen, da der fair value less costs to sell mit 118.500 € über dem Nutzungswert liegt (108.000 €). Da 118.500 € kleiner sind als 145.000 €, erfolgt eine außerplanmäßige Abschreibung von 26.500 €.

b) Im Standard für SMEs ist die Anwendung des Neubewertungsmodells nicht vorgesehen. Daher kann ein gestiegener beizulegender Zeitwert nicht berücksichtigt werden. Die fortgeführten Anschaffungskosten bilden die Wertobergrenze.

Lösung zu Aufgabe 3 (Bewertung von Marken)
Es handelt sich um ein intangible asset mit unbegrenzter Nutzungsdauer. Nach dem Standard für SMEs muss dennoch eine planmäßige Abschreibung erfolgen. Da keine Informationen über die Nutzungsdauer und die Methode vorliegen, wird linear über zehn Jahre abgeschrieben. Buchwert Ende 01: 555.000 € (600.000 - 9/12 x 600.000 €/10 Jahre).

Lösung zu Aufgabe 4 (Firmenwert)
a) Der Firmenwert wird linear über zehn Jahre abgeschrieben. In 01 entsteht ein Aufwand von 150.000 € (2.000.000 €/10 Jahre, davon 9/12). Firmenwert: 1.850.000 €.
b) Nach den Full IFRS ist keine planmäßige Abschreibung des Firmenwerts möglich. Der Wert bleibt unverändert bei 2.000.000 € (ein impairment liegt nicht vor).

Lösung zu Aufgabe 5 (Wertpapiere)
Da es sich um börsennotierte Aktien handelt, ist eine erfolgswirksame Bewertung zum fair value vorzunehmen. Im Fall a) wird mit 43.000 € bewertet, so dass ein Finanzertrag von

2.500 € entsteht. Im Fall b) wird mit 35.000 € bewertet, so dass ein Finanzaufwand von 5.500 € entsteht. Die Erträge und Aufwendungen erscheinen in der GuV-Rechnung.

Lösung zu Aufgabe 6 (Schuldverschreibung)
Anfang 01 erfolgt eine Bewertung mit den Anschaffungskosten von 94.846 €. In 01 werden die Anschaffungskosten fortgeführt, d.h. die Differenz aus effektiven Zinsen und nominellen Zinsen wird zugeschrieben. Effektive Zinsen: 0,08 x 94.846 € = 7.587,68 €. Nominelle Zinsen: 0,06 x 100.000 € = 6.000 €. Differenz: 1.587,68 €. Dieser Betrag wird zum Ausgangswert von 94.846 € zugerechnet. Wert Ende 01: 96.433,68 €.

Lösung zu Aufgabe 7 (Investment properties)
Da das Gebäude Anlagezwecken dient, handelt es sich um investment properties. Beim Erwerb wird das Gebäude mit den Anschaffungskosten bewertet, die am 1.7.05: 300.000 € betragen. Da der fair value verlässlich ermittelt werden kann, ist das fair value model anzuwenden. Ende 05 wird das Gebäude mit 290.000 € (Finanzaufwand 10.000 €) und Ende 06 mit 310.000 € bewertet. In 06 entsteht ein Finanzertrag von 20.000 €, da von 290.000 € auf 310.000 € zugeschrieben wird.

Lösung zu Aufgabe 8 (Sachanlagen und latente Steuern)
a) Nur die Gewerbesteuer stellt bei einer OHG eine betriebliche Steuer dar, die als Aufwand zu berücksichtigen ist. Die Einkommensteuer ist privat bedingt. Der Steuersatz der Gewerbesteuer ergibt sich als Produkt aus gesetzlicher Steuermesszahl (3,5%) und dem Hebesatz (z.B. 400%), der von der betreffenden Gemeinde festgelegt wird.

b) Da im Steuerrecht keine außerplanmäßige Abschreibung auf 280.000 € vorgenommen werden darf, liegt Ende 05 der IFRS-Wert unter dem steuerlichen Wert. Es gilt: 280.000 € < 320.000 €. Damit entsteht eine aktive latente Steuer in Höhe von 5.600 € (0,035 x 4 x 40.000 €). Für diese Steuer besteht nach IFRS eine Ansatzpflicht.

Lösung zu Aufgabe 9 (Firmenwert und latente Steuern)
Der Firmenwert wird nach den IFRS for SMEs linear über zehn Jahre abgeschrieben, so dass sich Ende 01 ein Wert von 855.000 € ergibt (900.000 € - 6/12 x 90.000 €). Im Steuerrecht ist linear über fünfzehn Jahre abzuschreiben (§ 7 Abs. 1 Satz 3 EStG). Restwert Ende 01: 870.000 € (900.000 € - 6/12 x 60.000 €). Der IFRS-Wert liegt um 15.000 € unter dem Steuerwert, so dass sich eine aktive latente Steuer von 2.100 € ergibt (0,14 x 15.000 €).

- ANHANG -

A. Übersicht über wichtige Vorschriften
B. IFRS-Vorschriften und Internetadressen
C. Bewertung von Finanzinstrumenten nach IAS 39
D. Bilanzierung von Leasing nach ED/2013/6 "Leases"
E. Wörterbuch: Abschlussposten Deutsch-Englisch

1. Grundlagen

Bereich	HGB
Vorrangiger Rechnungslegungszweck	Gläubigerschutz
Vorrangiges Rechnungslegungsziel (Kapitalgesellschaften)	Gewinnermittlung für Ausschüttungen, Erhaltung von Haftungssubstanz
Ideale Informationen	<ul><li>Vermögen: Unternehmenswert als Ertragswert</li><li>Erfolg: Zukünftiger und geplanter zur Bestimmung der Kredittilgungen und Zinszahlungen (Gläubigersicht)</li></ul>
Reale Informationen	<ul><li>Zeitgemäßes Eigenkapital (Bewertung grds. nur nach unten) und periodengemäßer Erfolg</li><li>Vorsichtsprinzip: Vorrangige Bedeutung</li></ul>
Rechtssystem	Code law (Allgemeingültigkeit)
Träger der Rechtsvorschriften	Gesetzgeber (und ergänzende Organisationen)
Wichtige Rechtsvorschriften	HGB und Spezialgesetze (z.B. AktG). GoB-Interpretation insbesondere durch das Steuerrecht und die Standards des DRSC
Rechnungslegungssysteme für deutsche Kapitalgesellschaften	1. Einzelabschluss<ul><li>HGB-Abschluss für Ausschüttungen an die Gesellschafter (z.B. an die Aktionäre einer AG)</li><li>IFRS-Abschluss wahlweise zur Offenlegung (zu Informationszwecken)</li></ul>2. Konzernabschluss<ul><li>Bei Kapitalmarktorientierung: Pflicht für IFRS</li><li>Andere Konzerne: Wahlrecht zwischen HGB-Abschluss und IFRS-Abschluss</li></ul>
Elemente des Jahresabschlusses bei Kapitalgesellschaften (ohne § 264 Abs. 1 Satz 2 HGB)	1. Einzelabschluss a) Nach HGB: Bilanz, GuV-Rechnung und Anhang b) Nach IFRS (zur Offenlegung): Bilanz, Gesamtergebnisrechnung, Eigenkapitalveränderungsrechnung, Kapitalflussrechnung, Anhang 2. Konzernabschluss a) Nach HGB: Bilanz, GuV-Rechnung, Anhang, Eigenkapitalspiegel, Kapitalflussrechnung b) IFRS-Konzernabschluss (siehe rechts) Zusätzlich: Lagebericht im Einzel- und Konzernabschluss (auch bei IFRS-Anwendung verpflichtend)
Generalklausel der Rechnungslegung	Vermittlung eines den tatsächlichen Verhältnissen entsprechenden Bildes der wirtschaftlichen Lage

A. Übersicht über wichtige Vorschriften – Grundlagen

IFRS
Anlegerschutz
Informationsvermittlung für Investitionen der Anleger
• Vermögen: Unternehmenswert als Ertragswert - Aktionärssicht • Erfolg: Zukünftiger und geplanter zur Bestimmung der Rendite von Aktien
• Zeitgemäßes Eigenkapital (Bewertung nach oben und unten) und periodengemäßer Erfolg • Vorsichtsprinzip: Nicht mehr im Framework genannt
Case law (Einzelfallbezogenheit)
IASB (private Organisation)
• Framework – nicht verbindlich • Standards (IAS/IFRS) – verbindlich mit Kerninhalten • Interpretations (SIC/IFRIC/IFRSIC) – verbindlich
IFRS als solche sind in Deutschland nicht direkt verbindlich. EU-Verordnung 1606/2002 beinhaltet Verpflichtung für IFRS im Konzernabschluss kapitalmarktorientierter Unternehmen. Ansonsten besteht Mitgliedstaatenwahlrecht: Gesetzgeber kann Anwendungsbereich der IFRS auf andere Unternehmen ausdehnen. Für Kapitalgesellschaften gilt beim Einzelabschluss: Grundsätzliche Anwendung des HGB - Wahlrecht zur Offenlegung eines IFRS-Abschlusses
IFRS-Vorschriften werden von der EU durch das überarbeitete Komitologieverfahren übernommen. Mit Veröffentlichung im Amtsblatt der EU sind die IFRS verbindlich und von den betreffenden Unternehmen anzuwenden
Im Einzel- und Konzernabschluss: • Statement of financial position as at the end of the period • Statement of financial position as at the beginning of the period (in drei Fällen) • Statement of profit or loss and other comprehensive income (for the period) • Statement of changes in equity (for the period) • Statement of cash flows (for the period) • Notes, comprising a summary of significant accounting policies and other explanatory information Zusätzlich bei Kapitalmarktorientierung: • Segmentberichterstattung und • Ergebnis je Aktie. Kein Lagebericht bei IFRS. Management commentary ist nicht verpflichtend
Fair presentation (angemessene Darstellung) der wirtschaftlichen Lage des Unternehmens

2. Prinzipien

Prinzip	HGB
Going concern principle	Bilanzierung und Bewertung unter Annahme der Unternehmensfortführung, solange nicht rechtliche oder tatsächliche Gründe entgegenstehen
Relevance	So nicht im HGB. Grundsatz der Wesentlichkeit gilt auch im HGB: Sofortabschreibung geringwertiger VG ist möglich – meist erfolgt Orientierung am Steuerrecht
Faithful representation	So nicht im HGB. Willkürfreiheit und Fehlerfreiheit sind GoB. Alle VG, Schulden und RAP, sowie Aufwendungen und Erträge sind anzusetzen (Vollständigkeitsprinzip)
Comparability (mit consistency)	Abschlüsse verschiedener Perioden und Betriebe müssen vergleichbar sein – Beachtung des Stetigkeitsprinzips
Verifiability	Nachprüfbarkeit bildet die Grundlage der Buchhaltung ("keine Buchung ohne Beleg")
Timeliness	Zeitnähe wird bei Kapitalgesellschaften durch genaue Aufstellungs- und Offenlegungsfristen konkretisiert
Understandability	Verständlichkeit wird durch die Beachtung der gesetzlichen Gliederungsvorschriften erzielt
Accrual basis	Nicht Zahlungen, sondern Erträge und Aufwendungen bestimmen den Erfolg des Geschäftsjahres (Dauer: Max. zwölf Monate). Geltung des Realisationsprinzips für Erträge – sachliche und zeitliche Abgrenzung von Aufwand
Realisationsprinzip	Erträge sind auszuweisen, wenn der Unternehmer alle vertraglichen Pflichten (z.B. des Kaufvertrags) erfüllt hat Keine Besonderheiten bei Werkverträgen (Langfristfertigung): Erfolgsausweis bei Abnahme des fertigen Werks
Weitere Prinzipien (Nicht im Framework oder in IAS 1)	1. Wirtschaftliche Betrachtungsweise: Grds. Bilanzierung beim rechtlichen Eigentümer. In Sonderfällen jedoch beim wirtschaftlichen Eigentümer 2. Bilanzidentität: Anfangsbilanz entspricht der Schlussbilanz des Vorjahres (bezogen auf jeden Posten) 3. Stichtagsprinzip: Bilanzierung richtet sich nach den Verhältnissen des Stichtags. Wertaufhellende Informationen sind zu beachten 4. Einzelbewertungsprinzip: Grds. ist jeder Posten für sich zu bewerten (Ausnahmen möglich) 5. Vorsichtsprinzip: Grds. keine Wertsteigerungen über AHK zulässig. Wertminderungen sind zu beachten

A. Übersicht über wichtige Vorschriften – Prinzipien

IFRS

Bilanzierung und Bewertung erfolgen unter der Annahme der Unternehmensfortführung, solange nicht rechtliche oder tatsächliche Gründe entgegenstehen. Fortführungszeitraum muss mindestens zwölf Monate betragen

Informationen müssen Vorhersagewert (predictive value) und Bestätigungswert (confirmatory value) aufweisen.

Alle wesentlichen Informationen sind anzugeben (materiality) – geringwertige Sachanlagen und immaterielle Posten können sofort abgeschrieben

Informationen müssen neutral (neutrality), fehlerfrei (free from errors) und vollständig sein (completeness). Neutrality bedeutet Willkürfreiheit, Fehlerfreiheit bedeutet Befolgung der IFRS, Vollständigkeit bedeutet Ansatz aller Bilanz- und Erfolgsposten

Abschlüsse verschiedener Perioden müssen vergleichbar sein (Zeitvergleich). Auch Betriebsvergleiche müssen möglich sein. Beachtung des Stetigkeitsprinzips

Nachprüfbarkeit besagt, dass alle aktiven und passiven Bilanzposten bzw. Erträge und Aufwendungen anhand von Unterlagen objektiv nachgewiesen werden können

Keine speziellen Aufstellungs- und Offenlegungsfristen. Deutsche Kapitalgesellschaften, die einen IFRS-Abschluss offenlegen, müssen die Fristen des HGB beachten

Jahresabschluss muss für sachverständige Dritte verständlich sein. Beachtung der Gliederungsvorschriften, die aber nur Mindestinhalte festlegen

In IAS 1 enthalten: Nicht Zahlungen, sondern Erträge und Aufwendungen bestimmen den Erfolg eines Geschäftsjahres, dessen Dauer in Ausnahmefällen länger oder kürzer als zwölf Monate sein kann. Realisationsprinzip gilt für Erträge – Aufwendungen sind sachlich zuzurechnen (matching principle) oder zeitraumbezogen abzugrenzen (deferral)

In IAS 18 enthalten: Erträge aus Kaufverträgen sind auszuweisen bei Übertragung maßgeblicher Risiken und Chancen. Verkäufer hat keine Verfügungsgewalt mehr, Umsatzerlöse und zugehörige Kosten sind schätzbar, es besteht ein verlässlicher Nutzenzufluss
Besonderheiten bei Werkverträgen (Fertigungsaufträge nach IAS 11): Anteiliger Erfolgsausweis schon vor Abnahme des fertigen Werks. Im überarbeiteten ED/2011/6 wird die unterschiedliche Behandlung beibehalten

1. Grds. Bilanzierung beim rechtlichen Eigentümer. In Sonderfällen (z.B. Eigentumsvorbehalt) jedoch beim wirtschaftlichen Eigentümer
2. Bilanzidentität: Anfangsbilanz entspricht der Schlussbilanz des Vorjahres (bezogen auf jeden einzelnen Posten). Bilanzänderungen werden in IAS 8 geregelt und betreffen Methodenänderungen, Schätzungsänderungen und wesentliche Fehler
3. Stichtagsprinzip: Bilanzierung richtet sich nach den Verhältnissen am Bilanzstichtag. Wertaufhellungsprinzip: Verbesserte Informationen über die Stichtagsverhältnisse sind zu beachten
4. Einzelbewertungsprinzip: Grundsätzlich ist jeder Posten für sich zu bewerten. Ausnahmen: Bewertungsvereinfachungen bei Vorräten, Abschreibungen nach IAS 36
5. Vorsichtsprinzip wird bei IFRS nach Überarbeitung der qualitativen Anforderungen nicht mehr genannt

3. Ansatz und Ausweis

Bereich	HGB
Definition Vermögensgegenstand und asset	Vermögensgegenstand: Sachen, Rechte, sonstige wirtschaftliche Vorteile, die selbstständig bewertbar und selbstständig verwertbar/veräußerbar sind
Transitorische RAP	Aktive und passive: Pflicht
Leasing von beweglichen Sachanlagen (Zuordnung zum LN)	Ohne Kaufoption (Vollamortisationsvertrag): Wenn feste GMZ unter 40% oder über 90% der ND (weitere Fälle in BMF-Schreiben). LN aktiviert die AK und passiviert Leasingverbindlichkeit. Abschreibung der AK über die Leasingdauer – Abnahme der Verbindlichkeit durch Aufteilung der Leasingraten
Immaterielle Vermögensgegenstände/Vermögenswerte	Ansatzwahlrecht für selbst geschaffene immaterielle VG im AV. Ansonsten Ansatzpflicht in AV und UV. Ansatzverbot für nicht entgeltlich erworbene Marken, Drucktitel etc. im AV. Außerdem: Ansatzverbot für Gründungsaufwand. Bei KapG: Ausschüttungssperre in Höhe des aktivierten Nettobetrags
Forschungs- und Entwicklungskosten	▪ Forschungskosten: Verbot ▪ Entwicklungskosten: Wahlrecht, falls VG und eindeutige Trennbarkeit Forschung/Entwicklung)
Firmenwert	▪ Originär: Verbot ▪ Derivativ: Pflicht (Firmenwert gilt als VG)
Latente Steuern	Für Kapitalgesellschaften gilt nach § 274 HGB: ▪ Temporary-Konzept: Berücksichtigung zeitlicher und quasi-permanenter Differenzen ▪ Bilanzorientierung ▪ Ansatzwahlrecht (Ansatzpflicht) für aktive (passive) latente Steuern (mit Ausschüttungssperre) ▪ Saldierungswahlrecht aktiver/passiver Steuern ▪ Bewertung: Grds. mit zukünftigem Steuersatz. Im Regelfall aktueller Steuersatz. Abzinsungsverbot
Rückstellungen	▪ Pflicht für zwei Aufwandsrückstellungen (Unterlassene Instandhaltung/Abraumbeseitigung bei Nachholung innerhalb von drei/zwölf Monaten im Folgejahr) und Verbindlichkeitsrückstellungen ▪ Bewertung zum Erfüllungsbetrag gemäß vernünftiger kaufmännischer Beurteilung ▪ Langfristige Rückstellungen: Abzinsungspflicht und Berücksichtigung von Preissteigerungen
Bilanzgliederung	Detaillierte Gliederungs- und Ausweisvorschriften

A. Übersicht über wichtige Vorschriften – Ansatz und Ausweis

IFRS
Asset: Ressource des Unternehmens auf Grund vergangener Ereignisse, von der zukünftig der Zufluss wirtschaftlichen Nutzens erwartet wird. Wirtschaftlicher Nutzen: Direkter oder indirekter Zufluss von Zahlungsmitteln oder Zahlungsmitteläquivalenten
Aktive und passive: Pflicht
Beim Laufzeittest, wenn Grundmietzeit (GMZ) zumindest 75% der wirtschaftlichen Nutzungsdauer beträgt (weitere Fälle z.B. günstige Kauf- oder Mietverlängerungsoption). Erstbewertung: LN aktiviert Leasingobjekt zum beizulegenden Zeitwert. Wenn Barwert der Mindestleasing niedriger ist, wird dieser Wert verwendet Folgebewertung: Abschreibung der Maschine über die Leasingdauer. Aufteilung der Leasingrate in einen erfolgswirksamen Zinsanteil und erfolgsneutralen Tilgungsanteil
Im Anlagevermögen (IAS 38): Pflicht bei Erfüllung der Assetdefinition, der Ansatzkriterien und der folgenden Zusatzkriterien: Identifizierbarkeit, Beherrschung, künftiger wirtschaftlicher Nutzen. Ansatzverbot für selbst geschaffene Marken, Drucktitel, Verlagsrechte etc. (wie im HGB) Im Umlaufvermögen (IAS 2): Pflicht bei Erfüllung der Assetdefinition und der Ansatzkriterien. Ansatzverbot für Gründungsaufwand
• Forschungskosten: Verbot • Entwicklungskosten: Pflicht (bei Erfüllung von sechs postenspezifischen Ansatzkriterien zusätzlich zu den Merkmalen für intangible ssets im Anlagevermögen)
• Originär: Verbot • Derivativ: Pflicht (Assetdefinition und Ansatzkriterien sind erfüllt)
• Temporary-Konzept: Berücksichtigung zeitlicher und quasi-permanenter Differenzen zwischen IFRS-Bilanz und Steuerbilanz. Es werden keine latente Steuern auf permanente Differenzen berechnet (auch nicht im HGB) • Bilanzorientierung • Aktive und passive: Ansatzpflicht (Asset- und Liabilitydefinition sind grds. erfüllt). Keine Festlegung von Ausschüttungssperren • Grundsätzlich Saldierungsverbot aktiver und passiver latenter Steuern • Bewertung: Grundsätzlich mit zukünftigem Steuersatz. Im Regelfall wird aktueller Steuersatz am Bilanzstichtag verwendet. Abzinsungsverbot
• Ansatzpflicht, falls rechtliche oder faktische Verpflichtungen in der Vergangenheit entstanden sind, deren Wahrscheinlichkeit über 50% liegt und die verlässlich zu bewerten sind. Verbot für Aufwandsrückstellungen • Bewertung mit der bestmöglichen Schätzung der Ausgabe, die zur Erfüllung der gegenwärtigen Verpflichtung erforderlich ist • Langfristige Verpflichtungen: Berücksichtigung von Preissteigerungen und Zinsen (Abzinsung). Erfolgsneutrale Erstbewertung (Rückstellung als Teil der Anschaffungskosten). Folgebewertung: Abschreibung Aktivposten, Zinsaufwand für Rückstellung
Keine detaillierten Gliederungsvorschriften. Nur Mindestvorschriften zur Gliederung

4. Bewertung (1. Teil)

Bereich	HGB
Bewertung von Aktiva	- AHK: Grds. Obergrenze - Finanzierungskosten: Verbot bei Anschaffungskosten, Wahlrecht bei Herstellungskosten (soweit zurechenbar und nur für Herstellungszeitraum)
Anschaffungskosten	Anschaffungspreis zzgl. Nebenkosten (Einzelkosten) abzgl. Preisminderungen
Herstellungskosten	- Pflicht: Einzelkosten und variable Gemeinkosten - Wahlrecht: Verwaltungsgemeinkosten (angemessener Betrag, auf Herstellungszeitraum entfallend) - Verbot: Vertriebskosten, kalkulatorische Kosten
Nachträgliche Herstellungskosten	Ansatzpflicht: Erweiterung oder wesentliche Verbesserung (im Vergleich zum Ursprungszustand). Ansatzverbot für Erhaltungsaufwand

Sachanlagen	- Obergrenze AHK (Wahlrecht für Komponentenansatz nach IDW RH HFA 1.016)
	- Planmäßige Abschreibung über Nutzungsdauer
	- Außerplanmäßige Abschreibung auf niedrigeren beizulegenden Stichtagswert:
	  - Dauernde Wertminderung: Pflicht
	  - Nicht dauernde Wertminderung: Verbot
	- Zuschreibungspflicht bei Wegfall des Abschreibungsgrunds. Obergrenze: Fortgeführte AHK
	- Keine Neubewertung zum gestiegenen Marktwert (fair value) zulässig
	- Bei Verkaufsabsicht: Zuordnung zum Umlaufvermögen und Bewertung nach strengem Niederstwertprinzip

Immaterielle Vermögensgegenstände/Vermögenswerte	- Obergrenze AHK (bei selbst erstellten Posten besteht für KapG eine Ausschüttungssperre) - Im Anlagevermögen: Planmäßige Abschreibung über Nutzungsdauer (grds. auch bei unbefristeten Rechten) - Außerplanmäßige Abschreibungen und Zuschreibungen wie bei Sachanlagen
Derivativer Firmenwert	- Obergrenze: Unterschiedsbetrag (Kaufpreis des Unternehmens abzgl. Zeitwert des Eigenkapitals) - Abschreibung: Planmäßig über die Nutzungsdauer (grds. fünf Jahre – längerer Zeitraum begründbar) - Außerplanmäßige Abschreibung: Pflicht, falls beizulegender Zeitwert dauerhaft gesunken - Zuschreibungsverbot

A. Übersicht über wichtige Vorschriften – Bewertung

IFRS

- Anschaffungs- oder Herstellungskosten (AHK): Grundsätzlich Obergrenze, aber viele Ausnahmen durch fair value-Bewertung
- Finanzierungskosten: Pflicht bei qualifying assets

Anschaffungspreis zzgl. Nebenkosten (Einzelkosten) abzgl. Preisminderungen

- Pflicht: Einzelkosten und angemessene Gemeinkosten für Material, Fertigung, produktionsbezogene Verwaltung (= produktionsbedingte Vollkosten)
- Verbot: Allgemeine Verwaltungskosten, Vertriebskosten, kalkulatorische Kosten

Bei Erzielung eines künftigen wirtschaftlichen Nutzens (mit probability, reliability): Aktivierungspflicht als eigenständige Komponente. Beispiele: Großinspektionen oder Generalüberholungen. Verbot für Erhaltungsaufwand

- Obergrenze zunächst AHK (Komponentenbildung bei Wesentlichkeit)
- Planmäßige Abschreibung über Nutzungsdauer (ND)
- Bei objektiven Anzeichen für Wertminderung: Außerplanmäßige Abschreibung auf recoverable amount: Pflicht für einzelne assets (ansonsten für CGU)
- Zuschreibungspflicht (Obergrenze: Fortgeführte AHK im cost model)
- Wahlrecht für revaluation model:
  - Neubewertung zum fair value (erfolgsneutral mit Rücklagenbildung)
  - Abschreibung des fair values über Restnutzungsdauer (Wahlrecht Umbuchung RL)
  - Außerplanmäßig: Erst Rücklagenauflösung, dann Aufwand. Spätere Zuschreibung erfolgswirksam bis zu fortgeführten AHK, darüber hinaus erfolgsneutral
  - Bildung passiver latenter Steuern: Erfolgsneutraler Ansatz, wenn fair value größer ist als Steuerwert – erfolgswirksame Steuerauflösung in Folgejahren
- Assets held for sale: Geplante Veräußerung binnen Jahresfrist. Bewertung am Stichtag mit niedrigerem Wert aus fair value less costs to sell und carrying amount

- Obergrenze grundsätzlich AHK
- Bei begrenzter Nutzungsdauer: Planmäßige Abschreibung über geschätzte ND
- Außerplanmäßig wie bei Sachanlagen. Sonderfall CGU: Buchwertproportionale Abschreibung der assets bei gesunkenem value in use (mit Untergrenze)
- Bei unbegrenzter ND: Jährlicher impairment test zur Wertüberprüfung
- Revaluation model: Wie Sachanlagen, aber nur bei aktivem Markt (Transaktionen finden mit ausreichender Häufigkeit und in ausreichendem Volumen statt)

- Obergrenze: Fair value des Unternehmens abzgl. fair value des Nettovermögens
- Keine planmäßige Abschreibung (impairment only-approach)
- Außerplanmäßige Abschreibung (impairment): Zurechnung des Goodwills auf CGU. Abschreibung, falls recoverable amount der CGU kleiner als Buchwert der CGU mit zugerechnetem Firmenwert: Erst Abschreibung des Firmenwerts, dann buchwertproportionale Abschreibung der assets der CGU (mit Untergrenze)
- Zuschreibung der assets bei Wegfall des Grunds – Zuschreibungsverbot für Goodwill

4. Bewertung (2. Teil)

Bereich	HGB

Finanzinstrumente zum beizulegenden Zeitwert (IFRS 9)	Andere Systematik als nach IFRS 9:
	• Bewertung hängt von der Zuordnung zum AV und UV ab. Grds. keine Bewertung über die AK hinaus. Beim Erwerb: Bewertung mit Anschaffungskosten
	• Im Anlagevermögen: Gemildertes Niederstwertprinzip. Außerplanmäßige Abschreibung (auf niedrigeren beizulegenden Stichtagswert):
	  - Bei dauernder Wertminderung: Pflicht
	  - Bei nicht dauernder Wertminderung: Wahlrecht

Finanzinstrumente zu fortgeführten Anschaffungskosten	• Zuschreibungspflicht bei Wegfall des Abschreibungsgrundes: Obergrenze Anschaffungskosten • Im UV: Strenges Niederstwertprinzip. Pflicht zur Abschreibung, falls Marktwert gesunken
Derivative Finanzinstrumente (Termingeschäfte)	• Schwebende Geschäfte bis zur Erfüllung • Bei Verlusten: Rückstellungspflicht – Gewinne werden nicht ausgewiesen (Imparitätsprinzip) • Sicherungsgeschäft: Bewertungseinheit möglich
Beteiligungen	Bewertung wie Wertpapiere im Anlagevermögen
Grundstücke als Finanzinvestition	Bewertung wie Sachanlagen: Planmäßige Abschreibung des Gebäudes (meist wie im Steuerrecht). Keine planmäßige Abschreibung von Grund und Boden
Vorräte	• Obergrenze AHK • Verbrauchsfolgeverfahren: Fifo und Lifo • Außerplanmäßige Abschreibung auf Börsen- oder Marktwert: Pflicht. • Zuschreibungspflicht (Obergrenze AHK)
Langfristfertigung	Completed-contract method
Forderungen aus Lieferungen und Leistungen	• Obergrenze Anschaffungskosten (Nennwert) • Außerplanmäßige Abschreibung bei konkretem Ausfallrisiko durch Einzelwertberichtigung • Allgemeine Pauschalwertberichtigung zulässig
Schulden	• Verbindlichkeiten zum Erfüllungsbetrag (entspricht im Regelfall dem Nennwert) • Rückstellungen zum voraussichtlichen Erfüllungsbetrag • Passive RAP mit zeitlich abzugrenzenden Betrag
Disagio	Wahlrecht zur Aktivierung (dann Barwertansatz)

IFRS

- Schuldinstrumente der Kategorie "at fair value" sind beim Erwerb zum fair value zu bewerten (NK sind Aufwand). Folgebewertung: Erfolgswirksam zum fair value
- Bei Eigenkapitalinstrumenten: Wahlrecht zwischen erfolgswirksamer und erfolgsneutraler Bewertung (aber: Financial assets held for trading immer erfolgswirksam):
  - Erfolgsneutral: Erstbewertung zum fair value mit NK. Folgebewertung mit positiver oder negativer Eigenkapitalrücklage (positive/negative fair value-surplus)
  - Erfolgswirksam: Erstbewertung zum fair value (NK sind Aufwand). Folgebewertung erfolgswirksam: Erträge und Aufwendungen in GuV-Rechnung

- Zuordnung zur Kategorie "at amortised cost", wenn Geschäftsmodell auf Erzielung von Erträgen abstellt und Finanzinstrumente vertraglich feste Zahlungen vorsehen
- Erwerb zum fair value mit NK. Folgebewertung: Fortführung der Anschaffungskosten bei Zinsdifferenzen: Zuschreibung auf Rückzahlungsbetrag bei Disagio ($i_{nom} < i_{Markt}$)

- Schwebende Geschäfte bis zur Erfüllung
- Bewertung zum fair value (kein Sicherungsgeschäft): Erfolgswirksame Berücksichtigung von Gewinnen und Verlusten
- Sicherungsgeschäft: Bewertungseinheit zwischen Aktiv- und Passivgeschäft

Bewertungswahlrecht im Einzelabschluss:
- At cost: Anschaffungskosten als Wertobergrenze. Außerplanmäßige Abschreibung bei gesunkenem recoverable amount. Zuschreibungspflicht bei Wertaufholung
- Nach IFRS 9: Bewertung wie Eigenkapitalinstrumente at fair value

Bewertungswahlrecht:
- Cost model: AK als Obergrenze. Planmäßige (evtl. außerplanmäßige) Abschreibung
- Fair value model: Erfolgswirksame jährliche Bewertung zum fair value

- Obergrenze Anschaffungs- oder Herstellungskosten
- Verbrauchsfolgeverfahren: Nur Fifo
- Außerplanmäßige Abschreibung auf net realisable value: Pflicht
- Zuschreibungspflicht (Obergrenze AHK). Nach geltendem Standard keine Bewertung zu Veräußerungspreisen

Percentage-of-completion method

- Obergrenze fair value mit Nebenkosten (= Anschaffungskosten)
- Außerplanmäßige Abschreibung bei konkretem Ausfallrisiko (Einzelwertberichtigung). Pauschale Wertberichtigung für Forderungsgruppen mit ähnlichem Risiko
- Keine allgemeine Pauschalwertberichtigung zulässig

- Verbindlichkeiten beim Erwerb zum fair value mit Nebenkosten (= Anschaffungskosten). Folgebewertung: Anschaffungskosten (Fortführung, d.h. Zuschreibung relevant, wenn bei Entstehung der Verbindlichkeit Zinsdifferenzen bestehen)
- Rückstellungen zum Erfüllungsbetrag
- Passive (transitorische) RAP: Mit dem zeitlich abzugrenzenden Betrag

Ansatzverbot (Verbindlichkeitsansatz zum Barwert und Zuschreibung auf Nennwert)

4. Bewertung (3. Teil)

Bereich	HGB
Pensionsrückstellungen	• Grundfälle wie bei IFRS. Bei Berechnung der Pensionsrückstellung auf den Zeitpunkt der Zusage handelt es sich um Gegenwartswertverfahren • Im Detail bestehen Unterschiede zwischen HGB und IFRS
Fremdwährungsverbindlichkeiten	• Erstbewertung: Umrechnung mit Devisenkassamittelkurs (Mittelwert aus Brief- und Geldkurs) • Folgebewertung: Bei langfristigen Posten gilt Imparitätsprinzip. Für kurzfristige Posten gelten Anschaffungskosten- und Realisationsprinzip nicht
Bewertung des Eigenkapitals	Gezeichnetes Kapital, Kapitalrücklagen und Gewinnrücklagen: Bewertung zum Nennbetrag. Eigenkapitalbeschaffungskosten sind Aufwand – keine Minderung der Kapitalrücklage
Kapitalerhaltungskonzept	Nominelle Kapitalerhaltung
Bewertung eigener Aktien	Verminderung des gezeichneten Kapitals durch Nennwert der Aktien. Mehrbeträge (Kurswert > Nennwert) vermindern frei verfügbare Rücklagen. Anschaffungsnebenkosten sind Aufwand

5. GuV-Rechnung/Gesamtergebnisrechnung

Bereich	HGB
Gesamtergebnisrechnung	Nicht vorhanden: Bilanzielle Eigenkapitaländerung entspricht dem Erfolg der GuV-Rechnung
Erfolgsberechnung	Periodenerfolg = Ertrag - Aufwand (GuV-Rechnung)
Verfahren der GuV-Rechnung	• Gesamtkostenverfahren (GKV): Explizite Berücksichtigung der Lagerbestandsänderung • Umsatzkostenverfahren (UKV): Implizite Berücksichtigung der Lagerbestandsänderung
Ausweisvorschriften	Detailliert geregelt: Festes Gliederungsschema
Erfolgsspaltung	• Betriebsergebnis, Finanzergebnis, außerordentliches Ergebnis • Betriebsergebnis wird nicht gesondert ausgewiesen, ist aber leicht zu berechnen (GKV und UKV)
Ergebnis je Aktie	Kein verpflichtender Ausweis

IFRS

- Maximalwert: Barwert der Pensionszahlungen bei Eintritt des Versorgungsfalls.
- Gleichmäßige Verteilung des Barwerts auf die aktiven Arbeitsjahre des Begünstigten (unter Beachtung von Abzinsungseffekten)
- Abbau der Pensionsrückstellung bei Eintritt des Versorgungsfalls
- Besonderheiten gelten bei Leibrenten oder gehaltsabhängigen Renten

- Erstbewertung: Umrechnung mit Devisenkassakurs. Keine Festlegung, ob Brief- oder Geldkurs. Möglich (nach materiality): Mittelkurs aus Brief- und Geldkurs
- Folgebewertung (unabhängig von Zeitaspekten): Bei Kurssteigerung: Zuschreibung (Aufwand) – bei Kurssenkung: Abschreibung (Ertrag). Erfolgswirksame Behandlung von Kursgewinnen und Kursverlusten

Gezeichnetes Kapital, Kapitalrücklage, Gewinnrücklagen und sonstige Rücklagen sind zum Nennbetrag zu bewerten. Eigenkapitalbeschaffungskosten sind mit Kapitalrücklage zu verrechnen

Nominelle Kapitalerhaltung (mit Elementen der absoluten Substanzerhaltung)

- Par value method (Nennwertmethode): Genaue Verrechnung mit Eigenkapitalposten nach den Verhältnissen im Zeitpunkt der Aktienemission
- Cost method (Anschaffungskostenmethode): Pauschale Verrechnung mit Eigenkapital durch Aktivierung eigener Anteile (treasury shares)

IFRS

Vorhanden: Bilanzielle Eigenkapitaländerung kann vom Erfolg der GuV-Rechnung abweichen, da bestimmte Erfolgskomponenten nur bilanziell erfasst werden. In die Gesamtergebnisrechnung wird das sonstige Ergebnis aufgenommen

Gesamtergebnis = Periodenergebnis + sonstiges Ergebnis (OCI)

- Nature of expense method (GKV): Explizite Berücksichtigung der Lagerbestandsänderung (Bruttoverfahren)
- Cost of sales method (UKV): Implizite Berücksichtigung der Lagerbestandsänderung (Nettoverfahren)

Nicht im Detail geregelt: Nur Mindestgliederungsschema
Ergänzungen nach materiality-Grundsatz, um Ertragslage angemessen auszuweisen

- Betriebs- und Finanzergebnis sind nach materiality-Grundsatz regelmäßig auszuweisen, da es sich um entscheidungsrelevante Informationen für Anleger handelt
- Ausweisverbot: Außerordentliches Ergebnis

Spezieller Ausweis (im Anhang oder in der Eigenkapitalveränderungsrechnung)

6. Kapitalflussrechnung

Bereich	HGB (DRS 2)
Zahlungsmittelfonds	Zahlungsmittel und Zahlungsmitteläquivalente
Komponenten	▪ Laufende Geschäftstätigkeit ▪ Investitionstätigkeit ▪ Finanzierungstätigkeit
Ermittlungsmethoden	▪ Direkt (alle Bereiche) ▪ Indirekt (nur laufende Geschäftstätigkeit)
Formale Ausgestaltung	▪ Staffelform: Pflicht ▪ Vorjahreszahlen: Pflicht ▪ Stetigkeitsprinzip: Pflicht ▪ Grundsätzlich Bruttoausweis: Pflicht
Gliederungsschema	Detailliert

7. Weitere Rechnungslegungsinstrumente
a) Eigenkapitalveränderungsrechnung

Bereich	HGB
Aufstellungspflicht	▪ Im Einzelabschluss für kapitalmarktorientierte Kapitalgesellschaften (ohne Konzernabschluss) ▪ Im Konzernabschluss für nicht-kapitalmarktorientierte Konzerne, die kein IFRS wählen
Wichtige Eigenkapitalkonten (Aktiengesellschaft - AG)	Gezeichnetes Kapital, Kapitalrücklagen und Gewinnrücklagen
Bilanzieller Erfolgsausweis	Meist nein. Stattdessen bei AG: Ausweis des Bilanzgewinns bzw. Bilanzverlusts (Erfolgsausweis mit teilweiser Ergebnisverwendung)

b) Anhang

Bereich	HGB
Wichtige Angabepflichten	▪ Angabe der Bilanzierungs- und Bewertungsmethoden ▪ Angabe spezieller Detailinformationen zu einzelnen Sachverhalten ▪ Angabe von zusätzlichen Informationen ▪ Anlagespiegel/Anlagegitter für Vermögensgegenstände des Anlagevermögens mit vergleichbarem Inhalt wie bei IFRS

A. Übersicht über wichtige Vorschriften – Weitere Rechnungslegungsinstrumente

IFRS
Zahlungsmittel und Zahlungsmitteläquivalente
• Operating activities • Investing activities • Financing activities
• Direkt (alle Bereiche) • Indirekt (nur operating activities)
• Staffelform: Empfohlen • Vorjahreszahlen: Pflicht • Stetigkeitsprinzip: Pflicht • Grundsätzlich Bruttoausweis: Pflicht
Mindestgliederung

IFRS
Im Einzel- und Konzernabschluss: Pflicht für statement of changes in equity. Deutsche Konzerne, die kapitalmarktorientiert sind, müssen die IFRS anwenden und somit eine internationale Eigenkapitalverwendungsrechnung erstellen
Issued capital (share capital), share premium, revenue reserves
Nein. Erfolg wird nur in der Gesamtergebnisrechnung ausgewiesen (Periodenergebnis und sonstiges Ergebnis). Periodenergebnis erscheint bilanziell in den retained earnings, das sonstige Ergebnis wird in speziellen Rücklagen ausgewiesen

IFRS
• Angaben zu den Grundlagen der Abschlusserstellung und den Bilanzierungs- und Bewertungsmethoden (inkl. Angaben zu Ermessensentscheidungen) • Angaben zu verlangten Informationen, die in anderen Abschlussbestandteilen nicht enthalten sind • Angaben zu ergänzenden Informationen zum Verständnis der Abschlussbestandteile • Überleitungsrechnung für Sachanlagen und immaterielle Vermögenswerte: AHK, kumulierte Abschreibungen, Zugänge, Abgänge, Buchwerte am Beginn und Ende der Periode, jährliche Abschreibung. Gruppenbezogene Darstellung

7. Weitere Rechnungslegungsinstrumente (Fortsetzung)
c) Segmentberichterstattung

Bereich	HGB (DRS 3)
Segmentabgrenzung	Operative Segmente, für die gilt: - Geschäftsaktivitäten führen potenziell oder tatsächlich zu Erträgen und Aufwendungen (auch segmentintern) - Operative Ergebnisse werden vom Entscheidungsträger überwacht und dienen der Steuerung und Kontrolle der wirtschaftlichen Lage des Unternehmens
Ansatz zur Segmentabgrenzung	Management approach: Abgrenzung nach interner Unternehmens- und Berichtsstruktur
Berichtspflicht eines Segments	- Umsatzerlöse mindestens 10% der Gesamtumsatzerlöse - Erfolg mindestens 10% des Gesamtgewinns bzw. Gesamtverlusts (absolut höherer Betrag entscheidet) - Vermögen mindestens 10% des Gesamtvermögens Umsatzerlöse berichtspflichtiger Segmente dürfen nicht weniger als 75% der gesamten Umsatzerlöse betragen (Einhaltung der 75%-Regel)
Wichtige Segmentdaten	- Segmentergebnis - Segmenterträge mit fremden Dritten - Intersegmentäre Umsatzerlöse - Segmentabschreibungen - Zinsaufwendungen und Zinserträge - Segmentvermögen - Segmentinvestitionen - Zahlungsunwirksame Informationen
Wichtige Zusatzinformationen:	- Bewertungsmethoden - Verrechnungspreise - Vorjahresangaben - Änderung von Bewertungsmethoden (Durchbrechung des Stetigkeitsprinzips)
Überleitungsrechnung	Pflicht bei Segmenterträgen, Segmentergebnis, Segmentvermögen und anderen wesentlichen Segmentdaten

A. Übersicht über wichtige Vorschriften – Weitere Rechnungslegungsinstrumente 473

IFRS
Operating segments, für die gilt: - Geschäftsaktivitäten führen potenziell oder tatsächlich zu Erträgen und Aufwendungen (auch segmentintern) - Operative Ergebnisse werden vom Entscheidungsträger überwacht und dienen der Steuerung und Kontrolle der wirtschaftlichen Lage des Unternehmens - Gesonderte Rechnungslegungsdaten sind verfügbar
Management approach (IFRS 8): Abgrenzung nach interner Unternehmens- und Berichtsstruktur
- Umsatzerlöse mindestens 10% der Gesamtumsatzerlöse (Summe der externen und internen Umsatzerlöse) - Erfolg mindestens 10% des Gesamtgewinns bzw. Gesamtverlusts (absolut höherer Betrag entscheidet) - Vermögen mindestens 10% des Gesamtvermögens Umsatzerlöse berichtspflichtiger Segmente dürfen nicht weniger als 75% der gesamten Umsatzerlöse betragen (Einhaltung der 75%-Regel)
- Segmentergebnis - Segmenterträge mit fremden Dritten - Intersegmentäre Umsatzerlöse - Segmentabschreibungen - Zinsaufwendungen und Zinserträge - Segmentvermögen - Segmentinvestitionen - Zahlungsunwirksame Informationen
- Angaben zu Verrechnungspreisen - Angaben zu Bewertungsmethoden - Vorjahresangaben - Änderung von Bewertungsmethoden (Durchbrechung des Stetigkeitsprinzips)
Pflicht bei Segmenterträgen, Segmentergebnis, Segmentvermögen und anderen wesentlichen Segmentdaten

8. Konzern (1. Teil)

Bereich	HGB
Aufstellungspflicht	Control-Konzept: Muttergesellschaft kann (unmittelbar/mittelbar) einen beherrschenden Einfluss ausüben
Abweichende Geschäftsjahre von Mutter und Tochter	Pflicht für Zwischenabschlüsse, wenn Abschlussstichtag der Tochter mehr als drei Monate vor dem der Mutter liegt. Sonst Korrektur von Vorgängen mit besonderer Bedeutung für wirtschaftliche Konzernlage
Größenabhängige Befreiungen	Für kleine Konzerne enthält § 293 HGB Grenzwerte. Anwendung der Brutto- oder Nettomethode
Konsolidierungskreis	• Enger Kreis: Vollkonsolidierte Mutter- und Tochtergesellschaften • Weiter Kreis: Mutter- und Tochter sowie Gemeinschaftsunternehmen und assoziierte Unternehmen
Einbeziehungswahlrechte/ Einbeziehungsverbote	Wahlrecht: Bei erheblicher und dauernder Rechtsbeschränkung, Weiterverkaufsabsicht und Unwesentlichkeit. Verbot: Nicht vorhanden
Technik der Abschlusserstellung (Erstkonsolidierung)	Basis: Vereinheitlichte Jahresabschlüsse der Mutter und Tochter. Nach Neubewertung der Bilanzposten, Summenbildung und Kapitalkonsolidierung ergibt sich die erste Konzernbilanz
Zeitpunkt der Erstkonsolidierung	Zeitpunkt der Erfüllung des Control-Konzepts (nach HGB)
Kapitalkonsolidierung	Neubewertungsmethode: Volle Aufdeckung stiller Reserven der Tochter (Einstellung in Eigenkapitalrücklage). Passive latente Steuern vermindern Rücklagenwert. Keine latenten Steuern auf Firmenwert. Auflösung latenter Steuern bei Folgekonsolidierung
Erstkonsolidierung	Verrechnung der Anschaffungskosten der Anteile der Mutter mit dem Eigenkapital der Tochter
Positiver Firmenwert im Konzern	100%-Beteiligung: Anschaffungskosten der Anteile der Mutter größer als Zeitwert des Eigenkapitals der Tochter. Unter 100%: Anschaffungskosten der Anteile der Mutter größer als anteiliger Zeitwert des Eigenkapitals der Tochter
Folgekonsolidierung stiller Reserven	• Abschreibung des abnutzbaren Anlagevermögens (erfolgswirksam) • Weiterführung des nicht abnutzbaren Anlage- und Umlaufvermögens (erfolgsneutral bis Realisation)

A. Übersicht über wichtige Vorschriften – Konzern

IFRS

Control-Konzept: Muttergesellschaft hat Beherrschungsmöglichkeit, die die Höhe der variablen Rückflüsse des beherrschten Unternehmens beeinflusst

Grundsätzlich: Pflicht für Zwischenabschlüsse. Ausnahme: Nicht durchführbar oder wirtschaftlich nicht vertretbar. Dann Korrekturbuchung wesentlicher Sachverhalte. Immer Pflicht für Zwischenabschlüsse, falls Abweichung der Stichtage mehr als drei Monate beträgt

Grundsätzlich keine größenabhängige Befreiung von der Aufstellungspflicht

- Enger Kreis: Vollkonsolidierte Mutter- und Tochtergesellschaften
- Weiter Kreis: Mutter und Tochter sowie Gemeinschaftsunternehmen (joint ventures) und assoziierte Unternehmen (associates)

Einbeziehungswahlrecht einer Gesellschaft bei Unwesentlichkeit. Pflicht bei Weiterverkaufsabsicht, Verbot bei Rechtsbeschränkung, da keine Beherrschungsmöglichkeit (Control-Konzept wird nicht erfüllt)

Basis: Vereinheitlichte Jahresabschlüsse von Mutter und Tochter (Ausrichtung der Methoden auf die Mutter). Nach Neubewertung (zum fair value), Summenbildung (der einzelnen Bilanzposten) und Kapitalkonsolidierung ergibt sich die erste Konzernbilanz (consolidated financial statement)

Zeitpunkt der Erfüllung des Control-Konzepts (nach IFRS)

Neubewertungsmethode: Volle Aufdeckung stiller Reserven in assets und liabilities der Tochter. Latente Steuern nach Temporary-Konzept: Aufgedeckte stille Reserven werden durch passive latente Steuern vermindert (Eigenkapitalrücklage sinkt). Keine latenten Steuern auf derivativen Firmenwert. Auflösung latenter Steuern bei Folgekonsolidierung, wenn stillen Reserven fortgeführt werden

Verrechnung der gewährten Gegenleistung der Mutter (fair value der Anteile) mit dem Zeitwert des Eigenkapitals der Tochter

100%-Beteiligung: Gewährte Gegenleistung der Mutter größer als Zeitwert des Eigenkapitals der Tochter. Unter 100%: Gewährte Gegenleistung der Mutter größer als anteiliger Zeitwert des Eigenkapitals der Tochter

- Abschreibung des abnutzbaren Anlagevermögens (erfolgswirksam)
- Weiterführung des nicht abnutzbaren Anlage- und Umlaufvermögens (erfolgsneutral bis Realisation). Realisation der Reserven meist bei Veräußerung: Erfolge der Einzelabschlüsse sind regelmäßig auf Konzernebene zu korrigieren

8. Konzern (2. Teil)

Bereich	HGB
Folgekonsolidierung des positiven Firmenwerts	Planmäßige Abschreibung über die Nutzungsdauer von grundsätzlich fünf Jahren – bei Nachweis ist eine längere Nutzungsdauer anwendbar
Erstkonsolidierung (mit Minderheitsgesellschaftern)	Neubewertungsmethode: Auflösung stiller Reserven in einzelnen Vermögensgegenständen und Zurechnung auf die Mutter und Minderheitsgesellschafter. Keine Aufdeckung des Firmenwerts für nicht-kontrollierende Gesellschafter
Folgekonsolidierung stiller Reserven (mit Minderheitsgesellschaftern)	• Abschreibung des abnutzbaren Anlagevermögens (erfolgswirksam) – Anteilige Aufwandsverteilung auf Muttergesellschaft und Minderheiten • Unveränderte Weiterführung des nicht abnutzbaren Anlagevermögens und Umlaufvermögens
Negativer Firmenwert im Konzern (Badwill)	Mutter bezahlt weniger als den Zeitwert des Eigenkapitals der Tochter. Bilanzierung als passiver Unterschiedsbetrag (Eigen- oder Fremdkapitalcharakter). Auflösung des Unterschiedsbetrags nach § 309 Abs. 2 HGB
Schuldenkonsolidierung	(Erfolgsneutrale oder erfolgswirksame) Verrechnung der Schulden zwischen Mutter und Tochter
Zwischenergebniskonsolidierung	Verrechnung des Gewinns aus Lieferungen zwischen Mutter und Tochter (kein Absatz mit Dritten). Unterscheidung in konsolidierungspflichtigen und konsolidierungsfähigen Gewinn/Verlust bei Herstellungskosten (durch Wahlrecht für allgemeine Verwaltungskosten)
Aufwands- und Ertragskonsolidierung	Verrechnung der Aufwendungen und Erträge aus Leistungen zwischen Mutter und Tochter
Gemeinschaftsunternehmen: Quotenkonsolidierung bzw. Equity-Methode	Quotenkonsolidierung nach Neubewertungsmethode. Anteilige Übernahme der Posten des Gemeinschaftsunternehmens (Aufdeckung stiller Reserven und des Firmenwerts). Folgebewertung: Abschreibung stiller Reserven und des Firmenwerts. Alternativ möglich: Equity-Methode (siehe unten und rechts)
Assoziierte Unternehmen: Equity-Methode	Anwendung der Buchwertmethode. Erstbewertung mit AK - Aufteilung in einer Nebenrechnung, die anteiliges Eigenkapital, stille Reserven und Firmenwert erfasst. Folgebewertung: Fortschreibung der AK: Gewinne erhöhen/Verluste und Abschreibung mindern den Wert

IFRS

Verbot planmäßiger Abschreibungen. Nur außerplanmäßige Abschreibung des Firmenwerts, falls impairment test zu einer Wertminderung führt. Verteilung des Firmenwerts auf einzelne cash generating units – Abschreibungspflicht, falls gilt: recoverable amount der CGU < Buchwert der CGU mit Firmenwert

Neubewertungsmethode: Auflösung stiller Reserven in den Vermögenswerten und Schulden. Wahlrecht zwischen Purchased Goodwill-Method und Full Goodwill-Method. Bei Purchased Goodwill-Method: Kein Firmenwert für konzernfremde Gesellschafter – bei Full Goodwill-Method: Ansatz des Firmenwerts auch für konzernfremde Gesellschafter

- Abschreibung des abnutzbaren Anlagevermögens (erfolgswirksam) – Anteilige Aufwandsverteilung auf Muttergesellschaft und Minderheitsgesellschafter
- Unveränderte Weiterführung des nicht abnutzbaren Anlagevermögens und Umlaufvermögens (erfolgsneutral)

Mutter bezahlt weniger als Zeitwert der Anteile (Zeitwert des Eigenkapitals der Tochter). Überprüfung des Ansatzes und der Bewertung der Bilanzposten bei der Tochter. Eventuelle Wertkorrektur nach unten. Verbuchung einer verbleibenden Differenz als Ertrag (gain on bargain purchase). Keine Passivierung in der Konzernbilanz

(Erfolgsneutrale oder erfolgswirksame) Verrechnung von Schulden zwischen Mutter und Tochter (z.B. Darlehen, Forderungen, Rechnungsabgrenzungsposten)

Verrechnung des Gewinns aus Lieferungen (Waren, Fertigerzeugnisse) zwischen Mutter und Tochter, wenn noch kein Absatz mit Dritten vorliegt. Keine Unterscheidung in konsolidierungspflichtigen und konsolidierungsfähigen Gewinn bei Herstellungskosten, da Vollkostenbewertung bei IFRS (Einbeziehungsverbot für allgemeine Verwaltungskosten in die Herstellungskosten)

Verrechnung der Aufwendungen und Erträge aus Lieferungen und Leistungen zwischen Mutter und Tochter (z.B. Zwischengewinne, Mieten, Zinsen)

Nach IFRS 11 Anwendung der Equity-Methode für Gemeinschaftsunternehmen (joint ventures). Entwicklung der Beteiligung im Konzernabschluss in Abhängigkeit vom Eigenkapital des joint ventures: Gewinne erhöhen, Verluste und Ausschüttungen vermindern das Eigenkapital und den Beteiligungswert. Beim Anteilserwerb nach Gründung sind die Anschaffungskosten (AK) relevant, die stille Reserven und einen Firmenwert enthalten (siehe unten)

Erstwertung zu AK – Aufteilung in Nebenrechnung in anteiliges Eigenkapital, anteilige stille Reserven und Firmenwert (Restbetrag). Stille Reserven werden durch passive latente Steuern vermindert. Folgebewertung: Fortschreibung der AK: Erfolge des associates erhöhen/vermindern die AK, Abschreibungen aufgedeckter stiller Reserven und Ausschüttungen vermindern die AK. Auflösung passiver latenter Steuern erhöhen AK

9. IFRS for SMEs

Bereich	HGB
Anwendungsbereich	Für Nicht-Kapitalgesellschaften (insb. Einzelunternehmen und OHG) gelten die GoB und die §§ 238 - 263 HGB. (Für KapG gelten zusätzlich §§ 264 - 289 HGB. Diese Vorschriften wurden bisher zugrunde gelegt)
Komponenten des Jahresabschlusses	Bilanz und GuV-Rechnung (kein Anhang)
Ansatz immaterieller Vermögensgegenstände/Vermögenswerte	• Ansatzwahlrecht für selbst geschaffene VG im AV, wenn Merkmale des VG erfüllt sind • Ansatzpflicht für entgeltlich erworbene immaterielle VG im AV. Im UV Ansatzpflicht für entgeltlich erworbene und selbst erstellte Posten
Ansatz von Fremdkapitalzinsen	Ansatzverbot bei Anschaffungskosten. Ansatzwahlrecht bei Herstellungskosten, soweit sie auf den Herstellungszeitraum entfallen (in angemessener Höhe)
Ansatz latenter Steuern	Ansatzverbot für aktive latente Steuern, da kein VG. Ansatzverbot für passive latente Steuern, da am Bilanzstichtag nur eine rechtliche Verpflichtung für die im Geschäftsjahr tatsächlich entstandenen betrieblichen Steuern existiert
Bewertung von Sachanlagen und immateriellen VG bzw. Vermögenswerten	AHK als Wertobergrenze, planmäßige Abschreibung über ND, evtl. außerplanmäßige Abschreibung auf beizulegenden Stichtagswert: • Pflicht bei dauernder Wertminderung • Verbot bei nicht dauernder Wertminderung Zuschreibungspflicht bei Wegfall des Abschreibungsgrunds
Bewertung des Goodwills	• Derivativer Firmenwert gilt per Gesetz als VG • Bewertung mit Differenz: Kaufpreis-Zeitwert EK • Planmäßige Abschreibung über ND: Meist linear über fünf Jahre
Bewertung von Finanzinstrumenten	• Bewertung von Finanzanlagen nach gemildertem NWP: AK als Obergrenze. Außerplanmäßige Abschreibung ist Pflicht bei dauernder Wertminderung. Ansonsten besteht Abschreibungswahlrecht • Wertpapiere im UV (strenges NWP): AK als Obergrenze. Abschreibungspflicht bei Wertminderung
Investment properties	Bewertung wie Sachanlagen: Planmäßige Abschreibung des Gebäudes (meist wie im Steuerrecht). Keine planmäßige Abschreibung von Grund und Boden

A. Übersicht über wichtige Vorschriften – IFRS for SMEs

IFRS for SMEs

SMEs (Small and Medium-sized Entities) sind Unternehmen, die keiner öffentlichen Rechnungslegungspflicht unterliegen und keine Jahresabschlüsse für externe Interessenten veröffentlichen (z.B. Einzelunternehmen, OHG). Für sie gelten die IFRS for SMEs. Deutsche Unternehmen müssen handelsrechtliche Vorschriften anwenden

Bilanz, Gesamtergebnisrechnung (GuV-Rechnung und sonstiges Ergebnis), Eigenkapitalveränderungsrechnung, Anhang. Keine zusätzliche Bilanz zum Jahresbeginn

- Ansatzverbot für Entwicklungskosten
- Ansatzpflicht für intangible assets im AV, wenn Assetdefinition, Ansatzkriterien und Ansatzvoraussetzungen nach IAS 38 erfüllt sind
- Ansatzpflicht für intangible assets im UV, wenn Ansatzvoraussetzungen nach IAS 2 erfüllt sind

Ansatzverbot für Fremdkapitalzinsen, selbst wenn qualifying assets vorliegen

- Temporary-Konzept: Berücksichtigung zeitlicher und quasi-permanenter Differenzen zwischen IFRS-Bilanz und Steuerbilanz. Bilanzorientierung
- Aktive und passive: Ansatzpflicht (Asset- und Liabilitydefinition sind grds. erfüllt)
- Steuerentlastungen sind nur zu berücksichtigen, wenn sie wahrscheinlich eintreten
- Bewertung: Mit zukünftigem Steuersatz – im Regelfall: Mit aktuellem Steuersatz

- Pflicht zur Anwendung des cost models (Verbot für revaluation model)
- Bewertung mit AHK bei Erwerb, Verrechnnung planmäßiger Abschreibung über ND, bei gesunkenem recoverable amount erfolgt Aufwandsverrechnung (impairment loss)
- Zuschreibungspflicht auf recoverable amount bei späterem Wegfall des Abschreibungsgrunds
- Keine intangible assets with indefinite life: Alle immateriellen Vermögenswerte sind planmäßig abzuschreiben, wobei grds. eine Nutzungsdauer von zehn Jahren gilt

- Derivativer Firmenwert stellt asset dar und erfüllt Ansatzkriterien
- Erstbewertung mit Differenz aus Kaufpreis und fair value des Eigenkapitals (EK)
- Planmäßig Abschreibung über die Nutzungsdauer, wobei grds. von zehn Jahren ausgegangen wird. Abschreibungsverfahren: Grds. lineare Methode

- Wahlrecht: Entweder Anwendung von IAS 39 oder des Standards für SME
- Nach IAS 39: Unterscheidung von drei Wertpapierkategorien, die entweder zu (fortgeführten) AK oder zum fair value bewertet werden (siehe Teil C des Anhangs)
- Unterscheidung im Standard für SME:
  - Grundlegende Finanzinstrumente: Bewertung zu (fortgeführten) AK
  - Sonstige Finanzinstrumente: Bewertung zum fair value

- Grundsätzlich zum fair value, soweit verlässlich bestimmbar
- Andernfalls Bewertung wie Sachanlagen nach dem cost model

B. IFRS-Vorschriften und Internetadressen
(Stand: Dezember 2013)

1. Standards: International Accounting Standards (IAS)

	Originalbezeichnung	Übersetzung	Gültigkeit
IAS 1	Presentation of Financial Statements	Darstellung des Abschlusses	1.1.2009
IAS 2	Inventories	Vorräte	1.1.2005
IAS 7	Statement of Cash flows	Kapitalflussrechnungen	1.1.1994
IAS 8	Accounting Policies, Changes in Accounting Estimates and Errors	Rechnungslegungsmethoden, Änderungen von rechnungslegungsbezogenen Schätzungen und Fehler	1.1.2005
IAS 10	Events after the Reporting Period	Ereignisse nach der Berichtsperiode	1.1.2005
IAS 11	Construction Contracts	Fertigungsaufträge	1.1.1995
IAS 12	Income Taxes	Ertragsteuern	1.1.1998
IAS 16	Property, Plant and Equipment	Sachanlagen	1.1.2005
IAS 17	Leases	Leasingverhältnisse	1.1.2005
IAS 18	Revenue	Umsatzerlöse	1.1.1995
IAS 19	Employee Benefits	Leistungen an Arbeitnehmer	1.1.2006
IAS 20	Accounting for Government Grants and Disclosure of Government Assistance	Bilanzierung und Darstellung von Zuwendungen der öffentlichen Hand	1.1.1984
IAS 21	The Effects of Changes in Foreign Exchange Rates	Auswirkungen von Wechselkursänderungen	1.1.2005
IAS 23	Borrowing Costs	Fremdkapitalkosten	1.1.2009
IAS 24	Related Party Disclosures	Angaben über Beziehungen zu nahestehenden Unternehmen und Personen	1.1.2005
IAS 26	Accounting and Reporting by Retirement Benefit Plans	Bilanzierung und Berichterstattung von Altersversorgungsplänen	1.1.1988
IAS 27	Separate Financial Statements	Einzelabschlüsse	1.1.2009
IAS 28	Investments in Associates	Beteiligungen an assoziierten Unternehmen und Gemeinschaftsunternehmen	1.1.2009

IAS 29	Financial Reporting in Hyperinflationary Economies	Rechnungslegung in Hochinflationsländern	1.1.1990
IAS 32	Financial Instruments: Presentation	Finanzinstrumente: Darstellung	1.1.2009
IAS 33	Earnings per Share	Ergebnis je Aktie	1.1.2005
IAS 34	Interim Financial Reporting	Zwischenberichterstattung	1.1.1999
IAS 36	Impairment of Assets	Wertminderung von Vermögenswerten	31.3.2004
IAS 37	Provisions, contingent Liabilities and contingent Assets	Rückstellungen, Eventualverbindlichkeiten und Eventualforderungen	1.7.1999
IAS 38	Intangible Assets	Immaterielle Vermögenswerte	31.3.2004
IAS 39	Financial Instruments: Recognition and Measurement	Finanzinstrumente: Ansatz und Bewertung	1.1.2006
IAS 40	Investment Property	Als Finanzinvestition gehaltene Immobilien	1.1.2005
IAS 41	Agriculture	Landwirtschaft	1.1.2003

Hinweise:
1. Der im Mai 2013 erschienene Re-Exposure Draft zu IAS 17 (Leases) ist die letzte Veröffentlichung des IASB zum Thema Leasing. Derzeit sind im work plan des IASB Redeliberations angekündigt.
2. IAS 18 wird im Rahmen des Revenue Recognition Projects überarbeitet. Im work plan vom Dezember 2013 wird für 2014 ein Standard angekündigt.
3. IAS 28 wurde überarbeitet und schreibt die Equity-Methode für assoziierte Unternehmen und viele Gemeinschaftsunternehmen vor, die in IFRS 11 definiert werden.

2. Standards: International Financial Reporting Standards (IFRS)

	Originalbezeichnung	Übersetzung	Gültigkeit
IFRS 1	First-time Adoption of International Financial Reporting Standards	Erstmalige Anwendung der International Financial Reporting Standards	1.1.2006
IFRS 2	Share-based Payment	Anteilsbasierte Vergütung	1.1.2009
IFRS 3	Business Combinations	Unternehmenszusammenschlüsse	1.7.2009

IFRS 4	Insurance Contracts	Versicherungsverträge	1.1.2006
IFRS 5	Non-current Assets Held for Sale and Discontinued Operations	Zur Veräußerung gehaltene langfristige Vermögenswerte und aufgegebene Geschäftsbereiche	1.1.2005
IFRS 6	Exploration for and Evaluation of Mineral Resources	Exploration und Evaluierung von Bodenschätzen	1.1.2006
IFRS 7	Financial Instruments: Disclosures	Finanzinstrumente: Angaben	1.1.2007
IFRS 8	Operating Segments	Geschäftssegmente	1.1.2009
IFRS 9	Financial Instruments	Finanzinstrumente	Offen
IFRS 10	Consolidated Financial Statements	Konzernabschlüsse	1.1.2013
IFRS 11	Joint Arrangements	Gemeinschaftliche Vereinbarungen	1.1.2013
IFRS 12	Disclosure of Interests in Other Entities	Angaben zu Anteilen an anderen Unternehmen	1.1.2013
IFRS 13	Fair Value Measurement	Bewertung zum beizulegenden Zeitwert	1.1.2015

Hinweis: IFRS 9 ist unvollständig, da insbesondere noch Vorschriften zum impairment fehlen. Im work plan vom Dezember 2013 wird für 2014 ein Standard angekündigt. Die verpflichtende Anwendung von IFRS 9 ist derzeit unbestimmt.

3. Interpretations: Standing Interpretations Committee (SIC)

	Originalbezeichnung	Übersetzung	Standard, Gültigkeit
SIC-7	Introduction of the Euro	Einführung des Euro	IAS 21, 1.6.1998
SIC-10	Government Assistance – No Specific Relation to Operating Activities	Beihilfen der öffentlichen Hand – Kein spezifischer Zusammenhang mit betrieblichen Tätigkeiten	IAS 20, 1.8.1998
SIC-15	Operating Leases – Incentives	Operating-Leasingverhältnisse – Anreize	IAS 17, 1.1.1999
SIC-25	Income Taxes – Changes in the Tax Status of an Entity or its Shareholders	Ertragsteuern – Änderungen im Steuerstatus eines Unternehmens oder seiner Anteilseigner	IAS 12, 15.7.2000

SIC-27	Evaluating the Substance of Transactions Involving the Legal Form of a Lease	Beurteilung des wirtschaftlichen Gehalts von Transaktionen in der rechtlichen Form von Leasingverhältnissen	IAS 17, 31.12.2001
SIC-29	Service Concession Arrangements: Disclosures	Dienstleistungskonzessionsvereinbarungen: Angaben	IAS 1, 31.12.2001
SIC-31	Revenue – Barter Transactions Involving Advertising Services	Umsatzerlöse – Tausch von Werbedienstleistungen	IAS 18, 31.12.2001
SIC-32	Intangible Assets – Web Side Costs	Immaterielle Vermögenswerte – Kosten von Internetseiten	IAS 38, 25.3.2002

4. Interpretations: International Financial Reporting Interpretations Committee (IFRIC)

	Originalbezeichnung	Inhalt
IFRIC 1	Changes in Existing Decommissioning, Restoration and Similar Liabilities	Änderungen bestehender Rückstellungen für Entsorgungs-, Wiederherstellungs- und ähnliche Verpflichtungen
IFRIC 2	Members's Shares in Co-operative Entities and Similar Instruments	Geschäftsanteile an Genossenschaften und ähnliche Instrumente
IFRIC 4	Determining whether an Arrangement contains a Lease	Feststellung, ob eine Vereinbarung ein Leasingverhältnis enthält
IFRIC 5	Rights to Interests arising from Decommissioning, Restoration and Environmental Rehabilitation Funds	Rechte auf Anteile an Fonds für Entsorgung, Wiederherstellung und Umweltsanierung
IFRIC 6	Liabilities arising from Participating in a Specific Market–Waste Electrical and Electronic Equipment	Verbindlichkeiten, die sich aus einer Teilnahme an einem spezifischen Markt ergeben – Elektro- und Elektronik-Altgeräte
IFRIC 7	Applying the Restatement Approach under IAS 29 Financial Reporting in Hyperinflationary Economies	Anwendung des Anpassungsansatzes unter IAS 29 Rechnungslegung in Hochinflationsländern
IFRIC 10	Interim Financial Reporting and Impairment	Zwischenberichterstattung und Wertminderung
IFRIC 12	Service Concession Arrangements	Dienstleistungskonzessionsvereinbarungen
IFRIC 13	Customer Loyalty Programmes	Kundenbindungsprogramme

IFRIC 14	IAS 19 – The Limit on a Defined Benefit Asset, Minimum Funding Requirements and their Interaction	IAS 19 – Die Begrenzung eines leistungsorientierten Vermögenswerts, Mindestdotierungsverpflichtungen und ihre Wechselwirkung
IFRIC 15	Agreements for the Contruction of Real Estate	Verträge über die Errichtung von Immobilien
IFRIC 16	Hedges of a Net Investment in a Foreign Operation	Absicherungen einer Nettoinvestition in einen ausländischen Geschäftsbetrieb
IFRIC 17	Distributions of Non-cash Assets to Owners	Sachdividenden an Eigentümer
IFRIC 18	Transfers of Assets from Customers	Übertragungen von Vermögenswerten durch Kunden
IFRIC 19	Extinguishing Financial Liabilities with Equity Instruments	Tilgung finanzieller Verbindlichkeiten durch Eigenkapitalinstrumente
IFRIC 20	Stripping Costs in the Production Phase of a Surface Mine	Abraumbeseitigungskosten während der Produktionsphase im Tagebau

5. International Financial Reporting Standards Interpretations Committee (IFRSIC)

	Originalbezeichnung	Inhalt
IFRSIC	Noch unbesetzt	

6. Internetadressen

Aktuelle Informationen zu den Projekten des IASB finden sich auf der Homepage des IASB. Viele Entwürfe neuer Standards stehen als Download-Dateien zur Verfügung. Die **Kerninhalte** der Standards und Interpretations können **kostenlos** auf der Homepage des IASB eingesehen werden. Zunächst muss eine Registrierung eines Nutzers erfolgen. Danach können die "unaccompanied" Standards und Interpretations eingesehen werden.

Weitere wichtige Internetadressen:
www.drsc.de   Deutsches Rechnungslegungs Standards Committee.
ec.europa.eu/internal_market/accounting/index_de.htm – Portal der Europäischen Union zur internationalen Rechnungslegung.

C. Bewertung von Finanzinstrumenten nach IAS 39

1. Wertpapierkategorien

In IAS 39 werden **vier Kategorien** von Finanzinstrumenten unterschieden. Neben drei Wertpapierkategorien gehören auch die loans and receivables (Kredite und Forderungen) dazu, die im vierten Kapitel erläutert wurden. Die Wertpapiere sind beim Erwerb jeweils zum **fair value** zu bewerten, wobei die Behandlung von Nebenkosten (Aktivierung oder Aufwandsverrechnung) von der jeweiligen Wertpapierkategorie abhängig ist.

	Wertpapiere nach IAS 39		
	At fair value through profit or loss	Available-for-sale financial assets	Held-to-maturity investments
Inhalt	Financial assets held for trading und andere (WR)	Zur Veräußerung verfügbar	Zur Endfälligkeit zu halten
Bewertung	Fair value	Fair value (mit NK)	Fair value (mit NK)

Abb. 210: Wertpapierkategorien und Erstbewertung (IAS 39)

Wertpapiere der Kategorie "at fair value through profit or loss" werden erfolgswirksam zum fair value bewertet. Kursgewinne und Kursverluste erscheinen in der GuV-Rechnung. Beim Erwerb anfallende Nebenkosten stellen Aufwand dar. Zu dieser Kategorie gehören insbesondere Wertpapiere, die zu Handelszwecken erworben werden. Die Bewertung entspricht der erfolgswirksamen Bewertung von Eigenkapitalinstrumenten nach IFRS 9.

Held-to-maturity investments werden beim Erwerb zum fair value mit direkten Nebenkosten bewertet. Anschließend sind die amortised cost (fortgeführten Anschaffungskosten) relevant (siehe viertes Kapitel). Im Folgenden wird die Bewertung von available-for-sale financial assets betrachtet, die es so in IFRS 9 nicht gibt.

2. Bewertung von available-for-sale financial assets

Available-for-sale financial assets sind beim Erwerb mit den Anschaffungskosten und in den Folgejahren grundsätzlich **erfolgsneutral** zum fair value zu bewerten. Wenn eine Wertminderung allerdings dauerhaft ist, muss eine erfolgswirksame Behandlung erfolgen. Es entsteht ein impairment loss, der in der GuV-Rechnung auszuweisen ist.

	Bewertung von available-for-sale financial assets
Grundsatz	Erfolgsneutrale Behandlung von Wertänderungen (Rücklagenbildung)
Ab- und Zuschreibung	▪ Bei dauernder Wertminderung: Erfolgswirksame Abschreibung ▪ Spätere Wertaufholungen: - Bei Eigenkapitalinstrumenten immer erfolgsneutral - Bei Fremdkapitalinstrumenten erfolgswirksam bis AK. Darüber hinaus erfolgsneutral (Rücklagenbildung)

Abb. 211: Bewertung von available-for-sale financial assets

Beispiel: Die X-AG erwirbt Mitte 01 Aktien der Kategorie "available-for-sale" für 9.800 € zzgl. 200 € Nebenkosten, deren Kurswert Ende 01 auf 11.000 € steigt. Ende 02 fällt der Kurs auf 9.100 € und Ende 03 noch weiter auf 7.000 €.

Mitte 01 werden die Aktien mit den Anschaffungskosten von 10.000 € bewertet. Ende 01 ist der Kurs auf 11.000 € gestiegen, so dass die Aktien um 1.000 € zugeschrieben werden. Es wird erfolgsneutral eine fair value-Rücklage im Eigenkapital gebildet ("Dr Available-for-sale financial assets 1.000, Cr Fair value-surplus 1.000"). Ende 02 ist der fair value gesunken, so dass die positive Rücklage aufgelöst und eine negative Rücklage von -900 € eingebucht wird. Per Saldo ergeben sich die AK von 10.000 € (9.100 € abzgl. -900 €). Buchung: "Fair value-surplus 1.900, Cr Available-for-sale financial assets 1.900".

Ende 03 muss die negative fair value-Rücklage um 2.100 € auf 3.000 € erhöht werden, da der Kurs auf 7.000 € gesunken ist. Da die Wertminderung mehr als 20% der Anschaffungskosten beträgt, liegt eine dauernde Wertminderung vor[1]. Die Ausbuchung der fair value-Rücklage lautet: "Dr Impairment loss 3.000, Cr Fair value-surplus 3.000".

Steigt der fair value nach einer außerplanmäßigen Abschreibung, wird bei **Eigenkapitalinstrumenten** auf Basis des abgeschriebenen Werts eine neue Rücklage gebildet. Steigt der Kurs Ende 04 auf 7.500 €, wird eine fair value-Rücklage von 500 € gebildet (Basis: 7.000 €). Bei Fremdkapitalinstrumenten wäre eine erfolgswirksame Zuschreibung bis zu den Anschaffungskosten vorzunehmen (erst danach wird eine Rücklage gebildet).

Bei einer Veräußerung von available-for-sale financial assets, sind die Erfolge in der GuV-Rechnung auszuweisen. Werden die Aktien Anfang 02 für 11.000 € veräußert, erscheint in der GuV-Rechnung ein Gewinn von 1.000 €. Buchungen: "Dr Bank 11.000, Cr Available-for-sale financial assets 11.000", "Dr Fair value-surplus 1.000, Cr Finance income 1.000".

---

[1] Vgl. Grünberger, D. (IFRS 2010), S. 126 und das Beispiel auf S. 127-128.

D. Bilanzierung von Leasing nach ED/2013/6 "Leases"

1. Klassifikation von Leasingverhältnissen

Der im Mai 2013 vorgestellte Re-Exposure Draft (ED/2013/6) unterscheidet Leasingverhältnisse vom Typ A und Typ B. Beim **Typ A** handelt es sich um Leasing von Mobilien, bei denen unterstellt wird, dass der Leasingnehmer (LN) in der Mietzeit einen Großteil des wirtschaftlichen Nutzens verbraucht. Anders verhält es sich dagegen beim **Typ B**, der das Leasing von Immobilien zum Gegenstand hat:

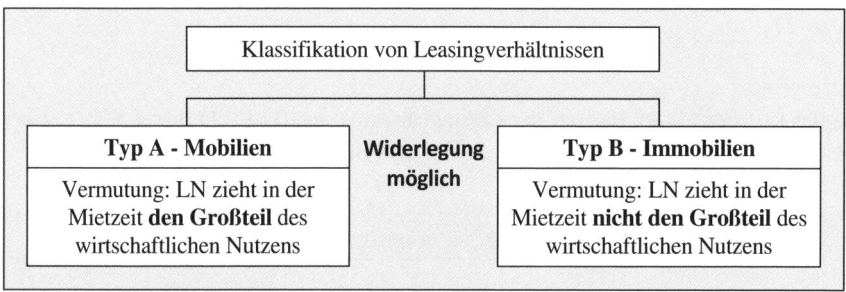

Abb. 212: Klassifikation von Leasingverhältnissen

Die Zuordnungsvermutung ist widerlegbar. Wenn die Laufzeit des Leasingvertrags so kurz ist, dass der Leasingnehmer nur einen geringen Teil des Nutzens verbraucht, liegt kein Leasingverhältnis vom Typ B vor. Die Kriterien für die Widerlegung entsprechen denen des Laufzeit- und Barwerttests aus dem IAS 17[1], die im dritten Kapitel behandelt wurden.

2. Bilanzierung von Leasingverhältnissen vom Typ A

Bei Leasingverhältnissen vom Typ A bilanziert der **Leasingnehmer** ein **Nutzungsrecht**, das zunächst mit dem Barwert der Leasingraten bewertet wird. Diesem Aktivposten wird eine gleich hohe Verbindlichkeit gegenübergestellt. Bei der Folgebewertung wird das Nutzungsrecht über die Mietzeit abgeschrieben und die Verbindlichkeit getilgt. Hierzu wird die jährliche Leasingrate in einen Zins- und Tilgungsanteil aufgeteilt.

Beispiel: Anfang 01 wird zwischen der Vermiet-AG und der Miet-AG ein Leasingvertrag über eine Maschine geschlossen. Daten: Nutzungsdauer vier Jahre, feste Mietzeit drei

---

[1] Vgl. Nemet, M. (Bilanzierung), S. 241.

Jahre (Rückgabepflicht), jährlich nachschüssige Leasingrate 36.000 €, Zinssatz 5%. Die Tabelle (Angaben in Euro, geringfügige Rundungsdifferenz) zeigt die Entwicklung der Leasingverbindlichkeit und des Nutzungsrechts bei linearer Abschreibungsmethode.

Zeitpunkt	Zinsen	Tilgung	Leasingverbindlichkeit	Nutzungsrecht
Anfang 01	-	-	98.037	98.037
Ende 01	4.901,85	31.098,15	66.938,85	65.358
Ende 02	3.346,94	32.653,06	34.285,79	32.679
Ende 03	1.714,29	34.285,71	0,08	0

Abb. 213: *Leasingverbindlichkeit und Nutzungsrecht beim LN (Typ A)*

Anfang 01 beträgt der Barwert der Leasingraten rund 98.037 €[1]. In dieser Höhe werden das Nutzungsrecht aktiviert und eine Leasingverbindlichkeit passiviert.

Aktivierung Nutzungsrecht 98.037 – Passivierung Leasingverbindlichkeit 98.037

Das Nutzungsrecht wird über drei Jahre abgeschrieben. Die Verbindlichkeit wird durch den Tilgungsanteil in den Leasingraten vermindert. Der Gesamtaufwand aus Abschreibungen und Zinsen verläuft beim LN degressiv, da die Zinsen im Zeitablauf sinken[2]:
- In 01: Abschreibungen (32.679 €) + Zinsen (4.901,85 €) = 37.580,85 €.
- In 02: Abschreibungen (32.679 €) + Zinsen (3.346,94 €) = 36.025,94 €.

Der **Leasinggeber** (LG) aktiviert die Maschine, deren Anschaffungskosten 120.000 € betragen. Anschließend übergibt er sie dem LN und bucht sie aus. Inhaltlich liegt ein Verkauf des Leasingobjekts vor, wobei der LG eine Forderung auf Leasingzahlungen und den Restwert erhält[3]. Buchung: "Dr Lease receivable 98.037, Cr Machinery 98.037". Die Differenz von 21.963 € (120.000 € - 98.037 €) stellt den abgezinsten Restwert der Maschine dar. Buchung: "Dr Residual value machinery 21.963, Cr Machinery 21.963".

Bei der **Folgebewertung** wird die Forderung beim Leasinggeber über die Mietzeit abgeschrieben. Die Abschreibung erfolgt mit dem Tilgungsanteil der Leasingrate. Buchung

---
[1] Berechnung mit dem Rentenbarwertfaktor: 36.000 x (1,05^3-1)/(0,05 x 1,05^3) = 98.036,93 €.
[2] Zinsen des ersten Jahres: 0,05 x 98.037 € = 4.901,85 €. Bei einer Leasingrate von 36.000 €/Jahr ergibt sich eine Tilgung von 31.098,15 €. Restverbindlichkeit Ende 01: 66.938,85 €. Auf diesen Betrag werden Zinsen für das zweite Jahr verrechnet (0,05 x 66.938,85 = 3.346,94).
[3] Vgl. Gruber, T. (Standardentwurf), S. 2226.

Ende 01: "Dr Bank 36.000, Cr Lease receivable 31.098,15, Cr Lease revenue 4.901,85". Der Restwertanspruch wird Ende 01 um ein Jahr aufgezinst. Gebucht wird: "Dr Residual value machinery 1.098,15, Cr Finance income 1.098,15". Bei Rückgabe der Maschine ist der erzielbare Restwert erreicht. Zusammenfassend gilt:

Leasing Typ A	
Bilanzierung beim LG	Bilanzierung beim LN
• Erwerb und Ausbuchung der Mobilie. Einbuchung einer Leasingforderung, die über die Mietzeit getilgt wird • Aktivierung eines Restwertanspruchs mit Aufzinsung bis zur Rückgabe	• Aktivierung eines Nutzungsrechts und Abschreibung über die Mietzeit • Passivierung einer Leasingverbindlichkeit und Tilgung über die Mietzeit (Degressiver Aufwandsverlauf)

Abb. 214: Bilanzierung von Leasingverhältnissen beim LN (Typ A)

3. Bilanzierung von Leasingverhältnissen vom Typ B

Bei Leasingverhältnissen vom Typ B bewertet der **Leasingnehmer** das Nutzungsrecht und die Verbindlichkeit zunächst mit dem Barwert der Leasingraten. Das Nutzungsrecht wird mit dem Tilgungsanteil der Leasingrate abgeschrieben. Außerdem führen die Zinsen zu Aufwand. Die Summe aus Zinsen und Abschreibungen ist – anders als beim Typ A – konstant. Im ersten Jahr gilt bei Unterstellung der obigen Daten: Tilgung 31.098,15 € – Zinsen 4.901,85 €. Ende 01 entspricht der Wert des Nutzungsrechts dem Wert der Verbindlichkeit, da beide Posten durch gleich hohe Tilgungsraten vermindert werden.

Aktivseite	Passivseite
• Nutzungsrecht Anfang 01: 98.037 • **Abschreibung 01: 31.098,15** • Nutzungsrecht Ende 01: 66.938,85	• Verbindlichkeit Anfang 01: 98.037 • **Tilgung 01: 31.098,15** (Zinsen 4.901,85) • Verbindlichkeit Ende 01: 66.938,85

Abb. 215: Bilanzierung von Leasingverhältnissen beim LN (Typ B)

Der **Leasinggeber** aktiviert das Leasingobjekt und schreibt es über die Nutzungsdauer ab. Die vereinnahmten Leasinggebühren werden als Ertrag behandelt. Damit entspricht die Vorgehensweise dem des Operate Leasings[1].

---
[1] Vgl. Gruber, T. (Standardentwurf), S. 2228.

E. Wörterbuch: Abschlussposten Deutsch-Englisch

Abschreibungsaufwand (bei Sachanlagen)	Depreciation expense
Abschreibungsaufwand (bei immateriellen Vermögenswerten)	Amortisation expense
Aktive latente Steuer	Deferred tax assets
Aktiver Rechnungsabgrenzungsposten	Prepaid expenses
Aktivseite	Asset side
Als Finanzinvestion gehaltene Immobilien	Investment properties
Anlagevermögen	Non current assets
Andere aktivierte Eigenleistungen	Work performed by the entity and capitalised
Anteile an Tochterunternehmen	Investments in subsidiaries
Außerplanmäßige Abschreibung (IFRS: Wertminderungsverlust)	Impairment loss
Bestandsänderungen (fertiger und unfertiger Erzeugnisse)	**Changes in inventories (of finished goods and work in progress)**
Beteiligungen	Investments
Betriebsausstattung	Furniture and fixtures
Betriebsergebnis	Operating profit/loss
Bilanz	Balance sheet/Statement of Financial Position
Bruttogewinn (UKV)	Gross profit
Büroausstellung	Office equipment
Eigenkapital	Equity
Einbehaltene Ergebnisse	Retained earnings
Entwicklungskosten	Development costs
Ertragsteueraufwand	Income tax expense
Fair value-Rücklage	Fair value-surplus
Fertigerzeugnisse	Finished goods
Finanzanlagen	Non current financial assets
Finanzaufwendungen	Finance expense
Finanzielle Vermögenswerte	Financial assets
Finanzinstrumente zu fortgeführten Anschaffungskosten	Financial instruments at amortised cost

E. Wörterbuch: Abschlussposten Deutsch-Englisch

Finanzinstrumente zum fair value - erfolgsneutral bewertet - erfolgswirksam bewertet	Financial instruments at fair value - in OCI (= other comprehensive income) - in profit or loss
Finanzergebnis	Financial performance
Finanzerträge	Finance income
Firmenwert	Goodwill
Forderungen aus Fertigungsaufträgen	Gross amout due from customers for contract work
Forderungen aus LuL	Trade receivables
Forschungskosten	Research costs
Fuhrpark	Motor Vehicle
Gesamtergebnisrechnung	Statement of profit or loss and other comprehensive income
Gesetzliche Rücklage	Legal reserve
Gewinn	Profit
Gewinnrücklagen	Revenue Reserves
Gewinn- und Verlustrechnung	Statement of profit or loss/income statement
Gezeichnetes Kapital	Issued capital
Grundstücke und Gebäude	Land and buildings
Immaterielle Vermögenswerte	Intangible assets
Kapitalrücklage	Share premium
Kurzfristige finanzielle Verbindlichkeiten	Current financial liabilities
Kurzfristige Schulden	Current liabilities
Kurzfristige Rückstellungen	Current provisions
Langfristige Rückstellungen	Non current provision
Langfristige Schulden	Non current liabilities
Latenter Steueraufwand/-ertrag	Deferred tax expense/revenue
Leasingaufwand/Leasingertrag	Lease expense/lease income
Leasingverbindlichkeit/Leasingforderung	Lease liability/lease receivable
Marke	Brands
Maschinen	Machinery
Materialaufwand	Raw materials and consumables used
Neubewertungsrücklage	Revaluation surplus
Passive latente Steuer	Deferred tax liability

Passiver RAP	Deferred income
Passivseite	Liabilities and equity
Patent	Patents
Personalaufwand	Employee benefits expense
Roh-, Hilfs- und Betriebsstoffe	Raw materials or supplies
Rücklagen	Reserves
Rückstellung	Provision
Sachanlagen	Property, plant and equipment
Satzungsmäßige Rücklage	Statutory reserve
Sonstige Aufwendungen	Other expenses
Sonstiges Ergebnis	Other comprehensive income
Sonstige Erträge	Other income
Sonstige Forderungen	Other receivable
Sonstige Verbindlichkeiten	Other payables
Steueraufwand (= Ertragsteueraufwand)	Income tax expense
Steuerrückstellung	Tax provision
Technische Anlagen und Maschinen	Machinery
Umlaufvermögen	Current assets
Umsatzaufwand	Cost of sales
Umsatzerlöse	Revenue
Umsatzsteuer	Other payables
Unfertige Erzeugnisse	Work in progress
Verbindlichkeit	Financial liability
Verbindlichkeiten aus LuL	Trade payables
Verlust	Loss
Vertriebskosten (UKV)	Distribution costs
Verwaltungskosten (UKV)	Administrative expenses
Vorräte	Inventories
Vorsteuer	Other receivables
Waren	Merchandises
Wertminderungsverlust	Impairment loss
Zinsaufwand	Finance expense (interest expense)
Zinsertrag	Finance income (interest income)
Zuschreibung (IFRS: Wertaufholung)	Reversal of an impairment loss

Übersetzung wichtiger Bilanzposten

Aktivposten	
Deutsch	**Englisch**
Anlagevermögen	**Non current assets**
1. Immaterielle Vermögenswerte	1. Intangible assets
Patente, Rechte, Marken etc.	Patents, copyrights, brands, etc.
Entwicklungskosten	Development costs
Firmenwert	Goodwill
2. Sachanlagen	2. Sachanlagen
Grundstücke und Gebäude	Land and buildings
Maschinen (Technische Ausstattung)	Machinery
Fuhrpark	Motor vehicles
Büroausstattung	Office equipment
Betriebsausstattung	Furniture and fixtures
3. Als Finanzinvestition gehaltene Immobilien	3. Investment properties
4. Finanzanlagen	4. Non current financial assets
Anteile an verbundenen Unternehmen	Investments in subsidiaries
Anteile an Gemeinschaftsunternehmen	Interests in joint ventures
Anteile an assoziierten Unternehmen	Investments in associates
Finanzinstrumente zu fortgeführten AK	Financial instruments at amortised cost
Finanzinstrumente zum fair value	Financial instruments at fair value
5. Aktive latente Steuern	5. Deferred tax assets
Umlaufvermögen	**Non current assets**
1. Vorräte	1. Inventories
Waren	Merchandises
Rohstoffe/Betriebsstoffe	Raw materials or supplies
Fertige Erzeugnisse	Finished goods
Unfertige Erzeugnisse	Work in progress
2. Forderungen aus LuL und sonstige Ford.	2. Trade and other receivables
Forderungen aus LuL	Trade receivables
Sonstige Forderungen (z.B. Vorsteuer)	Other receivables (e.g. tax receivables)
Künftige Forderungen aus Fertigungsaufträgen	Gross amount due from customers for contract work
3. Kurzfristige finanzielle Vermögenswerte (z.b. finanzielle Vermögenswerte zu Handelszwecken)	3. Current financial assets (e.g. financial assets held for trading)
4. Aktiver Rechnungsabgrenzungsposten	4. Prepaid expenses

| 5. Geld und Geldäquivalente | 5. Cash and cash equivalents |

Passivposten

Deutsch	Englisch
Kapital und Rücklagen	**Capital and reserves**
1. Gezeichnetes Kapital	1. Issued capital
2. Rücklagen	2. Reserves
Kapitalrücklagen	Share premium
Gewinnrücklagen	Revenue reserves
Gesetzliche Rücklage	Legal reserve
Satzungsmäßige Rücklage	Statutory reserve
Einbehaltene Ergebnisse	Retained earnings
Sonstige Rücklagen	Other reserves
Neubewertungsrücklage	Revaluation surplus
Fair value-Rücklage	Fair value-surplus
Langfristige Schulden	**Non current liabilities**
1. Langfristige finanzielle Verbindlichkeiten (z.B. Leasingverbindlichkeiten)	1. Non current financial liabilities (e.g. lease liabilities)
2. Passive latente Steuern	2. Deferred tax liabilities
3. Langfristige Rückstellungen	3. Non current provisions
Kurzfristige Schulden	**Current liabilities**
1. Verbindlichkeiten aus LuL und andere Verbindlichkeiten	1. Trade and other payables
Verbindlichkeiten aus LuL	Trade payables
Sonstige Verbindlichkeiten (z.B. USt)	Other payables (e.g. tax payables)
2. Kurzfristige finanzielle Verbindlichkeiten	2. Non current financial liabilities
3. Kurzfristige Rückstellungen (z.B. Steuerrückstellungen)	3. Current provisions (e.g. tax provisions)
4. Passiver RAP	4. Deferred income

Literaturverzeichnis

Achleitner, A.-K./Behr, G./Schäfer, D. (Rechnungslegung): Internationale Rechnungslegung, 4. Aufl., München 2009.

Alvarez, M./Büttner, M. (Segments): Operating Segments, in: KoR 2006 (6. Jg.), S. 307-318.

Baetge, J./Kirsch, H.-J./Thiele, S. (Bilanzen): Bilanzen, 11. Aufl., Düsseldorf 2011.

Baetge, J./Kirsch, H.-J./Thiele, S. (Konzernbilanzen): Konzernbilanzen, 9. Aufl., Düsseldorf 2011.

Ballwieser, W. (Ertragswert): Ertragswert, in: Busse von Colbe, W./Pellens, B. (Hrsg.): Lexikon des Rechnungswesens, 4. Aufl., München, Wien 1998, S. 237-240.

Ballwieser, W. (Geschäftswert): Geschäftswert, in: Busse von Colbe, W./Pellens, B. (Hrsg.): Lexikon des Rechnungswesens, 4. Aufl., München, Wien 1998, S. 283-286.

Ballwieser, W./Coenenberg, A.G./Schultze, W. (Unternehmensbewertung): Unternehmensbewertung, erfolgsorientierte, in: Ballwieser, W./Coenenberg, A.G./Wysocki, K. (Hrsg.): HWRP, 3. Aufl., Stuttgart 2002, Sp. 2412-2432.

Ballwieser, W./Küting, K./Schildbach, T. (Fair Value): Fair Value - erstrebenswerter Wertansatz im Rahmen einer Reform der handelsrechtlichen Rechnungslegung?, in: BFuP 2004 (56. Jg.), S. 529-549.

Beck, M. (Bilanzierung): Bilanzierung von Investment Properties nach IAS 40, in: KoR 2004 (4. Jg.), S. 498-505.

Beiersdorf, K./Davis, A. (Standard): IASB-Standard für Small and Medium-sized Entities: keine unmittelbare Rechtswirkung in Europa, in: BB 2006 (61. Jg.), S. 987-990.

Beiersdorf, K./Eierle, B./Haller, A. (Standard): International Financial Reporting Standard for Small and Medium-sized Entities (IFRS for SMEs): Überblick über den finalen Standard des IASB, in: DB 2009 (62. Jg.), S. 1549-1557.

Bieg, H./Kußmaul, H. (Rechnungswesen): Externes Rechnungswesen, 5. Aufl., München, Wien 2009.

Bitz, M./Schneeloch, D./Wittstock, W. (Jahresabschluss): Der Jahresabschluss, 5. Aufl., München 2011.

BMF (Maßgeblichkeit): Maßgeblichkeit der handelsrechtlichen Grundsätze ordnungsmäßiger Buchführung für die steuerliche Gewinnermittlung, Schreiben des BMF vom 12. März 2010, BStBl I S. 239.

BMJ (BilMoG): Entwurf eines Gesetzes zur Modernisierung des Bilanzrechts (Bilanzrechtsmodernisierungsgesetz – BilMoG), Bundestags-Drucksache 16/1006 vom 30.7.2008.

Böckem, H/Stibi, B./Zoeger, O. (IFRS 10): IFRS 10 „Consolidated Financial Statements": Droht eine grundlegende Revision des Konsolidierungskreises?, in: KoR 2011 (11. Jg.), S. 399-409.

Brücks, M./Richter, M. (Combinations): Business Combinations (Phase II), in: KoR 2005 (5. Jg.), S. 407-415.

Buchheim, R./Knorr, L. (Lagebericht): Der Lagebericht nach DRS 15 und internationale Entwicklungen, in: WPg 2006 (59. Jg.), S. 413-425.

Buchholz, R. (Gebäudebilanzierung): Gebäudebilanzierung nach IFRS – Rechtsformspezifische Anwendungsprobleme nach IAS 16 und 36, in: StuB 2004 (6. Jg.), S. 289-294.

Buchholz, R. (IFRS): Grundzüge des Jahresabschlusses nach HGB und IFRS, 8. Aufl., München 2013.

Buchholz, R. (Rechnungslegung): Internationale Rechnungslegung, 9. Aufl., Berlin 2011.

Christian, D. (Finanzinstrumente): IFRS 9 – Finanzinstrumente und Folgeänderungen anderer Standards, in: PiR 2009 (5. Jg.), S. 364-370.

Coenenberg, A.G./Haller, A./Schultze, W. (Jahresabschluss): Jahresabschluss und Jahresabschlussanalyse, 22. Aufl., Stuttgart 2012

Döring, U./Buchholz, R. (Jahresabschluss): Buchhaltung und Jahresabschluss, 13. Aufl., Berlin 2013.

Esser, M./Hackenberger, J. (Immaterielle): Immaterielle Vermögenswerte des Anlagevermögens und Goodwill in der IFRS-Rechnungslegung – Ein Überblick über Auswirkungen des Business Combinations Project, in: DStR 2005 (43. Jg.), S. 708-713.

EU-Verordnung (1606/2002): Verordnung (EG) Nr. 1606/2002 des Europäischen Parlaments und des Rates vom 19.7.2002 betreffend die Anwendung internationaler Rechnungslegungsstandards, Amtsblatt der EG Nr. L 243 vom 11.9.2002, S. 1-4.

Federmann, R. (Bilanzierung): Bilanzierung nach Handelsrecht, Steuerrecht und IAS/IFRS, 12. Aufl., Berlin 2010.

Fink, C. (Bilanzierung): Bilanzierung von Unternehmenszusammenschlüssen nach der Überarbeitung von IFRS 3, in: PiR 2008 (4. Jg.), S. 114-119.

Fink, C./Ulbrich, P. (Segmentberichterstattung): Segmentberichterstattung nach ED 8 – Operating Segments, in: KoR 2006 (6. Jg.), S. 233-243.

Förschle, G./Kroner, M./Heddäus, B. (Verpflichtungen): Ungewisse Verpflichtungen nach IAS 37 im Vergleich zum HGB, in: WPg 1999 (52. Jg.), S. 41-54.

Fülbier, R.U./Fehr, J. (Leasingbilanzierung): IASB und FASB machen Ernst mit der neuen Leasingbilanzierung: Der Standardentwurf zu „Leases" liegt vor, in: WPg 2010 (63. Jg.), S. 1019-1023.

Fülbier, R.U./Maier, F./Sellhorn, T. (Abschlüsse): Internationale Abschlüsse in neuem Gewand – Das Discussion Paper zu „Financial Statement Presentation" (Phase B), in: WPg 2009 (62. Jg.), S. 405-410.

Gräfer, H./Scheld, G. (Konzernrechnungslegung): Grundzüge der Konzernrechnungslegung, 12. Aufl., Berlin 2012.

Grefe, C. (Unternehmenssteuern): Unternehmenssteuern, 16. Aufl., Baden-Baden 2013.

Große, J.-V. (Measurement): IFRS 13 „Fair Value Measurement" – Was sich nicht ändert, in: KoR 2011 (11. Jg.), S. 286-296.

Gruber, T. (Standardentwurf): Der neue Standardentwurf zur IFRS Leasingbilanzierung – konzeptionell oder pragmatisch?, in: DB 2013 (66. Jg.), S. 2221-2230.

Grünberger, D. (IFRS 2010): IFRS 2010, 8. Aufl., Herne, Berlin 2009.

Grünberger, D. (IFRS): IFRS 2013, 11. Aufl., Herne, Berlin 2013.

Hayn, S./Waldersee, G.G. (IFRS): IFRS/HGB/HGB-BilMoG im Vergleich, 7. Aufl., Stuttgart 2008.

Herzig, N. (Gewinnermittlung): IAS/IFRS und steuerliche Gewinnermittlung, in: WPg 2005 (58. Jg.), S. 211-235.

Herzig, N./Briesemeister S. (Konsequenzen): Steuerliche Konsequenzen der Bilanzrechtsmodernisierung für Ansatz und Bewertung, in: DB 2009 (62. Jg.), S. 976-982.

Hitz, J.-M./Zachow, J. (Vereinheitlichung): Vereinheitlichung des Wertmaßstabs „beizulegender Zeitwert" durch IFRS 13 „Fair Value Measurement", in: WPg 2011 (64. Jg.), S. 964-972.

Hoffmann, W.-D./Lüdenbach, N. (Abschreibung): Abschreibung von Sachanlagen nach dem Komponentenansatz von IAS 16, in: BB 2004 (59. Jg.), S. 375-377.

Hoffmann, W.-D./Lüdenbach, N. (Neubewertungskonzeption): Praxisprobleme der Neubewertungskonzeption nach IAS, in: DStR 2003 (41. Jg.), S. 565-570.

Hommel, M./Rößler, B. (Komponentenansatz): Komponentenansatz des IDW RH HFA 1.016 – eine GoB-konforme Konkretisierung der planmäßigen Abschreibungen?, in: BB 2009 (64. Jg.), S. 2526-2530.

Hommel, M./Wich, S. (Rückstellungsbilanzierung): Neues zur Rückstellungsbilanzierung nach IFRS, in: WPg 2007 (60. Jg.), S. 509-516.

Kajüter, P./Guttmeier, M. (Management): Der Exposure Draft des IASB zum Management Commentary, in: DB 2009 (62. Jg.), S. 2333- 2339.

Kahle, H./Dahlke, A. (IFRS): IFRS für mittelständische Unternehmen?, in: DStR 2007 (45. Jg.), S. 313-318.

Kirsch, H. (IAS 36): Außerplanmäßige Abschreibung von Sachanlagen und immateriellen Vermögenswerten nach IAS 36 und § 6 Abs. 1 EStG, in: DStR 2002 (40. Jg.), S. 645-650.

Kirsch, H. (Impairment Test): Cash flow-Planungen zur Durchführung des Asset Impairment Test nach US-GAAP, in: BB 2003 (58. Jg.), S. 1775-1781.

Kirsch, H. (Rechnungslegung): Einführung in die internationale Rechnungslegung nach IFRS, 8. Aufl., Herne, Berlin 2012.

Kruschwitz, L. (Risikozuschläge): Risikoabschläge, Risikozuschläge und Risikoprämien in der Unternehmensbewertung, in: DB 2001 (54. Jg.), S. 2409-2413.

Kümpel, T./Becker, M. (Zurechnung): Bilanzielle Zurechnung von Leasingobjekten nach IAS 17, in: DStR 2006, (44. Jg.), S. 1471-1477.

Küting, K./Eichenlaub, R. (Einzelbewertungsgrundsatz): Einzelbewertungsgrundsatz im HGB- und IFRS-System, in: BB 2011 (66. Jg.), S. 1195-1200.

Küting, K./Gattung, A. (Abgrenzung): Abgrenzung latenter Steuern auf timing und temporary differences, in: StuB 2005 (7. Jg.), S. 241-248.

Küting, K./Keßler, M./Gattung, A. (Gewinn- und Verlustrechnung): Die Gewinn- und Verlustrechnung nach HGB und IFRS, in: KoR 2005 (5. Jg.), S. 15-22.

Küting, K./Mojadadr, M. (IFRS 10): Das neue Control-Konzept nach IFRS 10, in: KoR 2011 (11. Jg.), S. 273-285.

Küting, K./Pfirmann, A./Ellmann, D. (Bilanzierung): Die Bilanzierung von selbsterstellten immateriellen Vermögensgegenständen nach dem RegE des BilMoG, in: KoR 2008 (8. Jg.), S. 689-697.

Küting, K./Seel, C. (Abgrenzung): Die Abgrenzung und Bilanzierung von joint arrangements nach IFRS 11, in: KoR 2011 (11. Jg.), S. 342-350.

Küting, K./Weber, C.-P. (Konzernabschluss): Der Konzernabschluss, 13. Aufl., Stuttgart 2012.

Küting, K./Weber, C.-P./Wirth, J. (Goodwillbilanzierung): Die Goodwillbilanzierung im finalisierten Business Combinations Project Phase II, in: KoR 2008 (8. Jg.), S. 139-152.

Lanfermann, G./Röhricht, V. (Auswirkungen): Auswirkungen des geänderten IFRS-Endorsement-Prozesses auf die Unternehmen, in: BB 2008 (63. Jg.), S. 826-830.

Lorenz, K. (Abschaffung): IFRS Exposure Draft „Leases": Abschaffung des wirtschaftlichen Eigentums bei Leasingverhältnissen?, in: BB 2010, (65. Jg.) S. 2555-2560.

Lüdenbach, N./Hoffmann, W.-D. (Darstellung): Vergleichende Darstellung von Bilanzierungsproblemen des Sach- und immateriellen Anlagevermögens nach IAS und HGB, in: StuB 2003 (5. Jg.), S. 145-152.

Lüdenbach, N./Hoffmann, W.-D. (IFRS-Bilanz): Verbindliches Mindestgliederungsschema für die IFRS-Bilanz, in: KoR 2004 (4. Jg.), S. 89-94.

Lüdenbach, N./Hoffmann, W.-D. (Übergang): Der Übergang von der Handels- zur IAS-Bilanz gemäß IFRS 1, in: DStR 2003 (41. Jg.), S. 1498-1505.

Lühn, M. (Neukonzeption): Neukonzeption der Umsatzrealisation nach IFRS durch ED/ 2010/6 Revenue from Contracts with Customers, in: PiR 2010 (6. Jg.), S. 273-279.

Müller, S./Peskes, M. (Segmentberichterstattung): Konsequenzen der geplanten Änderungen der Segmentberichterstattung nach IFRS für Abschlusserstellung und Unternehmenssteuerung, in: BB 2006 (61. Jg.), S. 819-825.

Nemet, M. (Bilanzierung): Bilanzierung von Leasingverhältnissen nach IFRS, in: PiR 2013 (9. Jg.), S. 237-246.

Müller, S./Reinke, J. (Neubewertungsmethode): Folgebewertung und impairment-Test im Rahmen der Neubewertungsmethode, in: PiR 2010 (6. Jg.), S. 13-20.

Oldewurtel, C./Kümpel, K./Wolz, M. (Pensionsverpflichtungen): Die aktuellen Änderungen von Pensionsverpflichtungen nach IAS 19, in: KoR 2011 (11. Jg.), S. 449-457.

Oversberg, T (Endorsement-Prozess): Übernahme der IFRS in Europa: Der Endorsement-Prozess – Status quo und Aussicht, in: DB 2007 (60. Jg.), S. 1597-1602.

Pelger, C. (Framework): Rechnungslegung und qualitative Anforderungen im Conceptual Framework for Financial Reporting (2010) – Der erste Stein im neuen Fundament der internationalen Rechnungslegung, in: WPg 2011 (64. Jg.), S. 908-916.

Pellens, B./Fülbier, R.U./Gassen, J./Sellhorn, T. (Rechnungslegung): Internationale Rechnungslegung, 8. Aufl., Stuttgart 2011.

Perridon, L./Steiner, M./Rathgeber, A. (Finanzwirtschaft): Finanzwirtschaft der Unternehmung, 15. Aufl., München 2009.

Philipps, H. (Halbjahresfinanzberichterstattung): Halbjahresfinanzberichterstattung nach dem WpHG, in: DB 2007 (60. Jg.), S. 2326-2332.

Pilhofer, J. (Kapitalflussrechnung): Konzeptionelle Grundlagen des neuen DRS 2 zur Kapitalflussrechnung im Vergleich mit den international anerkannten Standards, in: DStR 2000 (38. Jg.), S. 292-304.

Ruhnke, K./Simons, D. (Rechnungslegung): Rechnungslegung nach IFRS und HGB, 3. Aufl., Stuttgart 2012.

Ruhnke, K./Schmidt, M./Seidel, T. (Neuregelungen): Neuregelungen bei der Abgrenzung des Konsolidierungskreises nach IFRS, in: BB 2004 (59. Jg.), S. 2231-2234.

Scheffler, E. (Kapitalflussrechnung): Kapitalflussrechnung – Stiefkind in der deutschen Rechnungslegung, in: BB 2002 (57. Jg.), S. 295-300.

Schmidbauer, R. (Fremdwährungsumrechnung): Die Fremdwährungsumrechnung nach deutschem Recht und nach den Regelungen des IASB – Vergleichende Darstellung unter Berücksichtigung von DRS 14 und den Änderungen von IAS 21, in: DStR 2004 (42. Jg.), S. 699-704.

Schmidbauer, R. (Vermögenswerte): Immaterielle Vermögenswerte in der Unternehmensrechnung: Abbildung im Jahresabschluss und Ansätze zur Steuerung, in: DStR 2004 (42. Jg.), S. 1442-1448.

Schmidt, M. (Eigenkapital): Eigenkapital nach IAS 32 bei Personengesellschaften: aktueller IASB-Vorschlag und Aktivitäten anderer Standardsetter, in: BB 2006 (61. Jg.), S. 1563-1566.

Schmidt, M. (IAS 32): IAS 32 (rev. 2008): Ergebnis- statt Prinzipienorientierung, in: BB 2008 (63. Jg.), S. 434-439.

Schütte, J. (Standardentwurf): Der Standardentwurf ED IAS 33 „Simplifying Earnings per Share" im Überblick, in: DB 2009 (62. Jg.), S. 857-860.

Streim, H./Esser, M. (Informationsvermittlung): Rechnungslegung nach IAS/IFRS – Ein geeignetes Instrument zur Informationsvermittlung?, in: StuB 2003 (5. Jg.), S. 836-840.

von Eitzen, B. (Entwicklungskosten): Forschungs- und Entwicklungskosten nach dem Bilanzrechtsmodernisierungsgesetz (BilMoG) unter Berücksichtigung von IAS 38, in: KoR 2010 (10. Jg.), S. 357-361.

Wagenhofer, A. (Rechnungslegungsstandards): Internationale Rechnungslegungsstandards - IAS/IFRS, 6. Aufl., München 2009.

Wawrzinek, W. (Ansatz): § 2 Ansatz, Bewertung und Ausweis sowie zugrunde liegende Prinzipien, in: Bohl, W./Riese, J./Schlüter, J. (Hrsg.): Beck'sches IFRS-Handbuch, 3. Aufl., München 2009, S. 33-91.

Weber, J.-A. (Unternehmergesellschaft): Die Unternehmergesellschaft (haftungsbeschränkt), in: BB 2009 (64. Jg.), S. 842-848.

Wenk, M.O./Straßer, F. (Bilanzierung): Neuregelung der Bilanzierung von Finanzinstrumenten (IFRS 9), in: PiR 2010 (6. Jg.), S. 102-109.

Wöhe, G. (Bilanzierung): Bilanzierung und Bilanzpolitik, 9. Aufl., München 1997.

Wöhe, G./Bilstein, J./Ernst, D./Häcker, J. (Unternehmensfinanzierung): Grundzüge der Unternehmensfinanzierung, 10. Aufl., München 2009.

Wüstemann, J./Wüstemann, S. (Neuausrichtung): Umsatzerlöse aus Kundenverträgen nach IFRS – Neuausrichtung an der Erfüllung von Verpflichtungen in ED/2010/6, in: BB 2010 (65. Jg.), S. 2035-2040.

Wüstemann, J./Wüstemann, S. (Überarbeitung): Exposure Draft ED/2011/6 „Revenue form Contracts with Customers" – Überarbeitung als Kompromiss, in: BB 2011 (66. Jg.), S. 3117-3119.

Zülch, H./Erdmann, M.-K./Popp, M./Wünsch, M. (Arrangements): IFRS 11 – Die neuen Regelungen zur Bilanzierung von Joint Arrangements und ihre praktischen Implikationen, in: DB 2011 (64. Jg.), S. 1817-1822.

Zülch, H./Fischer, D. (Financial Statement): Das Joint Financial Statement Presentation Project von IASB und FASB – Arbeitsergebnisse und mögliche Auswirkungen, in: DB 2007 (60. Jg.), S. 1765-1770.

Zülch, H./Salewski, M. (Presentation): Das Joint Financial Presentation Project von IASB und FASB, in: DB 2011 (64. Jg.), S. 2674-2675.

Zülch, H./Willms, J. (Jahresabschlussänderungen): Jahresabschlussänderungen und ihre bilanzielle Behandlung nach IAS 8 (revised 2003), in: KoR 2004 (4. Jg.), S. 128-135.

Stichwortverzeichnis

A

Abschreibungen
 Ausweis 185
 Beteiligung 149f.
 Buchwertproportionale 130f.
 Derivative Finanzinstrumente 147f.
 Goodwill 133ff.
 Intangible assets 128ff.
 Liabilities 167f.
 Property, plant and equipment 110ff.
Abschreibungsverfahren 111
Accrual basis 46ff.
Accruals 83
Acquisition method 226
Agio 98, 144, 167
Aktien 97
Aktiver Markt 132
Aktivierung 53ff.
Andere aktivierte Eigenleistungen 185
Anerkennung von IFRS 13f.
Anhang 28, 206ff.
Anlagegitter/Anlagespiegel 208
Anlagevermögen 91
Anlegerschutz 4, 21ff.
Ansatzkriterien 54ff.
Ansatzverbote 65, 71, 88
Ansatzvorschriften 53ff.
Anschaffungskosten
 Bestandteile 102
 Finanzierungskosten 102f.
 Minderung 102
 Nachträgliche 110
 Nebenkosten 101f.
 Vorsteuer 102
Anschaffungskostenmodell 116ff.
Anteile
 Assoziierte Unternehmen 93, 255ff.
 Eigene 171f.
 Gemeinschaftsunternehmen 93, 253f.
 Tochterunternehmen 93, 226
Asset
 Ansatzkriterien 54ff.
 Definition 54
 Vergleich zum HGB 56ff.
Asset deal 72, 133
Asset-liability-approach 48
Assets held for sale 124ff.
Assoziierte Unternehmen 93, 255ff.
Aufrechnungsdifferenzen 247
Aufwand, s. expenses
Aufwandsrückstellung 88
Aufwands- und Ertragskonsolidierung 251ff.
Ausschüttungsregelung 13
Ausschüttungssperre 66
Außenverpflichtung 82
Außerordentliches Ergebnis 188
Außerplanmäßige Abschreibung
 Beteiligungen 149f.
 Finanzinstrumente 146
 Goodwill 133ff.
 Intangible assets 129ff.
 Inventories 153f.
 Property, plant and equipment 112ff.
 Trade receivables 161ff.
Ausweisprinzipien 98
Available-for-sale financial assets 483f.

B

Badwill 243
Balance sheet, s. Bilanz
Bargain purchase 244
Belastende Verträge 84
Belegschaftsaktien 171
Berichtszeitraum 46
Bestandsänderungen 174ff.
Beteiligung
 Assoziierte Unternehmen 93, 255ff.
 Bewertung im Einzelabschluss 149f.
 Definition 149
 Gemeinschaftsunternehmen 93, 253f.
 Tochterunternehmen 93, 226
Betriebsergebnis 184, 187
Bewegungsbilanz 193f.
Bilanz 27, 53

Gliederung 90f.
Postenerläuterung 91ff.
Zukünftige Darstellung 100
Bilanzänderung 51f.
Bilanzgliederung 91
Bilanzidentität 42
Bilanzierungsfehler 51f.
Bilanzierungsmethoden 207
Bilanzierungswahlrecht, faktisches 70
Bilanzierungszeitpunkt 42
Briefkurs 169
Bruttoprinzip 98, 201

C

Case Law 7
Cash flow
    Definition 196
    Ermittlungsmethoden 197f.
    Mit Steuern 200
Cash flow-Rechnung 201f.
Cash generating Unit 130
Code law 7
Comparability 38f.
Completed-contract method 156f.
Completeness 38
Confirmatory value 35
Consistency 39
Control-Konzept
    Beim Ertragsausweis 49
    Im Konzernabschluss 220ff.
Corporate assets 133
Cost method 171f.
Cost model
    Intangible assets 128ff.
    Property, plant and equipment 116f.
Cost of sales method 177ff., 188ff.
Costs of conversion 104ff.
Costs of purchase 101ff.
Cost to cost-method 158
Current assets 91

D

Decision usefulness 4, 21ff.
Deferral 47
Deferred income 163f.
Deferred taxes, s. latente Steuern
Derivativ 147
Development costs
    Ansatz 67ff.
    Ausweis 92
    Bewertung 127f.
    Nach HGB 71
Devisenkassakurs 169
Disagio 144f., 167f.
DRS 2 (Kapitalflussrechnung) 202
DRS 3 (Segmentberichterstattung) 216
DRS 7 (Konzerneigenkapital) 206
DRS 13 (Stetigkeit und Fehler) 52
DRS 15 (Lageberichterstattung) 30
DRSC 5f.
Durchschnittsmethode 152f.

E

Effektivzins 145
Effektivzinsmethode 144, 167
EFRAG 14
Eigene Anteile 171f.
    Cost method 172
    Par value method 171f.
Eigenkapital 89, 97f., 170f.
Eigenkapitalbeschaffungskosten 171
Eigenkapitalbewertung 25f., 170f.
Eigenkapitalinstrumente 138
Eigenkapitalspiegel 206
Eigenkapitalveränderungsrechnung 204f.
Eigentumsvorbehalt 41f.
Einbeziehungsverbot in den Konzernabschluss 223
Einheitstheorie 222
Einzelabschluss 11
Einzelbewertung 24, 43f., 152
Einzelwertberichtigung 161
Endorsement 13f.
Entwicklungskosten
    Ansatz 67ff.
    Bewertung 127f.
    Nach HGB 71
Equity (s. auch Eigenkapital)
    Ansatz 89
    Ausweis 97f.
    Bewertung 170f.
    Nach HGB 26, 203

Zeitwert 25f.
Equity instruments 138, 140
Equity-Methode
  Assoziierte Unternehmen 255
  Gemeinschaftsunternehmen 253
Erfolgsausweis 46f., 181f.
Erfolgsermittlung, s. GuV-Rechnung
Erfolgsspaltung 187f.
Ergebnis je Aktie 205f.
Erhaltungsaufwand 110
Eröffnungsbilanz (nach IFRS) 17
Erstkonsolidierung 228ff., 237ff.
Ertrag, s. income
Ertragslage 31
Ertragswert 22, 112f.
Erwartungswert 85, 486f.
Erwerbsmethode 226
Eventualschuld 83
Expenses 180f.
Exposure Draft 10

F

Factoring 42
Fair presentation 11, 32, 90
Fair value 107f.
Fair value less costs to sell 112
Fair value-Option 139
Fair value-Rücklage 141f.
Faithful representation 37f.
Fertigerzeugnisse 174ff., 184f.
Fertigungsaufträge, s. Langfristfertigung
Fifo-Methode 152
Finance Leasing 59ff.
Financial assets
  Held for Trading 140f.
  Kategorien nach IAS 39 483
Financing activities 196f.
Finanzanlagen 138ff.
Finanzergebnis 187f.
Finanzierungskosten 102f.
Finanzinstrumente
  At fair value 140ff.
  At amortised cost 144ff.
  Ausweis 93f.
  Bewertung 141, 144
  Buchungen 142f.

Definition 138
Derivative 147f.
Eigenkapitalinstrumente 138
Kategorien nach IFRS 9 139f.
Latente Steuern 144
Finanzlage 31, 192f.
Finanzplan 193
Firmenwert (s. auch Goodwill)
  Assoziierte Unternehmen 255
  Einzelabschluss 72
  Konzernabschluss 230, 232, 237ff.
  Negativer 243f.
  Positiver 72, 243
Folgekonsolidierung 233ff., 242f.
Forderungen
  Ausweis 94f.
  Bewertung 160f.
  Leistungsforderungen 161
  Pauschalwertberichtigung 162
  Zahlungseingang 162f.
Forschungskosten, s. research costs
Fortführungszeitraum 34
Forwards 147
Framework 8
Fremdkapitalinstrumente 140
Fremdwährungsverbindlichkeiten 169f.
Full Goodwill-Method 226, 240f.

G

Gains 181
Geldkurs 169
Gemeinschaftsunternehmen 93, 253f.
Geringwertiges Wirtschaftsgut 45
Gesamtbewertung 22, 43f.
Gesamtergebnis 181f.
Gesamtergebnisrechnung 27f., 180f.
Gesamtkostenverfahren
  Gliederung nach IFRS 183ff.
  Methodik 174ff.
Geschäftsjahr 46
Gesetzliche Rücklage 98, 204
Gewinnrücklagen 97f., 171
Gewinnunterschied
  Permanenter 79f.
  Quasi-permanenter 78
  Zeitlicher 75ff.

Gezeichnetes Kapital 97
Gläubigerschutz 23
Going concern principle 33f.
Goodwill (s. auch Firmenwert)
  Ansatz 71f.
  Bewertung 133ff.
  Derivativer 72
  Impairment only-approach 133ff.
  Nach HGB 73, 136
  Originärer 25, 71
Grundkapital 97, 171
Gründungsaufwand 65
GuV-Rechnung
  Erfolgsermittlung 174ff.
  Erfolgsspaltung 187f.
  Gliederung 183f.
  Nach HGB 190
  Postenerläuterung 184ff.

H
Habenseite (Creditor) 99
Hedging 148
Herstellungsaufwand 110
Herstellungskosten 104ff.
Historical costs 101

I
IAS 9
IAS 1 (Darstellung) 90ff., 183ff.
IAS 2 (Vorräte) 104f., 152ff.
IAS 7 (Kapitalflussrechnung) 191ff.
IAS 8 (Änderungen) 51f.
IAS 10 (Ereignisse nach Stichtag) 43
IAS 11 (Fertigungsaufträge) 155ff.
IAS 12 (Ertragsteuern) 73ff.
IAS 16 (Sachanlagen) 109ff.
IAS 17 (Leasing) 58ff.
IAS 18 (Erträge) 48f.
IAS 21 (Wechselkurse) 169f.
IAS 23 (Fremdkapitalkosten) 102f.
IAS 27 (Einzelabschlüsse) 220
IAS 28 (Assoziierte Unternehmen) 255ff.
IAS 32 (Finanzinstrumente) 89, 138
IAS 33 (Ergebnis je Aktie) 205f.
IAS 36 (Wertminderung) 112ff., 130ff., 133ff.

IAS 37 (Rückstellungen) 82f.
IAS 38 (Immaterielle Posten) 64ff., 127ff.
IAS 39 (Finanzinstrumente) 483f.
IAS 40 (Finanzimmobilien) 150ff.
IASB/IASC 4f.
IFRIC 10
IFRS
  Anerkennung durch EU 13f.
  Anwendung in Deutschland 15
  Aufbau 7f.
  Buchungstechnik 99f.
  Entwicklung 4ff.
  For SMEs 259ff.
  Nach EU-Verordnung 12
  Unterschiede zum HGB 25
  Verhältnis zu US-GAAP 19f.
IFRSIC 10
IFRS 1 (Umstellung) 17f.
IFRS 3 (Unternehmenszusammenschlüsse) 133, 237f.
IFRS 5 (Assets held for sale) 124ff.
IFRS 7 (Angaben Finanzinstrumente) 146
IFRS 8 (Segmentberichterstattung) 209ff.
IFRS 9 (Finanzinstrumente) 138ff.
IFRS 10 (Konzernabschlüsse) 220f.
IFRS 11 (Gemeinschaftsunternehmen) 253
IFRS 13 (Fair Value) 107f.
Immaterielle Vermögenswerte, s. intangible assets
Impairment
  Financial instruments 146
  Goodwill 133ff.
  Intangible assets 129f.
  Property, plant and equipment 112ff.
Impairment only-approach 133ff.
Impairment test
  Goodwill 133
  Intangible assets 129
  Property, plant and equipment 112
Improvement project 9
Income
  Bestandteile 181
  Definition 180
Informationsfunktion 4, 21ff.
Intangible assets
  Ansatz 64f.

Ausweis 92
Begrenzte Nutzungsdauer 129
Bewertung 127ff.
Cash generating unit 130
Nach HGB 66, 132
Unbegrenzte Nutzungsdauer 129f.
International Accounting Standards 9
Internationale Rechnungslegung 1ff.
Interpretations 10, 480f.
Inventories
  Ausweis 94
  Bewertung 152ff.
  Nach HGB 155
Investing activities 196
Investment properties
  Cost model 150
  Fair value model 150f.
IOSCO 21

J

Jahresabschluss
  Aufstellungsfrist 40
  Bestandteile HGB 29
  Bestandteile IFRS 27f., 30f.
  Offenlegung HGB 15f., 40
  Offenlegung IFRS 13, 15
  Offenlegung Prime Standard 32
  Umstellung auf IFRS 16ff.
Joint Ventures 253

K

Kapitalerhaltung 170
Kapitalflussrechnung
  Aufbau 193ff.
  Cash flow Ermittlung 197ff.
  Formale Gestaltung 201
Kapitalforderung 161
Kapitalkonsolidierung
  Erstkonsolidierung 228ff.
  Folgekonsolidierung 233ff.
  Mit Minderheitsaktionären 237ff.
  Nach HGB 245
Kapitalrücklagen
  Auflösung 203
  Bildung 98

Komitologieverfahren 13f.
Komponentenansatz 109f.
Konsolidierungsarten 222ff.
Konsolidierungskreise 224f.
Kontoform 90
Kontrollprämie 241
Konzern 93, 218
Konzernabschluss
  Aufstellungspflicht 220f.
  Befreiung 223
  Bestandteile 30f., 218f.
  Control-Konzept 220ff.
  Einbeziehungsverbot 223
  Einbeziehungswahlrecht 223
  Einheitstheorie 222
  Zweck 219
Konzernbilanz 218, 231f., 239f., 243
Konzern-GuV-Rechnung 218f., 250
Konzernlagebericht 29f.

L

Lagebericht 29f.
Langfristfertigung
  Ausweis 95, 159, 184
  Completed-contract method 156f., 159
  Fertigstellungsgrad 158
  Festpreisvertrag 157
  Latente Steuern 160
  Percentage-of-completion method 157f.
Latente Steuern 73ff.
  Aktive 75, 79
  Ansatz 77
  Ausweis 94f., 186f.
  Bewertung 80f.
  Buchung 76, 187
  Nach HGB 81
  Passive 77, 79
  Temporary Konzept 74
Leasing
  Finance Leasing 59f.
  Operate Leasing 59f.
  Reform 485ff
Liabilities
  Ausweis 95f.
  Bewertung 163ff.
  Definition 54

Kurzfristige 96
Langfristige 95f.
Rechnungsabgrenzungsposten 163f.
Rückstellungen 82ff., 164
Verbindlichkeiten 166ff.
Liquidität 191
Losses 181

M

Management approach 210
Management commentary 28
Marktzins 144, 167
Maßgeblichkeitsprinzip 15, 73
Matching principle 47
Materiality 35f.
  In der Bilanz 90
  In der GuV-Rechnung 183
Methodenänderung 51
Minderheitsgesellschafter 217, 237
Mutterunternehmen 217

N

Nature of expense method 175ff.
Net realisable value 153
Neubewertungsmethode (im Konzern)
  Nach HGB 228, 245
  Nach IFRS 226, 238
Neubewertungsmodell 117ff.
Neubewertungsrücklage 118ff.
Neutrality 37
Nicht-kontrollierende Gesellschafter 237
Niederstwerttest, s. impairment test
Niedrigverzinslichkeit 166
Nominalzins 146, 166f.
Non-controlling interest 237, 239ff.
Non current assets 91
Non current liabilities 95f.
Nutzungsdauer 111, 129

O

OCI 181f.
Offenlegung 40, 222
Onerous contracts 84
Operate Leasing 59f.
Operating activities 196
Operating segment 210

Other comprehensive income 181f.
Overriding principle 11

P

Par value method 171f.
Passivierung 53ff.
Pauschalwertberichtigung 162
Pensionsrückstellung 96, 165f.
Periodenergebnis 181f.
Percentage-of-completion method 157ff.
Predictive value 35
Prinzipien der Rechnungslegung 33ff.
Probability 55
Produktionsaufwand 174
Property, plant and equipment
  Anschaffungskostenmodell 116f.
  Assets held for sale 124ff.
  Außerplanmäßige Abschreibung 112ff.
  Ausweis 92
  Bewertung 109ff.
  Komponentenansatz 109
  Latente Steuern 115f., 123f.
  Nach HGB 110f., 115, 117, 123
  Neubewertungsmodell 117ff.
  Planmäßige Abschreibung 110f.
  Zuschreibungen 116f.
Provisions
  Ansatz 82f.
  Bewertung 84ff.
  Latente Steuern 88
  Nach HGB 88f.
Purchased Goodwill-Method 239f.

Q

Qualifying asset 103
Qualitative characteristics 35ff.
  Erweiterungsgrundsätze 38ff.
  Fundamentalgrundsätze 35ff.
  Implizite Grundsätze 41ff.
Quartalsberichterstattung 32
Quotenkonsolidierung 255

R

Realisation Principle 48f.
Rechnungsabgrenzungsposten
  Antizipative 95f., 164

Transitorische 57f., 95, 97, 163
Rechnungslegung
  Generalklausel 32
  Internationale 1ff.
  Kapitalmarktorientierte 4
Rechnungslegungsprinzipien 33ff.
Rechnungslegungssysteme
  IFRS 4ff.
  US-GAAP 19f.
Rechnungslegungsziele 26
Rechnungslegungszwecke 21ff.
Recoverable amount 112ff.
Recycling 182
Relevance 35f.
Reliable measurement 55f.
Research costs 67, 70
Reserves, s. Rücklagen
Retained earnings 97, 118f.
Retrograde Wertermittlung 153
Revaluation model
  Intangible assets 131f.
  Latente Steuern 122f.
  Property, plant and equipment 117ff.
Revaluation surplus 119f., 122
Revenue Recognition Project 49f.
Risikozuschlagsmethode 112f.
Rücklagen
  Gesetzliche 98, 205
  Gewinnrücklagen 97f., 171
  Kapitalrücklage 98, 171, 203
  Sonstige 98
Rückstellungen, siehe provisions

S

Sachanlagen, s. Property, Plant and Equipment
Saldierungsverbot 98
Sammelsegment 212
Schätzungsänderung 51
Schulden, s. liabilities
Schuldenkonsolidierung 245ff.
Schwebendes Geschäft
  Rückstellungen 84
  Termingeschäfte 148
Segmentabgrenzung 210f.
Segmentberichterstattung

Aufstellungspflicht 28, 209
Inhalt 210ff.
Zielsetzung 209
Segmentinformation
  Nach IFRS 213ff.
  Nach HGB 216
Share capital 97
Share Deal 72, 226
Sicherheitsäquivalentmethode 112f.
Sicherungsübereignung 42
SME (small and medium-sized entities)
  Ansatzvorschriften 261f.
  Anwendungsbereich 259f.
  Aufbau 260f.
  Bewertungsvorschriften 262ff.
Soft law 59
Sollseite (Debtor) 99
Staffelform 90
Stammkapital 97
Standards
  Aufbau 6f.
  Entwicklung 4f.
  Überblick 478f.
Statement of financial position 27, 90
Statement of profit or loss and other comprehensive income 27f.,
  Aufbau 180ff.
  GuV-Rechnung 183ff.
  Other comprehensive income 181
Stetigkeitsprinzip 39
  In der Bilanz 98
  In der Kapitalflussrechnung 201
Steuerabgrenzung, s. latente Steuern
Steuern
  Ansatz 77, 82
  Ausweis 94, 186f.
  Bewertung 73f., 80f.
  Effektive 74, 186f.
  Latente 73ff.
  Rückstellung 85
  Vorauszahlungen 200
Stichtagsprinzip 43
Substance over form 41f.
Substanzwert 24
Summenbilanz 227, 238
Summen-GuV-Rechnung 227, 250

T

Taxes, s. Steuern
Temporary Konzept 74
Termingeschäfte 147f.
Timeliness 40
Timing Konzept 75
Tochterunternehmen 93, 217
Trade receivables
 Ausweis 94f.
 Bewertung 160ff.
 Einzelwertberichtigung 161
 Pauschalwertberichtigung 162
 Zahlungseingang 163
Treasury shares 171
True and fair view 32

U

Überleitungsrechnung
 Anhang 208
 Segmentberichterstattung 214f.
 Von IFRS auf US-GAAP 20
Überliquidität 192
Umlaufvermögen 91
Umsatzaufwand 177, 188f.
Umsatzkostenverfahren
 Gliederung nach IFRS 188ff.
 Methodik 177ff.
Umstellung des Jahresabschlusses 16ff.
Underlying assumptions 33f.
Understandability 40
Unterliquidität 192
Unternehmenswert 24
US-GAAP 20f.

V

Value in use 112f.
Verbindlichkeiten
 Abzinsung 167
 Ausweis 95f.
 Bewertung 166ff.
 Fremdwährung 169f.
 Kurzfristige 96, 168
 Nach HGB 169
Verbindlichkeitsrückstellung 88
Verbundene Unternehmen 217
Verifiability 40

Verlustfreie Bewertung 153
Vermögensgegenstand 56
Vermögenslage 31
Veröffentlichung, s. Offenlegung
Verrechnungspreis 248
Vertikales Segment 210
Vollkonsolidierung 223, 226ff.
Vorjahresangaben 17, 98
Vorräte, s. Inventories
Vorsichtsprinzip 44f.

W

Währungstermingeschäft 148
Wechselkursänderung 170
Werkvertrag 48f., 156
Wertaufhellung 43
Wertaufholung, s. Zuschreibungen
Wertpapiere
 At amortised cost 144ff.
 At fair value 140ff.
 Ausweis 93f., 146
 Definition Finanzinstrumente 138
 Financial assets held-for-trading 140f.
 Kategorien 139
 Nach HGB 144
Wesentlichkeit 35f.
Willkürfreiheit 37
Wirtschaftliche Betrachtungsweise 41f.
Wirtschaftliche Lage 31

Z

Zahlungsmittel 95, 194
Zahlungsmittelfond 194
Zuschlagskalkulation 105
Zuschreibungen
 Financial instruments 141ff., 145
 Intangible assets 129f.
 Inventories 154
 Liabilities 167
 Property, plant and equipment 116ff.
 Revaluation model 117f.
Zweifelhafte Forderungen 162
Zweischneidigkeit der Bilanz 42, 262
Zwischenergebniskonsolidierung 248ff.
Zwischengewinn 248

Das Standardwerk zur Buchhaltung!

Buchhaltung und Jahresabschluss
Mit Aufgaben und Lösungen

Von **Prof. Dr. Ulrich Döring** und **StB Prof. Dr. Rainer Buchholz**

13., durchgesehene Auflage 2013, XIV, 444 Seiten, mit 250 Abbildungen, € (D) 16,95, ISBN 978-3-503-14444-0

Kostenfrei aus dem deutschen Festnetz bestellen: **0800 25 00 850**

Weitere Informationen:
📖 www.ESV.info/978-3-503-14444-0

Dieses bewährte Lehr- und Arbeitsbuch behandelt in **13. aktualisierter Auflage** die Buchhaltungstechnik und wichtige Buchungsvorgänge nach dem HGB und nach internationaler Rechnungslegung (IFRS).

Der Lehrstoff wird durch **250 Abbildungen und Kontendarstellungen** aufbereitet. **Weit über 100 Übungsaufgaben mit Lösungen** führen zur Jahresabschlusserstellung hin. An zwei Abschlussklausuren mit Lösungen kann der Leser seinen Lernerfolg prüfen. Durch die **farbigen Hervorhebungen** werden die Buchhaltungszusammenhänge optisch deutlicher, wodurch schnellere Lernfortschritte zu erzielen sind.

Das Buch unterstützt Sie **optimal im betriebswirtschaftlichen Studium und in jeder kaufmännischen Ausbildung**. Ideal auch zum Selbststudium und für die Prüfungsvorbereitung!

Auf Wissen vertrauen

Erich Schmidt Verlag GmbH & Co. KG · Genthiner Str. 30 G · 10785 Berlin
Tel. (030) 25 00 85-265 · Fax (030) 25 00 85-275 · ESV@ESVmedien.de · www.ESV.info

ESV *basics*

Konzernrechnungslegung – ein Buch mit sieben Siegeln?

Mit diesem beliebten Standardwerk von Gräfer/Scheld eignen Sie sich systematisch die notwendigen Fachkenntnisse an: Voll- und Quotenkonsolidierung, Equity-Bewertung, Währungsumrechnung, Kapitalflussrechnung, Konzernanhang und vieles mehr. Die bereits **12. Auflage** berücksichtigt aktuelle Entwicklungen umfassend und anschaulich, etwa auf dem Feld der DRS (Deutsche Rechnungslegungsstandards) oder der IAS/IFRS – unterstützt durch klare Sprache, durch viele Abbildungen und Tabellen.

Grundlegendes Wissen ohne Verzicht auf notwendige Details – der ideale Leitfaden!

Grundzüge der Konzernrechnungslegung
Mit Fragen, Aufgaben und Lösungen
Von **Prof. Dr. Horst Gräfer** und **Prof. Dr. Guido A. Scheld**
12., neu bearbeitete Auflage 2012,
XVIII, 805 Seiten, mit zahlreichen Abbildungen, € (D) 36,95
ISBN 978-3-503-13866-1

Kostenfrei aus dem deutschen Festnetz bestellen: **0800 25 00 850**

Weitere Informationen:
www.ESV.info/978-3-503-13866-1

Auf Wissen vertrauen

Erich Schmidt Verlag GmbH & Co. KG · Genthiner Str. 30 G · 10785 Berlin
Tel. (030) 25 00 85-265 · Fax (030) 25 00 85-275 · ESV@ESVmedien.de · www.ESV.info